"十二五"普通高等教育本科国家级规划教材
"十二五"江苏省高等学校重点教材

机械原理与设计

（下　册）

第 2 版

主　编　马履中　谢　俊　尹小琴
副主编　鲍培德　朱长顺　杨启志
参　编　陈瑞芳　杨德勇　陈修祥　吴伟光
　　　　孙建荣　杜艳平　杨建伟
主　审　杨廷力　沈守范

机械工业出版社

本教材在教学改革的基础上按照教育部制订的教学基本要求编写, 既考虑了传统经典内容, 又考虑到近年来的教学改革成果及学科发展的新动向, 适当地扩充了内容。各章除有基本教学内容外, 还包含知识拓展、文献阅读指南、学习指导、思考题、习题及习题参考答案。适合于高等学校机械类专业本科机械原理和机械设计两门课程的教学。

本教材分上、下两册, 共三篇, 各篇独立设章。

上册由第一篇构成, 为机械原理课程的主要内容, 包括机构分析与运动设计、机械动力设计两部分。其中带 * 号的部分引入了我国学者在拓扑结构设计中的一些新成果。下册由第二、三篇构成。第二篇为机械设计课程的主要内容, 分联接、传动、轴系零部件和其他零部件等, 主要介绍通用零部件的工作能力设计和结构设计; 第三篇为机械产品的方案设计与分析, 可结合课程设计来讲授, 使学生对产品设计有一个全面的了解, 也有助于课程设计、课外创新设计及教学改革。

本教材也可供机械工程领域的科研、设计人员及研究生参考。

图书在版编目 (CIP) 数据

机械原理与设计. 下册/马履中, 谢俊, 尹小琴主编 . —2 版 . —北京: 机械工业出版社, 2015.6 (2022.9 重印)

"十二五"普通高等教育本科国家级规划教材 "十二五"江苏省高等学校重点教材

ISBN 978-7-111-50189-3

Ⅰ. ①机… Ⅱ. ①马…②谢…③尹… Ⅲ. ①机构学—高等学校—教材 ②机械设计—高等学校—教材 Ⅳ. ①TH111②TH122

中国版本图书馆 CIP 数据核字 (2015) 第 094848 号

机械工业出版社 (北京市百万庄大街22 号 邮政编码 100037)
策划编辑: 刘小慧 责任编辑: 刘小慧 赵亚敏 安桂芳
版式设计: 霍永明 责任校对: 张晓蓉
封面设计: 张 静 责任印制: 郜 敏
北京富资园科技发展有限公司印刷
2022 年9 月第2 版第7 次印刷
184mm × 260mm · 26.5 印张 · 655 千字
标准书号: ISBN 978-7-111-50189-3
定价: 49.00 元

电话服务 网络服务
客服电话: 010-88361066 机 工 官 网: www.cmpbook.com
　　　　　010-88379833 机 工 官 博: weibo.com/cmp1952
　　　　　010-68326294 金 书 网: www.golden-book.com
封底无防伪标均为盗版 机工教育服务网: www.cmpedu.com

第2版序言

本教材自 2009 年 1 月第 1 版第 1 次印刷以来，以其鲜明的特色得到同行及专家们的关注，先后被列入普通高等教育"十一五"国家级规划教材和"十二五"普通高等教育本科国家级规划教材。第 1 版教材在 2009—2013 年期间连续印刷了 4 次，被众多高等学校选作教学用书，受到广大师生的好评，并于 2013 年列为"十二五"江苏省高等学校重点教材（编号 2013-1-088）。

本教材第 2 版是在第 1 版的基础上修订而成的。修订时，以教育部高等学校机械基础课程教学指导分委员会最新制定的《机械原理及机械设计课程教学基本要求》为依据，参考了课程教学指导分委员会提出的课程教学改革建议，并吸取了近几年来教学改革的经验，根据学科发展的新动向及同行专家和读者的意见，以激发学生自觉的学习兴趣、培养学生自主获取知识的能力和正确的思维方法作为教学理念，适用于普通高等学校机械类（含非机类）专业本科的机械原理和机械设计两门技术基础必修课的教学。教材中的相关内容也可作为机械类专业课、机械设计创新设计选修课、毕业设计等教学环节的参考资料。

第 2 版在保持第 1 版基本框架不变的前提下，主要作了以下修订：

1）各章在原有学习指导、思考题和习题的基础上，增加了知识拓展、文献阅读指南及习题参考答案等内容。"知识拓展"重点在于拓宽学生的知识面，介绍教学基本要求中没有涉及的内容，诸如相关内容的研究历史，近年来的研究现状及其未来的发展趋势，常用机构的特殊工程应用等。"文献阅读指南"是为有兴趣的读者或学有余力的学生进行深入学习指明方向，便于读者自学提高。"习题参考答案"有助于学生正确运用所学知识，自我检查对基本内容的掌握程度，并及时发现学习中存在的问题，便于进一步学习研究。

2）更正或改进了第 1 版文字、插图与计算中的一些疏漏和错误。

由于有关编者的工作调动等原因，经编者同意，对有关章节的编者作了局部调整。参加第 2 版修订工作的有：马履中（绪论，第一篇前言、第一章、第三章、第八章），尹小琴（第一篇第二章、第四章，第三篇前言、第一章、第二章和第五章部分内容），杨启志（第一篇第五章、第九章、第十章），陈瑞芳（第一篇第六章），杨德勇（第一篇第七章），谢俊（第二篇前言、第一章、第八章、第十二章、第四章部分内容和第五章部分内容，第三篇第五章部分内容），陈修祥（第二篇第二章、第四章部分内容和第五章部分内容），鲍培德（第二篇第三章、第十章、第十一章、第四章部分内容和第五章部分内容），朱长顺（第二篇第六章、第七章、第九章、第四章部分内容和第五章部分内容），吴伟光（第二篇第十三章），孙建荣（第二篇第十四章），北京印刷学院杜艳平（第二篇第四章部分内容和第五章部分内容，第三篇第三章、第四章部分内容），北京建筑大学杨建伟（第三篇第四章部分内容）。

本教材第 2 版由马履中、谢俊和尹小琴任主编，鲍培德、朱长顺和杨启志任副主编，由金陵石化公司、东南大学兼职教授、博士生导师杨廷力教授和南京理工大学沈守范教授担任主审，他们对教材修订提出了许多宝贵的意见，在此表示衷心的感谢。

限于时间与水平，本教材难免存在欠妥之处，敬请各位学者、老师和广大读者批评指正。

编　者
于江苏大学

第1版序言

本教材是普通高等教育"十一五"国家级规划教材，也是"十二五"普通高等教育本科国家级规划教材，适用于普通高等学校机械类（含非机类）专业本科的机械原理和机械设计两门技术基础必修课的教学。教材中的相关内容也可作为机械类专业课、机械设计创新设计选修课、毕业设计等教学环节的参考资料。

本教材以教育部制订的机械原理和机械设计两门课程的"教学基本要求"为依据编写，同时，也吸收了近几年来教学改革成果及学科发展的新动向，适当地扩充了相关内容。

江苏大学在近几年教学实践中对机械类专业的"机械原理"及"机械设计"两门课程的设置进行了改革，以一门课程的形式分两个学期进行讲授。第一学期讲授本教材上册内容，称为"机械原理与设计Ⅰ"，主要以机械原理课程为主；第二学期讲授本教材下册内容，称为"机械原理与设计Ⅱ"，主要以机械设计课程为主。将两门课程的课程设计统一放在第二学期进行，以便于学生在课程设计时能综合运用两门课程所学内容，如综合运用机构学及带传动、链传动等内容进行方案设计，对其进行运动及动力性能分析，并对传动部件强度及具体结构进行设计。本教材在编写过程中充分考虑了这一情况，特别是第三篇，以产品实现全过程作为主线，使学生对产品设计有一个较全面的了解。对于该内容，教师可结合课程设计进行讲解或学生在课程设计前有选择性地自学。它将有利于巩固课程设计的改革成果，为学生下一步专业课学习及今后毕业设计打下较好的基础。

本教材分为上、下两册，共三篇，各篇独立设章。第一篇包含10章，第二篇包含14章，第三篇包含5章。每章末都有各章的主要内容与学习指导，思考题与习题。全书以产品实现全过程（市场调研—任务提出—方案设计—创新思想引入—运动学、动力学性能分析—考虑强度、环保等工作能力设计—结构设计—产品投放市场—用户—产品报废、回收）为依据来考虑教材内容的取舍。

上册由第一篇构成，以机械原理课程为主要内容，包括平面机构组成原理及其自由度分析，平面机构的运动分析，平面连杆机构运动学分析与设计，凸轮机构及其设计，齿轮机构及其设计，轮系及其传动比计算，其他常用机构及组合机构，机器人机构，机械的摩擦与自锁，机械动力学与机械平衡。考虑到现代机构学发展的重要方向之一是以机器人机构为背景的可控、多输入机构，对它进行研究，促进了发明新机构的理论与方法的发展。因此，本篇在内容中扩充了与发明新机构有关的拓扑结构学的基本理论。该篇第一、二章引入了我国学者杨廷力教授在拓扑结构设计中的一些新成果（教材中以标"＊"号的小节出现），主要以平面机构作为研究对象，阐述与分析其理论，使学生对该理论的实质有所了解，为平面机构的性能分析和机构创新、发明提供理论基础。同时，也有利于读者进一步学习空间串联和并联机器人机构创新设计的有关理论。第三章在平面连杆机构中引入了二自由度的平面五连杆机构，它是最基本的多自由度机构之一。对它进行分析研究，可为其他多自由度机构的学习打下基础。

下册由第二篇和第三篇构成。第二篇以机械设计课程为主要内容，包括机械设计概论，机械零件的强度，摩擦、磨损及润滑概述，螺纹联接和螺旋传动，键、花键联接及其他联接，带传动，链传动，齿轮传动，蜗杆传动，轴，滚动轴承，滑动轴承，联轴器和离合器，弹簧。在该篇第一章的零部件设计准则中，除了要考虑常规的强度准则外，还应注意产品使用过程中的环保，即必须考虑产品的生命全过程，引入绿色设计，以及现代化设计，如有限元、优化、可靠性设计等内容。下册第三篇以机械产品的方案设计与分析为主要内容，该篇共有5章，结合全书前两篇的内容，以产品实现过程为主线，阐述从产品构思到产品实现全过程的相关设计方法，并举例加以说明。内容包括：机械产品设计过程简介、机械产品的运动方案设计与分析、机械传动系统与控制系统设计简介、机械创新设计、机械产品设计实例。考虑到近年来各高校的课外机械创新设计大赛，该篇还引入了机械创新设计及有关设计方面的应用举例。这些内容符合"创新设计"的要求，可作为学生自由阅读的材料。

本教材内容适用于高校"机械原理"与"机械设计"两门课分离或合并的不同情况，具有下述几方面特色：

1）整本教材以"机械产品实现过程"（PRP）作为编写的主导思想，并贯穿于教材的始终。从绪论开始直到第三篇都围绕该思想组织教材内容。比如"绪论"中除了讲述本课程的研究对象、内容方法、研究目的、地位、作用、发展动向外，还提到机械产品设计全过程概述，以及初期产品规划、总体方案设计、结构设计、产品施工设计等内容。

第一篇机械原理。该篇基于"机械产品实现过程"，从机械产品初期规划设计入手，介绍了市场调研、销售预测、技术调研、同行调研、国内外现状调研、专利情况调研、可性行论证，直到设计任务确定。在按设计任务进行机械的机构运动学拓扑结构设计时，力求在机构拓扑结构上有所创新。这是高层次的创新，属源头创新。由此拟订方案，再对方案进行评价。机构学的任务即在于机构拓扑结构的创新，并进一步进行机构尺度创新，然后引入各种常用连杆、凸轮、齿轮、轮系、其他常用机构及组合机构，从运动学、动力学角度进行分析与设计，最终进行方案决策。

该篇对某些章节内容作了调整，如在连杆机构中引入了多自由度五连杆机构设计等内容。此外，还简要介绍了一部分串联机器人及并联机器人有关最新科研成果的新内容。

第二篇不仅从强度及结构入手，介绍机器和机械常用零件设计时应满足的基本要求和一般程序，以及机械零件的主要失效形式及设计准则，还将可靠性设计、绿色设计、虚拟设计等现代设计方法引入到机械设计课程中，使产品设计综合考虑产品的可靠性、可拆卸性等因素，以适应产品的全寿命设计。

该篇引入了常用现代设计方法，如计算机辅助设计、优化设计、可靠性设计、反求设计、绿色设计、虚拟设计等，以求学生能了解现代设计方法的概要，并能对产品全过程实现原则有所了解，以期能较全面地、完整地了解或掌握产品设计应考虑的准则。

第三篇介绍从产品构思到产品实现全过程的设计方法，并举例说明其应用的方法。

2）教材附有主要符号表及重要名词术语的中英文对照。各章有学习指导，介绍本章主要内容及学习要求，便于学生进行复习及自学。相关章节将介绍学生自己动手制作的简单机构模型，如连杆机构、凸轮机构等，以增加学生的感性认识及对教材内容的深入理解，同时培养学生的动手能力及创新能力。

3）配合课程教材内容改革，还对课程设计进行系统改革，将机构方案设计及多自由度机电控制一体化思想、可靠性设计及绿色设计思想贯穿到课程设计中，以增强学生的实践知识，提高学生的基本素质和创新能力。

教材中标有"＊"的章节为选学内容。

本教材编写人员及分工是：马履中编写了绪论及第一篇的第一章、第三章、第八章，尹建军和尹小琴合编了第二章，尹小琴编写了第四章，胡建平编写了第五章，陈瑞芳编写了第六章，刘继展编写了第七章，杨启志编写了第九章、第十章。第二篇由谢俊编写了第一章、第八章和第十二章，陈修祥编写了第二章，鲍培德编写了第三章、第十章和第十一章，杨超君编写了第四章和第五章，朱长顺编写了第六章、第七章和第九章，杨德勇和吴伟光合编了第十三章，孙建荣编写了第十四章。第三篇由尹小琴编写了第一章和第二章，北京印刷学院的杜艳平编写了第三章，杜艳平和北京建筑大学的杨建伟编写了第四章，尹小琴和谢俊合编了第五章。本教材由马履中任主编，谢俊和尹小琴任副主编，马履中、谢俊、尹小琴、鲍培德、杨启志、朱长顺、陈修祥和吴伟光参加了内部审稿工作。

本教材在编写过程中得到了金陵石化公司、东南大学兼职教授、博士生导师杨廷力教授的大力支持与指导，特别对第一章、第二章有关内容提供了详细资料，并和南京理工大学的沈守范教授仔细审阅了全书，提出了许多宝贵的修改意见，在此表示衷心的感谢。江苏大学博士生王劲松，硕士生仲栋华、郁玉峰、刘剑敏、郭洪铉等参加了本书部分绘图和修改等工作，对他们的辛勤劳动，在此一并深表谢意。

限于时间与水平，本教材难免存在错误和欠妥之处，敬请各位学者、老师和广大读者批评指正。

主　编　马履中

副主编　谢俊　尹小琴

于江苏大学

目　　录

下　　册

第 2 版序言
第 1 版序言

第二篇　机　械　设　计

前言
第二篇主要符号表
第一章　机械设计概论 …………… 4
　第一节　机械设计基本方法 ………… 4
　第二节　现代设计方法简介 ………… 8
　第三节　标准化、通用化、系列化 … 10
　思考题 ………………………………… 11
第二章　机械零件的强度 …………… 12
　第一节　概述 ………………………… 12
　第二节　材料和零件的疲劳特性曲线 … 15
　第三节　机械零件的疲劳强度计算 … 20
　第四节　机械零件的接触强度 ……… 26
　附录 …………………………………… 28
　知识拓展 ……………………………… 30
　文献阅读指南 ………………………… 31
　学习指导 ……………………………… 31
　思考题 ………………………………… 31
　习题 …………………………………… 32
　习题参考答案 ………………………… 32
第三章　摩擦、磨损和润滑 ………… 33
　第一节　摩擦 ………………………… 33
　第二节　磨损 ………………………… 37
　第三节　润滑 ………………………… 38
　第四节　流体润滑原理简介 ………… 43
　知识拓展 ……………………………… 47
　文献阅读指南 ………………………… 48
　学习指导 ……………………………… 48
　思考题 ………………………………… 49

第四章　螺纹联接与螺旋传动 ……… 50
　第一节　螺纹 ………………………… 50
　第二节　螺纹联接的基本类型 ……… 51
　第三节　单个螺纹联接的强度计算 … 55
　第四节　螺栓组联接的设计 ………… 63
　第五节　提高螺纹联接强度的措施 … 69
　第六节　螺旋传动 …………………… 75
　知识拓展 ……………………………… 81
　文献阅读指南 ………………………… 81
　学习指导 ……………………………… 81
　思考题 ………………………………… 82
　习题 …………………………………… 82
　习题参考答案 ………………………… 84
第五章　键、花键联接及其他联接 … 85
　第一节　键联接 ……………………… 85
　第二节　花键联接 …………………… 90
　第三节　销联接 ……………………… 92
　第四节　其他联接 …………………… 94
　知识拓展 ……………………………… 97
　文献阅读指南 ………………………… 97
　学习指导 ……………………………… 97
　思考题 ………………………………… 98
　习题 …………………………………… 98
　习题参考答案 ………………………… 98
第六章　带传动 ……………………… 99
　第一节　概述 ………………………… 99
　第二节　带传动工作情况的分析 …… 104
　第三节　V 带传动的设计计算 ……… 108
　第四节　带传动结构设计 …………… 122
　第五节　其他带传动简介 …………… 126
　知识拓展 ……………………………… 129
　文献阅读指南 ………………………… 129

学习指导 ·········· 129
思考题 ·········· 130
习题 ·········· 130
习题参考答案 ·········· 130

第七章 链传动 ·········· 131

第一节 概述 ·········· 131
第二节 滚子链链轮的结构和材料 ·········· 134
第三节 链传动工作情况分析 ·········· 138
第四节 滚子链传动的设计计算 ·········· 143
第五节 链传动的布置、张紧和润滑 ·········· 148
知识拓展 ·········· 152
文献阅读指南 ·········· 152
学习指导 ·········· 153
思考题 ·········· 153
习题 ·········· 153
习题参考答案 ·········· 153

第八章 齿轮传动 ·········· 154

第一节 概述 ·········· 154
第二节 齿轮传动的失效形式及设计准则 ·········· 154
第三节 齿轮的材料 ·········· 156
第四节 齿轮传动的计算载荷 ·········· 158
第五节 标准直齿圆柱齿轮传动的强度计算 ·········· 162
第六节 标准斜齿圆柱齿轮传动的强度计算 ·········· 174
第七节 标准直齿锥齿轮传动的强度计算 ·········· 179
第八节 齿轮传动的效率和润滑 ·········· 180
第九节 齿轮结构 ·········· 181
第十节 其他齿轮传动简介 ·········· 182
知识拓展 ·········· 183
文献阅读指南 ·········· 184
学习指导 ·········· 184
思考题 ·········· 185
习题 ·········· 185
习题参考答案 ·········· 186

第九章 蜗杆传动 ·········· 187

第一节 概述 ·········· 187
第二节 普通圆柱蜗杆传动的主要参数及几何尺寸 ·········· 191
第三节 普通圆柱蜗杆传动承载能力计算 ·········· 197
第四节 蜗杆传动的效率、润滑和热平衡计算 ·········· 204
第五节 圆柱蜗杆和蜗轮的结构 ·········· 208
知识拓展 ·········· 211
文献阅读指南 ·········· 211
学习指导 ·········· 212
思考题 ·········· 212
习题 ·········· 212
习题参考答案 ·········· 213

第十章 轴 ·········· 214

第一节 概述 ·········· 214
第二节 轴的结构设计 ·········· 217
第三节 轴的设计计算 ·········· 222
知识拓展 ·········· 232
文献阅读指南 ·········· 233
学习指导 ·········· 233
思考题 ·········· 234
习题 ·········· 234
习题参考答案 ·········· 234

第十一章 滚动轴承 ·········· 235

第一节 概述 ·········· 235
第二节 滚动轴承的主要类型特点及代号 ·········· 236
第三节 滚动轴承的载荷及应力 ·········· 240
第四节 滚动轴承的尺寸选择 ·········· 242
第五节 滚动轴承装置的组合结构设计 ·········· 252
附录 ·········· 259
知识拓展 ·········· 263
文献阅读指南 ·········· 263
学习指导 ·········· 264
思考题 ·········· 264
习题 ·········· 265
习题参考答案 ·········· 265

第十二章 滑动轴承 ·········· 266

第一节 概述 ·········· 266
第二节 径向滑动轴承的结构 ·········· 266
第三节 滑动轴承材料 ·········· 269

第四节　非液体润滑滑动轴承设计…………271
第五节　液体动力润滑滑动轴承设计………273
第六节　其他形式滑动轴承简介…………281
知识拓展…………282
文献阅读指南…………283
学习指导…………283
思考题…………284
习题…………284
习题参考答案…………284

第十三章　联轴器和离合器…………285
第一节　联轴器的种类和特性…………285
第二节　联轴器的选择及应用实例…………290
第三节　离合器…………292
知识拓展…………296
文献阅读指南…………296
学习指导…………297
思考题…………297
习题…………297
习题参考答案…………297

第十四章　弹簧…………298
第一节　概述…………298
第二节　弹簧的材料、许用应力及制造…………299
第三节　圆柱螺旋弹簧的设计计算…………301
知识拓展…………309
文献阅读指南…………309
学习指导…………310
思考题…………310
习题…………310
习题参考答案…………310

第三篇　机械产品的方案设计与分析

前言
第一章　机械产品设计过程简介………313
**第二章　机械产品运动方案的设计
　　　　与分析**…………316
第一节　机械产品运动方案的设计程序………316
第二节　机械产品运动方案的设计内容………318
第三节　机械产品运动方案的设计原则………319
第四节　机械产品运动方案的设计与
　　　　评价…………322
**第三章　机械传动系统与控制系统
　　　　设计简介**…………333
第一节　传动系统的组成和分类…………333
第二节　机械传动系统的常用部件………335
第三节　机械传动系统方案设计…………338
第四节　机械传动系统方案设计实例
　　　　分析…………342
第五节　原动机的选择…………347
第六节　机械的控制系统简介…………351
第四章　机械创新设计…………357
第一节　机械的创新…………357
第二节　机构的创新设计…………360
第三节　机械结构创新设计…………366
第四节　机械创新设计实例…………372
第五章　机械产品设计实例…………378
附录　重要名词术语中英文对照表……387
参考文献…………412

第二篇

机械设计

前　言

我国加入 WTO 以后，全球化的产品竞争日趋激烈，这对我国机械行业提出了不断开发新产品的强烈要求。机械设计是机械产品生产的第一步，是整个制造过程的依据，也是决定产品质量，以及产品在制造过程中和投入使用后经济效果优劣的一个重要环节。要生产质量好、成本低、具有市场竞争能力的产品，首先要有一个好的设计。因此，机械设计在机械工业中具有非常重要的意义。目前，我国急需大量的机械设计高级人才，创造性地设计出具有国内外市场竞争力的新机械产品。

机械设计课程是一门培养学生具有机械设计能力的技术基础课，为工科院校机械类专业的学生提供了机械设计的基本知识、基本理论和基本方法的基本训练。通过本篇的理论学习和课程设计，主要使学生具备以下能力：

1）掌握通用零部件的设计原理、方法和机械设计的一般规律，具有综合运用所学知识设计和开发简单机械的能力。

2）具有运用标准、规范、手册等查阅技术资料的能力。

3）掌握典型机械零件的实验方法，了解实验与机械设计的关系和重要性。

4）建立正确的设计思想和工作方法，了解国家的技术经济政策和机械设计的发展方向。

本篇主要介绍机械设计常用的基本理论和通用机械零件常用参数范围内的一般设计方法。通用机械零件是指在一般机械中常见的零件（如齿轮、滚动轴承、螺栓等），常用参数是指在一般工作条件下的取值。

在本篇的学习过程中，要综合运用先修课程中所学的有关知识与技能，掌握机械零件的设计计算方法和步骤，并通过学习这些基本内容去掌握机械零件的物理、数学模型的建立，材料和热处理的选择，公差配合的选用，以及机器保养维护的知识，为深入学习现代设计理论和方法提供很好的条件，为顺利过渡到专业课程的学习及专业产品和设备的设计打下宽广而坚实的基础。

第二篇主要符号表

a——中心距、距离、轴向的

A——面积、系数

b——距离、宽度

B——距离、宽度

c——常数、系数、间隙

C——系数、刚度、滚动轴承的基本额定载荷、倒角

d——直径

D——直径

e——偏心距、齿槽宽、判断系数

E——弹性模量

f——摩擦因数

F——力

G——材料参数，切变模量

h——间隙、系数、油膜厚度

H——高度、硬度、膜厚参数

i——数目、传动比

I——惯性矩

J——转动惯量

k——系数

K——系数、综合影响系数

l——距离、长度

L——距离、寿命

m——模数、质量、指数

M——弯矩

n——转速

N——压力、循环次数

O——坐标原点

p——压强、压力、齿距

P——功率、滚动轴承的当量动载荷

Q——载荷、流量

r——半径、圆角半径、循环特性系数

R——半径、圆角半径、可靠度

s——厚度、弧长

S——安全系数、轴承的派生轴向力

t——温度、时间、槽深、切向的、周向的

T——转矩

u——速度、齿数比

U——速度参数

v——速度

V——体积

W——载荷参数、抗弯截面系数、抗扭截面系数

x——系数、坐标轴

X——径向系数、坐标轴

y——系数、挠度、坐标轴

Y——轴向系数、坐标轴

z——齿数、个数、系数、坐标轴

Z——齿数、个数、系数、坐标轴

α——角度、压力角、接触角、粘压指数、根据转矩性质而定的折合系数

β——轴承的载荷角、齿轮的螺旋角

γ——角度

δ——角度、厚度、微量

ε——重合度、偏心率、偏差率、轴承寿命计算的指数

η——动力粘度、效率

θ——角度、偏转角

λ——角度、膜厚比、变形量、压杆的柔度系数

μ——泊松比

ν——运动粘度

ρ——流体的密度、摩擦角、当量曲率半径

Σ——轴交角、代数和、总和

σ——拉、压应力

ϕ——扭转角

σ_{H}——接触应力

σ_{b}——抗拉强度，弯曲应力

σ_{p}——比例极限，挤压应力

σ_{s}——屈服强度

$\sigma_{0.2}$——条件屈服强度

σ_{bc}——抗压强度

σ_{bb}——抗弯强度

τ——抗剪强度，切应力

τ_{b}——抗扭强度

τ_{T}——扭转切应力

σ_{-1}——弯曲疲劳极限

τ_{-1}——扭转疲劳极限

第一章

机械设计概论

第一节　机械设计基本方法

一、机械设计的基本要求

机械设计首先要保证的是产品的功能及其可靠性，并保证产品具有良好的工艺性，主要包括机器及零、部件的设计。这两部分并不截然分开，但相互之间存在一些差异。

（一）设计机器应满足的基本要求

（1）功能性要求　人们是为了生产和生活上的需要才设计和制造各式各样机器的，因此，机器必须具有预定的使用功能。这主要靠正确选择机器的工作原理，正确设计或选用原动机、传动机构和执行机构，以及合适配置辅助系统来保证。

（2）可靠性要求　机器在预定工作期限内必须具有一定的可靠性。机器的可靠性可用可靠度 R 来衡量。机器的可靠度 R，是指机器在规定的工作期限内和规定的工作条件下，无故障地完成规定功能的概率。

提高机器可靠度的关键是提高其组成零、部件的可靠度。此外，从机器设计的角度出发，确定适当的可靠性水平，力求结构简单，减少零件数目，尽可能选用标准件及高可靠度零件，合理设计机器中的组件和部件并选取较大安全系数等，对提高机器可靠度也是十分有效的。

（3）经济性要求　机器的经济性体现在设计、制造和使用的全过程中，包括设计制造经济性和使用经济性。设计制造经济性表现为机器的成本低；使用经济性表现为高生产率、高效率、较低的能源与材料消耗，以及低的管理和维护费用等。设计机器时应最大限度地考虑其经济性。

提高设计制造经济性的主要途径有：

1）尽量采用先进的现代设计理论和方法，力求参数最优化，以及应用 CAD 技术，加快设计进度，降低设计成本。

2）合理地组织设计和制造过程。

3）最大限度地采用标准化、系列化及通用化的零、部件。

4）合理地选用材料，努力改善零件的结构工艺性，尽可能采用新材料、新结构、新工艺和新技术，使其用料少、质量小、加工费用低。

5）尽力注意机器的造型设计，扩大销售量。

提高机器使用经济性的主要途径有：

1）提高机械化、自动化水平。

2）选用高效率的传动系统和支承装置。

3）注意采用适当的防护、润滑和密封装置等，以提高生产率，降低能源消耗和延长机器使用寿命等。

（4）劳动保护要求　设计机器时应对劳动保护要求给予极大的重视，一般可从以下两方面着手：

1）注意操作者的操作安全，减轻操作时的劳动强度。具体措施有：对外露的运动件加设防护罩；设置保险、报警装置，以消除和避免不正确操作等引起的危害；操纵应简便省力，简单而重复的劳动要利用机械本身的机构来完成。

2）改善操作者及机器的环境。具体措施有：降低机器工作时的振动与噪声；防止有毒有害介质渗漏；治理废水、废气和废液；美化机器的外形及外部色彩。总之，所设计的机器应符合劳动保护法规的要求。

（5）其他特殊要求　对不同的机器，还有一些为该机器所特有的要求。例如，对仪器机械有保持清洁、不能污染产品的要求；对机床有长期保持精度的要求；对飞机有质量小、飞行阻力小等的要求。设计机器时，不仅要满足前述共同的基本要求，同时还应满足其特殊要求。

（二）设计机械零件的基本要求

机器是由零件组成的。因此，设计的机器是否满足前述基本要求，零件的质量是关键。为此，还应对机械零件提出以下基本要求：

（1）强度、刚度及寿命要求　强度是衡量零件抵抗破坏的能力。零件强度不足，将导致过大的塑性变形甚至断裂破坏，使机器停止工作，甚至发生严重事故。采用高强度材料，增大零件截面尺寸及合理设计截面形状，采用热处理及化学处理方法，提高运动零件的制造精度，以及合理配置机器中各零件的相互位置等，均有利于提高零件的强度。

刚度是衡量零件抵抗弹性变形的能力。零件刚度不足，将导致过大弹性变形，引起载荷集中，影响机器工作性能，甚至造成事故。例如，机床主轴、导轨等，若刚度不足、变形过大，将严重影响所加工零件的精度。零件的刚度分整体变形刚度和表面接触刚度两种。增大零件的截面尺寸，增大截面惯性矩、缩短支承跨距或采用多支点结构等措施，将有利于提高零件的整体刚度；增大贴合面及采用精细加工等措施，将有利于提高零件的接触刚度。一般地说，满足刚度要求的零件，也能满足其强度要求。

寿命是指零件正常工作的期限。材料的疲劳、腐蚀，相对运动零件接触表面的磨损，高温下的蠕变等是影响零件寿命的主要因素。提高零件抗疲劳破坏能力的主要措施有减小应力集中、保证零件有足够大小的尺寸及提高零件表面质量等。提高零件耐腐蚀性能的主要措施有选用耐腐蚀材料和采取各种防腐蚀的表面保护措施。

（2）结构工艺性要求　零件应具有良好的结构工艺性。这就是说，在一定的生产条件下，零件应能方便而经济地生产出来，并便于装配成机器。为此，应从零件的毛坯制造、机械加工及装配等几处生产环节综合考虑，对零件的结构设计予以足够重视。

（3）可靠性要求　零件可靠度的定义和机器可靠度的定义是相同的，而机器的可靠度主要是由其组成零件的可靠度来保证的。提高零件的可靠性，应从工作条件（载荷、环境温度等）和零件性能两个方面综合考虑，使其随机变化尽可能小。同时，加强使用中的维护与监测，也可提高零件的可靠性。

（4）经济性要求 零件的经济性主要决定于零件的材料和加工成本。因此，提高零件的经济性主要从零件的材料选择和结构工艺性设计两个方面加以考虑，如采用廉价材料以代替贵重材料，采用轻型结构和少余量、无余量毛坯，简化零件结构和改善零件结构工艺性，以及尽可能采用标准化的零、部件等。

（5）质量小的要求 尽可能减小质量对绝大多数机械零件都是必要的。减小质量可以节约材料，可以减小运动零件的惯性，从而改善机器动力性能。对运输机械，减小零件质量就可以减小机械本身的质量，从而减小动载量。要达到零件质量小的目的，应从多方面采取措施。

二、机械设计方法和一般步骤

（一）机械设计方法

机械的设计方法，可从不同的角度分类。目前较为流行的分类方法是把过去长期采用的设计方法称为常规（或传统）设计方法，近几十年发展起来的设计方法称为现代设计方法。

机械的常规设计方法可概括地划分为以下三种：

（1）理论设计 根据长期研究与实践总结出来的设计理论和实验数据所进行的设计，称为理论设计。理论设计的计算过程分为设计计算和校核计算两部分。

设计计算是指按照已知的运动要求，载荷情况及零、部件的材料特性等，运用一定的理论公式设计零、部件尺寸和形状的计算过程。设计计算多用于能通过简单的力学模型进行设计的零、部件，如转轴的强度、刚度计算等。

校核计算是指先根据类比法、实验法等其他方法初步定出零、部件的尺寸和形状，再用理论公式进行精确校核的计算过程。它多用于结构复杂，应力分布较复杂，但又能用现有的应力分析方法（以强度为设计准则时）或变形分析方法（以刚度为设计准则时）进行计算的场合。

理论设计可得到比较精确而可靠的结果，重要的零、部件大都选择这种方法。

（2）经验设计 根据对某些零、部件已有的设计与使用实践而归纳出的经验关系式，或根据设计者本人的工作经验用类比的方法所进行的设计称为经验设计。对一些次要的零、部件或者对于一些理论上不够成熟或虽有理论但没有必要用繁复、高级的理论设计的零、部件，以及对那些使用要求变动不大而结构形状已典型化的零件，经验设计是很有效的设计方法，如箱体、机架、传动零件的设计等。

（3）模型实验设计 把初步设计的零、部件或机器，做成小模型或小尺寸样机，经过实验的手段对其各方面的特性进行检验，根据实验结果对设计逐步修改，从而达到完善，这样的设计过程称为模型实验设计。对于一些尺寸巨大而结构又很复杂的重要零件，尤其是一些重型机械零件，为了提高设计的可靠性，可采用模型实验设计的方法。这种设计方法费时、昂贵，因此只用于特别重要的设计中，如新型、重型设备及飞机的机身，新型舰船的船体设计等。

（二）机械设计的一般步骤

机械设计是一个创造性的工作过程，同时也是一个尽可能多地利用已有成功经验的工作过程，要很好地把继承和创新结合起来，才能设计出高质量的产品。作为产品的设计，要求对产品的工作原理、功能、结构、零部件设计，甚至加工制造和装配方法都确定下来。因此，不同的设计者可能有不同的设计方法和设计步骤。根据人们长期的设计经验，机械设计分为五大步骤：动向预测；方案设计；技术设计；施工设计；试生产。

（1）动向预测　在根据实际的需要提出所要设计的新产品后，动向预测只是一个计划和预备阶段，此时所要设计的产品仅是一个模糊的概念。在这一阶段中，应对所设计的产品作全面的调查研究和分析。

（2）方案设计　方案设计阶段对设计的成败起着关键的作用。在该阶段中，充分地表现出了设计工作有多个方案的特点。首先对能满足工作要求的多种设计原理方案加以分析比较，并最后选择最优方案。由于任何工作原理都必须通过一定的运动形式来实现，所以这一步骤也确定了设计所需的运动形式。

在该阶段，要按照选择最优方案所需的技术——经济论证来制订产品总体和主要部件方案，同时要对工作原理、可靠性和强度等问题加以研究，有些必须得到实验验证。在方案设计中，必须充分精确地估计出对最终结果产生影响的参数，同时尽量采用微电子技术和新型材料，设计机电液一体化产品。

（3）技术设计　在技术设计中，要拟定设计对象的总体和部件，具体确定零件的结构。对所设计的机械新产品提出的要求是：制造和维护经济、操纵方便而安全、可靠性高和使用寿命长。为了能达到这些要求，零件应满足一些准则，其中最重要的准则是：强度、刚度、抗振性、耐磨性、耐热性、工艺性等。标准化对所设计产品的制造成本和运行费用有很大意义。实现了标准化，可降低机械产品的成本，缩短设计周期，提高可靠性。

设计人员绘制初步的设计总图，经过反复修改满意后按比例绘制。这一阶段设计人员的经验起着重要作用，凡可能发生机械干涉之处要特别注意，必须有足够的各向视图和断面图，以暴露可能发生的问题。初步设计总图完成后，初估其制造成本（供审查和报价），进行初步评审。

从初步设计总图到技术设计装配图，需注意：

1）尽量采用标准件、通用件或过去已经设计制造的零部件，以节省生产费用。

2）确定毛坯材料，以及毛坯是否需要外协。

3）改进加工和安装工艺，如采用成组加工工艺和平行装配操作等以降低制造成本。

4）按照造型设计原则改进结构。

5）考虑安全设计要素。

6）进行技术、经济分析。

最后，综合上述工作，调整零件尺寸比例后，绘制技术设计总装图。对于高速运动机械，还需进行系统的动力学验算，内容包括整体结构的固有频率和振型，确定结构承受的外载荷，计算在动载荷作用下的动应力，并采取措施避免共振和减少动应力等。

按照初步评审意见进行修改得到的技术设计总装配图，绘制每一零件的结构。计算出零件受载后的应力分布状况，找出其危险点，进行结构改进以降低危险点的峰值应力或对零件的主要尺寸作优化设计。再考虑选用材料、加工和装配要求，确定零件的尺寸，对零件的危险点求出在工作载荷谱下的应力响应，计算疲劳强度和寿命，按寿命要求再修改零件设计，并完成润滑设计和电气设计（驱动和控制）等，然后再次绘制技术设计总装配图，进行第二次评审。

第二次评审仍应请各方面专家和使用人员代表会同审核，在此时改变设计，其代价将是很高的。但是若有必要改变之处则一定要改。第二次评审通过后，正式绘制技术设计总装配图和部件图（分装配图）。

（4）施工设计　根据技术设计总装配图进行零部件设计，绘出零件图，再按实际的零件尺寸绘制施工设计总装配图。接着校对图样，再对图样进行工艺性审核。此外，还需对图样进行润滑审核，研究润滑方法和润滑剂品种等。最后，编出零件清单及说明书等各种技术文件。

（5）试生产　根据施工设计的图样和各种技术文件试制样机，对样机进行功能试验，并对各项费用进行成本核算，向前反馈，改进设计。对样机进行手续审批，再进行小批量试生产，改进后正式投入小批量生产。

小批量生产的产品投放市场后，进行市场调研，以决定是否大批量投产或是否需要修改设计，提高质量，降低成本。

当产品可以批量生产时，还要研究适合批量生产的工艺并按照此工艺进行批量试生产。当大批产品投入使用后，还要从用户中收集使用和维护的信息，根据需要对设计作改进。

第二节　现代设计方法简介

现代设计方法是以研究产品设计为对象的科学，以计算机为手段，运用工程设计的新理论和新方法，使计算结果达到最优化，使设计过程实现高效化和自动化。

现代设计方法是研究产品设计方法的综合类科学，是多学科交叉融合的产物，是人们把相关科学技术综合应用于设计领域的成果。现代设计方法内容广泛，分支科学繁多，面向21世纪科技发展的趋势，选择一些行之有效的现代设计方法以简介之。

一、有限元分析方法（The Finite Element Analysis Method）

1960年，克劳夫（W. Clough）基于连续体问题的离散化求解方法，进行了飞机结构分析，首次将这种方法命名为"有限单元法"（简称"有限元"法）。

有限元是一种以计算机为手段，通过离散化将研究对象变换成一个与原结构近似的数学模型，再经过一系列规范化的步骤以求解应力、位移、应变等参数的数值计算方法。

随着计算机的容量迅速提高，商品化有限元程序越来越广泛地被人们所接受，人们不必在编写程序上花费大量精力，摆脱了手工网格的划分，简化了前处理过程，通过屏幕菜单方法得到良好的人机对话环境和在计算机结构分析上的鲜明视觉效果。

著名的商品化有限元程序有 NASTRAN、ADFAN/ADINAT、ANSYS、COSMOS/MSAP 等。这些程序的分析范围和功能存在差异，在使用时应根据分析范围不同来选择合理的程序。

二、优化设计（Optimal Design）

机械优化设计是使某项机械设计在规定的各种设计限制条件下，优选设计参数，使某项或几项设计指标获得最优值。最优值的概念是相对的，随着科学技术的发展及设计条件的变动，最优化的标准也将发生变化。

目前优化设计方法在结构设计、化工系统设计、电气传动设计、制造工艺设计等各专业中都有广泛的应用。实践证明，在工程设计中采用优化设计方法，不仅可以减轻机械设备的重量，降低材料消耗与制造成本，而且可以提高产品的质量与工作性能。

三、机械可靠性设计（Reliability Design）

1957 年，美国发表了"军用电子设备可靠性"的重要报告，被公认为是可靠性的奠基文献。1990 年，我国机械电子工业部印发的"加强机电产品设计工作的规定"中明确指出：可靠性、适应性、经济性三性统筹作为我国机电产品设计的原则，在新产品鉴定时，必须要有可靠性设计资料和实验报告，否则不能通过鉴定。

机械可靠性设计是将概率论、数理统计、失效物理和机械学相互结合而形成的一种设计方法。其主要特点是将传统设计方法中视为单值而实际上具有多值性的设计变量（如载荷、应力、强度、寿命等）看成某种分布规律的随机变量，用概率统计方法设计出符合机械产品可靠性指标要求的零部件和整机的主要参数及结构尺寸。

四、计算机辅助设计（Computer Aided Design）

计算机辅助设计是指在设计活动中，利用计算机作为工具，帮助工程技术人员进行设计的一切适用技术的总和。计算机辅助设计作为一门科学开始于 20 世纪 60 年代的初期，自 20 世纪 80 年代以来，由于计算机技术突飞猛进，特别是微型机和工作站的发展和普及，极大地推动了 CAD 技术的发展，CAD 已进入了实用化阶段。目前 CAD 技术正朝着人工智能和知识工程方向发展，即所谓智能计算机辅助设计。

五、模块化设计（Model Design）

机械产品的模块化设计始于 20 世纪初。模块化设计原理首先应用于机床设计，到 20 世纪 50 年代，欧美一些国家正式提出"模块化设计"概念，把模块化设计提到理论高度来研究。模块化设计与产品标准化设计、系列化设计密切相关。在每个领域中，模块及模块化设计都有其特定的含义。

为开发具有多种功能的不同产品，不必对每种产品施以单独设计，而是精心设计出多种模块，将其经过不同方式的组合来构成不同的产品，以解决产品品种、规格与设计制造周期、成本之间的矛盾，这就是模块化设计的含义。所谓模块，是指一组具有同一功能和接合要素（指联接部位的形状、尺寸，联接件间的配合与啮合等），但性能、规格或结构不同却能互换的单元。

六、价值工程（Value Engineering）

价值工程或称为价值分析（Value Analysis）是 20 世纪 40 年代发展起来的新的设计方法或管理科学。价值工程的创始人是美国工程师麦尔斯（Miles），他通过研究发现隐藏在产品背后的本质——功能。用户需要的不是产品本身，而是产品的功能，而且在同样的功能下，用户还要比较功能的优劣——性能。

价值工程注重研究产品的功能和各种有关费用与现实的价值之间的关系，试图以最小资源消耗或最低的寿命周期费用，可靠地实现必要的功能，从而获得最大价值。

七、绿色设计（Green Design）

绿色设计是20世纪90年代初期围绕在发展经济同时，如何节约资源、有效利用能源和保护环境这一主题而提出的新的设计概念和方法，被认为是显示可持续发展的有效途径之一，已成为现代设计技术的研究热点和主要内容。

绿色设计在产品整个生命周期内，着重考虑产品环境属性（可拆卸性、可回收性、可维护性、可重复利用性等），并将其作为设计目标。在满足环境目标要求的同时，保证产品应有的基本功能、使用寿命、质量等。绿色设计要求，在设计产品时必须按环境保护指标选用合理的原材料、结构和工艺，在制造和使用过程中降低能耗、不产生毒副作用，其产品易于拆卸和回收，回收的材料可用于再生产。

八、动态设计（Dynamic Design）

考虑各种动态因素的影响，即在实际情况下，机械系统对各类载荷响应、结构振动产生的附加动载荷和循环交变载荷引起的机械结构的疲劳损坏等，传统的机械产品静态设计方法正逐渐被动态设计所取代。动态设计充分反映了机器的实际动态特性，系统地反映了振动与响应的全过程。因此，它可以在设计阶段较准确地预测机器的动态特性，在产品设计过程中分析产品的强度、刚度、振动、噪声和可靠性等问题，大幅度地提高机械产品的设计水平。

九、并行设计（Concurrent Design）

并行设计又称为并行工程（Concurrent Engineering），是综合工程设计、制造、管理经营的思想、方法和工作模式的设计。其核心是产品的设计阶段就考虑到产品生命周期（从概念形成到产品报废）中的所有因素，包括设计、分析、制造、装配、检验、维护、质量、成本、进度与用户需求等。并行设计强调多学科小组、各有关部门协同工作；强调对产品设计及其相关过程进行并行的、集成的、一体化的设计，使产品开发一次成功，缩短产品开发周期，提高产品质量。其关键技术是建模与仿真技术，信息系统及其管理技术，决策支持及评价系统等。

十、模糊设计（Fuzzy Design）

1965年，美国L. A. Zadeh教授创立了模糊集合论。基于模糊集合论形成了模糊数学。模糊设计是模糊数学应用于工程设计的产物，是模糊系统理论的一个分支学科。模糊设计是运用模糊数学原理，针对工程中研究对象的特点，分析、量化、研究、决策设计中的模糊因素。模拟人的经验、思维与创造力，设计模糊化、智能化的软件与硬件产品的综合性学科。

第三节　标准化、通用化、系列化

在不同类型、不同规格的各种机器中，有相当多的零、部件是相同的，将这些零、部件加以标准化，并按尺寸不同加以系列化，则设计者无须重复设计，可直接从有关手册的标准中选用。通用化的目的是在系列化产品或跨系列产品间尽量采用同一结构和尺寸的零、部件，以减少企业内部的零、部件种数，从而简化生产管理和得到较高的经济效益。

标准化、系列化、通用化是长期生产和科研成果的可靠的技术总结，是评定产品的指标之一，也是我国现行很重要的一项技术政策。

我国现行标准分为国家标准、行业标准和企业标准等。国家标准将逐步与国际标准接轨。

思 考 题

2.1.1 机械产品设计有哪些基本要求？

2.1.2 机械零、部件设计的主要内容和要求有哪些？

2.1.3 机械的常规设计方法有哪几种？一般步骤有哪些？

2.1.4 现代机械设计方法有哪些发展？

2.1.5 机械零、部件的标准化的意义及内容是什么？

第二章

机械零件的强度

具有足够的强度是机械零件正常工作必须满足的最基本的要求。强度准则是设计机械零件的最基本准则。机械零件在工作时，不允许出现体积断裂或塑性变形，也不允许发生表面破坏。强度是指零件抵抗这类失效的能力。通用机械零件的强度分为静应力强度和变应力强度两个范畴。静应力强度可运用材料力学中获得的知识对零件进行静应力强度计算，故本章对此不再讨论。根据应力在机械零件整个工作寿命期间的变化次数 N，变应力强度设计方法有所不同。根据设计经验及材料的特性，通常认为在机械零件整个工作寿命期间应力变化次数$N \leqslant 10^3$的通用零件，可近似地看作是按静应力强度进行的设计；应力变化次数$10^3 < N < 10^4$的通用零件，应力变化次数相对较少，所以称之为低周疲劳；与低周疲劳相对应，应力变化次数$N \geqslant 10^4$时称之为高周疲劳。绝大多数通用零件所受变应力作用时，其应力变化次数 N 总是大于10^4，所以本章也不讨论低周疲劳问题，主要研究高周疲劳下的通用零件的强度计算问题。

第一节 概 述

一、载荷及其分类

机械工作时，机械零件所受的力或力矩统称为载荷。根据载荷随时间变化的特性不同，将载荷分为静载荷和变载荷两大类。载荷的大小、作用位置或方向不随时间变化或变化缓慢的，称为静载荷，如锅炉压力。载荷的大小、作用位置或方向不断随时间变化的，称为变载荷，如曲柄压力机的曲轴和汽车悬架弹簧等所受的载荷。

在机械设计计算中，通常把载荷分为名义载荷和计算载荷。名义载荷是指在理想的平稳工作条件下作用在零件上的载荷。然而，在机器运转时，零件还会受到各种附加载荷的作用，通常引入载荷系数 K（有时只考虑工作情况的影响，则用工作情况系数 K_A）来考虑这些因素的影响。载荷系数与名义载荷的乘积，称为计算载荷。

二、应力及其分类

载荷作用在零件上将产生应力。根据应力随时间变化的特性不同，将应力分为静应力和变应力两大类。不随时间变化或随时间变化缓慢的应力称为静应力，如图 2-2-1a 所示。不断地随时间而变化的应力称为变应力，如图 2-2-1b、c、d 所示。绝大多数机械零件都是处于变应力状态下工作的。值得注意的是：静应力由静载荷产生，变应力由变载荷产生，但静载荷有时也会产生变应力（如齿轮、带等传动零件都是静载荷产生变应力的典型实例）。

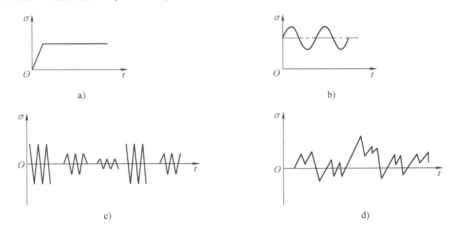

图 2-2-1　静应力及变应力

a）静应力　b）稳定变应力　c）规律性不稳定变应力　d）非规律性不稳定变应力

变应力按其变化特征可分为稳定变应力和不稳定变应力。稳定变应力是指应力变化呈现周期性，且每一次循环中，平均应力、应力幅和周期都不随时间变化，如图 2-2-1b 所示。不稳定变应力是指应力变化不呈周期性而带偶然性，或虽然应力变化呈现周期性，但是应力变化周期、应力幅或平均应力之一随时间而变，如图 2-2-1c、d 所示。

描述稳定变应力的主要参数有 5 个，分别为最大应力 σ_{max}、最小应力 σ_{min}、平均应力 σ_m、应力幅 σ_a 和应力循环特性 r，它们之间关系如下

$$\sigma_{max} = \sigma_m + \sigma_a \qquad (2\text{-}2\text{-}1a)$$
$$\sigma_{min} = \sigma_m - \sigma_a \qquad (2\text{-}2\text{-}1b)$$
$$\sigma_m = (\sigma_{max} + \sigma_{min})/2 \qquad (2\text{-}2\text{-}1c)$$
$$\sigma_a = (\sigma_{max} - \sigma_{min})/2 \qquad (2\text{-}2\text{-}1d)$$
$$r = \sigma_{min}/\sigma_{max} \qquad (2\text{-}2\text{-}1e)$$

稳定变应力循环特性 r 为应力循环中的最小应力与最大应力之比，可用来表示稳定变应力中应力变化的情况，其取值范围为 $-1 \leq r \leq +1$。当 $\sigma_{min} = \sigma_{max}$ 时，$r = +1$，为静应力，如图 2-2-2a 所示，可看作变应力的特例。当 $\sigma_{min} = -\sigma_{max}$ 时，$r = -1$，称为对称循环变应力，如图 2-2-2b 所示。当 $\sigma_{max} \neq 0$，$\sigma_{min} = 0$ 时，$r = 0$，称为脉动循环变应力，如图 2-2-2c 所示。除上述三种外，$-1 < r < +1$ 且 $r \neq 0$，称为非对称循环变应力，如图2-2-2d所示。

三、机械零件的强度

强度准则是设计机械零件的最基本准则。通用机械零件的强度分为静应力强度和变应力强度。变应力强度准则与静应力强度准则的表达式是一致的，与材料力学中强度条件式的概念相同，两者均可表述为零件受载后产生的最大工作应力不大于零件的许用应力。现以单向正应力 σ 为例说明，即

$$\sigma = \frac{F}{A} \leq [\sigma] = \frac{\sigma_{lim}}{[S_\sigma]} \qquad (2\text{-}2\text{-}2a)$$

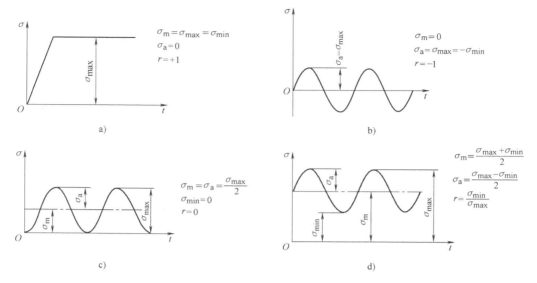

图 2-2-2　稳定变应力

a）静应力　b）对称循环变应力　c）脉动循环变应力　d）非对称循环变应力

上式可改写为

$$A \geqslant \frac{F}{[\sigma]} \tag{2-2-2b}$$

或

$$S_\sigma = \frac{\sigma_{\lim}}{\sigma} \geqslant [S_\sigma] \tag{2-2-2c}$$

式中　F——零件所受的载荷（N）；

A——零件危险截面面积（mm²）；

σ——零件的最大工作应力（MPa）；

$[\sigma]$——零件的工作许用应力（MPa）；

$\sigma_{\lim}$——零件材料的极限应力（MPa）；

S_σ——零件的计算安全系数；

$[S_\sigma]$——零件的许用安全系数。

变应力强度准则与静应力强度准则的表达式虽然一致，但两者的失效机理和计算方法有着很大的不同。在静应力作用下，失效（断裂或塑性变形）是瞬时出现的；在变应力作用下，失效（疲劳破坏）则是一个发展的过程，即首先在零件表面出现初始微细裂纹，在变应力的反复作用下，裂纹向纵深方向逐渐扩展，使零件断面的有效承载面积逐渐减小，当裂纹扩展到一定程度后，零件断面应力超过强度极限，最终导致断裂。在静应力强度计算中，其极限应力通常只与材料的性能有关。对于塑性材料，主要失效形式是塑性变形，取其屈服强度 $\sigma_s^\ominus$作为极限应力；对于脆性材料，主要失效形式是脆性破坏，取其抗拉强度 $\sigma_b^\ominus$作为极

⊖　屈服强度 σ_s 和抗拉强度 σ_b 在新标准中分别用 R_{eH} 和 R_m 代替，但由于其他在新标准中无规定，所以为了统一，本书仍执行旧标准的 σ_s 和 σ_b。

限应力。但在变应力强度计算中，零件的极限应力不仅取决于材料的性能，还与应力的循环特性 r，以及零件在预期使用期限内应力的循环次数 N 有关。此外，它还要受零件的尺寸、结构和表面状态的影响。因此，变应力强度计算的基本内容就是综合考虑上述种种因素，确定具体工况下具体零件的极限应力，进行安全系数核算。上述是单向正应力 σ 的情况。对于单向切应力，只要把公式中 σ 换成 τ 即可；对于既有正应力又有切应力的双向复合静应力状态，可运用材料力学中强度合成理论转换成当量的正应力 σ_{ca} 来进行静应力强度计算。

第二节 材料和零件的疲劳特性曲线

一、材料的疲劳特性曲线

(一) σ-N 疲劳曲线

材料的疲劳特性可用最大应力 σ_{max}、应力循环次数 N 和应力比（或循环特性）r 来描述。机械零件材料的抗疲劳性能是通过试验来测定的。在材料的标准试件上加上循环特性为 r 的稳定变应力（通常为 $r = -1$ 的对称循环变应力或 $r = 0$ 的脉动循环变应力），并以循环的最大应力 σ_{max} 表征材料的疲劳极限 σ_{rN}，通过试验，记录出在不同最大应力（疲劳极限 σ_{rN}）下引起试件疲劳破坏所经历的应力循环次数 N，把试验的结果用线图来表达，就得到材料的疲劳特性曲线。图 2-2-3 所示为在一定的应力循环特性 r 下，疲劳极限与应力循环次数 N 的关系曲线，通常称为 σ-N 曲线。

在应力循环次数 $N \leqslant 10^3$ 的 AB 段，使材料试件发生破坏的最大应力值基本不变，或者说下降得很小，因此可以将应力循环次数 $N \leqslant 10^3$ 的变应力强度按照静应力强度进行计算。应力循环次数 $10^3 < N < 10^4$ 的 BC 段，随着应力循环次数 N 的增加，使材料试件发生破坏的最大应力值将不断下降。由于这一阶段的疲劳破坏伴随着材料的塑性变形，所以用应力循环次数来说明材料的行为更加符合实际。

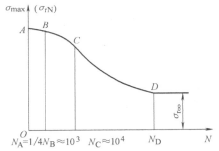

图 2-2-3 σ-N 曲线

图 2-2-3 中的曲线 CD 段，随着应力循环次数 N 的增加，使材料试件发生破坏的最大应力值迅速下降，对应于 CD 曲线上任意点处的疲劳极限，试件经过一定次数的循环变应力作用后总要发生疲劳破坏。而 D 点以后，使材料试件发生破坏的最大应力值将不再下降，曲线近似于水平线，也即当材料试件作用的最大应力小于 D 点对应的最大应力值时，试件经过无限次数的循环变应力作用后都不会发生疲劳破坏。为此称 D 点以后为无限寿命疲劳阶段，D 点对应的疲劳极限称为持久疲劳极限，用 $\sigma_{r\infty}$ 表示。对于绝大多数工程材料来说，由于 D 点对应的应力循环次数 N_D 很大（$1 \times 10^6 \sim 25 \times 10^7$ 次），为此做疲劳试验时人为规定一个循环次数 N_0，称为循环基数，对应 N_0 的疲劳极限记作 σ_{rN_0}（简写为 σ_r），用 N_0 和 σ_r 来近似代表 N_D 和 $\sigma_{r\infty}$，称 σ_r 为 r 应力循环特性下材料的疲劳极限。相应的曲线 CD 段称为有限寿命疲劳阶段，曲线 CD 段上任何一点所代表的疲劳极限称为有限寿命疲劳极限，用 σ_{rN} 表示。上述各符号脚标 r 代表变应力的应力循环特性，N 代表相应的应力循环次数。值得注意的是，有色合金及某些高硬度合金钢的 σ-N 曲线没有

水平部分，即无无限寿命疲劳阶段。

有限寿命疲劳阶段应力循环次数和其疲劳极限之间的关系可用下列方程表示

$$\sigma_{rN}^m N = C \qquad (N_C \leq N \leq N_D) \tag{2-2-3}$$

无限寿命疲劳阶段应力循环次数和其疲劳极限之间的关系可用下列方程表示

$$\sigma_{rN} = \sigma_{r\infty} = \sigma_r \qquad (N > N_D) \tag{2-2-4}$$

由于 D 点为有限寿命疲劳阶段和无限寿命疲劳阶段的公共点，所以有

$$\sigma_{rN}^m N = \sigma_r^m N_0 = C \tag{2-2-5a}$$

由式（2-2-5a）便得到了根据 N_0 和 σ_r 来求有限寿命疲劳阶段内任意循环次数 N（$N_C \leq N \leq N_D$）时的疲劳极限 σ_{rN} 的表达式

$$\sigma_{rN} = \sigma_r \sqrt[m]{\frac{N_0}{N}} = K_N \sigma_r \tag{2-2-5b}$$

式中　K_N——寿命系数，$K_N = \sqrt[m]{\dfrac{N_0}{N}}$，当 $N \geq N_0$ 时，$K_N = 1$；

　　　　C——试验常数；

　　　　$\sigma_{r\infty}$——持久疲劳极限；

　　　　σ_r——相应于应力循环基数 N_0 的疲劳极限；

　　　　m——由材料和应力状态而定的特性系数，对于钢材，在弯曲疲劳和拉压疲劳时，$m = 6 \sim 20$，在初步计算中，钢制零件受弯曲疲劳时，中等、大尺寸零件取 $m = 9$；

　　　　N_0——应力循环基数，对于钢材，在弯曲疲劳和拉压疲劳时，$N_0 = (1 \sim 10) \times 10^6$，在初步计算中，钢制零件受弯曲疲劳时，中等尺寸零件取 $N_0 = 5 \times 10^6$，大尺寸零件取 $N_0 = 10^7$。

（二）极限应力线图

在做材料试验时，通常是求出对称循环的疲劳极限 σ_{-1} 和脉动循环的疲劳极限 σ_0。但机械零件的工作应力并不总是对称循环变应力或脉动循环变应力。为此需要构造材料的极限应力线图来求出符合实际工作应力循环特性的疲劳极限，作为计算强度时的极限应力。同一材料在相同的应力循环次数 N（通常 $N = N_0$）下，将材料试件在不同循环特性 r 时进行试验所求得的各疲劳极限应力表示在 $\sigma_m - \sigma_a$ 坐标系中，用极限平均应力 σ_m 与极限应力幅值 σ_a 的关系曲线来描述材料的等寿命疲劳特性，该曲线称为材料的极限应力线图（又称等寿命疲劳曲线）。

如图 2-2-4 所示，以平均应力 σ_m 为横坐标，应力幅 σ_a 为纵坐标，根据试验数据，可作出塑性材料的疲劳极限应力线图为 $A'D'B$ 曲线，该曲线近似呈抛物线分布。曲线上 A' 点的坐标表示对称循环应力点，D' 点的坐标表示脉动循环应力点，B 点的坐标表示静应力点。

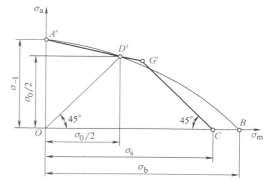

图 2-2-4　材料的极限应力线图

工程上为了计算方便，常将塑性材料疲劳极限应力图进行简化，如图 2-2-5 所示。由于对称循环变应力的平均应力 $\sigma_m = 0$，最大应力等于应力幅，所以对称循环疲劳极限在图中以纵坐标轴上的 A' 点来表示；脉动循环变应力的平均应力及应力幅均为 $\sigma_m = \sigma_a = \sigma_0/2$，所以脉动循环疲劳极限以由原点 O 所作 45°射线上的 D' 点来表示。直线 $A'D'$ 上任何一点都代表了一定循环特性时的疲劳极限。横轴上任一点都代表应力幅等于零的应力，即静应力。在横坐标轴上取 C 点的坐标值等于材料的屈服强度 σ_s，自 C 点作与横坐标轴成 135°的斜线与直线 $A'D'$ 的延长线交于 G' 点，则 CG' 上任何一点均代表 $\sigma_{max} = \sigma_m + \sigma_a = \sigma_s$ 的变应力状况。零件材料（试件）的简化极限应力曲线即为折线 $A'G'C$，它不仅只需较少的试验数据（σ_{-1}，σ_0，σ_s）即可画出，而且也能满足设计的需要。材料中产生的应力如处于 $OA'G'C$ 区域以内，则表示不发生破

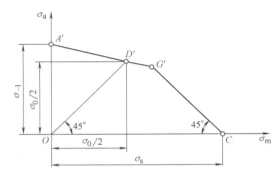

图 2-2-5　材料的简化极限应力线图

坏；如在此区域以外，则表示一定要发生破坏；如正好处于折线上，则表示工作应力状况正好达到极限状态。

图 2-2-5 中，直线 $A'G'$ 上各点的最大应力 σ'_{max} 为

$$\sigma'_{max} = \sigma'_m + \sigma'_a \tag{2-2-6a}$$

直线 $G'C$ 上各点的最大应力 σ'_{max}（疲劳极限）为

$$\sigma'_{max} = \sigma'_m + \sigma'_a = \sigma_s \tag{2-2-6b}$$

式中　σ'_{max}、σ'_m、σ'_a——直线 $A'G'$ 和 $G'C$ 上任一点的最大应力、平均应力和应力幅，σ'_{max} 为前述材料的疲劳极限应力 σ_r，σ'_m 和 σ'_a 为与 σ_r 相应的极限平均应力和极限应力幅。

直线 $A'G'$ 的方程为

$$\frac{\sigma'_m - 0}{\sigma'_a - \sigma_{-1}} = \frac{0 - \sigma_0/2}{\sigma_{-1} - \sigma_0/2} \tag{2-2-6c}$$

由上式可得

$$\left. \begin{array}{l} \sigma'_a = \sigma_{-1} - \dfrac{2\sigma_{-1} - \sigma_0}{\sigma_0}\sigma'_m = \sigma_{-1} - \psi_\sigma \sigma'_m \\[2mm] \psi_\sigma = \dfrac{2\sigma_{-1} - \sigma_0}{\sigma_0} \end{array} \right\} \tag{2-2-6d}$$

式中　ψ_σ——试件受循环弯曲正应力时的材料常数，又称为平均应力折合为应力幅的等效系数。

ψ_σ 的大小表示材料对循环不对称性的敏感程度。根据试验，对碳钢，$\psi_\sigma \approx 0.1 \sim 0.2$；对合金钢，$\psi_\sigma \approx 0.2 \sim 0.3$。试件受循环弯曲切应力时的材料常数 $\psi_\tau \approx 0.5\psi_\sigma$。

二、零件的疲劳特性曲线

（一）影响机械零件疲劳强度的因素

影响机械零件疲劳强度的因素很多，对特定材料制成的机械零件，有应力集中、零件尺寸、表面状况、环境介质、加载顺序和频率等，其中前三种最为重要。

（1）应力集中对零件疲劳强度的影响　在零件剖面的几何形状突然变化处（如孔、圆角、键槽、螺纹等），局部应力要远远大于名义应力，这种现象称为应力集中。应力集中的敏感程度与零件的材料有关，一般材料的强度越高、硬度越高，对应力集中越敏感。如合金钢材料比普通碳素钢对应力集中更敏感。最大局部应力与名义应力的比值 α 称为理论应力集中系数。理论应力集中系数不能直接判断局部应力使零件的疲劳强度降低多少，因为它在不同的材料中有不同的表现。实际上，常用有效应力集中系数 k（k_σ、k_τ，下标 σ、τ 分别表示在正应力、切应力条件下，以下相同）来表示疲劳强度的真正降低程度。有效应力集中系数定义为材料、尺寸和受载情况都相同的一个无应力集中试件和一个有应力集中试件的疲劳强度的比值，如对于正应力为

$$k_\sigma = \frac{\sigma_{-1}}{\sigma_{-1k}} \tag{2-2-7a}$$

式中　σ_{-1}、σ_{-1k}——无应力集中试件和有应力集中试件在受对称循环正应力作用时的疲劳强度。

有效应力集中系数 k 总是小于理论应力集中系数 α，即零件只感受到部分的应力集中作用。各种材料对应力集中的感受程度可用敏感系数 q 表示。

$$q_\sigma = \frac{k_\sigma - 1}{\alpha_\sigma - 1} \tag{2-2-7b}$$

当 q_σ 和 α_σ 为已知时，k_σ 即为

$$k_\sigma = 1 + q_\sigma(\alpha_\sigma - 1) \tag{2-2-7c}$$

q 可以看成是实际上应力增高的程度与理论上应力增高的程度的比值，其值在 $0 \sim 1$ 之间，q 值越大，该材料越易感受应力集中。对于结构钢，常取 $q = 0.6 \sim 0.8$，强度极限高者取大值，低者取小值；对于高强度合金钢，取 $q \gg 1$；对于铸铁，取 $q = 0$，即 $k_\sigma = 1$。如果计算剖面上有几个不同的应力集中源，则零件的疲劳强度由各 k 中的最大值决定。为了提高零件疲劳强度，应尽可能降低零件上的应力集中影响，在不可避免地要产生较大应力集中的结构处，可开设减载槽来降低应力集中的作用。

（2）绝对尺寸对零件疲劳强度的影响　当其他条件相同时，零件剖面的绝对尺寸越大，其疲劳强度也越低。这是由于尺寸大时，材料的晶粒粗，出现缺陷的概率大和机加工后表面冷作硬化层的相对减薄等。剖面绝对尺寸对零件疲劳强度的影响可用绝对尺寸系数 ε（ε_σ、ε_τ）表示。ε 定义为直径为 d 的试件的疲劳强度与直径为 $d_0 = 6 \sim 10\text{mm}$ 的试件的疲劳强度的比值，如对于正应力为

$$\varepsilon_\sigma = \frac{\sigma_{-1d}}{\sigma_{-1d_0}} \tag{2-2-7d}$$

式中　σ_{-1d}——直径为 d 的试件在受对称循环正应力作用时的疲劳强度；

σ_{-1d_0}——直径为 $d_0 = 6 \sim 10\text{mm}$ 的试件在受对称循环正应力作用时的疲劳强度。

(3) 表面质量对零件疲劳强度的影响　当其他条件相同时，零件表面越粗糙，其疲劳强度也越低。表面质量对疲劳强度的影响可用表面质量系数 β 表示。β 定义为试件在某种表面质量下的疲劳强度 $\sigma_{-1\beta}$ 与精抛光试件的疲劳极限 $\sigma_{-1\beta_0}$ 的比值，即

$$\beta_\sigma = \frac{\sigma_{-1\beta}}{\sigma_{-1\beta_0}} \tag{2-2-7e}$$

适当提高零件的表面质量，特别是提高有应力集中部位的表面加工质量，必要时对表面作适当的防护处理，尽可能地减少或消除零件表面可能发生的初始裂纹的尺寸，对于延长零件的疲劳寿命有着比提高材料性能更为显著的作用。

(4) 表面强化系数对零件疲劳强度的影响　对零件表面施行不同的强化处理，如表面化学热处理、高频表面淬火、表面硬化加工等，均可不同程度地提高零件的疲劳强度。强化处理对疲劳强度的影响用强化系数 β_q 来表示，其定义为

$$\beta_q = \frac{\sigma_{-1q}}{\sigma_{-1}} \tag{2-2-7f}$$

式中　σ_{-1q}——经过强化处理后试件的弯曲疲劳强度；

σ_{-1}——试件的弯曲疲劳强度。

在综合考虑零件的性能要求和经济性后，采用具有高疲劳强度的材料，并配以适当的热处理和各种表面强化处理。

由试验得知，应力集中、绝对尺寸、表面质量和强化系数只对应力幅有影响。通常用综合影响系数 K（K_σ、K_τ）来表示上述诸因素的综合影响，即

$$K_\sigma = \left(\frac{k_\sigma}{\varepsilon_\sigma} + \frac{1}{\beta_\sigma} - 1\right)\frac{1}{\beta_q} \tag{2-2-8}$$

当其他条件相同时，钢的强度越高，K_σ 和 K_τ 之值也越大。因此用高强度钢制造的零件，必须特别注意减少应力集中和提高表面质量。由于零件几何形状、尺寸大小及加工质量等因素的影响，使得零件的疲劳强度要小于材料试件的疲劳强度。

以上各系数的取值可查看本教材附录或其他有关设计资料确定。

此外，对不同材料制成的零件，材料屈服强度和冶金质量直接影响零件的疲劳强度。材料的屈服强度和疲劳强度之间有一定的关系，一般来说，材料的屈服强度越高，疲劳强度也越高。因此，为了提高零件的疲劳强度，应设法提高零件材料的屈服强度，或采用屈服强度和抗拉强度比值高的材料。对同一材料来说，细晶粒组织比粗细晶粒组织具有更高的屈服强度；材料中的非金属夹杂物、气泡、元素的偏析等冶金缺陷存在于表面的夹杂物都是应力集中源，会导致夹杂物与基体界面之间过早地产生疲劳裂纹，降低零件的疲劳强度。

（二）零件极限应力线图

材料被制造成零件后，由于实际零件几何形状、尺寸大小、加工质量和表面强化等因素的影响，使得零件的疲劳强度要小于材料试件的疲劳强度。以弯曲疲劳强度的综合影响系数 K_σ 表示材料对称循环弯曲疲劳强度 σ_{-1} 与零件对称循环弯曲疲劳强度 σ_{-1e}（下标 e 表示零件）的比值，即

$$K_\sigma = \frac{\sigma_{-1}}{\sigma_{-1e}} \qquad\qquad (2\text{-}2\text{-}9a)$$

K_σ 只影响 σ_a，不影响 σ_m。则当已知 K_σ 和 σ_{-1} 时，就可以不经试验而估算出零件的对称循环弯曲疲劳强度为

$$\sigma_{-1e} = \frac{\sigma_{-1}}{K_\sigma}，\text{一般情况 } \sigma_{rae} = \frac{\sigma_{ra}}{K_\sigma} \qquad (2\text{-}2\text{-}9b)$$

为了得到零件的极限应力线图，把零件材料的极限应力线图中的直线 $A'D'G'$ 按上述原则要求向下移，成为图 2-2-6 所示的直线 ADG，而材料的极限应力曲线的 CG' 部分，由于是按照静应力的要求来考虑的，故不需进行修正。

所以，零件的极限应力曲线，即由折线 $ADGC$ 表示（图 2-2-6）。零件中产生的应力如处于 $OADGC$ 区域以内，则表示不发生破坏；如在此区域以外，则表示一定发生破坏；如正好处于折线上，则表示工作应力状况正好达到极限状态。直线 AG 的方程，由已知的两点坐标 A（0，σ_{-1}/K_σ）及 D（$\sigma_0/2$，$\sigma_0/2K_\sigma$）求得

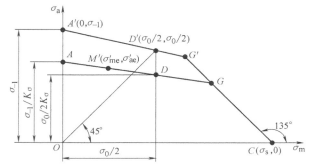

图 2-2-6　零件的极限应力线图

$$\sigma_{-1e} = \frac{\sigma_{-1}}{K_\sigma} = \sigma'_{ae} + \frac{1}{K_\sigma}\left(\frac{2\sigma_{-1}-\sigma_0}{\sigma_0}\right)\sigma'_{me} = \sigma'_{ae} + \psi_{\sigma e}\sigma'_{me} \qquad (2\text{-}2\text{-}10a)$$

或

$$\sigma_{-1} = K_\sigma \sigma'_{ae} + \psi_\sigma \sigma'_{me} \qquad\qquad (2\text{-}2\text{-}10b)$$

直线 CG 的方程为

$$\sigma'_{ae} + \sigma'_{me} = \sigma_s \qquad\qquad (2\text{-}2\text{-}11)$$

式中　σ'_{ae}——零件受循环弯曲应力时的极限应力幅；

σ'_{me}——零件受循环弯曲应力时的极限平均应力；

$\psi_{\sigma e}$——零件受循环弯曲应力时的材料常数，$\psi_{\sigma e} = \psi_\sigma / K_\sigma$。

同样，对于零件受切应力时，也可仿照上述各式，并以 τ 代换 σ，即可得出相应的极限应力曲线方程。

第三节　机械零件的疲劳强度计算

一、疲劳破坏特征

飞机、船舶、车辆、矿山机械、冶金机械、农业机械、动力机械、起重运输机械、石油钻井设备以及铁路桥梁等，其主要零件和结构件大多在循环变化的载荷作用下工作，疲劳破坏是其主要的失效形式。工程设备中，零件的疲劳破坏高达 70% ~ 90%，小到螺钉的断裂，大到桥梁倒塌、飞机折断、钻井平台倾覆，都有疲劳破坏的先例。1954 年英国彗星式喷气客机（最早的喷气客机）从高空坠毁；1967 年美国西弗吉尼亚州的 Point Pleasant 大桥在没

有任何预兆的情况下突然断裂；1980 年北海"亚历山大"钻井平台倾覆；1988 年美国一架客机在航行中被掀去座舱的顶部；2003 年台湾华航波音 747 客机在南海坠毁。这些事故都是由于疲劳破坏所引起的。表面无宏观缺陷的金属材料，其疲劳过程可分为两个阶段：① 表面通过各种滑移方式形成初始裂纹；②裂纹尖端在切应力作用下发生反复塑性变形，使裂纹扩展以致断裂。如果零件在制造过程中出现划伤、裂纹、非金属夹杂物以及酸洗小坑等缺陷，则疲劳裂纹将首先在这些部位产生和扩展。零件的圆角、凹槽、缺口等造成的应力集中，也会促使零件表面裂纹的生成和发展。

疲劳断裂剖面由光滑的疲劳发展区和粗粒状的断裂区组成（图 2-2-7）。在变应力下形成初始裂纹后，裂纹继续发展形成疲劳区，疲劳区留下有标志裂纹发展过程的前沿线。由于裂纹边缘反复压紧和分开，疲劳区呈光滑状态。粗粒状的断裂区是由于当裂纹达到临界尺寸后，在较少的应力循环次数作用下迅速发生断裂而造成的。

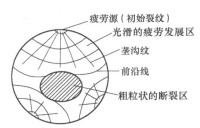

图 2-2-7 旋转弯曲的疲劳断裂截面

零件的疲劳破坏与静强度破坏相比有着本质的区别，它有如下主要特征：①构件承受的必须是交变载荷，而且在交变载荷作用下，构件有可能在承受远小于其强度极限的应力条件下发生突然断裂；②无论是塑性材料还是脆性材料，材料的断裂在宏观上表现为脆性断裂；③疲劳破坏是由载荷的损伤引起的，这种损伤不是由一个载荷单独提供，而是由每一个交变载荷所造成的损伤累积起来的，这种损伤累积有时需要经历很长时间；④疲劳破坏发生在局部的危险点上，这种危险点除可能由于应力特别大之外，还可能由于温度、截面形状变化非常大，或材料内部缺陷等原因产生；⑤疲劳破坏的断口在宏观上和微观上都不同于静强度破坏。

实际上有相当一部分零件，即使出现了宏观裂纹，由于疲劳裂纹的扩展速度较慢，要经历相当长的时间后才达到临界尺寸而发生断裂。这就为工程上采用有限寿命设计提供了前提。而研究微观和宏观裂纹的扩展规律，则是有效地进行有限寿命设计的理论基础，这就是工程断裂力学所研究的主要内容。

二、机械零件的疲劳强度计算

（一）单向稳定变应力时机械零件的疲劳强度计算

在作机械零件的疲劳强度计算时，首先要求出零件危险剖面上的最大应力 σ_{max} 及最小应力 σ_{min}，并据此计算出平均应力 σ_m 及应力幅 σ_a。然后，在极限应力线图的坐标上标出相应于 σ_m 及 σ_a 的一个工作应力点 M 或 N（图 2-2-8）。

显然，在强度计算时所用的极限应力应是零件的极限应力曲线 AGC 上的某一个点所代表的应力。到底用哪一个点来表示极限应力才算合适，这要根据零件应力的变化规律来定。根据零件应力的变化规律以及零件与相邻零件互相约束情况的不同，通常有下述三种典型的应力变化规律：①变应力的循环特性保持不变，

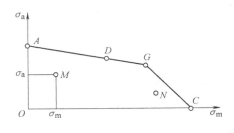

图 2-2-8 零件应力在极限应力线图坐标上的位置

即 $r = C$（常数），如绝大多数转轴中的应力状态，若零件所受应力变化规律不能肯定，一般将其看作 $r = C$ 情况；②变应力的平均应力保持不变，即 $\sigma_m = C$（如振动着的受载弹簧的应力状态）；③变应力的最小应力保持不变，即 $\sigma_{min} = C$（如紧螺栓联接中螺栓受轴向变载荷时的应力状态）。下面以正应力 σ 例，逐一说明并导出其强度计算式。对切应力，下述公式同样适用，只需将 σ 改为 τ 即可。需要特别指出的是，下述计算均为按无限寿命进行零件设计，若按有限寿命要求设计零件时，即应力循环次数 $10^4 < N < N_0$ 时，这时公式中的极限应力应为有限寿命的疲劳极限 $\sigma_{rN} = \sqrt[m]{\dfrac{N_0}{N}}\sigma_r$，即应以 σ_{-1N} 代 σ_{-1}，以 σ_{0N} 代 σ_0。

（1）$r = C$ 的情况　当 $\sigma_{min}/\sigma_{max} = r = C$ 时，由于 $\sigma_a/\sigma_m = (\sigma_{max} - \sigma_{min})/(\sigma_{max} + \sigma_{min}) = (1-r)/(1+r)$，所以 σ_a/σ_m 也为常数。如图 2-2-9 所示，从坐标原点引射线通过工作应力点 M（或 N）与极限应力曲线交于 M_1'（或 N_1'），得到 OM_1'（或 ON_1'），则在此射线上任何一个点所代表的应力循环都具有相同的循环特性值。M_1'（或 N_1'）所代表的应力值为零件的极限应力值。

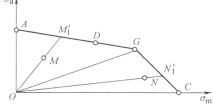

图 2-2-9　$r = C$ 时的极限应力

由前述知直线 AG 方程为 $\sigma_{-1} = K_\sigma \sigma_a' + \psi_\sigma \sigma_{me}'$，直线 CG 方程为 $\sigma_{ae}' + \sigma_{me}' = \sigma_s$。根据解析几何，知直线 OM 的方程可由已知的两点坐标 O（0，0）及 M（σ_m，σ_a）求得为

$$\sigma_{ae}' = \frac{\sigma_a}{\sigma_m}\sigma_{me}' \tag{2-2-12a}$$

对于落在 OAG 区域的工作应力点 M，联解 OM 及 AG 两直线方程，可以求出 M_1' 点的坐标值 σ_{me}' 和 σ_{ae}'，然后把它们加起来，就可以求出对应于 M 点的零件的极限应力（疲劳极限）σ_{max}'，结果为

$$\sigma_{max}' = \sigma_{ae}' + \sigma_{me}' = \frac{\sigma_{-1}(\sigma_m + \sigma_a)}{K_\sigma \sigma_a + \psi_\sigma \sigma_m} \tag{2-2-12b}$$

于是，计算安全系数 S_σ 及强度条件为

$$S_{ca} = \frac{\sigma_{max}'}{\sigma_{max}} = \frac{\sigma_{-1}}{K_\sigma \sigma_a + \psi_\sigma \sigma_m} = \frac{\sigma_{-1}}{\sigma_{ad}} \geqslant [S_\sigma] \tag{2-2-13}$$

式（2-2-13）中，$\sigma_{ad} = K_\sigma \sigma_a + \psi_\sigma \sigma_m$，称为等效应力。$\sigma_{ad}$ 可以看成是一个与原来作用的不对称循环变应力等效的对称循环变应力，这种处理方法称为应力的等效转化。

对于落在 OGC 区域的工作应力点 N，对应于 N 点的极限应力点 N_1' 位于直线 GC 上，此时的极限应力 σ_{max}' 即为屈服强度 σ_s，故其强度计算式为

$$S_{ca} = \frac{\sigma_{max}'}{\sigma_{max}} = \frac{\sigma_s}{\sigma_a + \sigma_m} \geqslant [S_\sigma] \tag{2-2-14}$$

当未知工作应力点所在区域时，应同时考虑可能出现的两种情况进行计算。

（2）$\sigma_m = C$ 的情况　在图 2-2-10 中，过工作应力点 M（或 N）作纵坐标轴的平行线 PMM_2'（或 QNN_2'）

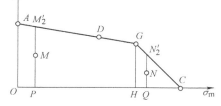

图 2-2-10　$\sigma_m = C$ 时的极限应力

与极限应力线 AG 交于 M_2' 点（或与线 GC 交于 N_2' 点），则此直线上任何一个点所代表的应力循环都具有相同的平均应力值。因为 M_2'（或 N_2'）为极限应力线上的点，所以它所代表的应力值就是此时零件的极限应力值。

对于落在 HGC 区域的工作应力点 N，对应于 N 点的极限应力点 N_2' 位于直线 GC 上，此时的极限应力 $\sigma'_{\max}$ 即为屈服强度 σ_s，故其强度计算式同式（2-2-14）。

对于落在 $OAGH$ 区域的工作应力点 M，直线 PM 方程为

$$\sigma'_{me} = \sigma_m \tag{2-2-15}$$

联解 PM 及 AG 两直线方程，可以求出 M_2' 点的坐标值 σ'_{me} 和 σ'_{ae}，然后把它们加起来，就可以求出对应于 M 点的零件的极限应力（疲劳极限）$\sigma'_{\max}$，结果为

$$S_{ca} = \frac{\sigma'_{\max}}{\sigma_{\max}} = \frac{\sigma_{-1} + (K_\sigma - \psi_\sigma)\sigma_m}{K_\sigma(\sigma_a + \sigma_m)} \geq [S_\sigma] \tag{2-2-16}$$

（3）$\sigma_{\min} = C$ 的情况 因为 $\sigma_{\min} = \sigma_m - \sigma_a = C$，所以在图 2-2-11 中，过工作应力点 M（或 N）作与横轴夹角为45°的直线 SMM_3'（或 TNN_3'）与极限应力线 AGC 交于 M_3' 点（或 N_3' 点），则此直线上任何一点所代表的应力循环都具有相同的最小应力值。因为 M_3' 点（或 N_3' 点）为极限应力线上的点，所以它所代表的应力值就是此时零件的极限应力值。当工作应力点位于 OAJ 区域内时，由于 $\sigma_{\min}$ 为负值，工程中罕见，故不作考虑。

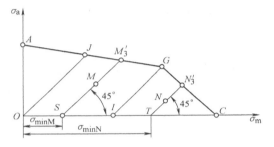

图 2-2-11 $\sigma_{\min} = C$ 时的极限应力

对于落在 IGC 区域的工作应力点 N，对应于 N 点的极限应力点 N_3' 位于直线 GC 上，此时的极限应力 $\sigma'_{\max}$ 即为屈服强度 σ_s，故其强度计算式同式（2-2-14）。

对于落在 $OJGI$ 区域的工作应力点 M，直线 SM 方程为

$$\sigma'_{me} - \sigma'_{ae} = \sigma_m - \sigma_a \tag{2-2-17}$$

联解 SM 及 AG 两直线方程，可以求出 M_3' 点的坐标值 σ'_{me} 和 σ'_{ae}，然后把它们加起来，就可以求出对应于 M 点的零件的极限应力（疲劳极限）$\sigma'_{\max}$，结果为

$$S_{ca} = \frac{\sigma'_{\max}}{\sigma_{\max}} = \frac{2\sigma_{-1} + (K_\sigma - \psi_\sigma)\sigma_{\min}}{(K_\sigma + \psi_\sigma)(2\sigma_a + \sigma_{\min})} \geq [S_\sigma] \tag{2-2-18}$$

（二）双向稳定变应力时机械零件的疲劳强度计算

双向应力是指零件同时受法向和切向应力作用。对于钢材制作的零件，当零件上同时作用有同相位的法向及切向对称循环稳定变应力 σ_a 及 τ_a 时，经过试验得出的极限应力关系满足如下方程

$$\left(\frac{\tau'_a}{\tau_{-1e}}\right)^2 + \left(\frac{\sigma'_a}{\sigma_{-1e}}\right)^2 = 1 \tag{2-2-19}$$

上式在 $\dfrac{\tau_a}{\tau_{-1e}} - \dfrac{\sigma_a}{\sigma_{-1e}}$ 坐标系上是一个单位圆（图 2-2-12）。

式（2-2-19）中 σ'_a 及 τ'_a 为同时作用的法向及切向应力幅的极限值。由于是对称循环变应力，故应力幅即为最大应力。圆弧 $AM'B$ 上任何一个点都代表一对极限应

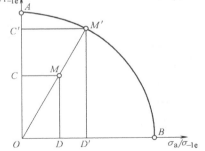

图 2-2-12 双向变应力极限应力图

力 σ'_a 和 τ'_a 的状态。如果在坐标系中 M 表示作用于零件上的应力幅为 σ_a 和 τ_a 时的工作点，则由于此工作应力点在极限圆以内，尚未达到极限条件，因而是安全的。引直线 OM 与 $\widehat{AB}$ 交于 M' 点，则计算安全系数

$$S_{ca} = \frac{OM'}{OM} = \frac{OC'}{OC} = \frac{OD'}{OD} \tag{2-2-20}$$

式中各线段的长度为 $OC' = \dfrac{\tau'_a}{\tau_{-1e}}, OC = \dfrac{\tau_a}{\tau_{-1e}}, OD' = \dfrac{\sigma'_a}{\sigma_{-1e}}, OD = \dfrac{\sigma_a}{\sigma_{-1e}}$，代入式（2-2-20）得

$$\left.\begin{array}{l} \dfrac{\tau'_a}{\tau_{-1e}} = S_{ca}\dfrac{\tau_a}{\tau_{-1e}}, \text{即 } \tau'_a = S_{ca}\tau_a \\[3mm] \dfrac{\sigma'_a}{\sigma_{-1e}} = S_{ca}\dfrac{\sigma_a}{\sigma_{-1e}}, \text{即 } \sigma'_a = S_{ca}\sigma_a \end{array}\right\} \tag{2-2-21}$$

将式（2-2-21）代入式（2-2-19），得

$$\left(\frac{S_{ca}\tau_a}{\tau_{-1e}}\right)^2 + \left(\frac{S_{ca}\sigma_a}{\sigma_{-1e}}\right)^2 = 1 \tag{2-2-22}$$

从强度计算的观点来看，$\tau_{-1e}/\tau_a = S_\tau$ 是零件上只承受切应力 τ_a 时的计算安全系数；$\sigma_{-1e}/\sigma_a = S_\sigma$ 是零件上只承受法向应力 σ_a 时的计算安全系数，故

$$\left(\frac{S_{ca}}{S_\tau}\right)^2 + \left(\frac{S_{ca}}{S_\sigma}\right)^2 = 1 \tag{2-2-23}$$

也即

$$S_{ca} = \frac{S_\sigma S_\tau}{\sqrt{S_\sigma^2 + S_\tau^2}} \tag{2-2-24}$$

当零件上所承受的两个变应力均为不对称循环变应力时，可先由式（2-2-13）分别求出 S_σ 和 S_τ，即

$$S_\sigma = \frac{\sigma_{-1}}{K_\sigma \sigma_a + \psi_\sigma \sigma_m}$$

$$S_\tau = \frac{\tau_{-1}}{K_\tau \tau_a + \psi_\tau \tau_m}$$

然后按式（2-2-24）求出零件的计算安全系数 S_{ca}，并使 $S_{ca} \geqslant [S]$，以满足疲劳强度要求。

（三）单向不稳定循环变应力时机械零件的疲劳强度计算

不稳定变应力可分为规律性和非规律性两种。非规律性不稳定变应力，其变应力参数的变化要受到很多偶然因素的影响，是随机地变化的。对于这一类的问题，应根据大量的试验，求得载荷及应力的统计分布规律，然后用统计方法进行疲劳强度计算。规律性的不稳定变应力，其变应力参数的变化有一个简单的规律。例如，专用机床的定轴、高炉上料机构的零件等都可以近似地看作承受规律性不稳定变应力的零件。对于这一类问题，一般根据疲劳损伤累积假说进行计算。

图 2-2-13 所示为一规律性的不稳定变应力示意图。变应力 σ_1、σ_2、σ_3、σ_4（对称循环变应力的最大应力，或非对称循环变应力的等效对称循环变应力的应力幅，下同）分别各自作用了 n_1、n_2、n_3、n_4 次。将图 2-2-13 中所示的应力图放在材料的 $\sigma_r\text{-}N$ 坐标上，如图 2-2-14 所示，N_1、N_2、N_3、N_4 分别为各应力单独作用时材料发生疲劳破坏的应力循环次数。

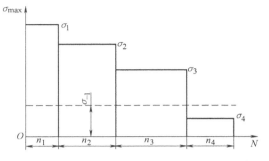

图 2-2-13　规律性不稳定变应力示意图

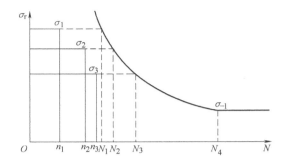

图 2-2-14　不稳定变应力在 σ_r-N 坐标上

如图 2-2-14 所示，对小于材料的持久疲劳极限 σ_{-1} 的应力，如 σ_4，可认为对疲劳强度无影响，故在计算时可不予考虑；而大于材料的持久疲劳极限 σ_{-1} 的各个应力每循环一次就造成一次寿命损失，其寿命损伤率分别为 n_1/N_1、n_2/N_2、n_3/N_3。当零件达到疲劳极限状况时，各寿命损伤率之和达到 100%，即

$$\frac{n_1}{N_1} + \frac{n_2}{N_2} + \frac{n_3}{N_3} = 1 \qquad (2\text{-}2\text{-}25a)$$

写成一般式

$$\sum_i^z \frac{n_i}{N_i} = 1 \qquad (2\text{-}2\text{-}25b)$$

式（2-2-25b）即为疲劳损伤线性累积假说（Miner 法则）的数学表达式。自从此假说提出后，曾作了大量的试验研究，以验证此假说的正确性。试验证明，当各个作用的应力幅无巨大的差别以及无短时的强烈过载时，这个规律是正确的；当各级应力是先作用最大的，然后依次降低时，式（2-2-25b）中的等号左边将小于 1；当各级应力是先作用最小的，然后依次升高时，式（2-2-25b）中的等号左边将大于 1。通过大量试验，有以下关系

$$\sum_i^z \frac{n_i}{N_i} = 0.7 \sim 2.2 \qquad (2\text{-}2\text{-}26)$$

出现这一现象可以解释为：当各级应力是先作用最大的，然后依次降低时，开始的最大应力引起了初始裂纹，以后虽然施加的应力较小，但是仍能够使裂纹扩展，所以对材料有削弱作用；相反，各级应力是先作用最小的，然后依次升高时，开始的较小应力不但没有引起初始裂纹，反而对材料起了强化的作用，所以提高了材料的强度。由于疲劳试验的数据具有很大的离散性，从平均的意义上来说，在设计中应用式（2-2-25b）还是可以得出一个较为合理的结果。

根据式（2-2-5a）可得

$$N_i = N_0 \left(\frac{\sigma_{-1}}{\sigma_i} \right)^m \qquad (2\text{-}2\text{-}27)$$

代入式（2-2-25b），得到不稳定变应力时的极限条件为

$$\sum_{i=1}^z \sigma_i^m n_i = \sigma_{-1}^m N_0$$

如果材料在上述应力作用下还未达到疲劳破坏，则

$$\sum_{i=1}^{z} \sigma_i^m n_i < \sigma_{-1}^m N_0 \qquad \text{或} \quad \frac{\sum_{i=1}^{z} \sigma_i^m n_i}{\sigma_{-1}^m N_0} < 1 \tag{2-2-28}$$

令

$$\sigma_{ca} = \sqrt[m]{\frac{1}{N_0} \sum_{i=1}^{z} \sigma_i^m n_i} \tag{2-2-29}$$

σ_{ca} 称为不稳定变应力的计算应力，则式（2-2-28）为

$$\sigma_{ca} < \sigma_{-1} \tag{2-2-30}$$

此时，计算安全系数 S_{ca} 及强度条件则为

$$S_{ca} = \frac{\sigma_{-1}}{\sigma_{ca}} \geqslant S \tag{2-2-31}$$

上述为对称循环的规律性不稳定变应力材料试件的疲劳强度计算方法。对于非对称循环的规律性不稳定变应力材料试件的疲劳强度计算，或者是上述应力状况下的零件疲劳强度计算等问题，需要按以下方法进行处理。

1）将各不对称循环的规律性不稳定变应力转化成各等效的对称循环变应力 σ_{ad}。

2）计算零件时，以零件的持久疲劳极限 σ_{-1e} 代替材料的持久疲劳极限 σ_{-1}。

第四节　机械零件的接触强度

当具有一定曲面的两物体在压力下相互接触时，便在接触处产生接触应力。两物体接触可以是低副的面接触，也可以是高副的点、线接触。例如，齿轮传动机构、凸轮机构及滚动轴承等高副机构，它们在工作时，理论上是通过点或线接触传递载荷或运动的。滑动轴承、键联接及铰制孔用螺栓联接等零件为面接触。对面接触接触强度计算方法应用材料力学中的挤压强度来进行，在此不再多说。这里主要研究点、线接触情况下的接触强度。由于接触处的材料产生弹性变形，所以实际接触处为一很小的面积，并使表层产生很大的局部应力，该应力称为接触应力，表面接触应力作用下的强度称为接触强度。曲面物体相接触的情况如图2-2-15 所示。

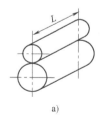 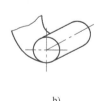 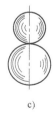

a)　　　　　　　　b)　　　　　　　　c)　　　　　　　　d)

图 2-2-15　曲面物体相接触的情况

a）外、线接触　b）内、线接触　c）外、点接触　d）内、点接触

承受压力前，两物体沿一条线互相接触，称初始线接触（图 2-2-15a、b），如直齿轮传动及滚动轴承等。承受压力前，两物体互相接触于一点，称初始点接触（图 2-2-15c、d），如球轴承等。在上述两种接触情况下，若两曲面的曲率中心位于接触部位的两侧，称为外接触（图 2-2-15a、c）；若位于同侧，则称为内接触（图 2-2-15b、d）。

零件在接触处产生的接触应力绝大多数都是随时间变化的。在交变接触应力的作用下，经过若干循环次数后，零件表面材料就可能产生甲壳状的小片剥落，而在表面上遗留下一个小坑（图 2-2-16）。

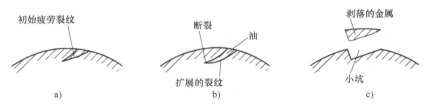

图 2-2-16 疲劳点蚀过程

这种由于表面材料接触疲劳而产生物质转移的现象称为疲劳点蚀（也称疲劳磨损）。它是高副机构工作时的主要损伤形式。表面疲劳点蚀产生的原因，是由于交变接触应力的作用使表层材料产生塑性变形，从而导致表面变硬，并在表面接触处出现初始裂纹。当润滑油被挤入某一零件初始裂纹中后，与之接触的另一零件表面在滚动时将裂纹口封住挤压，使裂纹内的润滑油产生很大的压力，迫使初始裂纹扩展。当裂纹扩展到一定深度后，就会导致表层材料局部剥落。于是就在零件表面上产生痘斑状凹坑，形成疲劳点蚀。润滑油的粘度越低，越易被挤入初始裂纹中，疲劳点蚀的发展也就越迅速。判断金属接触疲劳强度的指标是接触疲劳极限，即在规定的应力循环次数下不发生疲劳点蚀的最大应力。影响疲劳点蚀的因素很多，如金属的表面状态、润滑油的粘度、两接触体相对滑动的性质等，但其主要因素还是接触应力的数值大小。

在本教材所论述的通用零件设计中，主要涉及初始线接触的情况。因此这里只讨论线接触时接触应力的计算。由弹性力学可知，当两个半径为 ρ_1、ρ_2 的圆柱体以力 F 相压紧时，接触面将呈一狭带形（图 2-2-17）。

最大接触应力发生在狭带中线的各点上，根据赫兹（Hertz）公式，最大接触应力 σ_H 为

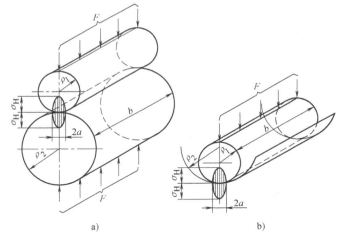

图 2-2-17 两圆柱体接触受力后的变形与应力分布

$$\sigma_H = \sqrt{\frac{F}{\pi b} \frac{\dfrac{1}{\rho_1} \pm \dfrac{1}{\rho_2}}{\dfrac{1-\mu_1^2}{E_1} + \dfrac{1-\mu_2^2}{E_2}}} \qquad (2\text{-}2\text{-}32)$$

接触疲劳强度条件为

$$\sigma_H \leqslant [\sigma_H] \qquad (2\text{-}2\text{-}33)$$

式中　E_1、E_2——两圆柱体材料的弹性模量；

　　　μ_1、μ_2——两圆柱体材料的泊松比；

F——作用于两圆柱体接触面上的总载荷；

ρ_1、ρ_2——圆柱体 1、2 接触区曲率半径，正号用于外接触，负号用于内接触；

b——初始接触线长度；

$[\sigma_H]$——许用接触应力。

在接触线（或点）连续改变位置时，显然对于零件上任一点处的接触应力只能在 0 到 σ_H 之间改变，因此，接触变应力是一个脉动循环变应力。在作接触疲劳强度计算时，极限应力也应是一个脉动循环的极限接触应力。此外，内接触时 σ_H 较小，所以重载情况下采用内接触，有利于提高承载能力或减小接触副的尺寸。

附　录

附录 A　圆角、环槽的有效应力集中系数 k_σ 和 k_τ 值

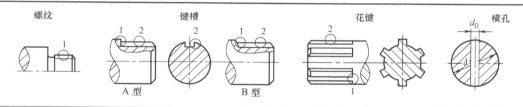

$\dfrac{D}{d}$	$\dfrac{r}{d}$	k_σ						k_τ			
		σ_b/MPa						σ_b/MPa			
		≤500	600	700	800	900	≥1000	≤700	800	900	≥1000
$\dfrac{D}{d}\le 1.1$	0.02	1.84	1.96	2.08	2.20	2.35	2.50	1.36	1.41	1.45	1.50
	0.04	1.60	1.66	1.69	1.75	1.81	1.87	1.24	1.27	1.29	1.32
	0.06	1.51	1.51	1.54	1.54	1.60	1.60	1.18	1.20	1.23	1.24
	0.08	1.40	1.40	1.42	1.42	1.46	1.46	1.14	1.16	1.18	1.19
	0.10	1.34	1.34	1.37	1.37	1.39	1.39	1.11	1.13	1.15	1.16
	0.15	1.25	1.25	1.27	1.27	1.30	1.30	1.07	1.08	1.09	1.11
$1.1<\dfrac{D}{d}\le 1.2$	0.02	2.18	2.34	2.51	2.68	2.89	3.10	1.59	1.67	1.74	1.81
	0.04	1.84	1.92	1.97	2.05	2.13	2.22	1.39	1.45	1.48	1.52
	0.06	1.71	1.71	1.76	1.76	1.84	1.84	1.30	1.33	1.37	1.39
	0.08	1.56	1.56	1.59	1.59	1.64	1.64	1.22	1.26	1.30	1.31
	0.10	1.48	1.48	1.51	1.51	1.54	1.54	1.19	1.21	1.24	1.26
	0.15	1.35	1.35	1.38	1.38	1.41	1.41	1.11	1.14	1.15	1.18
$1.2<\dfrac{D}{d}\le 2$	0.02	2.40	2.60	2.80	3.00	3.25	3.50	1.80	1.90	2.00	2.10
	0.04	2.00	2.10	2.15	2.25	2.35	2.45	1.53	1.60	1.65	1.70
	0.06	1.85	1.85	1.90	1.90	2.00	2.00	1.40	1.45	1.50	1.53
	0.08	1.66	1.66	1.70	1.70	1.76	1.76	1.30	1.35	1.40	1.42
	0.10	1.57	1.57	1.61	1.61	1.64	1.64	1.25	1.28	1.32	1.35
	0.15	1.41	1.41	1.45	1.45	1.49	1.49	1.15	1.18	1.20	1.24

附录 B　螺纹、键槽、外花键、横孔的有效应力集中系数 k_σ 和 k_τ 值

（续）

σ_b/MPa	螺纹		键槽			花键			横孔		
			k_σ		k_τ	k_σ	k_τ		k_σ		k_τ
	k_σ	k_τ	A 型	B 型	A、B 型		矩形	渐开线	d_0/d 0.05~0.15	d_0/d 0.15~0.25	d_0/d 0.05~0.25
400	1.45		1.51	1.30	1.20	1.35	2.10	1.40	1.90	1.70	1.70
500	1.78		1.64	1.38	1.37	1.45	2.25	1.43	1.95	1.75	1.75
600	1.96		1.76	1.46	1.54	1.55	2.35	1.46	2.00	1.80	1.80
700	2.20	1.00	1.89	1.54	1.71	1.60	2.45	1.49	2.05	1.85	1.80
800	2.32		2.01	1.62	1.88	1.65	2.55	1.52	2.10	1.90	1.85
900	2.47		2.14	1.69	2.05	1.70	2.65	1.55	2.15	1.95	1.90
1000	2.61		2.26	1.77	2.22	1.72	2.70	1.58	2.20	2.00	1.90
1200	2.90		2.50	1.92	2.39	1.75	2.80	1.60	2.30	2.10	2.00

注：1. 齿轮轴上花键 $k_\sigma = 1.00$。

2. 表中数值为标号 1 处的有效应力集中系数，标号 2 处 $k_\sigma = 1$，k_τ 值为表中数值。

附录 C　尺寸系数 ε_σ 和 ε_τ 值

毛坯直径	碳 钢		合 金 钢		毛坯直径	碳 钢		合 金 钢	
/mm	ε_σ	ε_τ	ε_σ	ε_τ	/mm	ε_σ	ε_τ	ε_σ	ε_τ
>20~30	0.91	0.89	0.83	0.89	>70~80	0.75	0.73	0.66	0.73
>30~40	0.88	0.81	0.77	0.81	>80~100	0.73	0.72	0.64	0.72
>40~50	0.84	0.78	0.73	0.78	>100~120	0.70	0.70	0.62	0.70
>50~60	0.81	0.76	0.70	0.76	>120~140	0.68	0.68	0.60	0.68
>60~70	0.78	0.74	0.68	0.74					

附录 D　螺纹联接件的尺寸系数 ε_σ 值

直径 d/mm	≤16	20	24	28	32	40	48	56	64	72	80
ε_σ	1.00	0.81	0.76	0.71	0.68	0.63	0.60	0.57	0.54	0.52	0.50

附录 E　加工表面的表面状态系数 β 值

加 工 方 法	材料强度 σ_b/MPa		
	400	800	1200
磨光（$Ra = 0.2 \sim 0.4\mu m$）	1.00	1.00	1.00
车光（$Ra = 0.8 \sim 3.2\mu m$）	0.95	0.90	0.80
粗加工（$Ra = 6.3 \sim 25\mu m$）	0.85	0.80	0.65
未加工表面（氧化铁层等）	0.75	0.65	0.45

附录 F　强化表面的表面状态系数 β_q 值

表面强化方法	心部材料的强度 σ_b/MPa	表面状态系数 β_q		
		光 轴	有应力集中的轴	
			$k_\sigma \leqslant 1.5$	$k_\sigma \geqslant 2.0$
高频感应淬火①	600~800	1.3~1.5	1.4~1.5	1.8~2.2
	800~1100	1.2~1.4	1.5~2.0	—
渗氮②	900~1200	1.1~1.3	1.5~1.7	1.7~2.1
渗碳	400~600	1.8~2.0	3	—
	700~800	1.4~1.5	—	—
	1000~1200	1.2~1.3	2	—
喷丸处理③	600~1500	1.1~1.4	1.4~1.6	1.6~2.0
滚子辗压④	600~1500	1.1~1.4	1.4~1.6	1.6~2.0

① 数据在实验室中用 $d = 10 \sim 20mm$ 的试件求得，淬透深度为（$0.05 \sim 0.20$）d，对于大尺寸的试件，表面状态系数值会低些。

② 渗氮层深度为 $0.01d$ 时，宜取低限值；深度为（$0.03 \sim 0.04$）d 时宜取高限值。

③ 数据是 $d = 8 \sim 40mm$ 的试件求得；喷射速度较小时宜取低限值，较大时宜取高限值。

④ 数据是 $d = 17 \sim 130mm$ 的试件求得。

附录G　配合零件的综合影响系数 $(k_\sigma)_D$ 和 $(k_\tau)_D$ 值

直径/mm		≤30			50			≥100		
配　合		r6	k6	h6	r6	k6	h6	r6	k6	h6
材料强度 σ_b/MPa	400	2.25	1.69	1.46	2.75	2.06	1.80	2.95	2.22	1.92
	500	2.50	1.88	1.63	3.05	2.28	1.98	3.29	2.46	2.13
	600	2.75	2.06	1.79	3.36	2.52	2.18	3.60	2.70	2.34
	700	3.00	2.25	1.95	3.66	2.75	2.38	3.94	2.96	2.56
	800	3.25	2.44	2.11	3.96	2.97	2.57	4.25	3.20	2.76
	900	3.50	2.63	2.28	4.28	3.20	2.78	4.60	3.46	3.00
	1000	3.75	2.82	2.44	4.60	3.45	3.00	4.90	3.98	3.18
	1200	4.25	3.19	2.76	5.20	3.90	3.40	5.60	4.20	3.64

$(k_\sigma)_D$——弯曲

注：1. 滚动轴承内圈配合为过盈配合r6。

　　2. 中间尺寸直径的弯曲综合影响系数可用插入法求得。

　　3. 扭转 $(k_\tau)_D = 0.4 + 0.6 (k_\sigma)_D$。

🔧 知识拓展

　　豪克能技术是利用激活能和冲击能的复合能对金属零件进行加工，从而获得镜面零件及表面改性的一种新型加工技术，其工序名称为豪克能加工，简称"豪"。豪克能技术的加工机理：首先，工件的金属材料在豪克能的作用下塑性提高；其次，工具头以每秒3万次的频率冲击零件表面；再次，豪克能刀具走机械加工轨迹。这样在双重能量作用下，金属从高点向低点产生流动，使金属零件表面达到更理想的表面粗糙度要求，也可以形象地说是利用豪克能将零件的表面熨平；同时在零件表面产生压应力，使得金属容易开裂部位的应力得以释放，不会产生开裂，提高零件表面的显微硬度、耐磨性及耐蚀性，延长疲劳寿命。

　　豪克能技术是由赵显华先生在世界首创的一种新型加工技术，它是涉及金属物理、振动、超声波、机械加工、应力等多学科的边缘科学。豪克能是在传统的车、铣、刨、磨、钻等机械加工工艺上，又添加的一种全新的、由中国人命名为"豪"的机械加工新工艺。这是机械加工领域中的一种革命性、颠覆式创新，它是用一种非传统的机械加工思想实现的机械加工，并赋予了一次加工即可达到零件表面上镜面与表面改性的效果。

　　豪克能金属加工技术不仅能使零件的表面粗糙度大幅度提高（$Ra \leqslant 0.05\mu m$），更重要的是能使零件的疲劳性能（疲劳寿命提高6倍以上）、显微硬度（提高20%以上）、耐磨性（提高50%以上）、耐蚀性（提高40%以上）得到大幅度提高（以上数据出自山东大学、浙江大学等权威实验室的测试报告），同时表面预置理想的压应力、晶粒得以细化，加工效率比传统加工工艺提高三倍以上。豪克能金属加工技术将彻底改变现有的机械加工模式，采用豪克能金属加工技术后，加工效率高，无污染、无排放，品质高，完全符合"十二五"期间"提倡科技创新、加快产业升级、振兴实体经济"的国家战略。豪克能金属加工技术彻底改变了中国制造业自主创新乏力的局面，冲出西方强国的技术壁垒和封锁，提升了"中国制造"的品质和效率，引领中国制造从低端走向高端，使中国从制造大国走向制造强国，打破欧美国家在制造业高端市场的长期垄断。可以说，豪克能技术的出现使中国企业由对西方发达国家在机械制造领域的"赶"变为了"超"。

文献阅读指南

疲劳强度设计是机械设计的重点，本章重点介绍了常规疲劳强度设计，即以由试样试验得到的 $\sigma - N$ 疲劳曲线和极限应力图为基础，考虑综合影响系数。$\sigma - N$ 疲劳曲线一般是按照试验数据的平均值绘制的。实践表明，同一组试件在同样条件下进行试验，它们的疲劳寿命 N 也不一样，与概率 P 有关。因此，应根据一定的概率 P 来确定寿命 N 值，得到 $P - \sigma - N$ 曲线，其为不同概率 P 下的 $\sigma - N$ 曲线。具体内容可参阅刘惟信编著的《机械可靠性设计》第 9 章中的相关章节（北京清华大学出版社，2000 年）。

豪克能技术的资料来源于华云公司主页：http：//www. hyvsr. com/index. asp

学习指导

一、本章主要内容

1）载荷、应力和强度概念及其类型。
2）材料和零件的疲劳特性。
3）机械零件的疲劳强度计算。
4）机械零件的接触强度。

二、本章学习要求

1）了解载荷、应力和强度的概念。
2）了解疲劳曲线及极限应力曲线的意义及用途。
3）了解影响机械零件疲劳强度的因素。
4）熟练掌握绘制材料和零件的极限应力简化线图。
5）熟练掌握单向稳定变应力的强度计算方法。
6）了解疲劳损伤累积假说的意义及其应用。
7）了解机械零件的接触强度。

思 考 题

2.2.1 作用在机械零件中的应力有哪几种类型？何谓静应力、变应力？静载荷能否产生变应力？

2.2.2 何谓材料的疲劳极限、疲劳曲线？金属材料的疲劳曲线分成哪几种类型？各有何特点？指出疲劳曲线的有限寿命区和无限寿命区，并写出有限寿命区疲劳曲线方程。材料试件的有限寿命疲劳极限 σ_{rN} 如何计算？说明寿命系数 K_N 的意义。

2.2.3 材料的极限应力线图是如何作出的？简化极限应力线图又是如何作出的？它有何用途？

2.2.4 影响零件疲劳强度的主要因素有哪些？零件的简化极限应力线图与材料试件的简化极限应力线图有何不同？如何应用？

2.2.5 举例说明哪些零件工作应力的变化规律符合：a) $r =$ 常数；b) $\sigma_m =$ 常数；c) $\sigma_{min} =$ 常数。

2.2.6 两个零件以点、线接触时应按何种强度进行计算？若为面接触（如平键联接），又应按何种强度进行计算？零件的截面形状一定，当截面尺寸增大时，其疲劳极限值将如何变化？

2.2.7 表面接触疲劳点蚀是如何产生的？根据赫兹公式（Hertz），接触带上的最大接触应力应如何计算？说明赫兹公式中各参数的含义。

习 题

2.2.1 某机械零件，疲劳极限 $\sigma_{-1} = 285\text{MPa}$，若其 $N_0 = 10^7$，$m = 6$，求当应力循环次数 $N_1 = 2.5 \times 10^4$，$N_2 = 2 \times 10^5$ 时，寿命系数 K_N 各为多少？疲劳极限各为多少？

2.2.2 有一机械零件，其 $\sigma_{-1} = 390\text{MPa}$，$\sigma_0 = 600\text{MPa}$，$\sigma_s = 600\text{MPa}$，$K_\sigma = 2.5$，求：

1）材料常数 ψ_σ。

2）画出零件的极限应力线图。

3）设工作应力为 $\sigma_a = 100\text{MPa}$，$\sigma_m = 300\text{MPa}$，$r = $ 常数，试求安全系数 S_{ca}。

2.2.3 某合金钢制造的零件，其材料性能为：$\sigma_s = 800\text{MPa}$，$\sigma_{-1} = 450\text{MPa}$，$\psi_\sigma = 0.3$。已知工作应力为 $\sigma_{min} = -80\text{MPa}$，$\sigma_{max} = 280\text{MPa}$，应力变化规律为 $r = $ 常数，弯曲疲劳极限的综合影响系数 $K_\sigma = 1.62$。若许用安全系数 $[S] = 1.3$，并按无限寿命考虑，试校核该零件是否安全。

2.2.4 有钢制转轴，其危险截面上对称循环弯曲应力在单位时间 t 内的变化如图 2-2-18 所示，总工作时间为 300h，转速 n 为 150r/min。若零件材料的疲劳极限 $\sigma_{-1} = 280\text{MPa}$，弯曲疲劳极限的综合影响系数 $K_\sigma = 2$，$N_0 = 10^7$，$m = 9$，求此零件的安全系数 S_{ca}。

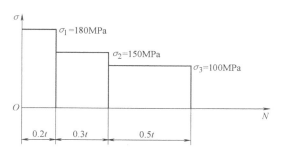

图 2-2-18 习题 2.2.4 图

习题参考答案

2.2.1 $K_{N_1} \approx 2.71$，$\sigma_{-1N_1} = 772.35\text{MPa}$；$K_{N_2} \approx 1.92$，$\sigma_{-1N_2} = 547.2\text{MPa}$。

2.2.2 1）$\psi_\sigma = 0.3$；2）略；3）$S_{ca} \approx 1.15$。

2.2.3 $S_{ca} \approx 1.4 > [S] = 1.3$，零件安全。

2.2.4 $S_{ca} \approx 1.04$。

第三章

摩擦、磨损和润滑

在正压力作用下，相互接触的两个物体受切向外力的作用而发生相对运动或有相对运动趋势时，在接触表面就会产生抵抗这个运动的阻力，这一自然现象称为摩擦，所产生的阻力称为摩擦力。摩擦是一种不可逆过程，其结果使摩擦表面的物质丧失或转移，即发生磨损。过度磨损会使机器丧失应有的精度，产生振动和噪声，缩短使用寿命（在失效零件中，因磨损而报废的零件约占全部失效零件的 80%）。据估计，目前世界上的能源约有 1/3 ~ 1/2 消耗在各种形式的摩擦过程中。当然，摩擦在机械中也并非总是有害的，如带传动、摩擦无级变速器、摩擦离合器和摩擦制动器以及磨削加工等都是利用摩擦来工作的。

机械的重要特点是其组成机构的各个构件之间通过有序的运动和动力传递来实现工作要求。因此它的各个零件或构件之间的力的作用和相对运动就会产生摩擦和磨损。适当的润滑是减小摩擦、减轻磨损和降低能量消耗的有效手段。有关摩擦、磨损及润滑的科学与技术统称为摩擦学（Tribology）。本章介绍机械设计中所需的摩擦学基础知识。

第一节　摩　擦

摩擦有内摩擦和外摩擦之分。内摩擦是指发生在物质内部阻碍分子间相对运动的摩擦；外摩擦则是指当相互接触的两个物体发生相对运动或者有相对运动的趋势时，在接触表面上产生的阻碍物体相对运动的摩擦。两物体仅有相对运动趋势时的摩擦称为静摩擦，而有相对运动的摩擦称为动摩擦。根据运动形式的不同，动摩擦又分为滑动摩擦与滚动摩擦。

在这一节里，主要介绍金属表面间的滑动摩擦。根据表面接触情况和润滑油膜的情况，滑动摩擦又分为四大类：干摩擦、边界摩擦（润滑）、液体摩擦（润滑）和混合摩擦（润滑），如图 2-3-1 所示。

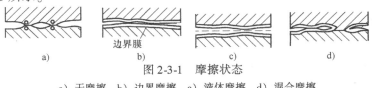

图 2-3-1　摩擦状态

a) 干摩擦　b) 边界摩擦　c) 液体摩擦　d) 混合摩擦

一、干摩擦

两摩擦表面间无任何润滑剂或保护膜的纯净金属直接接触时的摩擦，称为干摩擦。纯净金属表面间的摩擦因数是很高的，如钢对钢时可达 0.7~0.8。在工程实际中并不存在真正的干摩擦，因为暴露在大气中的任何零件表面，不仅会因氧化而生成氧化膜，而且或多或少也会因为受到油污、水气等"污染"而形成脏污膜，其表面摩擦因数显著降低，如大气中钢对钢的摩擦因数约为 0.15。在工程设计中，通常把未经人为添加润滑剂的摩擦状态，当作干摩擦处理。

干摩擦时，由库仑公式可知，摩擦力 F 与法向正压力 N 成正比，即

$$F = fN \qquad (2\text{-}3\text{-}1)$$

式中　f——摩擦因数。

库仑公式具有简单实用等特点，在工程上除液体摩擦外，其他几种摩擦均可用该公式进行计算。

摩擦力主要由两方面因素构成：一是摩擦表面间的粘着作用，二是相对运动时较硬表面的微凸体尖峰对较软表面的犁刨作用。

平整的金属表面从微观来看，却都是高低不平的粗糙表面，在法向正压力 N 作用下，初始接触面积要比名义接触面积 A 小很多。所以，单位接触面上的压力很容易达到材料的抗压强度 σ_{bc} 而使材料产生塑性流动，使接触面积进一步增大。因此真实接触面积 A_r 应为

$$A_r = \frac{N}{\sigma_{bc}} \qquad (2\text{-}3\text{-}2)$$

接触区产生塑性变形后，两接触表面的金属就很容易发生粘着，形成冷焊结点，如图 2-3-2 所示。当外力驱使该两表面发生相对运动时，冷焊结点遭到剪断。设结点的抗剪强度为 τ，于是可得粘着摩擦力为

$$F_1 = A_r\tau \qquad (2\text{-}3\text{-}3)$$

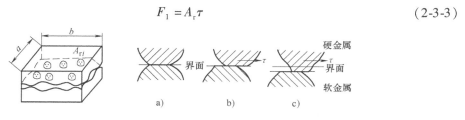

图 2-3-2　接触表面的粘着及其结点剪切
a）结点　b）界面　c）软金属剪切

如果相接触的两摩擦表面材料的硬度相差较大，则较硬材料表面的微凸体尖峰就会压陷到较软材料的表面之内。当有相对运动时，较硬材料表面的微凸体尖峰便对较软表面起犁刨作用，犁出沟槽，从而产生犁刨摩擦力 F_2。由此可见，改善较硬物体表面的质量，减小其表面粗糙度值，就可以减小犁刨摩擦力。

因此，接触表面上的总摩擦力 F 可近似确定为

$$F = F_1 + F_2$$

研究表明，若两接触表面的硬度相差不大或表面经过磨合，则干摩擦的摩擦力主要为粘着摩擦力，即 $F \approx F_1$。这时，根据式（2-3-1）~式（2-3-3），可得摩擦因数为

$$f = \frac{F}{N} = \frac{F_1}{N} = \frac{\tau}{\sigma_{bc}} \qquad (2\text{-}3\text{-}4)$$

大多数金属材料的比值 τ/σ_{bc} 较为接近（$\tau \approx \sigma_{bc}/5$），所以干摩擦的摩擦因数数值变化不

大。为了降低摩擦因数，工程中常在硬的金属基体表面涂敷极薄的软金属层，这时抗压强度 σ_{bc} 仍取决于基体材料，而抗剪强度 τ 取决于软金属层，因而可减小摩擦因数。

两个相互接触的物体，在切向力作用下开始相对滑动之前，由于粘着力的影响，接触表面上的微凸体峰部会产生一定的弹性变形，两物体产生一定的预位移。当切向力达到极限静摩擦力时，结点遭到剪断，物体产生相对滑动，于是极限静摩擦力便减小为动摩擦力，接触界面上微凸体峰部的弹性变形也随之相应减小。在此过程中，物体将产生突变位移才能进而成为稳定滑移，如图 2-3-3 所示。

若两物体的相对运动较为缓慢（如拉床的拉削运动、机床的进给运动），这种突变位移可能破坏机械运动的连续性，而使接触表面间的摩擦力始终处于静摩擦力和动摩擦力的反复交迭变更之中，这种现象称为"爬行"。低速运动时由于爬行出现不规则的断续运动，不仅破坏了所要求的运动规律，而且产生冲击和振动，对精密机械的危害极大。提高接触表面的切向刚度并减小极限静摩擦力与动摩擦力之间的差值，有利于避免发生"爬行"现象。

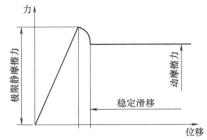

图 2-3-3 预位移与摩擦力的变化关系

实践表明，合理选择摩擦副的匹配材料，采用减摩性良好和不易产生互溶的材料，选择合适的表面粗糙度和采取良好的润滑措施等，均有助于减小摩擦因数。在机械中，摩擦与机械效率密切相关，因此，摩擦副不允许出现干摩擦状态。但对那些依靠摩擦力工作的摩擦副，则应另当别论。

二、边界摩擦

摩擦表面之间的润滑剂与金属表面形成的能保护金属不致粘着的一层极薄的薄膜称为边界膜，这时两摩擦表面的摩擦状态称为边界摩擦。与干摩擦相比，摩擦状态有很大改善，其摩擦和磨损程度取决于边界膜的性质、材料表面力学性能和表面形貌。

边界膜有两大类：吸附膜和化学反应膜。吸附膜又分为物理吸附膜与化学吸附膜。

物理吸附膜是由分子引力所形成的。润滑油中的脂肪酸是一种极性化合物，它的极性基团能牢固地吸附在金属表面并整齐地排列成分子栅。吸附膜也可以由多层分子的吸附而组成，各分子层间的抗剪强度较低，且离金属表面越远，其抗剪能力越弱。当两表面作相对滑动时，剪切仅发生在吸附膜的分子层之间，所以摩擦因数较低。物理吸附膜的主要作用是减小摩擦中的粘着效应。受热后，吸附膜的分子排列散乱，因此这种边界膜熔点较低（如硬脂酸的熔点约为 69℃），故只能在低温轻载下起作用。吸附膜吸附在金属表面的模型如图 2-3-4 所示。

化学吸附膜是润滑油分子以其化学键力作用在金属表面形成的保护膜，如硬脂酸与铁的氧化物反应形成硬脂酸铁的金属皂膜，就是一种化学吸附膜。

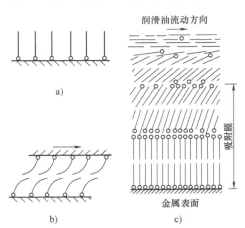

图 2-3-4 边界膜模型

a）单层分子 b）单层分子边界膜的摩擦模型

c）多层分子边界膜的摩擦模型

它的抗剪强度与抗粘着能力较低，但熔点较高（约为120℃），所以能在中等速度及中等载荷下起润滑作用。

在高速重载的摩擦副中，常用具有极压添加剂的润滑油。在较高的温度（150～200℃）下，润滑油分子中含有的以活性原子形式存在的硫、氯、磷元素与金属起化学反应，生成较厚的无机物膜覆盖在金属表面，称为化学反应膜。这种反应膜抗剪强度低、熔点高，比前两种膜更为稳定，因此，可在高压、大滑动速度条件下保护金属不发生粘着。

边界摩擦时润滑油中的添加剂和温度对摩擦因数有较大的影响。非极性油的摩擦因数随着温度的升高而增大。含脂肪酸的油易于形成吸附膜，因此温度不高时摩擦因数小，而到达软化温度后摩擦因数会迅速上升。含有极压添加剂的润滑油易于形成化学反应膜，所以在软化温度之前，摩擦因数很高，在软化温度之后，摩擦因数迅速降低。因此加入脂肪酸和极压添加剂可以使润滑剂在较大的温度范围内都具有良好的减摩效果。如图2-3-5所示，低温时依靠吸附膜减摩，高温时则靠化学反应膜得到减小摩擦的效果。

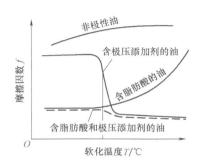

图 2-3-5　添加剂的使用

边界摩擦不能完全避免金属直接接触，所以仍有磨损产生，只是摩擦因数小些，磨损轻一些。

三、液体摩擦

当两摩擦表面被具有一定压力和足够厚度的液体层完全分隔开而表面凸峰不直接接触时，这种摩擦状态称为液体摩擦，也称液体润滑。在液体摩擦状态下，其摩擦性能取决于流体内部分子之间的粘滞阻力，故摩擦因数极小（0.001～0.008），是一种理想的摩擦状态，摩擦表面理论上不会发生磨损。这时的摩擦规律已有了根本的变化，与干摩擦完全不同。

四、混合摩擦

当两摩擦表面不能被具有压力的液体层完全分隔开，摩擦表面间处于既有边界摩擦又有液体摩擦的混合状态称为混合摩擦。

综上所述，液体摩擦润滑状态是最理想的润滑状态；干摩擦是应该避免的；边界摩擦和混合摩擦最常见，也称边界润滑和混合润滑状态，有时也称非全液体润滑状态。

试验表明，有润滑剂的摩擦副中究竟处于液体润滑、边界润滑还是混合润滑这三种实际存在的摩擦润滑状态，是随运动副的工作状态和条件的改变而相互转化的。它们的摩擦因数 f 及油膜厚度 h 与流体动力粘度 η、相对滑动速度 n 和摩擦副间的压强 p 组成的摩擦特性系数 $\eta n/p$ 值的大小有关，如图2-3-6所示。

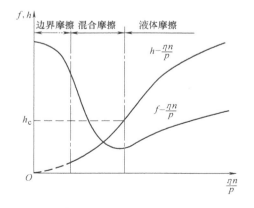

图 2-3-6　摩擦特性曲线

第二节 磨 损

摩擦副表面在接触或相对运动过程中，导致表面材料的逐渐丧失或转移的现象，称为磨损。磨损会影响机器的效率，降低机器的精度和可靠度，促使机器提前报废。通常的机器设计都应当设法避免和减少磨损以延长机器的使用寿命。在一些特定的场合和情况下，工程上也利用磨损的特性来提高机器和机械零件的质量，如磨合、研磨等。

机械零件的磨损过程大致可分为三个阶段，即磨合阶段、稳定磨损阶段和剧烈磨损阶段。磨合阶段，由于机械零件的加工表面具有一定的微凸体的峰尖存在，运转初期，摩擦副的实际接触面积较小，单位面积上的实际载荷较大，因此，磨损速度较快。经磨合后尖峰被磨平或磨圆，实际接触面积增加，单位面积上的实际载荷减小，磨损速度降低。稳定磨损阶段，机械零件以平稳缓慢的速度磨损，这个阶段的长短就代表机械零件使用寿命的长短。剧烈磨损阶段，经稳定磨损阶段后，机械零件的磨损量累计到一定的程度，机器的精度降低、间隙增大，从而产生冲击、振动和噪声，磨损加剧，温度升高，零件迅速报废。图2-3-7所示为磨损过程图。

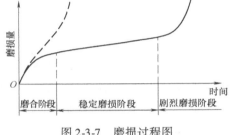

图 2-3-7　磨损过程图

一般情况下，新机器应经磨合后才能正式使用。但是如果磨合期压强过大、速度过高，润滑不良，则磨合期很短，并很快转入剧烈磨损阶段，磨损过程曲线就会如图2-3-7中的虚线所示，零件很快报废，机器使用寿命大大缩短。在设计机器时，应该力求缩短磨合期，延长稳定磨损期，而推迟剧烈磨损的到来。

按照磨损失效的机理，磨损主要有四种基本类型，即磨粒磨损、粘着磨损、接触疲劳磨损和腐蚀磨损。

（1）磨粒磨损　从外界进入摩擦表面间的硬质颗粒或摩擦表面上的硬质凸峰，在摩擦过程中引起表面材料脱落的现象称为磨粒磨损。它的特征是摩擦表面沿着滑动方向形成划痕，在一些脆性材料上还会有崩碎和颗粒。据统计，一半以上的磨损损失是由磨粒磨损造成的。磨粒磨损与摩擦材料的硬度、磨料的硬度以及外载荷的大小有关。

（2）粘着磨损　当摩擦表面的不平度凸峰在相互作用的各个点产生冷焊结点后，再相对滑移，则结点发生剪切断裂，被剪切的材料或者脱落，或者从运动副的一个表面转移到另一个表面，这种磨损形式称为粘着磨损。粘着磨损是金属摩擦副间一种较为普遍的磨损类型，特别是在高温、重载和润滑不良的情况下，粘着磨损更为严重。滑动轴承中的"抱轴"和高速重载齿轮的"胶合"现象均是严重的粘着磨损。另外，同类摩擦副材料比异类材料容易粘着，脆性材料比塑性材料的抗粘着能力高，在一定范围内，表面粗糙度值越小抗粘着能力越强，即摩擦副抗粘着磨损的能力与其材料的配对情况也有很大关系。

（3）接触疲劳磨损　两个相互滚动或者滚动兼滑动的摩擦表面，在接触变应力作用下，其表面会形成接触疲劳点蚀，使小块金属剥落，这种现象称为接触疲劳磨损，简称疲劳磨损。接触疲劳磨损常发生在滚动轴承、齿轮和凸轮等零件的高副接触表面上。影响接触疲劳磨损的主要因素有摩擦副材料组合、表面粗糙度、润滑油粘度以及表面硬度等。

（4）腐蚀磨损　由金属与周围介质发生化学反应或电化学反应，造成摩擦副表面的损伤，统称为腐蚀磨损。周围环境介质、零件表面的氧化膜性质及环境温度等都会影响腐蚀磨损。

此外，还有流体磨粒磨损、流体侵蚀磨损等磨损形式。

实际上，大多数的磨损都是以复合形式出现的，即以上几种磨损形式相伴存在。因此对于磨损量的精确计算到目前为止还是很困难，工程上往往以几种磨损形式中某种磨损形式占主导地位来考虑。

微动磨损就是一种典型的复合磨损形式。微动磨损发生在名义上相对静止，但实际上存在循环的微幅相对滑动的两紧密接触的摩擦表面上。如过盈配合的轴与孔表面、受振动影响的联接螺纹结合面和滚动轴承的套圈配合面等均可出现微动磨损。研究证明，控制紧配合的预应力和过盈量，可以减轻微动磨损，采用适当的表面热处理或涂镀技术也可减轻微动磨损。铝对铸铁、铝对不锈钢、铸铁对镀铬层等抗微动磨损能力都很差，设计时应予以注意。

第三节　润　　滑

在摩擦面间加入润滑剂可以降低摩擦、减轻磨损，同时润滑油膜能起到减振、防锈等作用。采用循环供油润滑能起到降温的作用，还能带走污物等。使用膏状的润滑脂，既可以防止内部润滑油外泄，又可以阻止外部的杂物侵入，避免加剧零件的磨损，起到密封的作用。

一、润滑剂

润滑剂有液体润滑剂、气体润滑剂、润滑脂（半固体的）和固体润滑剂。

（一）液体润滑剂

液体润滑剂应用最广泛的是润滑油，主要有动、植物油，矿物油和化学合成油。

动、植物油用作润滑油的历史最早，其油性好，吸附能力强，最适于边界润滑使用。但稳定性差，来源不足，所以应用较少，通常仅作添加剂使用。

矿物油主要是石油产品，来源充足、品种多、粘度范围大、稳定性好、成本低，故应用最广。

化学合成油，它不是石油产品，而是用有机合成的方法制取的新型润滑油，它能满足矿物油所不能满足的其他特殊要求，如磷酸脂（低温润滑剂）、硅酸盐脂（高温润滑剂）、氟化物（耐氧化润滑剂）等，近年来应用面不断拓广。

（二）气体润滑剂

气体润滑剂最常用的是空气，来源丰富，清洁而无污染，此外还有氢气、氦气、水蒸气、其他工业气体以及液态金属蒸气等。气体的粘度极小，因而摩擦阻力小，工作发热少，其粘度随温度变化也小，适用于高速轻载的场合。

（三）润滑脂

为使润滑剂易于保持在摩擦表面，用稠化剂将润滑油稠化成膏状，即润滑脂。稠化剂是各种金属皂，如钙皂、钠皂、锂皂等，从而可形成不同皂类的润滑脂。钙基润滑脂具有良好的抗水性，但是耐热性差，工作温度一般不宜超过 60℃。钠基润滑脂具有较高的耐热性，工作温度可以达到 120℃，但抗水性差。锂基润滑脂不但抗水性好，而且耐高温，工作温度可达 145℃，虽然价格略高，可是使用期长，总的经济效益还是好的，是一种多用途的润滑脂。

（四）固体润滑剂

固体润滑剂常用的有无机化合物（如石墨、二硫化钼、硼砂等）、有机化合物（如金属皂、动物脂等）和聚合物（如聚四氟乙烯和尼龙等），使用时常将润滑剂粉末与胶粘剂混合起来应用，也可与金属或塑料等混合后制成自润滑复合材料使用。固体润滑剂适用于高温、大载荷以及不宜采用液体润滑剂和润滑脂的场合，如宇航设备及卫生要求较高的机械设备中。

二、润滑剂的性能指标

（一）润滑油的主要性能指标

润滑油的性能主要用以下几个指标来衡量。

（1）粘度 粘度是指流体抵抗剪切变形的能力，它表明流体内摩擦阻力的大小，是选择润滑剂的重要性能指标。为了便于粘度的测量和机械设计中的动力计算，定义了两种粘度，即动力粘度（绝对粘度）η 和运动粘度 ν。

如图 2-3-8 所示为被润滑油隔开的两个平行平板，若板 A 以速度 v 移动，板 B 静止不动，则润滑油呈层流流动。各油层间的切应力 τ 与速度梯度 $\partial v/\partial y$ 成正比关系，这一关系称为牛顿粘性定律，是牛顿在 1687 年提出来的，其数学表达式为

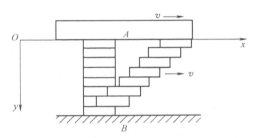

图 2-3-8　两平行平板间润滑油的层流流动

$$\tau = -\eta \frac{\partial v}{\partial y} \tag{2-3-5}$$

式中　τ——流体的切应力（N/m^2）。

η——比例常量，即动力粘度，式中的负号表示切应力的方向与相对运动速度方向相反。

动力粘度 η 的国际单位制（SI）的单位是 Pa·s（帕·秒），1Pa·s = 1N·s/m^2，表示要使长、宽、高各为 1m 的液体，上、下面产生 1m/s 的相对滑动速度，需要的力为 1N，此时流体的粘度为 1Pa·s。在绝对单位制（C.G.S）中，动力粘度单位为 1dyn·s/cm^2，称为 1 泊，记为 P。对于一般的润滑油来说，这个单位太大，通常就用它的百分之一作粘度单位，称为厘泊，记为 cP。因为 1N = 10^5 dyn，所以 1Pa·s = 10P = 1000cP。

符合牛顿粘性定律的流体称为牛顿流体，不符合牛顿粘性定律（即 η 不是比例常数）的流体称为非牛顿流体。在一般工况下，大多数润滑油均为牛顿流体。

工程上把动力粘度 η 与同温度下该流体的密度 ρ 的比值称为运动粘度 ν，即

$$\nu = \frac{\eta}{\rho} \tag{2-3-6}$$

在国际单位制中密度 ρ 的单位是 kg/m^3，所以运动粘度的单位为 m^2/s。在绝对单位制中，运动粘度的单位是斯（St），$1St = 1cm^2/s$。百分之一斯称为厘斯（cSt）。显然，它们的关系为 $1cSt = 1mm^2/s = 10^{-2}cm^2/s = 10^{-6}m^2/s$。

GB/T 3141—1994 规定：以 40℃ 时润滑油的运动粘度中心值作为润滑油的粘度等级牌号。润滑油运动粘度的允许范围应在中心值的 $\pm 10\%$ 偏差之内。工业用润滑油粘度牌号分类、运动粘度范围及其中心值列于表 2-3-1。

表 2-3-1　工业用润滑油粘度牌号分类（GB/T 3141—1994）　（单位：mm^2/s）

粘度牌号	运动粘度中心值（40℃）	运动粘度范围（40℃）	粘度牌号	运动粘度中心值（40℃）	运动粘度范围（40℃）
2	2.2	1.98 ~ 2.42	68	68	61.2 ~ 74.8
3	3.2	2.88 ~ 3.52	100	100	90.0 ~ 110
5	4.6	4.14 ~ 5.06	150	150	135 ~ 165
7	6.8	6.12 ~ 7.48	220	220	198 ~ 242
10	10.0	9.00 ~ 11.0	320	320	288 ~ 352
15	15.0	13.5 ~ 16.5	460	460	414 ~ 506
22	22.0	19.8 ~ 24.2	680	680	612 ~ 748
32	32.0	28.8 ~ 35.2	1000	1000	900 ~ 1100
46	46.0	41.4 ~ 50.6	1500	1500	1350 ~ 1650

此外，常用的还有比较法测定粘度，称为条件粘度（或相对粘度）。我国常用的条件粘度为恩氏粘度，即在规定温度下 $200cm^3$ 的油样流过恩氏粘度计的小孔（直径为 2.8 mm）所需时间（s）与同体积的蒸馏水在 20℃ 下流过相同小孔时间的比值即为该油样的恩氏粘度，以符号 $°E_t$ 表示，其角标 t 表示测定时的温度。美国常用赛氏通用秒（SUS），英国常用雷氏秒（R）作为条件粘度单位。

润滑油的粘度随着温度的变化而发生显著变化。图 2-3-9 所示为几种全损耗系统用油的粘温特性曲线。从图中可以看出，润滑油的粘度随着温度的升高而降低；反之亦然。

同样，压力对润滑油的粘度也有影响。但是，低压时这种影响很小，通常忽略不计，而高压（100MPa 以上）时影响较大，特别是在弹性流体动力润滑中不容忽视。试验研究表明，对于一般矿物润滑油的粘压关系可用下式表示

$$\eta_p = \eta_0 e^{\alpha p} \tag{2-3-7}$$

式中　η_0——润滑油在 $10^5 Pa$ 压力下的动力粘度（$Pa \cdot s$）；

η_p——润滑油在测试压力 p 下的动力粘度（$Pa \cdot s$）；

e——自然对数的底，$e = 2.718$；

α——粘压指数，对一般矿物油和合成油，$\alpha \approx (1 ~ 3) \times 10^{-8} m^2/N$；

p——测试压力（Pa），润滑油的粘度随压力 p 的增高而增大。

（2）油性　油性又称润滑性。润滑油润湿或吸附于金属摩擦表面形成边界膜的性能称为油性。吸附能力强，则越有利于边界油膜的形成，油性越好。一般来说，温度越高，油的吸附能力越低，油性越差。动、植物油和脂肪酸的油性较好。对于低速、重载或润滑不充分的场合，润滑性具有特别重要的意义。目前尚没有一个定量的指标评价润滑剂的油性。

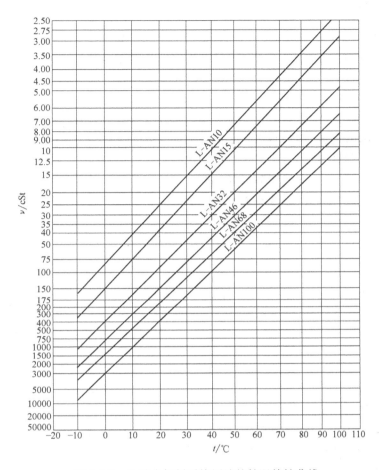

图 2-3-9　几种全损耗系统用油的粘温特性曲线

（3）极压性　极压性是指在润滑油中添加含磷、硫和氯等的极性化合物后，油中的极性分子在金属表面生成具有耐磨、耐高压的化学反应边界膜的性能。极压性能改善高速、重载、高温条件下工作的润滑油的润滑性能。

（4）凝点　润滑油冷却到不能流动时的最高温度称为凝点，是润滑油在低温下工作的一个重要指标。低温工作的场合应选择凝点低的润滑油。

（5）闪点　润滑油在标准仪器中加热，其蒸发出的油气遇火焰发生闪烁时的最低温度称为闪点，是衡量油的易燃性的一种指标。高温工况的场合应选择闪点高的润滑油。通常应使工作温度比油的闪点低 30 ~ 40℃。

（二）润滑脂的主要性能指标

（1）滴点　润滑脂在规定加热条件下，从标准量杯孔口开始滴下第一滴的温度称为滴点。润滑脂的工作温度最少要低于滴点 30 ~ 50℃。

（2）锥入度　将一个质量为 1.5N 的标准锥体，在 25℃ 恒定温度下，由表面经 5s 后刺入润滑脂的深度称为锥入度。锥入度是表明润滑脂稠度的指标。锥入度越小，稠度越大、流动性越小，承载能力强，密封好。但摩擦阻力也大。

三、润滑方法

机械设计时应该根据机械装置不同工作部位和不同工作要求，合理地选择润滑剂和润滑方法，以使得所有相对运动的工作表面都能得到恰当的润滑。机械中常用的润滑方法有定期润滑和连续供油润滑两种形式。

应用手工用油壶或油枪向图 2-3-10 所示的压配式注油杯和图 2-3-11 所示的旋套式注油杯内注油，可以对润滑表面进行定期间歇润滑，适用于小型、低速或间隙运动的轴承及其他表面。压配式注油杯结构简单，具有一定的密封防尘作用。

脂润滑只能采用间歇供脂。图 2-3-12 所示的旋盖式油脂杯是应用最为广泛的脂润滑装置。润滑脂的消耗量较少，在杯中装满润滑脂，每次只要适当地旋转油杯盖，就可以将部分润滑脂挤入被润滑表面。润滑脂成本低且两端没有流失，还能起到密封作用。

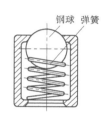
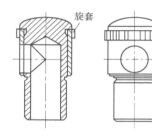
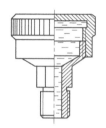

图 2-3-10　压配式注油杯　　　图 2-3-11　旋套式注油杯　　　图 2-3-12　旋盖式油脂杯

工作要求不高的轴承可以间歇供油，重要的轴承则应连续供油。

图 2-3-13 所示的针阀油杯以及图 2-3-14 所示的油绳油杯可以实现连续滴油润滑。针阀式油杯可通过调整手柄的位置来调整针阀的位置从而调节供油量，油杯的材质透明，可以观察其中的油量，多用于要求供油可靠的地方。油绳式油杯则是利用油绳的毛细管作用将润滑油吸引到轴颈表面。油绳吸油兼有过滤作用，流量有限。

图 2-3-15 所示的油环润滑则是在轴颈上置一直径较大的油环，该环的一部分浸入油池中，当轴旋转时油环随之运动并不断地将油池里的油带到轴颈表面上。这种装置只能用在水平轴上，且供油量与轴的转速、油的粘度和油环的形状有关。

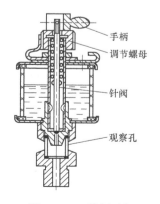
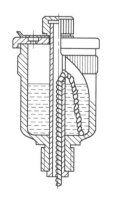
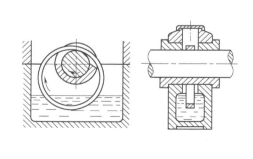

图 2-3-13　针阀油杯　　　图 2-3-14　油绳油杯　　　图 2-3-15　油环润滑

浸油润滑是将轴承直接浸在油池中，不另加其他装置，其摩擦阻力大，且对油的清洁度要求高。在许多闭式传动中，一部分齿轮浸入润滑油中，利用齿轮转动使油飞溅到箱体内壁面，并导入轴承中进行润滑。此外还可以采用油泵将油连续供应给轴承，这种方法工作可靠，但供油系统复杂，成本高，多用于对润滑要求较高的地方。

第四节 流体润滑原理简介

根据摩擦面间油膜形成的原理，流体润滑可分为流体动力润滑、流体静力润滑和弹性流体动力润滑。

一、流体动力润滑

利用摩擦副表面的相对运动，将粘性流体带进摩擦面之间，自行产生足够厚的粘性流体膜，把摩擦面完全分隔开，并利用流体膜产生的压力来平衡外载荷的流体润滑称为流体动力润滑。粘性流体可以是液体（如润滑油），也可以是气体（如空气）。显然，形成流体动力润滑能保证两相对运动的摩擦表面不直接接触，从而可以避免磨损，流体膜还可以缓和振动和冲击，因此在多种重要机械和仪器中获得了广泛的应用。

流体动力润滑的承载机理基于楔效应原理。

如图 2-3-16a 所示，A、B 两板平行，板间充满具有一定粘度的润滑油，若板 B 静止不动，板 A 以速度 v 沿 x 方向运动。由于润滑油的粘性以及它与平板间的吸附作用，与板 A 紧贴的油层的流速为 v，润滑油的流动属于层流流动，则其他各流层流体的流速 u 按直线规律分布。这种流动是由于油层受到剪切作用而产生的，所以称为剪切流。假设 A、B 两板沿 z 方向的尺寸无限大，板间流体沿 z 方向无流动，这时通过两平行平板间的任何垂直截面处的流量皆相等，润滑油虽能维持连续流动，但油膜对外载荷无承载能力，这里忽略了流体由于受到挤压而产生压力的效应。

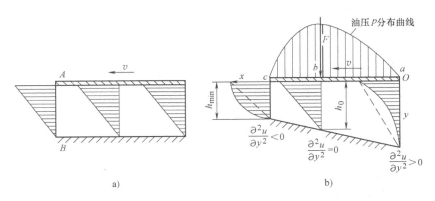

图 2-3-16　油楔承载机理

当上述两平板相互倾斜形成收敛型的楔形间隙，如图 2-3-16b 所示，且移动件的运动方向是使流体从间隙较大的一侧流向间隙较小的一侧，若各油层的分布规律如图 2-3-16b 中的虚线所示，那么进入间隙的油量必然大于流出间隙的油量，由于液体是不可压缩的，则进入此楔形间隙的过剩油量，必将由进口 a 及出口 c 处被挤出，即产生一种因压力而引起的流体的流动，称为压力流。这时，楔形收敛间隙中油层流动速度将由剪切流和压力流叠加，因而进口处油的速度曲线呈内凹形，出口处呈外凸形。只要连续充分地提供一定粘度的润滑油，并且 A、B 两板相对运动速度足够大，流入楔形收敛间隙流体产生的动压力是能够稳定存在的。这种具有一定粘性的流体流入楔形收敛间隙而产生压力的效应称为流体动力润滑的楔效应。

二、弹性流体动力润滑

流体动力润滑理论认为接触体是刚体，不考虑接触体的弹性变形对油膜形状的影响，并认为润滑剂的粘度不随压力而改变。这对于通常的低副接触零件之间的润滑来说是正确的。可是在齿轮传动、滚动轴承、凸轮机构等高副接触中，两摩擦表面之间接触压力很大，可以达到 $1000 \sim 2000\text{MPa}$，摩擦表面会出现不能忽略的局部弹性变形。同时，在较高压力下，润滑剂的粘度值也将随压力发生变化。因此，利用流体动力润滑理论就不能解释高副接触处的摩擦现象了。联合应用考虑粘压关系的润滑方程和赫兹接触变形方程就从理论上解决了高副接触处的流体动力润滑的问题，并经实验研究获得验证。这一涉及接触体的弹性变形和压力对粘度影响这两个因素的流体动力润滑理论称为弹性流体动力润滑理论（Elastohydrodynamic Lubrication），简称弹流润滑理论（EHL 或 EHD）。这一润滑理论，首先由格鲁平提出，并主要由道森予以建立完善。弹性流体动力润滑理论已被公认为是 20 世纪摩擦学研究领域中的一个重要的里程碑。

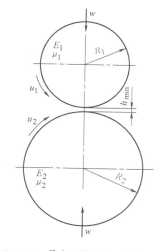

图 2-3-17　作相对滚动运动的两平行圆柱体的接触润滑模型

图 2-3-17 所示为作相对滚动运动的两平行圆柱体的接触润滑模型。两圆柱体的半径分别为 R_1、R_2，材料的弹性模量分别为 E_1、E_2，泊松比分别为 μ_1、μ_2，圆周速度分别为 u_1、u_2，单位接触线宽度上的载荷为 w，润滑油在大气压力下的动力粘度为 η_0，粘压指数为 α，考虑到接触区产生的弹性变形，故其典型的润滑油膜形状和油膜压力分布如图 2-3-18 所示。弹性流体动力润滑的第一个特征是在赫兹接触区内形成大致平行，即膜厚大致相等的润滑油膜，但在油的出口处前附近呈现颈缩，颈缩处的膜厚即最小膜厚 h_m，约为中央膜厚 h_0 的 3/4。第二个特征是弹流油膜的压力分布除在接触区中央附近呈现与赫兹压力分布相近的第一压力峰外，还在对应于油膜颈缩处呈现出第二压力峰。这是由于接触区压力较高，使接触面发生局部的弹性变形，接触面积扩大，在接触面间形成了一个平行的缝隙，而在油出口处的接触面边缘出现了使间隙变小的突起部分（颈缩现象），形成最小油膜厚度，则出现了第二峰值压力。

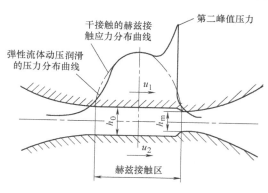

图 2-3-18　弹性流体动力润滑油膜厚度与压力分布

道森给出了在等温和富油条件下，线接触"颈缩"处的最小油膜厚度的计算公式

$$h_{\mathrm{m}} = 2.65\alpha^{0.54}(\eta_0 u)^{0.7}R^{0.43}E'^{-0.03}w^{-0.13} \tag{2-3-8}$$

式中 h_{m}——最小油膜厚度（μm）；

  u——卷吸速度，$u = \dfrac{(u_1 + u_2)}{2}$；

  E'——综合弹性系数，$E' = \left[\dfrac{1}{2}\left(\dfrac{1-\mu_1^2}{E_1} + \dfrac{1-\mu_2^2}{E_2}\right)\right]^{-1}$；

  R——综合曲率半径，$R = \left(\dfrac{1}{R_1} \pm \dfrac{1}{R_2}\right)^{-1}$，"+"号用于外接触，"–"号用于内接触。

将上述道森最小油膜厚度公式改用量纲为 1 的参数描述为

$$H = 2.65G^{0.54}U^{0.7}W^{-0.3} \tag{2-3-9}$$

式中 H——膜厚参数，$H = \dfrac{h_{\mathrm{m}}}{R}$；

  U——速度参数，$U = \dfrac{\eta_0 u}{E'R}$；

  W——载荷参数，$W = \dfrac{w}{E'R}$；

  G——材料参数，$G = \alpha E'$。

用量纲为 1 的参数描述的道森膜厚计算公式具有工程实际意义。对一具体的高副接触来说，材料参数 G 是常数，随着速度参数 U 的增大或载荷参数 W 的减小，弹流润滑油膜的厚度相应增大。图 2-3-19 所示为当材料参数 $G = 5000$ 和载荷参数 $W = 3 \times 10^{-5}$ 时膜厚参数 H 与膜厚形状随着速度参数 U 的变化而变化的情况。由图可见，随着膜厚的增大，接触区的弹性变形影响渐趋淡化；同时由于油膜承载区向润滑油入口处的逐渐扩展，油膜承载面积扩大，油膜压力降低，油的粘压特性也是渐趋淡化的。因此道森公式有其一定的适用范围和局限性。

图 2-3-20 所示为 $G = 5000$ 时线接触副的润滑油膜厚度的等值线图。当 $G \neq 5000$ 时，应将图中膜厚参数乘以 $(5000/G)^2$。图中右面的弹性区表示按道森膜厚公式计算的结果，而左面的刚性区是按不考虑弹性变形和粘压特性的马丁膜厚公式（该公式由普通流体动力润滑理论导得，可参见有关专门文献）计算所得的结果。从刚性区（马丁状态）到弹性区（完全弹性流体动力润滑状态）之间，有一中间过渡区，当已知某一初始线接触的 G、U、W 值时，即可在图 2-3-20 上用一点标出该工作情况所在位置，并求得其所对应的膜厚参数 H 值。若该点不在弹性区内，表示该初始线接触副的膜厚不能按道森公式计算。

初始线接触副的最小油膜厚度为

$$h_{\mathrm{m}} = HR \tag{2-3-10}$$

任何机械零件的表面都会有一定的表面粗糙度，而弹性流体动力润滑的油膜非常薄，接触表面的表面粗糙度对润滑性能就具有决定性的影响。在对齿轮、滚动轴承或凸轮等高副机构进行润滑分析时，接触副处于何种润滑状态，设计时是应该考虑的。通常采用膜厚比 λ

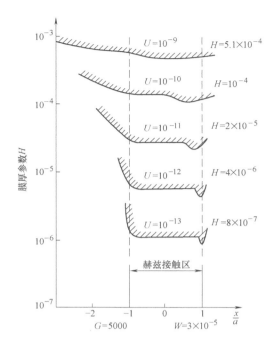

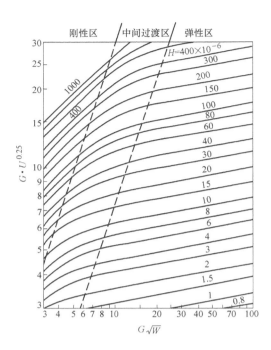

图 2-3-19　速度对膜厚参数的影响　　　　图 2-3-20　油膜厚度的等值线图

来估计接触表面的润滑状态，它是最小油膜厚度与表面粗糙度的比值。膜厚比的计算公式为

$$\lambda = \frac{h_{\mathrm{m}}}{\sqrt{Ra_1^2 + Ra_2^2}} \qquad (2\text{-}3\text{-}11)$$

式中　Ra_1、Ra_2——两接触表面的表面粗糙度（μm）。

　　一般认为要保证实现完全弹性流体动力润滑，其膜厚比 λ 应大于 3。当 $\lambda > 3$ 时，两接触表面处于完全弹性流体动力润滑或流体润滑状态，可以认为不发生磨损，零件的寿命很长。当 $\lambda < 3$ 时，总有少数表面轮廓峰会直接接触，这种状态称为部分弹性流体动力润滑状态。生产实际中绝大多数的齿轮传动、滚动轴承等都是在这种润滑状态下工作。当 $1 < \lambda < 3$ 时，两接触表面处于部分弹性流体动力润滑或混合润滑状态，可能发生磨损，还需要根据其他条件而定；当 $\lambda = 1.5$ 时，零件的寿命约为 $\lambda = 1$ 时的 4 倍。因此，从使用寿命的观点考虑，设计时至少应保证膜厚比 λ 大于 1.5。机械设计中，为了避免磨损或减少磨损，希望增加膜厚比，所以一方面要努力提高弹流油膜厚度，另一方面要在符合经济性能的前提下，采用合理的工艺手段减小零件表面粗糙度值。

三、流体静力润滑

　　对于低速运动的表面，要建立动压油膜是困难的。因为，形成流体动力润滑的条件之一是，两运动副表面之间必须具有一定的相对运动速度。

　　利用外部装置，如液压泵或其他压力流体源，将流体强制挤压进运动副的摩擦表面之间建立压力油膜，这种润滑方法称为流体静力润滑。

　　两个静止的、平行的摩擦表面间能采用流体静力润滑形成流体膜。流体静力润滑的承载能力不依赖于流体粘度，故能用粘度极低的润滑剂，不但摩擦副承载能力高，而且摩擦力矩低。流体静力润滑还可以使流体润滑不受摩擦副间相对运动速度的限制。动力润滑轴承由于在起动与停车过程中，总有一段时间其相对运动速度较低，因而不能实现流体润滑。而采用流体静力润滑技术就可以克服上述缺点，它对大型精密轴承具有重要意义。静力润滑的主要缺点是需配置一套专门的供油系统，结构较为复杂，并且设备的维护与保养要求较高。

图 2-3-21 所示为典型的流体静力润滑系统。装置中的液压泵供油方式分为定量供油（图 2-3-21a）和定压供油（图 2-3-21b）两种。

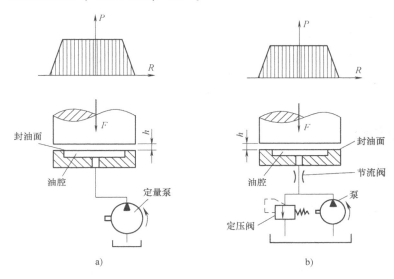

图 2-3-21　典型的流体静力润滑系统
a）定量供油系统　b）定压供油系统

在流体静力润滑中，较多地是采用定压供油系统装置。系统中设置定压阀以保证恒定的供油压力。油流经过节流阀流入支承件的油腔中。应用流体经过节流阀时产生的压力降与流量成正比的原理，油腔中的油压得以自动调节而与外载荷相平衡。当外载荷增大时，封油面的间隙减小，油的流量相应减少，通过节流阀的油流压力损失也相应减少，因此油腔中的油压增高而与外载荷相平衡。反之，当外载荷减小时，封油面的间隙增大，油腔中的油压降低而与外载荷构成新的平衡。

🔧 知识拓展

摩擦学（Tribology）一词在 1965 年被首次提出，简要地定义为"关于摩擦过程的科学"。从此，它作为一门独立的学科受到世界各国的普遍重视，摩擦学理论与应用研究进入了一个新时期。

随着现代计算机科学和数值分析技术的迅猛发展，对于许多复杂的摩擦学现象都可能进行精确的定量计算。以数值解为基础的弹性流体动力润滑（简称弹流润滑）理论的建立是润滑理论的重大发展。例如，在流体润滑研究中采用数值分析方法，已经建立了分别考虑摩擦表面弹性形变、热效应、表面形貌、润滑膜流变性能以及非稳态工况等实际因素影响，甚至于诸多因素综合影响的润滑理论，为机械零件的润滑设计提供了更加符合实际的理论基础。对于诸如滚动轴承、齿轮传动和蜗杆传动这些实际接触情况复杂的机械零件，工作中润滑参数不断变化，它们的润滑设计还需要进一步完善，从而使润滑理论更加有效地应用于工程设计中。

从工程实际需要出发，建立材料摩擦磨损的物理模型和定量计算公式，以便预测机械零件的使用性能和失效寿命，是一项长期困扰摩擦学研究人员的研究目标。在最近的四五十年间，许多研究者根据不同观点和不同条件的试验提出了300多个各种形式的磨损公式。它们在实际应用中都有很大的局限性，这是由于材料磨损是发生在表面层，涉及材料科学、力学、热物理及化学等的复杂过程。

纳米科学技术被认为是面向21世纪的新科技，纳米摩擦学或称微观摩擦学就是其中之一。它的出现标志着摩擦学的发展进入了一个新阶段。纳米摩擦学的主要研究内容包括材料微观摩擦磨损机理与控制，以及表面和界面分子工程，即通过材料表面微观改性和纳米涂层，或者建立有序分子膜润滑，以获得优异的减摩耐磨性能。

文献阅读指南

本章主要内容可以参考濮良贵主编和唐金松主编的《机械设计》教材，弹性流体动力润滑部分内容可以参考鲍庆惠的论文《弹性流体润滑状态图的研讨与改进》［机械设计，1989（6）］以及蒋生发和鲍庆惠编著的《弹流理论及其应用》（北京：机械工业出版社，1992）。

道森（D. Dowson）是国际上研究润滑理论的著名学者。他首先用一组统一的无量纲化参数，把各种润滑状态下的油膜厚度用图线和公式表示在一张图上，开启了弹流润滑理论的深入研究。［英］D. 道森，G. R. 希金森著，程华翻译的《弹性流体动力润滑》是一本研究弹性流体动力润滑的专著，已经多次修订出版，不失为深入研究弹性流体动力润滑的较好文献。

温诗铸院士是我国摩擦学研究领域的领军人物。温诗铸等编著的《摩擦学原理》（第3版）（北京：清华大学出版社，2008）以及温诗铸的论文《世纪回顾与展望——摩擦学研究的发展趋势》［机械工程学报，2000（6）］对人们学习和领会摩擦学的有关知识及发展有很多帮助。

学习指导

一、本章主要内容

本章主要介绍了机械设计中有关摩擦、磨损及润滑理论的相关基础知识。

二、本章学习要求

机械运动的各个构件，其组成的机构之间通过有序的运动和动力传递来实现工作要求。因此，它的各个零件或构件之间通过力的作用和相对运动就会产生摩擦。摩擦要消耗能量，必然会带来磨损。适当的润滑是减小摩擦、减轻磨损和降低能量消耗的有效手段。

1）摩擦的分类和形成的基本原理。

2）磨损的各种类型和特点。

3）润滑剂的种类、特点及其润滑方法，添加剂的作用。

4）流体润滑的基本原理。

思 考 题

2.3.1 按润滑状态的不同，滑动摩擦分为哪几种类型？说明每种类型的特点。

2.3.2 什么是磨损？磨损的基本类型主要有哪些？零件的正常磨损主要分为哪几个阶段？每个阶段有何特点？如何防止和减轻磨损？

2.3.3 试述润滑剂的作用。润滑剂有哪几类？添加剂的作用是什么？

2.3.4 简述流体动力润滑和流体静力润滑油膜形成原理的不同点。

2.3.5 形成流体动力润滑必须满足的基本条件是什么？

2.3.6 简述流体动力润滑和弹性流体动力润滑的特点。

2.3.7 润滑油的主要性能指标是什么？什么是其粘压效应？

第四章

螺纹联接与螺旋传动

为便于机器的制造、安装、使用、运输和维修等，机器中广泛使用各种联接。被联接件间能按一定运动形式作相对运动的称为机械动联接，如各种运动副；被联接件间相互固定、不能作相对运动的称为机械静联接。本章所指的联接为机械静联接，按联接是否可拆卸，机械静联接又可分为：可拆联接和不可拆联接。可拆联接是指不需要毁坏联接中的任一零件即可拆开的联接，多次装拆无损于其使用性能，如螺纹联接、键联接、销联接等；不可拆联接是指至少必须毁坏联接中的某一部分才能拆开的联接，如焊接、铆接、胶接等。过盈联接介于可拆联接和不可拆联接之间，视配合表面间过盈量的大小而定，在机器中也常使用。

螺纹联接和螺旋传动都是利用螺纹零件工作的，但螺纹联接作为紧固件，要求保证联接强度，有时还有紧密性要求；螺旋传动作为传动件，要求保证传动精度、效率、耐磨和寿命等。本章将分别讨论螺纹联接和螺旋传动的类型、设计和结构等问题。

第一节　螺　　纹

一、螺纹的类型和应用

螺纹分为外螺纹和内螺纹。内、外螺纹组成螺旋副。按母体形状的不同，螺纹可分为圆柱螺纹和圆锥螺纹，前者在圆柱体上制出，后者在圆锥体上制出。圆锥螺纹主要用于管联接；圆柱螺纹主要用于一般联接和传动。起联接作用的螺纹称为联接螺纹，起传动作用的螺纹称为传动螺纹。螺纹有米制和寸制之分，我国除管螺纹保留寸制外，都采用米制螺纹。螺纹旋向分为左旋和右旋，常用右旋螺纹。按照牙型角不同，螺纹可分为普通螺纹、管螺纹、梯形螺纹、矩形螺纹和锯齿形螺纹，前两者主要用于联接，后三者主要用于传动。除矩形螺纹外，其他螺纹都已标准化。标准螺纹的基本尺寸可查阅相关手册。

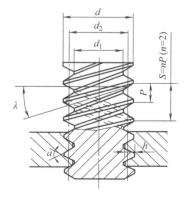

二、螺纹的主要参数

机械中常用圆柱螺纹，其主要参数如图 2-4-1 所示。

（1）大径　与外螺纹牙顶或内螺纹牙底相切的假想圆柱体

图 2-4-1　螺纹的主要几何参数

的直径。大径是该螺纹的公称直径，外螺纹用 d 表示，内螺纹用 D 表示。

（2）小径　与外螺纹牙底或内螺纹牙顶相切的假想圆柱体的直径。外螺纹用 d_1 表示，内螺纹用 D_1 表示。

（3）中径　在牙型上牙厚和沟槽的轴向宽度相等处形成的假想圆柱的直径。外螺纹用 d_2 表示，内螺纹用 D_2 表示。

（4）线数 n　螺纹的螺旋线数目。沿一根螺旋线所形成的螺纹称为单线螺纹；沿两根或两根以上的轴向等距螺旋线所形成的螺纹称为多线螺纹。单线螺纹自锁性好，多用于联接，也可用于传动；多线螺纹传动效率高，多用于传动。线数越多，加工越困难，故通常 $n \leqslant 4$。

（5）螺距 P　螺纹相邻两牙在中径线上对应两点间的轴向距离。

（6）导程 S　同一条螺旋线上相邻两牙在中径线上对应两点间的轴向距离，$S = nP$。

（7）螺纹升角 λ　在中径圆柱上螺旋线的展开线与垂直于螺纹轴线的平面间的夹角，即

$$\tan\lambda = \frac{S}{\pi d_2} = \frac{np}{\pi d_2} \tag{2-4-1}$$

（8）牙型角 α　螺纹轴向截面内，螺纹牙型两相邻牙侧间的夹角。螺纹牙型的侧边与螺纹轴线的垂直平面的夹角称为牙侧角 β，对称牙型的牙侧角 $\beta = \dfrac{\alpha}{2}$。

（9）接触高度 h　内、外螺纹旋合后接触面的径向高度。

第二节　螺纹联接的基本类型

一、螺纹联接的基本类型

螺纹联接的类型很多，其基本类型见表 2-4-1。

表 2-4-1　螺纹联接的基本类型

类　型	结 构 示 例	主要尺寸关系	特点和应用
螺栓联接	普通螺栓 	静载荷：$l_1 \geqslant (0.3 \sim 0.5) d$ 变载荷：$l_1 \geqslant 0.75d$ 冲击、弯曲载荷：$l_1 \geqslant d$ $a \approx (0.2 \sim 0.3) d$ $e = d + (3 \sim 6)$ mm $d_0 \approx 1.1d$	主要适用于被联接件不太厚且两端均有装配空间的场合。被联接件上无须切制螺纹，结构简单，装拆方便，应用广泛 　普通螺栓联接（受拉螺栓联接），螺栓杆与孔壁间有间隙，孔的加工精度要求不高 　铰制孔螺栓联接（受剪螺栓联接），螺栓杆与孔壁之间多采用基孔制过渡配合（H7/m6 等），螺栓杆和孔的加工精度要求较高，可精确固定被联接件的相对位置
	铰制孔螺栓 	l_3 尽可能小 $a \approx (0.2 \sim 0.3) d$ $e = d + (3 \sim 6)$ mm $d_0 \approx 1.1d$	

（续）

类　型	结 构 示 例	主 要 尺 寸 关 系	特 点 和 应 用
双头螺柱联接		当螺纹孔材料为： 钢或青铜 $H \approx d$ 铸铁 $H \approx (1.25 \sim 1.5)\, d$ 铝合金 $H \approx (1.5 \sim 2.5)\, d$ $H_1 = H + (2 \sim 2.5)\, P$ $H_2 = H + (0.5 \sim 1.0)\, P$ （式中 P 为螺距） 其他同螺栓联接	被联接件之一很厚，不便加工成通孔，又需经常拆卸的场合 　当需要拆卸而拧松螺母时，双头螺柱在螺纹孔中必须固定，不得转动
螺钉联接			适用场合与双头螺柱相似，拆卸时易损伤螺纹孔，故多用于不经常拆卸处 　不需要螺母，质量小，且外观整齐
紧定螺钉联接			用螺钉的尾部直接顶住另一被联接件的表面或顶入凹坑中，用以固定两个被联接件的相对位置，可传递较小的力或转矩

　　特别要注意螺纹联接件的名称与螺纹联接类型的名称不一定相同。例如，用六角头螺栓构成的螺纹联接类型，既可能是螺栓联接，也可能是螺钉联接，还可能是紧定螺钉联接。

　　除表 2-4-1 中所述的四种螺纹联接的基本类型外，还有几种特殊结构的螺纹联接，应用也很广泛，如固定设备的地脚螺栓联接（图 2-4-2a）、用于工程设备中的 T 形槽螺栓联接（图 2-4-2b）、起吊设备或大型零件用的吊环螺钉联接（图 2-4-2c）等。

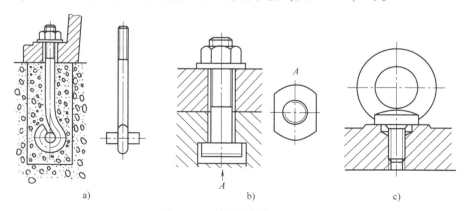

a)　　　　　　　　　　　　b)　　　　　　　　　　　　c)

图 2-4-2　特殊结构螺纹联接

a）地脚螺栓联接　b）T 形槽螺栓联接　c）吊环螺钉联接

二、螺纹联接的预紧及控制

机械设备中，螺纹联接在承受工作载荷之前，装配时一般均需要拧紧，称为预紧，此时螺栓受到的轴向拉力称为预紧力 F_0。预紧的目的是为了增加联接的刚性，提高联接的紧密性，既可防止受载后被联接件间出现缝隙或发生相对滑移，还可防止联接的松动。特别是对有紧密性要求的螺纹联接，如气缸盖、管路法兰、齿轮箱等，预紧更为重要。但预紧力的大小应适当，否则因预紧力过大会导致联接结构尺寸过大，也会使联接件在装配或偶然过载时被拉断。预紧力的大小应根据载荷性质、联接刚度等具体工作条件来确定。

拧紧螺母时，拧紧力矩 T 使螺栓和被联接件间产生预紧力 F_0，拧紧力矩 T 要克服螺旋副间的摩擦力矩 T_1 和螺母与被联接件支承面间的摩擦力矩 T_2，如图 2-4-3 所示，即

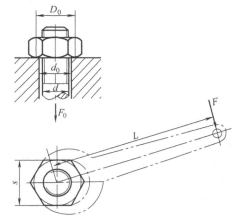

$$T = T_1 + T_2 \qquad (2\text{-}4\text{-}2)$$

螺旋副间的摩擦力矩为

$$T_1 = F_0 \frac{d_2}{2} \tan(\lambda + \rho_v) \qquad (2\text{-}4\text{-}3)$$

螺母与支承面间的摩擦力矩为

$$T_2 = \frac{1}{3} f_c F_0 \frac{D_0^3 - d_0^3}{D_0^2 - d_0^2} \qquad (2\text{-}4\text{-}4)$$

将式(2-4-3)、式(2-4-4)代入式(2-4-2)，整理得

图 2-4-3　螺旋副的拧紧

$$T = \frac{1}{2} F_0 \left[d_2 \tan(\lambda + \rho_v) + \frac{2}{3} f_c \frac{D_0^3 - d_0^3}{D_0^2 - d_0^2} \right]$$

$$(2\text{-}4\text{-}5)$$

对于 M10 ~ M64 粗牙普通螺纹的钢制螺栓，螺纹升角 $\lambda = 1°42' \sim 3°2'$，螺旋中径 $d_2 = 0.9d$，螺旋副当量摩擦角 $\rho_v = \arctan f_v$（f_v 为螺旋副当量摩擦因数，$f_v = 1.155f$，f 为摩擦因数，无润滑时 $f \approx 0.1 \sim 0.2$），螺母与支承面间的摩擦因数 $f_c = 0.15$，螺栓孔径 $d_0 \approx 1.1d$，螺母环形支承面的外径 $D_0 \approx 1.5d$。将这些参数代入式（2-4-5）并整理后可得

$$T \approx 0.2 F_0 d \qquad (2\text{-}4\text{-}6)$$

对于一定公称直径 d 的螺栓，当要求的预紧力 F_0 已知时，即可按式（2-4-6）确定拧紧力矩 T。一般标准扳手的长度 $L \approx 15d$，若拧紧力为 F，则 $T = FL$，由式（2-4-6）可得 $F_0 \approx 75F$。因此，对于重要的联接，应尽可能不采用直径过小的螺栓（如小于 M12 的螺栓），否则很可能会过载拧断。

控制拧紧力通常采用测力矩扳手（图 2-4-4）或定力矩扳手（图 2-4-5），通过控制拧紧力矩来控制预紧力。

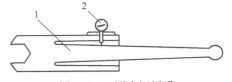

图 2-4-4　测力矩扳手
1—弹性元件　2—指示表

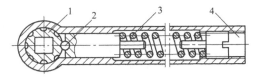

图 2-4-5　定力矩扳手
1—扳手卡盘　2—圆柱销　3—弹簧　4—螺钉

测力矩扳手的工作原理是：利用扳手上的弹性元件 1 在拧紧力的作用下所产生的弹性变形来指示拧紧力矩的大小，为方便计量，可将指示表 2 直接以力矩值标出。

定力矩扳手的工作原理是：当拧紧力矩超过规定值时，弹簧 3 被压缩，扳手卡盘 1 与圆柱销 2 之间打滑，如继续转动扳手，卡盘不再转动，拧紧力矩的大小可利用螺钉 4 调整弹簧压紧力来加以控制。

控制预紧力还有很多方法，如测量螺栓伸长法、螺母转角法、应变计法、控制预胀法和液压拉伸法，其具体工作原理和方法可参阅相关文献和手册。

不重要的一般联接是靠操作者拧紧时的感觉和经验来控制预紧力的，对于这种不控制预紧力的螺纹联接，设计时应选用较大的安全系数。

三、螺纹联接的防松

螺纹联接件一般采用单线普通螺纹，螺纹升角小于螺旋副的当量摩擦角，因此，联接螺纹都能满足自锁条件（$\lambda < \rho_v$）。此外，拧紧后螺母和螺栓头部等支承面上的摩擦力可起到防松的作用，所以在静载荷和温度变化不大时，联接螺纹不会自动松脱。但在冲击、振动或变载荷的作用下，或在高温或温度变化较大时，联接中的预紧力和摩擦力会逐渐减小或瞬时消失，联接仍有可能松动或脱落，导致联接失效。因此，为了防止联接松脱，保证联接安全可靠，设计时必须采用有效的防松措施。防松的关键就是防止螺旋副间的相对转动。常用的防松措施很多，就其工作原理不同，可分为以下三大类，见表 2-4-2。

表 2-4-2　螺纹联接常用的防松方法

类　型	结　构　形　式	防松原理和应用
摩擦防松	 对顶双螺母　　弹簧垫圈 尼龙圈 金属锁紧螺母　　尼龙圈锁紧螺母	使螺旋副中存在不随外载荷变化的摩擦力，利用摩擦力矩防止螺旋副的相对转动。产生摩擦力所需的压力可由螺旋副轴向或横向压紧而产生 结构简单，使用方便，但效果较差，常用于不重要的联接 对顶双螺母拧紧，螺栓旋合段受拉而螺母受压，从而使螺旋副纵向压紧 弹簧垫圈是利用拧紧螺母时，垫圈被压平后的弹性力使螺旋副纵向压紧 金属锁紧螺母是利用螺母末端椭圆口的弹性变形来箍紧螺栓，横向压紧螺母 尼龙圈锁紧螺母是利用螺母末端的尼龙圈箍紧螺栓，横向压紧螺母

（续）

类型	结构形式	防松原理和应用
机械防松	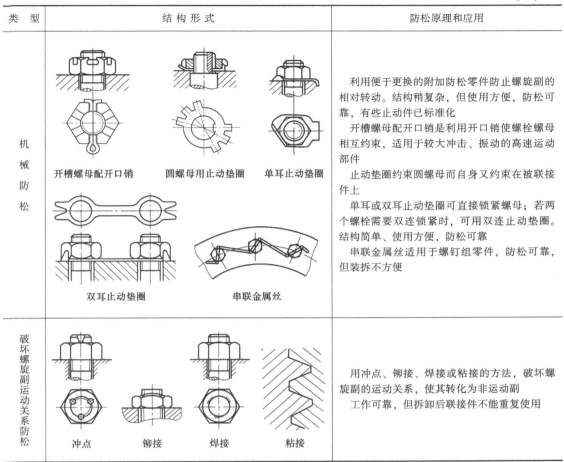开槽螺母配开口销　圆螺母用止动垫圈　单耳止动垫圈 双耳止动垫圈　串联金属丝	利用便于更换的附加防松零件防止螺旋副的相对转动。结构稍复杂，但使用方便，防松可靠，有些止动件已标准化 开槽螺母配开口销是利用开口销使螺栓螺母相互约束，适用于较大冲击、振动的高速运动部件 止动垫圈约束圆螺母而自身又约束在被联接件上 单耳或双耳止动垫圈可直接锁紧螺母；若两个螺栓需要双连锁紧时，可用双连止动垫圈。结构简单、使用方便，防松可靠 串联金属丝适用于螺钉组零件，防松可靠，但装拆不方便
破坏螺旋副运动关系防松	冲点　铆接　焊接　粘接	用冲点、铆接、焊接或粘接的方法，破坏螺旋副的运动关系，使其转化为非运动副 工作可靠，但拆卸后联接件不能重复使用

第三节　单个螺纹联接的强度计算

工程中大多数螺纹联接多为成组使用，但单个螺纹联接的强度计算是螺栓组联接设计的基础。普通螺栓联接、双头螺柱联接、螺钉联接强度计算的方法基本相同，故本节以螺栓联接为代表讨论螺纹联接的强度计算方法。

如采用标准螺纹联接件，螺栓与螺母的螺纹牙及其他部分尺寸均已根据等强度原则及使用经验等设计确定，这些部分都不需要进行强度计算。所以普通螺栓联接的计算主要是设计或校核螺纹小径 d_1，铰制孔螺栓联接只需设计或校核螺栓杆无螺纹部分的截面直径 d_0，再按照标准选定螺纹大径（公称直径）d。其他联接件则根据公称直径 d 直接从螺纹联接件标准中选定。

一、松螺栓联接

松螺栓联接装配时螺母不需要拧紧，在承受工作载荷之前螺栓不受力。这种联接应用范围有限，如起重吊钩等的螺纹联接属于此类。

图 2-4-6 所示为起重滑轮的螺纹联接，当联接承受工作载荷 F 作用时，螺栓只受轴向拉力 F，联接可能发生的失效形式为螺栓杆的拉断，其强度条件为

$$\sigma_{ca} = \frac{F}{\frac{1}{4}\pi d_1^2} \leqslant [\sigma] \qquad (2\text{-}4\text{-}7a)$$

设计公式为

$$d_1 \geqslant \sqrt{\frac{4F}{\pi[\sigma]}} \qquad (2\text{-}4\text{-}7b)$$

式中　F——工作载荷（N）；

　　　d_1——螺纹小径（mm）；

　　$[\sigma]$——螺栓材料的许用拉应力（MPa），参见表 2-4-8。

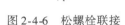

图 2-4-6　松螺栓联接

二、紧螺栓联接

紧螺栓联接在装配时螺母已经拧紧，在拧紧力矩作用下，螺栓受到预紧力 F_0 的作用。根据工作时受到的工作载荷不同，紧螺栓联接的强度计算又可分为两种情况：螺栓联接承受的外载荷与螺栓轴线垂直时称为横向工作载荷，与螺栓轴线重合时称为轴向工作载荷。

（一）受横向工作载荷

1. 普通螺栓联接

图 2-4-7 所示为受横向工作载荷的普通螺栓联接。由于预紧力 F_0 的作用，联接在接合面上产生摩擦力平衡横向工作载荷 F。螺栓工作时仅承受预紧力的作用，且预紧力在联接承受工作载荷后仍保持不变，故这种联接又称为"仅受预紧力的紧螺栓联接"。预紧力的大小根据接合面不产生滑移的条件确定，预紧力 F_0 必须满足下式

$$mfF_0 \geqslant K_f F \qquad (2\text{-}4\text{-}8a)$$

$$F_0 \geqslant \frac{K_f F}{mf} \qquad (2\text{-}4\text{-}8b)$$

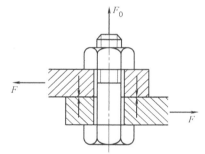

图 2-4-7　受横向工作载荷的
普通螺栓联接

式中　F——横向工作载荷（N）；

　　　F_0——预紧力（N）；

　　　f——接合面间的摩擦因数，见表 2-4-3；

　　　m——单个螺栓联接的接合面数；

　　　K_f——可靠性系数，通常取 $K_f = 1.1 \sim 1.3$。

表 2-4-3　联接接合面间的摩擦因数 f

被联接件材料	表 面 状 态	f
钢或铸铁	干燥的加工表面	0.10～0.15
	有油的加工表面	0.06～0.10
钢结构	轧制表面	0.30～0.35
	涂漆的表面	0.35～0.40
	喷砂处理的表面	0.45～0.55
铸铁对木材、砖料或混凝土	干燥表面	0.40～0.50

拧紧螺母时，在拧紧力矩作用下，螺栓受预紧力 F_0 的拉伸而产生拉伸应力外，同时受螺旋副摩擦力矩 T_1 的扭转而产生扭转切应力，螺栓处于拉伸与扭转的复合应力状态下。因此，当计算受横向工作载荷作用的普通螺栓联接强度时，应综合考虑拉应力和扭转切应力的作用。

螺栓危险截面的拉应力为

$$\sigma = \frac{F_0}{\frac{1}{4}\pi d_1^2} \tag{2-4-9}$$

根据式（2-4-3）得，螺栓危险截面的扭转切应力为

$$\tau = \frac{T_1}{W_T} = \frac{F_0 \tan(\lambda + \rho_v)\frac{d_2}{2}}{\frac{\pi}{16}d_1^3} = \frac{2d_2}{d_1}\tan(\lambda + \rho_v)\frac{F_0}{\frac{1}{4}\pi d_1^2} \tag{2-4-10}$$

对 M10 ~ M64 普通螺纹的钢制螺栓，取 $\tan\lambda \approx 0.05$，$\frac{d_2}{d_1} = 1.04 \sim 1.08$，$\tan\rho_v \approx 0.17$，将其代入式（2-4-10）得 $\tau \approx 0.5\sigma$。

因螺栓多由塑性材料制造，故根据第四强度理论，仅受预紧力作用的螺栓强度条件为

$$\sigma_{ca} = \sqrt{\sigma^2 + 3\tau^2} \approx 1.3\sigma \leqslant [\sigma] \tag{2-4-11}$$

即

$$\sigma_{ca} = \frac{1.3F_0}{\frac{1}{4}\pi d_1^2} \leqslant [\sigma] \tag{2-4-12a}$$

设计公式为

$$d_1 \geqslant \sqrt{\frac{4 \times 1.3F_0}{\pi[\sigma]}} \tag{2-4-12b}$$

式中各符号的意义和单位同前。

受横向工作载荷作用的普通螺栓联接，具有结构简单、装配方便等优点。但由表 2-4-3 可知，对钢或铸铁被联接件，若取 $f = 0.15$，则由式（2-4-8a）可以看出，当 $m = 1$，$K_f = 1.2$ 时，$F_0 \geqslant 8F$。可见，要想传递一定的外载荷，需在螺栓上施加 8 倍于外载荷的预紧力，这将导致螺栓与联接的结构尺寸过大。为避免上述缺点，可采用一些受剪的减载装置来减小螺栓的载荷，如图 2-4-8 所示。鉴于这些联接的结构和工艺比较复杂，可采用铰制孔螺栓联接。

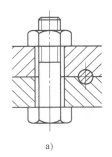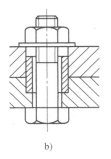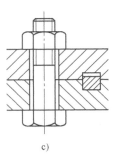

a)　　　　　　　　　b)　　　　　　　　　c)

图 2-4-8　减载装置

a）减载销　b）减载套筒　c）减载键

2. 铰制孔螺栓联接

图2-4-9 所示为受横向工作载荷的铰制孔螺栓联接。这种联接的预紧力和螺旋副的摩擦力矩一般不大，计算时常忽略不计。联接在接合面处螺栓杆受剪切，螺栓杆与孔壁间无间隙，接触面受挤压。因此其主要失效形式是螺栓杆被剪断和螺栓杆与孔壁的接触面被压溃。

螺栓杆的剪切强度条件为

$$\tau = \frac{F}{m\frac{\pi}{4}d_0^2} \leqslant [\tau] \qquad (2\text{-}4\text{-}13)$$

螺栓杆与孔壁的挤压强度条件为

$$\sigma_p = \frac{F}{d_0 L} \leqslant [\sigma_p] \qquad (2\text{-}4\text{-}14)$$

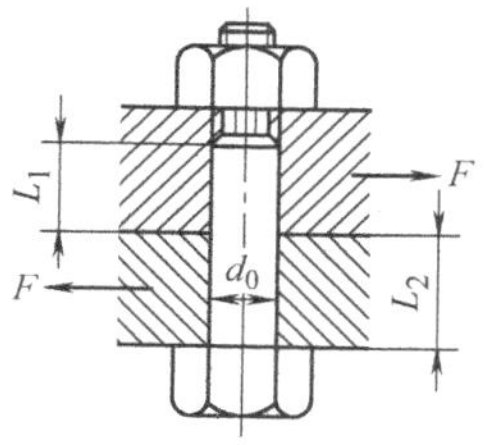

式中　F——横向工作载荷（N）；

　　　d_0——螺栓受剪面直径（mm）；

　　　m——单个螺栓的抗剪面数目；

　　　$[\tau]$——螺栓的许用切应力（MPa），参见表2-4-8；

　　　$[\sigma_p]$——螺栓或孔壁较弱材料的许用挤压应力（MPa），参见表2-4-8；

　　　L——螺栓杆与孔壁间挤压面的最小长度（mm），$L = \min(L_1, L_2)$。

图2-4-9　受横向工作载荷
的铰制孔螺栓联接

（二）受轴向工作载荷

1. 受力分析

这种联接既受预紧力又受轴向工作载荷，受力形式在紧螺栓联接中比较常见，因而也是最重要的一种。图2-4-10 表示单个联接螺栓在承受轴向拉伸载荷作用前后的受力和变形情况。

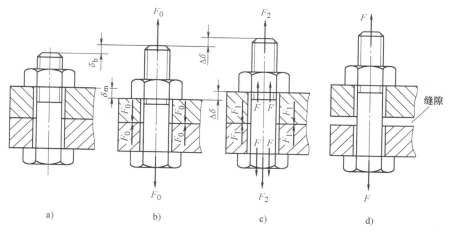

图2-4-10　受轴向载荷的紧螺栓联接的受力与变形分析
a）螺母未拧紧　b）螺母已拧紧　c）已承受工作载荷　d）工作载荷过大

图2-4-10a 是螺母刚好拧到和被联接件接触但尚未拧紧，此时，螺栓和被联接件都不受力，也不产生任何变形。

图2-4-10b 是螺母已拧紧，但尚未承受轴向工作载荷。此时，螺栓联接在预紧力 F_0 的作用下，螺栓产生拉伸变形，伸长量为 δ_b；被联接件产生压缩变形，压缩量为 δ_m。

图 2-4-10c 是承受轴向载荷 F 的情况。此时，螺栓所受拉力由 F_0 增加到 F_2，F_2 称为螺栓的总拉力，螺栓伸长量增加 $\Delta\delta$，总伸长量为 $(\delta_b + \Delta\delta)$。与此同时，原来被压缩的被联接件随着螺栓的伸长而被放松，其压缩量也随之减小。根据联接的变形协调条件，被联接件压缩变形的减少量等于螺栓伸长变形的增加量，即均为 $\Delta\delta$，其实际压缩量为 $(\delta_m - \Delta\delta)$，故被联接件的压缩力将由 F_0 减小到 F_1，F_1 称为被联接件的残余预紧力。

为保证联接的紧密性，防止联接受载后接合面间产生缝隙，如图 2-4-10d 所示，应保证 $F_1 > 0$。F_1 推荐值见表 2-4-4。

表 2-4-4　F_1 推荐值

工作情况	一般联接	变载荷	冲击载荷	压力容器或重要联接
F_1 值	0.2 ~ 0.6	0.6 ~ 1.0	1.0 ~ 1.5	1.5 ~ 1.8

上述螺栓联接的受力与变形关系可以用线图表示，如图 2-4-11 所示，图中纵坐标代表力，横坐标代表变形。螺栓伸长量由坐标原点 O_b 向右量起；被联接件压缩量由坐标原点 O_m 向左量起。

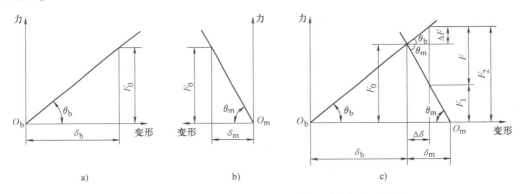

图 2-4-11　受轴向载荷的紧螺栓联接的受力与变形线图

图 2-4-11a、b 分别表示螺栓和被联接件的受力与变形关系。由图可见，联接在尚未承受轴向工作载荷 F 时，螺栓的拉力和被联接件的压缩力都等于预紧力 F_0，因此，为分析的方便，将图 2-4-11a、b 合并成图 2-4-11c。

如图 2-4-11c 所示，当联接承受轴向工作载荷 F 时，由于预紧力的变化，根据螺栓的静力平衡条件，螺栓所受的总拉力 F_2，应为轴向工作载荷 F 与残余预紧力 F_1 之和。即

$$F_2 = F + F_1 \tag{2-4-15}$$

令螺栓和被联接件的刚度分别为 C_b 和 C_m，螺栓的预紧力 F_0 与残余预紧力 F_1 和总拉力 F_2 的关系，可由图 2-4-11 中的几何关系推出。

由图 2-4-11a、b 可知

$$C_b = \tan\theta_b = \frac{F_0}{\delta_b} \tag{2-4-16a}$$

$$C_m = \tan\theta_m = \frac{F_0}{\delta_m} \tag{2-4-16b}$$

由图 2-4-11c 可知

· 59 ·

$$F_2 = F_0 + \Delta F \qquad (2\text{-}4\text{-}17\text{ a})$$

$$\frac{\Delta F}{F - \Delta F} = \frac{\Delta\delta\tan\theta_b}{\Delta\delta\tan\theta_m} = \frac{C_b}{C_m}$$

化简得

$$\Delta F = \frac{C_b}{C_b + C_m}F \qquad (2\text{-}4\text{-}17\text{ b})$$

将式（2-4-17 b）代入式（2-4-17a），得螺栓的总拉力为

$$F_2 = F_0 + \frac{C_b}{C_b + C_m}F \qquad (2\text{-}4\text{-}18)$$

上式 $\frac{C_b}{C_b + C_m}$ 为螺栓的相对刚度，其值在 0～1 之间变动，大小与螺栓、螺母、垫片和被联接件的结构、尺寸、工作载荷的作用位置等因素有关，可通过计算或实验确定。为了减小螺栓的受力，提高螺栓联接的承载能力，应使 $\frac{C_b}{C_b + C_m}$ 值尽可能小些。一般设计时，$\frac{C_b}{C_b + C_m}$ 值可使用下列推荐数据，见表2-4-5。

表 2-4-5　螺栓相对刚度

垫 片 材 料	金属（或无垫片）	皮　革	铜皮石棉	橡　胶
$\frac{C_b}{C_b + C_m}$	0.2～0.3	0.7	0.8	0.9

2. 受轴向静载荷时螺栓联接的强度计算

设计时，根据螺栓联接的受载情况，求出螺栓的工作载荷 F，再按联接的工作要求确定残余预紧力 F_1，由式（2-4-15）求出螺栓的总拉力 F_2，即可进行强度计算。考虑到螺栓工作受载后，在总拉力 F_2 的作用下可能需要补充拧紧，故仿前将总拉力增加30%以考虑扭转切应力的影响，故螺栓危险截面的拉伸强度条件为

$$\sigma_{ca} = \frac{1.3F_2}{\frac{1}{4}\pi d_1^2} \leq [\sigma] \qquad (2\text{-}4\text{-}19a)$$

设计公式为

$$d_1 \geq \sqrt{\frac{4 \times 1.3F_2}{\pi[\sigma]}} \qquad (2\text{-}4\text{-}19b)$$

式中各符号的意义和单位同前。

3. 受轴向变载荷时螺栓联接的强度计算

对于受轴向变载荷的重要螺栓联接（如内燃机气缸盖螺栓联接等），除按上述方法进行静强度计算外，还应校核其疲劳强度。承受变载荷的螺栓联接多为疲劳失效，而影响疲劳失效的主要因素是应力幅。

如图2-4-12所示，当轴向工作载荷在 0～F 之间变化时，螺栓总拉力在 F_0～F_2 之间变化。如果不考虑螺旋副间摩擦力矩的扭转作用，则危险截面的最大拉应力为

$$\sigma_{max} = \frac{F_2}{\frac{1}{4}\pi d_1^2}$$

最小拉应力（此时螺栓中的应力变化规律是 σ_{min} 为常数）为

$$\sigma_{min} = \frac{F_0}{\frac{1}{4}\pi d_1^2}$$

故螺栓联接的疲劳强度条件为

$$\sigma_a = \frac{\sigma_{max} - \sigma_{min}}{2} = \frac{C_b}{C_b + C_m}\frac{2F}{\pi d_1^2} \leqslant [\sigma_a] \qquad (2\text{-}4\text{-}20)$$

式中 $[\sigma_a]$——螺栓的许用应力幅，按表 2-4-6 计算；其他各符号的意义和单位同前。

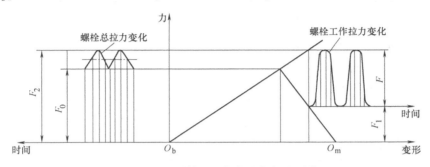

图 2-4-12 受轴向变载荷的紧螺栓联接

表 2-4-6 许用应力幅 $[\sigma_a]$ 的计算

许用应力幅计算公式 $[\sigma_a] = \dfrac{\varepsilon K_t K_u \sigma_{-1t}}{K_\sigma S_a}$

尺寸因数 ε	螺栓直径 d/mm	<12	16	20	24	30	36	42	48	56	64
	ε	1	0.87	0.8	0.74	0.65	0.64	0.60	0.57	0.54	0.53
螺纹制造工艺因数 K_t	切制螺纹 $K_t = 1$，滚制、搓制螺纹 $K_t = 1.25$										
受力不均匀因数 K_u	受压螺母 $K_u = 1$，受拉螺母 $K_u = 1.5 \sim 1.6$										
试件的疲劳极限 σ_{-1t}/MPa	常用材料	10		Q235-A		35		45		40Cr	
	σ_{-1t}	120 ~ 150		120 ~ 160		170 ~ 220		190 ~ 250		240 ~ 340	
缺口应力集中因数 K_σ	螺栓材料 σ_b/MPa	400		600		800		1000			
	K_σ	3		3.9		4.8		5.2			
安全因数 S_a	安装螺栓情况	控制预紧力				不控制预紧力					
	S_a	1.5 ~ 2.5				2.5 ~ 5					

三、螺纹联接件的材料及许用应力

（一）螺纹联接件的材料

国家标准规定，螺栓、螺钉、螺柱的机械性能等级分为 10 级，从 3.6 到 12.9。小数点前的数字代表材料公称抗拉强度 σ_b 的 1/100，小数点后的数字代表材料的屈服强度 σ_s 或条件屈服强度 $\sigma_{0.2}$ 与公称抗拉强度 σ_b 之比值的 10 倍。螺母的机械性能等级分为 7 级，从 4 到 12。数字粗略表示螺母保证能承受的最小应力 σ_{min} 的 1/100。螺纹联接件的机械性能等级简示于表 2-4-7，选用时应注意：所用螺母的性能等级应不低于与其相配的螺栓的性能等级。

国家标准又将螺纹联接件按公差等级分为 A、B、C 三个等级，A 级的公差等级最高，用于要求配合精确的重要场合，C 级的公差等级较低，多用于一般的联接。

表 2-4-7　螺栓、螺钉和螺母的性能等级（摘自 GB/T 3098.2—2000）

	性　能　等　级	3.6	4.6	4.8	5.6	5.8	6.8	8.8 ≤M16	8.8 >M16	9.8 ≤M16	10.9	12.9
螺栓、螺钉	公称抗拉强度 σ_b/MPa	300	400		500		600	800		900	1000	1200
	最小屈服应力 σ_s/MPa	180	240	320	300	400	480	640		720	900	1080
	最大维氏硬度 HV		250					320	335	360	380	435
相配合螺母	性能等级	4 或 5		5		6	8		9	10	12	
		4	5									
	螺纹规格范围	>M16	≤M16	≤M39		≤M39	≤M39		≤M16	≤M39	≤M39	

（二）螺纹联接件的许用应力

螺纹联接件的许用应力受材料性能、热处理工艺、结构尺寸、载荷性能（静、变载荷）和装配情况（松联接或紧联接）等因素的影响，必须综合上述各种因素确定许用应力，设计时可参考表 2-4-8。

表 2-4-8　螺纹联接件的许用安全系数 $[S]$ 和许用应力

受载情况				许用安全系数 $[S]$				许用应力	
松螺栓联接				1.2 ~ 1.7					
紧螺栓联接	普通螺栓		直径材料	不控制预紧力			控制预紧力	$[\sigma] = \dfrac{\sigma_s}{[S]}$	
				M6 ~ M16	M16 ~ M30	M30 ~ M60			
		静载	碳钢	4 ~ 3	3 ~ 2	2 ~ 1.3	1.2 ~ 1.5		
			合金钢	5 ~ 4	4 ~ 2.5	2.5			
		变载	碳钢	10 ~ 6.5	6.5	10 ~ 6.5			
			合金钢	7.5 ~ 5	5	7.5 ~ 6			
	铰制孔螺栓		材料	剪切		挤压		剪切	挤压
		静载	钢	2.5		1.25		$[\tau] = \dfrac{\sigma_s}{[S]}$	$[\sigma_p] = \dfrac{\sigma_s}{[S]}$
			铸铁	—		2 ~ 2.5		—	$[\sigma_p] = \dfrac{\sigma_b}{[S]}$
		变载	钢	3.5 ~ 5.0		按静载荷降低 20% ~ 30%		$[\tau] = \dfrac{\sigma_s}{[S]}$	$[\sigma_p] = \dfrac{\sigma_s}{[S]}$
			铸铁	—				—	$[\sigma_p] = \dfrac{\sigma_b}{[S]}$

第四节　螺栓组联接的设计

由两个或两个以上螺栓组成联接时就称为螺栓组联接。在工程实际中，螺纹联接通常都是成组使用的。设计螺栓组联接时，通常先进行结构设计，然后根据螺栓组的结构和承载情况进行受力分析，其目的是找出受力最大的螺栓，并求出所受力的大小和方向，再按照单个螺栓进行强度计算。

一、螺栓组联接的结构设计

螺栓组联接结构设计的目的，就是根据联接的受载情况，确定联接接合面的几何形状和螺栓的布置形式，力争使各个联接的螺栓受力均匀合理，避免螺栓受到附加载荷，便于加工和装拆。设计时应该考虑的主要原则有以下几点：

1. 形状简单，受力合理

联接接合面的几何形状应尽量设计成轴对称的简单几何形状（图2-4-13），如矩形、圆形、三角形等。布置螺栓的位置时，还应使其联接组的几何形心与联接接合面的形心重合，以便使各个联接螺栓尽可能均匀分担载荷。

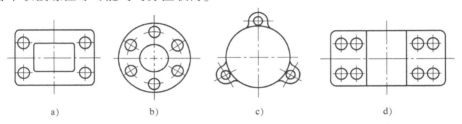

$$a) \qquad b) \qquad c) \qquad d)$$

图2-4-13　接合面常用形状及布置形式

2. 圆周上便于分度，简化工艺

同一圆周上螺栓的数目尽量取偶数，如取为4、6、8、12等，以便于圆周上钻孔时分度和划线。

3. 尽量减少加工面，提高加工效率

接合面较大时应采用环状结构（图2-4-13a、b）、条状结构（图2-4-13d）或者凸台，可以减少加工面，节省工时，提高加工效率，同时还能提高联接面的平稳性。

4. 各螺栓受力应合理

受弯矩或转矩作用的螺栓组，布置时应使联接螺栓尽量远离其回转中心或者对称轴线（图2-4-14），以使螺栓的受力较小。

受横向载荷作用的普通螺栓联接，如第三节分析，可以采用销、套筒、键等抗剪零件来承受部分横向载荷，以减轻螺栓的受载（图2-4-8），减小螺栓的预紧力及结构尺寸。

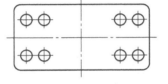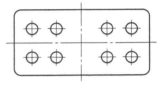

$$a) \qquad\qquad\qquad b)$$

图2-4-14　螺栓联接的合理布置
a) 合理　b) 不合理

受横向载荷作用的铰制孔螺栓联接，由于被联接件是弹性体，在载荷作用线方向上，其两端螺栓所受的载荷大于中间螺栓，为了使各个螺栓受载较为均匀，沿横向载荷方向布置的螺栓数一般不超过 8 个。

5. 螺栓排列应有合理的间距和边距

为了装配方便和保证联接强度，螺栓各轴线之间以及螺栓轴线和机体壁之间都应有合理的间距和边距，并注意留有装拆螺栓所要求的扳手空间，如图 2-4-15 所示，其尺寸可查阅有关标准。对压力容器等有紧密性要求的重要联接，螺栓间距不能大于表 2-4-9 中的推荐值。

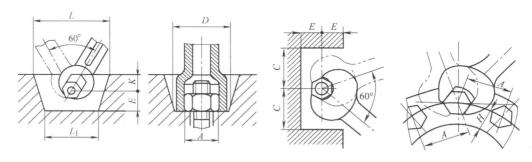

图 2-4-15　装拆螺栓的扳手空间

表 2-4-9　螺栓间距推荐值

	工作压力/MPa					
	≤1.6	>1.6~4	>4~10	>10~16	>16~20	>20~30
	t_0/mm					
	$7d$	$5.5d$	$4.5d$	$4d$	$3.5d$	$3d$

注：表中 d 为螺纹公称直径。

6. 其他

被联接件与螺栓头或螺母接触的表面要平整，螺纹孔的轴线与螺栓头或螺母的支承面应垂直，可以采用图 2-4-16 的结构以避免螺栓受到附加载荷作用。

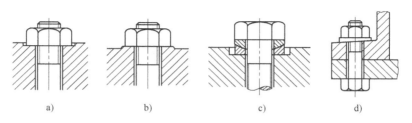

图 2-4-16　避免附加载荷的措施举例
a）沉孔　b）凸台　c）球面垫圈　d）斜垫圈

对于需要被联接件的相互位置准确，拆卸后重装时仍能保持原有位置要求的结构，可以采用定位销。

布置螺栓时应考虑便于安装。图 2-4-17a 所示的结构不便于螺栓的装配，这时可以考虑在机体壁上开设工艺孔（图 2-4-17b）或者改用双头螺柱联接（图 2-4-17c）。

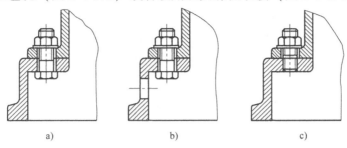

图 2-4-17　螺栓的装配和工艺孔

为了方便加工和装配，应该尽量减少螺纹联接件的规格。同一螺纹联接中，螺纹联接件的材料、直径和长度均取为相同，同一产品上采用的螺纹联接件的类型和尺寸规格应越少越好。

二、螺栓组联接的受力分析与计算

螺栓组联接受力分析时，为简化计算，一般假设：所有螺栓的尺寸规格和预紧力均相同；螺栓组的几何形心与联接接合面的几何中心重合；被联接件为刚体；螺栓的变形均在弹性范围内。对于螺栓组联接来说，典型的单一载荷有以下四种：

（一）受横向载荷的螺栓组联接

图 2-4-18 所示为受横向载荷的螺栓组联接，该横向载荷的作用线与螺栓轴线垂直，并通过螺栓组的几何形心。图 2-4-18a 为普通螺栓组联接，靠联接预紧后在接合面间产生的摩擦力来抵抗横向载荷；图 2-4-18b 为铰制孔螺栓组联接，靠螺栓杆受剪切和挤压来抵抗横向载荷。虽然两者的传力方式不同，但计算时可近似地认为，在横向总载荷 F_R 的作用下，每个螺栓所承担的工作载荷 F 是均等的。因此，两种联接方式每个螺栓联接所受的横向工作载荷为

$$F = \frac{F_R}{z} \qquad\qquad (2\text{-}4\text{-}21)$$

式中　F_R——螺栓组所受横向总载荷（N）；

　　　z——螺栓数目。

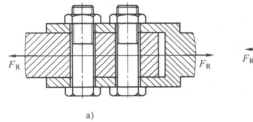
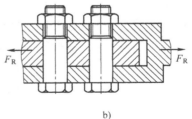

图 2-4-18　受横向载荷的螺栓组联接
a）普通螺栓组联接　b）铰制孔螺栓组联接

求得 F 后，普通螺栓按式（2-4-8a）或式（2-4-8b）求出预紧力 F_0，再按式（2-4-12a）或式（2-4-12b）进行螺栓联接的抗拉强度校核或设计计算。

铰制孔螺栓按式（2-4-13）和式（2-4-14）校核螺栓联接的剪切强度与挤压强度。

（二）受轴向载荷的螺栓组联接

图2-4-19所示为受轴向总载荷 F_A 的气缸盖螺栓组联接，F_A 的作用线与螺栓轴线平行，并通过螺栓组形心。计算时各螺栓平均受载，则每个螺栓所受轴向工作载荷 F 相等，即

$$F = \frac{F_A}{z} \qquad (2\text{-}4\text{-}22)$$

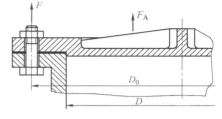

图2-4-19 受轴向载荷的螺栓组联接

式中 F_A——螺栓组所受轴向总载荷（N）；

z——螺栓数目。

求出单个螺栓所受轴向工作载荷 F 后，按式（2-4-15）求螺栓总拉力 F_2，再按式（2-4-19a）或式（2-4-19b）进行螺栓的抗拉强度校核或设计计算。当工作载荷是变载荷时，还应按式（2-4-20）进行疲劳强度计算。

（三）受转矩的螺栓组联接

图2-4-20所示为受转矩的螺栓组联接，转矩 T 作用在联接接合面内，联接受载后有绕螺栓组形心 O 转动的趋势。为防止联接发生转动，可以采用普通螺栓组联接或铰制孔螺栓组联接。

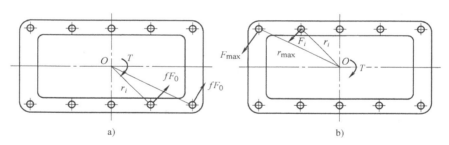

a)　　　　　　　　　　　　　　b)

图2-4-20 受转矩的螺栓组联接

a）普通螺栓组联接　b）铰制孔螺栓组联接

1. 普通螺栓组联接

如图2-4-20a所示，它是靠联接预紧后在接合面上产生的摩擦力矩来抵抗转矩 T 的。若各螺栓的预紧力相同，则各螺栓在联接处产生的摩擦力也相同，并假设此摩擦力作用于每个螺栓的中心，则各摩擦力与该螺栓轴线到螺栓组形心 O 的连线 r_i 垂直。为保证联接在转矩 T 作用下不发生相对转动，必须满足如下条件

$$fF_0 r_1 + fF_0 r_2 + \cdots + fF_0 r_z \geqslant K_f T$$

则各螺栓所需的预紧力为

$$F_0 \geqslant \frac{K_f T}{fr_1 + fr_2 + \cdots + fr_z} = \frac{K_f T}{f\sum\limits_{i=1}^{z} r_i} \qquad (2\text{-}4\text{-}23)$$

式中 T——螺栓组所受转矩（N·mm）；

r_i——第 i 个螺栓轴线到螺栓组形心 O 的距离（mm）；

z——螺栓数目。

其他符号的意义和单位同前。

求得预紧力 F_0 后，按式（2-4-12a）或式（2-4-12b）进行螺栓的抗拉强度校核或设计计算。

2. 铰制孔螺栓组联接

如图 2-4-20b 所示，在转矩 T 作用下，各螺栓受到剪切和挤压作用，各螺栓的工作载荷的作用线垂直于螺栓轴线到螺栓组形心 O 的连线 r_i。因铰制孔螺栓联接预紧力很小，故忽略预紧力和摩擦力的影响，根据底板的力矩平衡条件得

$$\sum_{i=1}^{z} F_i r_i = T \tag{2-4-24}$$

假定被联接件的底板为刚体，受载后接合面仍为平面，则各螺栓的剪切变形量与该螺栓轴线到形心 O 的距离 r_i 成正比。因各螺栓的剪切刚度相同，所以螺栓所受工作剪力与该距离 r_i 成正比。设 r_{max} 为受最大剪力 F_{max} 的螺栓轴线到形心 O 的距离，则有

$$\frac{F_1}{r_1} = \frac{F_2}{r_2} = \cdots = \frac{F_i}{r_i} = \cdots = \frac{F_z}{r_z} = \frac{F_{max}}{r_{max}}, \ i = 1, 2, \cdots, z \tag{2-4-25}$$

联立式（2-4-24）和式（2-4-25），求得螺栓所受的最大工作剪力为

$$F_{max} = \frac{T r_{max}}{r_1^2 + r_2^2 + \cdots + r_z^2} = \frac{T r_{max}}{\sum_{i=1}^{z} r_i^2} \tag{2-4-26}$$

求出螺栓所受最大工作载荷 F_{max} 后，按式（2-4-13）和式（2-4-14）校核螺栓联接的剪切强度和挤压强度。

（四）受倾覆力矩的螺栓组联接

图 2-4-21 所示为受倾覆力矩的螺栓组联接，采用普通螺栓。倾覆力矩 M 作用在通过 x-x 轴并垂直于联接接合面的对称平面内。为简化分析，假设被联接件的底板为刚体，在倾覆力矩 M 的作用下，被联接件接合面仍保持平面，并有绕对称轴线 O-O 翻转的趋势。底板受倾覆力矩 M 前螺栓已拧紧，在螺栓组中每个螺栓受预紧力 F_0。在倾覆力矩 M 的作用下，对称轴线 O-O 左侧各螺栓所受的轴向力加大，接合面上的压力减小；而对称轴线 O-O 右侧各螺栓的预紧力减小，接合面上的压力增大。就底板而言，左半边螺栓的拉力增大，而右半边地基的压力以同样大小增大。由底板静力平衡条件得

$$\sum_{i=1}^{z} F_i L_i = M \tag{2-4-27}$$

螺栓受载后，根据螺栓变形协调条件，各螺栓的拉伸变形量与其到对称轴线 O-O 的距离 L_i 成正比。因各螺栓的拉伸刚度相同，所以左边螺栓的工作载荷和右边地基在螺栓处的压力也与该距离 L_i 成正比。设 L_{max} 为受最大工作载荷 F_{max} 的螺栓轴线到对称轴线 O-O 的距离，则有

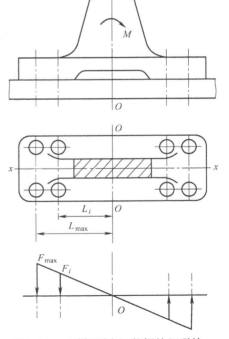

图 2-4-21 受倾覆力矩的螺栓组联接

$$\frac{F_1}{L_1} = \frac{F_2}{L_2} = \cdots = \frac{F_i}{L_i} = \cdots = \frac{F_z}{L_z} = \frac{F_{max}}{L_{max}}, \ i = 1, 2, \cdots, z \qquad (2\text{-}4\text{-}28)$$

联立式（2-4-27）和式（2-4-28），求得螺栓所受的最大工作载荷为

$$F_{max} = \frac{ML_{max}}{L_1^2 + L_2^2 + \cdots + L_z^2} = \frac{ML_{max}}{\sum\limits_{i=1}^{z} L_i^2} \qquad (2\text{-}4\text{-}29)$$

式中　M——螺栓组所受倾覆力矩（N·mm）；

　　　F_{max}——螺栓所受的最大工作载荷（N）；

　　　L_{max}——受最大工作载荷的螺栓轴线到对称轴线 $O\text{-}O$ 的距离（mm）；

　　　L_i——第 i 个螺栓轴线到对称轴线 $O\text{-}O$ 的距离（mm）；

　　　z——螺栓数目。

其他符号的意义和单位同前。

求出螺栓所受最大工作载荷 F_{max} 后，由式(2-4-15)求出螺栓总拉力 F_2，再按式(2-4-19a)或式(2-4-19b)进行螺栓联接的抗拉强度校核或设计计算。

承受倾覆力矩的螺栓组联接，一方面要求螺栓具有足够的强度，还应防止联接接合面压应力消失（左侧）出现缝隙，及压应力过大（右侧）而被压溃，故必须进行接合面工作能力的计算。

保证联接接合面最小受压处不出现间隙（左侧）的条件为

$$\sigma_{pmin} = \sigma_p - \Delta\sigma_{pmax} \approx \frac{zF_0}{A} - \frac{M}{W} > 0 \qquad (2\text{-}4\text{-}30)$$

保证联接接合面最大受压处不被压溃（右侧）的条件为

$$\sigma_{pmax} = \sigma_p + \Delta\sigma_{pmax} \approx \frac{zF_0}{A} + \frac{M}{W} \leqslant [\sigma_p] \qquad (2\text{-}4\text{-}31)$$

式中　σ_{pmin}——联接接合面所受最小挤压应力（MPa）；

　　　σ_{pmax}——联接接合面所受最大挤压应力（MPa）；

　　　σ_p——受载前地基接合面由于预紧力而产生的挤压应力（MPa）；

　　　$\Delta\sigma_{pmax}$——由于加载而在地基接合面上产生的附加挤压应力的最大值（MPa），对于刚性大的地基，螺栓刚度相对较小，可认为 $\Delta\sigma_{pmax} \approx \frac{M}{W}$；

　　　A——接合面的有效面积（mm²）；

　　　W——接合面的有效抗弯截面系数（mm³）；

　　　$[\sigma_p]$——联接接合面材料的许用挤压应力（MPa），见表2-4-10。

表 2-4-10　联接接合面材料的许用挤压应力 $[\sigma_p]$　　　　（单位：MPa）

材　料	钢	铸　铁	混凝土	砖（水泥浆缝）	木　材
$[\sigma_p]$	$0.8\sigma_s$	$(0.4\sim0.5)\sigma_b$	$2.0\sim3.0$	$1.5\sim2.0$	$2.0\sim4.0$

注：联接受静载荷时，取表中较大值；受变载荷时则取小值。

实际工程中，螺栓组受单一载荷的情况很少，其受力多为以上四种单一受载状态的不同组合。因此，进行螺栓组受力分析时，首先将载荷进行简化和分解，按单一受载状况分别求得每个螺栓的受载，再按力的合成原理求出受力最大的螺栓的实际载荷，最后便可进行单个螺栓联接的强度计算。

第五节 提高螺纹联接强度的措施

影响螺纹联接强度的因素很多，涉及螺栓的材料、尺寸、螺纹联接的结构以及制造和装配工艺等，另外，螺纹孔的强度也会影响螺纹联接的强度。因此为了提高螺纹联接的强度，要从以下多方面考虑。

一、降低应力幅

理论和实践都证明，螺栓的最大应力一定时，应力幅越小，疲劳强度越高，也就是螺栓越不容易发生疲劳破坏。在工作载荷和残余预紧力不变的情况下，减小螺栓刚度或增大被联接件刚度都能达到减小应力幅的目的（图2-4-22a、b），但同时应适当增大预紧力。减小螺栓刚度的同时增大被联接件的刚度，则应力幅减小的程度就更为明显（图2-4-22c）。

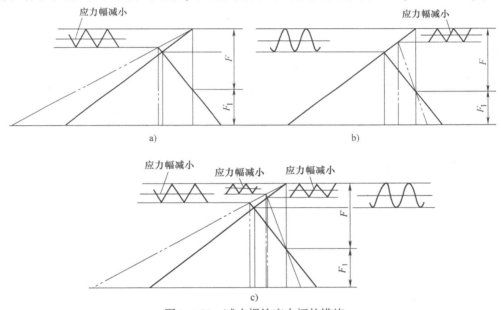

图 2-4-22 减小螺栓应力幅的措施

a）减小螺栓的刚度 b）增大被联接件的刚度 c）减小螺栓刚度同时增大被联接件的刚度

减小螺栓刚度的措施有：适当增大螺栓的长度；部分减小螺栓杆直径或做成中空的结构，即柔性螺栓（图2-4-23a）。柔性螺栓受力变形量大，吸收能量作用强，适用于承受冲击和振动。在螺母下安装弹性元件（图2-4-23b），由于弹性元件有较大变形，其效果与采用柔性螺栓相似。

为了增大被联接件的刚度，除了改善被联接件的结构尺寸外，还可以采用刚度较大的垫片。对于需要保持紧密性

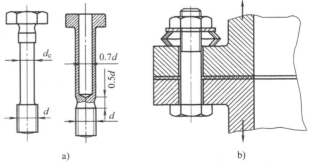

图 2-4-23 减小螺栓刚度的方法

a）柔性螺栓 b）安装弹性元件

的联接，采用较软的密封垫片（图2-4-24a）就不合适，而采用刚度较大的金属垫片和密封环则效果较好（图2-4-24b）。

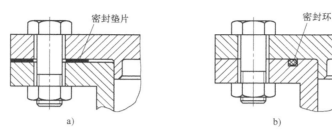

图 2-4-24　增大被联接件刚度的方法
a）用密封垫片　b）用密封环

二、改善螺纹牙受力不均匀

　　即使是制造和装配精确的螺栓和螺母，传力时旋合各圈螺纹牙的受力也不是均匀的。图2-4-25a所示的受拉螺栓与受压螺母组合，螺栓螺纹牙受拉力，螺距增大，自下而上以第一圈螺纹处受力最大，以后逐渐递减，由 F 递减为零；螺母螺纹牙受压力，螺距减小，同样自下而上也是第一圈螺纹处受力最大，由 F 递减为零。因此最下面受拉和受压最大的螺纹牙的螺距的变形差值是最大的。螺纹旋合圈数越多，这种螺纹牙螺距的变形差值变化就越大，各圈螺纹牙受力不均匀程度也越显著（图2-4-25b），到第 8～10 圈以后，螺纹牙几乎不受力。因此，采用圈数过多的厚螺母并不能提高螺栓联接强度。

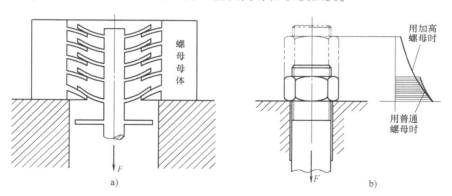

图 2-4-25　螺纹牙的受力
a）螺纹牙受力变形　b）螺纹牙受力分配

　　为了改善螺纹牙间的受力不均匀，常常采用悬置螺母、环槽螺母和内斜螺母等（图2-4-26）。
　　螺母悬置使螺母和螺栓的旋合螺纹都受拉力作用，两者的螺距变形性质相同，从而减小它们的螺距变化差值，使螺纹牙上的载荷分布趋于均匀。使用悬置螺母其螺纹副强度可以提高40%，疲劳强度也有所提高。
　　环槽螺母下端的凹槽使得螺母局部受拉，作用与悬置螺母相似，但是效果稍差些。
　　内斜螺母旋入端受载较大的几圈螺纹制有 $10°～15°$ 的内斜角，使得螺栓螺纹牙的受力点自上而下逐渐外移，受载后易于变形，从而使载荷向上转移到原来受力较小的螺纹牙上，使

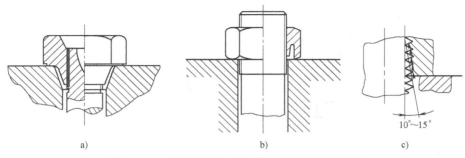

图 2-4-26 螺纹牙受力分配均匀的螺母结构举例

a) 悬置螺母 b) 环槽螺母 c) 内斜螺母

螺纹牙上的载荷分布趋于均匀。

上面这些螺母结构特殊，加工也复杂，因此只在一些重要的或大型的联接中使用。如果螺纹孔的强度比较弱，如非铁金属的螺纹孔配用钢制螺栓，特别是经常装拆的时候，可以采用钢丝螺套（图 2-4-27）。

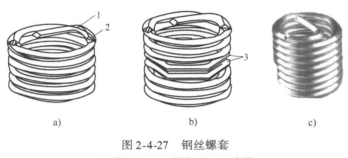

图 2-4-27 钢丝螺套

a) 普通型 b) 锁紧型 c) 实物

1—安装柄 2—折断缺口 3—锁紧圈

钢丝螺套是一种新型的螺纹紧固件，分为普通型和锁紧型两种，是由高精度菱形截面的不锈钢丝精确加工而成的一种弹簧状内外螺纹同心体，安装柄根部的折断缺口 2 是准备在螺套装好后将安装柄 1 折断用的。锁紧型是在普通型的基础上增加一圈或几圈锁紧圈 3。钢丝螺套嵌入螺纹孔中，作为传力的中间体，可以将原来较软的螺纹改换成硬度和强度都比较高的钢螺纹，这样不仅提高了联接的强度和耐磨性，而且因为它具有一定的弹性，能分散应力保护基体螺纹，可以起到均载和减振的作用，延长联接的使用寿命。另外，钢丝螺套还可以在原基体上的螺纹脱扣或乱牙时作为修复手段，而不致造成整个基体报废，维修方便，快速经济。

三、减小附加应力的作用

螺栓的附加应力主要指由偏载荷引起的弯曲应力。螺纹牙根对弯曲很敏感，在拉应力下弯曲应力容易引起螺栓断裂。当螺母的支承面不平或者螺栓头部歪斜，被联接件的刚性不足时，都会使螺栓受到附加弯曲应力的作用（图 2-4-28a、b、c），这时就要求保证螺纹孔轴线与联接中各承压面垂直，可以采用沉孔、凸台等结构（图 2-4-16a、b）。对有些特殊结构可以采用球面垫圈或者斜垫圈（图 2-4-16c、d）。钩头螺栓（图 2-4-28d）引起的弯曲应力也很大，应尽量少用。

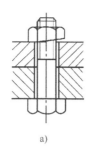 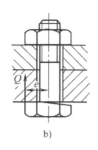 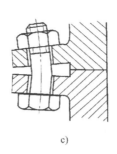 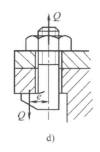

　　　a)　　　　　　　　b)　　　　　　　　　c)　　　　　　　　d)

图 2-4-28　螺栓受附加弯曲应力

a）支承面不平　b）螺栓头部歪斜　c）被联接件的刚性不足　d）钩头螺栓

四、减小应力集中

　　螺纹的牙根和收尾、螺栓头部与螺栓杆交接处，都有应力集中，是产生断裂的危险部位，特别是在旋合螺纹的牙根处，情况最为严重。为了减轻应力集中的影响，可以在螺栓头部加大过渡圆角（图 2-4-29a），采用卸载槽（图 2-4-29b）和卸载过渡结构（图 2-4-29c），将螺纹收尾部分改用退刀槽，在螺母承压面以内的螺杆有余留螺纹等。

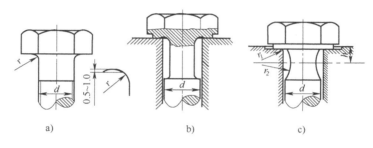

　　　　a)　　　　　　　　　b)　　　　　　　　　c)

$r = 0.2d$；$r_1 = 0.1d$；$r_2 = 1.0d$；$h = 0.5d$

图 2-4-29　减小应力集中

a）加大圆角　b）卸载槽　c）卸载过渡结构

五、改善制造工艺

　　制造工艺对螺栓疲劳强度有重要影响。采用冷镦螺栓头部和辗制螺纹时，由于冷作硬化的作用，表层有残余压应力，辗压后金属组织紧密，冷镦和辗制工艺使金属流线没有被切断（图 2-4-30），螺栓的疲劳强度可较车制螺纹提高 30% ~ 40%，热处理后再进行碾压的效果更好。此外，在工艺上采用碳氮共渗、渗氮、喷丸等处理都能提高螺栓疲劳强度。至于铰制孔螺栓联接，采用冷挤压胀孔技术，能有效提高联接的疲劳强度。

　　例 2-4-1　一刚性凸缘联轴器用六个 M10 的铰制孔用螺栓（螺栓 GB/T 27—2013）联接，结构尺寸如图 2-4-31 所示。两半联轴器材料为 HT200，螺栓为性能等级 5.6 级的碳钢。试求：

　　1）该螺栓组联接允许传递的最大转矩 T_{max}。

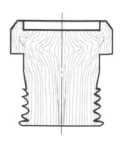

图 2-4-30　冷镦螺栓
头部和辗制螺纹

2）若传递的最大转矩 $T_{\max}$ 不变，改用普通螺栓联接，试计算螺栓直径，并确定其公称长度，写出螺栓标记。（设两半联轴器间的摩擦因数 $f=0.16$，可靠性系数 $K_f=1.2$）。

解 （1）计算螺栓组联接允许传递的最大转矩 $T_{\max}$ 该铰制孔螺栓联接所能传递转矩的大小受螺栓剪切强度和配合面挤压强度的限制。因此，可先按螺栓剪切强度来计算 $T_{\max}$，然后校核配合面挤压强度。也可按螺栓剪切强度和配合面挤压强度分别求出 $T_{\max}$，取其小值。本解按第一种方法计算。

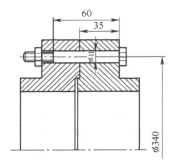

图 2-4-31 例 2-4-1 图

1）确定铰制孔用螺栓许用应力。由螺栓材料的性能等级 5.6 级知：$\sigma_b=500\mathrm{MPa}$，$\sigma_s=300\mathrm{MPa}$；被联接件材料 HT200：$\sigma_b=200\mathrm{MPa}$。

① 确定许用剪应力。查表 2-4-8，螺栓受剪切时 $[S]=2.5$，则
$$[\tau]=\sigma_s/[S]=300\mathrm{MPa}/2.5=120\mathrm{MPa}$$

② 确定许用挤压应力。查表 2-4-8，螺栓受挤压时 $[S]=1.25$，则
$$[\sigma_{p1}]=\sigma_s/[S]=300\mathrm{MPa}/1.25=240\mathrm{MPa}$$

被联接件材料 HT200 受挤压时 $[S]=2\sim2.5$，则
$$[\sigma_{p2}]=\sigma_b/[S]=200\mathrm{MPa}/(2\sim2.5)=80\sim100\mathrm{MPa}$$

由于 $[\sigma_{p1}]>[\sigma_{p2}]$，所以取 $[\sigma_p]=[\sigma_{p2}]=80\mathrm{MPa}$。

2）按剪切强度计算 $T_{\max}$。由式（2-4-13）和式（2-4-21）知
$$\tau=\frac{F}{m\frac{\pi}{4}d_0^2}=\frac{F_R/z}{m\frac{\pi}{4}d_0^2}=\frac{2T_{\max}/D}{zm\frac{\pi}{4}d_0^2}\leqslant[\tau]$$

故 $\quad T_{\max}=Dzm\pi d_0^2[\tau]/8=(340\times6\times1\times\pi\times11^2\times120/8)\mathrm{N\cdot mm}=11632060.96\mathrm{N\cdot mm}$

3）校核螺栓与孔壁配合面间的挤压强度。由式（2-4-14）和式（2-4-21）知
$$\sigma_p=\frac{F}{d_0L}=\frac{F_R/z}{d_0L}=\frac{2T_{\max}/D}{zd_0L}$$

式中，L 为配合面最小接触高度，根据图 2-4-31 所示知，$L=L_{\min}=60\mathrm{mm}-35\mathrm{mm}=25\mathrm{mm}$。

故 $\quad \sigma_p=\frac{2T_{\max}/D}{zd_0L}=\frac{2\times11632060.96/340}{6\times11\times25}\mathrm{MPa}=41.47\mathrm{MPa}<[\sigma_p]=80\mathrm{MPa}$

（2）改为普通螺栓联接，计算螺栓小径 d_1

1）计算螺栓所需的预紧力 F_0。按接合面间不发生相对滑移的条件，由式（2-4-8b）和式（2-4-21）则有
$$F_0\geqslant\frac{K_fF}{mf}=\frac{K_fF_R/z}{mf}=\frac{K_f\times2T_{\max}/D}{zmf}=\frac{2\times1.2\times11632060.96}{6\times1\times0.16\times340}\mathrm{N}=85529.86\mathrm{N}$$

2）计算螺栓小径 d_1。设螺栓直径 $d\geqslant30\mathrm{mm}$，查表 2-4-8 得 $[S]=2\sim1.3$，则
$$[\sigma]=\sigma_s/S=300\mathrm{MPa}/(2\sim1.3)=150\sim230.77\mathrm{MPa}，取[\sigma]=150\mathrm{MPa}$$

由式（2-4-12b）知 $d_1\geqslant\sqrt{\frac{4\times1.3F_0}{\pi[\sigma]}}=\sqrt{\frac{4\times1.3\times85529.86}{\pi\times150}}\mathrm{mm}=30.721\mathrm{mm}$

查 GB/T 196—2003，取 M36 螺栓（$d_1=31.670\mathrm{mm}>30.721\mathrm{mm}$）。

3）确定普通螺栓公称长度 $l=2b+m+s+(0.2\sim0.3)d$。

根据图 2-4-31 可知，半联轴器凸缘（螺栓联接处）厚度 $b = 35\text{mm}$。

查 GB/T 6170—2000 得螺母 GB/T 6170—2000 M36，螺母高度 $m_{\max} = 31\text{mm}$。

查 GB/T 93—1987 得垫圈 GB/T 93—1987 36，弹簧垫圈厚度 $s = 9\text{mm}$。

则 $l = 2b + m + s + (0.2 \sim 0.3)d = [2 \times 35 + 31 + 9 + (0.2 \sim 0.3) \times 36]\text{mm} = 117.2 \sim 120.8\text{mm}$

取 $l = 120\text{mm}$，故螺栓标记：螺栓 GB/T 5782—2000 M36×120。

例 2-4-2 一方形盖板用四个螺栓与箱体联接，其结构尺寸如图 2-4-32 所示。盖板中心 O 点的吊环受拉力 $F_Q = 20000\text{N}$，设残余预紧力 $F_1 = 0.6F$，F 为螺栓所受的轴向工作载荷。试求：

1）螺栓所受的总拉力 F_2，并计算确定螺栓直径（螺栓材料为 45 钢，性能等级 6.8 级）。

2）如因制造误差，吊环由 O 点移到 O' 点，且 $\overline{OO'} = 5\sqrt{2}\text{mm}$，求受力最大螺栓所受的总拉力 F_2，并校核 1 中确定的螺栓强度。

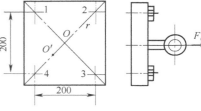

图 2-4-32　例 2-4-2 图

解 1）吊环中心在 O 点时：此螺栓的受力属于既受预紧力 F_0 作用又受轴向工作载荷 F 作用的情况。

根据题给条件，由式（2-4-15）可求出螺栓的总拉力

$$F_2 = F + F_1 = F + 0.6F = 1.6F$$

而轴向工作载荷 F 是由轴向载荷 F_Q 引起的，故有

$$F = \frac{F_Q}{4} = \frac{20000}{4}\text{N} = 5000\text{N}$$

所以

$$F_2 = 1.6F = 1.6 \times 5000\text{N} = 8000\text{N}$$

螺栓材料为 45 钢、性能等级 6.8 级时，$\sigma_s = 480\text{MPa}$，查表 2-4-8 取 $[S] = 3$，则

$$[\sigma] = \sigma_s / S = 480\text{MPa}/3 = 160\text{MPa}$$

故由式（2-4-19b）得

$$d_1 \geqslant \sqrt{\frac{4 \times 1.3F_2}{\pi[\sigma]}} = \sqrt{\frac{4 \times 1.3 \times 8000}{\pi \times 160}}\text{mm} = 9.097\text{mm}$$

查 GB/T 96—2003，取 M12 螺栓（$d_1 = 10.106\text{mm} > 9.097\text{mm}$）。

2）吊环中心移至 O' 点时：首先将载荷 F_Q 向 O 点简化，得一轴向载荷 F_Q 和一翻转力矩 M，M 使盖板有绕螺栓 1 和 3 中心连线翻转的趋势。

$$M = F_Q \times \overline{OO'} = 20000\text{N} \times 5\sqrt{2}\text{mm} = 141421.4\text{N} \cdot \text{mm}$$

显然螺栓 4 受力最大，其轴向工作载荷为

$$F = \frac{F_Q}{4} + F_M = \frac{F_Q}{4} + \frac{M}{2r} = \frac{20000}{4}\text{N} + \frac{141421.4}{2\sqrt{100^2 + 100^2}}\text{N} = 5500\text{N}$$

受力最大螺栓 4 所受的总拉力为 $F_2 = 1.6F = 1.6 \times 5500\text{N} = 8800\text{N}$

则由式（2-4-19a）得

$$\sigma_{ca} = \frac{1.3F_2}{\pi d_1^2/4} = \frac{1.3 \times 8800}{\pi \times 10.106^2/4}\text{MPa} = 142.6\text{MPa} < [\sigma] = 160\text{MPa}$$

故吊环中心偏移至 O' 点后，螺栓强度仍足够。

第六节 螺旋传动

螺旋传动是利用带有螺纹的零件组成的传动，即利用螺杆和螺母组成的螺旋副实现传动要求，传递运动和动力，或调整零件间的相对位置。螺旋传动一般用于将回转运动变为直线运动，也可以将直线运动变为回转运动。螺旋传动广泛应用于螺旋千斤顶、螺旋压力机、机床的进给螺旋、工业机器人的滚珠丝杠等。

一、螺旋传动的类型、特点和应用

（一）螺旋传动的类型、特点

根据螺杆与螺母的相对运动关系，螺旋传动的运动形式有四种，如图 2-4-33 所示。

（1）螺杆转动，螺母作直线运动（图 2-4-33a）　螺杆两端由轴承支持（有的只有一端有支承），螺母设有防转机构，结构比较复杂，但占据空间尺寸小，适用于长行程运动。车床丝杠、刀架移动机构多采用这种结构。

（2）螺母转动，螺杆作直线移动（图 2-4-33b）　螺母要有轴承支持，螺杆设有防转机构，因而结构复杂，而且螺杆在螺母左右移动占据空间位置大。这种结构应用较少，螺旋压力机上用该结构。

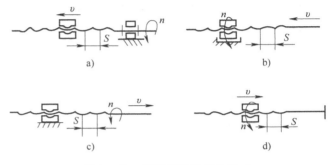

图 2-4-33　螺旋传动的运动形式

（3）螺母固定，螺杆转动并往复移动（图 2-4-33c）　螺杆在螺母中运动，螺母起支承作用，结构简单。工作时，螺杆在螺母左右两个极端位置所占据的长度大于螺杆行程的两倍，因此这种结构占据空间较大，不适用于行程大的传动。常用于螺旋千斤顶和外径千分尺。

（4）螺杆固定，螺母旋转并沿直线移动（图 2-4-33d）　螺母在螺杆上转动并移动，结构简单，但精度不高。常用于某些钻床工作台沿立柱的升降机构。

根据螺旋副摩擦情况不同，螺旋传动可分为：

（1）滑动螺旋传动（滑动摩擦）　结构简单，易于制造，传力较大，能够实现自锁要求，应用广泛。最大缺点是摩擦阻力大，容易磨损，效率低（一般为 30% ~40%）。螺旋千斤顶、夹紧装置、机床的进给装置常采用此类螺旋传动。

（2）滚动螺旋传动（滚动摩擦）　由于采用滚动摩擦代替了滑动摩擦，因此阻力小，传动效率高（可达 90% 以上）。滚动螺旋传动具有传动效率高、起动力矩小、传动灵敏平稳、工作寿命长等优点，故目前在机床、汽车、航空、航天及武器等制造业中应用颇广。缺点是制造工艺比较复杂，特别是长螺杆更难保证热处理及磨削工艺质量，刚性和抗振性能较差。目前滚动螺旋已作为标准部件由专门工厂批量生产，价格也逐渐降低，应用日益广泛。

（3）静压螺旋传动（流体摩擦）　传动效率高（可达 90% 以上），但需要有供油系统。静压螺旋传动，降低了螺旋传动的摩擦，提高了传动效率，并增强了螺旋传动的刚性和抗振性能，但是结构比较复杂，要求精度高，制造成本较高，常用在高精度、高效率的重要传动中，如数控机床进给机构、汽车转向机构等。

（二）螺旋传动的应用

按螺旋传动在机械中的作用，螺旋传动主要用于以下三种情况：

（1）传力螺旋　它以传递动力为主，要求以较小的转矩产生较大的轴向推力，用以克服工件阻力，如螺旋千斤顶、螺旋压力机、台虎钳等各种起重或加压装置。传力螺旋主要承受很大的轴向力，一般为间歇性工作，每次的工作时间较短，工作速度也不高，通常具有自锁能力。设计时应保证有足够的刚度，受压时对长度较长的丝杠应考虑失稳问题。

（2）传导螺旋　它以传递运动为主，同时也承受一定的轴向载荷，如金属切削机床进给机构的螺旋等。传导螺旋常需在较长的时间内连续工作，工作速度较高，要求具有较高的传动精度。

（3）调整螺旋　用以调整、固定零件的相对位置，如机床、仪器及测试装置中的微调机构螺旋，带传动调整中心距的张紧螺旋。调整螺旋不经常转动，一般在空载下调整。用于精确测量、定量微调时应保证精度，必要时应采用消隙机构。

调整螺旋和部分传力螺旋要求自锁时，应采用单线螺纹；为了提高传动效率以及要求较高的直线运动速度时，可采用多线螺纹，以得到较大的螺纹升角和导程。

二、滑动螺旋传动的设计

（一）滑动螺旋传动的失效形式及材料选择

滑动螺旋受轴向拉（压）力和摩擦力矩，产生拉（压）应力和扭转切应力的联合作用。由于螺旋副之间有较大的滑动摩擦，故磨损是其主要失效原因之一，可以根据耐磨性计算来确定螺杆的直径、螺距等基本参数。对起重螺旋等有自锁性要求，需校验其自锁性能。对受力较大的传力螺旋，可能因螺杆和螺母的强度不足而发生塑性变形或断裂，还应校核螺杆危险截面和螺母螺纹牙的强度。长径比较大的受压螺杆，容易产生侧向弯曲失效而丧失其稳定性，故应校核其稳定性。对精度要求较高的传导螺旋，应根据刚度条件确定或校核螺杆的直径。螺杆较长且转速较高时可能产生横向振动，应校核其临界转速。设计时，应根据螺旋传动的类型、工作条件及其失效形式等，选择不同的设计准则，不必逐一进行校核。

螺旋传动中螺杆材料应具有高强度和良好的加工性，螺母材料除要有足够的强度外，还应具有较低的摩擦因数和较好的耐磨性。考虑上述要求，螺杆一般用钢制造，螺母常用青铜等耐磨材料制造。滑动螺旋副的常用材料见表2-4-11。

表 2-4-11　滑动螺旋副的常用材料

螺 旋 副	材料牌号	热 处 理	使 用 条 件
螺杆	45、50、Y40Mn		轻载、低速、精度不高的传动
	45	正火 170~200HBS 调质 220~250HBS	中等精度的一般传动
	40Cr、40CrMn	调质 230~280HBS 淬火、低温回火 45~50HRC	
	65Mn	表面淬火、低温回火 45~50HRC	
	T10、T12	球化调质 200~230HBS 淬火、低温回火 56~60HRC	有较高的耐磨性，用于精度较高的重要传动
	20CrMnTi	渗碳、高频感应淬火 56~62HRC	

（续）

螺 旋 副	材料牌号	热 处 理	使 用 条 件
螺杆	CrWMn 9Mn2V	淬火、低温回火 55～60HRC	耐磨性高，有较好的尺寸稳定性，用于精密传导螺旋
	38CrMoAl	渗氮 850HV	
螺母	ZCuSn10Zn2 ZCuSn10Pb1 ZCuSn5Pb5Zn5		有较好的抗胶合能力和耐磨性，但强度稍低。适用于轻载、中高速、传动精度高的传动
	ZCuAl10Fe3 ZCuAl10Fe3Mn2 ZCuZn25Al6Fe3Mn3		强度高，抗胶合能力低。适用于重载、低速传动
	35、球墨铸铁		强度高，用于重载传动
	耐磨铸铁		强度高，用于低速、轻载传动

（二）滑动螺旋传动的设计

滑动螺旋传动中梯形螺纹应用最广；锯齿形螺纹仅用于单向受力的传力螺旋；矩形螺纹虽效率高，但制造困难，对中精度低，可用于精度要求较低的场合。下面主要介绍耐磨性计算和常用的几种校核计算方法。

1. 螺旋副耐磨性计算

滑动螺旋螺纹工作面上单位压力（压强）越大，滑动速度越大，其磨损越严重。由于目前还缺乏完善的耐磨性计算方法，因此，耐磨性计算主要是限制螺纹工作面上的压力 p 作条件性计算，许用压力 $[p]$ 则由运动副的材料和运动副滑动速度大小决定。

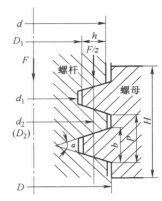

图 2-4-34　螺旋副的受力

如图 2-4-34 所示，设作用于螺杆的轴向力为 F（N），螺纹的承压面积为 A（mm^2），螺纹中径为 d_2（mm），螺纹工作高度为 h（mm），螺纹螺距为 P（mm），螺母高度为 H（mm），螺纹工作圈数为 $z = \dfrac{H}{P}$，则螺纹工作面的压力为

$$p = \frac{F}{A} = \frac{F}{\pi d_2 hz} = \frac{FP}{\pi d_2 hH} \leqslant [p] \qquad (2\text{-}4\text{-}32)$$

令 $\varphi = H/d_2$，代入上式可得

$$d_2 \geqslant \sqrt{\frac{FP}{\pi h \varphi [p]}} \qquad (2\text{-}4\text{-}33)$$

式中　h——螺纹工作高度（mm），矩形、梯形螺纹，$h = 0.5P$，30°锯齿形螺纹，$h = 0.75P$；

φ——螺母高度系数，根据螺母的形式选定，整体式螺母，$\varphi = 1.2～2.5$，剖分式螺母，$\varphi = 2.5～3.5$；

$[p]$——螺旋副许用压力（MPa），见表 2-4-12。

根据式（2-4-33）求出螺纹中径 d_2 后，应按照国家标准选择公称直径 d 及螺距 P，并求出螺母高度 H、工作圈数 z 等，一般 $z \leqslant 10～12$。

表 2-4-12　滑动螺旋副材料的许用压力 [p] 和摩擦因数 f

滑动速度范围/（m/min）	螺杆材料	螺母材料	许用压力 [p] /MPa	摩擦因数
低速、润滑良好	钢	青铜	18~25	0.08~0.10
		钢	7.5~13	0.11~0.17
<2.4 <3	钢	铸铁	13~18	0.12~0.15
		青铜	11~18	0.08~0.10
6~12	钢	铸铁	4~7	0.12~0.15
		耐磨铸铁	6~8	0.10~0.12
		青铜	7~10	0.08~0.10
	淬火钢	青铜	10~13	0.06~0.08
>15	钢	青铜	1~2	0.08~0.10

注：起动时摩擦因数取大值，运转中取小值。

2. 自锁性验算

对有自锁性要求的螺旋副，还应校核其是否满足自锁条件，即

$$\lambda \leqslant \rho_v = \arctan f_v = \arctan \frac{f}{\cos\beta} \tag{2-4-34}$$

式中　λ——螺纹升角；

ρ_v——当量摩擦角，f_v 为螺旋副的当量摩擦因数，f 为摩擦因数，见表 2-4-12。

3. 强度计算

（1）螺杆强度计算　受力较大的螺杆需进行强度计算。螺杆工作时承受轴向力 F 和转矩 T 的作用，螺杆危险截面上既有正应力，又有切应力，故应按第四强度理论进行强度计算，即

$$\sigma_{ca} = \sqrt{\sigma^2 + 3\tau^2} = \sqrt{\left(\frac{F}{A}\right)^2 + 3\left(\frac{T}{W_T}\right)^2} \leqslant [\sigma] \tag{2-4-35}$$

式中　F——螺杆所受的轴向力（N）；

T——螺杆所受的转矩（N·mm）；

A——螺杆螺纹的危险截面面积（mm²），$A = \pi d_1^2/4$；

W_T——螺杆螺纹的抗扭截面系数（mm³），$W_T = \frac{\pi d_1^3}{16} = A\frac{d_1}{4}$；

$[\sigma]$——螺杆材料的许用应力（MPa），见表 2-4-13。

表 2-4-13　滑动螺旋副材料的许用应力　　　　（单位：MPa）

螺杆强度	许用应力 $[\sigma] = \dfrac{\sigma_s}{3\sim5}$		
	材料	剪切 $[\tau]$	弯曲 $[\sigma_b]$
螺纹牙强度	钢	0.6 $[\sigma]$	(1.0~1.2) $[\sigma]$
	青铜	30~40	40~60
	铸铁	40	45~55
	耐磨铸铁	40	50~60

注：静载时，许用应力取大值。

（2）螺纹牙强度计算　螺纹牙多发生剪切和弯曲破坏，而螺母材料的强度一般低于螺杆，所以只需校核螺母螺纹牙的强度。

如图 2-4-35 所示，将一圈螺纹沿螺母的螺纹大径 D 处展开，则可看作为宽度为 πD 的悬臂梁。假设螺母每圈螺纹承受的平均压力为 $\dfrac{F}{z}$，并作用在中径 D_2 的圆周上，则螺纹牙危险截面 $a\text{-}a$ 的剪切强度条件为

$$\tau = \frac{F}{\pi Dbz} \leqslant [\tau] \qquad (2\text{-}4\text{-}36)$$

螺纹牙危险截面 $a\text{-}a$ 的弯曲强度条件为

$$\sigma_{\mathrm{b}} = \frac{3Fh}{\pi Db^2 z} \leqslant [\sigma_{\mathrm{b}}] \qquad (2\text{-}4\text{-}37)$$

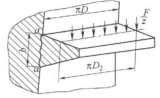

图 2-4-35　螺纹牙的强度计算

式中　b——螺纹牙根部厚度（mm），梯形螺纹 $b=0.65P$，30°锯齿形螺纹 $b=0.75P$，矩形螺纹 $b=0.5P$；

　　　D——螺母螺纹大径（mm）；

　　　h——螺纹工作高度（mm），$h=D-D_2$；

　　　$[\tau]$——螺母材料的许用切应力（MPa），见表 2-4-13；

　　　$[\sigma_{\mathrm{b}}]$——螺母材料的许用弯曲应力（MPa），见表 2-4-13；

　　　其他符号的意义和单位同前。

当螺杆和螺母材料相同时，以螺杆螺纹小径 d_1 代入式（2-4-36）和式（2-4-37），校核螺杆螺纹牙的强度。

4. 螺杆稳定性计算

对长径比大的受压螺杆，当轴向力 F 大于某一临界值时，螺杆会发生侧向弯曲丧失其稳定性，故需对其进行稳定性验算。根据材料力学稳定性校核公式

$$S_{\mathrm{c}} = \frac{F_{\mathrm{c}}}{F} \geqslant [S] \qquad (2\text{-}4\text{-}38)$$

式中　S_{c}——螺杆稳定性计算安全系数。

　　　$[S]$——螺杆稳定性的许用安全系数，$[S]=2.5\sim4.0$。

　　　F_{c}——螺杆的临界载荷（N），根据螺杆的柔度 $\dfrac{\mu l}{i}$ 选用不同的公式计算。这里，μ 为螺杆的长度系数，见表 2-4-14；l 为螺杆的长度（mm）；i 为螺杆危险截面的惯性半径（mm）。

表 2-4-14　螺杆的长度系数 μ 和 μ_1

螺杆端部结构	长度系数 μ	长度系数 μ_1
两端固定	0.5	4.730
一端固定，一端不完全固定	0.6	—
一端固定，一端铰支	0.7	2.927
两端铰支	1	3.142
一端固定，一端自由	2	1.875

注：1. 采用滑动支承时，$\dfrac{l_0}{d_0}<1.5$，铰支；$\dfrac{l_0}{d_0}=1.5\sim3$，不完全固定；$\dfrac{l_0}{d_0}>3$，固定支承（$l_0$ 为支承长度，d_0 为支乘孔直径）。

　　2. 采用滚动支承时，只有径向约束时，可作为铰支；径向和轴向均有约束时，可作为固定支承。

当 $\dfrac{\mu l}{i} > 85 \sim 90$ 时，
$$F_c = \frac{\pi^2 E I_a^2}{(\mu l)^2} \qquad (2\text{-}4\text{-}39)$$

当 $\dfrac{\mu l}{i} < 90$ （未淬火钢）时，$\quad F_c = \dfrac{340}{1 + 0.00013\left(\dfrac{\mu l}{i}\right)^2} \dfrac{\pi d_1^2}{4} \qquad (2\text{-}4\text{-}40)$

当 $\dfrac{\mu l}{i} < 85$ （淬火钢）时，$\quad F_c = \dfrac{480}{1 + 0.0002\left(\dfrac{\mu l}{i}\right)^2} \dfrac{\pi d_1^2}{4} \qquad (2\text{-}4\text{-}41)$

式中　E——螺杆材料的弹性模量（MPa），对于钢，$E = 2.07 \times 10^5 \text{MPa}$；

I_a——螺杆危险截面的轴惯性矩（mm^4），$I_a = \dfrac{\pi d_1^4}{64}$，若螺杆危险截面面积 $A = \dfrac{\pi d_1^2}{4}$，则

$$i = \sqrt{\frac{I_a}{A}} = \frac{d_1}{4} \text{。}$$

5. 螺杆刚度计算

对于高精度的螺旋传动，如齿轮磨床等，应进行刚度计算，以满足工作要求。每个螺纹导程的变形量 δ 等于轴向载荷使每个螺纹导程产生的变形量 δ_F 与转矩使每个螺纹导程产生的变形量 δ_T 之和。其中 δ_F、δ_T 可根据材料力学相关书籍或有关手册计算确定。

$$\delta_F = \frac{FS}{EA} = \frac{4FS}{\pi E d_1^2} \qquad (2\text{-}4\text{-}42)$$

$$\delta_T = \frac{S}{2\pi} \frac{TS}{GI_p} = \frac{16TS^2}{\pi^2 G d_1^4} \qquad (2\text{-}4\text{-}43)$$

$$\delta = \delta_F \pm \delta_T \qquad (2\text{-}4\text{-}44)$$

式中　S——螺纹导程（mm）；

G——螺杆材料的切变模量（MPa），对于钢，$G = 8.3 \times 10^4 \text{MPa}$；

I_p——螺杆危险截面的极惯性矩（mm^4），$I_p = \dfrac{\pi d_1^4}{32}$；

$\pm$——轴向载荷与运动方向相同时取 $+$ 号。

其他符号的意义和单位同前。

6. 螺杆临界转速计算

高速旋转的螺旋，应使其最高转速 n 小于临界转速 n_c，一般应保证 $n \leqslant 0.8 n_c$。临界转速 n_c 可由下式计算得到

$$n_c = 302 \mu_1^2 \sqrt{\frac{E I_a^2}{m l_c^3}} \qquad (2\text{-}4\text{-}45)$$

对于钢制螺杆
$$n_c = 12.3 \times 10^6 \frac{\mu_1^2 d_1}{l_c^2} \qquad (2\text{-}4\text{-}46)$$

式中　l_c——螺杆两支承间的最大距离（mm）；

μ_1——螺杆的长度系数，见表 2-4-14；

m——螺杆的总质量（kg）。

其他符号的意义和单位同前。

7. 螺旋副效率计算

$$\eta = \frac{\tan\lambda}{\tan(\lambda \pm \rho_v)} \tag{2-4-47}$$

式中，符号的意义和单位同前。

知识拓展

螺旋的另一种重要用途就是可以设计成物料输送设备。螺旋输送机是一种不具有挠性牵引构件的连续输送设备，它主要用于中、短距离的物料输送，其工作原理是：在机壳内相对封闭的腔体中，通过螺旋叶片绕机壳轴线的自转将物料沿轴线方向推移，在此过程中需克服物料自身的重力，物料与机壳、叶片之间的摩擦力，物料间自身相对运动产生的摩擦力。螺旋输送机是在化工、建材、粮食、冶金、电力、造纸、粮食及食品行业中广泛应用的一种通用连续输送设备，大体上可以分为输送机主体、进出料口和驱动装置三大部分，其中输送机主体主要由料槽、转轴和螺旋叶片三部分组成。它主要适用于粉状、颗粒状和小块状物料的运输，并可在输送物料的同时完成混合、掺合和冷却等作业，其所运输的散粒物料有煤、焦炭、灰渣、水泥、化学品、粘土、豆类、谷物、塑胶颗粒、盐类、纸浆等。目前工矿企业中，螺旋输送机已经成为散料货物自动化物流体系中不可缺少的重要组成部分，在散料的装卸、仓储、短距离运输中发挥着重要作用。随着螺旋输送机相关研究的深入，螺旋输送机的输送能力得到极大提升，能耗较高的缺点也得到了部分改善，这一切都使得螺旋输送机将会在我国建设现代化散料货物自动化物流体系的过程中发挥重要作用。

文献阅读指南

螺纹联接应用十分广泛，有关螺纹联接件的类型、特点及标准件可查阅《机械设计手册》（新版）第 2 卷第 6 篇第 2 章螺纹联接（北京：机械工业出版社，2004）。

关于滚动螺旋和静压螺旋的工作原理、结构形式和设计计算，可查阅《机械设计手册》（新版）第 2 卷第 15 篇第 2 章螺旋传动（北京：机械工业出版社，2004）。

学习指导

一、本章主要内容

螺纹联接件大都已标准化。螺纹联接是机械设备广泛应用的联接方式。本章主要介绍了螺纹的基本参数，螺纹联接的基本类型及其预紧和防松，单个螺纹联接的强度计算，螺栓组的结构设计和受力分析，螺旋传动的种类及滑动螺旋的设计。

二、本章学习要求

1）了解螺纹的基本参数，熟练掌握常用螺纹联接的种类、特性及其应用，设计时能正确选用，并能正确、熟练地绘制各类螺纹联接的结构图。了解各种螺纹联接标准件的常用材料及其强度级别和许用应力的确定。

2）了解螺纹联接预紧的目的和控制方法、螺纹联接防松的目的和原理，熟练掌握防松装置及其应用。

3）熟练掌握单个螺纹联接的强度计算。注意普通螺栓和铰制孔螺栓在结构、传力、失效形式、计算理论与方法等方面的区别。掌握受轴向拉伸载荷的紧螺栓联接的受力-变形图、螺栓总拉力的确定。

4）熟练掌握螺栓组联接的受力分析。正确理解螺栓组联接受力分析的目的及其简化条件，熟练掌握螺栓组联接的四种典型受力状态（横向力、轴向力、旋转力矩和倾覆力矩）下的受力分析，能正确运用静力平衡条件和变形协调条件确定出受力最大螺栓的受力。

5）能正确进行螺栓组联接的结构设计，包括合理选择螺栓数目及其布置形式、合理选择联接件和设计被联接件。了解提高螺纹联接强度的主要措施。

6）了解螺旋传动的种类和滑动螺旋传动的主要失效形式及其设计准则。

思 考 题

2.4.1 螺纹的主要参数有哪些？螺纹零件的 d、d_1、d_2 和 d_0 四种直径在计算中应如何使用？

2.4.2 螺纹联接有哪些基本类型？各有何特点？各适用于什么场合？

2.4.3 何谓螺纹联接的预紧？预紧的目的是什么？预紧力的最大值如何控制？

2.4.4 螺纹联接防松的原理主要有哪几种？各可以采用哪些常用的防松装置？

2.4.5 螺纹联接中螺栓受力和联接受力是否相同？承受横向载荷的普通螺栓和铰制孔螺栓分别承受什么力？

2.4.6 在仅受预紧力的螺栓联接和同时承受预紧力和轴向载荷的螺栓联接中，设计计算公式中均引入 1.3，这是为什么？

2.4.7 螺栓组联接设计时应注意哪些问题？

2.4.8 为什么将承受变载荷的螺栓的光杆部分做细一些？

2.4.9 为什么螺母螺纹圈数不宜大于 10 圈（使用过厚的螺母能否提高螺纹联接强度）？

2.2.10 提高螺纹联接强度的主要措施有哪些？

2.4.11 按螺旋副的摩擦性质，螺旋传动可分为哪几类？

2.4.12 滑动螺旋的主要失效形式是什么？其主要尺寸（即螺杆直径和螺母高度）根据哪些设计准则来确定？

习 题

2.4.1 起重吊钩如图 2-4-36 所示，已知吊钩螺纹直径 $d = 36\text{mm}$，螺纹小径 $d_1 = 31.67\text{mm}$，吊钩材料为 35 钢，$\sigma_s = 315\text{MPa}$，取安全系数 $[S] = 4$。试计算吊钩的最大起重量 F。

2.4.2 在图 2-4-37 所示某重要拉杆的螺纹联接中，已知拉杆所受拉力 $F = 13\text{kN}$，载荷稳定，拉杆材料为 Q275，试计算螺纹接头的螺纹。

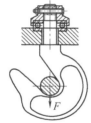

图 2-4-36 习题 2.4.1 图

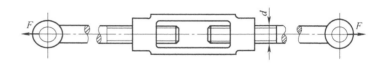

图 2-4-37 习题 2.4.2 图

2.4.3 图 2-4-38 所示凸缘联轴器采用六个普通螺栓联接，安装时不控制预紧力。已知联轴器传递的转矩 $T=300\text{N}\cdot\text{m}$，螺栓材料为 Q235，$\sigma_s=230\text{MPa}$，接合面间摩擦因数 $f=0.15$，可靠性系数 $K_f=1.2$，螺栓分布圆直径 $D=115\text{mm}$。试确定螺栓的直径。

2.4.4 图 2-4-39 所示凸缘联轴器采用四个铰制孔螺栓联接。已知联轴器传递的转矩 $T=1200\text{N}\cdot\text{m}$，联轴器材料为灰铸铁 HT250，$\sigma_b=240\text{MPa}$，螺栓材料为 Q235，$\sigma_s=230\text{MPa}$，螺栓分布圆直径 $D=160\text{mm}$，螺栓杆与联轴器孔壁的最小接触长度 $L_{min}=10\text{mm}$。试确定螺栓直径。

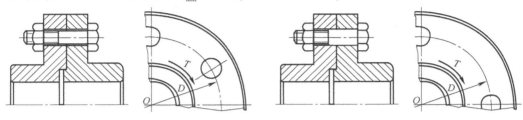

图 2-4-38 习题 2.4.3 图   图 2-4-39 习题 2.4.4 图

2.4.5 图 2-4-40 所示为一气缸盖和缸体凸缘采用普通螺栓联接。已知气缸中的压力 p 在 $0\sim2\text{MPa}$ 之间变化，气缸内径 $D=500\text{mm}$，螺栓分布圆直径 $D_0=650\text{mm}$。为保证气密性要求，残余预紧力 $F_1=1.8F$（F 为螺栓的轴向载荷），螺栓间距 $t\leqslant4.5d$（d 为螺栓的大径）。螺栓的许用拉伸应力 $[\sigma]=120\text{MPa}$，许用应力幅 $[\sigma_a]=20\text{MPa}$。选用铜皮石棉垫片，螺栓相对刚度 $C_b/(C_b+C_m)=0.8$，试设计此螺栓组联接。

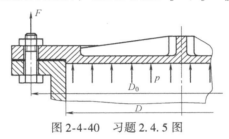

图 2-4-40 习题 2.4.5 图

2.4.6 图 2-4-41 所示一厚度 $\delta=12\text{mm}$ 的钢板用四个螺栓固连在厚度 $\delta_1=30\text{mm}$ 的铸铁支架上，螺栓的布置为 a 和 b 两种方案。

已知：螺栓的材料为 Q235，$[\sigma]=95\text{MPa}$，$[\tau]=96\text{MPa}$，钢板 $[\sigma_p]=320\text{MPa}$，铸铁 $[\sigma_{pl}]=180\text{MPa}$，接合面间摩擦因数 $f=0.15$，可靠性系数 $K_f=1.2$，载荷 $F_\Sigma=12000\text{N}$，尺寸 $l=400\text{mm}$，$a=100\text{mm}$。

1) 试比较哪种螺栓布置方案合理？

2) 按照螺栓布置合理方案，分别确定采用普通螺栓联接和铰制孔螺栓联接时的螺栓直径。

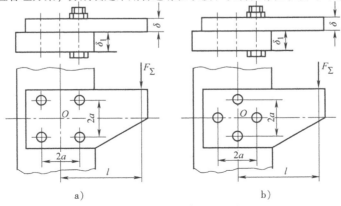

a)   b)

图 2-4-41 习题 2.4.6 图

2.4.7 有一轴承托架用四个普通螺栓固连于钢立柱上，托架材料为 HT150，许用挤压应力 $[\sigma_p]$ = 60MPa，螺栓材料强度级别 6.8 级，许用安全系数 $[S]$ = 3，接合面间的摩擦因数 f = 0.15，可靠性系数 K_f = 1.2，螺栓相对刚度 $\dfrac{C_b}{C_b+C_m}$ = 0.2，载荷 F = 6000N，尺寸如图 2-4-42 所示。试设计此螺栓组联接。

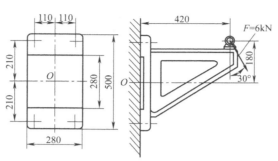

图 2-4-42 习题 2.4.7 图

2.4.8 设计简单千斤顶的螺杆和螺母的主要尺寸。起重量为 40000N，起重高度为 200mm，材料自选。

习题参考答案

2.4.1 最大起重量 $F \leqslant 62$kN。

2.4.2 螺栓公称直径为 M16。

2.4.3 螺栓公称直径为 M16。

2.4.4 螺栓公称直径为 M8。

2.4.5 若取 z = 24，则 M30 的螺栓满足疲劳强度和气密性要求。

2.4.6 1）方案 a 比较合理。

　　　2）铰制孔螺栓联接：螺栓公称直径为 M12；普通螺栓联接：螺栓公称直径为 M45。

2.4.7 螺栓公称直径为 M16。

2.4.8 略。

第五章

键、花键联接及其他联接

轴毂联接主要是实现轴与轴上零件（如齿轮、带轮、飞轮等）的周向固定并传递转矩，有的还能实现轴上零件的轴向固定以传递轴向力，有的则能构成轴向动联接实现零件在轴上的滑动。

轴毂联接的形式很多，常用的有键联接、花键联接、销联接、型面联接、过盈联接等。

第一节 键 联 接

一、键联接的功能、类型、结构形式和应用

键联接是一种应用非常广泛的轴毂联接形式。键是标准零件，键联接设计的主要内容是：选择键的类型，确定键的尺寸，校核键联接的强度。键联接的主要类型为：平键联接、半圆键联接、楔键联接、切向键联接等几种。

（一）平键联接

如图 2-5-1a 所示，平键的横截面是矩形，上、下两表面相互平行，工作面为其两侧面，键的顶面与轮毂槽底之间留有间隙。工作时，靠键与键槽侧面的挤压作用来传递转矩。平键联接具有结构简单、装拆方便、对中性好等优点，应用广泛。根据用途不同，常见的平键有普通平键、薄型平键、导向平键、滑键四种形式。其中普通平键和薄型平键用于静联接（即轴与轮毂间无相对的轴向移动），导向平键和滑键用于动联接（即轮毂沿键槽方向与轴之间有相对的轴向移动）。平键联接不能承受轴向力，因此对轴上零件不能起到轴向定位作用。

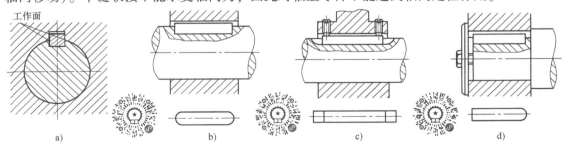

图 2-5-1 普通平键联接

a）横截面图 b）圆头 c）平头 d）单圆头

（1）普通平键　如图2-5-1b、c、d所示，按其构造分，有圆头（A型）、平头（B型）、单圆头（C型）三种形式。

圆头平键、单圆头平键的轴上键槽用键槽铣刀（指形齿轮铣刀）铣出，平头平键的轴上键槽用盘铣刀铣出。轮毂的键槽一般用插刀或拉刀加工。

圆头平键、单圆头平键在键槽中轴向固定良好，安装方便，但其键的圆头侧面与轮毂键槽不接触，圆头部分不能利用，而且轴上键槽端部截面突变，应力集中较大。单圆头平键常用于轴端与毂类零件的联接。

平头平键不存在上述缺点，其轴上键槽端部截面渐变，应力集中较小，但键与轴之间轴向定位不好，对于尺寸较大的键，宜用紧定螺钉固定在键槽中，以防松动。

（2）薄型平键　也分圆头、平头和单圆头三种形式，与普通平键的主要区别是键的高度为普通平键的60%~70%，传递转矩的能力较低，常用于薄壁结构、空心轴及一些径向尺寸受限的场合。

（3）导向平键　如图2-5-2所示，用于轮毂需在轴上作轴向移动的场合（如变速箱中的滑移齿轮）。导向平键分为圆头（A型）、方头（B型）两种，因键较长，为防止键在键槽中松动，一般用螺钉将键固定在键槽中，为便于键的拆卸，在键上制有起键螺纹孔。导向平键与轮毂的键槽采用间隙配合，轮毂可以沿着导向平键轴向移动，适宜于轴上零件轴向移动不大的场合，如需滑移距离较大时，可采用滑键联接。

（4）滑键　滑键固定在轮毂上，轮毂带动滑键在键槽中作轴向滑动。这样只需在轴上铣出较长的键槽，滑键则可以较短。滑键在轮毂上的固定可采用不同的方式，图2-5-3所示为两种典型的固定方式。

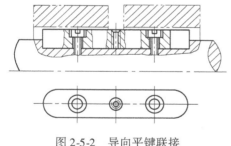

图2-5-2　导向平键联接

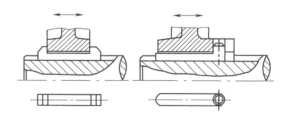

图2-5-3　滑键联接（键槽已截短）

（二）半圆键联接

半圆键联接如图2-5-4所示，键的形状为弓形，与平键联接一样也是两侧面为工作面（图2-5-4a）。轴上键槽用尺寸与半圆键相同的半圆键槽铣刀铣出。

半圆键可在键槽中绕其几何中心摆动，以适应轮毂槽底面的倾斜，这种键联接安装方便，尤其适用于锥形轴端与轮毂的联接（图2-5-4b）。与平键联接相比，缺点是轴上键槽较深，对轴的强度削弱较大，传递的转矩不大，故一般用于轻载静联接中。

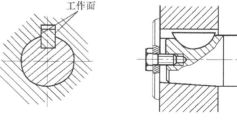

图2-5-4　半圆键联接
a）横截面图　b）锥形轴端半圆键联接

（三）楔键联接

如图2-5-5所示，楔键的上、下表面为工作面，上表面和与它相配合的轮毂键槽的底面均有1∶100的斜度，装配时将键打入轴与轮毂的键槽，键就楔紧在轴与轮毂的键槽里。工作时，靠楔紧后上、下面产生的摩擦力传递转矩，同时传递单向轴向力，对轮毂起到单向的轴向固定作用。键的侧面与键槽侧面间有很小的间隙，当转矩过载而导致轴与轮毂间发生相对转动时，楔键的侧面能像平键那样参与工作。因此，楔键联接在传递有冲击和振动较大的载荷时，仍能可靠工作。由于楔紧后使轴与轴上零件产生偏心，故常用于对中性要求不高、载荷平稳的低速场合，如带轮、链轮轮毂与轴的联接。

楔键可分为普通楔键和钩头楔键。普通楔键有圆头、平头、单圆头三种形式。圆头楔键要先放入轴上键槽中，然后打紧轮毂（图2-5-5b）；平头、单圆头、钩头楔键是在轮毂装好后将键放入键槽并打入（图2-5-5c）。钩头楔键的钩头供拆卸用，若安装在轴端，应加防护装置。

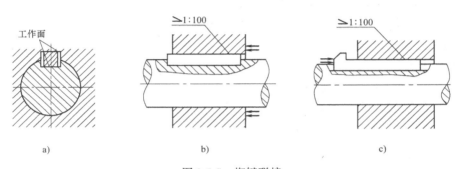

图2-5-5 楔键联接

a）横截面图 b）圆头楔键 c）钩头楔键

（四）切向键联接

切向键由一对斜度为1∶100的楔键组成，如图2-5-6a所示，两键以其斜面相互贴紧，上、下两工作面是平行的，被联接件的轴和轮毂键槽并无斜度。装配时将一对楔键从轮毂两端打入，切向键沿轴的切线方向楔紧在轴与轮毂之间。联接工作时，工作面上的挤压力沿轴的切线方向，靠工作面上的挤压力和轴与轮毂间的摩擦力来传递转矩。切向键的承载能力很大，适用于传递较大的转矩。但由于键槽对轴的削弱较大，故一般用在直径大于100mm的轴上，如大型带轮、大型飞轮、矿用大型绞车的卷筒及齿轮等与轴的联接。

一个切向键只能传递单向转矩（图2-5-6b）。当传递双向转矩时，必须采用两个切向键，两者的夹角为120°～130°（图2-5-6c），同时应注意切向键安置的方向。

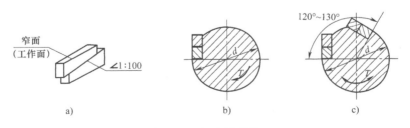

图2-5-6 切向键联接

a）切向键 b）单向转矩 c）双向转矩

二、键的选择及平键联接的强度计算

（一）键的选择

键的选择包括类型选择和尺寸选择两个方面。

1. 类型选择

键的类型应根据键联接的结构特点、使用要求和工作条件来选择。选择时主要考虑以下几个方面：传递转矩的大小，是静联接还是动联接，沿轴向移动的距离长短，对中性的要求，是否有轴向固定作用，键在轴上的位置（中部还是端部）等。

2. 尺寸选择

键的尺寸按符合标准规格和强度要求来确定。键的主要尺寸为其截面尺寸（键宽 b × 键高 h）与长度 L，键的截面尺寸 $b × h$ 按轴的直径 d 从标准中查出，键的长度 L 则按轮毂的宽度而定，一般略短于轮毂宽度，并符合标准规定的长度系列。导向平键按轮毂长度以及滑动距离而定，所选的键长也应符合标准规定的长度系列。

以普通平键为例，其主要尺寸见表 2-5-1。重要的键联接在选出键的类型和尺寸后，还应进行强度校核计算。

表 2-5-1 普通平键（摘自 GB/T 1095—2003，GB/T 1096—2003） （单位：mm）

轴径 d	键的公称尺寸			键槽尺寸	
	键宽 b	键高 h	键长 L	轴槽深 t	毂槽深 t_1
>6 ~ 8	2	2	6 ~ 20	1.2	1.0
>8 ~ 10	3	3	6 ~ 36	1.8	1.4
>10 ~ 12	4	4	8 ~ 45	2.5	1.8
>12 ~ 17	5	5	10 ~ 56	3.0	2.3
>17 ~ 22	6	6	14 ~ 70	3.5	2.8
>22 ~ 30	8	7	18 ~ 90	4.0	3.3
>30 ~ 38	10	8	22 ~ 110	5.0	3.3
>38 ~ 44	12	8	28 ~ 140	5.0	3.3
>44 ~ 50	14	9	36 ~ 160	5.5	3.8
>50 ~ 58	16	10	45 ~ 180	6.0	4.3
>58 ~ 65	18	11	50 ~ 200	7.0	4.4
>65 ~ 75	20	12	56 ~ 220	7.5	4.9
>75 ~ 85	22	14	63 ~ 250	9.0	5.4
>85 ~ 95	25	14	70 ~ 280	9.0	5.4
>95 ~ 110	28	16	80 ~ 320	10.0	6.4
>110 ~ 130	32	18	90 ~ 360	11	7.4
>130 ~ 150	36	20	100 ~ 400	12	8.4
>150 ~ 170	40	22	100 ~ 400	13	9.4
>170 ~ 200	45	25	110 ~ 450	15	10.4
>200 ~ 230	50	28	125 ~ 500	17	11.4
>230 ~ 260	56	32	140 ~ 500	20	12.4
>260 ~ 290	63	32	160 ~ 500	20	12.4
>290 ~ 330	70	36	180 ~ 500	22	14.4
>330 ~ 380	80	40	200 ~ 500	25	15.4
>380 ~ 440	90	45	220 ~ 500	28	17.4
>440 ~ 500	100	50	250 ~ 500	31	19.5
L 系列	6、8、10、12、14、16、18、20、22、25、28、32、36、40、45、50、56、63、70、80、90、100、110、125、140、160、180、200、220、250、280、320、360、400、450、500				

（二）平键联接的强度计算

在各种类型的键联接中，以平键联接的应用最为广泛，故只讨论平键联接的强度计算。对半圆键、楔键、切向键的设计计算可查阅有关手册。

1. 平键联接的失效形式

平键联接工作时，联接中各零件的受力情况如图 2-5-7 所示。对于普通平键联接、薄型平键联接等静联接，其主要失效形式是构成键联接的三个零件（轴、毂和键）中强度较弱者工作面被压溃。除非有严重过载，一般不会出现键截面被剪断的现象。因此，通常只按工作面上的挤压应力进行挤压强度校核计算。对于导向平键联接、滑键联接等动联接，其主要失效形式为工作面的过度磨损，即键、轴、轮毂三者中较弱零件的工作面被磨损，因此，通常按工作面的工作压力（压强）进行条件性校核计算。

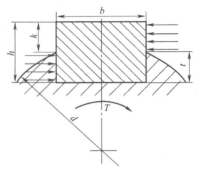

图 2-5-7　平键联接的受力分析

2. 平键联接的强度计算

假定载荷在键的工作面上均匀分布，普通平键联接、薄型平键联接等静联接的强度条件为

$$\sigma_{\mathrm{p}} = \frac{2T \times 10^3}{kld} \leqslant [\sigma_{\mathrm{p}}] \qquad (2\text{-}5\text{-}1)$$

导向平键联接、滑键联接等动联接的强度条件为

$$p = \frac{2T \times 10^3}{kld} \leqslant [p] \qquad (2\text{-}5\text{-}2)$$

式中　T——传递的转矩（N·m）；

　　　d——轴的直径（mm）；

　　　k——键与轮毂的接触高度，$k = 0.5h$，h 为键的高度（mm）；

　　　l——键的工作长度（mm），圆头平键，$l = L - b$，平头平键，$l = L$，单圆头平键，$l = L - b/2$，其中 L 是键的公称长度（mm），b 是键的宽度（mm）；

　　$[\sigma_{\mathrm{p}}]$——键、轴、轮毂三者中最弱材料的许用挤压应力（MPa），查表 2-5-2；

　　　$[p]$——键、轴、轮毂三者中最弱材料的许用压力（MPa），查表 2-5-2。

表 2-5-2　键联接的许用挤压应力 $[\sigma_{\mathrm{p}}]$ 和许用压力 $[p]$　　　　（单位：MPa）

许用挤压应力、许用压力	联接方式	联接中的最弱材料	载荷性质		
			静载荷	轻微冲击	冲击
$[\sigma_{\mathrm{p}}]$	静联接	钢	120 ~ 150	100 ~ 120	60 ~ 90
		铸铁	70 ~ 80	50 ~ 60	30 ~ 45
$[p]$	动联接	钢	50	40	30

注：动联接中的联接零件如表面经过淬火，则许用压力 $[p]$ 值可提高 2 ~ 3 倍。

在进行强度校核后，若平键联接的强度不够，在结构允许的情况下可适当加大键的工作长度，提高单键的承载能力，但考虑到载荷沿键长分布的不均匀性，键的长度不宜过长，一般不超过 $(1.6 ~ 1.8)d$；也可采用双键联接，双键联接时应按周向 180° 布置，考虑到双键载荷分配的不均匀性，强度计算时按 1.5 个键计算；若仍不能满足要求时，可考虑采用花键联接。两个半圆键联接时，应布置在轴的同一母线上；两个楔键联接时，沿周向 90°～120°布置；两个切向键传动时，沿周向 120°～130°布置，可使其具有双向传动能力。

例 一齿轮装在轴上，采用普通平键联接。齿轮、轴、键均用 45 钢，轴径 $d = 80\text{mm}$，轮毂长度为 100mm，传递转矩 $T = 2500\text{N} \cdot \text{m}$，工作中有轻微冲击。试确定平键尺寸和标记，并验算联接的强度。

解 1）确定平键类型及尺寸。选择 A 型平键，由轴径 $d = 80\text{mm}$ 查表 2-5-1 得 A 型平键断面尺寸 $b = 22\text{mm}$，$h = 14\text{mm}$。根据轮毂长度 100mm 及键长度系列选取键长 $L = 90\text{mm}$。

2）挤压强度校核计算。

键的工作长度 $\qquad l = L - b = 90\text{mm} - 22\text{mm} = 68\text{mm}$

键与轮毂键槽的接触高度 $\quad k = 0.5h = 0.5 \times 14\text{mm} = 7\text{mm}$

则
$$\sigma_p = \frac{2T \times 10^3}{kld} = \frac{2 \times 2500 \times 10^3}{7 \times 68 \times 80}\text{MPa} = 131.30\text{MPa}$$

因为齿轮、轴、键均用 45 钢，工作中有轻微冲击，查表 2-5-2 得 $[\sigma_p] = 100 \sim 120\text{MPa}$，取 $[\sigma_p] = 110\text{MPa}$，故 $\sigma_p > [\sigma_p]$，该键联接强度不够。

3）因键长不能再加大，故采用双键相隔 180°布置。

双键的工作长度 $\qquad l' = 1.5l = 1.5 \times 68\text{mm} = 102\text{mm}$

则
$$\sigma_p = \frac{2T \times 10^3}{kl'd} = \frac{2 \times 2500 \times 10^3}{7 \times 102 \times 80}\text{MPa} = 87.54\text{MPa} < [\sigma_p]$$

强度满足要求。

4）平键标记为：GB/T 1096 键 $22 \times 14 \times 90$。

第二节 花 键 联 接

一、花键联接的类型、特点及应用

花键联接是平键联接在数目上的发展，是由周向均布多个键齿的花键轴（外花键）与带有相应键齿槽的轮毂孔（内花键）相配而成的，如图 2-5-8 所示。与平键联接相比，由于花键联接是在轴上与轮毂上直接均匀制出很多齿与槽，受力比较均匀；且齿槽较浅，应力集中较小，对轴的削弱较轻；工作时多齿承载，故承载能力较大；对中性、导向性较好，可用磨削的方法提高加工精度和联接质量。其缺点是齿根仍然有应力集中，有时需要专用设备加工，成本较高。所以花键联接适用于定心精度要求高、传递载荷较大的动、静联接，特别是对常滑移的动联接更具有独特的优越性。

花键联接工作时，依靠多个键的工作面间的挤压传递转矩。花键已经标准化，花键联接的齿数、尺寸、配合等均按标准选取。

花键联接按其键的齿形不同，可分为矩形

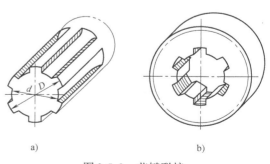

图 2-5-8 花键联接
a）外花键 b）内花键

花键、渐开线花键，如图 2-5-9 所示。其中矩形花键的两侧面互相平行，加工方便，应用最广。

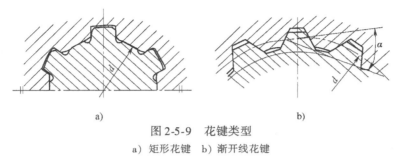

图 2-5-9　花键类型

a）矩形花键　b）渐开线花键

1. 矩形花键

根据 GB/T 1144—2001，按齿高的不同，矩形花键尺寸分为轻系列和中系列。轻系列的承载能力小，多用于静联接或轻载联接；中系列用于中等载荷的联接。

由于轴与毂的花键齿的小径均可用磨削的方法消除热处理引起的变形，小径配合具有较高的配合精度，因此矩形花键联接的内、外花键均采用小径定心。

2. 渐开线花键

渐开线花键的齿廓为渐开线，采用齿形定心方式。受载时齿上有径向分力，能起自动对中作用。渐开线花键可以用制造齿轮的方法来加工，工艺性较好，易获得较高的制造精度和互换性。分度圆压力角有 30° 和 45° 两种（图 2-5-10），齿顶高分别为 $0.5m$ 和 $0.4m$（m 为模数），图中 d_i 是渐开线花键的分度圆直径。

渐开线花键由于其压力角大，齿根较厚，强度高，承载能力大，工艺性好，寿命长，定心精度高，故适用于载荷较大、轴径也较大的场合。压力角 45° 的渐开线花键对轴的削弱比压力角 30° 的小，但齿的工作面高度较差，承载能力较差，常用于载荷较小、直径较小的静联接，特别是薄壁零件的轴毂联接。

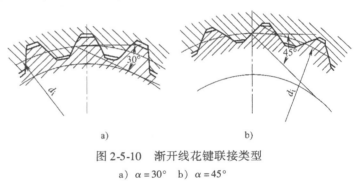

图 2-5-10　渐开线花键联接类型

a）$\alpha = 30°$　b）$\alpha = 45°$

二、花键联接的强度计算

设计花键联接和设计平键联接相似，通常根据使用要求、联接特点和工作条件等选择花键联接的类型和尺寸。花键联接的主要失效形式是工作面的压溃（静联接）或磨损（动联接），个别情况也会出现齿根剪断或弯断。但对实际采用的材料组合和标准尺寸来说，齿面压溃或磨损是主要失效形式。因此，对静联接进行联接的挤压强度校核，对动联接按工作面的工作压力（压强）进行条件性强度计算。

花键联接的受力情况如图 2-5-11 所示。计算时，假定载荷在键的工作面上均匀分布，各齿面上压力的合力 F 作用在平均直径 d_m 处，用载荷分布不均匀系数 ψ 修正各个键齿上载荷分布

的不均匀性，则花键联接的强度条件为

静联接：

$$\sigma_{\mathrm{p}} = \frac{2T \times 10^3}{\psi z h l d_{\mathrm{m}}} \leqslant [\sigma_{\mathrm{p}}] \tag{2-5-3}$$

动联接：

$$p = \frac{2T \times 10^3}{\psi z h l d_{\mathrm{m}}} \leqslant [p] \tag{2-5-4}$$

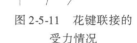

图 2-5-11　花键联接的
受力情况

式中　T——传递的转矩（N·m）；

ψ——载荷分配不均匀系数，与齿数多少有关，一般取 $\psi =$ 0.7~0.8，齿数多时取偏小值；

z——花键的齿数；

l——键齿的工作长度（mm）；

h——花键齿侧面的工作高度（mm）（矩形花键，$h = \frac{(D-d)}{2} - 2c$，此处 D 为外花键大径（mm），d 为内花键轴小径（mm），c 为倒角尺寸（mm）；渐开线花键，$\alpha = 30°$时 $h = m$，$\alpha = 45°$时 $h = 0.8m$，此处 m 为模数（mm））；

d_{m}——花键平均直径（mm）（矩形花键，$d_{\mathrm{m}} = \frac{D+d}{2}$；渐开线花键，$d_{\mathrm{m}} = d_{\mathrm{i}}$，$d_{\mathrm{i}}$ 为分度圆直径（mm））；

$[\sigma_{\mathrm{p}}]$——花键联接的许用挤压应力（MPa），见表 2-5-3；

$[p]$——花键联接的许用压力（MPa），见表 2-5-3。

表 2-5-3　花键联接的许用挤压应力 $[\sigma_{\mathrm{p}}]$ 和许用压力 $[p]$　（单位：MPa）

许用挤压应力、许用压力	联 接 方 式		使用和制造情况	齿面经热处理	齿面未经热处理
$[\sigma_{\mathrm{p}}]$	静联接		不良	40~70	35~50
			中等	100~140	60~100
			良好	120~200	80~120
$[p]$	动联接	空载下移动	不良	20~35	15~20
			中等	30~60	20~30
			良好	40~70	25~40
		载荷作用下移动	不良	3~10	—
			中等	5~15	—
			良好	10~20	—

注：1. 使用和制造情况不良系指受变载荷，有双向冲击，振动频率高和振幅大，动联接时润滑不良，材料硬度不高及精度不高等。

2. 同一情况下，较小许用值用于工作时间长和较重要场合。

第三节　销　联　接

销根据作用不同可分为三类，用于固定零件间相对位置的销称为定位销（图 2-5-12a）；用于轴毂联接时，因销孔对轴有削弱作用，故只能传递较小的载荷，多用于轻载或不重要的场合，这种销称为联接销（图 2-5-12b）；作为安全装置中过载剪断元件的销称为安全销（图 2-5-12c）。

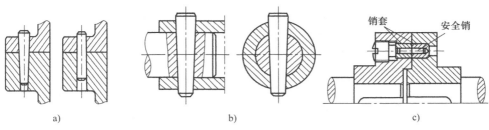

图 2-5-12　销按作用的分类

a) 定位销　b) 联接销　c) 安全销

定位销，一般不受载荷或只受很小的载荷，是加工、装配时的重要辅助零件。同一接合面上定位销的数目一般不少于两个，其尺寸一般按结构或经验确定，同时应考虑在装拆时不产生永久变形。

联接销，在工作时通常受到挤压和剪切，有时还受到弯曲。设计时，先根据联接的构造和工作要求选择销的类型、材料和尺寸，必要时作挤压和剪切强度校核计算。

安全销，在机器过载时应被剪断，因此销的直径须按过载时被剪断的条件确定。安全销的抗剪强度极限可取材料抗拉强度的 0.6 ~ 0.7。

销按形状的不同，可分为圆柱销、圆锥销、开口销、销轴和槽销等，如图 2-5-13 所示，这些销都已标准化。

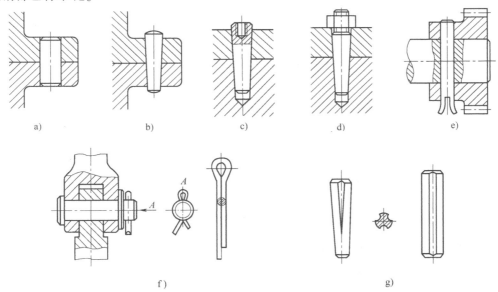

图 2-5-13　销按形状的分类

a) 圆柱销　b) 圆锥销　c) 内螺纹圆锥销　d) 螺尾圆锥销　e) 开尾圆锥销　f) 销轴和开口销　g) 槽销

圆柱销（图 2-5-13a）靠微量过盈配合固定在销孔中，这种销便于加工，但经过多次装拆会损坏联接的紧固性和定位的精确性。

圆锥销（图 2-5-13b）具有 1:50 的锥度，与有锥度的铰制孔相配，在受横向力时能自锁，拆装方便，可多次拆装，定位精度比圆柱销高；内螺纹圆锥销（图 2-5-13c）和螺尾圆锥销（图 2-5-13d），可用于不通孔或装拆困难的场合；开尾圆锥销（图 2-5-13e），打入销孔后末端可以稍张开,避免松脱,用于有冲击、振动或受变载荷的场合。

销轴(图2-5-13f)用于两零件的铰接处,构成铰链联接,用开口销锁紧,装拆方便,是一种较可靠的锁紧方法,应用广泛。开口销除与销轴配用外,还常用于螺纹联接的防松,具有结构简单、装拆方便的特点。

槽销(图2-5-13g)沿销体母线碾压或模锻三条(相隔120°)不同形状和深度的沟槽,打入销孔与孔壁压紧,不易松脱,能承受振动和变载荷。其销孔无需铰制,加工方便,可多次装拆。

第四节 其他联接

不用键或花键联接来实现轴与轮毂的联接时,统称为无键联接,常用的有过盈联接、型面联接、胀套联接三种形式。

一、过盈联接

过盈联接是利用零件间的过盈配合实现的联接。这种联接结构简单,定心精度好,可承受转矩、轴向力或两者复合的载荷,且承载能力高,在冲击、振动载荷下也能较可靠的工作。缺点是结合面加工精度要求较高,装配不便,虽然联接零件无键槽削弱,但配合面边缘处应力集中较大。过盈联接主要用于重型机械、起重机械、船舶、机车及通用机械,且多用于中等和大尺寸联接中。

组成过盈联接的零件,一个是包容件(轮毂),一个是被包容件(轴),如图2-5-14所示。组成过盈联接后,由于结合处的径向弹性变形和装配过盈量,使包容件和被包容件在配合面间产生很大的径向压力。当联接承受外载荷时,靠此径向压力产生的摩擦力或摩擦力矩来传递工作载荷。

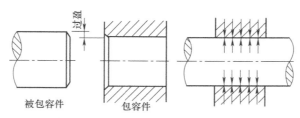

图2-5-14 包容件和被包容件过盈配合

过盈联接零件的配合面通常为圆柱面,有时也为圆锥面,如图2-5-15所示。

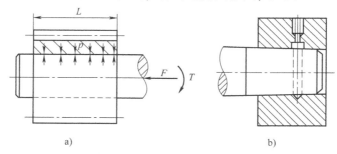

图2-5-15 过盈联接种类

a)圆柱面过盈联接 b)圆锥面过盈联接

圆柱面过盈联接（图 2-5-15a）的过盈量是由所选择的配合来确定的。当过盈量及配合尺寸较小时，一般采用在常温下直接压入法装配。该方法一般是用压力机将被包容件直接压入包容件中，工艺简单，但由于过盈量的存在，配合表面会产生擦伤等，降低联接的紧固性。当过盈量及配合尺寸较大时，常用温差法（胀缩法）装配。即加热包容件或（和）冷却被包容件，形成装配间隙，装配后在常温下形成牢固的联接。胀缩法能减少或者避免损伤配合表面，紧固性好。加热法常用于配合直径较大时，冷却法则常用于配合直径较小时。圆柱面过盈联接结构简单，加工方便，但不宜多次装拆，广泛应用于轴毂联接、滚动轴承与轴的联接、曲轴联接等。

圆锥面过盈联接（图 2-5-15b）是利用包容件和被包容件相对轴向位移压紧获得过盈配合。可利用螺纹联接件实现轴向相对位移和压紧；也可利用液压装拆。圆锥面过盈联接时压合距离短，装拆方便，装拆时结合面不易擦伤；但结合面加工不便。这种联接多用于承载较大且需多次装拆的场合，尤其适用于大型零件，如轧钢机械、螺旋桨尾轴等。

过盈联接的过盈量不大时，允许拆卸，但是多次拆装后配合面受到严重损伤，将影响联接的工作能力。当过盈量较大时，一般不能拆卸，否则将损坏被联接件，此时过盈联接属于不可拆联接。

过盈联接中，配合面的压力及其强度是影响过盈联接承载能力的主要因素。因此，选择过盈联接配合时，既要保证配合表面间有足够压力时联接在外载荷作用下不发生相对滑动，又要保证联接零件在装配时不致损坏。

二、型面联接

轮毂与轴沿光滑非圆表面接触而构成的联接，称为型面联接，如图 2-5-16 所示。轴和毂孔可做成柱形或锥形，前者只能传递转矩，可用于不在载荷下移动的动联接；后者除传递转矩外，还能传递轴向力，当不允许有间隙和可靠性要求较高时，常采用锥形非圆表面。

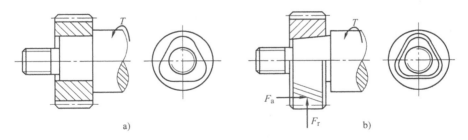

图 2-5-16 型面联接
a）柱形成型联接 b）锥形成型联接

型面联接件轮毂与轴的非圆截面可以是等距曲线、摆线、椭圆形、六角形、方形、带切口圆形和三角形等形状，如图 2-5-17 所示。

型面联接的优点在于装拆方便，能保证良好的对中性；联接面上没有应力集中源，减少了应力集中，故可传递较大的转矩。缺点是加工复杂，特别是为了保证配合精度，最后工序多要在专用机床上进行磨削加工，所以实际中应用较少。

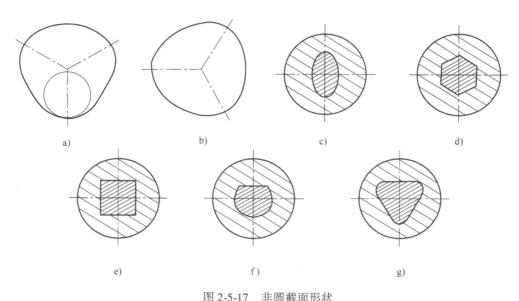

图 2-5-17　非圆截面形状

a）等距曲线　b）摆线　c）椭圆形　d）六角形　e）方形　f）带切口圆形　g）三角形

三、胀套联接

胀套联接是在轴与毂孔间装入一对或数对以内、外锥面贴合的胀套，如图 2-5-18 所示。胀套联接又称为弹性环联接。胀套联接在轴向压力作用下，内套缩小，外套胀大，形成过盈结合，靠摩擦力传递转矩或轴向力或两者的复合作用。胀套联接是一种新的轴毂联接方式，应用越来越广泛。

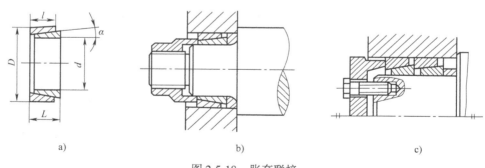

图 2-5-18　胀套联接

a）胀套（成对使用）　b）一对胀套　c）两对胀套

其主要优点是：定心精度好；制造和安装简单，安装胀套的轴和孔无需像过盈联接那样要求高精度的公差，安装胀套只需螺钉按规定的力矩拧紧即可，并可将轮毂在轴上方便地调整到所需位置；有良好的互换性；可以多个胀套串联使用，以承受重载荷，但此时由于配合面间存在摩擦力，压紧时各对胀套所受的压紧力逐级降低，因此，胀套串联数目不宜过多，一般为 3～4 对；因胀套联接对被联接件没有键槽削弱，没有相对运动，胀紧后无正反转动误差，故适用于精密的运动链传动。

其缺点是：由于要在轴和毂孔间安装胀套，应用受到结构尺寸的限制。

按 JB/T 7934—1999 的规定，胀套联接有五种型式：Z1、Z2、Z3、Z4、Z5，均已标准化，其具体结构和特点可查阅相关手册。

知识拓展

花键在航空、航天、汽车、造船、工程机械、重型机械等行业应用广泛。我国渐开线花键的年产量超过 1 亿件，生产批量大、精度要求高，因此，花键的加工能力反映着一个国家的机械制造水平。花键加工包括外花键和内花键加工，加工方法可分为切削加工和塑性成形两大类。外花键的切削加工方法有铣削、刨削、磨削、滚齿、插齿、电加工等，外花键的塑性成形方法有滚压、挤压、搓制、轧制、冷镦；内花键的切削加工方法有插削、拉削、磨削、电加工等，内花键的塑性成形方法有精密铸造、粉末冶金、精密锻造、冲压、挤压等。

在外花键的生产工艺中，去除材料的切削加工方法因适应性强，工艺成熟，得到广泛的应用。目前，我国 80% 以上的花键仍采用各种切削方法生产。然而传统的切削加工方法生产率低、成本高，在加工过程中去除大量金属材料，材料利用率仅为 60% 左右，由于在加工过程中金属纤维被切断，导致机械性能和表面质量差，不能满足高强度、高精度装备制造的使用要求。近年来，国内航空、航天、汽车及机械工业迅速发展，渐开线花键的生产和需求量日益增加，对花键的精度和机械性能也提出了更高要求，迫切需要研究高效、高精度、节能节材的花键零件生产新工艺。应用体积冷塑性精密成形工艺可直接成形出花键的齿形，达到产品要求，获得最终零件，不需要再进行切削加工，具有绿色、节能、精密、高效等突出优点。特别是在航空、航天、国防、高铁、风电等高端制造领域，大量高强度、高精度的花键的制造都要求必须采用冷塑性精密成形工艺对零件进行强化，花键零件的"成形/成性"一体化调控研究已成为成形领域内研究的重点和热点。

文献阅读指南

本章只介绍了普通平键和花键联接强度计算的通用简单算法，花键的承载能力和其他类型键联接、销联接、过盈联接、型面联接和胀套联接的强度计算方法可参阅《机械设计手册》（新版）第 2 卷第 6 篇第 3 章键、花键和销联接，第 4 章过盈联接（北京：机械工业出版社，2004）。

学习指导

一、本章主要内容

本章介绍了键联接、花键联接、销联接、过盈联接、型面联接和胀套联接等不同联接的类型、特点和应用，分析了普通平键联接、花键联接的失效形式与强度计算。

二、本章学习要求

1）掌握键与花键联接的类型、结构、特点和应用。
2）掌握平键联接的类型和尺寸选择方法及其强度计算。
3）掌握花键联接的设计与强度计算。

4）了解销联接、型面联接、过盈联接和胀套联接的类型、特点和应用。

思 考 题

2.5.1 单键联接时如果强度不够应采取什么措施？若采用双键，对平键和楔键而言，分别应该如何布置？

2.5.2 平键和楔键的工作原理有何不同？

2.5.3 各种不同的键联接的工作面是什么？不同类型的键联接键槽的加工方法是什么？

2.5.4 花键联接有哪些类型？各自的定心方式是什么？

习 题

2.5.1 设计套筒联轴器与轴联接用的 A 型平键联接。已知轴径 $d = 36mm$，联轴器轮毂长度 $L = 100mm$，联轴器为铸铁材料，承受静载荷，计算联接所能传递的转矩。

2.5.2 已知轴和带轮的材料分别为钢和铸铁，带轮与轴配合直径 $d = 42mm$，轮毂长度 $L = 80mm$，传递的功率 $P = 10kW$，转速 $n = 1000r/min$，载荷性质为轻微冲击。

1）试选择带轮与轴联接用的普通平键联接。

2）试选择带轮与轴联接用的矩形花键联接。

习题参考答案

2.5.1 传递的转矩 $T < 432N \cdot m$（键 10×90 GB/T 1096—2003，取 $[\sigma_p] = 75MPa$ 时）。

2.5.2 1）普通平键联接：键 12×70 GB/T 1096—2003。

2）矩形花键联接：略。

第六章

带 传 动

第一节 概 述

一、带传动的组成及工作原理

带传动是两个或两个以上带轮之间以带作为挠性构件，靠带与带轮接触面间的摩擦（或啮合）进行运动及动力传递的一种传动装置。带传动一般由主动轮1、从动轮3和紧套在两轮上的传动带2组成，如图2-6-1所示。根据工作原理不同，带传动可分为摩擦带传动和同步带传动两类。

摩擦带传动（图2-6-1a）中，由于传动带紧套在带轮上，使带与带轮的接触面上产生正压力，当主动轮转动时，带与主动轮接触面间产生摩擦力，作用于带上的摩擦力方向和主动轮圆周速度方向相同，驱使带运动。在从动轮上，带作用于从动轮上的摩擦力方向与带的运动方向相同，靠此摩擦力使从动轮转动，从而实现主动轮到从动轮间的运动和动力的传递。

同步带传动（图2-6-1b）依靠带内周的等距横向齿与带轮相应齿槽间的啮合传递运动和动力。

本章主要介绍摩擦带传动。

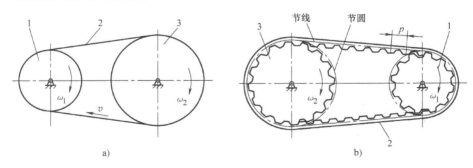

a)　　　　　　　　　　　　　　　b)

图2-6-1　带传动分类
a）摩擦带传动　b）同步带传动
1—主动轮　2—传动带　3—从动轮

二、带传动的类型、特点和应用

（一）带传动的类型

根据带的截面形状不同，带传动可以分为平带传动、V带传动、圆带传动和多楔带传动等（图2-6-2）。平带横截面为矩形，工作面为内平面；V带横截面为梯形，工作面为两侧面；多楔带是以平带为基体、内表面具有等距纵向楔，工作面为楔的侧面的传动带；圆带的横截面为圆形。

平带传动结构简单、制造容易、传动效率较高、带的寿命较长，适用于较大中心距的远距离传动。常用的平带有帆布芯平带（由多层覆胶帆布粘合构成）、编织平带（由帘布或丝、麻、锦纶等的整体织物构成）、强力锦纶片复合平带（聚酰胺片基平带是

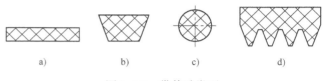

图 2-6-2　带传动类型

a）平带　b）V带　c）圆带　d）多楔带

以高强度的聚酰胺片基为抗拉体，高耐磨的橡胶或铬鞣皮革作覆盖层的新型多层复合型传动带）。平带的挠性好，带轮制造方便，属于平面摩擦传动。因为平带具有较小的离心力和较好的柔性，目前平带传动常用在高速场合。

V带传动由于传动带的横截面为梯形，带轮上有相应的轮槽，其两侧面为工作面，根据楔形摩擦原理，在相同的初拉力或相同的正压力 F_Q 作用下，V带传动较平带传动能产生较大的摩擦力（图2-6-3），从而提高了V带传动的工作能力。通常V带传动适用于较小中心距和较大传动比的场合，其结构较为紧凑。但V带磨损较快，价格较贵和传动效率较低。在一般机械中，V带传动已取代了平带传动而成为应用最广的带传动装置，故本章主要介绍V带传动。

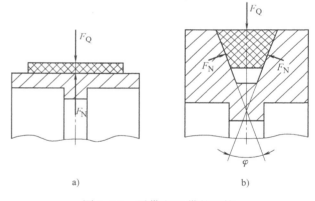

图 2-6-3　平带和V带的比较

a）平带传动　b）V带传动

多楔带传动兼有平带和V带传动的优点，互补其不足，解决了多根V带长短不一而使各带受力不均的问题，适用于要求结构紧凑、传递功率较大的场合，传动比可达10，带速可达40m/s。

圆带结构简单，其材料常为皮革、棉、麻、锦纶等，多用于小功率传动，如仪器和家用器械中。

（二）带传动的特点

与其他传动相比，带传动是一种比较经济的传动形式，带的弹性和柔性使带传动具有以下优点：

1）运行平稳，噪声小。

2）能缓冲冲击载荷。

3）构造简单，对制造精度要求低，特别是在中心距大的地方。

4）不用润滑，维护成本低。

5）过载时打滑，在一般情况下，可以保护传动系统中的其他零件。

其缺点是：

1）带存在弹性滑动，使传动效率降低，传动比不像啮合传动那样准确（同步带除外）。

2）带的寿命较短，一般只有 2000～3000h，且不宜于高温、易燃、易爆等场合使用。

3）传递同样大的圆周力时，轴上的压轴力和轮廓尺寸比啮合传动大。

（三）应用范围

带传动的应用范围很广，广泛应用在国民经济和人民生活的各个领域，特别是在传动中心距大的场合，如农业机械、食品机械、汽车、自动化设备等。

由于带传动的上述特点，故不宜作大功率传动，一般来说，平带传动传递功率小于 500kW（常用 20～30kW）；V 带传动传递功率小于 700kW（常用 50～100kW）；传动比 $i \leqslant 7$（常用 $i \leqslant 5$）。带的工作速度一般为 5～25m/s，带速不宜过低或过高，否则均会降低带传动的传动能力。

三、V 带的类型、特点和结构

根据传动带的截面高度 h 与其节宽 b_p 的比值不同，V 带有普通 V 带、窄 V 带、联组 V 带、齿形 V 带等多种类型，如图 2-6-4 所示。V 带的类型和特点见表 2-6-1。其中普通 V 带和窄 V 带已标准化。带的尺寸按 GB/T 11544—2012 规定。普通 V 带有 Y、Z、A、B、C、D、E 七种型号，其截面尺寸依次增加，截面大时同样条件下带的传递功率大。窄 V 带分为基准宽度制的窄 V 带和有效宽度制的窄 V 带（GB/T 13575.1～2—2008），本章只介绍前者。基准宽度制窄 V 带有 SPZ、SPA、SPB、SPC 四种型号。V 带的截面尺寸见表 2-6-2，带的楔角都是 40°。

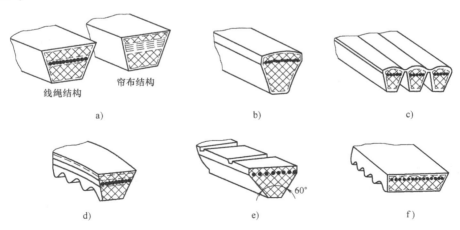

图 2-6-4 V 带的类型

a）普通 V 带　b）窄 V 带　c）联组 V 带　d）齿形 V 带　e）大楔角 V 带　f）宽 V 带

表 2-6-1　V 带的类型和特点

类　型	简　图	特　点
普通 V 带		较平带摩擦力大，允许包角小，传动比大。相对高度 h/b_p 约为 0.7
窄 V 带		节宽 b_p 相同时，比普通 V 带的承载能力大，结构更紧凑。相对高度 h/b_p 约为 0.9
齿形 V 带		内周制成齿形，带的散热性、与轮子的贴着性好，挠曲性好。它的带轮上有 V 形槽，无齿
联组 V 带		一般用在功率和传动比较大的场合，但要求张紧力大

表 2-6-2　V 带的截面尺寸

截　面　图	类　型 普通 V 带	类　型 窄 V 带	节宽 b_p/mm	顶宽 b/mm	高度 h/mm	截面面积 A/mm²	楔角 φ/(°)
	Y		5.3	6	4	18	
	Z		8.5	10	6	47	
		SPZ	8.5	10	8	57	
	A		11.0	13	8	81	
		SPA	11.0	13	10	94	
	B		14.0	17	11	138	40
		SPB	14.0	17	14	167	
	C		19.0	22	14	230	
		SPC	19.0	22	18	278	
	D		27.0	32	19	476	
	E		32.0	38	23	692	

　　V 带均制成无接头的环形，其结构由包布、顶胶、抗拉体及底胶等部分构成。抗拉体用来承受基本拉力，顶胶和底胶在带弯曲时分别承受拉伸和压缩，包布主要起保护作用。按抗拉体的结构可分为帘布芯 V 带（图 2-6-5a）和绳芯 V 带（图 2-6-5b）两种类型。绳芯 V 带挠性好，抗弯强度高，适用于转速较高、带轮直径较小、要求结构紧凑的场合。帘布芯 V 带制造方便，抗拉强度较高，但易伸长、发热和脱层。

　　当 V 带垂直其底边弯曲时，在带中保

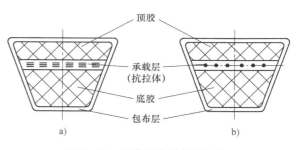

图 2-6-5　V 带的抗拉体的结构
a）帘布芯 V 带　b）绳芯 V 带

持原长度不变的一条周线称为节线；由全部节线构成的面称为节面（见表2-6-2中的图例）；节面宽度称为节宽 b_p。

在 V 带轮上与所配用 V 带的节宽 b_p 相对应的带轮直径称为基准直径 d_d。V 带在规定的张紧力下，位于带轮基准直径上的周线长度称为基准长度 L_d。基准长度系列见表2-6-3。

表2-6-3　V 带基准长度系列及长度修正系数 K_L

基准长度 L_d/mm	普通 V 带							窄 V 带			
	Y	Z	A	B	C	D	E	SPZ	SPA	SPB	SPC
200	0.81										
224	0.82										
250	0.84										
280	0.87										
315	0.89										
355	0.92										
400	0.96	0.87									
450	1.00	0.89									
500	1.02	0.91									
560		0.94									
630		0.96	0.81					0.82			
710		0.99	0.83					0.84			
800		1.00	0.85					0.86	0.81		
900		1.03	0.87	0.82				0.88	0.83		
1000		1.06	0.89	0.84				0.90	0.85		
1120		1.08	0.91	0.86				0.93	0.87		
1250		1.11	0.93	0.88				0.94	0.89	0.82	
1400		1.14	0.96	0.90				0.96	0.91	0.84	
1600		1.16	0.99	0.92	0.83			1.00	0.93	0.86	
1800		1.18	1.01	0.95	0.86			1.01	0.95	0.88	
2000			1.03	0.98	0.88			1.02	0.96	0.90	0.81
2240			1.06	1.00	0.91			1.05	0.98	0.92	0.83
2500			1.09	1.03	0.93			1.07	1.00	0.94	0.86
2800			1.11	1.05	0.95	0.83		1.09	1.02	0.96	0.88
3150			1.13	1.07	0.97	0.36		1.11	1.04	0.98	0.90
3550			1.17	1.09	0.99	0.88		1.13	1.06	1.00	0.92
4000			1.19	1.13	1.02	0.91			1.08	1.02	0.94
4500				1.15	1.04	0.93	0.90		1.09	1.04	0.96
5000				1.18	1.07	0.96	0.92			1.06	0.98
5600					1.09	0.98	0.95			1.08	1.00
6300					1.12	1.00	0.97			1.10	1.02
7100					1.15	1.03	1.00			1.12	1.04
8000					1.18	1.06	1.02			1.14	1.06
9000					1.21	1.08	1.05				1.08
10000					1.23	1.11	1.07				1.10
11200						1.14	1.10				1.12
12500						1.17	1.12				1.14
14000						1.20	1.15				
16000						1.22	1.18				

第二节 带传动工作情况的分析

一、带传动中的受力分析

安装带传动时，传动带即以一定的预紧力 F_0 紧套在两个带轮上，使带和带轮相互压紧。带传动不工作时（图2-6-6a），带两边的拉力相等，均为 F_0；带在工作时（图2-6-6b），设主动轮以带速 v_1 转动，带与带轮的接触面间便产生摩擦力，主动轮作用在带上的摩擦力 F_f 的方向和主动轮的圆周速度方向相同，从动轮作用在带上的摩擦力 F_f 的方向和从动轮的圆周速度方向相反，从而由于带和带轮工作面间的摩擦力使其一边的拉力由 F_0 增大到 F_1，称为紧边拉力；另一边的拉力由 F_0 减小到 F_2，称为松边拉力，两者之差为带的有效拉力 F_e。在带传动中，有效拉力 F_e 并不是作用于某固定点的集中力，而是带和带轮接触面上的各点摩擦力的总和 ΣF_f。如果近似地认为带工作时的总长度不变，则带的紧边拉力的增加量，应等于松边拉力的减小量。

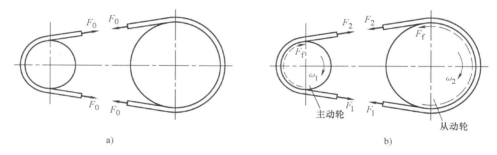

a)   b)

图2-6-6 带传动中的受力分析

带传动正常工作时有如下关系

$$\left.\begin{array}{l} F_e = \Sigma F_f = F_1 - F_2 = \dfrac{1000P}{v} \\ F_1 - F_0 = F_0 - F_2 \end{array}\right\} \Rightarrow \left.\begin{array}{l} F_1 = F_0 + \dfrac{F_e}{2} \\ F_2 = F_0 - \dfrac{F_e}{2} \end{array}\right\} \tag{2-6-1}$$

带传递的功率

$$P = \frac{F_e v}{1000} \tag{2-6-2}$$

式中 v——带速（m/s）；

     P——名义传动功率（kW）。

由上述分析可知，带的两边的拉力 F_1 和 F_2 的大小，取决于预紧力 F_0 和带传动的有效拉力 F_e。在带传动的传动能力范围内，F_e 的大小又和传动的功率 P 及带的速度有关。当传动的功率增大时，带的两边拉力的差值 $F_e = F_1 - F_2$ 也要相应地增大。带的两边拉力的这种变化，实际上反映了带和带轮接触面上摩擦力的变化。显然，当其他条件不变且预紧力 F_0 一定时，这个摩擦力有一极限值即最大摩擦力 ΣF_{fmax}（临界值，最大有效圆周力），当 $\Sigma F_{fmax} \geqslant F_e$ 时，带传动才能正常运转。若所需传递的圆周力（有效拉力）超过这一极限值时，则传动带将在带轮上打滑。这个极限值就限制着带传动的传动能力。

二、带传动的最大有效拉力及其影响因素

带传动中，当带有打滑趋势时，摩擦力即达到极限值，也即带传动的有效拉力达到最大值。这时，根据理论推导，带的紧边拉力 F_1、松边拉力 F_2 与有效拉力 F_e 的临界值、最大有效拉力 F_{ec} 和预紧力 F_0 之间有下列关系

$$\frac{F_1}{F_2} = e^{f\alpha} \Rightarrow F_1 = F_2 e^{f\alpha} \tag{2-6-3}$$

式中　f——摩擦因数（对 V 型带 f 用 f_v 代替）；

α——带在带轮（一般为主动轮）上的包角（rad）

小轮包角 $\qquad \alpha_1 \approx 180° - \dfrac{d_{d2} - d_{d1}}{a} \times 60° \tag{2-6-4}$

大轮包角 $\qquad \alpha_2 \approx 180° + \dfrac{d_{d2} - d_{d1}}{a} \times 60° \tag{2-6-5}$

e——自然对数的底（$e = 2.718\cdots$）。

式（2-6-3）即为柔韧体摩擦的欧拉公式。

联立 $\qquad \begin{cases} F_1 = F_0 + \dfrac{F_e}{2} \\ F_2 = F_0 - \dfrac{F_e}{2} \\ F_e = F_1 - F_2 \\ F_1 = F_2 e^{f\alpha} \end{cases} \qquad$ 得

最大有效拉力 F_{ec}

$$F_{ec} = F_1 \left(1 - \frac{1}{e^{f\alpha}} \right) \tag{2-6-6}$$

$$F_{ec} = 2F_0 \left(\frac{e^{f\alpha} - 1}{e^{f\alpha} + 1} \right) \tag{2-6-7}$$

由式（2-6-7）可知，最大有效拉力 F_{ec} 与下列因素有关：

（1）预紧力 F_0　最大有效拉力 F_{ec} 与 F_0 成正比。这是因为 F_0 越大，带与带轮间的正压力越大，则传动时的摩擦力就越大。但 F_0 过大时，将使带的拉力增大，磨损加剧，寿命缩短。F_0 过小时，带传动的工作能力下降，易发生打滑。

（2）包角 α　最大有效拉力 F_{ec} 与 α 成正比。因为 α 越大，带与带轮接触面上所产生的总摩擦力越大，传动能力越高。由于小带轮上的包角 α_1 较小，因此带传动的最大有效拉力 F_{ec} 取决于小带轮上的包角 α_1 的大小。

（3）摩擦因数 f　最大有效拉力 F_{ec} 与 f 成正比。摩擦因数 f 与带及带轮的材料和表面状况、工作环境等有关。

此外，带的单位质量 q 和带速 v 对最大有效拉力 F_{ec} 也有影响，带的 q、v 越大，最大有效拉力 F_{ec} 越小，故高速传动时带的质量要尽可能小。

三、带的应力分析

传动带在工作过程中，会产生三种应力：

（一）拉应力 σ

$$\left.\begin{array}{ll}紧边的拉应力 & \sigma_1 = F_1/A \\ 松边的拉应力 & \sigma_2 = F_2/A \end{array}\right\} \tag{2-6-8}$$

式中　F_1、F_2——紧边、松边拉力（N）；

　　　　A——带的截面积（mm²）。

（二）弯曲应力 σ_b

带在绕过带轮时，因弯曲而产生弯曲应力（图2-6-7），弯曲应力作用在带轮段。以 V 带为例，由材料力学可知弯曲应力为

$$\sigma_b = E\frac{h}{d_d} \tag{2-6-9}$$

式中　E——带材料的弹性模量（MPa）；

　　　　d_d——带轮基准直径（mm）；

　　　　h——带的高度（mm）。

由式（2-6-9）可知，当 h 越大、d_d 越小时，弯曲应力 σ_b 就越大。故带绕在小带轮上时的弯曲应力 σ_{b1} 大于绕在大带轮上时的弯曲应力 σ_{b2}。为了避免弯曲应力过大，带轮的基准直径就不能过小。V 带轮的最小基准直径见表2-6-4。

表 2-6-4　V 带轮的最小基准直径

带型	Y	Z	SPZ	A	SPA	B	SPB	C	SPC	D	E
$d_{d\min}$/mm	20	50	63	75	90	125	140	200	224	355	500

（三）离心拉应力 σ_c

带在绕过带轮时作圆周运动，从而产生离心力，并在带中引起离心拉力 F_c，从而在带中引起离心拉应力 σ_c，σ_c 作用在整个带长上，即

$$\sigma_c = F_c/A = \frac{qv^2}{A} \tag{2-6-10}$$

式中　q——V 带的单位长度质量（kg/m）（表2-6-5）；

　　　　v——带的线速度（m/s）；

　　　　A——带的截面积（mm²）。

表 2-6-5　V 带的单位长度质量（摘自 GB/T 13575.1—2008）

带　　型	Y	Z SPZ	A SPA	B SPB	C SPC	D	E
q/（kg/m）	0.023	0.060 0.072	0.105 0.112	0.170 0.192	0.300 0.370	0.630	0.970

由式（2-6-10）可知，带的速度对离心拉应力影响很大。离心力虽然只产生在带作圆周运动的弧段上，但由此而引起的离心拉应力却作用于传动带的全长上，且各处大小相等。离

心力的存在，使传动带与带轮接触面上的正压力减小，带传动的工作能力将有所降低。

由上述分析可知，带传动在传递动力时，带中产生拉应力、弯曲应力和离心拉应力，其应力分布如图 2-6-7 所示。从图 2-6-7 中可以看出，在紧边进入主动轮处带的应力最大（减速传动时），其值为

$$\sigma_{max} = \sigma_1 + \sigma_{b1} + \sigma_c \tag{2-6-11}$$

如图 2-6-7 所示，带运行时，作用在带上某点的应力是随它所处位置不同而变化的，所以带是在变应力下工作的，当应力循环次数达到一定数值后，带将产生疲劳破坏。

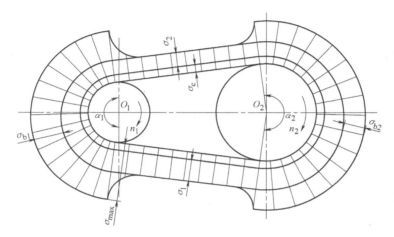

图 2-6-7　带工作时的应力分布示意图

带的疲劳寿命与应力关系曲线是非线性的，下面的实验规律可以帮助设计者理解改变传动参数对带的疲劳寿命的影响：

1）当带轮直径减小 10%，带的寿命缩短将近一半。

2）当传递功率提高 10%，带的寿命缩短将近一半。

3）当带长减小 50%，带的寿命缩短将近一半（带的寿命与带长成正比）。

四、弹性滑动和打滑

（一）弹性滑动

带工作时，受到拉力后要产生弹性变形。由于带传动在工作过程中紧边和松边的拉力不等，带所受的拉力是变化的，因此带受力后的弹性变形也是变化的。

如图 2-6-8 所示，当带在 b 点绕上主动轮时，带的速度 v 和主动轮的圆周速度 v_1 是相等的。但在带自 b 点转到 c 点的过程中，所受拉力由 F_1 逐渐降到 F_2，弹性伸长量也要相应减小。这样带在主动轮上是一面随带轮前进，一面向后收缩，因此带的速度低于主动轮的圆周速度，造成两者之间发生相对滑动。在从动轮上，情况正好相反，即带的速度 v 大于从动轮的圆周速度 v_2，两者之间也发生相对滑动。由于带传动中存在着带的弹性变形的变化，导致了带与带轮之间有一定的相对速度，因此存在带与带轮间的相对滑动。这

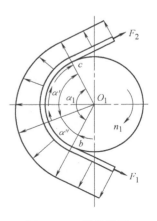

图 2-6-8　弹性滑动

种因弹性变形而引起的相对滑动称为带传动的弹性滑动。

弹性滑动是带传动中无法避免的一种正常的物理现象。由于弹性滑动的存在，使得带与带轮间产生摩擦和磨损，使带温度升高，降低了传动效率；从动轮的圆周速度 v_2 低于主动轮的圆周速度 v_1，即产生了速度损失。这种速度损失还随外载荷的变化而变化，这就使得带传动不能保证准确的传动比。

由于弹性滑动的影响，将使从动轮的圆周速度 v_2 低于主动轮的圆周速度 v_1，其降低量可用滑动率 ε 来表示。

$$\varepsilon = \frac{v_1 - v_2}{v_1} \times 100\% \qquad (2\text{-}6\text{-}12a)$$

在考虑弹性滑动的情况下，带传动的传动比为

$$i = \frac{n_1}{n_2} = \frac{d_{d2}}{d_{d1}(1 - \varepsilon)} \qquad (2\text{-}6\text{-}12b)$$

式中　n_1、n_2——主、从动轮的转速（r/min）；

　　　d_1、d_2——主、从动轮的基准直径（mm）。

滑动率 ε 的值与弹性滑动的大小有关，也即与带的材料和受力大小等因素有关，不能得到准确的数值，因此带传动不能获得准确的传动比。带传动的滑动率一般为 1%～2%，粗略计算时可忽略不计。

（二）打滑

一般说来，并不是全部接触弧上都发生弹性滑动。接触弧可分成有相对滑动（滑动弧）和无相对滑动（静弧）两部分（图2-6-8），两段弧所对应的中心角，分别称为滑动角（α'）和静角（α''）。实践证明，静弧总是出现在带进入带轮的这一边上，动弧总是发生在离开带轮的一侧。带不传递载荷时，滑动角为零，随着载荷增加，滑动角逐渐加大而静角则在减小，当滑动角增大到包角 α 时，达到极限状态，带传动的有效拉力达最大值，带就开始打滑。打滑将造成带的严重磨损并使带的运动处于不稳定状态。对于开口传动，带在大轮上的包角总是大于其在小轮上的包角，故打滑总是先在小带轮上开始。

不能将弹性滑动和打滑混淆起来，打滑是由过载引起的带在带轮上的全面滑动。打滑可以避免，弹性滑动不能避免。

第三节　V带传动的设计计算

一、带传动的失效形式、设计准则及单根V带的基本额定功率

（一）带传动的失效形式、设计准则

根据带传动的工作情况分析可知，带传动的主要失效形式有带的疲劳断裂、打滑和磨损。

（1）疲劳断裂　带的任一横截面上的应力将随着带的运转而循环变化，当应力循环达到一定的次数，即运行一定的时间后，带在局部出现疲劳断裂脱层，随之出现疏松状态甚至断裂，从而发生疲劳断裂，丧失传动能力。

（2）打滑　当工作外载荷超过带传动的最大有效拉力时，带与小带轮沿整个工作面出

现相对滑动，导致传动打滑失效。

（3）磨损 弹性滑动（不可避免）、打滑，造成带与带轮间相对滑动，使带产生磨损。

带的打滑和疲劳断裂是最常见的失效形式，因此，带传动的设计准则是：既要在工作中充分发挥其工作能力而又不打滑，同时还要求传动带有足够的疲劳强度，以保证一定的使用寿命。

（二）单根 V 带的基本额定功率

单根 V 带所能传递的基本额定功率是指在一定预紧力作用下，带传动不发生打滑且有足够疲劳寿命时所能传递的最大功率。

1）由疲劳强度条件得

$$\sigma_1 \leqslant [\sigma] - \sigma_{b1} - \sigma_c \tag{2-6-13}$$

2）由带传动不打滑条件得

$$F_{ec} = F_1\left(1 - \frac{1}{e^{f_v\alpha}}\right) = \sigma_1 A\left(1 - \frac{1}{e^{f_v\alpha}}\right) \tag{2-6-14}$$

故传递的临界功率为

$$P = \frac{F_{ec}v}{1000} = \sigma_1 A\left(1 - \frac{1}{e^{f_v\alpha}}\right)\frac{v}{1000} \tag{2-6-15}$$

整理得单根 V 带所能传递的功率为

$$P_0 = ([\sigma] - \sigma_{b1} - \sigma_c)A\left(1 - \frac{1}{e^{f_v\alpha}}\right)\frac{v}{1000} \tag{2-6-16}$$

3）许用应力 $[\sigma]$ 由实验得出，对于一定规格、材质的带，特定实验条件下：在传动比 $i = 1$（即包角 $\alpha = 180°$）、特定带长、载荷平稳条件下，在 $10^8 \sim 10^9$ 次的循环次数时，V带的许用应力为

$$[\sigma] = \sqrt[m]{\frac{C}{N}} = \sqrt[11.1]{\frac{CL_d}{3600jL_hv}} \tag{2-6-17}$$

式中 j——绕过带轮的数目；

L_h——总工作时数（h）；

v——带速（m/s）；

m——指数；

L_d——带的基准长度（m）；

C——由实验得到的常数，取决于带的材料和结构。

如果实际工况下，包角不等于 180°、胶带长度与特定带长不同时，应引入包角修正系数 K_α（表 2-6-6）和长度修正系数 K_L（表 2-6-3）；如果实际工况与实验工况不同，则应引入工况系数 K_A（表 2-6-7）。在特定实验条件下，根据式（2-6-16）计算出的单根普通 V 带的基本额定功率 P_0 见表 2-6-8。当传动比 $i > 1$ 时，由于从动轮直径大于主动轮直径，传动带绕过从动轮时所产生的弯曲应力低于绕过主动轮时所产生的弯曲应力。因此，工作能力有所提高，即单根普通 V 带有一功率增量 ΔP_0，其值列于表 2-6-9。对于窄 V 带，单根 V 带所能传递的功率（$P_0 + \Delta P_0$）用 P_N 代替，其值列于表 2-6-10。V 带轮的基准直径见表 2-6-11。

表 2-6-6 包角修正系数 K_α

小轮包角	180°	175°	170°	165°	160°	155°	150°	145°	140°	135°	130°	125°	120°	110°	100°	90°
K_α	1	0.99	0.98	0.96	0.95	0.93	0.92	0.91	0.89	0.88	0.86	0.84	0.82	0.78	0.74	0.69

表 2-6-7 工况系数 K_A

工　　况		K_A					
		空、轻载起动			重载起动		
		每天工作小时数/h					
		<10	10 ~ 16	>16	<10	10 ~ 16	>16
载荷变动最小	液体搅拌机、通风机和鼓风机（≤7.5kW）、离心式水泵和压缩机、轻载输送机	1.0	1.1	1.2	1.1	1.2	1.3
载荷变动小	带式输送机（不均匀载荷）、通风机（>7.5kW）、旋转式水泵和压缩机（非离心式）、发动机、金属切削机床、印刷机、旋转筛、锯木机和木工机械	1.1	1.2	1.3	1.2	1.3	1.4
载荷变动较大	制砖机、斗式提升机、往复式水泵和压缩机、起重机、磨粉机、冲剪机床、橡胶机械、振动筛、纺织机械、重载输送机	1.2	1.3	1.4	1.4	1.5	1.6
载荷变动很大	破碎机（旋转式、颚式等）、磨碎机（球磨、棒磨、管磨）	1.3	1.4	1.5	1.5	1.6	1.8

注：1. 空、轻载起动的原动机如：电动机（Y系列三相异步电动机、并励直流）、水轮机、汽轮机、四缸以上内燃机等。

2. 重载起动的原动机如：电动机（交流同步、交流异步滑环、串励和复励直流）、四缸以下内燃机、蒸汽机等。

3. 反复起动、正反转频繁、工作条件恶劣等场合，K_A 应乘1.2。

4. 增速传动时，K_A 应乘以以下系数：

增速比：1.25 ~ 1.74 　　1.75 ~ 2.49 　　2.50 ~ 3.49 　　≥3.50

系数：　1.05 　　　　　1.11 　　　　　1.18 　　　　　1.28

表 2-6-8 单根普通 V 带所能传递的基本额定功率 P_0　　　　　　　　（单位：kW）

型号	小带轮的基准直径 d_d/mm	小带轮的转速 n_1/(r/min)														
		200	400	700	800	950	1200	1450	1600	2000	2400	2800	3200	4000	5000	6000
Y	20	—	—	—	—	0.01	0.02	0.02	0.03	0.03	0.04	0.04	0.05	0.06	0.08	0.10
	31.5	—	—	0.03	0.04	0.04	0.05	0.06	0.06	0.07	0.09	0.10	0.11	0.13	0.15	0.17
	40	—	—	0.04	0.05	0.06	0.07	0.08	0.09	0.11	0.12	0.14	0.15	0.18	0.20	0.24
	50	0.04	0.05	0.06	0.07	0.08	0.09	0.11	0.12	0.14	0.16	0.18	0.20	0.23	0.25	0.27
Z	50	0.04	0.06	0.09	0.10	0.12	0.14	0.16	0.17	0.20	0.22	0.26	0.28	0.32	0.34	0.31
	63	0.05	0.08	0.13	0.15	0.18	0.22	0.25	0.27	0.32	0.37	0.41	0.45	0.49	0.50	0.48
	71	0.06	0.09	0.17	0.20	0.23	0.27	0.30	0.33	0.39	0.46	0.50	0.54	0.61	0.62	0.56
	80	0.10	0.14	0.20	0.22	0.26	0.30	0.35	0.39	0.44	0.50	0.56	0.61	0.67	0.66	0.61
	90	0.10	0.14	0.22	0.24	0.28	0.33	0.36	0.40	0.48	0.54	0.60	0.64	0.72	0.73	0.56
A	75	0.15	0.26	0.40	0.45	0.51	0.60	0.68	0.73	0.84	0.92	1.00	1.04	1.09	1.02	0.80
	90	0.22	0.39	0.61	0.68	0.77	0.93	1.07	1.15	1.34	1.50	1.64	1.75	1.87	1.82	1.50
	100	0.26	0.47	0.74	0.83	0.95	1.14	1.32	1.42	1.66	1.87	2.05	2.19	2.34	2.25	1.80
	112	0.31	0.56	0.90	1.00	1.15	1.39	1.61	1.74	2.04	2.30	2.51	2.68	2.83	2.64	1.96
	125	0.37	0.67	1.07	1.19	1.37	1.66	1.92	2.07	2.44	2.74	2.98	3.16	3.28	2.91	1.87
	160	0.51	0.94	1.51	1.69	1.95	2.36	2.73	2.54	3.42	3.80	4.06	4.19	3.98	2.67	—

（续）

型号	小带轮的 基准直径 d_d/mm	小带轮的转速 n_1/(r/min)													
		200	400	700	800	950	1200	1450	1600	2000	2400	2800	3200	4000	5000	6000
B	125	0.48	0.84	1.30	1.44	1.64	1.93	2.19	2.33	2.64	2.85	2.96	2.94	2.51	1.09	—
	140	0.59	1.05	1.64	1.82	2.08	2.47	2.82	3.00	3.42	3.70	3.85	3.83	3.24	1.29	—
	160	0.74	1.32	2.09	2.32	2.66	3.17	3.62	3.86	4.40	4.75	4.89	4.80	3.82	0.81	
	180	0.88	1.59	2.53	2.81	3.22	3.85	4.39	4.68	5.30	5.67	5.76	5.52	3.92		
	200	1.02	1.85	2.96	3.30	3.77	4.50	5.13	5.46	6.13	6.47	6.43	5.95	3.47		
	250	0.37	2.50	4.00	4.46	5.10	6.04	6.82	7.20	7.87	7.89	7.14	5.60	—		

型号	小带轮的 基准直径 d_d/mm	小带轮的转速 n_1/(r/min)												
		200	300	400	500	700	800	950	1200	1450	1600	2000	2400	2800	3200
C	200	1.39	1.92	2.41	2.87	3.69	4.07	4.58	5.29	5.84	6.07	6.34	6.02	5.01	3.23
	224	1.70	2.37	2.99	3.58	4.64	5.12	5.78	6.71	7.45	7.75	8.06	7.57	6.08	3.57
	250	2.03	2.85	3.62	4.33	5.64	6.23	7.04	8.21	9.04	9.38	9.62	8.75	6.56	2.93
	280	2.42	3.40	4.32	5.19	6.76	7.52	8.49	9.81	10.72	11.06	11.04	9.50	6.13	
	315	2.84	4.04	5.14	6.17	8.09	8.92	10.05	11.53	12.46	12.72	12.14	9.43	4.16	
	400	3.91	5.54	7.06	8.52	11.02	12.10	13.48	15.04	15.53	15.24	11.95	4.34	—	
D	355	5.31	7.35	9.24	10.90	13.70	14.83	16.15	17.25	16.77	15.63	—	—	—	
	450	7.90	11.02	13.85	16.40	20.63	22.25	24.01	24.84	22.02	19.59				
	560	10.76	15.07	18.95	22.38	27.73	29.55	31.04	29.67	22.58	15.13				
	710	14.55	20.35	25.45	29.76	35.59	36.87	36.35	27.88	7.99	—				
	800	6.76	23.39	29.08	33.72	39.14	39.55	36.76	21.32	—					
E	500	10.86	14.96	18.55	21.65	26.21	27.57	28.32	25.53	16.82	—				
	630	15.65	21.69	26.95	31.36	37.26	38.52	37.92	29.17	8.85					
	800	21.70	30.05	37.05	42.53	47.96	47.38	41.59	16.46	—					
	900	25.15	34.71	42.49	48.20	51.95	49.21	38.19	—						
	1000	28.52	39.17	47.52	53.12	54.00	48.19	30.08	—						

表 2-6-9　单根普通 V 带额定功率的增量 ΔP_0 （单位：kW）

型号	小带轮 转速 n_1/ (r/min)	传动比 i									
		1.00～ 1.01	1.02～ 1.04	1.05～ 1.08	1.09～ 1.12	1.13～ 1.18	1.19～ 1.24	1.25～ 1.34	1.35～ 1.51	1.52～ 1.99	≥2.0
Z	400	0.00	0.00	0.00	0.00	0.00	0.00	0.00	0.00	0.01	0.01
	730	0.00	0.00	0.00	0.00	0.00	0.00	0.01	0.01	0.01	0.02
	800	0.00	0.00	0.00	0.00	0.01	0.01	0.01	0.01	0.02	0.02
	980	0.00	0.00	0.00	0.01	0.01	0.01	0.01	0.02	0.02	0.02
	1200	0.00	0.00	0.01	0.01	0.01	0.01	0.01	0.02	0.02	0.03
	1460	0.00	0.00	0.01	0.01	0.01	0.02	0.02	0.02	0.02	0.03
	2800	0.00	0.01	0.02	0.02	0.03	0.03	0.03	0.04	0.04	0.04
A	400	0.00	0.01	0.01	0.02	0.02	0.03	0.03	0.04	0.04	0.05
	730	0.00	0.01	0.02	0.03	0.04	0.05	0.06	0.07	0.08	0.09
	800	0.00	0.01	0.02	0.03	0.04	0.05	0.06	0.08	0.09	0.10
	980	0.00	0.01	0.03	0.04	0.05	0.06	0.07	0.08	0.10	0.11
	1200	0.00	0.02	0.03	0.05	0.07	0.08	0.10	0.11	0.13	0.15
	1460	0.00	0.02	0.04	0.06	0.08	0.09	0.11	0.13	0.15	0.17
	2800	0.00	0.04	0.08	0.11	0.15	0.19	0.23	0.26	0.30	0.34

（续）

型号	小带轮转速 n_1/ (r/min)	传动比 i									
		1.00 ~ 1.01	1.02 ~ 1.04	1.05 ~ 1.08	1.09 ~ 1.12	1.13 ~ 1.18	1.19 ~ 1.24	1.25 ~ 1.34	1.35 ~ 1.51	1.52 ~ 1.99	≥2.0
B	400	0.00	0.01	0.03	0.04	0.06	0.07	0.08	0.10	0.11	0.13
	730	0.00	0.02	0.05	0.07	0.10	0.12	0.15	0.17	0.20	0.22
	800	0.00	0.03	0.06	0.08	0.11	0.14	0.17	0.20	0.23	0.25
	980	0.00	0.03	0.07	0.10	0.13	0.17	0.20	0.23	0.26	0.30
	1200	0.00	0.04	0.08	0.13	0.17	0.21	0.25	0.30	0.34	0.38
	1460	0.00	0.05	0.10	0.15	0.20	0.25	0.31	0.36	0.40	0.46
	2800	0.00	0.10	0.20	0.29	0.39	0.49	0.59	0.69	0.79	0.89
C	400	0.00	0.04	0.08	0.12	0.16	0.20	0.23	0.27	0.31	0.35
	730	0.00	0.07	0.14	0.21	0.27	0.34	0.41	0.48	0.55	0.62
	800	0.00	0.08	0.16	0.23	0.31	0.39	0.47	0.55	0.63	0.71
	980	0.00	0.09	0.19	0.27	0.37	0.47	0.56	0.65	0.74	0.83
	1200	0.00	0.12	0.24	0.35	0.47	0.59	0.70	0.82	0.94	1.06
	1460	0.00	0.14	0.28	0.42	0.58	0.71	0.85	0.99	1.14	1.27
	2800	0.00	0.27	0.55	0.82	1.10	1.37	1.64	1.92	2.19	2.47

表 2-6-10　窄 V 带单根基准额定功率（摘自 GB/T 13575.1—2008）

型号	d_d/mm	i 或 $1/i$	小轮转速 n_1/ (r/min) 额定功率 P_N/kW																	
			200	400	700	800	950	1200	1450	1600	2000	2400	2800	3200	3600	4000	4500	5000	5500	6000
SPZ	63	1	0.2	0.35	0.54	0.60	0.68	0.81	0.93	1.00	1.17	1.32	1.45	1.56	1.66	1.74	1.81	1.85	1.87	1.85
		1.05	0.21	0.37	0.58	0.64	0.73	0.88	1.01	1.09	1.27	1.44	1.59	1.73	1.84	1.94	2.04	2.11	2.15	2.16
		1.2	0.22	0.39	0.61	0.68	0.78	0.94	1.08	1.17	1.38	1.57	1.74	1.89	2.03	2.15	2.27	2.37	2.43	2.47
		1.5	0.23	0.41	0.65	0.72	0.83	1.00	1.16	1.25	1.48	1.69	1.88	2.06	2.21	2.35	2.50	2.63	2.72	2.77
		≥3	0.24	0.43	0.68	0.76	0.88	1.06	1.23	1.33	1.58	1.81	2.03	2.22	2.40	2.56	2.74	2.88	3.00	3.08
	71	1	0.25	0.44	0.70	0.78	0.90	1.08	1.25	1.35	1.59	1.81	2.00	2.18	2.33	2.46	2.59	2.68	2.73	2.74
		1.05	0.26	0.46	0.74	0.82	0.95	1.14	1.32	1.43	1.69	1.93	2.15	2.34	2.51	2.67	2.82	2.94	3.02	3.05
		1.2	0.27	0.49	0.77	0.87	1.00	1.20	1.40	1.51	1.79	2.05	2.29	2.51	2.70	2.87	3.05	3.20	3.30	3.26
		1.5	0.28	0.51	0.81	0.91	1.04	1.26	1.47	1.59	1.90	2.18	2.43	2.67	2.88	3.08	3.28	3.45	3.58	3.67
		≥3	0.29	0.53	0.85	0.95	1.09	1.33	1.55	1.68	2.00	2.30	2.58	2.83	3.07	3.28	3.51	3.71	3.86	3.98
	80	1	0.31	0.55	0.88	0.99	1.14	1.38	1.60	1.73	2.05	2.34	2.61	2.85	3.06	3.24	3.42	3.56	3.64	3.66
		1.05	0.32	0.57	0.92	1.03	1.19	1.44	1.67	1.81	2.15	2.47	2.75	3.01	3.24	3.45	3.65	3.81	3.92	3.97
		1.2	0.33	0.59	0.96	1.07	1.24	1.50	1.75	1.89	2.25	2.59	2.90	3.18	3.43	3.65	3.89	4.07	4.20	4.27
		1.5	0.34	0.61	0.99	1.11	1.28	1.56	1.82	1.97	2.36	2.71	3.04	3.34	3.61	3.86	4.12	4.33	4.48	4.58
		≥3	0.35	0.64	1.03	1.15	1.33	1.62	1.90	2.06	2.46	2.84	3.18	3.51	3.80	4.06	4.35	4.58	4.77	4.89

(续)

型号	d_d/mm	i或$1/i$	小轮转速 n_1/(r/min)																	
			200	400	700	800	950	1200	1450	1600	2000	2400	2800	3200	3600	4000	4500	5000	5500	6000
			额定功率 P_N/kW																	
SPZ	90	1	0.37	0.67	1.09	1.21	1.40	1.70	1.98	2.14	2.55	2.93	3.26	3.57	3.84	4.07	4.30	4.46	4.55	4.56
		1.05	0.38	0.69	1.12	1.26	1.45	1.76	2.06	2.23	2.65	3.05	3.41	3.73	4.02	4.27	4.53	4.71	4.83	4.87
		1.2	0.39	0.71	1.16	1.30	1.50	1.82	2.13	2.31	2.76	3.17	3.55	3.90	4.21	4.48	4.76	4.97	5.11	5.17
		1.5	0.4	0.74	1.19	1.34	1.55	1.88	2.20	2.39	2.86	3.30	3.70	4.06	4.39	4.68	4.99	5.23	5.39	5.48
		≥3	0.41	0.76	1.23	1.38	1.60	1.95	2.28	2.47	2.96	3.42	3.84	4.23	4.58	4.89	5.22	5.48	5.68	5.79
	100	1	0.43	0.79	1.28	1.44	1.66	2.02	2.36	2.55	3.05	3.49	3.90	4.26	4.58	4.85	5.10	5.27	5.35	5.32
		1.05	0.44	0.81	1.32	1.48	1.71	2.08	2.43	2.64	3.15	3.62	4.05	4.43	4.76	5.05	5.34	5.53	5.63	5.63
		1.2	0.45	0.83	1.35	1.52	1.76	2.14	2.51	2.72	3.25	3.74	4.19	4.59	4.95	5.26	5.57	5.79	5.92	5.94
		1.5	0.46	0.85	1.39	1.56	1.81	2.20	2.58	2.80	3.35	3.86	4.33	4.76	5.13	5.46	5.80	6.05	6.20	6.25
		≥3	0.47	0.87	1.43	1.60	1.86	2.27	2.66	2.88	3.46	3.99	4.48	4.92	5.32	5.67	6.03	6.30	6.48	6.56
	112	1	0.51	0.93	1.52	1.70	1.97	2.40	2.80	3.04	3.62	4.16	4.64	5.06	5.42	5.72	5.99	6.14	6.16	6.05
		1.05	0.52	0.95	1.55	1.74	2.02	2.46	2.88	3.12	3.73	4.28	4.78	5.23	5.61	5.92	6.22	6.40	6.45	6.36
		1.2	0.53	0.98	1.59	1.78	2.07	2.52	2.95	3.20	3.83	4.41	4.93	5.39	5.79	6.13	6.45	6.65	6.73	6.66
		1.5	0.54	1.00	1.63	1.83	2.12	2.58	3.03	3.28	3.93	4.53	5.07	5.55	5.98	6.33	6.68	6.91	7.01	6.97
		≥3	0.55	1.02	1.66	1.87	2.17	2.65	3.10	3.37	4.04	4.65	5.21	5.72	6.16	6.54	6.91	7.17	7.29	7.28
	125	1	0.59	1.09	1.77	1.91	2.30	2.80	3.28	3.55	4.24	4.85	5.40	5.88	6.27	6.58	6.83	6.92	6.84	6.57
		1.05	0.60	1.11	1.81	2.03	2.35	2.86	3.35	3.63	4.34	4.98	5.55	6.04	6.46	6.78	7.06	7.18	7.12	6.88
		1.2	0.61	1.13	1.84	2.07	2.40	2.93	3.43	3.72	4.44	5.10	5.69	6.21	6.64	6.99	7.29	7.44	7.41	7.19
		1.5	0.62	1.15	1.88	2.11	2.45	2.99	3.50	3.80	4.54	5.22	5.83	6.37	6.83	7.19	7.52	7.69	7.69	7.50
		≥3	0.63	1.17	1.91	2.15	2.50	3.05	3.58	3.88	4.65	5.35	5.98	6.53	7.01	7.40	7.75	7.95	7.97	7.81
	140	1	0.68	1.26	2.06	2.31	2.68	3.26	3.82	4.13	4.92	5.63	6.24	6.75	7.16	7.45	7.64	7.60	7.34	6.81
		1.05	0.69	1.28	2.09	2.35	2.73	3.32	3.89	4.21	5.02	5.75	6.38	6.92	7.35	7.66	7.87	7.86	7.62	7.12
		1.2	0.70	1.30	2.13	2.39	2.77	3.39	3.96	4.30	5.13	5.87	6.53	7.08	7.53	7.86	8.10	8.12	7.90	7.43
		1.5	0.71	1.32	2.17	2.43	2.82	3.45	4.04	4.38	5.23	6.00	6.67	7.25	7.72	8.07	8.33	8.37	8.18	7.74
		≥3	0.72	1.34	2.20	2.47	2.87	3.51	4.11	4.46	5.33	6.12	6.81	7.41	7.90	8.27	8.56	8.63	8.47	8.04
	160	1	0.80	1.49	2.44	2.73	3.17	3.86	4.51	4.88	5.80	6.60	7.27	7.81	8.19	8.40	8.41	8.11	7.47	6.45
		1.05	0.81	1.51	2.47	2.78	3.22	3.92	4.59	4.97	5.90	6.72	7.42	7.97	8.37	8.61	8.64	8.37	7.75	6.76
		1.2	0.82	1.53	2.51	2.82	3.27	3.98	4.66	5.05	6.00	6.84	7.56	8.13	8.56	8.81	8.88	8.62	8.03	7.07
		1.5	0.83	1.55	2.54	2.86	3.32	4.05	4.74	5.13	6.11	6.97	7.70	8.30	8.74	9.02	9.11	8.88	8.31	7.37
		≥3	0.84	1.57	2.58	2.90	3.37	4.11	4.81	5.21	6.21	7.09	7.85	8.46	8.93	9.22	9.34	9.14	8.60	7.68
	180	1	0.92	1.71	2.81	3.15	3.65	4.45	5.19	5.61	6.63	7.50	8.20	8.71	9.01	9.08	8.81	8.11	6.93	5.22
		1.05	0.93	1.74	2.84	3.19	3.70	4.51	5.26	5.69	6.74	7.63	8.35	8.88	9.20	9.29	9.04	8.36	7.21	5.53
		1.2	0.94	1.76	2.88	3.23	3.75	4.57	5.34	5.77	6.84	7.75	8.49	9.04	9.38	9.49	9.28	8.62	7.49	5.84
		1.5	0.95	1.78	2.92	3.28	3.80	4.63	5.41	5.86	6.94	7.87	8.63	9.21	9.57	9.70	9.51	8.88	7.77	6.15
		≥3	0.96	1.80	2.95	3.32	3.85	4.69	5.49	5.94	7.04	8.00	8.78	9.27	9.75	9.90	9.74	9.14	8.06	6.45

（续）

型号	d_d/mm	i或$1/i$	小轮转速 n_1/（r/min）																	
			200	400	700	800	950	1200	1450	1600	2000	2400	2800	3200	3600	4000	4500	5000	5500	6000
			额定功率 P_N/kW																	
SPA	90	1	0.43	0.75	1.17	1.30	1.48	1.76	2.02	2.16	2.49	2.77	3.00	3.16	3.26	3.29	3.24	3.07	2.77	2.34
		1.05	0.45	0.80	1.25	1.39	1.59	1.90	2.18	2.34	2.72	3.05	3.32	3.53	3.67	3.76	3.76	3.64	3.40	3.03
		1.2	0.47	0.85	1.34	1.49	1.70	2.04	2.35	2.53	2.96	3.33	3.64	3.90	4.09	4.22	4.28	4.22	4.04	3.72
		1.5	0.50	0.89	1.42	1.58	1.81	2.18	2.52	2.71	3.19	3.60	3.96	4.27	4.50	4.68	4.80	4.80	4.67	4.41
		≥3	0.52	0.94	1.5	1.67	1.92	2.32	2.69	2.90	3.42	3.88	4.29	4.63	4.92	5.14	5.30	5.37	5.31	5.10
	100	1	0.53	0.94	1.49	1.65	1.89	2.27	2.61	2.80	3.27	3.67	3.99	4.25	4.42	4.50	4.42	4.31	3.97	3.46
		1.05	0.55	0.99	1.57	1.75	2.00	2.41	2.78	2.99	3.50	3.94	4.32	4.61	4.83	4.96	5.00	4.89	4.61	4.15
		1.2	0.57	1.03	1.65	1.84	2.11	2.54	2.95	3.17	3.73	4.22	4.64	4.98	5.25	5.43	5.52	5.46	5.24	4.84
		1.5	0.60	1.08	1.73	1.93	2.22	2.68	3.11	3.36	3.96	4.50	4.96	5.35	5.66	5.89	6.04	6.04	5.88	5.53
		≥3	0.62	1.13	1.81	2.02	2.33	2.82	3.28	3.54	4.19	4.78	5.29	5.72	6.08	6.35	6.56	6.56	6.51	6.22
	112	1	0.64	1.16	1.86	2.07	2.38	2.86	3.31	3.57	4.18	4.71	5.15	5.49	5.72	5.85	5.83	5.61	5.16	4.47
		1.05	0.67	1.21	1.94	2.16	2.49	3.00	3.48	3.75	4.41	4.99	5.47	5.86	6.14	6.31	6.35	6.18	5.80	5.17
		1.2	0.69	1.26	2.02	2.26	2.60	3.14	3.65	3.94	4.64	5.27	5.79	6.23	6.55	6.77	6.87	6.76	6.43	5.86
		1.5	0.71	1.30	2.10	2.35	2.71	3.28	3.82	4.12	4.87	5.54	6.12	6.60	6.97	7.23	7.39	7.34	7.06	6.55
		≥3	0.74	1.35	2.18	2.44	2.82	3.42	3.98	4.30	5.11	5.82	6.44	6.96	7.38	7.69	7.91	7.91	7.70	7.24
	125	1	0.77	1.40	2.25	2.52	2.90	3.50	4.06	4.38	5.15	5.80	6.34	6.76	7.03	7.16	7.09	6.75	6.11	5.14
		1.05	0.79	1.45	2.33	2.61	3.01	3.64	4.23	4.56	5.38	6.08	6.67	7.13	7.45	7.62	7.61	7.33	6.74	5.00
		1.2	0.82	1.50	2.42	2.70	3.12	3.78	4.40	4.73	5.61	6.36	6.99	7.49	7.36	9.08	3.13	7.9	7.37	6.52
		1.5	0.84	1.54	2.50	2.80	3.23	3.92	4.56	4.93	5.84	6.63	7.31	7.86	8.28	8.54	8.65	8.48	8.01	7.21
		≥3	0.86	1.59	2.58	2.89	3.34	4.06	4.73	5.12	6.07	6.91	7.63	8.23	8.69	9.01	9.17	9.06	8.64	7.91
	140	1	0.92	1.66	2.71	3.03	3.49	4.23	4.91	5.29	6.22	7.01	7.64	8.11	8.39	8.48	8.27	7.69	6.71	5.28
		1.05	0.94	1.72	2.79	3.12	3.60	4.37	5.07	5.48	6.45	7.29	7.97	8.48	8.81	8.94	8.79	8.27	7.34	5.97
		1.2	0.96	1.77	2.87	3.21	3.71	4.50	5.24	5.66	6.68	7.56	8.29	8.85	9.22	9.40	9.31	8.85	7.98	6.66
		1.5	0.99	1.82	2.95	3.31	3.82	4.64	5.41	5.84	6.91	7.84	8.61	9.22	9.64	9.85	9.83	9.42	8.61	7.35
		≥3	1.01	1.86	3.03	3.40	3.93	4.78	5.58	6.03	7.14	8.12	8.94	9.59	10.05	10.32	10.35	10.00	9.25	8.05
	160	1	1.11	2.04	3.30	3.70	4.27	5.17	6.01	6.47	7.60	8.53	9.24	9.72	9.94	9.87	9.34	8.28	6.62	4.31
		1.05	1.13	2.08	3.38	3.79	4.38	5.31	6.17	6.66	7.83	8.80	9.57	10.09	10.35	10.33	9.85	8.85	7.25	5.00
		1.2	1.15	2.13	3.46	3.88	4.49	5.45	6.34	6.84	8.06	9.08	9.89	10.46	10.77	10.79	10.38	9.43	7.88	5.70
		1.5	1.18	2.18	3.55	3.98	4.60	5.59	6.51	7.03	8.29	9.36	10.21	10.83	11.18	11.25	10.90	10.01	8.52	6.39
		≥3	1.20	2.22	3.63	4.07	4.71	5.73	6.68	7.21	8.52	9.63	10.53	11.20	11.60	11.72	11.42	10.58	9.15	7.08
	180	1	1.30	2.39	3.89	4.36	5.04	6.10	7.07	7.62	8.90	9.93	10.67	11.09	11.15	10.81	9.78	7.99	6.33	1.83
		1.05	1.32	2.44	3.97	4.45	5.15	6.23	7.24	7.80	9.13	10.21	11.00	11.46	11.56	11.27	10.29	8.57	6.02	2.57
		1.2	1.34	2.49	4.05	4.54	5.25	6.37	7.41	7.99	9.37	10.49	11.32	11.83	11.98	11.73	10.31	9.15	6.65	3.26
		1.5	1.37	2.53	4.13	4.64	5,36	6.51	7.57	8.17	9.60	10.76	11.64	12.20	12.39	12.19	11.33	9.72	7.29	3.95
		≥3	1.39	2.58	4.21	4.73	5.47	6.65	7.74	8.35	9.83	11.04	11.96	12.56	12.81	12.65	11.85	10.3	7.92	4.64

（续）

型号	d_d/mm	i 或 $1/i$	小轮转速 $n_1/$(r/min)																	
			200	400	700	800	950	1200	1450	1600	2000	2400	2800	3200	3600	4000	4500	5000	5500	6000
			额定功率 P_N/kW																	
SPA	200	1	1.49	2.75	4.47	5.01	5.79	7.00	8.10	8.72	10.13	11.22	11.92	12.19	11.98	11.25	9.50	6.75	2.89	
		1.05	1.51	2.79	4.55	5.10	5.89	7.14	8.27	8.90	10.37	11.49	12.24	12.56	12.40	11.71	10.02	7.33	3.52	
		1.2	1.53	2.84	4.63	5.19	6.00	7.27	8.44	9.08	10.60	11.77	12.56	12.93	12.81	12.17	10.54	7.91	4.16	
		1.5	1.55	2.89	4.71	5.29	6.11	7.41	8.61	9.27	10.83	12.05	12.89	13.30	13.23	12.63	11.06	8.43	4.79	
		≥3	1.58	2.93	4.79	5.38	6.22	7.55	8.77	9.45	11.06	12.32	13.21	13.67	13.64	13.09	11.58	9.06	5.43	
	224	1	1.71	3.17	5.16	5.77	6.67	8.05	9.30	9.97	11.51	12.59	13.15	13.13	12.45	11.04	8.15	3.87		
		1.05	1.73	3.21	5.24	5.87	6.78	8.19	9.46	10.16	11.74	12.86	13.47	13.49	12.86	11.50	8.67	4.44		
		1.2	1.75	3.26	5.32	5.96	6.89	8.33	9.63	10.34	11.97	13.14	13.79	13.86	13.28	11.96	9.19	5.02		
		1.5	1.78	3.30	5.40	6.05	6.99	8.46	9.70	10.53	12.20	13.42	14.12	14.23	13.69	12.42	9.71	5.60		
		≥3	1.80	3.35	5.48	6.14	7.10	8.60	9.96	10.71	12.43	13.69	14.44	14.60	14.11	12.89	10.23	6.17		
	250	1	1.95	3.62	5.88	6.59	7.60	9.15	10.53	11.26	12.85	13.84	14.13	13.62	12.22	9.83	5.29			
		1.05	1.97	3.66	5.97	6.68	7.71	9.29	10.69	11.44	13.08	14.12	14.45	13.99	12.64	10.29	5.81			
		1.2	1.99	3.71	6.05	6.77	7.82	9.43	10.86	11.63	13.31	14.39	14.77	14.36	13.05	10.75	6.33			
		1.5	2.02	3.75	6.13	6.87	7.93	9.56	11.03	11.81	13.54	14.67	15.1	14.73	13.47	11.21	6.85			
		≥3	2.04	3.80	6.21	6.96	8.04	9.70	11.19	12.00	13.77	14.95	15.42	15.10	13.83	11.67	7.36			

型号	d_d/mm	i 或 $1/i$	小轮转速 $n_1/$(r/min)																
			200	400	700	800	950	1200	1450	1600	1800	2000	2200	2400	2800	3200	3600	4000	4500
			额定功率 P_N/kW																
SPB	140	1	1.08	1.92	3.02	3.35	3.83	4.55	5.19	5.54	5.95	6.31	6.62	6.86	7.15	7.17	6.89	6.23	5.00
		1.05	1.12	2.02	3.19	3.55	4.06	4.84	5.55	5.93	6.39	6.80	7.15	7.44	7.84	7.95	7.77	7.25	6.10
		1.2	1.17	2.12	3.35	3.74	4.29	5.14	5.90	6.32	6.83	7.29	7.69	8.03	8.52	8.73	8.65	8.23	7.20
		1.5	1.22	2.21	3.53	3.94	4.52	5.43	6.25	6.71	7.27	7.70	8.23	8.61	9.20	9.51	9.52	9.80	8.30
		≥3	1.27	2.31	3.70	4.13	4.76	5.72	6.61	7.40	7.71	8.26	8.76	9.20	9.89	10.29	10.40	10.18	9.39
	160	1	1.37	2.47	3.92	4.37	5.01	5.98	6.86	7.33	7.89	8.38	8.80	9.13	9.52	9.53	9.10	8.21	6.36
		1.05	1.41	2.57	4.10	4.57	5.24	6.28	7.21	7.72	8.33	8.87	9.33	9.71	10.2	10.31	9.98	9.18	7.45
		1.2	1.46	2.66	4.27	4.76	5.17	6.57	7.56	8.11	8.77	9.36	9.87	10.30	10.89	11.09	10.86	10.16	8.55
		1.5	1.51	2.76	4.44	4.96	5.70	6.86	7.92	8.50	9.1	9.85	10.41	10.88	11.57	11.87	11.74	11.13	9.65
		≥3	1.56	2.86	4.61	5.15	5.93	7.15	8.27	8.89	9.65	10.33	10.94	11.47	12.25	12.65	12.61	12.11	10.75
	180	1	1.65	3.01	4.82	5.37	6.16	7.38	8.46	9.05	9.74	10.34	10.83	11.21	11.62	11.49	10.77	9.40	6.68
		1.05	1.70	3.11	4.99	5.57	6.40	7.67	8.82	9.44	10.18	20.83	11.37	11.80	12.30	12.27	11.65	10.37	7.77
		1.2	1.75	3.20	5.16	5.76	6.63	7.97	9.17	9.83	10.62	11.32	11.91	2.39	12.98	13.05	12.52	11.35	8.87
		1.5	1.80	3.30	5.83	5.96	6.86	8.26	9.53	10.22	11.06	11.80	12.44	12.97	13.66	13.83	13.40	12.32	9.97
		≥3	1.85	3.40	5.50	6.15	7.09	8.55	9.88	10.61	11.50	12.29	12.98	13.56	14.35	14.61	14.28	13.30	11.07

（续）

型号	d_d/mm	i或$1/i$	200	400	700	800	950	1200	1450	1600	1800	2000	2200	2400	2800	3200	3600	4000	4500
			小轮转速 n_1/（r/min） 额定功率 P_N/kW																
SPB	200	1	1.94	3.54	5.69	6.35	7.30	8.74	10.02	10.70	11.50	12.18	12.72	13.11	13.41	13.01	11.83	9.77	5.85
		1.05	1.99	3.64	5.86	6.55	7.53	9.04	10.37	11.09	11.94	12.67	13.25	13.69	14.10	13.79	12.71	10.75	6.95
		1.2	2.03	3.74	6.03	6.75	7.76	9.33	10.73	11.48	12.38	13.15	13.79	14.28	14.78	14.57	13.69	11.72	8.04
		1.5	2.08	3.84	6.21	6.94	7.99	9.52	11.03	11.87	12.82	13.64	11.33	14.86	15.46	15.36	14.46	12.70	9.14
		≥3	2.13	3.93	6.38	7.14	8.23	9.91	11.43	12.26	13.26	14.13	14.86	15.45	16.14	16.14	15.34	13.68	10.24
	224	1	2.28	4.18	6.73	7.52	8.63	10.33	11.81	12.59	13.49	14.31	14.76	15.10	15.14	14.22	12.23	9.04	3.18
		1.05	2.32	4.28	6.90	7.71	8.86	10.62	12.17	12.98	13.93	14.70	15.29	15.69	15.83	15.00	13.11	10.01	4.28
		1.2	2.37	4.37	7.07	7.91	9.10	10.92	12.58	13.37	14.37	15.19	15.83	16.27	16.51	15.78	13.98	10.99	5.38
		1.5	2.42	4.47	7.24	8.10	9.33	11.21	12.87	13.76	14.80	15.68	16.37	16.86	17.19	16.57	14.86	11.96	6.47
		≥3	2.47	4.57	7.41	8.30	9.56	11.50	13.23	14.15	15.24	16.16	16.90	17.44	17.87	17.35	15.74	12.94	7.57
	250	1	2.64	4.86	7.84	8.75	10.04	11.99	13.66	14.51	15.47	16.19	16.68	16.89	16.44	14.69	11.48	6.63	
		1.05	2.69	4.96	8.01	8.94	10.27	12.28	14.01	14.90	15.91	16.68	17.21	17.47	17.13	15.47	12.36	7.61	
		1.2	2.74	5.05	8.18	9.14	10.50	12.57	14.37	15.29	16.35	17.17	17.75	18.06	17.81	16.25	13.23	8.58	
		1.5	2.79	5.15	8.35	9.33	10.74	12.87	14.72	15.68	16.78	17.66	18.28	18.65	18.49	17.03	14.11	9.55	
		≥3	2.83	5.25	8.52	9.53	10.97	13.16	15.07	16.07	17.22	18.15	18.82	19.23	19.17	17.81	14.99	10.53	
	280	1	3.05	5.63	9.09	10.14	11.62	13.82	15.65	16.56	17.52	18.17	18.48	18.43	17.13	14.04	8.92	1.55	
		1.05	3.10	5.73	9.26	10.33	11.85	14.11	16.01	16.95	17.96	18.65	19.01	19.01	17.81	14.82	9.80	2.53	
		1.2	3.15	5.83	9.43	10.53	12.08	14.41	16.36	17.34	18.39	19.14	19.55	19.60	18.49	15.60	10.68	3.50	
		1.5	3.20	5.93	9.6	10.72	12.32	14.70	16.72	17.73	18.83	19.63	20.09	20.18	19.18	16.38	11.56	4.48	
		≥3	3.25	6.02	9.77	10.92	12.55	14.99	17.01	18.12	19.27	20.12	20.62	20.77	19.86	17.16	12.43	5.45	
	315	1	3.53	6.53	10.51	11.71	13.40	15.84	17.79	18.70	19.55	20.00	19.97	19.44	16.71	11.47	3.40		
		1.05	3.58	6.62	10.68	11.91	13.68	16.13	18.15	19.09	20.00	20.49	20.51	20.03	17.39	12.25	4.28		
		1.2	3.63	6.72	10.85	12.11	13.86	16.43	18.50	19.48	20.44	20.97	21.05	20.61	18.07	13.03	5.16		
		1.5	3.68	6.82	11.02	12.30	14.09	16.72	18.85	19.87	20.88	21.46	21.58	21.20	18.76	13.81	6.04		
		≥3	3.73	6.92	11.19	12.50	14.38	17.01	19.21	20.26	21.32	21.95	22.12	21.78	19.44	14.59	6.91		
	355	1	4.08	7.53	12.10	13.46	15.33	17.99	19.96	20.78	21.39	21.42	20.79	19.46	14.45	5.91			
		1.05	4.18	7.63	12.27	13.65	15.57	18.28	20.31	21.17	21.83	21.91	21.33	20.05	15.13	6.69			
		1.2	4.17	7.73	12.44	13.85	15.80	18.57	20.67	21.56	22.27	22.39	21.87	20.63	15.81	7.47			
		1.5	4.22	7.82	12.61	14.04	16.03	18.86	21.02	21.95	22.71	22.88	22.40	21.22	16.50	8.85			
		≥3	4.27	7.92	12.78	14.24	16.26	19.16	21.37	22.34	23.15	23.37	22.94	21.80	17.18	9.03			
	400	1	4.68	8.64	13.82	15.34	17.39	20.17	22.02	22.62	22.76	22.07	20.46	17.87	9.37				
		1.05	4.73	8.74	13.99	15.53	17.62	20.46	22.37	23.01	23.19	22.55	21.00	18.46	10.05				
		1.2	4.78	8.84	14.16	15.73	17.85	20.75	22.72	23.40	23.63	23.04	21.54	19.04	10.74				
		1.5	4.83	8.94	14.33	15.92	18.09	21.05	23.08	23.79	24.07	23.53	22.07	19.63	11.42				
		≥3	4.87	9.03	14.50	16.12	18.32	21.34	23.43	24.18	24.51	24.02	22.61	20.21	12.10				

（续）

型号	d_d/mm	i 或 $1/i$	小轮转速 n_1/(r/min) 额定功率 P_N/kW																
			200	300	400	500	600	700	800	950	1200	1450	1600	1800	2000	2200	2400	2800	3200
SPC	224	1	2.90	4.08	5.19	6.23	7.21	8.13	8.99	10.19	11.89	13.22	13.81	14.35	14.58	14.47	14.01	11.89	8.01
		1.05	3.02	4.26	5.43	6.53	7.57	8.55	9.47	10.76	12.61	14.09	14.77	15.43	15.78	15.79	15.44	13.57	9.93
		1.2	3.14	4.44	5.67	6.83	7.92	8.97	9.95	11.33	13.33	14.95	15.73	16.51	16.98	17.11	16.88	15.25	11.85
		1.5	3.26	4.62	5.91	7.13	8.28	9.39	10.43	11.90	14.05	15.82	16.69	17.59	18.17	18.43	18.32	16.92	13.77
		≥3	3.38	4.80	6.15	7.43	8.64	9.81	10.91	12.47	14.77	16.69	17.65	18.66	19.37	19.75	19.75	18.60	15.68
	250	1	3.50	4.95	6.31	7.60	8.81	9.95	11.02	12.51	14.61	16.21	16.52	17.52	17.70	17.44	16.69	13.60	8.12
		1.05	3.62	5.13	6.55	7.89	9.17	10.37	11.50	13.07	15.33	17.08	17.88	18.59	18.90	18.76	18.13	15.28	10.04
		1.2	3.74	5.31	6.79	8.19	9.53	10.79	11.98	13.64	16.05	17.95	18.83	19.67	20.10	20.08	19.57	16.96	11.96
		1.5	3.86	5.49	7.03	8.49	9.89	11.21	12.46	14.21	16.77	18.82	19.79	20.75	21.30	21.40	21.01	18.64	13.88
		≥3	3.98	5.67	7.27	8.79	10.25	11.63	12.94	14.78	17.49	19.69	20.75	21.83	22.50	22.72	22.45	20.32	15.80
	280	1	4.18	5.94	7.59	9.15	10.62	12.01	13.31	15.10	17.60	19.44	20.20	20.75	20.75	20.13	18.86	14.11	6.10
		1.05	4.30	6.12	7.83	9.45	10.98	12.43	13.79	15.67	18.32	20.31	21.16	21.83	21.95	21.45	20.30	15.79	8.02
		1.2	4.42	6.30	8.07	9.75	11.34	12.85	14.27	16.24	19.04	21.18	22.12	22.91	23.15	22.77	21.73	17.47	9.93
		1.5	4.54	6.48	8.31	10.05	11.70	13.27	14.75	16.81	19.76	22.05	23.07	23.99	24.34	24.09	23.17	19.15	11.85
		≥3	4.66	6.66	8.55	10.35	12.06	13.69	15.23	17.38	20.48	22.92	24.03	25.07	25.54	25.41	24.61	20.83	13.77
	315	1	4.97	7.08	9.07	10.94	12.70	14.36	15.90	18.01	20.88	22.87	23.58	23.91	23.47	22.18	19.98	12.53	
		1.05	5.09	7.26	9.31	11.24	13.06	14.78	16.38	18.58	21.60	23.74	24.54	24.99	24.67	23.50	21.42	14.20	
		1.2	5.21	7.44	9.55	11.54	13.42	15.20	16.86	19.15	22.32	24.60	25.50	26.07	25.87	24.82	32.86	15.88	
		1.5	5.33	7.62	9.79	11.84	13.73	15.62	17.34	19.72	23.04	25.47	26.46	27.15	27.07	26.14	24.30	17.56	
		≥3	5.45	7.80	10.03	12.14	14.14	16.04	17.82	20.29	23.76	26.34	27.42	28.23	28.26	27.46	25.74	19.24	
	355	1	5.87	8.37	10.72	12.94	15.02	16.96	18.76	21.17	24.34	26.29	26.80	26.62	25.37	22.94	19.22		
		1.05	5.99	8.55	10.96	13.24	15.38	17.38	19.24	21.74	25.06	27.16	27.76	27.70	26.57	24.26	20.66		
		1.2	6.11	8.73	11.20	13.54	15.74	17.80	19.72	22.31	25.78	28.03	28.72	28.78	27.77	25.58	22.10		
		1.5	6.23	8.91	11.44	13.84	16.10	18.22	20.20	22.88	26.50	28.90	29.68	29.86	28.97	26.90	23.54		
		≥3	6.35	9.09	11.68	14.14	16.46	18.64	20.68	23.45	27.22	29.77	30.64	30.94	30.17	28.22	24.98		
	400	1	6.86	9.80	12.56	15.15	17.56	19.79	21.84	24.52	27.83	29.46	29.53	28.42	25.81	21.54	15.48		
		1.05	6.98	9.98	12.80	15.45	17.92	20.21	22.32	25.09	28.55	30.33	30.49	29.50	27.01	22.86	16.91		
		1.2	7.10	10.16	13.04	15.75	18.28	20.63	22.80	25.66	29.27	31.20	31.45	30.58	28.21	24.18	18.35		
		1.5	7.22	10.34	13.28	16.04	18.64	21.05	23.28	26.23	29.99	32.07	32.41	31.66	29.41	25.50	19.79		
		≥3	7.34	10.52	13.52	16.34	19.00	21.47	23.76	26.80	30.70	32.94	33.37	32.74	30.60	26.82	21.23		
	450	1	7.96	11.37	14.56	17.54	20.29	22.81	25.07	27.94	31.15	32.06	31.33	28.69	23.95	16.89			
		1.05	8.08	11.55	14.80	17.83	20.65	23.23	25.55	28.51	31.87	32.93	32.29	29.77	25.15	18.21			
		1.2	8.20	11.73	15.04	18.13	21.01	23.65	26.03	29.08	32.59	33.80	33.25	30.85	26.34	19.53			
		1.5	8.32	11.91	15.28	18.43	21.37	24.07	26.51	29.65	33.31	34.67	34.21	31.92	27.54	20.85			
		≥3	8.44	12.09	15.52	18.73	21.73	24.48	26.99	30.22	34.03	35.54	35.16	33.00	28.74	22.17			

（续）

型号	d_d/mm	i或$1/i$	小轮转速 n_1/(r/min)																
			200	300	400	500	600	700	800	950	1200	1450	1600	1800	2000	2200	2400	2800	3200
			额定功率 P_N/kW																
SPC	500	1	9.04	12.91	16.52	19.86	22.92	25.67	28.09	31.04	33.85	33.58	31.70	26.94	19.35				
		1.05	9.16	13.09	16.76	20.16	23.28	26.09	28.57	31.61	34.57	34.45	32.66	28.02	20.54				
		1.2	9.28	13.27	17.00	20.46	23.64	26.51	29.05	32.18	35.29	35.31	33.62	29.10	21.74				
		1.5	9.40	13.45	17.24	20.76	24.00	26.93	29.53	32.75	36.01	36.18	34.57	30.18	22.94				
		≥3	9.52	13.63	17.48	21.06	24.35	27.35	30.01	33.32	36.73	37.05	35.53	31.26	24.14				
	560	1	10.32	14.74	18.82	22.56	25.93	28.90	31.43	34.29	36.18	33.83	30.05	21.90					
		1.05	10.44	14.92	19.06	22.86	26.29	29.32	31.91	34.86	36.90	34.70	31.01	22.98					
		1.2	10.56	15.09	19.30	23.16	26.65	29.74	32.39	35.43	37.62	35.57	31.97	24.05					
		1.5	10.68	15.27	19.54	23.46	27.01	30.16	32.87	36.00	38.34	36.44	32.93	25.14					
		≥3	10.80	15.45	19.78	23.76	27.37	30.58	33.35	36.57	39.06	37.31	33.89	26.22					
	630	1	11.80	16.82	21.42	25.56	29.25	32.37	34.88	37.37	37.52	31.74	24.90						
		1.05	11.92	17.00	21.66	25.88	29.61	32.79	35.36	37.94	38.24	32.61	25.92						
		1.2	12.04	17.18	21.90	26.18	29.96	33.21	35.84	38.51	38.96	33.48	26.88						
		1.5	12.16	17.36	22.14	26.48	30.32	33.63	36.32	39.07	39.68	34.35	27.84						
		≥3	12.28	17.54	22.38	26.78	30.68	34.04	36.80	39.64	40.40	35.22	28.79						

注：表中带黑框的速度为电动机的负荷转速。

表2-6-11 V带轮的基准直径（摘自 GB/T 13575.1—2008）　　（单位：mm）

d_d	槽型						
	Y	Z SPZ	A SPA	B SPB	C SPC	D	E
50	+	+					
56	+	+					
63		·					
71		·					
75		·	+				
80	+	·	+				
85			+				
90	·	+	·	·			
95			·				
100		+	·	·			
106			·				
112		+	·				
118			·				
125		+	·	·	+		
132		·	·	+			

（续）

d_d	槽 型						
	Y	Z SPZ	A SPA	B SPB	C SPC	D	E
140		·	·	·			
150		·	·	·			
160		·	·	·			
170				·			
180	·	·	·	·			
200	·	·	·	·	+		
212					+		
224	·	·	·	·	·		
236					·		
250	·	·	·	·	·		
265					·		
280					·		
300					·		
315	·	·	·	·	·		
335					·		
355	·	·	·	·	·	+	
375						+	
400	·	·	·	·	·	+	
425						+	
450		·	·	·	·	+	
475						+	
500	·	·	·	·	·	+	+

注：1. 表中带"＋"符号的尺寸只适用于普通 V 带。

2. 表中带"·"符号的尺寸同时适用于普通 V 带和窄 V 带。

3. 不推荐使用表中未注符号的尺寸。

二、设计计算和参数选择

（一）设计数据、设计内容

设计 V 带传动时一般已知的条件是：①传动的用途、工作情况和原动机类型；②传递的功率 P；③大、小带轮的转速 n_2 和 n_1；④对传动的尺寸要求等。

设计计算的主要内容是确定：①V 带的型号、长度和根数；②中心距；③带轮基准直径及结构尺寸；④作用在轴上的压力等。

（二）设计方法及参数选择

（1）确定计算功率 P_{ca}

$$P_{ca} = K_A P \tag{2-6-18}$$

式中 P——传递的额定功率（kW）；

K_A——工况系数（表 2-6-7）。

（2）选择 V 带型号　根据计算功率 P_{ca} 和小带轮转速 n_1 由图 2-6-9 或图 2-6-10 选择 V 带型号。当在两种型号的交线附近时，可以对两种型号同时计算，最后选择较好的一种。

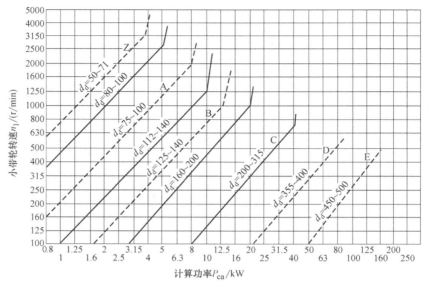

图 2-6-9　普通 V 带选型图

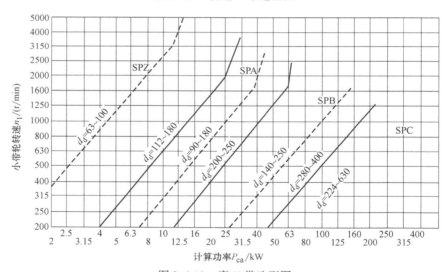

图 2-6-10　窄 V 带选型图

（3）确定带轮基准直径 d_{d1} 和 d_{d2}　为了减小带的弯曲应力应采用较大的带轮直径，但这使传动的轮廓尺寸增大。一般取 $d_{d1} \geqslant d_{dmin}$（表 2-6-4），比规定的最小基准直径略大些。大带轮基准直径可按式（2-6-19a）计算。大、小带轮直径一般均应按带轮基准直径圆整（表 2-6-11），仅当传动比要求较精确时，才考虑滑动率 ε（取 $\varepsilon = 0.02$）来计算大带轮直径，这时 d_{d2} 可不按表 2-6-11 圆整，而按式（2-6-19b）计算。

$$d_{d2} \approx i d_{d1} \tag{2-6-19a}$$

$$d_{d2} = \frac{n_1}{n_2} d_{d1}(1 - \varepsilon) \tag{2-6-19b}$$

（4）验算带的速度 v

$$v \approx \frac{\pi d_{d1} n_1}{60 \times 1000} \tag{2-6-20}$$

由 $P = \dfrac{F_e v}{1000}$ 可知，当传递的功率一定时，带速越高，则所需有效圆周力 F_e 越小，因而 V 带的根数可减少。但带速过高，带的离心力显著增大，减小了带与带轮间的接触压力，从而降低了传动的工作能力。同时，带速过高，使带在单位时间内绕过带轮的次数增加，应力变化频繁，从而降低了带的疲劳寿命。由表 2-6-8、表 2-6-10 可见，当带速达到某值后，不利因素将使基本额定功率降低。所以带速一般为 $v = 5 \sim 25\text{m/s}$ 为宜，当 $v = 20 \sim 25\text{m/s}$ 时最有利。当带速过高（Y、Z、A、B、C 型 $v > 25\text{m/s}$；D、E 型 $v > 30\text{m/s}$）时，应重选较小的带轮基准直径。

（5）确定中心距 a 和 V 带基准长度 L_d　根据结构要求初定中心距 a_0。中心距小则结构紧凑，但使小带轮上包角减小，降低带传动的工作能力。同时由于中心距小，V 带的长度短，在一定速度下，单位时间内的应力循环次数增多而导致使用寿命的降低，所以中心距不宜取得太小。但也不宜太大，太大除有相反的利弊外，速度较高时还易引起带的颤动。

如果中心距未给出，可根据传动结构需要初定中心距。对于 V 带传动一般可取

$$0.7(d_{d1} + d_{d2}) < a_0 < 2(d_{d1} + d_{d2}) \tag{2-6-21}$$

初选 a_0 后，V 带初算的基准长度 L_d' 可根据几何关系由下式计算

$$L_d' \approx 2a_0 + \frac{\pi}{2}(d_{d2} + d_{d1}) + \frac{(d_{d2} - d_{d1})^2}{4a_0} \tag{2-6-22}$$

根据式（2-6-22）算得的 L_d' 值，应由表 2-6-3 选定相近的基准长度 L_d，然后再确定实际中心距 a。由于 V 带传动的中心距一般是可以调整的，所以可用下式近似计算 a 值

$$a \approx a_0 + \frac{L_d - L_d'}{2} \tag{2-6-23}$$

考虑到中心距调整、补偿 F_0，中心距 a 应有一个范围

$$(a - 0.015L_d) \leqslant a \leqslant (a + 0.03L_d) \tag{2-6-24}$$

即最小中心距　　　　　　　　　$a_{\min} = a - 0.015L_d \tag{2-6-25}$

最大中心距　　　　　　　　　　$a_{\max} = a + 0.03L_d \tag{2-6-26}$

（6）验算小带轮上的包角 α_1　小带轮上的包角 α_1 可按下式计算

$$\alpha_1 \approx 180° - \frac{d_{d2} - d_{d1}}{a} \times 60° \tag{2-6-27}$$

为使带传动有一定的工作能力，一般要求 $\alpha_1 \geqslant 120°$（特殊情况允许 $\alpha_1 = 90°$）。如 α_1 小于此值，可适当加大中心距 a；若中心距不可调时，可加张紧轮。

从式（2-6-27）可以看出，α_1 也与传动比 i 有关，d_{d2} 与 d_{d1} 相差越大，即 i 越大，则 α_1 越小。通常为了在中心距不过大的条件下保证包角不致过小，所用传动比不宜过大。普通 V 带传动一般推荐 $i \leqslant 7$（一般 $i = 3 \sim 5$），必要时可到 10。

（7）确定 V 带根数 z　V 带根数 z 根据计算功率 P_{ca} 由下式确定

$$z = \frac{P_{ca}}{(P_0 + \Delta P_0)K_\alpha K_L} \tag{2-6-28}$$

式中　K_α——包角修正系数，查表 2-6-6；

　　　K_L——长度修正系数，查表 2-6-3，考虑带的长度不同的影响因素；

　　　P_0——单根普通 V 带的基本额定功率，查表 2-6-8；

　　　ΔP_0——$i \neq 1$ 时单根普通 V 带额定功率的增量，查表 2-6-9，对于窄 V 带，式（2-6-28）中应以 P_N 代替（$P_0 + \Delta P_0$），P_N 见表 2-6-10。

为使每根 V 带受力比较均匀，所以根数不宜太多，通常应小于 10 根，以 3 ~ 7 根较好；否则应改选 V 带型号，重新设计。

（8）确定预紧力 F_0　适当的预紧力是保证带传动正常工作的重要因素之一。预紧力小，则摩擦力小，易出现打滑；反之，预紧力过大，会使 V 带的拉应力增加而寿命降低，并使轴和轴承的压力增大。对于非自动张紧的带传动，由于带的松弛作用，过高的预紧力也不易保持。为了保证所需的传递功率，又不出现打滑，并考虑离心力的不利影响时，单根 V 带适当的预紧力为

$$F_0 = 500 \frac{P_{ca}}{vz} \left(\frac{2.5 - K_\alpha}{K_\alpha} \right) + qv^2 \qquad (2\text{-}6\text{-}29)$$

由于新带容易松弛，所以对非自动张紧的带传动，安装新带时的预紧力应为上述预紧力计算值的 1.5 倍。

预紧力是否恰当，可用下述方法进行近似测试。如图 2-6-11 所示，在带与带轮的切点跨距的中点处垂直于带加一载荷 G，若带沿跨距每 100mm 中点处产生的挠度为 1.6mm（即挠角为 1.8°），则预紧力恰当。

（9）确定作用在轴上的压力 F_Q（图 2-6-12）

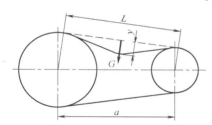

图 2-6-11　预紧力的控制

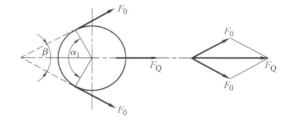

图 2-6-12　轴上的压力 F_Q

$$F_Q = 2zF_0 \cos\frac{\beta}{2} = 2zF_0 \cos\left(\frac{\pi}{2} - \frac{\alpha_1}{2} \right) = 2F_0 z \sin\frac{\alpha_1}{2} \qquad (2\text{-}6\text{-}30)$$

式中　α_1——小带轮上的包角；

　　　z——V 带根数；

　　　F_0——单根带的预紧力。

第四节　带传动结构设计

一、V 带轮的结构设计

（一）V 带轮设计的要求

设计 V 带轮时应满足的要求有：质量小、加工工艺性及结构工艺性好、无过大的铸造

或焊接内应力、质量分布均匀，转速高时要经过动平衡；轮槽工作面要精细加工（表面粗糙度 Ra 一般为 $3.2\mu m$），以减少带的磨损；各轮槽的尺寸和角度应保持一定的精度，以使载荷分布较为均匀。

（二） V 带轮的材料

带速小于 $30m/s$ 时，带轮一般用 HT200 制造，高速时要用钢材（铸钢或用钢板冲压后焊接而成）制造，速度可达 $45m/s$。小功率时可用铸铝或塑料。

（三） V 带轮的结构

V 带轮是带传动中的重要零件，典型的带轮由三部分组成：轮缘（用以安装传动带）；轮毂（用以安装在轴上）；轮辐或幅板（联接轮缘与轮毂）。

铸铁制 V 带轮的典型结构有以下几种：实心式（S）、腹板式（P）、孔板式（H）和轮辐式（E），如图 2-6-13 所示。

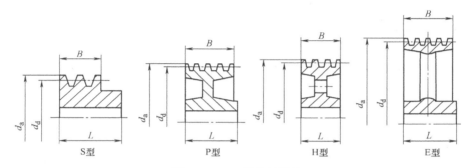

图 2-6-13 V 带轮的结构

带轮基准直径 $d_d \leqslant 2.5d$（d 为轴的直径）时，可采用实心式结构。当 $2.5d \leqslant d_d \leqslant 300mm$ 时，带轮常采用腹板式结构。当 $D_1 - d_1 \geqslant 100mm$ 时，带轮通常采用孔板式结构。当 $d_d > 300mm$ 时，带轮常采用轮辐式结构。

带轮的结构设计，主要是根据带轮的基准直径选择结构形式；根据带的截形确定槽轮尺寸（表 2-6-12）；带轮的其他结构尺寸通常按经验公式（图 2-6-14）计算确定。确定了带轮的各部分尺寸后，即可绘制出零件图，并按工艺要求注出相应的技术要求等。

表 2-6-12　普通 V 带轮的轮槽尺寸（摘自 GB/T 13575.1—2008）

项　目	符　号	槽　型						
		Y	Z SPZ	A SPA	B SPB	C SPC	D	E
基准宽度	b_d/mm	5.3	8.5	11.0	14.0	19.0	27.0	32.0

（续）

项　目	符　号	槽　型						
		Y	Z SPZ	A SPA	B SPB	C SPC	D	E
基准线上槽深	h_{amin}/mm	1.6	2.0	2.75	3.5	4.8	8.1	9.6
基准线下槽深	h_{fmin}/mm	4.7	7.0 9.0	8.7 11.0	10.8 14.0	14.3 19.0	19.9	23.4
槽间距	e/mm	8±0.3	12±0.3	15±0.3	19±0.4	25.5±0.5	37±0.6	44.5±0.7
第一槽对称面至端面的距离	f_{min}/mm	6	7	9	11.5	16	23	28
轮槽角 φ　32°	相应的基准直径 d/mm	≤60	—	—	—	—	—	—
34°		—	≤80	≤118	≤190	≤315	—	—
36°		>60	—	—	—	—	≤475	≤600
38°		—	>80	>118	>190	>315	>475	>600
极限偏差		±0.5°						

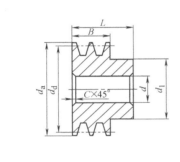
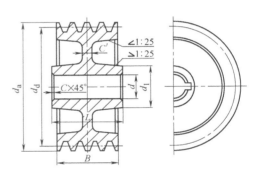
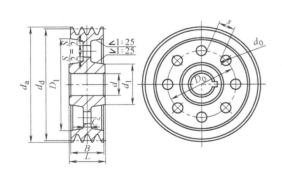
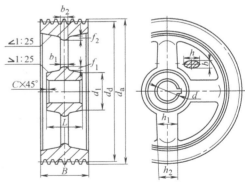

图 2-6-14　V 带轮的结构

$d_1 = (1.8 \sim 2.0)d$，d 为轴的直径　　　$h_2 = 0.8h_1$　　　　$D_0 = 0.5(D_1 + d_1)$　　　$b_1 = 0.4h_1$

$d_0 = (0.2 \sim 0.3)(D_1 - d_1)$　　　　$b_2 = 0.8b_1$　　　$C' = \left(\dfrac{1}{7} \sim \dfrac{1}{4}\right)B$　　　$S = C'$

$L = (1.5 \sim 2)d$，（当 $B < 1.5d$ 时，$L = B$）　　　$f_1 = 0.2h_1$　　　　　　　　$f_2 = 0.2h_2$

$h_1 = 290 \sqrt[3]{\dfrac{P}{nz_a}}$

式中　P——传递的功率（kW）；
　　　n——带轮的转速（r/min）；
　　　z_a——轮辐数。

二、V 带传动的张紧装置

由于传动带的材料不是完全弹性体，因而带在工作一段时间后会发生塑性伸长而松弛，使张紧力降低。因此带传动需要有重新张紧的装置，以保证正常工作。张紧装置分定期张紧和自动张紧两类，见表 2-6-13。

表 2-6-13　V 带传动的张紧装置

张紧方法	简　图	特点和应用
定期张紧		a）多用于水平或接近水平的传动 b）多用于垂直或接近垂直的传动
调节中心距 自动张紧		a）靠电动机的自重或定子的反力矩张紧。应使电动机和带轮的转向有利于减小偏心距 b）常用于带传动的试验装置 c）是根据负载自动调节张紧力大小的张紧装置，带轮是一行星机构

（续）

张紧方法	简　图	特点和应用
张紧轮	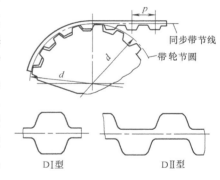 a)　　　　　　　　　　　　b)	可任意调节预紧力的大小、增大包角，容易装卸；但影响带的寿命，不能逆转 a）为自动张紧 b）为定期张紧

第五节　其他带传动简介

一、同步带传动的特点及应用

同步带传动具有带传动、链传动和齿轮传动的优点。由前述可知，同步带传动由于带与带轮是靠啮合传递运动和动力的（图2-6-15），故带与带轮间无相对滑动，能保证准确的传动比。同步带通常以钢丝绳或玻璃纤维绳为抗拉体，氯丁橡胶或聚氨酯为基体，这种带薄而且轻，故可用于较高速度传动。传动时的线速度可达50m/s，传动比可达10，效率可达98%。传动噪声比带传动、链传动和齿轮传动小，耐磨性好，不需油润滑，寿命比摩擦带长。其主要缺点是制造和安装精度要求较高，中心距要求较严格。所以同步带广泛应用于要求传动比准确的中、小功率传动中，如家用电器、计算机、仪器及机床、化工、石油等机械设备。

同步带有单面有齿和双面有齿两种，简称单面带和双面带。双面带又有对称齿型（DⅠ）和交错齿型（D

图2-6-15　同步带传动

Ⅱ）之分（图2-6-15）。同步带齿有梯形齿和弧形齿两类。同步带型号分为最轻型 MXL、超轻型 XXL、特轻型 XL、轻型 L、重型 H、特重型 XH、超重型 XXH 七种。梯形齿同步带传动已有标准 GB/T 11361 ~ 11362—2008。

在规定张紧力下，相邻两齿中心线的直线距离称为齿距，以 p 表示。齿距是同步带传动最基本的参数。当同步带垂直其底边弯曲时，在带中保持原长度不变的周线，称为节线，节线长以 L_p 表示。

同步带带轮的齿形推荐采用渐开线齿形，可用展成法加工而成；也可以使用直边齿形。

二、高速带传动

高速带传动系指带速 $v > 30\text{m/s}$、高速轴转速 $n_1 = 10000 \sim 50000\text{r/min}$ 的传动。这种传动主要用于增速以驱动高速机床、粉碎机、离心机及某些机器。高速带传动的增速比为 $2 \sim 4$，有张紧轮时可达 8。

高速带传动要求传动可靠、运转平稳、并有一定的寿命。由于高速带的离心应力和挠曲次数显著增大，故高速带都采用质量小、厚度薄而均匀、挠曲性好的环形平带，如麻织带、丝织带、锦纶编织带、薄型强力锦纶带、高速环形胶带等。薄型强力锦纶带采用胶合接头，故应使接头与带的挠曲性能尽量接近。

高速带轮要求质量小而且分布对称均匀、有足够的强度、运转时空气阻力小，通常都采用钢或铝合金制造，各个面均应进行加工，轮缘工作表面的表面粗糙度 Ra 不得大于 $3.2\mu\text{m}$，并按设计要求的精度等级进行动平衡。

为防止掉带，主、从动轮轮缘表面都应加工出凸度，大小带轮轮缘表面应有凸弧，即可制成鼓形面或 2°左右的双锥面，如图 2-6-16a 所示。为了防止运转时带与轮缘表面间形成气垫，降低摩擦因数，影响正常传动，轮缘表面应开环形槽，槽间距为 $5 \sim 10\text{mm}$，如图 2-6-16b所示。

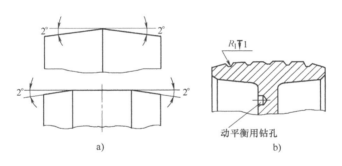

图 2-6-16 高速带传动轮缘

在高速带传动中，带的寿命占有很重要的地位，带的绕曲次数 $u = jv/L$（j 为带上某一点绕行一周时所绕过的带轮数；带速 v 及带长 L 的单位分别为 m/s 及 m）是影响带的寿命的主要因素，因此应限制 $u_{max} = 45 \sim 100\text{s}^{-1}$。

例 设计曲柄压力机的窄 V 带传动（载荷变动较大）。一班制工作，Y 系列异步电动机驱动，传递功率 $P = 15\text{kW}$，传动比 $i = 3.2$，主动带轮转速 $n_1 = 1460\text{r/min}$，一天工作时间小于 10h。

解

步骤	计 算 内 容	计 算 公 式 及 参 数 选 择	计 算 结 果
1	确定计算功率 P_{ca}	由表 2-6-7 查得工况系数 $K_A = 1.2$ $P_{ca} = K_A P = 1.2 \times 15\text{kW} = 18\text{kW}$	$P_{ca} = 18\text{kW}$
2	选取窄 V 带型号	根据图 2-6-10 选择 SPZ 型带	SPZ

（续）

步骤	计 算 内 容	计算公式及参数选择	计 算 结 果
3	确定带轮基准直径 d_{d1}、d_{d2}	由表2-6-4、表2-6-11及图2-6-10取主动轮直径 $d_{d1}=125mm$ 根据式（2-6-19a），计算从动轮直径 $d_{d2}\approx id_{d1}=3.2\times125mm=400mm$ 按表2-6-11取 $d_{d2}=400mm$ 按式（2-6-20）验算带速 $v=\pi d_{d1}n_1/(60\times1000)$ m/s$=9.55m/s<35m/s$	$d_{d1}=125mm$ $d_{d2}=400mm$ 带的速度合格
4	确定窄V带的基准长度 L_d 和传动中心距 a	根据式（2-6-21）　$0.7(d_{d1}+d_{d2})<a_0<2(d_{d1}+d_{d2})$ 初步定中心距 $a_0=500mm$ 根据式（2-6-22） $L_d'=2a_0+\dfrac{\pi}{2}(d_{d2}+d_{d1})+\dfrac{(d_{d2}-d_{d1})^2}{4a_0}$ 计算带所需的基准长度 $L_d'=1862mm$ 由表2-6-3选取带的基准长度 $L_d=2000mm$ 按式（2-6-23）　　$a\approx a_0+\dfrac{L_d-L_d'}{2}$ 计算实际中心距 $a=569mm$ 根据式（2-6-25）、式（2-6-26）计算中心距变动范围： 最小中心距为 $a_{min}=a-0.015L_d=539mm$ 最大中心距为 $a_{max}=a+0.03L_d=629mm$	$a=569mm$ $L_d=2000mm$ $a_{min}=539mm$ $a_{max}=629mm$
5	验算主动轮上的包角 α_1	按式（2-6-27）验算包角 $\alpha_1\approx180°-\dfrac{d_{d2}-d_{d1}}{a}\times60°=151°>120°$	主动轮包角合格
6	计算窄V带根数 z	由表2-6-10查得 $P_N\approx3.60kW$ 表2-6-6查得 $K_\alpha=0.92$、表2-6-3得到 $K_L=1.02$ 根据式（2-6-28）计算带的根数 $z=\dfrac{P_{ca}}{(P_0+\Delta P_0)K_\alpha K_L}=5.33$，取带的根数 $z=6$	$z=6$ 根
7	计算预紧力 F_0	由表2-6-5查得 $q=0.072kg/m$ 根据式（2-6-29）计算预紧力 $F_0=500\dfrac{P_{ca}}{vz}\left(\dfrac{2.5-K_\alpha}{K_\alpha}\right)+qv^2=276.13N$	$F_0=276.13N$
8	计算压轴力 F_Q	根据式（2-6-30）计算压轴力 $F_Q=2F_0z\sin\dfrac{\alpha_1}{2}=3208.03N$	$F_Q=3208.03N$
9	带轮结构设计（略）	做习题时要求进行带轮的结构设计	

知识拓展

传动带最初是由皮革制造的，19 世纪中叶为橡胶所取代。从 20 世纪 60 年代开始，陆续由 NR（天然橡胶）、SBR（丁苯橡胶）转向 CR（氯丁橡胶）、PUR（聚氨酯橡胶）。进入 80 年代，又进一步扩大到采用 CSM（氯磺化聚乙烯橡胶）和 HNBR（氢化丁腈橡胶）等新材料。骨架材料由棉纤维扩大到人造丝、聚酯、尼龙、玻璃纤维、钢丝以及芳纶等，胶带形状也从平板型扩大到角型、圆型、齿型，使用从单根传动发展到成组并联，从而形成今日的传动带系列群体。

纵观半个世纪以来世界带传动的发展趋势，随着全球化高新技术产业化的发展，带传动的主流是向着小型化、精密化、高速化方向发展。老式的平板带将被淘汰，新型的、采用新材料的无接头环形平板带重新崛起，切割三角带取代大部分包布式 V 形带，同时，代之而起的 V 形平板带、多楔形 V 带、窄 V 带，以及用于多面、多向、多机传动的六角带和圆形带。集齿轮、链条、带传动等优点于一体的同步带终于成为精密机械的主导传动产品。近年来，同步带的齿形由方齿改为圆齿之后，更进一步增大了承载能力，发展前景极为广阔。

在带传动理论研究方面，对于摩擦带而言，其研究重点在于带的承载能力与疲劳寿命；对于同步带而言，其研究重点为高速、重载、低噪声、高效率的同步带传动啮合原理与齿形研究等方面；新材料以及新型带传动也是未来带传动的研究方向。

在新型带传动研究中，金属带式无级变速传动（CVT）和磁力金属带（MBDM）传动是研究重点。

文献阅读指南

本章主要介绍普通 V 带传动和窄 V 带传动的设计计算方法，其他形式的带传动，如联组窄 V 带、平带、同步带、多楔带、工业用变速宽 V 带和农业机械用 V 带等传动的设计计算及注意事项，可参阅《机械设计手册》（新版）第 2 卷第 14 篇第 1 章带传动中的相关内容。

有关新型带传动可参阅罗善明编著的《带传动理论与新型带传动》（北京：国防工业出版社，2006）。

学习指导

一、本章主要内容

本章的重点内容是带的力分析、应力分析、带的弹性滑动与打滑和 V 带传动设计计算。

二、本章学习要求

1）了解带传动的类型、特点和应用场合。
2）熟悉 V 带的结构及其标准、V 带传动的张紧方法和装置。
3）掌握带传动的工作原理、受力情况、弹性滑动及打滑等基本理论、V 带传动的失效形式及设计准则。

4）了解柔韧体摩擦的欧拉公式，带的应力及其变化规律。

5）学会 V 带传动的设计方法和步骤。

<h2 style="text-align:center">思 考 题</h2>

2.6.1　摩擦因数大小对带传动有什么影响？影响摩擦因数大小的因素有哪些？为了增加传动能力，能否将带轮工作面加工粗糙些？为什么？

2.6.2　空载起动后加载运转，直至带传动将要打滑的临界情况，其整个过程中，带的紧、松边拉力的比值 F_1/F_2 是如何变化的？打滑在哪个轮上先发生？为什么？

2.6.3　带速越高，离心力越大，但在多级传动中，常将带传动放在高速级，这是为什么？

2.6.4　V 带截面楔角均是 40°，而 V 带带轮轮槽的楔角 φ 却随带轮直径的不同而变化，为什么？

2.6.5　设计带传动时，为什么要限制小带轮直径、包角 α_1、带的最小和最大速度？

<h2 style="text-align:center">习 题</h2>

2.6.1　V 带传动的 $n_1 = 1460\text{r/min}$，带与带轮的当量摩擦因数 $f_v = 0.51$，包角 $\alpha_1 = 120°$，单位带长的质量 $q = 0.12\text{kg/m}$，预紧力 $F_0 = 460\text{N}$，带轮直径 $d_{d1} = 100\text{mm}$。试问：

1）该传动所能传递的最大有效拉力为多少？

2）传递的最大转矩是多少？

3）若传动的效率为 0.95，从动轮输出的功率为多少？

2.6.2　V 带传动传递的功率 $P = 7.5\text{kW}$，带速 $v = 10\text{m/s}$，紧边拉力是松边拉力的两倍，即 $F_1 = 2F_2$，带的质量忽略不计，试求紧边拉力 F_1、有效拉力 F_e 和预紧力 F_0。

2.6.3　已知一窄 V 带传动的 $n_1 = 1460\text{r/min}$，$n_2 = 400\text{r/min}$，$d_{d1} = 180\text{mm}$，中心距 $a = 1600\text{mm}$，带型号为 SPA 型，根数 $z = 3$，工作时有冲击，两班制工作，试求该带传动能传递的功率。

2.6.4　Y 系列异步电动机通过 V 带传动驱动离心水泵，载荷平稳，电动机功率 $P = 22\text{kW}$，转速 $n_1 = 1460\text{r/min}$，离心式水泵的转速 $n_2 = 970\text{r/min}$，两班工作制。试设计该 V 带传动。

<h2 style="text-align:center">习题参考答案</h2>

2.6.1　1）$F_{ec} = 449.41\text{N}$；2）$T = 22.47\text{N·m}$；3）$P_从 = 3.26\text{kW}$。

2.6.2　$F_e = 750\text{N}$；$F_1 = 1500\text{N}$；$F_0 = 1125\text{N}$。

2.6.3　略。

2.6.4　略。

第七章

链 传 动

第一节 概 述

链传动是用于两个或两个以上链轮之间以链作为中间挠性件的一种非共轭啮合传动，它靠链条与链轮齿之间的啮合来传递运动和动力，如图 2-7-1 所示。因其经济、可靠，故广泛用于农业、采矿、冶金、起重、运输、石油、化工、纺织等机械的动力传动中。

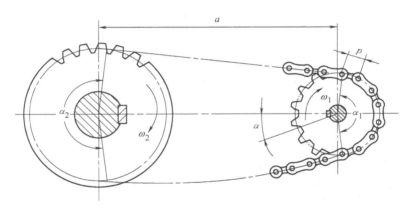

图 2-7-1 链传动的组成

一、链传动的特点

（一）优点

链传动属于啮合传动，与齿轮传动相似，但它是靠中间零件——链条实现传动的，又与带传动相似。但是，它与齿轮传动、带传动比较，有一系列的优点。

与带传动比较，链传动有结构紧凑，作用在轴上的载荷小，承载能力较大，效率较高（一般可达 96% ~97%），能保持准确的平均传动比等优点，在同样使用条件下，链传动结构较为紧凑。同时，链传动能在高温及速度较低的情况下工作。

与齿轮传动相比，链传动的制造与安装精度要求较低，成本低廉；在远距离传动（中心距最大可达十多米）时，其结构比齿轮传动轻便得多。

（二）缺点

链传动的主要缺点是：在两根平行轴间只能用于同向回转的传动；由于多边形效应，链的瞬时速度、瞬时传动比和链的载荷都不均匀，不适合高速场合，运转时不能保持恒定的瞬时传动比；磨损后易发生跳齿；工作时有噪声；不宜在载荷变化很大和急速反向的传动中应用；制造费用较带传动高。

因此，链传动适用于两轴相距较远，要求平均传动比不变但对瞬时传动比要求不严格，工作环境恶劣（多油、多尘、高温）等场合。

按用途不同，链可分为传动链、输送链和起重链。输送链和起重链主要用在运输和起重机械中，而在一般机械传动中，常用的是传动链。

传动链的主要类型有短齿距精密滚子链（简称滚子链）和齿形链等，其中以滚子链应用最广。本章主要讨论传动链的有关设计问题。

二、传动链的种类

传动链主要有下列几种形式：滚子链和齿形链等。

（一）滚子链

滚子链的结构如图 2-7-2a 所示，由内链板、外链板、销轴、套筒、滚子等组成。内链板与套筒间、外链板与销轴间均为过盈配合，滚子与套筒间、套筒与销轴间则为间隙配合，形成动联接。工作时内、外链节间可以相对挠曲，套筒则绕销轴自由转动。为了减少销轴与套筒间的磨损，在它们之间应进行润滑。滚子活套在套筒外面，啮合时滚子沿链轮齿廓滚动，以减小链条与链轮轮齿间的磨损。内、外链板均制成 8 字形，以使链板各横截面的抗拉强度大致相同，并减小链条的质量及惯性力。

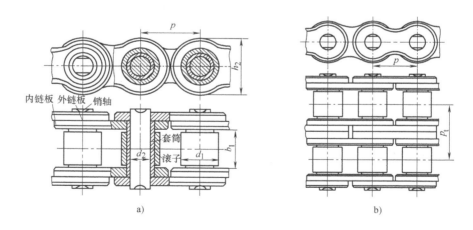

a)   b)

图 2-7-2   滚子链的结构

相邻两销轴中心线间的距离称为节距，用 p 表示，它是链的主要参数。滚子链的节距是指链在拉直的情况下，相邻滚子外圆中心之间的距离。滚子链的基本参数和尺寸见表2-7-1，其中后缀 A 表示 A 系列，适用于以美国为中心的西半球区域（B 系列适用于欧洲区域）。本章介绍我国主要使用的 A 系列滚子链传动的设计。

表 2-7-1 滚子链的基本参数和尺寸（摘自 GB/T 1243—2006）

链 号	节距 p/mm	排距 p_t/mm	滚子外径 d_{1max}/mm	内链节内宽 b_{1min}/mm	销轴直径 d_{2max}/mm	内链板高度 h_{2max}/mm	极限拉伸载荷（单排）Q_{min}/N	每米质量（单排）$q/(kg/m)$
08A	12.70	14.38	7.92	7.85	3.98	12.07	13900	0.60
10A	15.875	18.11	10.16	9.40	5.09	15.09	21800	1.00
12A	19.05	22.78	11.91	12.57	5.96	18.10	31300	1.50
16A	25.40	29.29	15.88	15.75	7.94	24.13	55600	2.60
20A	31.75	35.76	19.05	18.90	9.54	30.17	87000	3.80
24A	38.10	45.44	22.23	25.22	11.11	36.20	125000	5.60
28A	44.45	48.87	25.40	25.22	12.71	42.23	170000	7.50
32A	50.80	58.55	28.58	31.55	14.29	48.26	223000	10.10
40A	63.50	71.55	39.68	37.85	19.85	60.33	347000	16.10
48A	76.20	87.83	47.63	47.35	23.81	72.39	500000	22.60

注：使用过渡链节时，其极限拉伸载荷按表列数值的80%计算。

把一根以上的单列链并列、用长销轴联接起来的链称为多排链，图 2-7-2b 所示为双排链。排数越多，越难使各排受力均匀，故一般不超过 3 或 4 排，4 排以上的传动链可与生产厂家协商制造。当载荷大而要求排数多时，可采用两根或两根以上的双排链或三排链。

为了使链联成封闭环状，链的两端应用联接链节联接起来，联接链节通常有三种形式（图 2-7-3）。当一根链的链节数为偶数时采用联接链节，其形状与链节相同，仅联接链板与销轴为间隙配合，可采用开口销或弹簧夹将接头上的活动销轴固定。当链节总数为奇数时，可采用过渡链节联接。链条受力后，过渡链节的链板除受拉力外，还受附加弯矩，其强度较一般链节低。所以在一般情况下，最好不用奇数链节。但在重载、冲击、反向等繁重条件下工作时，采用全部由过渡链节构成的链，柔性较好，能缓和冲击和振动。

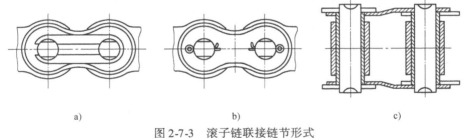

a)   b)   c)

图 2-7-3 滚子链联接链节形式

a）弹簧卡片 b）钢丝锁销 c）过渡链节

标记示例：链号 08A、单排、86 个链节长的滚子链标记为 08A-1×86 GB/T 1243—2006。

（二）齿形链

齿形链由若干组齿形链板交错排列，用铰链相互联接而成，链板两侧工作面为直边，夹角为 60°和 70°两种，靠链板工作面和链轮轮齿的啮合来实现传动。

为了防止齿形链在链轮上沿轴向窜动，齿形链上设有导向装置（图 2-7-4）。导板有内导板和外导板之分。内导板可以较精确地把链定位于适当的位置，故导向性好，工作可靠，适用于高速及重载传动。但链轮轮齿需开出导向槽。用外导板齿形链时，链轮轮齿不需开出导向槽，故链轮结构简单。但导向性差，外导板与销轴铆合处易松脱。

图 2-7-4　齿形链及其导向装置

a）带内导板的　b）带外导板的

由于齿形链的齿形及啮合特点，其传动较平稳，承受冲击性能好，轮齿受力均匀，噪声较小，故又称无声链。它允许较高的链速，特殊设计的齿形链传动最高链速可达 40m/s。但它的结构比滚子链复杂，价格较高，质量较大，所以目前应用较少。

齿形链按铰链结构不同可分为圆销式、轴瓦式和滚柱式三种（表 2-7-2）。与滚子链相比，齿形链传动平稳、无噪声、承受冲击性能好，工作可靠，多用于高速或运动精度要求较高的传动装置中。

表 2-7-2　齿形链铰链形式

结构形式	结构说明	特点
圆销式（简单铰链）	链板用圆柱销铰接，链板孔与销轴为间隙配合	铰链承压面积小，压力大，磨损严重，日渐少用
轴瓦式（衬瓦铰链）	链板销孔两侧有长短扇形槽各一条，相邻链板在同一销轴上左、右间排列。销孔中装入销轴，并在销轴两侧的短槽中嵌入与之紧配的轴瓦。这样由两片轴瓦和一根销轴组成了一个铰链。两相邻链节作相对转动时，左、右轴瓦将各在其长槽中摆动，两轴瓦内表面沿销轴表面滑动	轴瓦长等于链宽，承压面积大，压力小。当铰链内的压力相同时，轴瓦式所能传递的载荷约为圆销式的两倍。但因轴瓦与销轴表面是滑动摩擦，故磨损仍较严重
滚柱式（滚动摩擦铰链）	没有销轴，铰链由两个曲面滚柱组成。曲面滚柱各自固定在相应的链板孔中。当两相邻链节相对转动时，两滚柱工作面作相对滚动	载荷沿全链宽均匀分布，以滚动摩擦代替滑动摩擦，故显著地减小了有害阻力。链节相对转动时，滚动中心变化，实际节距随之变化，可补偿链传动的"多边形效应"

本章仅介绍 A 系列滚子链及其传动的设计。

第二节　滚子链链轮的结构和材料

一、链轮的参数和齿形

（一）链轮的参数

链轮的基本参数：配用链条的节距 p，滚子的最大外径 d_1，排距 p_t 以及齿数 z。链轮的主要尺寸及计算公式见表2-7-3、表2-7-5和表2-7-6。链轮毂孔的直径应小于其最大许用直径 d_{kmax}（表2-7-4）。

表 2-7-3　滚子链链轮主要尺寸　　　　　　　　（单位：mm）

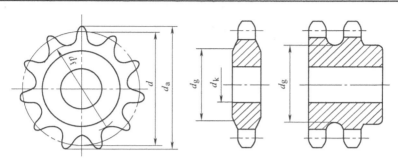

名　　称	代　号	计　算　公　式	备　　注
分度圆直径	d	$d = p/\sin\ (180°/z)$	
齿顶圆直径	d_a	$d_{amax} = d + 1.25p - d_1$ $d_{amin} = d + (1 - 1.6/z)\ p - d_1$ 若为三圆弧一直线齿形，则 $d_a = p\ (0.54 + \cot\ (180°/z))$	可在 d_{amax}、d_{amin} 范围内任意选取，但选用 d_{amax} 时，应考虑采用展成法加工时有发生顶切的可能性
分度圆弦齿高	h_a	$h_{amax} = (0.625 + 0.8/z)\ p - 0.5d_1$ $h_{amin} = 0.5\ (p - d_1)$ 若为三圆弧一直线齿形，则 $h_a = 0.27p$	h_a 是为简化放大齿形图的绘制而引入的辅助尺寸（表2-7-5） h_{amax} 相应于 d_{amax}；h_{amin} 相应于 d_{amin}
齿根圆直径	d_f	$d_f = d - d_1$	
齿侧凸缘（或排间槽）直径	d_g	$d_g \leqslant p\cot\ (180°/z)\ -1.04h_2 - 0.76\text{mm}$	h_2 为内链板高度（表2-7-1）

注：d_a、d_g 值取整数，其他尺寸精确到0.01mm。

表 2-7-4　链轮毂孔最大许用直径 d_{kmax}　　　　　　（单位：mm）

p/mm ＼ z	11	13	15	17	19	21	23	25
8.00	10	13	16	20	25	28	31	34
9.525	11	15	20	24	29	33	37	42
12.70	18	22	28	34	41	47	51	57
15.875	22	30	37	45	51	59	65	73
19.05	27	36	46	53	62	72	80	88
25.40	38	51	61	74	84	95	109	120
31.75	50	64	80	93	108	122	137	152
38.10	60	79	95	112	129	148	165	184
44.45	71	91	111	132	153	175	196	217
50.80	80	105	129	152	177	200	224	249
63.50	103	132	163	193	224	254	278	310
76.20	127	163	201	239	276	311	343	372

· 135 ·

表 2-7-5　滚子链链轮的最大和最小齿槽形状

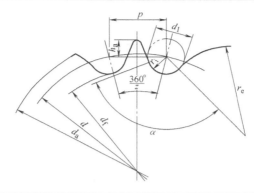

名　称	代号	计 算 公 式	
		最大齿槽形状	最小齿槽形状
齿槽圆弧半径	r_e/mm	$r_{emin} = 0.008d_1\ (z^2 + 180)$	$r_{emax} = 0.12d_1\ (z + 2)$
齿沟圆弧半径	r_i/mm	$r_{imax} = 0.505d_1 + 0.069\sqrt[3]{d_1}$	$r_{imin} = 0.505d_1$
齿沟角	α	$\alpha_{min} = 120° - 90°/z$	$\alpha_{max} = 140° - 90°/z$

表 2-7-6　滚子链链轮轴向齿廓尺寸　　　　　　　　　　（单位：mm）

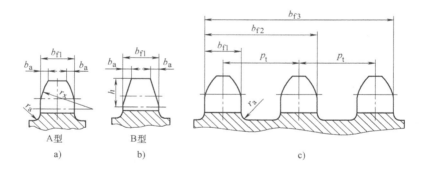

名　称		代号	计 算 公 式		备　注
			$p \leqslant 12.7mm$	$p > 12.7mm$	
齿宽	单排	b_{f1}	$0.93b_1$	$0.95b_1$	$p > 12.7mm$ 时，经制造厂同意，亦可使用 $p \leqslant 12.7mm$ 时的齿宽。b_1 为内链节内宽，见表 2-7-1
	双排、三排		$0.91b_1$	$0.93b_1$	
	四排以上		$0.88b_1$	$0.93b_1$	
齿侧倒角宽		b_a	$b_a = (0.1 \sim 0.15)\ p$		
齿侧倒角半径		r_x	$r_x \geqslant p$		
齿侧凸缘（或排间槽）圆角半径		r_a	$r_a \approx 0.04p$		
链轮齿全宽		b_{fn}	$b_{fn} = (m - 1)\ p_t + b_{f1}$		p_t 为多排链排距，见表 2-7-1 n 为排数
倒角深		h	$h = 0.5p$		仅适用于 B 型

（二）链轮轮齿的齿形

链轮轮齿的齿形应保证链节能自由地进入和退出啮合，在啮合时应保证良好的接触，同时它的形状应尽可能地简单。

滚子链与链轮的啮合属于非共轭啮合，标准只规定链轮的最大齿槽形状和最小齿槽的形状。实际齿槽形状在最大、最小范围内都可用，因而链轮齿廓曲线的几何形状可以有很大的灵活性。常用的齿廓为三圆弧一直线齿形，它由弧 aa、ab、cd 和直线 bc 组成，$abcd$ 为齿廓工作段（图 2-7-5）。因齿形系用标准刀具加工，在链轮工作图中不必画出，只需在图上注明"齿形按 3R GB/T 1243—2006 规定制造"即可。

二、链轮结构与材料

（一）链轮结构

图 2-7-6 所示为几种不同形式的链轮结构。小直径链轮可采用实心式（图 2-7-6a）、腹板式（图 2-7-6b），或将链轮与轴做成一体。链轮的主要失效形式是齿面磨损，所以大链轮最好采用齿圈可以更换的组合式结构（图 2-7-6c），此时齿圈与轮芯可用不同的材料制造。

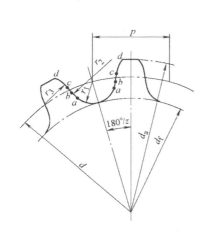

图 2-7-5　链轮轮齿的三圆弧一直线齿槽形状

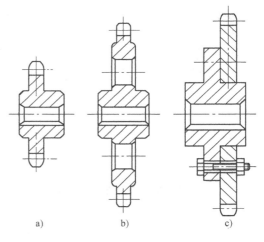

图 2-7-6　链轮结构

（二）链轮材料

链轮的材料应能保证轮齿具有足够的耐磨性和强度。由于小链轮轮齿的啮合次数比大链轮轮齿的啮合次数多，所受冲击也较严重，故小链轮应采用较好的材料制造。

链轮常用的材料和应用范围见表 2-7-7。

表 2-7-7　链轮常用的材料和应用范围

材　　料	热　处　理	热处理后硬度	应　用　范　围
15、20	渗碳、淬火、回火	50～60HRC	$z \leqslant 25$，有冲击载荷的主、从动链轮
35	正火	160～200HBW	$z > 25$ 的主、从动链轮
40、50、45Mn、ZG310-570	淬火、回火	40～50HRC	无剧烈冲击、振动和要求耐磨损的主、从动链轮
15Cr、20Cr	渗碳、淬火、回火	55～60HRC	$z < 30$ 有动载荷及传递较大功率的重要链轮

（续）

材　料	热　处　理	热处理后硬度	应　用　范　围
40Cr、35SiMn、35CrMo	淬火、回火	40～50HRC	要求强度较高和耐磨损的重要链轮
Q235、Q275	焊接后退火	140HBW	中低速、功率不大的较大链轮
普通灰铸铁（不低于HT200）	淬火、回火	260～280HBW	$z > 50$ 的从动链轮及外形复杂或强度要求一般的链轮
夹布胶木	—	—	$P < 6kW$、速度较高、要求传动平稳和噪声小的链轮

第三节　链传动工作情况分析

一、链传动的运动特性分析

（一）平均链速和平均传动比

链传动的运动情况和把带绕在多边形轮子上的情况很相似，链绕在链轮上，链节与相应的链轮轮齿啮合，由于每个链节是刚性的，链节与相应的轮齿啮合后，这一段链条将曲折成正多边形的一部分（图 2-7-7）。该正多边形的边长等于链条的节距 p，边数相当于链轮齿数 z，轮子每转一周，链转过的长度应为 zp，当两链轮转速分别为 n_1 和 n_2 时，平均链速为

$$v_m = v = \frac{z_1 p n_1}{60 \times 1000} = \frac{z_2 p n_2}{60 \times 1000} \tag{2-7-1}$$

利用上式，可求得链传动的平均传动比

$$i_m = i = \frac{n_1}{n_2} = \frac{z_2}{z_1} = 常数 \tag{2-7-2}$$

（二）链传动的运动不均匀性

如图 2-7-7 所示，链轮转动时，绕在链轮上的链条，只有其铰链的销轴 A 的轴心是沿着链轮分度圆（实际应为节圆，本章均用分度圆近似代换）运动的，而链节其余部分的运动轨迹均不在分度圆上。

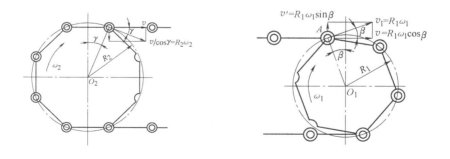

图 2-7-7　链传动的速度分析图 1

为了便于分析，假设紧边在传动时总是处于水平位置，参看图2-7-8。当链节进入主动轮时，其销轴总是随着链轮的转动而不断改变其位置。当位于 β 角的瞬时，若主动链轮以等角速度 ω_1 转动时，该链节的铰链销轴 A 的轴心作等速圆周运动，设以链轮分度圆半径 R_1 近似取代节圆半径，则其圆周速度为 $v_1 = R_1\omega_1$。

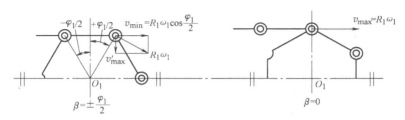

图2-7-8 链传动的速度分析图2

对于主动轮，链速 v 应为销轴圆周速度（$v_1 = R_1\omega_1$）在水平方向的分速度，即

$$v = v_1\cos\beta = R_1\omega_1\cos\beta = \frac{\omega_1 d_1}{2}\cos\beta \qquad (2\text{-}7\text{-}3)$$

垂直方向分速度

$$v' = v_1\sin\beta = R_1\omega_1\sin\beta = \frac{\omega_1 d_1}{2}\sin\beta \qquad (2\text{-}7\text{-}4)$$

式中 v_1——A 点的圆周速度（m/s）；

β——链节进入啮合后某点铰链中心与轮心连线与铅垂线夹角（或铰链中心相对于铅垂线的位置角）。

β 的变化范围：$\beta \in \left(-\dfrac{\varphi_1}{2},\ +\dfrac{\varphi_1}{2}\right)$ 作周期性变化，其中 $\varphi_1 = 360°/z_1$。

当 $\beta = \pm\dfrac{\varphi_1}{2} = \pm\dfrac{180°}{z_1}$ 时，即刚进入与刚退出啮合时

链速
$$v = v_{\min} = R_1\omega_1\cos\frac{\varphi_1}{2} \qquad (2\text{-}7\text{-}5)$$

垂直方向分速度
$$v' = v'_{\max} = R_1\omega_1\sin\frac{\varphi_1}{2} \qquad (2\text{-}7\text{-}6)$$

当 $\beta = 0$（在顶点位置）
链速
$$v = v_{\max} = R_1\omega_1 \qquad (2\text{-}7\text{-}7)$$
垂直方向分速度
$$v' = v'_{\min} = R_1\omega_1\sin\beta = 0 \qquad (2\text{-}7\text{-}8)$$
对于从动轮，由于链速

$$v = R_2\omega_2\cos\gamma = R_1\omega_1\cos\beta \qquad (2\text{-}7\text{-}9)$$

所以从动链轮的角速度为

$$\omega_2 = \frac{v}{R_2\cos\gamma} = \frac{R_1\omega_1\cos\beta}{R_2\cos\gamma} \qquad (2\text{-}7\text{-}10)$$

链传动的瞬时传动比为

$$i_t = \frac{\omega_1}{\omega_2} = \frac{R_2\cos\gamma}{R_1\cos\beta} \neq 常数 \qquad (2\text{-}7\text{-}11)$$

由此可见，主动链轮虽作等角速度回转，而链条前进的瞬时速度却周期性地由小变大，又由大变小。每转过一个链节，链速的变化就重复一次，链轮的节距越大，齿数越少，β 角的变化范围就越大，链速 v 的变化也就越大。与此同时，铰链销轴作上下运动的垂直分速度 v' 也在周期性地变化，导致链沿铅垂方向产生有规律的振动（图2-7-9）。同理，每一链节在与从动链轮轮齿啮合的过程中，链节铰链在从动链轮上的相位角 γ，也不断地在 $\pm 180°/z_2$ 的范围内变化，所以从动链轮的角速度也是变化的。

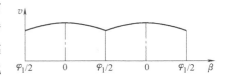

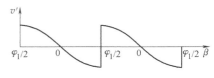

图 2-7-9　链传动速度波动

随着 β 角和 γ 角的不断变化，链传动的瞬时传动比也是不断变化的。只有在 $z_1 = z_2$（即 $R_1 = R_2$），且传动的中心距 a 恰为节距 p 的整数倍时（这时 β 和 γ 角的变化规律才会时时相等），传动比才能在全部啮合过程中保持不变，即恒为1。

上述链传动运动不均匀性的特征，是由于围绕在链轮上的链条形成了正多边形这一特点所造成的，故称为链传动的多边形效应。多边形效应将引起链的动载荷、链的振动及链的过早破坏。链传动的多边形效应是链传动的固有属性，不可消除。

（三）链传动的动载荷

链传动在工作过程中，链条和从动链轮都是作周期性的变速运动，因而造成和从动链轮相连的零件也产生周期性的速度变化，从而引起了动载荷。动载荷的大小与回转零件的质量和加速度的大小有关。链传动在工作时引起动载荷的主要原因是：

1）由于链速和从动链轮的角速度是变化的，从而产生了相应的加速度和角加速度，因此必然引起附加动载荷。链的加速度越大，动载荷也将越大。

链条前进的加速度引起的动载荷 F_{d1} 为

$$F_{d1} = ma_c \tag{2-7-12}$$

式中　m——紧边链条的质量（kg）；

　　　a_c——链条加速度（m/s²）。

$$a_c = \frac{dv}{dt} = -R_1 \omega_1^2 \sin\beta \tag{2-7-13}$$

当 $\beta = \pm\dfrac{\varphi_1}{2} = \pm\dfrac{180°}{z_1}$ 时，$a_{cmax} = \pm\dfrac{\omega_1^2 p}{2}$。

当 $\beta = 0$ 时，$a_{cmin} = 0$。

从动链轮的角加速度引起的动载荷 F_{d2} 为

$$F_{d2} = \frac{J}{R_2}\frac{d\omega_2}{dt} \tag{2-7-14}$$

式中　J——从动系统转化到从动链轮轴上的转动惯量（kg·m²）；

　　　ω_2——从动链轮的角速度（rad/s）；

　　　R_2——从动链轮的分度圆半径（m）。

2）链沿垂直方向分速度 v' 也作周期性的变化，使链产生横向振动，这也是链传动产生动载荷的原因之一。

升降加速度
$$a' = R_1 \omega_1^2 \cos\beta \qquad (2\text{-}7\text{-}15)$$

从上述简单关系可以说明，链轮转速越高、链节距越大、链轮齿数越少（β、γ 的变化范围越大）时动载荷越大。采用较多的链轮齿数和较小的节距对降低动载荷是有利的。

3）当链节进入链轮的瞬间，链节和轮齿以一定的相对速度相啮合（图 2-7-10），从而使链和轮齿受到冲击并产生附加的动载荷。由于链节对轮齿的连续冲击，将使传动产生振动和噪声，并将加速链的损坏和轮齿的磨损，同时增加了能量的消耗。

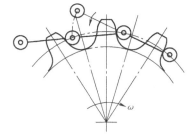

图 2-7-10　链节和链轮啮合时的冲击

链节对轮齿的冲击动能越大，对传动的破坏作用也越大。

根据理论分析，冲击动能为

$$E_k = \frac{1}{2}mv^2 = \frac{1}{2}qp\left(\frac{z_1 p n_1}{60 \times 1000}\right)^2 = \frac{qp^3 n_1^2}{2C^2} \qquad (2\text{-}7\text{-}16)$$

式中　q——单位长度链条的质量（kg/m）；

　　　C——常数，$C = \dfrac{60 \times 1000}{z_1}$。

因此，从减少冲击能量来看，应采用较小的链节距并限制链轮的极限转速。

4）若链张紧不好，链条松弛，在起动、制动、反转、载荷变化等情况下，将产生惯性冲击，使链传动产生很大的动载荷。

二、链传动的受力分析

链传动在安装时应使链条受到一定的张紧力。但链条的张紧力比带传动要小得多。链传动的张紧力主要是为了防止链条的松边过松而影响链条的退出和啮合，产生跳齿和脱链。

（一）链在传动中的主要作用力

（1）工作拉力（有效圆周力）F_e　它取决于传动功率 P 和链速 v，按下式计算

$$F_e = \frac{1000P}{v} \qquad (2\text{-}7\text{-}17)$$

式中　P——传动功率（kW）；

　　　v——链速（m/s）。

（2）离心拉力 F_c　链条运转经过链轮时产生离心拉力 F_c。由于链条的连续性，F_c 作用在链条全长上，按下式计算

$$F_c = qv^2 \qquad (2\text{-}7\text{-}18)$$

式中　q——单位长度链条的质量（kg/m）；

　　　v——链速（m/s）。

（3）垂度拉力 F_f　由于链在工作时有一定的松弛而下垂引起悬垂拉力，作用于链的全长上。F_f 取决于传动的布置形式及链在工作时的许用垂度，垂度 f 越小，F_f 越大。若允许垂度过小，则必须以很大的 F_f 力拉紧，从而增加链的磨损和轴承载荷；若允许垂度过大，

则又会使链和链轮的啮合情况变坏。可按照求悬索拉力的方法求得悬垂拉力（图 2-7-11、图 2-7-12）。

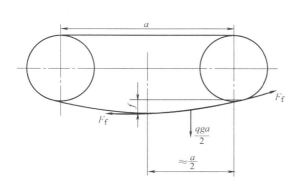

图 2-7-11　链传动的悬垂拉力

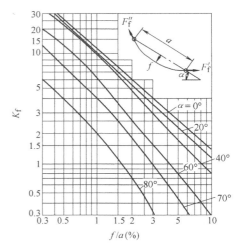

图 2-7-12　悬垂拉力的确定

注：图中 f 为下垂度，α 为两轮中
心线与水平面的夹角。

悬垂拉力为

$$F_f = \max\{F_f', F_f''\} \tag{2-7-19}$$

$$\begin{cases} F_f' = \dfrac{qga^2}{8f} = \dfrac{qga}{8(f/a)} = K_f qga \\ F_f'' = (K_f + \sin\alpha) qga \end{cases} \tag{2-7-20}$$

式中　K_f——垂度系数，$f = 0.02a$ 时的拉力系数（图 2-7-12）；

q——单位长度链条的质量（kg/m），见表 2-7-1；

a——链传动的中心距（m）；

g——重力加速度（m/s²）。

链两边同时张紧的传动是不能用的，否则链和轴承将过度磨损；反之，如果垂度过大，振动和抖动也会导致链的过度磨损或功率的损耗。

（二）链的紧边和松边受到的拉力

紧边拉力为

$$F_1 = F_e + F_c + F_f \tag{2-7-21}$$

松边拉力为

$$F_2 = F_c + F_f \tag{2-7-22}$$

（三）压轴力 F_Q

作用在轴上的载荷可近似地取为

$$F_Q \approx F_e + 2F_f \tag{2-7-23}$$

离心拉力对它没有影响，不应计算在内。又由于垂度拉力不大，故近似取

$$F_Q \approx 1.2 K_A F_e \tag{2-7-24}$$

式中　K_A——工作情况系数，见表 2-7-8。

第四节　滚子链传动的设计计算

一、滚子链传动的主要失效形式

（一）链条的疲劳破坏

链条工作时，链的元件长期受变应力的作用，经过一定的循环次数后，链板将疲劳断裂，滚子表面将出现疲劳裂纹和疲劳点蚀。速度越高，链传动的疲劳损坏就越快。在润滑充分、设计和安装正确的条件下，疲劳破坏通常是主要的失效形式。滚子链在中、低速时，链板首先疲劳断裂；高速时，由于套筒或滚子啮合时所受冲击载荷急剧增加，因而套筒或滚子先于链板产生冲击疲劳破坏。

（二）铰链磨损

当链条的链节进入或退出啮合时，相邻铰链链节发生相对转动，因而在链条的销轴和套筒之间发生相对滑动，使接触面发生磨损，使链条的实际节距增长。啮合点沿链轮齿高方向外移达到一定程度以后，就会破坏链与链轮的正确啮合，容易造成跳齿和脱链的现象（图 2-7-13），使传动失效。对于润滑不良的链传动，磨损往往是主要的失效形式。

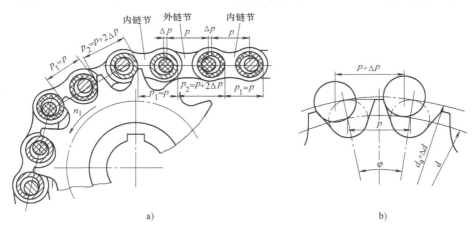

图 2-7-13　铰链磨损后链节距伸长量与节圆外移量之间的关系

（三）铰链胶合

当链轮转速达到一定数值时，链节啮合时受到的冲击能量增大，销轴和套筒间润滑油膜被破坏，使两者的工作表面在很高的温度和压力下直接接触，从而导致胶合。因此，胶合在一定程度上限制了链传动的极限转速。

（四）链条静力拉断

低速（$v < 0.6 \text{m/s}$）时链条过载，或有突然冲击作用时，链的受力超过链的静强度，就会发生过载拉断。

少量的链轮轮齿磨损或塑性变形并不产生严重问题。但当链轮轮齿的磨损和塑性变形超过一定程度后，链的寿命将显著下降。通常，链轮的寿命为链条寿命的 $2 \sim 3$ 倍以上，故链传动的承载能力是以链的强度和寿命为依据的。

二、滚子链传动的承载能力

（一）极限功率曲线

链传动在不同的工作情况下，其主要的失效形式也不同。图 2-7-14a 所示就是链在一定寿命下，小链轮在不同转速下由各种失效形式限定的极限功率曲线。曲线 1 是在良好而充分润滑条件下由磨损破坏限定的极限功率曲线；曲线 2 是在变应力作用下链板疲劳破坏限定的极限功率曲线；曲线 3 是由滚子、套筒冲击疲劳强度限定的极限功率曲线；曲线 4 是由销轴与套筒胶合限定的极限功率曲线；曲线 5 是良好润滑情况下的额定功率曲线，它是设计时实际使用的功率曲线；曲线 6 是润滑条件不好或工作环境恶劣情况下的极限功率曲线，在这种情况下链磨损严重，所能传递的功率比良好润滑情况下的功率低得多。在一定的使用寿命和润滑良好的条件下，链传动的各种失效形式的极限功率曲线如图 2-7-14b 所示。

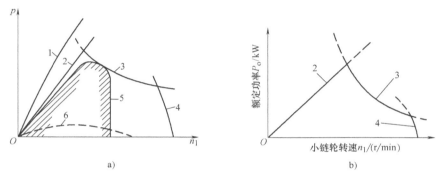

图 2-7-14 滚子链极限功率曲线

（二）额定功率曲线

图 2-7-15 所示为 A 系列滚子链的实用额定功率曲线，其是在图 2-7-14a、b 所示的 2、3、

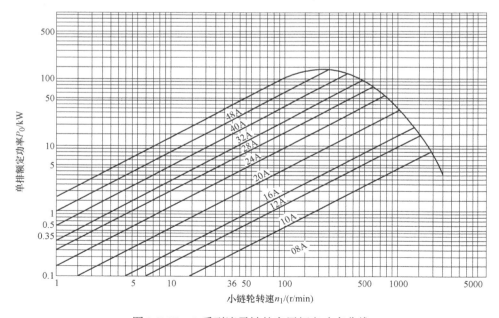

图 2-7-15 A 系列滚子链的实用额定功率曲线

4 曲线基础上作了一些修正得到的，根据小链轮转速 n_1，由此图可查出各种型号的链在链速 $v > 0.6\text{m/s}$ 情况下允许传递的额定功率 P_0。

滚子链的额定功率曲线是在以下标准实验条件下得出的：①主动链轮和从动链轮安装在水平平行轴上；②主动链轮齿数 $z_1 = 25$；③无过渡链节的单排滚子链；④链长 $L_p = 120$ 节（实际链长小于此长度时，使用寿命将按比例减少）；⑤传动减速比 $i = 3$；⑥链条预期使用寿命 15000h；⑦工作环境温度为 $-5 \sim +70℃$；⑧两链轮共面，链条保持规定的张紧度；⑨平稳运转，无过载、冲击或频繁起动；⑩清洁的环境，合适的润滑（按推荐的方式润滑），如图 2-7-16 所示。

当实际情况不符合实验规定的条件时，链传动所传递的功率应修正为当量的单排链的额定功率

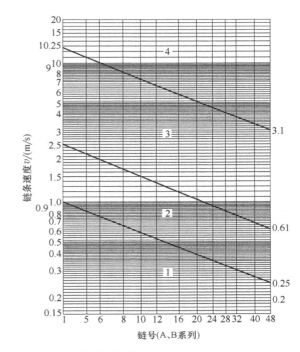

图 2-7-16　链传动的推荐润滑方式（GB/T 18150—2006）
1—人工定期润滑　2—滴油润滑　3—油浴或飞溅润滑　4—压力喷油润滑

$$P_0' = \frac{K_A K_z}{K_p} P \qquad (2\text{-}7\text{-}25)$$

式中　K_A——工作情况系数，见表 2-7-8；
　　　K_z——小链轮齿数系数（图 2-7-17）；
　　　K_p——多排链系数，见表 2-7-9；
　　　P——链传动所传递的功率（kW）。

表 2-7-8　工作情况系数 K_A

从动机械特性		主动机械特性		
		平稳运转	轻微振动	中等振动
		电动机、汽轮机和燃气轮机、带有液力变矩器的内燃机	带机械联轴器的六缸或六缸以上内燃机、经常起动的电动机（一日两次以上）	带机械联轴器的六缸以下内燃机
平稳运转	离心式的泵和压缩机、印刷机械、均匀加料的带式输送机、纸张压光机、自动扶梯、液体搅拌机和混料机、回转干燥炉、风机	1.0	1.1	1.3

（续）

从动机械特性		主动机械特性		
		平稳运转	轻微振动	中等振动
		电动机、汽轮机和燃气轮机、带有液力变矩器的内燃机	带机械联轴器的六缸或六缸以上内燃机、经常起动的电动机（一日两次以上）	带机械联轴器的六缸以下内燃机
中等振动	三缸或三缸以上的往复式泵和压缩机、混凝土搅拌机、载荷非恒定的输送机、固体搅拌机和混料机	1.4	1.5	1.7
严重振动	刨煤机、电铲、轧机、球磨机、橡胶加工机械、压力机、剪床、单缸或双缸的泵和压缩机、石油钻机	1.8	1.9	2.1

表 2-7-9　多排链系数 K_p

排数	1	2	3	4	5	6
K_p	1.0	1.7	2.5	3.3	4.0	4.6

三、滚子链传动主要参数的选择

（一）传动比 i

链传动的传动比一般 $i \leqslant 6$，推荐 $i = 2 \sim 3.5$。当 $v < 2\mathrm{m/s}$ 且载荷平稳时，i 允许到 10（个别情况可到 15）。如果传动比过大，则链包在小链轮上的包角过小，啮合的齿数太少，这将加速轮齿的磨损，容易出现跳齿，破坏正常啮合，并使传动外廓尺寸增大。通常包角最好不小于 120°，传动比在 3 左右。

（二）链轮齿数

链轮齿数的多少对传动的平稳性和使用寿命均有很大的影响。链轮齿数不宜过少或过多。

对于小链轮而言，齿数 z_1 过少时：①增加传动的不均匀性和动载荷；②增加链节间的相对转角，从而增大功率损耗；③增加铰链承压面间的压强（因齿数少时，链轮直径小，链的工作拉力将增加），从而加速铰链磨损等。

从增加传动均匀性和减少动载荷考虑，小链轮齿数宜适当多些。在动力传动中小链轮的

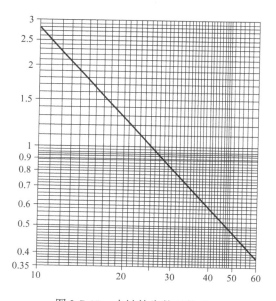

图 2-7-17　小链轮齿数系数 K_z

最少齿数推荐见表2-7-10。

表 2-7-10 滚子链小链轮齿数 z_1 选择

链速 v/(m/s)	0.6 ~ 3	3 ~ 8	>8	>25
z_1	≥17	≥21	≥25	≥35

对于大链轮而言，虽然增加小链轮齿数对传动有利，但如 z_1 选得太大时，大链轮齿数 z_2 将更大，除增大了传动的尺寸和质量外，还易发生跳齿和脱链，使链条寿命降低。

链轮齿数太多将缩短链的使用寿命。由图 2-7-13 可知，链节磨损后，套筒和滚子都被磨薄而且中心偏移。这时，链与轮齿实际啮合的节距将由 p 增至 $p + \Delta p$，链节势必沿着轮齿廓向外移，链轮节圆直径的增量为 $\Delta d = \Delta p / \sin(180°/z)$，因而分度圆直径将由 d 增至 $d + \Delta d$。若 Δp 不变，则链轮齿数越多，所需的分度圆直径的增量 Δd 就越大。链节越向外移，链从链轮上脱落下来的可能性也就越大，链的使用期限也就越短。因此，链轮最多齿数限制为 $z_{\max} = 150$，一般不大于 114。

所以链轮齿数的取值范围为 $17 \leqslant z \leqslant 150$。从限制大链轮齿数和减少传动尺寸考虑，传动比大的链传动建议选取较少的链轮齿数。当链速很低时，允许最少齿数为 9。

在选取链轮齿数时，应同时考虑到均匀磨损的问题。由于链节数多选用偶数，所以链轮齿数最好选与链节数互质的数或不能整除链节数的数。

（三）选定链的型号，确定链节距和链排数

链的节距大小反映了链节和链轮齿的各部分尺寸的大小，链节距越大，链和链轮齿各部分的尺寸也越大，在一定条件下链的拉曳能力也越大，但传动的多边形效应增大，于是速度不均匀性、动载荷、噪声等都将增加。因此设计时，在承载能力足够的条件下，应选取较小节距的单排链；高速重载时，可选用小节距的多排链。载荷大、中心距小、传动比大时，一般选小节距多排链；若速度不太高、中心距大、传动比小时，则可选大节距单排链。

若已知传递功率 P 和转速 n_1，根据式（2-7-25）计算出当量的单排链的额定功率 P_0'，由图 2-7-15 选取链型号，确定节距 p。

（四）链节数 L_p 和链传动中心距 a

中心距过小，链速不变时，单位时间内链条绕转次数增多，链条曲伸次数和应力循环次数增多，因而加剧了链节距的磨损和疲劳。同时，由于中心距小，链条在小链轮上的包角变小，在包角范围内，每个轮齿所受载荷增大，且容易出现跳齿和脱链现象；若中心距大、链较长，则弹性较好，抗振能力较高，又因磨损较慢，所以链的使用寿命较长。但中心距过大，会引起从动边垂度过大，传动时造成松边颤动。因此在设计时，若中心距不受其他条件限制，一般可初选 $a_0 = (30 \sim 50)p$，最大取 $a_{0\max} = 80p$。当有张紧装置或托板时，a_0 可大于 $80p$。

链的长度常用链节数 L_p 表示，$L_p = L/p$，L 为链长。链节数的计算公式为

$$L_p = \frac{L}{p} = \frac{z_1 + z_2}{2} + \frac{2a_0}{p} + \left(\frac{z_2 - z_1}{2\pi}\right)^2 \frac{p}{a_0} \tag{2-7-26}$$

计算出的 L_p 值应圆整为相近的整数，而且最好为偶数，以免使用过渡链节。根据圆整

后的链节数，链传动的理论中心距为

$$a = \frac{p}{4}\left[\left(L_P - \frac{z_1 + z_2}{2}\right) + \sqrt{\left(L_P - \frac{z_1 + z_2}{2}\right)^2 - 8\left(\frac{z_2 - z_1}{2\pi}\right)^2}\right]$$ （2-7-27）

为了保证链条松边有一个合适的安装垂度 f，实际中心距应比理论中心距小一些。即

$$a' = a - \Delta a$$ （2-7-28）

理论中心距 a 的减小量 $\Delta a = (0.002 \sim 0.004)a$，对于中心距可调的链传动，$\Delta a$ 可取大值；对于中心距不可调和没有张紧装置的链传动，则 Δa 应取较小值。当链条磨损后，链节增长，垂度过大时，将引起啮合不良和链的振动。为了在工作过程中能适当调整垂度，一般将中心距设计成可调的，调整范围 $\Delta a \geq 2p$，松边垂度 $f = (0.01 \sim 0.02)a$。当无张紧装置，而中心距又不可调时，必须精算中心距 a。

（五）链速及润滑方式

链速的提高受到动载荷的限制，所以一般最好不超过 12m/s。如果链和链轮的制造质量很高，链节距较小，链轮齿数较多，安装精度很高，以及采用合金钢制造的链，则链速最高可达 40m/s。

根据链速 v，由图 2-7-16 选择合适的润滑方式。

（六）小链轮毂孔最大直径

根据小链轮的节距和齿数由表 2-7-4 确定链轮毂孔的最大直径 d_{kmax}，若 d_{kmax} 小于安装链轮处的轴径，则应重新选择链传动的参数（增大 z_1 或 p）。

（七）低速链传动的静力强度计算

对于链速 $v < 0.6$m/s 的低速链传动，因抗拉静力强度不够而破坏的几率很大，故常按下式进行抗拉静力强度计算。

计算安全系数

$$S_{ca} = \frac{Q_{min}m}{K_A(F_e + F_c + F_f)} \geq 4 \sim 8$$ （2-7-29）

式中 Q_{min}——单排链的极限拉伸载荷（kN），见表 2-7-1；

       m——链的排数；

       K_A——工作情况系数，见表 2-7-8；

       F_e——工作拉力（有效圆周力）（kN）；

       F_c——离心拉力（kN）；

       F_f——垂度拉力（kN）。

第五节 链传动的布置、张紧和润滑

一、链传动的布置

链传动一般应布置在铅垂平面内，尽可能避免布置在水平面或倾斜平面内。如确有需要，则应考虑加托板或张紧轮等装置，并且设计较紧凑的中心距。

链传动的布置应考虑表 2-7-11 中提出的一些布置原则。

表 2-7-11 链传动的布置

传动参数	正确布置	不正确布置	说 明
$i=2\sim3$ $a=(30\sim50)p$ （i 与 a 较佳场合）	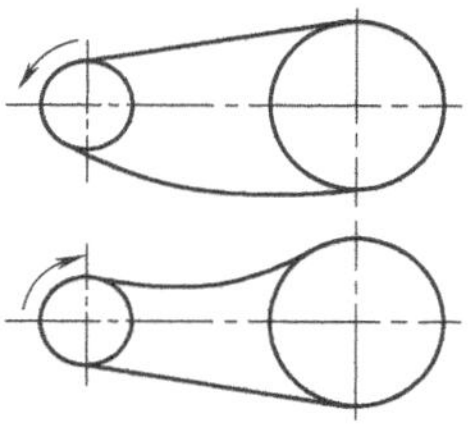		传动比和中心距中等大小 两轮轴线在同一水平面，紧边在上、在下都可以，但在上好些
$i>2$ $a<30p$ （i 大 a 小场合）	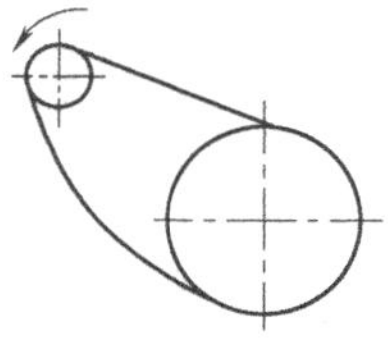	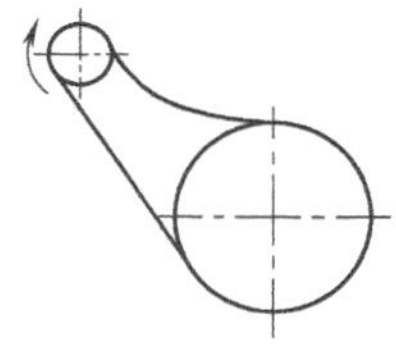	中心距较小 两轮轴线不在同一水平面，松边应在下面，否则松边下垂量增大后，链条易与链轮卡死
$i>1.5$ $a>60p$ （i 小 a 大场合）	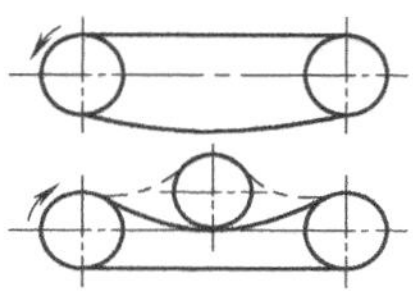	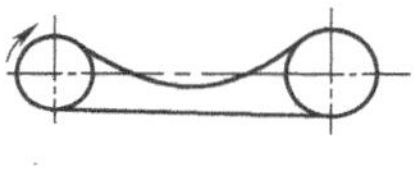	传动比小，中心距较大 两轮轴线在同一水平面，松边应在下面，否则松边下垂量增大后，松边会与紧边相碰，需经常调整中心距
i、a 为任意值 （垂直传动场合）	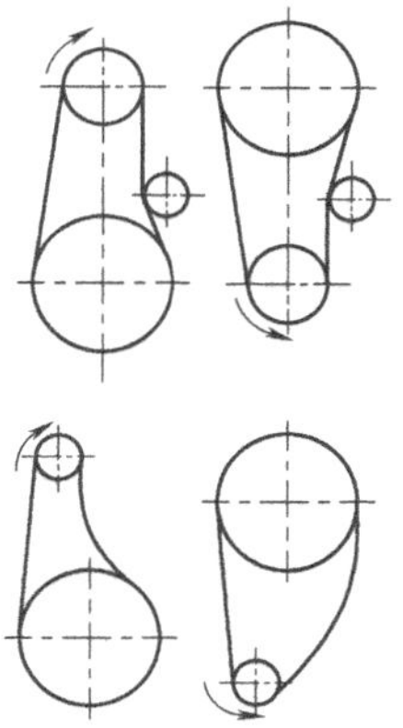	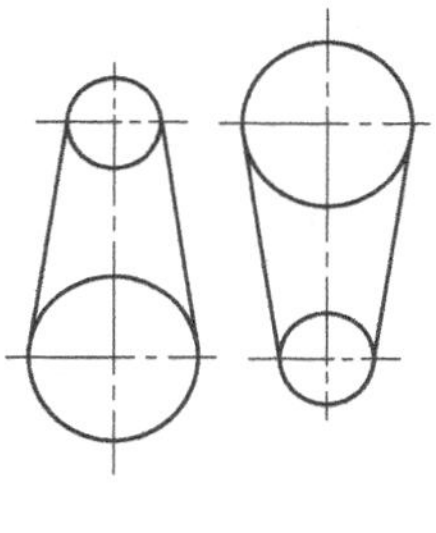	两轮轴线在同一铅垂面内，经过使用，链节距加大，链下垂量增大，会减少下链轮的有效啮合齿数，降低传动能力。为此应采用： 1）中心距可调 2）设张紧装置 3）上、下两轮偏置，使两轮的轴线不在同一铅垂面内

二、链传动的张紧

链传动中如果松边垂度过大，将引起啮合不良和链条振动现象，所以链传动张紧的目的和带传动不同，张紧力并不决定链的工作能力，而只是决定垂度的大小。链传动张紧的目的主要是为了避免垂度太大时的啮合不良和链条振动，同时也为了增加链条和链轮的啮合角。

常见的链传动的张紧方法有增大中心距、加张紧装置或在链条磨损后从中去掉一两个链节。当链传动的中心距可调整时，可通过调整中心距张紧；当中心距不可调时，可通过设置张紧轮张紧。

调整中心距的方法与带传动一样。用张紧轮时，张紧轮应装在松边上靠近主动链轮的地方。所用张紧装置为带齿链轮、不带齿的滚轮、压板或托板，如图 2-7-18 所示。不论是带齿的还是不带齿的张紧轮,其分度圆直径最好与小链轮的分度圆直径相近。不带齿的张紧轮可以用夹布胶木制成,宽度应比链约宽 5mm。张紧装置有自动张紧和定期调整两种。前者多用弹簧、吊重等自动张紧装置(图 2-7-18a、b),后者可用螺旋、偏心等调整装置(图 2-7-18c、d)。中心距大的链传动用托板控制垂度更为合理(图 2-7-18e)。

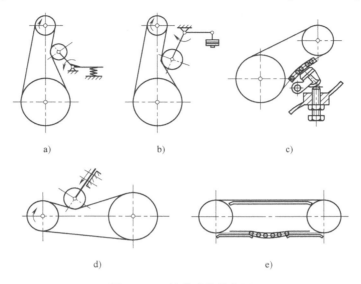

图 2-7-18　链传动张紧装置

三、链传动的润滑

链条的润滑对链条的寿命和工作性能的影响很大。链传动的润滑十分重要,对高速重载的链传动更重要。良好的润滑可缓和链节和链轮的冲击、减轻磨损,又能防止铰链内部工作温度过高、延长链条的使用寿命。

开式链传动和不易润滑的链传动,可定期拆下用煤油清洗,干燥后浸入 70 ~ 80℃ 的润滑油中,在铰链间隙中充满油后再安装使用。闭式链传动的推荐润滑方式如图 2-7-16 所示,滚子链的润滑方法和供油量见表 2-7-12。

表 2-7-12　滚子链的润滑方法和供油量

润滑方式	润 滑 方 法	供 油 量
人工润滑	用刷子或油壶定期在链条松边内、外链板间隙中注油	每班注油一次
滴油润滑	装有简单外壳,用油杯滴油	单排链,每分钟供油 5 ~ 20 滴,速度高时取大值
油浴供油	采用不漏油的外壳,使链条从油槽中通过	一般浸油深度为 6 ~ 12mm。链条浸入油面过深,搅油损失大,油易发热变质
飞溅润滑	采用不漏油的外壳,在链轮侧边安装甩油盘,飞溅润滑。甩油盘圆周速度 $v > 3\mathrm{m/s}$。当链条宽度大于 125mm 时,链轮两侧各装一个甩油盘	甩油盘浸油深度为 12 ~ 35mm
压力供油	采用不漏油的外壳,液压泵强制供油,喷油管口设在链条啮入处,循环油可起冷却作用	每个喷油口供油量可根据链节距及链速大小查阅有关手册

润滑油推荐采用牌号为 L-AN32、L-AN46、L-AN68 的全损耗系统用油。温度低时取 L-AN32。对于开式及重载、低速传动，可在润滑油中加入 MoS_2、WS_2 等添加剂。对于转速很慢且用润滑油不便的场合，允许涂抹润滑脂，但应定期清洗与涂抹。

润滑时，应设法将油注入链活动关节间的缝隙中，并均匀分布在链宽上。润滑油应加在松边上，因这时链节处于松弛状态，润滑油容易进入各摩擦面之间。

采用喷镀塑料的套筒或粉末冶金的含油套筒，因有自润滑作用，允许不另加润滑油。

为了工作安全、保持环境清洁、防止灰尘侵入、减小噪声以及润滑需要等原因，链传动常用铸造或焊接护罩封闭。兼作油池的护罩应设置油面指示器、注油孔、排油孔等。传动功率较大和转速较高的链传动，常采用落地式链条箱。

例 设计拖动某带式运输机用的链传动。已知电动机功率 $P = 10kW$，转速 $n_1 = 970r/min$，传动比 $i = 3$，电动机轴径 $D = 50mm$，载荷平稳，链传动中心距不大于 780mm（水平布置）。

解

步骤	计算内容	计算公式及参数选择	计算结果
1	选择链轮齿数 z_1、z_2	假定链速 $v = 3 \sim 8m/s$ 由表 2-7-10 选取小链轮齿数 $z_1 = 21$ 从动链轮齿数 $z_2 = iz_1 = 3 \times 21 = 63$	$z_1 = 21$ $z_2 = 63$
2	计算当量额定功率 P_0'	由表 2-7-8 查得 $K_A = 1.0$ 由图 2-7-17 查得小链轮齿数系数 $K_z = 1.21$ 选单排链，由表 2-7-9 查得排数系数 $K_p = 1.0$ 由式（2-7-25）计算 $P_0' = \dfrac{K_A K_z}{K_p} P = 12.1kW$	$P_0' = 12.1kW$
3	选择链型号、确定链条的节距 p	根据 $n_1 = 970r/min$ 以及所需要的额定功率 P_0 查图 2-7-15，选择链号为 12A 的单排链 由表 2-7-1 查得 $p = 19.05mm$	$p = 19.05mm$
4	确定链条的链节数 L_p	初选 $a_0 = 40p$ 由式（2-7-26）计算链节数 $L_p = \dfrac{L}{p} = \dfrac{z_1 + z_2}{2} + \dfrac{2a_0}{p} + \left(\dfrac{z_2 - z_1}{2\pi}\right)^2 \dfrac{p}{a_0} = 123.12$ 节	$L_p = 124$ 节
5	确定链长 L 及中心距 a	因为 $L_p = L/p$，所以链长 $L = L_p \times p = 19.05mm \times 124 = 2.36m$ 由式（2-7-27）计算链传动的理论中心距为 $a = \dfrac{p}{4}\left[\left(L_p - \dfrac{z_2 + z_1}{2}\right) + \sqrt{\left(L_p - \dfrac{z_2 + z_1}{2}\right)^2 - 8\left(\dfrac{z_2 - z_1}{2\pi}\right)^2}\right] \approx 770mm$ 理论中心距 a 的减小量 $\quad \Delta a = (0.002 \sim 0.004) a = 1.54 \sim 3.08mm$ 由式（2-7-28）计算实际中心距 $\quad a' = a - \Delta a = 768.46 \sim 766.92mm$ 取 $a' = 767mm$，小于 780mm，符合题意	$L = 2.36m$ $a' = 767mm$ 中心距合适
6	验算链速 v	由式（2-7-1）计算链速 $v = \dfrac{z_1 p n_1}{60 \times 1000} = \dfrac{z_2 p n_2}{60 \times 1000} = 6.47m/s$ 与假设相符。根据图 2-7-16 选用油浴或飞溅润滑	$v = 6.47m/s$ 合适

（续）

步　骤	计算内容	计算公式及参数选择	计算结果
7	验算小链轮轮毂孔径 d_k	查表 2-7-4 得，小链轮轮毂孔许用最大直径 $d_{kmax}=72mm$，大于电动机轴径 $D=50mm$，故合适	合适
8	计算压轴力 F_Q	由式（2-7-17）计算工作拉力 $F_e=\dfrac{1000P}{v}=1545.60N$ 由式（2-7-24）计算压轴力 $F_Q \approx 1.2K_A F_e=1854.72N$	$F_Q=1854.72N$
9	链轮结构设计（略）	做习题时要求进行链轮的结构设计	

知识拓展

　　链传动作为一种机械传动的基本形式，它的历史可以追溯到三千多年以前。远在我国夏商时期，马匹衔具上早已使用环链，其他青铜器和玉器上也有用链条作为装饰的，西安出土的秦代铜车顿时，有非常精巧的金属链条，但这都不可以算是链传动。作为动力传动的链条，出现在东汉期间。而链条作为输送元件出现，最早是在输水工具上，东汉时毕岚率先创造翻车，用以引水，这能够看作是一种链传动。到了宋代，苏颂制造的水运仪象台上，出现了一种"天梯"，实际上是一种铁链条，下横轴经过"天梯"驱动上横轴，从而构成了真正的链传动。

　　"链条"一词源于拉丁语的"串"。现代链条的发展在欧洲文艺复兴时期之后，达·芬奇是提出现代链条结构的先驱。法国的伽尔在 1832 年发明了销轴链，英国的杰姆斯·斯莱泰在 1864 年发明了无套筒滚子链，但是真正达到现代链条结构设计水平的还是英国的汉斯·雷诺，1880 年他对链条结构进行深入研究，设计成现今广泛使用的套筒滚子链。

　　1885 年汉斯·雷诺又发明了应用在蒸汽机上的圆销式齿形链。19 世纪 40 年代末期，随着人们对链条认识的不断深入，美国 Morse 公司改进齿形链的铰链结构，将传统的滑动摩擦改为滚动摩擦，实现了齿形链性能上质的飞跃，发展成为现今具有变节距性能的滚销式齿形链，使承载能力有了很大的提高。这种适用于高速重载的变节距齿形链也称为 Hy-Vo 链。Hy 表示高速（High velocity），Vo 表示链轮齿形为渐开线齿廓（Involute）。

　　按销轴形状的不同，齿形链主要分为圆销式齿形链和滚销式齿形链。按啮合机制的不同，又分为外啮合圆销式或滚销式齿形链、内啮合圆销式或滚销式齿形链、内-外复合啮合圆销式或滚销式齿形链等。现代高速齿形链产品，生产技术含量高，制造难度大，仅有美国 Morse 和 Ramsey、日本 D. I. D 和椿本、德国 IWIS 等少数发达国家的技术公司或企业能生产，其产品占领了主要市场。

　　目前，行业前沿技术研究项目有：链条磨损失效机理的研究，销轴表面硬化、渗铬、渗硼工艺的研究，变节距齿形链的正确啮合机理的研究，低噪声、耐高温链条的研究，提高传动链在高速下滚子、套筒冲击疲劳性的研究，套筒定向装配技术的研究等。其中变节距齿形链的正确啮合机理、耐高温链条等研究工作已有重大突破。

文献阅读指南

　　本章主要介绍了滚子链传动的设计计算、齿形链传动的设计计算，可参阅《机械设计手册》（新版）第 2 卷第 14 篇第 2 章链传动的相关内容。

有关齿形链传动可参阅孟繁忠所著的《齿形链啮合原理》（北京：机械工业出版社，2008）。

 学习指导

一、本章主要内容

本章的重点内容是：链传动的运动特性、滚子链传动的设计计算。

二、本章学习要求

1）了解链传动的工作原理、特点及应用。
2）了解滚子链的标准、规格及链轮结构特点。
3）掌握滚子链传动的设计计算方法。
4）对齿形链的结构特点以及链传动的布置、张紧和润滑等方面有一定的了解。

思 考 题

2.7.1　为什么在自行车中都采用链传动，而不用带传动？与带传动和齿轮传动比较，链传动有何特点？

2.7.2　在多级传动中（包含带、链和齿轮传动），链传动布置在哪一级较合适？为什么？

2.7.3　什么是链传动的运动不均匀性？其产生的原因和影响不均匀性的主要因素是什么？

2.7.4　链传动中，由于磨损引起的链节距 p 伸长而导致的脱链，是先发生在小链轮上还是先发生在大链轮上？为什么？

2.7.5　链传动的主要失效形式有哪些？链传动设计中链轮齿数、链节距和传动中心距的选取原则是什么？

习 题

2.7.1　有一滚子链传动，水平布置，采用10A单排滚子链，小链轮齿数 $z_1 = 18$，大链轮齿数 $z_2 = 60$，中心距 $a \approx 730mm$，小链轮转速 $n_1 = 730r/min$，电动机驱动，载荷平稳。试计算：链节数；链传动能传递的功率；链的紧边拉力；作用在轴上的压力。

2.7.2　设计一输送装置用的滚子链传动，已知：传递的功率 $P = 12kW$，主动链轮转速 $n_1 = 960r/min$，从动链轮转速 $n_2 = 300r/min$。传动由电动机驱动，载荷平稳。

2.7.3　一双排滚子链传动，已知：传递的功率 $P = 2kW$，传动中心距 $a = 500mm$，采用链号为10A的滚子链，主动链轮 $n_1 = 130r/min$，$z_1 = 17$，电动机驱动，中等冲击载荷，水平布置，静强度安全系数为7，试校核此链传动的强度。

习题参考答案

2.7.1　$L_P = 132$；$P = 5kW$；$F_1 = 1485.28N$；$F_Q = 1721.14N$。

　　　　（取 $K_z = 1.42$，$P_0 = 7.2kW$，$f/a = 0.02$，$K_f = 5$）

2.7.2　略。

2.7.3　略。

第八章

齿 轮 传 动

第一节 概 述

齿轮传动是机械传动中最重要的传动之一，应用范围很广，传递功率可高达 10^5 kW，圆周速度可达 200m/s，最高 300m/s。

与其他机械传动相比，齿轮传动的主要特点有：工作可靠，使用寿命长；瞬时传动比是常数；传动效率高；结构紧凑。但齿轮传动的制造及安装精度要求高，成本较高，且不宜用于传动距离过大的场合。

齿轮传动按工作条件可做成开式、半开式及闭式传动。齿轮完全暴露在外面的称为开式齿轮传动，这种传动杂物极易侵入，润滑不良，故工作条件不好，轮齿容易磨损，只宜用于低速传动。当齿轮传动装有简单的防护罩，有时把大齿轮部分浸入油池中时，这种传动称为半开式齿轮传动。当齿轮传动装在经过精确加工且封闭严密的箱体中时称为闭式齿轮传动，闭式齿轮传动润滑及防护条件最好，多用于重要场合。

第二节 齿轮传动的失效形式及设计准则

一、失效形式

一般齿轮传动的失效主要是轮齿的失效，其失效形式多种多样，主要有：轮齿折断、齿面点蚀、齿面胶合、齿面磨粒磨损及齿面塑性变形。

（一）轮齿折断

轮齿折断一般发生在齿根部位。轮齿折断有多种形式，在正常工作下，主要有两种：一种是由多次重复的弯曲应力和应力集中造成的疲劳折断；另一种是由短时过载或冲击载荷产生的过载折断。两种折断均起始于轮齿受拉的一侧。

齿宽较小的直齿圆柱齿轮，齿根裂纹一般是从齿根沿着横向扩展，发生全齿折断（图2-8-1）。齿宽较大的直齿圆柱齿轮常因载荷集中在齿的一端，斜齿圆柱齿轮和人字齿轮常因接触线是倾斜的，载荷有时会作用在一端齿顶上，故裂纹往往是从齿根斜向齿顶的方向扩展，发生轮齿局部折断（图2-8-2）。

提高轮齿的抗折断能力，可采用以下措施：①增大齿根过渡圆角半径；②降低表面粗糙度值；③减轻加工损伤；④采用表面强化处理等。

（二）齿面点蚀（齿面接触疲劳磨损）

点蚀是润滑良好的闭式齿轮传动中常见的失效形式。所谓点蚀，是指齿面材料在变化的接触应力作用下，由于疲劳而产生的麻点状损伤现象（图2-8-3）。

图2-8-1　轮齿全齿折断　　　　　　　图2-8-2　轮齿局部折断

轮齿在啮合过程中，齿面间的相对滑动起着形成润滑油膜的作用。当轮齿在靠近节线处啮合时，相对滑动速度低，形成油膜的条件差，润滑不良，摩擦力较大，因此点蚀首先出现在靠近节线的齿根面上，然后再向其他方向扩展。

实践证明：润滑油粘度越低，越易渗入裂纹，点蚀扩展越快。所以对速度不高的齿轮传动，宜用粘度高一些的润滑油；对速度较高的齿轮传动（如圆周速度 > 12m/s），要用喷油润滑，此时宜用粘度低的润滑油。

开式齿轮传动中，由于齿面磨损较快，很少出现点蚀。

提高齿面接触疲劳强度，防止或减轻点蚀的主要措施有：①提高齿面硬度，降低表面粗糙度值；②在许可范围内采用大的变位系数和，以增大综合曲率半径；③采用粘度较高的润滑油；④减小动载荷等。

（三）齿面胶合

胶合是比较严重的粘着磨损。高速重载的齿轮传动，齿面间的压力大，滑动速度高，产生的瞬时温度高会使油膜破裂，造成齿面间的粘焊现象，而此时两齿面又在作相对滑动，粘焊处被撕脱后，轮齿表面沿滑动方向形成沟痕，称为胶合（图2-8-4）。低速重载传动虽不易形成油膜，摩擦热不大，但也可能因重载而出现冷焊粘着。

图2-8-3　齿面点蚀　　　　　　　　　图2-8-4　齿面胶合

防止或减轻齿面胶合的主要措施有：①采用角度变位齿轮传动以降低啮合开始和终了时的滑动系数；②减小模数和齿高以降低滑动速度；③采用抗胶合能力强的润滑油，在润滑油中加入极压添加剂；④材料相同时，使大、小齿轮保持适当的硬度差；⑤提高齿面硬度，降低表面粗糙度值等。

（四）齿面磨粒磨损

当啮合齿面间落入磨料性物质（如砂粒、铁屑等）时，较软齿面易被划伤而产生齿面磨粒磨损（图2-8-5）。磨损后，正确齿形被破坏，齿厚减薄，最后导致轮齿因强度不足而折断。

齿面磨粒磨损是开式齿轮传动的主要失效形式之一。改用闭式齿轮传动是避免齿面磨粒磨损最有效的方法。对闭式齿轮传动，减轻或防止齿面磨粒磨损的主要措施有：①提高齿面硬度，降低表面粗糙度值；②降低滑动系数；③注意润滑油的清洁和定期更换等。

（五）齿面塑性变形

齿面塑性变形属于轮齿永久变形的一种失效形式。齿轮传动啮合时齿面相对滑动速度方向在节点处发生改变。因此，在主动轮齿面的节线两侧，齿顶和齿根的摩擦力方向相背，在节线附近形成凹槽；从动轮则相反，由于摩擦力方向相对，因此在节线附近形成凸脊（图2-8-6）。齿面塑性变形一般发生在硬度低的齿面上；但在重载作用下，硬度高的齿面上也会出现塑性变形。

图2-8-5 齿面磨粒磨损

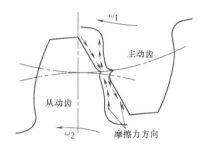

图2-8-6 齿面塑性变形

减轻或防止齿面塑性变形的主要措施有：①适当提高齿面硬度；②采用高粘度的或加有极压添加剂的润滑油等。

二、设计准则

齿轮传动的设计准则由失效形式决定。

闭式齿轮传动中，主要失效形式是轮齿折断、齿面点蚀和齿面胶合。目前，一般只进行齿根弯曲疲劳强度和齿面接触疲劳强度计算；当有短时过载时，还应进行静强度计算；对于高速大功率的齿轮传动，还应进行抗胶合计算。

开式齿轮传动中，主要失效形式是轮齿折断和磨粒磨损。磨损尚无完善的计算方法，故目前只进行齿根弯曲疲劳强度计算，并适当加大模数以考虑磨粒磨损的影响；有短时过载时，仍应进行静强度计算。

第三节 齿轮的材料

由齿轮的失效形式可知，齿轮材料应具备下列条件：齿面具有较高的抗磨损、抗点蚀、抗胶合及抗塑性变形的能力；齿根具有较高的抗折断的能力。因此，对齿轮材料性能的基本要求是：齿面要硬，齿芯要韧。

常用的齿轮材料有：

一、锻钢

制造齿轮的锻钢按热处理方式和齿面硬度不同分为：

（一）软齿面齿轮 （≤350HBS）

这类齿轮的轮齿是在热处理（调质或正火）后进行精加工的（切削加工），切制后即为成品。其精度一般为 8 级，精切时可达 7 级。

（二）硬齿面齿轮 （>350HBS）

这类齿轮的轮齿是在精加工后进行最终热处理的（淬火、表面淬火等），其轮齿不可避免地会产生变形，必要时可用磨削或研磨的方法加以消除。其精度可达 5 级或 4 级。

二、铸钢

当齿轮较大（一般 $d = 400 \sim 600$mm）而轮坯不宜锻出时，可采用铸钢齿轮。常用的铸钢有 ZG310-570、ZG340-640 等。钢铸件由于铸造时收缩性大、内应力大，故应进行正火或回火处理以消除其内应力。

三、铸铁及球墨铸铁

普通灰铸铁的铸造性能和切削性能好，价格低廉，抗点蚀和抗胶合能力强，但抗弯强度低、冲击韧性差，常用于工作平稳、速度较低、功率不大的场合。铸铁中石墨有自润滑作用，尤其适用于开式传动。常用牌号有 HT200 ~ HT350。

球墨铸铁的力学性能和抗冲击性能远高于灰铸铁，可替代某些调质钢制作大齿轮。常用牌号有 QT500-7、QT600-3。

四、非金属材料

对高速、轻载及精度要求不高的齿轮传动，可采用非金属材料（夹布胶木、尼龙等）制成小齿轮，以降低噪声。由于非金属材料的导热性差，与其啮合配对的大齿轮仍应采用钢或铸铁制造，以利于散热。

常用齿轮材料及其力学性能见表 2-8-1。

表 2-8-1 常用齿轮材料及其力学性能

$S > C$

材料	热处理种类	截面尺寸/mm		力学性能		硬度	
		直径 d	壁厚 S	σ_b/MPa	σ_s/MPa	HBS	表面淬火（HRC）（渗碳 HV）
				调质钢			
45	正火	≤100	≤50	588	294	169 ~ 217	40 ~ 50
		101 ~ 300	51 ~ 150	569	284	162 ~ 217	
		301 ~ 500	151 ~ 250	549	275	162 ~ 217	
		501 ~ 800	251 ~ 400	530	265	156 ~ 217	
	调质	≤100	≤50	647	373	229 ~ 286	40 ~ 50
		101 ~ 300	51 ~ 150	628	343	217 ~ 255	
		301 ~ 500	151 ~ 250	608	314	197 ~ 255	

（续）

材　　料	热处理种类	截面尺寸/mm		力 学 性 能		硬　　度	
		直径 d	壁厚 S	σ_b/MPa	σ_s/MPa	HBS	表面淬火（HRC）（渗碳 HV）
40Cr	调质	≤100	≤50	735	539	241~286	48~55
		101~300	51~150	686	490	241~286	
		301~500	151~250	637	441	229~269	
		501~800	251~400	588	343	217~255	
渗碳钢、渗氮钢							
20Cr	渗碳、淬火、回火	≤60		637	392		渗碳 56~62
20CrMnTi	渗碳、淬火、回火	15		1079	834		渗碳 56~62
铸钢							
ZG310-570	正火			570	310	163~197	
ZG340-640	正火			640	340	179~207	
ZG35SiMn	正火、回火			569	343	163~217	45~53
	调质			637	412	197~248	
铸铁							
HT250			>4.0~10	270		175~263	
			>10~20	240		164~247	
			>20~30	220		157~236	
			>30~50	200		150~225	
HT300			>10~20	290		182~273	
			>20~30	250		169~255	
			>30~50	230		160~241	
HT350			>10~20	340		197~298	
			>20~30	290		182~273	
			>30~50	260		171~257	
QT500-7				500	320	170~230	
QT600-3				600	370	190~270	

注：表中合金钢的调质硬度可提高到 320~340HBW。

第四节　齿轮传动的计算载荷

齿轮工作时所受名义转矩为

$$T_1 = 9.55 \times 10^6 \frac{P_1}{n_1} \tag{2-8-1}$$

式中　P_1——作用在齿轮上的名义功率（kW）；

　　　n_1——齿轮的转速（r/min）。

为了考虑齿轮工作时不同因素对齿轮受载的影响，应将名义载荷乘以载荷系数，修正为计算载荷。进行齿轮强度计算时应按计算载荷进行计算。

计算载荷为

$$T_{1c} = KT_1 = K_A K_v K_\alpha K_\beta T_1 \tag{2-8-2}$$

式中　K——载荷系数；

　　　K_A——使用系数；

K_v——动载荷系数；

K_α——齿间载荷分配系数；

K_β——齿向载荷分布系数。

一、使用系数 K_A

考虑原动机和工作机的工作特性、联轴器的缓冲性能及运行状态等外部因素引起的动载荷对轮齿受载的影响，在齿轮传动的计算载荷中加入使用系数 K_A，见表 2-8-2。

表 2-8-2　使用系数 K_A

工 作 机		原动机工作特性			
工作特性	示　例	均匀平稳	轻微振动	中等振动	强烈振动
		（电动机、汽轮机）		（多缸内燃机）	（单缸内燃机）
均匀平稳	发电机，均匀传输的带式输送机，螺旋输送机，轻型升降机，包装机，通风机，轻型离心机，离心泵等	1.00	1.10	1.25	1.50
轻微振动	不均匀传输的带式输送机，机床的主传动机构，重型升降机，起重机旋转机构，工业和矿用通风机，多缸活塞泵等	1.25	1.35	1.50	1.75
中等振动	橡胶挤压机，橡胶和塑料搅拌机，轻型球磨机，木工机械，钢坯初轧机，提升机构，单缸活塞泵等	1.50	1.60	1.75	2.00
强烈振动	挖掘机，重型球磨机，破碎机，冶金机械，重型给水泵，旋转式钻床，压砖机，带材冷轧机，碾碎机等	1.75	1.85	2.00	2.25 或更大

注：1. 表中数值仅适用于在非共振速度区运转的齿轮装置。对于在重载运转、起动力矩大、间歇运行以及有反复振动载荷等情况，需要校核静强度和有限寿命强度。

　　2. 对于增速传动，根据经验，建议取表中数值的 1.1 倍。

　　3. 当外部机械与齿轮装置之间有挠性联接时，通常 K_A 值可适当减小。

二、动载荷系数 K_v

动载荷系数 K_v 用来考虑齿轮副在啮合过程中，因啮合误差（基节误差、齿形误差和轮齿变形等）和运转速度引起的内部附加动载荷对轮齿受载的影响（图 2-8-7）。

一对理想的渐开线齿廓的齿轮，只有基圆齿距相等（$p_{b1} = p_{b2}$）时才能正确啮合，瞬时传动比才恒定。但由于制造误差和弹性变形等原因，基圆齿距不可能完全相等，这时轮齿啮合时瞬时速比发生变化而产生冲击和振动载荷。齿轮的圆周速度越大、加工精度越低，齿轮动载荷越大。

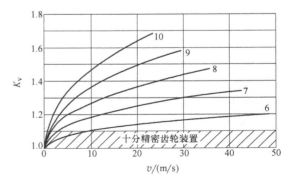

图 2-8-7　动载荷系数 K_v 值

（6～10 为齿轮精度等级）

适当提高制造精度、降低齿轮圆周速度、增加轮齿及支承件的刚度，对齿轮进行修缘（即对齿顶的一小部分齿廓曲线进行适量修削，如图 2-8-8 所示）等，都能减小内部附加动载荷。

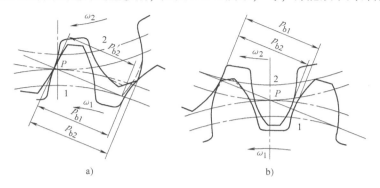

图 2-8-8　齿顶修缘

a）从动轮齿顶修缘　b）主动轮齿顶修缘

三、齿间载荷分配系数 K_α

齿间载荷分配系数 K_α 用来考虑齿轮传动时同时啮合的各对轮齿间载荷分配不均匀的影响。

齿轮传动的端面重合度一般都大于 1，工作时单对齿啮合和双对齿啮合交替进行。在双对齿啮合区啮合时，作用力由两对齿承担，由于制造误差和轮齿变形等原因，载荷在两啮合齿对之间的分配是不均匀的。此外，齿面硬度、轮齿啮合刚度、基圆齿距误差、修缘量、磨合量等多种因素对齿间载荷分配系数 K_α 都有影响。K_α 的取值列于表 2-8-3。

表 2-8-3　齿间载荷分配系数 K_α

$K_A F_t/b$		$\geqslant 100\text{N/mm}$					$<100\text{N/mm}$
精度等级 Ⅱ 组		5	6	7	8	9	5 级以下
经表面硬化的直齿轮	$K_{H\alpha}$	1.0		1.1	1.2		$1/Z_\varepsilon^2 \geqslant 1.2$
	$K_{F\alpha}$						$1/Y_\varepsilon \geqslant 1.2$
经表面硬化的斜齿轮	$K_{H\alpha}$	1.0	1.1[②]	1.2	1.4		$\varepsilon_\alpha/\cos^2\beta_b \geqslant 1.4$[①]
	$K_{F\alpha}$						
未经表面硬化的直齿轮	$K_{H\alpha}$	1.0			1.1	1.2	$1/Z_\varepsilon^2 \geqslant 1.2$
	$K_{F\alpha}$						$1/Y_\varepsilon \geqslant 1.2$
未经表面硬化的斜齿轮	$K_{H\alpha}$	1.0		1.1	1.2	1.4	$\varepsilon_\alpha/\cos^2\beta_b \geqslant 1.4$[①]
	$K_{F\alpha}$						

① 若 $K_{F\alpha} > \dfrac{\varepsilon_\gamma}{\varepsilon_\alpha Y_\varepsilon}$，则取 $K_{F\alpha} = \dfrac{\varepsilon_\gamma}{\varepsilon_\alpha Y_\varepsilon}$。

② 对修形齿，取 $K_{H\alpha} = K_{F\alpha} = 1$。

四、齿向载荷分布系数 K_β

由于轴的弯曲和扭转变形、轴承的弹性变形以及传动装置的制造和安装误差等原因，导致齿轮副相互倾斜及轮齿扭曲。如图 2-8-9a 所示，齿轮受载后，轴产生弯曲变形，两齿轮随之偏斜，使得作用在齿面上的载荷沿齿宽方向分布不均匀。轴因扭转变形同样会产生载荷沿齿宽分布不均匀现象。为了使小齿轮扭转变形能补偿弯曲变形引起的齿轮偏载，应将齿轮布置在远离转矩输入端。

此外，齿宽、齿面磨合等对齿向载荷分布系数 K_β 也有影响。

齿向载荷分布系数 K_β 就是考虑载荷沿齿宽方向分布不均匀的影响，齿面接触疲劳强度计算时用齿向载荷分布系数 $K_{H\beta}$（表 2-8-4），齿根弯曲疲劳强度计算时用齿向载荷分布系数 $K_{F\beta}$，本教材取 $K_{F\beta} = K_{H\beta}$（这样偏于安全）。

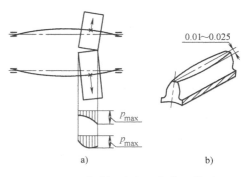

图 2-8-9 载荷沿齿向的分布及修形
a）载荷沿齿向的分布 b）鼓形齿

表 2-8-4 齿面接触疲劳强度计算用齿向载荷分布系数 $K_{H\beta}$ 的简化计算公式

	精度等级	小齿轮相对支承的布置	$K_{H\beta}$
调质齿轮（装配时检验调整或对研磨合）	6	对称	$K_{H\beta} = 1.11 + 0.18\phi_d^2 + 0.15 \times 10^{-3}b$
		非对称	$K_{H\beta} = 1.11 + 0.18\ (1 + 0.6\phi_d^2)\ \phi_d^2 + 0.15 \times 10^{-3}b$
		悬臂	$K_{H\beta} = 1.11 + 0.18\ (1 + 6.7\phi_d^2)\ \phi_d^2 + 0.15 \times 10^{-3}b$
	7	对称	$K_{H\beta} = 1.12 + 0.18\phi_d^2 + 0.23 \times 10^{-3}b$
		非对称	$K_{H\beta} = 1.12 + 0.18\ (1 + 0.6\phi_d^2)\ \phi_d^2 + 0.23 \times 10^{-3}b$
		悬臂	$K_{H\beta} = 1.12 + 0.18\ (1 + 6.7\phi_d^2)\ \phi_d^2 + 0.23 \times 10^{-3}b$
	8	对称	$K_{H\beta} = 1.15 + 0.18\phi_d^2 + 0.31 \times 10^{-3}b$
		非对称	$K_{H\beta} = 1.15 + 0.18\ (1 + 0.6\phi_d^2)\ \phi_d^2 + 0.31 \times 10^{-3}b$
		悬臂	$K_{H\beta} = 1.15 + 0.18\ (1 + 6.7\phi_d^2)\ \phi_d^2 + 0.31 \times 10^{-3}b$

	精度等级	限制条件	小齿轮相对支承的布置	$K_{H\beta}$
硬齿面齿轮（装配时检验调整或对研磨合）	5	$K_{H\beta} \leq 1.34$	对称	$K_{H\beta} = 1.05 + 0.26\phi_d^2 + 0.10 \times 10^{-3}b$
			非对称	$K_{H\beta} = 1.05 + 0.26\ (1 + 0.6\phi_d^2)\ \phi_d^2 + 0.10 \times 10^{-3}b$
			悬臂	$K_{H\beta} = 1.05 + 0.26\ (1 + 6.7\phi_d^2)\ \phi_d^2 + 0.10 \times 10^{-3}b$
		$K_{H\beta} > 1.34$	对称	$K_{H\beta} = 0.99 + 0.31\phi_d^2 + 0.12 \times 10^{-3}b$
			非对称	$K_{H\beta} = 0.99 + 0.31\ (1 + 0.6\phi_d^2)\ \phi_d^2 + 0.12 \times 10^{-3}b$
			悬臂	$K_{H\beta} = 0.99 + 0.31\ (1 + 6.7\phi_d^2)\ \phi_d^2 + 0.12 \times 10^{-3}b$
	6	$K_{H\beta} \leq 1.34$	对称	$K_{H\beta} = 1.05 + 0.26\phi_d^2 + 0.16 \times 10^{-3}b$
			非对称	$K_{H\beta} = 1.05 + 0.26\ (1 + 0.6\phi_d^2)\ \phi_d^2 + 0.16 \times 10^{-3}b$
			悬臂	$K_{H\beta} = 1.05 + 0.26\ (1 + 6.7\phi_d^2)\ \phi_d^2 + 0.16 \times 10^{-3}b$
		$K_{H\beta} > 1.34$	对称	$K_{H\beta} = 1.0 + 0.31\phi_d^2 + 0.19 \times 10^{-3}b$
			非对称	$K_{H\beta} = 1.0 + 0.31\ (1 + 0.6\phi_d^2)\ \phi_d^2 + 0.19 \times 10^{-3}b$
			悬臂	$K_{H\beta} = 1.0 + 0.31\ (1 + 6.7\phi_d^2)\ \phi_d^2 + 0.19 \times 10^{-3}b$

提高齿轮的制造和安装精度，提高轴承和箱体的刚度，合理选择齿宽，合理布置齿轮在轴上的位置，将齿侧沿齿宽方向进行修形制成鼓形齿（图 2-8-9b）等，均可改善齿向载荷分布不均匀现象。

第五节 标准直齿圆柱齿轮传动的强度计算

一、轮齿的受力分析

图 2-8-10 所示为一对直齿圆柱齿轮，T_1 为作用在主动轮的驱动力矩。在理想情况下，作用于齿轮上的力是沿接触线方向均匀分布的。若忽略齿面间的摩擦力，法向力 F_n 沿啮合线方向垂直于齿面，可分解为两个相互垂直的分力：圆周力 F_t 和径向力 F_r。

$$\left.\begin{aligned} F_t &= \frac{2T_1}{d_1} \\ F_r &= F_t \tan\alpha \\ F_n &= \frac{F_t}{\cos\alpha} \end{aligned}\right\} \tag{2-8-3}$$

式中 T_1——小齿轮传递的名义转矩（N·mm）；

$\quad\quad d_1$——小齿轮的节圆直径（mm），对标准齿轮即为分度圆直径；

$\quad\quad \alpha$——啮合角，对标准齿轮，$\alpha = 20°$。

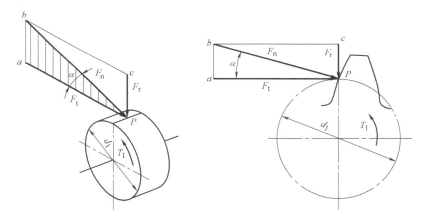

图 2-8-10 直齿圆柱齿轮传动的受力分析

忽略摩擦力，作用于主、从动轮上的各对力等值反向。各分力方向为：圆周力 F_t，对于主动轮为阻力，与啮合点处的回转方向相反；对于从动轮为驱动力，与啮合点处的回转方向相同。径向力 F_r，分别指向各自轮心（内齿轮为远离轮心方向）。

二、齿面接触疲劳强度计算

两齿轮接触时，如图 2-8-11 所示，采用的简化模型是用轴线平行的两圆柱体的接触代替一对轮齿的接触，轮齿在接触处的曲率半径等于两圆柱体的半径。

轮齿在啮合过程中，接触应力随齿廓上各接触点的综合曲率半径的变化而不同，且靠近节点 P 处的 ρ 值虽不是最大，但该点一般为单对齿啮合，点蚀也往往先出现在节线附近的齿根表面。因此，齿面接触疲劳强度计算通常以节点为计算点。

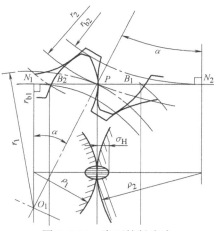

图 2-8-11　齿面接触应力

在预期的使用寿命内，齿面不出现疲劳点蚀的强度条件是

$$\sigma_H = \sqrt{\dfrac{F_n\left(\dfrac{1}{\rho_1} \pm \dfrac{1}{\rho_2}\right)}{\pi\left[\left(\dfrac{1-\mu_1^2}{E_1}\right) + \left(\dfrac{1-\mu_2^2}{E_2}\right)\right]L}} \leqslant [\sigma_H] \tag{2-8-4}$$

式中　　　　　σ_H——齿面接触应力（MPa）；

$\quad\quad\quad [\sigma_H]$——许用接触应力（MPa）；

$\quad\quad\quad F_n$——法向力（N）；

$\quad\quad\quad L$——接触线总长度（mm）；

ρ_1、ρ_2——两轮齿接触点曲率半径（mm），"$+$"用于外啮合，"$-$"用于内啮合；

μ_1、μ_2、E_1、E_2——两齿轮材料的泊松比和弹性模量。

标准直齿圆柱齿轮在节点 P 处，$\rho_1 = \dfrac{d_1}{2}\sin\alpha$，$\rho_2 = \dfrac{d_2}{2}\sin\alpha$，$F_n = \dfrac{F_t}{\cos\alpha}$。

由于端面重合度 ε_α（由图 2-8-12 查得）总是大于 1，故接触线总长

$$L = \frac{b}{Z_\varepsilon^2},\ Z_\varepsilon = \sqrt{\frac{4-\varepsilon_\alpha}{3}}\ (Z_\varepsilon\ \text{为重合度系数}) \tag{2-8-5}$$

将以上关系一并代入式（2-8-4），计入载荷系数 K，简化后得

$$\sigma_H = Z_E Z_H Z_\varepsilon \sqrt{\frac{KF_t}{bd_1} \cdot \frac{u \pm 1}{u}} \leqslant [\sigma_H] \tag{2-8-6a}$$

式中　Z_E——弹性系数（$\sqrt{\text{MPa}}$），$Z_E = \sqrt{\dfrac{1}{\pi\left[\left(\dfrac{1-\mu_1^2}{E_1}\right) + \left(\dfrac{1-\mu_2^2}{E_2}\right)\right]}}$，见表 2-8-5；

Z_H——区域系数，$Z_H = \sqrt{2/\left(\cos^2\alpha\tan\alpha'\right)}$，如图 2-8-13 所示。在变位齿轮传动中，对 $x_\Sigma = 0$ 的高度变位齿轮传动，轮齿的接触强度未变；对 $x_\Sigma > 0$ 的角度变位齿轮传动，节点的啮合角增大，区域系数 Z_H 减小，因而提高了轮齿的接触强度。

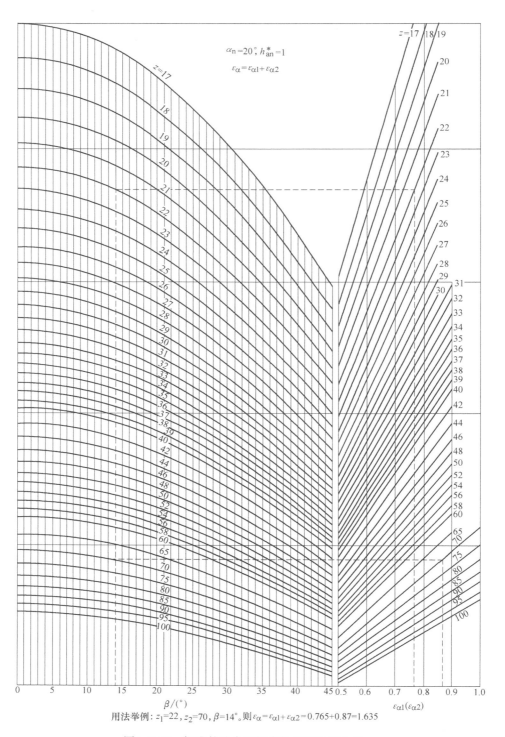

$\alpha_n = 20°$, $h_{an}^* = 1$

$\varepsilon_\alpha = \varepsilon_{\alpha 1} + \varepsilon_{\alpha 2}$

用法举例：$z_1 = 22$，$z_2 = 70$，$\beta = 14°$。则 $\varepsilon_\alpha = \varepsilon_{\alpha 1} + \varepsilon_{\alpha 2} = 0.765 + 0.87 = 1.635$

图 2-8-12 标准外啮合圆柱齿轮的端面重合度 ε_α

表 2-8-5 弹性系数 Z_E　　　　　　　（单位：$\sqrt{\text{MPa}}$）

小齿轮材料	大齿轮材料						
	钢	铸钢	球墨铸铁	灰铸铁	锡青铜	铸锡青铜	织物层压塑料
钢	189.8	188.9	181.4	162.0	159.8	155.0	56.4
铸钢		188.0	180.5	161.4			
球墨铸铁			173.9	156.6			
灰铸铁				143.7			

取齿宽系数 $\phi_d = b/d_1$，并将 $F_t = 2T_1/d_1$ 代入上式得

$$\sigma_H = Z_E Z_H Z_\varepsilon \sqrt{\frac{2KT_1}{\phi_d d_1^3} \frac{u \pm 1}{u}} \leqslant [\sigma_H] \qquad (2\text{-}8\text{-}6\text{b})$$

及

$$d_1 \geqslant \sqrt[3]{\frac{2KT_1}{\phi_d} \frac{u \pm 1}{u} \left(\frac{Z_E Z_H Z_\varepsilon}{[\sigma_H]}\right)^2} \qquad (2\text{-}8\text{-}7)$$

式（2-8-6a）、式（2-8-6b）为标准直齿圆柱齿轮接触疲劳强度的校核公式，式（2-8-7）为标准直齿圆柱齿轮的设计公式。

三、齿根弯曲疲劳强度计算

轮齿受载时，齿根所受的弯矩最大，齿根处的弯曲疲劳强度最弱。根据分析，齿根所受的最大弯矩发生在轮齿啮合点位于单对齿啮合区的最高点。但由于按此点计算较为复杂，为简化计算，对一般精度齿轮传动（6级精度以下），可将齿顶作为载荷的作用点，且认为载荷为一对齿承担。

如图 2-8-14 所示，作与轮齿对称线成 30°角并与齿根过渡曲线相切的切线，通过两切点平行于齿轮轴线的截面，即为齿根危险截面。

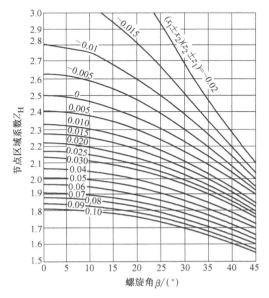

图 2-8-13 区域系数（$\alpha = 20°$）

（x_1、x_2 为齿轮的变位系数）

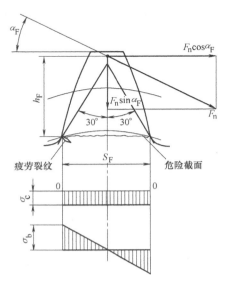

图 2-8-14 齿根危险截面应力

为计算方便，将作用于齿顶的法向力 F_n 移到轮齿的对称线上。F_n 可分解为相互垂直的两个分力：$F_n\cos\alpha_F$ 和 $F_n\sin\alpha_F$，前者使齿根产生弯曲应力 σ_b 和切应力 τ，后者使齿根产生压应力 σ_c。弯曲应力起主要作用，其余影响很小，为简化计算，在应力修正系数 Y_{Sa}（表2-8-6）中考虑，则齿根危险截面上最大弯曲应力为

$$\sigma_b = \frac{M}{W} = \frac{F_n\cos\alpha_F h_F}{(bs_F^2)/6} = \frac{F_t 6\cos\alpha_F(h_F/m)}{bm(s_F/m)^2\cos\alpha} \qquad (2\text{-}8\text{-}8)$$

令 $Y_{Fa} = \dfrac{6\cos\alpha_F(h_F/m)}{(s_F/m)^2\cos\alpha}$，为齿形系数，查表2-8-6。$Y_{Fa}$ 是一个量纲为1的系数，只与轮齿的齿廓形状有关，而与齿的大小（模数）无关。标准齿轮，齿形主要与齿数 z 和变位系数 x 有关。齿数少，齿根厚度薄，Y_{Fa} 大，弯曲强度低；正变位齿轮（$x > 0$），齿根厚度大，使 Y_{Fa} 减小，可提高齿根弯曲疲劳强度。

表 2-8-6   外齿轮齿形系数 Y_{Fa}、应力修正系数 Y_{Sa}

z (z_v)	17	18	19	20	21	22	23	24	25	26	27	28	29
Y_{Fa}	2.97	2.91	2.85	2.80	2.76	2.72	2.69	2.65	2.62	2.60	2.57	2.55	2.53
Y_{Sa}	1.52	1.53	1.54	1.55	1.56	1.57	1.575	1.58	1.59	1.595	1.60	1.61	1.62
z (z_v)	30	35	40	45	50	60	70	80	90	100	150	200	∞
Y_{Fa}	2.52	2.45	2.40	2.35	2.32	2.28	2.24	2.22	2.20	2.18	2.14	2.12	2.06
Y_{Sa}	1.625	1.65	1.67	1.68	1.70	1.73	1.75	1.77	1.78	1.79	1.83	1.865	1.97

注：1. 基准齿形的参数为 $\alpha = 20°$、$h_a^* = 1$、$c^* = 0.25$、$\rho = 0.38m$（m 为齿轮模数）。

2. 对内齿轮：当 $\alpha = 20°$、$h_a^* = 1$、$c^* = 0.25$、$\rho = 0.15m$ 时，$Y_{Fa} = 2.053$，$Y_{Sa} = 2.65$。

计入载荷系数 K、应力修正系数 Y_{Sa}、重合度系数 Y_ε，则得齿根危险截面的弯曲疲劳强度条件为

$$\sigma_F = \frac{KF_t}{bm}Y_{Fa}Y_{Sa}Y_\varepsilon \leqslant [\sigma_F] \qquad (2\text{-}8\text{-}9a)$$

式中 Y_{Sa}——应力修正系数，用以综合考虑齿根过渡曲线处应力集中和除弯曲应力外其余应力对齿根应力影响的系数，查表2-8-6；

Y_ε——重合度系数，按下式计算

$$Y_\varepsilon = 0.25 + \frac{0.75}{\varepsilon_\alpha} \qquad (2\text{-}8\text{-}10)$$

取齿宽系数 $\phi_d = b/d_1$，并将 $F_t = 2T_1/d_1$ 及 $m = d_1/z_1$ 代入式（2-8-9a）得

$$\sigma_F = \frac{2KT_1}{\phi_d m^3 z_1^2}Y_{Fa}Y_{Sa}Y_\varepsilon \leqslant [\sigma_F] \qquad (2\text{-}8\text{-}9b)$$

及

$$m \geqslant \sqrt[3]{\frac{2KT_1}{\phi_d z_1^2}\frac{Y_{Fa}Y_{Sa}Y_\varepsilon}{[\sigma_F]}} \qquad (2\text{-}8\text{-}11)$$

式（2-8-9a）、式（2-8-9b）为标准直齿圆柱齿根弯曲疲劳强度的校核公式，式（2-8-11）为标准直齿圆柱齿轮的设计公式。

四、齿轮传动强度计算说明

1) 由式（2-8-6a）或式（2-8-6b）可知，配对齿轮的齿面接触应力相等，即 $\sigma_{H1} = \sigma_{H2}$。当配对齿轮的 $[\sigma_{H1}] = [\sigma_{H2}]$ 时，接触疲劳强度相等。若按齿面接触疲劳强度设计齿

轮传动时，根据式（2-8-7），应将 $[\sigma_{H1}]$ 和 $[\sigma_{H2}]$ 中较小值代入设计公式计算。

2）由式（2-8-9a）或式（2-8-9b）可知，配对齿轮的齿根弯曲应力由于 $Y_{Fa1}Y_{Sa1}$ 与 $Y_{Fa2}Y_{Sa2}$ 通常不同而不等，即 $\sigma_{F1} \neq \sigma_{F2}$。当 $\dfrac{Y_{Fa1}Y_{Sa1}}{[\sigma_{F1}]} = \dfrac{Y_{Fa2}Y_{Sa2}}{[\sigma_{F2}]}$ 时，配对齿轮的弯曲疲劳强度相等。按齿根弯曲疲劳强度设计齿轮传动时，根据式（2-8-11），应将 $\dfrac{Y_{Fa1}Y_{Sa1}}{[\sigma_{F1}]}$ 和 $\dfrac{Y_{Fa2}Y_{Sa2}}{[\sigma_{F2}]}$ 中较大值代入设计公式计算。

3）闭式软齿面齿轮传动，一般先按齿面接触疲劳强度设计，再校核其弯曲疲劳强度；闭式硬齿面齿轮传动，通常先按弯曲疲劳强度设计，再校核其接触疲劳强度。开式传动进行弯曲疲劳强度设计计算，并将模数增大 10% ~ 15% 以补偿磨粒磨损的影响。

4）当用设计公式初步计算齿轮的 d_1 或 m_n 时，由于载荷系数 K 中 K_v、K_α、K_β 不能预先确定，可试选一载荷系数 K_t（取 $K_t = 1.2 ~ 2$）进行设计计算。得到试算值 d_{1t} 或 m_{nt}，求出主要尺寸和有关参数后，再计算载荷系数 K，并与 K_t 比较，若相差不大，则不必修改原计算；若相差较大，按下式修正

$$d_1 = d_{1t}\sqrt[3]{K/K_t} \tag{2-8-12a}$$

$$m_n = m_{nt}\sqrt[3]{K/K_t} \tag{2-8-12b}$$

五、齿轮传动的设计参数、许用应力及精度等级

（一）齿轮传动设计参数的选择

（1）齿数 z 的选择　齿轮齿数多，则齿轮传动的重合度大，传动平稳。当中心距 a 一定时，增大齿数可减小模数，降低齿高，因而减少金属的切削量、降低成本；同时，降低齿高还能减小滑动速度，减少磨损及减小胶合的危险性。但模数小，齿厚随之减薄，则会降低弯曲疲劳强度。

闭式齿轮传动一般转速较高，为了提高传动的平稳性、减小冲击振动，以齿数多一些好，小齿轮的齿数可取为 $z_1 = 20 ~ 40$。开式或半开式齿轮传动，轮齿失效主要为磨损，为使轮齿不致过少，小齿轮的齿数可取为 $z_1 = 17 ~ 20$。

为使轮齿免于根切，对于 $\alpha = 20°$ 的标准直齿圆柱齿轮，应取 $z_1 \geqslant 17$。

小齿轮齿数 z_1 确定后，按齿数比 $u = z_2/z_1$ 确定大齿轮齿数 z_2。一般 z_1 与 z_2 应为互质数，以使相啮合齿对磨损均匀。

（2）齿宽系数 ϕ_d 的选择　由齿轮强度计算公式可知，轮齿越宽，承载能力越高，且在一定载荷作用下，增大齿宽可减小齿轮直径和中心距，从而降低圆周速度；但加大齿宽会使齿面上的载荷沿接触线方向分布越不均匀。因此，齿宽系数应取得适当。圆柱齿轮齿宽系数 ϕ_d 的推荐值见表 2-8-7。

表 2-8-7　齿宽系数 ϕ_d

齿轮相对于轴承的位置	齿面硬度	
	软齿面	硬齿面
对称布置	0.8 ~ 1.4	0.4 ~ 0.9
非对称布置	0.2 ~ 1.2	0.3 ~ 0.6
悬臂布置	0.3 ~ 0.4	0.2 ~ 0.5

注：直齿圆柱齿轮宜取小值，斜齿圆柱齿轮可取大值；载荷稳定、轴刚度大时可取大值；变载荷、轴刚度较小时宜取小值。

按 $b = \phi_d d_1$ 计算出轮宽 b 后，将小齿轮宽度 b_1 在圆整值的基础上加大 $5 \sim 10$mm（锥齿轮和人字齿轮传动的小齿轮不加宽），以保证齿轮传动有足够的啮合宽度，防止大小齿轮因装配误差产生轴向错位时导致啮合宽度减小而增大轮齿的工作载荷。

（二）许用应力

齿轮的许用应力是根据试验齿轮在一定的试验条件下，按失效概率为1%获得的疲劳极限确定的。当设计齿轮的工作条件与试验条件不同时，则需加以修正。

齿轮的许用应力按下式计算

$$[\sigma] = \frac{K_N \sigma_{lim}}{S_{min}} \qquad (2\text{-}8\text{-}13)$$

式中　S_{min}——最小安全系数，参考表2-8-8；

　　　K_N——寿命系数；

　　　σ_{lim}——失效概率为1%时试验齿轮的疲劳极限。

表 2-8-8　最小安全系数

使 用 条 件	最小安全系数		使 用 条 件	最小安全系数	
	S_{Hmin}	S_{Fmin}		S_{Hmin}	S_{Fmin}
高可靠度	$1.50 \sim 1.60$	2.00	一般可靠度	$1.00 \sim 1.10$	1.25
较高可靠度	$1.25 \sim 1.30$	1.60	低可靠度	$0.85 \sim 1.00$	1.00

注：1. 在经过使用验证或对材料性能、载荷工况及制造精度有较准确的数据时，可取 S_{Hmin} 的下限值。

2. 一般不推荐采用低可靠度的安全系数值。

3. 采用表中得到0.85值时，可能在点蚀前出现齿面塑性变形。

接触疲劳寿命系数 K_{HN} 查图2-8-15，弯曲疲劳寿命系数 K_{FN} 查图2-8-16。两图中的应力

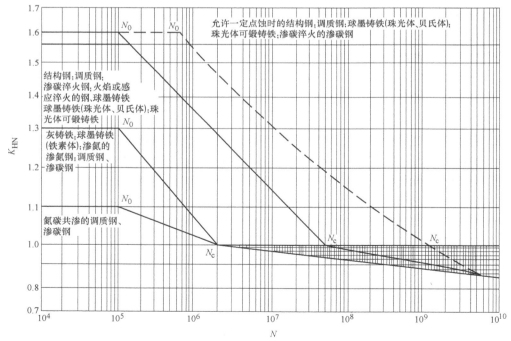

图 2-8-15　接触疲劳寿命系数 K_{HN}（当 $N > N_c$ 时可根据经验在网纹内取 K_{HN} 值）

循环次数 N 的计算方法是: 设 n 为齿轮的转速 (r/min), j 为齿轮每转一周同侧齿面啮合次数, L_h 为齿轮工作寿命 (h), 则应力循环次数 N 为

$$N = 60njL_h \qquad (2\text{-}8\text{-}14)$$

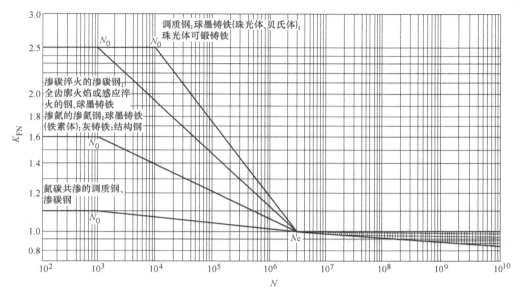

图 2-8-16　弯曲疲劳寿命系数 K_{FN} (当 $N > N_c$ 时可根据经验在网纹内取 K_{FN} 值)

接触疲劳极限 σ_{Hlim} 查图 2-8-17, 弯曲疲劳极限 σ_{Flim} 查图 2-8-18, 以 σ_{FE} 代入 (图中 σ_{FE} 是用齿轮材料制成的无缺口试件在完全弹性范围内经受脉动载荷作用时的名义弯曲疲劳极限, 是齿轮材料的弯曲疲劳强度基本值; σ_{Flim} 是试验齿轮的弯曲疲劳极限, 是指某种材料的齿轮经长期持续的重复载荷作用后, 齿根保持不破坏时的极限应力。 $\sigma_{FE} = \sigma_{Flim} Y_{ST}$, 其中 Y_{ST} 是试验齿轮的应力修正系数, $Y_{ST} = 2.0$)。

图 2-8-17、图 2-8-18 中, ME、MQ、ML 分别表示对齿轮材料冶炼和热处理质量有优、中、低要求时的疲劳极限, MX 表示对淬透性及金相组织有特殊考虑的调质合金钢取值。对弯曲疲劳极限, 试验时为脉动循环, 若实际齿轮应力为对称循环, 将极限应力乘以 0.7, 双向运转时, 所乘系数可以稍大于 0.7。

夹布塑胶的接触疲劳许用应力 $[\sigma_H] = 110\text{MPa}$, 弯曲疲劳许用应力 $[\sigma_F] = 50\text{MPa}$。

(三) 精度等级

齿轮精度等级应根据齿轮传动的用途、工作条件、传递功率和圆周速度及其他技术要求等来选择。表 2-8-9 所列为各类机器所用齿轮传动的精度等级范围, 表 2-8-10 列出了精度等级适用的速度范围, 供选择时参考。

表 2-8-9　各类机器所用齿轮传动的精度等级范围

机器名称	汽轮机	金属切削机床	航空发动机	轻型汽车	重型汽车	拖拉机	通用减速器	锻压机床	起重机	农业机器
精度等级	3~6	3~8	4~8	5~8	7~9	6~8	6~9	6~9	7~10	8~11

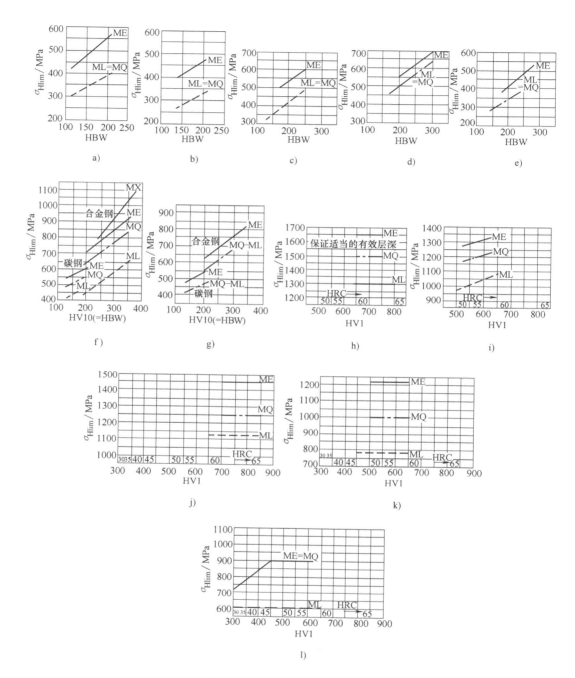

图 2-8-17　接触疲劳极限 σ_{Hlim}

a）正火处理的结构钢　b）正火处理的铸钢　c）可锻铸铁　d）球墨铸铁
e）灰铸铁　f）调质钢　g）铸钢　h）渗碳淬火钢　i）火焰或感应
淬火钢　j）调质-气体渗氮处理的渗氮钢　k）调质-气体渗氮
处理的调质钢　l）调质或正火-氮碳共渗处理的调质钢

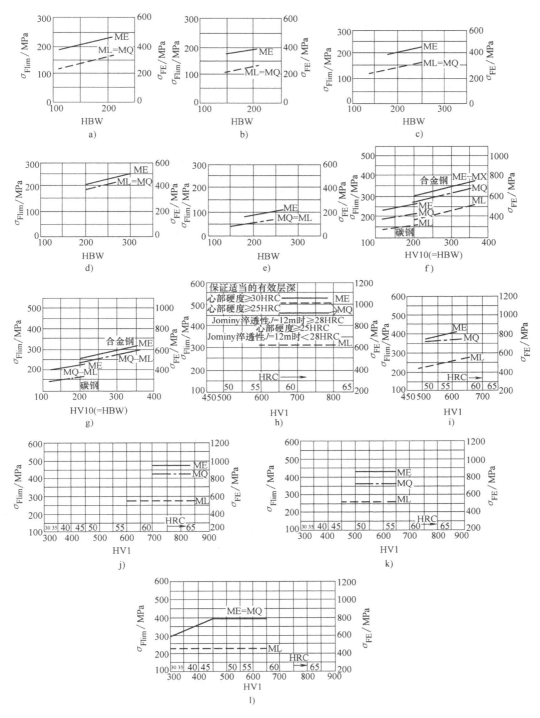

图 2-8-18 弯曲疲劳极限 σ_{Flim} 及基本值 σ_{FE}

a）正火处理的结构钢 b）正火处理的铸钢 c）球墨铸铁 d）可锻铸铁 e）灰铸铁 f）调质钢

g）铸钢 h）渗碳淬火钢 i）表面硬化钢 j）调质-气体渗氮处理的渗氮钢（不含铝）

k）调质-气体渗氮处理的调质钢 l）调质或正火-氮碳共渗处理的调质钢

表 2-8-10　动力齿轮传动不同精度等级的最大圆周速度　　　（单位：m/s）

精 度 等 级	圆柱齿轮传动		锥齿轮传动	
	直　齿	斜　齿	直　齿	斜　齿
5级以上	≥15	≥30	≥12	≥20
6级	<15	<30	<12	<20
7级	<10	<15	<8	<10
8级	<6	<10	<4	<7
9级	<2	<4	<1.5	<3

例 2-8-1　设计带式输送机的单级直齿圆柱齿轮减速器。已知主动轮传递的功率 $P_1 = 10\text{kW}$，转速 $n_1 = 960\text{r/min}$，传动比 $i = 3.2$，由电动机驱动，工作寿命 15 年（设每年工作 300 天），两班制，带式输送机工作平稳，转向不变。试设计该直齿圆柱齿轮传动。

解

1. 选定齿轮精度等级、材料及齿数

1）运输机为一般机器，速度不高，故选用 7 级精度。

2）用软齿面齿轮设计此传动。小齿轮材料为 40Cr 调质，硬度为 280HBW，大齿轮材料为 45 钢调质，硬度为 240HBW。

3）选小齿轮齿数 $z_1 = 24$，大齿轮齿数 $z_2 = iz_1 = 3.2 \times 24 = 76.8$，取 $z_2 = 77$。

2. 按齿面接触疲劳强度设计

（1）确定公式内的各计算数值

1）由式（2-8-1）得

$$T_1 = 9.55 \times 10^6 \frac{P_1}{n_1} = \frac{9.55 \times 10^6 \times 10}{960} \text{N} \cdot \text{m} = 9.948 \times 10^4 \text{N} \cdot \text{mm}$$

2）试选 $K_t = 1.3$，由表 2-8-7 取 $\phi_d = 1.0$。

3）由图 2-8-17f 查得 $\sigma_{Hlim1} = 580\text{MPa}$，$\sigma_{Hlim2} = 540\text{MPa}$；由表 2-8-8 查得 $S_{Hmin} = 1.0$。

4）由式（2-8-14）计算应力循环次数

$$N_1 = 60n_1jL_h = 60 \times 960 \times 1 \times (2 \times 8 \times 300 \times 15) = 4.147 \times 10^9$$

$$N_2 = N_1/i = 4.147 \times 10^9/3.2 = 1.296 \times 10^9$$

5）由图 2-8-15 查得 $K_{HN1} = 0.90$，$K_{HN2} = 0.95$。

6）由式（2-8-13）计算齿面接触许用应力

$$[\sigma_{H1}] = \frac{K_{HN1}\sigma_{Hlim1}}{S_{Hmin}} = \frac{0.90 \times 580}{1.0}\text{MPa} = 522\text{MPa}$$

$$[\sigma_{H2}] = \frac{K_{HN2}\sigma_{Hlim2}}{S_{Hmin}} = \frac{0.95 \times 540}{1.0}\text{MPa} = 513\text{MPa}$$

7）由表 2-8-5 查得 $Z_E = 189.8$。

8）由图 2-8-13 查得 $Z_H = 2.5$。

9）由图 2-8-12 查得 $\varepsilon_\alpha = \varepsilon_{\alpha1} + \varepsilon_{\alpha2} = 0.8 + 0.85 = 1.65$。

10）由式（2-8-5）计算得

$$Z_\varepsilon = \sqrt{\frac{4 - \varepsilon_\alpha}{3}} = \sqrt{\frac{4 - 1.65}{3}} = 0.885$$

（2）计算

1）计算小齿轮分度圆直径

$$d_{1t} \geqslant \sqrt[3]{\frac{2 \times 1.3 \times 9.948 \times 10^4}{1.0} \cdot \frac{3.2+1}{3.2}\left(\frac{189.8 \times 2.5 \times 0.885}{513}\right)^2} \, mm = 61.044 \, mm$$

2）计算圆周速度

$$v = \frac{\pi d_1 n_1}{60 \times 1000} = \frac{\pi \times 61.044 \times 960}{60 \times 1000} \, m/s = 3.068 \, m/s$$

3）计算齿宽

$$b = \phi_d d_1 = 1.0 \times 61.044 \, mm = 61.044 \, mm$$

4）计算载荷系数 K

已知使用系数 $K_A = 1.0$；根据 $v = 3.068 \, m/s$，7 级精度，由图 2-8-7 查得 $K_v = 1.11$；直齿轮，$K_{H\alpha} = K_{F\alpha} = 1.0$。

由表 2-8-4 中软齿面齿轮查得小齿轮相对支承对称布置、7 级精度，$K_{H\beta} = 1.12 + 0.18\phi_d^2 + 0.23 \times 10^{-3} b = 1.314$。

故实际载荷系数 $K = K_A K_v K_{H\alpha} K_{H\beta} = 1.0 \times 1.11 \times 1.0 \times 1.314 = 1.459$

5）按实际载荷系数修正试算的分度圆直径，由式（2-8-12a）得

$$d_1 = d_{1t}\sqrt[3]{\frac{K}{K_t}} = 61.044 \, mm \times \sqrt[3]{\frac{1.459}{1.3}} = 63.438 \, mm$$

3. 几何尺寸计算

（1）计算模数

$$m = \frac{d_1}{z_1} = \frac{63.438}{24} \, mm = 2.643 \, mm$$

取标准模数 $m = 3 \, mm$。

（2）计算分度圆直径

$$d_1 = mz_1 = 3 \times 24 \, mm = 78 \, mm$$
$$d_2 = mz_2 = 3 \times 77 \, mm = 231 \, mm$$

（3）计算中心距

$$a = \frac{(z_1 + z_2)m}{2} = \frac{(24 + 77) \times 3}{2} \, mm = 151.5 \, mm$$

（4）计算齿轮宽度

$$b = \phi_d d_1 = 1.0 \times 78 \, mm = 78 \, mm$$

圆整后取 $B_2 = 80 \, mm$，$B_1 = 85 \, mm$。

4. 校核齿根弯曲疲劳强度

1）由图 2-8-18f 查得 $\sigma_{FE1} = 480 \, MPa$，$\sigma_{FE2} = 340 \, MPa$；由表 2-8-8 查得 $S_{Fmin} = 1.4$。

2）由图 2-8-16 查得 $K_{FN1} = 0.85$，$K_{FN2} = 0.88$。

3）由式（2-8-13）计算齿根弯曲许用应力

$$[\sigma_{F1}] = \frac{K_{FN1}\sigma_{FE1}}{S_{Fmin}} = \frac{0.85 \times 480}{1.4} \, MPa = 291.43 \, MPa$$

$$[\sigma_{F2}] = \frac{K_{FN2}\sigma_{FE2}}{S_{Fmin}} = \frac{0.88 \times 340}{1.4} \, MPa = 213.71 \, MPa$$

4）由表2-8-6查得：$Y_{Fa1} = 2.65$，$Y_{Sa1} = 1.58$，$Y_{Fa2} = 2.226$，$Y_{Sa2} = 1.764$。

5）由式（2-8-10）$Y_\varepsilon = 0.25 + \dfrac{0.75}{\varepsilon_\alpha} = 0.25 + \dfrac{0.75}{1.65} = 0.705$

6）由式（2-8-9b）校核齿根弯曲疲劳强度

$$\sigma_{F1} = \frac{2KT_1}{\phi_d m^3 z_1^2} Y_{Fa1} Y_{Sa1} Y_\varepsilon = \frac{2 \times 1.459 \times 9.948 \times 10^4}{1.0 \times 3^3 \times 24^2} \times 2.65 \times 1.58 \times 0.705 \, \text{MPa} = 55.10 \, \text{MPa} \leqslant [\sigma_{F1}]$$

$$\sigma_{F2} = \frac{2KT_1}{\phi_d m^3 z_1^2} Y_{Fa2} Y_{Sa2} Y_\varepsilon = \frac{2 \times 1.459 \times 9.948 \times 10^4}{1.0 \times 3^3 \times 24^2} \times 2.226 \times 1.764 \times 0.705 \, \text{MPa} = 51.67 \, \text{MPa} \leqslant [\sigma_{F2}]$$

显然齿根弯曲疲劳强度满足要求。

5. 结构设计

略。

第六节　标准斜齿圆柱齿轮传动的强度计算

一、轮齿的受力分析

在斜齿轮传动中，若略去摩擦力，作用于节点 P 的法向力 F_n 在法平面内可分解为径向力 F_r 和分力 F'，分力 F' 又可分解为圆周力 F_t 和轴向力 F_a（图2-8-19）。由标准斜齿圆柱齿轮传动的 F_t、F_r、F_a 空间几何关系，可得

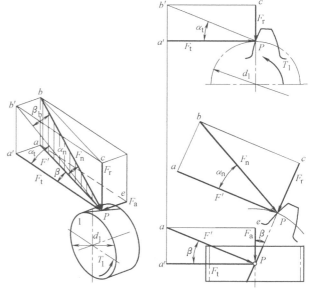

$$\left.\begin{aligned} F_t &= \frac{2T_1}{d_1} \\ F_r &= \frac{F_t \tan\alpha_n}{\cos\beta} \\ F_a &= F_t \tan\beta \\ F_n &= \frac{F_t}{\cos\alpha_t \cos\beta_b} = \frac{F_t}{\cos\alpha_n \cos\beta} \end{aligned}\right\}$$

$$(2\text{-}8\text{-}15)$$

式中　α_t——端面分度圆压力角；

β_b——基圆螺旋角；

α_n——法向压力角；

β——分度圆螺旋角。

圆周力和径向力的方向判断和直齿圆柱齿轮传动相同。主动轮轴向力的方向可用左、右手法则：左旋用左手、右旋用右手；以四指的弯曲方向表示主动轮的转向，拇指指向即为主动轮的轴向力方向。从动轮轴向力方向与主动轮的相反。

图2-8-19　斜齿圆柱齿轮传动的受力分析

二、齿面接触疲劳强度计算

斜齿圆柱齿轮传动齿面不发生疲劳点蚀的强度条件同式（2-8-4），可参照直齿圆柱齿轮

传动接触应力的计算公式，按当量齿轮参数即法面参数计算。但有以下几点不同：①斜齿圆柱齿轮的法向齿廓是渐开线，齿廓啮合点的曲率半径应为法向曲率半径 ρ_{n1} 和 ρ_{n2}；②接触线总长度随啮合位置不同而变化，同时还受端面重合度 ε_α 和纵向重合度 ε_β 的共同影响；③接触线倾斜有利于提高疲劳强度，用螺旋角影响系数 Z_β 考虑其影响。

对渐开线标准斜齿圆柱齿轮，在啮合平面内节点 P 处

$$\rho_{n1}=\frac{\rho_{t1}}{\cos\beta_b}=\frac{d_1\sin\alpha_t}{2\cos\beta_b}, \quad \rho_{n2}=\frac{\rho_{t2}}{\cos\beta_b}=\frac{d_2\sin\alpha_t}{2\cos\beta_b}, \quad F_n=\frac{2T_1}{d_1}\frac{1}{\cos\alpha_t\cos\beta_b},$$

接触线总长
$$L=\frac{b}{Z_\varepsilon^2\cos\beta_b}$$

将以上关系代入（2-8-4），计入载荷系数 K、螺旋角影响系数 Z_β，则得标准斜齿圆柱齿轮传动齿面接触疲劳强度的校核公式

$$\sigma_H=Z_EZ_HZ_\varepsilon Z_\beta\sqrt{\frac{2KT_1}{\phi_d d_1^3}\frac{u\pm1}{u}}\leq[\sigma_H] \tag{2-8-16}$$

式中 Z_E——弹性系数（$\sqrt{\mathrm{MPa}}$），同标准直齿圆柱齿轮，查表 2-8-5；

Z_H——区域系数，$Z_H=\sqrt{\frac{2\cos\beta_b}{\cos\alpha_t\tan\alpha_t}}$，查图 2-8-13，变位齿轮传动 Z_H 对接触疲劳强度的影响同直齿轮传动；

Z_ε——重合度系数，$Z_\varepsilon=\sqrt{\frac{4-\varepsilon_\alpha}{3}(1-\varepsilon_\beta)+\frac{\varepsilon_\beta}{\varepsilon_\alpha}}$； $\tag{2-8-17}$

当 $\varepsilon_\beta>1$ 时，按 $\varepsilon_\beta=1$ 代入式（2-8-17）计算；

Z_β——螺旋角影响系数，按下式计算

$$Z_\beta=\sqrt{\cos\beta} \tag{2-8-18}$$

由式（2-8-16）得标准斜齿圆柱齿轮传动齿面接触疲劳强度的设计公式

$$d_1\geq\sqrt[3]{\frac{2KT_1}{\phi_d}\frac{u\pm1}{u}\left(\frac{Z_EZ_HZ_\varepsilon Z_\beta}{[\sigma_H]}\right)^2} \tag{2-8-19}$$

注意，对于斜齿圆柱齿轮传动，齿面上的接触线是倾斜的，且轮齿齿顶面比齿根面具有较高的接触疲劳强度。斜齿轮传动中，由于小齿轮选材的原因，小齿轮的齿面接触疲劳强度比大齿轮的高，当大齿轮的齿根面产生点蚀时，仅承载区由大齿轮的齿根面向齿顶面有所转移，并不导致斜齿轮传动的立即失效。故斜齿轮传动齿面的接触疲劳强度应同时取决于大、小齿轮。实际应用时近似取 $[\sigma_H]=([\sigma_{H1}]+[\sigma_{H2}])/2$，当 $[\sigma_H]>1.23[\sigma_{H2}]$ 时，取 $[\sigma_H]=1.23[\sigma_{H2}]$，$[\sigma_{H2}]$ 为较软齿面的许用接触应力。

三、齿根弯曲疲劳强度计算

斜齿轮的齿根弯曲疲劳强度计算，通常按其法向当量直齿圆柱齿轮进行，各参数均为法向模数。由于斜齿圆柱齿轮传动的接触线是倾斜的，轮齿往往是局部折断，其承载能力比直齿轮显著提高。计入螺旋角影响系数 Y_β，则得标准斜齿圆柱齿轮传动齿根弯曲疲劳强度的校核公式

$$\sigma_F=\frac{2KT_1\cos^2\beta}{\phi_d m_n^3 z_1^2}Y_{Fa}Y_{Sa}Y_\varepsilon Y_\beta\leq[\sigma_F] \tag{2-8-20}$$

式中　Y_{Fa}——齿形系数，按当量齿数 z_v 由表 2-8-6 查；

Y_{Sa}——应力修正系数，按当量齿数 z_v 由表 2-8-6 查；

Y_ε——重合度系数，按下式计算

$$Y_\varepsilon = 0.25 + \frac{0.75\cos^2\beta_b}{\varepsilon_\alpha} \qquad (2\text{-}8\text{-}21)$$

Y_β——螺旋角影响系数，按下式计算

$$Y_\beta = 1 - \varepsilon_\beta\frac{\beta}{120°} \geqslant Y_{\beta min} = 1 - 0.25\varepsilon_\beta \geqslant 0.75 \qquad (2\text{-}8\text{-}22)$$

式（2-8-22）中，当 $\varepsilon_\beta > 1$ 时，取 $\varepsilon_\beta = 1$；当 $\beta > 30°$ 时，取 $\beta = 30°$；当 $Y_\beta < 0.75$ 时，取 $Y_\beta = 0.75$。

螺旋角一般取 $\beta = 8° \sim 20°$。螺旋角过小斜齿轮的优点不明显，过大则轴向力增大。人字齿轮因轴向力可以相互抵消，螺旋角可以取得大一些，一般 $\beta = 25° \sim 30°$。

由式（2-8-20）得标准斜齿圆柱齿轮传动齿根弯曲疲劳强度的设计公式

$$m_n \geqslant \sqrt[3]{\frac{2KT_1\cos^2\beta}{\phi_d z_1^2}\frac{Y_{Fa}Y_{Sa}Y_\varepsilon Y_\beta}{[\sigma_F]}} \qquad (2\text{-}8\text{-}23)$$

例 2-8-2　按例 2-8-1 的数据，改用斜齿圆柱齿轮传动，试设计此传动。

解

1. 选定齿轮精度等级、材料及齿数

1）运输机为一般机器，速度不高，故选用 7 级精度。

2）用硬齿面齿轮设计此传动。大、小齿轮的材料均为 40Cr，并经调质及表面淬火，齿面硬度为 48 ~ 55HRC。

3）选小齿轮齿数 $z_1 = 24$，大齿轮齿数 $z_2 = iz_1 = 3.2 \times 24 = 76.8$，取 $z_2 = 77$。

2. 按齿根弯曲疲劳强度设计

（1）确定公式内的各计算数值

1）由式（2-8-1）

$$T_1 = 9.55 \times 10^6\frac{P_1}{n_1} = \frac{9.55 \times 10^6 \times 10}{960}\mathrm{N} \cdot \mathrm{m} = 9.948 \times 10^4\mathrm{N} \cdot \mathrm{mm}$$

2）试选 $K_t = 1.6$，初估 $\beta = 14°$，由表 2-8-7 取 $\phi_d = 0.8$。

3）由图 2-8-18h 查得 $\sigma_{FE1} = \sigma_{FE2} = 620\mathrm{MPa}$，由表 2-8-8 查得 $S_{Fmin} = 1.4$。

4）由式（2-8-14）计算应力循环次数

$$N_1 = 60n_1jL_h = 60 \times 960 \times 1 \times (2 \times 8 \times 300 \times 15) = 4.147 \times 10^9$$

$$N_2 = N_1/i = 4.147 \times 10^9/3.2 = 1.296 \times 10^9$$

5）由图 2-8-16 查得 $K_{FN1} = 0.85$，$K_{FN2} = 0.88$。

6）由式（2-8-13）计算齿根弯曲许用应力

$$[\sigma_{F1}] = \frac{K_{FN1}\sigma_{FE1}}{S_{Fmin}} = \frac{0.85 \times 620}{1.4}\mathrm{MPa} = 376.43\mathrm{MPa}$$

$$[\sigma_{F2}] = \frac{K_{FN2}\sigma_{FE2}}{S_{Fmin}} = \frac{0.88 \times 620}{1.4}\mathrm{MPa} = 389.7\mathrm{MPa}$$

7）计算当量齿数

$$z_{v1} = \frac{z_1}{\cos^3\beta} = \frac{24}{\cos^3 14°} = 26.27, \ z_{v2} = \frac{z_2}{\cos^3\beta} = \frac{77}{\cos^3 14°} = 84.29$$

8）由表 2-8-6 插值计算得：$Y_{Fa1} = 2.592$，$Y_{Sa1} = 1.596$，$Y_{Fa2} = 2.211$，$Y_{Sa2} = 1.774$。

9）计算大、小齿轮的 $\dfrac{Y_{Fa}Y_{Sa}}{[\sigma_F]}$

$$\frac{Y_{Fa1}Y_{Sa1}}{[\sigma_{F1}]} = \frac{2.592 \times 1.596}{376.43} = 0.01099, \ \frac{Y_{Fa2}Y_{Sa2}}{[\sigma_{F2}]} = \frac{2.211 \times 1.774}{389.7} = 0.01006$$

10）由图 2-8-12 查得，$\varepsilon_\alpha = \varepsilon_{\alpha1} + \varepsilon_{\alpha2} = 1.65$。

11）由式（1-5-39）得

$$\varepsilon_\beta = \frac{b\sin\beta}{\pi m_n} = 0.318\phi_d z_1 \tan\beta = 0.318 \times 0.8 \times 24 \times \tan 14° = 1.522 > 1$$

当 $\varepsilon_\beta > 1$ 时，取 $\varepsilon_\beta = 1$。

12）由式（1-5-35）及式（1-5-32）得

$$\tan\alpha_t = \tan\alpha_n/\cos\beta = \tan 20°/\cos 14° = 0.375, \alpha_t = 20.562°$$

$$\tan\beta_b = \tan\beta\frac{d_b}{d} = \tan\beta\cos\alpha_t = \tan 14°\cos 20.556° = 0.2334, \beta_b = 13.140°$$

13）由式（2-8-21）得

$$Y_\varepsilon = 0.25 + \frac{0.75\cos^2\beta_b}{\varepsilon_\alpha} = 0.25 + \frac{0.75\cos^2 13.140°}{1.65} = 0.6811$$

14）由式（2-8-22）得

$$Y_\beta = 1 - \varepsilon_\beta\frac{\beta}{120°} = 1 - 1 \times \frac{14°}{120°} \approx 0.883$$

（2）计算

1）计算法向模数

$$m_n \geqslant \sqrt[3]{\frac{2 \times 1.6 \times 9.948 \times 10^4 \times \cos^2 14°}{0.8 \times 24^2} \times 0.01099 \times 0.6811 \times 0.883} \, \text{mm} = 1.626\text{mm}$$

取标准模数 $m_n = 2\text{mm}$。

2）计算分度圆直径

$$d_1 = m_n z_1/\cos\beta = 2 \times 24/\cos 14° \text{mm} = 49.47\text{mm}$$

3）计算圆周速度

$$v = \frac{\pi d_1 n_1}{60 \times 1000} = \frac{\pi \times 49.47 \times 960}{60 \times 1000}\text{m/s} = 2.487\text{m/s}$$

4）计算齿宽

$$b = \phi_d d_1 = 0.8 \times 49.47 = 39.576\text{mm}$$

5）计算载荷系数 K。已知使用系数 $K_A = 1.0$；根据 $v = 2.487\text{m/s}$，7 级精度，由图2-8-7 查得 $K_v = 1.10$；假设 $K_A F_t/b > 100\text{N/mm}$，由表2-8-3 查得 $K_{H\alpha} = K_{F\alpha} = 1.2$；由表2-8-4 中硬齿面齿轮查得小齿轮相对支承对称布置、6 级精度、$K_{H\beta} \leqslant 1.34$ 时，$K_{H\beta} = 1.05 + 0.26\phi_d^2 + 0.16 \times 10^{-3}b = 1.223$，考虑齿轮实际为 7 级精度，取 $K_{H\beta} = 1.223$，取 $K_{F\beta} = K_{H\beta} = 1.223$。

故实际载荷系数 $K = K_A K_v K_{F\alpha} K_{F\beta} = 1.0 \times 1.10 \times 1.2 \times 1.223 = 1.614$

实际载荷系数 K 与试选的载荷系数 K_t 基本接近，无需校正。

3. 几何尺寸计算

（1）计算中心距

$$a = \frac{(z_1 + z_2)m_n}{2\cos\beta} = \frac{(24+77)\times 2}{2\times\cos14°}\text{mm} = 104.09\text{mm}$$

将中心距圆整为 105mm。

（2）按圆整后的中心距修正螺旋角

$$\beta = \arccos\frac{(z_1+z_2)m_n}{2a} = \arccos\frac{(24+77)\times 2}{2\times 105} = \arccos 0.9619 = 15.866°$$

因 β 值改变不多，故参数 Y_{Fa}、Y_{Sa}、ε_α、ε_β、Y_ε、Y_β 等不必修正。

（3）计算分度圆直径

$$d_1 = m_n z_1 / \cos\beta = 2\times24/\cos15.866°\text{mm} = 49.90\text{mm}$$

$$d_2 = m_n z_2 / \cos\beta = 2\times77/\cos15.866°\text{mm} = 160.10\text{mm}$$

（4）计算齿轮宽度

$$b = \phi_d d_1 = 0.8\times49.90\text{mm} = 39.92\text{mm}$$

圆整后取 $B_2 = 40\text{mm}$，$B_1 = 45\text{mm}$。

4. 校核齿面接触疲劳强度

1）由图 2-8-17 查得 $\sigma_{Hlim1} = \sigma_{Hlim2} = 1100\text{MPa}$，由表 2-8-8 查得 $S_{Hmin} = 1.1$。

2）由图 2-8-15 查得 $K_{HN1} = 0.90$，$K_{HN2} = 0.95$。

3）由式（2-8-13）计算齿面接触许用应力

$$[\sigma_{H1}] = \frac{K_{HN1}\sigma_{Hlim1}}{S_{Hmin}} = \frac{0.90\times1100}{1.1}\text{MPa} = 900\text{MPa}$$

$$[\sigma_{H2}] = \frac{K_{HN2}\sigma_{Hlim2}}{S_{Hmin}} = \frac{0.95\times1100}{1.1}\text{MPa} = 950\text{MPa}$$

$$[\sigma_H] = ([\sigma_{H1}]+[\sigma_{H2}])/2 = [(900+950)/2]\text{MPa} = 925\text{MPa}$$

4）查表 2-8-5 得 $Z_E = 189.8$。

5）查图 2-8-13 得 $Z_H = 2.433$。

6）由式（2-8-17）计算 Z_ε，其中 $\varepsilon_\alpha = 1.65$，$\varepsilon_\beta = 1.522 > 1$，取 $\varepsilon_\beta = 1$，则

$$Z_\varepsilon = \sqrt{\frac{4-\varepsilon_\alpha}{3}(1-\varepsilon_\beta)+\frac{\varepsilon_\beta}{\varepsilon_\alpha}} = \sqrt{\frac{4-1.65}{3}(1-1)+\frac{1}{1.65}} = 0.778$$

7）由式（2-8-18）计算 $Z_\beta = \sqrt{\cos\beta} = \sqrt{\cos15.866°} = 0.981$。

8）由式（2-8-16）校核齿面接触疲劳强度

$$\sigma_H = Z_E Z_H Z_\varepsilon Z_\beta \sqrt{\frac{2KT_1}{\phi_d d_1^3}\frac{u\pm1}{u}}$$

$$= 189.8\times2.433\times0.778\times0.981\sqrt{\frac{2\times1.614\times9.948\times10^4}{0.8\times49.90^3}\cdot\frac{3.2+1}{3.2}}\text{MPa} = 725\text{MPa}$$

显然齿面接触疲劳强度满足要求。

5. 结构设计

略。

第七节 标准直齿锥齿轮传动的强度计算

锥齿轮用于传递两交错轴之间的运动和动力，有直齿、斜齿和曲线齿之分。下面着重介绍最常用的轴交角 $\Sigma = 90°$ 的标准直齿锥齿轮传动的强度计算。

直齿锥齿轮传动的标准模数是大端模数 m，锥齿轮模数另有标准，其几何尺寸按大端计算，而强度以齿宽中点处的当量直齿圆柱齿轮作为计算依据。

标准直齿锥齿轮的主要几何尺寸计算见第一篇第五章。

一、轮齿的受力分析

忽略摩擦力的影响，直齿锥齿轮法向力 F_n 通常视为集中作用在平均分度圆上，即在齿宽节线中点处。根据空间几何关系，F_n 可分解为三个互相垂直的分力（图 2-8-20）

$$\left.\begin{aligned}
F_t &= \frac{2T_1}{d_{m1}} \\
F_{r1} &= F_{t1}\tan\alpha\cos\delta_1 \\
F_{a1} &= F_{t1}\tan\alpha\sin\delta_1 \\
F_n &= \frac{F_t}{\cos\alpha}
\end{aligned}\right\} \tag{2-8-24}$$

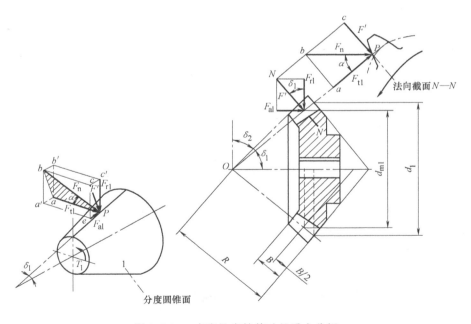

图 2-8-20 直齿锥齿轮传动的受力分析

圆周力和径向力的方向判断和直齿圆柱齿轮传动相同。各轮轴向力方向分别指向各自的大端，且 $F_{r1} = -F_{a2}$，$F_{r2} = -F_{a1}$。

二、齿面接触疲劳强度计算

直齿锥齿轮的齿面接触疲劳强度可近似按平均分度圆处的当量圆柱齿轮进行计算。考虑齿面接触区长短对齿面应力的影响，取有效齿宽为 $0.85b$，以平均直径处的参数代入直齿圆柱齿轮的计算公式，简化后即得直齿锥齿轮传动齿面接触疲劳强度校核公式和设计公式，分别为

$$\sigma_H = Z_E Z_H Z_\varepsilon \sqrt{\frac{4.7KT_1}{\phi_R(1-0.5\phi_R)^2 d_1^3 u}} \leq [\sigma_H] \tag{2-8-25}$$

$$d_1 \geq \sqrt[3]{\frac{4.7KT_1}{\phi_R(1-0.5\phi_R)^2 u}\left(\frac{Z_E Z_H Z_\varepsilon}{[\sigma_H]}\right)^2} \tag{2-8-26}$$

式中，Z_E、Z_H、Z_ε、u 与直齿圆柱齿轮传动相同，载荷系数同样为 $K = K_A K_v K_\alpha K_\beta$，其中 K_β 可按表 2-8-11 查取。

表 2-8-11　齿向载荷分布系数 K_β

应　用	支　承　情　况		
	两轮均为两端支承	一轮为两端支承，另一轮悬臂	两轮均为悬臂支承
飞机、车辆	1.50	1.65	1.88
工业机器、船舶	1.65	1.88	2.25

注：1. 在运转条件有最佳接触印痕时方可用表值。
　　2. 表值适用于鼓形齿，非鼓形齿直齿锥齿轮可将表值适当增大。

三、齿根弯曲疲劳强度计算

齿根弯曲疲劳强度计算，仍按平均分度圆处的当量圆柱齿轮计算。取有效齿宽为 $0.85b$，以平均直径处的参数代入直齿圆柱齿轮的计算公式，简化后即得直齿锥齿轮传动齿根弯曲疲劳强度校核公式和设计公式，分别为

$$\sigma_F = \frac{4.7KT_1}{\phi_R(1-0.5\phi_R)^2 m^3 z_1^2 \sqrt{u^2+1}} \cdot Y_{Fa} Y_{Sa} Y_\varepsilon \leq [\sigma_F] \tag{2-8-27}$$

$$m \geq \sqrt[3]{\frac{4.7KT_1}{\phi_R(1-0.5\phi_R)^2 z_1^2 \sqrt{u^2+1}} \cdot \frac{Y_{Fa} Y_{Sa} Y_\varepsilon}{[\sigma_F]}} \tag{2-8-28}$$

式中，齿形系数 Y_{Fa} 和应力修正系数 Y_{Sa} 按当量齿数 z_v 由表 2-8-6 查取；重合度系数 Y_ε 按式（2-8-10）计算。

第八节　齿轮传动的效率和润滑

一、齿轮传动的效率

闭式齿轮传动的效率 η 为

$$\eta = \eta_1 \eta_2 \eta_3 \tag{2-8-29}$$

式中 η_1——考虑齿轮啮合时摩擦损失的效率；

η_2——考虑润滑油被搅动时油阻损失的效率；

η_3——考虑轴承中摩擦损失的效率。

齿轮传动效率的具体数据可查阅相关手册。

二、齿轮传动的润滑

开式及半开式齿轮传动，或速度较低的闭式齿轮传动，通常采用人工周期性加油润滑，所用的润滑剂为润滑油或润滑脂。

通用的闭式齿轮传动，其润滑方式根据齿轮圆周速度的大小决定。当齿轮的圆周速度 $v < 12\,\text{m/s}$ 时，常将大齿轮的轮齿浸入油池中进行润滑（图2-8-21）。齿轮浸油深度对圆柱齿轮通常不宜超过一个齿高，但也不应小于 $10\,\text{mm}$；对锥齿轮应浸入全齿高，至少应浸入齿宽的一半。在多级齿轮传动中，可借助带油轮将油带到未浸入油池内的齿轮的齿面上（图2-8-22）。

当齿轮的圆周速度 $v > 12\,\text{m/s}$ 时，应采用喷油润滑（图2-8-23）。当 $v \leqslant 25\,\text{m/s}$ 时，喷嘴位于轮齿啮入或啮出边均可；$v > 25\,\text{m/s}$ 时，喷嘴应位于轮齿啮出边，以借润滑油及时冷却刚啮合过的轮齿。

齿轮传动常用的润滑剂的牌号及粘度可查阅相关设计手册。

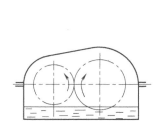
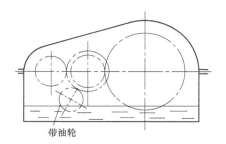
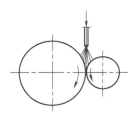

图 2-8-21 浸油润滑 　　图 2-8-22 带油轮带油润滑 　　图 2-8-23 喷油润滑

带油轮

第九节 齿轮结构

齿轮结构形式主要由毛坯材料、几何尺寸、加工工艺、生产批量、经济等因素决定，各部分尺寸由经验公式求得。

直径很小的钢制齿轮，圆柱齿轮当齿根圆到键槽底部的距离 $e < 2m_t$、锥齿轮按齿轮小端尺寸计算 $e < 1.6m$ 时，均应将齿轮和轴制成一体，称为齿轮轴。否则，齿轮和轴应分开制造更为合理。

齿顶圆直径 $d_a \leqslant 500\,\text{mm}$ 的齿轮通常是锻造或铸造的，一般采用腹板式结构（图2-8-24），小的齿轮可做成实心式。

齿顶圆直径 $d_a \geqslant 400\,\text{mm}$ 的齿轮常用铸铁或铸钢铸成，常采用轮辐式（图2-8-25）。

对于尺寸很大的齿轮，为节约贵重金属，常采用齿圈套装在轮芯上的组装式结构（图2-8-26），齿圈用钢制，轮芯则用铸铁或铸钢。

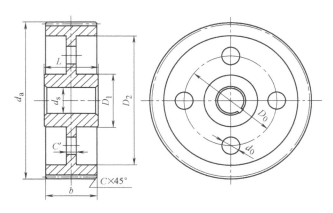

$d_a \leqslant 500\mathrm{mm}$；$D_0 = 0.5$（$D_1 + D_2$）；$d_0 = 0.25$（$D_2 - D_1$）；$D_2 = d_a - 10m_n$；

$D_1 = 1.6d_s$；$C' = 0.3b$；$C = 0.5m_n$；$L = (1.2 \sim 1.5)d_s$

图 2-8-24　锻造齿轮结构——腹板式

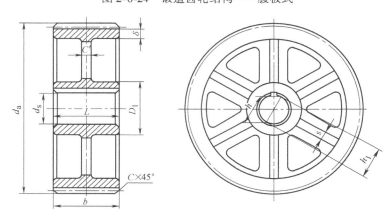

$d_a = 400 \sim 1000\mathrm{mm}$；$\delta = 5m_n$；$D_1 = (1.6 \sim 1.8)d_s$；$h = 0.8d_s$；$h_1 = 0.8h$；

$C' = 0.2h$；$C = 0.5m_n$；$s = h/6$（不小于10mm）；$L = (1.2 \sim 1.5)d_s$

图 2-8-25　铸造齿轮结构——轮辐式

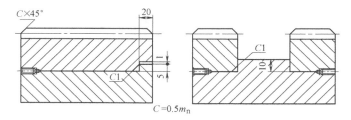

图 2-8-26　组合齿轮结构

第十节　其他齿轮传动简介

一、曲线齿锥齿轮传动

由于直齿锥齿轮精度较低，传动中产生较大的振动和噪声，不宜用于高速齿轮传动。因此，高速时宜采用曲线齿锥齿轮传动。

曲线齿锥齿轮传动又称为弧齿锥齿轮传动。由于齿倾斜、重合度大，较直齿锥齿轮传动具有承载能力大、传动效率高、传动平稳、动载荷和噪声小等优点，因而获得日益广泛的应用。常用曲线齿锥齿轮传动有圆弧齿和延伸外摆线曲线齿锥齿轮传动。

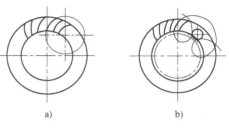

图 2-8-27　曲线齿锥齿轮传动

圆弧齿锥齿轮传动，其轮齿沿齿长方向的齿线为圆弧（图 2-8-27a），可在专用的格里森铣齿机上切齿，并容易磨齿，是曲线齿锥齿轮中应用最为广泛的一种。

延伸外摆线曲线齿锥齿轮传动，其轮齿沿齿长方向为延伸外摆线（图 2-8-27b），采用等高齿，可在奥利康机床上切齿。这种齿轮的主要优点是齿的接触区较理想，生产率高。其缺点是磨齿困难，不宜用于高速传动。

二、圆弧齿圆柱齿轮传动

渐开线圆柱齿轮传动具有易于精确加工，便于安装，中心距误差不影响承载能力等优点。但是，渐开线齿轮外啮合时，其接触点的综合曲率半径较小，齿面接触强度较低，难于满足重载齿轮要求；轮齿间的接触是线接触，对制造和安装误差较敏感，易引起轮齿上载荷集中，降低承载能力；齿廓间滑动系数是变化的，易造成磨损不均。为了克服渐开线圆柱齿轮的这些缺点，圆弧齿圆柱齿轮已逐渐得到广泛应用。近年来，又由单圆弧齿轮（图 2-8-28a）发展为双圆弧齿轮（图 2-8-28b）。

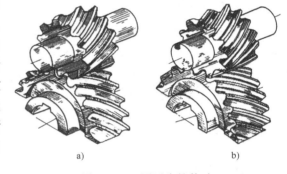

图 2-8-28　圆弧齿轮传动

圆弧齿轮传动与渐开线齿轮传动相比有以下特点：

1）圆弧齿轮传动啮合轮齿的综合曲率半径大（相当于内啮合），轮齿具有较高的接触强度。其弯曲强度虽不够理想，但仍比渐开线齿轮高。

2）圆弧齿轮传动具有良好的磨合性，经啮合后，相啮合的轮齿能紧密贴合，实际啮合面积大；轮齿在啮合过程中主要是滚动摩擦，啮合点又以相当高的速度沿啮合线移动，对齿面间的油膜形成有利，不仅可减少啮合摩擦损失，提高传动效率，而且有助于提高齿面间的接触强度和耐磨性。

3）圆弧齿轮传动没有根切，没有最小齿数限制。

4）圆弧齿轮传动的中心距的偏差对轮齿沿齿高的正常接触影响很大，这将降低承载能力，因而对中心距的精度要求较高。

知识拓展

齿轮在传动中的应用很早以前就出现了。公元前三百多年，古希腊哲学家亚里士多德在

《机械问题》中，阐述了用青铜或铸铁齿轮传递旋转运动的问题。中国古代发明的指南车中已应用了整套的轮系。不过，古代的齿轮是用木料制造或用金属铸成的，只能传递轴间的回转运动，不能保证传动的平稳性，齿轮的承载能力也很小。随着生产的发展，齿轮运转的平稳性受到重视。1674 年丹麦天文学家罗默首次提出用外摆线作齿廓曲线，以得到运转平稳的齿轮。

摩擦、润滑理论和润滑技术是齿轮研究中的基础性工作，研究弹性流体动压润滑理论，推广采用合成润滑油和在油中适当地加入极压添加剂，不仅可提高齿面的承载能力，而且能提高传动效率。

进一步研究轮齿损伤的机理是齿轮理论和制造工艺发展的需要，这是建立可靠的强度计算方法的依据，是提高齿轮承载能力、延长齿轮寿命的理论基础。发展以圆弧齿廓为代表的新齿形；研究新型的齿轮材料和制造齿轮的新工艺；研究齿轮的弹性变形、制造和安装误差以及温度场的分布，进行轮齿修形，以改善齿轮运转的平稳性，同时在满载时增大轮齿的接触面积，以提高齿轮的承载能力。

未来齿轮传动正向着重载、高速、高精度和高效率等方向发展，并力求尺寸小、质量小、寿命长和经济可靠。

📚 文献阅读指南

本章关于齿轮传动的强度计算，是在国家标准内容的基础上适当的简化，其详细内容可参阅《机械设计手册》（新版）第 3 卷第 16 篇第 2 章渐开线圆柱齿轮传动和第 4 章锥齿轮、准双曲面齿轮传动（北京：机械工业出版社，2004）。

关于齿轮静强度校核计算（GB/T 3480—1997）和胶合承载能力计算（GB/T 6413.1 ~ 2—2003），可参阅《机械设计手册》（新版）第 3 卷第 16 篇第 2 章渐开线圆柱齿轮传动中的相关内容。

✏ 学习指导

一、本章主要内容

齿轮传动是机械传动中最重要的一种传动，本章主要介绍最常用的渐开线齿轮传动的设计计算。具体内容有：

1）齿轮传动的失效形式及相应的设计准则。

2）齿轮传动的受力分析。

3）齿轮传动的强度计算，即齿根弯曲疲劳强度和齿面接触疲劳强度的计算。

4）齿轮传动的主要参数选择，如齿数 z，模数 m，齿宽系数 ϕ_d 及斜齿轮的螺旋角 β 等参数的选择。

二、本章学习要求

1）掌握齿轮传动的主要失效形式和相应的设计准则。齿轮传动的主要失效形式有五种：轮齿折断、齿面点蚀、齿面胶合、齿面磨粒磨损、齿面塑性变形。齿轮传动的设计准则由失效形式决定。闭式传动中主要失效形式是轮齿折断、齿面点蚀和齿面胶合，故一般只进行齿根弯曲疲劳强度和齿面接触疲劳强度计算；开式齿轮传动中，主要失效形式是轮齿折断和磨粒磨损，其设计计算主要按齿根弯曲疲劳强度进行，并适当加大模数以考虑磨粒磨损的影响。

2）掌握齿轮传动的受力分析，即直齿圆柱齿轮、斜齿圆柱齿轮和直齿锥齿轮传动的受力分析，包括各分力的大小、方向和作用点。

3）重点掌握直齿圆柱齿轮传动的强度计算，对斜齿圆柱齿轮和直齿锥齿轮传动强度计算只需掌握各自的计算特点即可。从直齿圆柱齿轮传动的接触强度公式中看出：一对相啮合的齿轮其接触应力相同，则接触疲劳强度的高低取决于许用应力的大小，许用应力大者接触疲劳强度高；影响接触疲劳强度的主要参数是小齿轮的分度圆直径 d_1，它反映了齿轮传动综合曲率半径的大小。从直齿圆柱齿轮传动的弯曲疲劳强度公式中看出：一对相啮合的齿轮其弯曲应力通常不等，一般来说许用弯曲应力也不等，因此，抗弯强度的大小取决于 $[\sigma_F]/\sigma_F$ 的比值，比值大者抗弯强度高；影响抗弯强度的主要参数是模数 m，它反映了轮齿的大小。

4）明确认识齿轮传动的主要参数，如齿数 z，模数 m，齿宽系数 ϕ_d 及斜齿轮的螺旋角 β 等的大小对传动（承载能力、加工工艺、结构尺寸等）的影响，以便合理选择。

5）了解齿轮强度计算中的载荷系数 K 所包含的各影响因素的物理意义，这对改善齿轮传动的载荷情况有指导意义。了解齿轮的结构形式以便进行结构设计。

思 考 题

2.8.1 直齿圆柱齿轮、斜齿圆柱齿轮、直齿锥齿轮的优缺点各是什么？适用场合如何？

2.8.2 齿轮的失效形式主要有几种？其发生的原因和防止措施各是什么？

2.8.3 齿轮材料的选择原则是什么？软硬齿面有何区别？如何选择？

2.8.4 齿轮的工作载荷与计算载荷有什么关系？应考虑哪些因素的影响？

2.8.5 齿数和齿宽系数对齿轮传动的承载能力有何影响？应如何选取？

习 题

2.8.1 试分析图 2-8-29 所示的齿轮传动各齿轮所受的力（在啮合点画三个分力）。

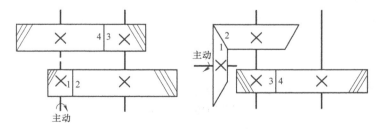

图 2-8-29 习题 2.8.1 图

2.8.2 图 2-8-30 所示为两级斜齿圆柱齿轮减速器传动方案设计，动力由 Ⅰ 轴输入，Ⅲ 轴输出，螺旋线方向及 Ⅲ 轴转向如图所示。求：

1）为使载荷沿齿向分布均匀，应以何端输入，何端输出？

2）为使轴 Ⅱ 轴承所受轴向力最小，各齿轮的螺旋线方向应如何？

3）齿轮 2、3 所受各分力的方向。

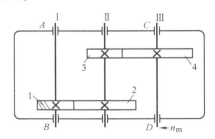

图 2-8-30　习题 2.8.2 图

2.8.3　如图 2-8-31 所示的齿轮传动，试分析以下两种情况下各齿轮所受的齿面接触应力和齿根弯曲应力的循环特性。

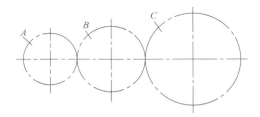

图 2-8-31　习题 2.8.3 图

1）齿轮 B 为"惰轮"，齿轮 A 为主动轮，齿轮 C 为从动轮。

2）齿轮 B 为主动轮，齿轮 A 和齿轮 C 均为从动轮。

2.8.4　有两对直齿圆柱齿轮，其参数见表 2-8-12，材料和精度均相同，则接触疲劳强度和弯曲疲劳强度分别是哪对齿轮的高？

表 2-8-12　齿轮参数表

	z_1	z_2	m	a	b
1	25	65	4	180	80
2	50	130	2	180	80

2.8.5　设计一对斜齿圆柱齿轮传动。已知 $P_1 = 130 \text{kW}$，$n_1 = 11640 \text{r/min}$，$z_1 = 23$，$z_2 = 73$，寿命 $L_h = 100 \text{h}$，小齿轮作悬臂布置，使用系数 $K_A = 1.25$。

习题参考答案

2.8.1　略。

2.8.2　1）A 端输入，D 端输出；2）略；3）略。

2.8.3　1）齿轮 B 所受齿根弯曲应力为对称循环，齿面接触应力为脉动循环，齿轮 A 和 C 所受齿根弯曲应力和齿面接触应力都是脉动循环。

　　　2）各齿轮所受齿面接触应力和齿根弯曲应力均为脉动循环。

2.8.4　接触疲劳强度相同（Z_ε 影响很小，忽略不计），"1"对齿轮的弯曲疲劳强度高。

2.8.5　略。

第九章

蜗杆传动

第一节 概　　述

一、蜗杆、蜗轮的形成

蜗杆传动是在空间交错的两轴间传递运动和动力的一种传动机构（图2-9-1），由蜗杆和蜗轮组成，两轴线交错的夹角可为任意值，常用的为 $\Sigma = \beta_1 + \beta_2 = 90°$。

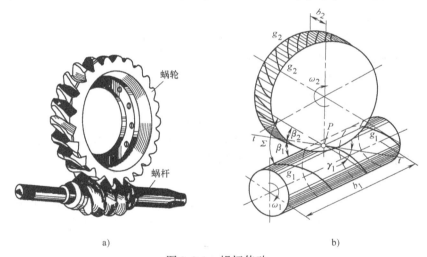

a)　　　　　　　　　　　　　　　　b)

图 2-9-1　蜗杆传动

蜗杆蜗轮传动是由交错轴斜齿圆柱齿轮传动演变而来的（β_1 不一定等于 β_2）（图2-9-1）。在交错角 $\Sigma = \beta_1 + \beta_2 = 90°$ 的交错轴斜齿轮机构中，若小齿轮的螺旋角 β_1 取得很大，其分度圆柱的直径 d_1 取得较小，而且其轴向长度 b_1 也较长，齿数 z_1 很少（一般 $z_1 = 1 \sim 4$），则其轮齿在分度圆柱面上的螺旋线能绕一周以上，使得小齿轮的外形像一根螺杆，称为蜗杆。与蜗杆相啮合的大齿轮的 β_2 较小，分度圆柱的直径 d_2 很大，轴向长度 b_2 较短，齿数 z_2 很多，其实际上是一个斜齿轮，称为蜗轮。这样的蜗杆蜗轮机构仍是交错轴斜齿轮机构，在啮合传动时，其齿廓间仍为点接触。为了改善接触情况，可将蜗轮分度圆柱面的直母线改为圆弧形，部分地包住蜗杆（图2-9-2），并用与蜗杆相似滚刀（两者的差别仅是滚刀的外径略大，以便加工出顶隙）展成法加工蜗轮，这样加工出来的蜗轮与蜗杆啮合时，其齿廓间的接触为线接触，可传递较大的动力。

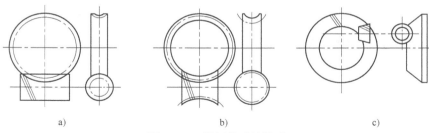

图 2-9-2　蜗杆传动的类型

a）圆柱蜗杆传动　b）环面蜗杆传动　c）锥蜗杆传动

蜗杆与螺杆相似，也有左旋、右旋以及单头和多头之分，蜗杆的头数就是其齿数 z_1，蜗杆分度圆柱上螺旋线的导程角 $\gamma = 90° - \beta_1 = \beta_2$。

二、蜗杆传动的特点和应用

（一）蜗杆传动的特点

1）可以得到大的传动比，结构紧凑。在动力传动中一般传动比 $i = 5 \sim 80$；在分度机构或手动机构中，传动比可达 300；若只传递运动，传动比可达 1000。由于传动比大，零件数目又少，因而结构很紧凑。

2）传动平稳，噪声较低。在蜗杆传动中，由于蜗杆齿是连续不断的螺旋齿，它和蜗轮齿是逐渐进入啮合及逐渐退出啮合的，同时啮合的齿对又较多，故冲击载荷小，传动平稳，噪声低。

3）蜗杆传动具有自锁性。当蜗杆的导程角 γ 小于啮合面的当量摩擦角时，蜗杆传动便具有自锁性。但此时只能以蜗杆为主动件带动蜗轮传动，而不能以蜗轮带动蜗杆传动。

4）传动效率低，磨损较严重。蜗杆传动与螺旋齿轮传动相似，在啮合处相对滑动速度 v_s 较大，易磨损，易发热，故效率较低。当滑动速度很大，工作条件不够良好时，会产生较严重的摩擦与磨损，从而引起过分发热，使润滑情况恶化。因此摩擦损失较大，效率低；当传动具有自锁性时，效率更低，仅为 0.4 左右。

5）成本较高。由于摩擦、磨损及发热严重，蜗轮常需采用价格较昂贵的减摩、耐磨材料（非铁金属）来制造，以便与钢制蜗杆配对组成减摩性良好的滑动摩擦副，而且需要良好的润滑装置，故成本较高。

6）蜗杆的轴向力较大，致使轴承寿命降低。

（二）蜗杆传动的应用

由于蜗杆传动具有以上的特点，故广泛用于两轴交错、传动比较大、传递功率不太大（传递功率低于 50kW）或间歇工作的场合，如应用在机床、汽车、仪器、起重运输机械、冶金机械及其他机器或设备中。

蜗杆传动通常用于减速装置，但也有个别机器用作增速装置。由于具有自锁性，故常在卷扬机等起重机械中起安全保护作用。

三、蜗杆传动的类型

根据蜗杆的形状不同，蜗杆传动可分为圆柱蜗杆传动、环面蜗杆传动和锥蜗杆传动三类如

图 2-9-2 所示。其中圆柱蜗杆传动可分为普通圆柱蜗杆传动和圆弧圆柱蜗杆传动。普通圆柱蜗杆传动又分为阿基米德蜗杆传动、渐开线蜗杆传动、法向直廓蜗杆传动、锥面包络蜗杆传动。

对于圆柱蜗杆传动以及环面蜗杆传动而言，将通过蜗杆轴线并垂直于蜗轮轴线的平面（或蜗杆轴线和蜗杆副连心线所在的平面）称为中间平面（图 2-9-4）。

（一）圆柱蜗杆传动

（1）普通圆柱蜗杆传动 普通圆柱蜗杆分类及特点见表 2-9-1。

表 2-9-1　普通圆柱蜗杆分类及特点

类　型	工艺简图	蜗杆加工原理	特　点	应　用
阿基米德蜗杆（ZA 蜗杆）	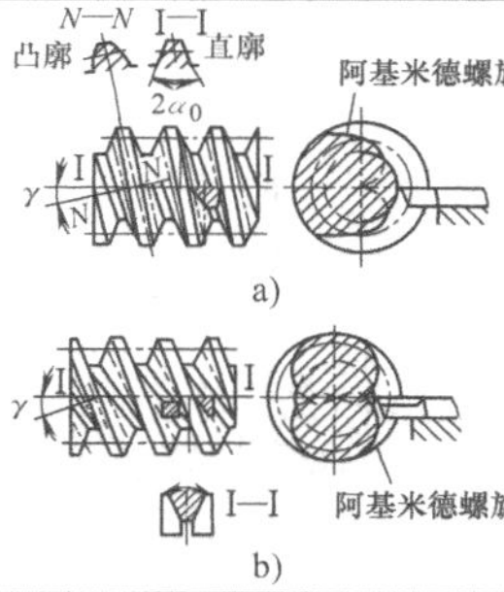	用直线切削刃的梯形车刀切削而成，切削刃通过蜗杆的轴平面。蜗杆端面上的齿形为阿基米德螺旋线；中间平面内的齿形为直线，类似于齿条	车削工艺好，但精度低	由于传动的啮合特性差，只用于中小载荷、中低速度及间歇工作的场合，应用逐渐减少
法向直廓蜗杆（ZN 蜗杆）	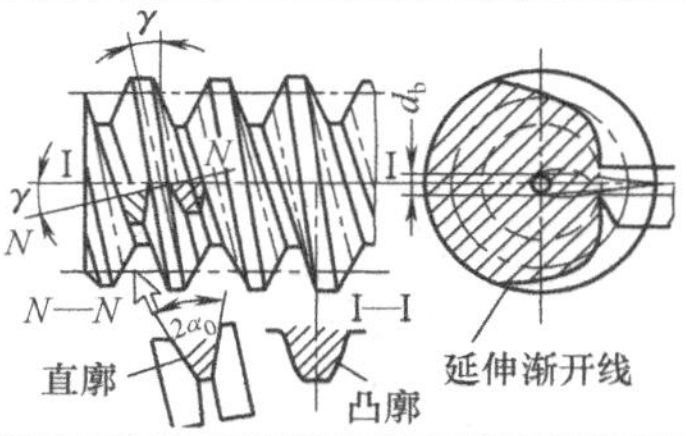	与 ZA 蜗杆相似，只是直线切削刃放在蜗杆的法平面。在蜗杆法平面内齿形是直线；在端面上是延伸渐开线	车削而成，加工精度低	同上，多用于分度蜗杆传动
渐开线蜗杆（ZI 蜗杆）	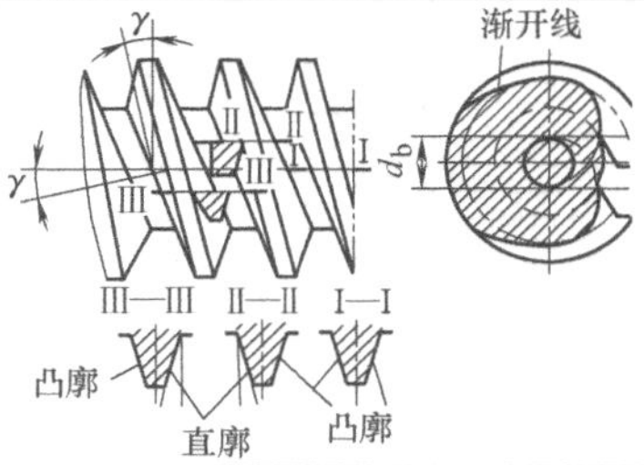	切削刃与蜗杆的基圆柱相切，加工后蜗杆端面的齿形为渐开线；中间平面和法平面内的齿形均为曲线	可在专用机床上磨削，承载能力高于其他直齿廓圆柱蜗杆，效率可达95%	用于传递载荷和功率较大的场合
锥面包络蜗杆（ZK 蜗杆）	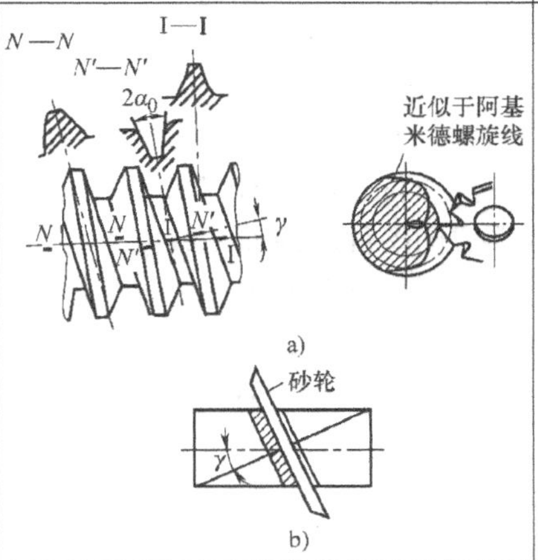	在铣床和磨床上加工，加工时梯形圆盘铣刀放在蜗杆的法面内绕其轴线作回转运动，蜗杆作螺旋运动，蜗杆的齿面由刀具的回转面包络而成。在蜗杆的任意截面内，蜗杆的齿形都是曲线	容易磨削，加工精度高。但齿形曲线复杂，设计、测量困难	一般用于中速、中载、连续运转的动力蜗杆传动

（2）圆弧圆柱蜗杆传动 圆弧圆柱蜗杆传动和普通圆柱蜗杆传动相似，只是齿廓形状有所区别。这种蜗杆的螺旋面是用刃边为凸圆弧形的刀具切制的，而蜗轮是用展成法制造的（图2-9-3）。在中间平面上，蜗杆的齿廓为凹弧，而与之相配的蜗轮的齿廓则为凸弧形。所以，圆弧圆柱蜗杆传动是一种凹凸弧齿廓相啮合的传动，也是一种线接触的啮合传动。其主要特点为：效率高，一般可达90%以上；承载能力大，一般可较普通圆柱蜗杆传动高出50%~150%；体积小；质量小；结构紧凑。这种传动已广泛应用到冶金、矿山、化工、建筑、起重等机械设备的减速机构中。

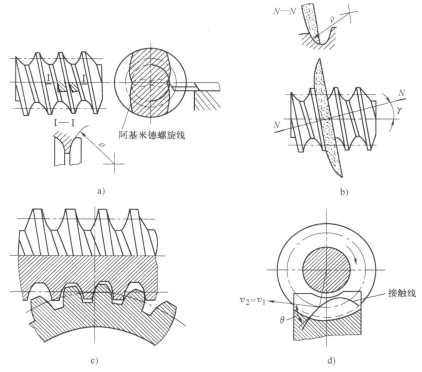

图2-9-3 圆弧圆柱蜗杆传动

（二）环面蜗杆传动

环面蜗杆传动的特征是，蜗杆体在轴向的外形是以凹圆弧为母线所形成的旋转曲面，所以把这种蜗杆传动称为环面蜗杆传动（图2-9-2）。在这种传动的啮合带内，蜗轮的节圆位于蜗杆的节弧面上，也即蜗杆的节弧沿蜗轮的节圆包着蜗轮。在中间平面内，蜗杆和蜗轮都是直线齿廓。由于同时相啮合的齿对多，而且轮齿的接触线与蜗杆齿运动的方向近似于垂直，这就大大改善了轮齿受力情况和润滑油膜形成的条件，因而承载能力为阿基米德蜗杆传动的2~4倍，效率一般高达0.85~0.9；但它需要较高的制造和安装精度。

除上述环面蜗杆传动外，还有包络环面蜗杆传动。这种蜗杆传动分为一次包络和二次包络（双包）环面蜗杆传动两种。它们的承载能力和效率较上述环面蜗杆传动均有显著的提高。

（三）锥蜗杆传动

锥蜗杆传动也是一种空间交错轴之间的传动，两轴交错角通常为90°。锥蜗杆传动的蜗杆是由在节锥上分布的等导程的螺旋所形成的，故称为锥蜗杆。锥蜗杆的螺旋在节锥上的导程角相同。蜗轮外形类似于曲线齿锥齿轮，它是用与锥蜗杆相似的锥滚刀在普通滚齿机上加工而成的，故称为锥蜗轮。

锥蜗杆传动的特点是：同时啮合的齿数多，重合度大，传动平稳，承载能力和效率高；传动比范围大（10～360）；侧隙便于控制和调整；制造和安装简便，工艺性好；能作离合器使用；蜗轮可用淬火钢制成，节约非铁金属。但由于结构上的原因，传动具有不对称性，因而正、反转时受力不同，承载能力和效率也不同。

第二节　普通圆柱蜗杆传动的主要参数及几何尺寸

如图 2-9-4 所示，在中间平面上，普通圆柱蜗杆传动相当于齿轮和齿条的啮合传动。因此在设计蜗杆传动时，取中间平面上的参数（模数、压力角）和尺寸（齿顶圆、分度圆等）作为基准，并沿用齿轮传动的计算关系。

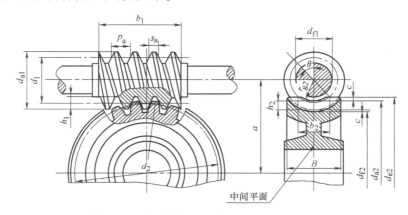

图 2-9-4　普通圆柱蜗杆传动的基本几何尺寸

一、普通圆柱蜗杆传动的主要参数及其选择

普通圆柱蜗杆传动的主要参数有模数 m、压力角 α、蜗杆头数 z_1、蜗轮齿数 z_2 及蜗杆的直径 d_1 等。进行蜗杆传动设计时，首先要正确地选择参数。

（1）模数 m 和压力角 α　在中间平面上，蜗杆传动的正确啮合条件为：蜗杆的轴向模数 m_{a1}、压力角 α_{a1} 应分别与蜗轮的端面模数 m_{t2}、压力角 α_{t2} 相等，并且为标准值，即

$$m_{a1} = m_{t2} = m$$

$$\alpha_{a1} = \alpha_{t2} = \alpha$$

ZA 型蜗杆的轴向压力角 α_a 在蜗杆轴平面内，且为标准值（20°），而其余三种（ZN、ZI、ZK）蜗杆的法向压力角 α_n 为标准值（20°）。蜗杆轴向压力角与法向压力角的关系为

$$\tan\alpha_a = \frac{\tan\alpha_n}{\cos\gamma}$$

式中　γ——导程角。

（2）齿顶高系数 h_a^* 和顶隙系数 c^*　一般采用 $h_a^* = 1$ 和 $c^* = 0.2$。

（3）蜗杆的导程角 γ　蜗杆的形成原理与螺旋相同，设其头数为 z_1，螺旋线的导程为 p_z，轴向齿距为 p_a，则有 $p_z = z_1 p_a = z_1 \pi m$（图2-9-5）。而分度圆柱上的导程角 γ 为

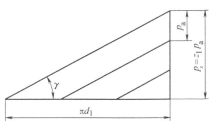

图 2-9-5　蜗杆的导程角 γ 与导程的关系

$$\tan\gamma = \frac{p_z}{\pi d_1} = \frac{z_1 p_a}{\pi d_1} = \frac{z_1 m}{d_1} \tag{2-9-1}$$

蜗杆的导程角小，则传动效率低，易自锁，导程角大，则传动效率高，但加工困难。按国家标准，蜗杆的导程角 γ 多数在 $3° \sim 31°$ 之间。

（4）蜗杆的分度圆直径 d_1 和直径系数 q　蜗杆的分度圆直径 d_1

$$d_1 = \frac{z_1 m}{\tan\gamma} \tag{2-9-2}$$

在蜗杆传动中，为了保证蜗杆与配对蜗轮的正确啮合，在展成法切制蜗轮时，蜗轮滚刀除了外径稍大一些外，其他尺寸和齿形与相应的蜗杆相同。但从式（2-9-2）可知，蜗杆的分度圆直径不仅与模数 m 有关，而且随着 $z_1/\tan\gamma$ 的数值变化，故即使模数 m 相同，也会有很多直径不同的蜗杆，也即要求备有很多相应的滚刀来适应不同的蜗杆直径，这样很不经济。为了限制蜗轮滚刀的数目及便于滚刀的标准化，就对每一标准模数规定了一定数量的蜗杆分度圆直径，GB/T 10088—1988 将蜗杆分度圆直径 d_1 规定为标准值，而把分度圆直径 d_1 与模数 m 的比值称为直径系数 q，即

$$q = \frac{d_1}{m} \tag{2-9-3}$$

则分度圆柱上的导程角 γ 可写为

$$\tan\gamma = \frac{z_1}{q} \tag{2-9-4}$$

d_1 与 q 已有标准值，常用的标准模数 m 和蜗杆分度圆直径 d_1 及直径系数 q 见表2-9-2。当选用较小的分度圆直径 d_1 时，蜗杆的刚度小，挠度大；蜗轮滚刀为整体结构，强度较低，刀齿数目少，磨损快，齿形和齿形角误差大，导程角大，传动效率高。当选用较大的分度圆直径 d_1 时，蜗杆刚度大，挠度小；蜗轮滚刀可以套装，结构强度大，刀齿数目多，刀齿磨损慢，导程角小，传动效率较低，圆周速度大，容易形成油膜，润滑条件好。

表 2-9-2　普通圆柱蜗杆基本尺寸和参数及其与蜗轮参数的匹配（摘自 GB/T 10085—1988）

中心距 a/mm	模数 m/mm	分度圆直径 d_1/mm	$m^2 d_1$/mm³	蜗杆头数 z_1	直径系数 q	分度圆导程角 γ	蜗轮齿数 z_2	变位系数 x_2
40	1	18	18	1	18.00	3°10′47″	62	0
50							82	0
40	1.25	20	31.25	1	16.00	3°34′35″	49	−0.500
50	1.25	22.4	35	1	17.92	3°11′38″	62	+0.040
63							82	+0.440
50	1.6	20	51.2	1	12.50	4°34′26″	51	−0.500
				2		9°05′25″		
				4		17°44′41″		

（续）

中心距 a/mm	模数 m/mm	分度圆直径 d_1/mm	$m^2 d_1$/mm³	蜗杆头数 z_1	直径系数 q	分度圆导程角 γ	蜗轮齿数 z_2	变位系数 x_2
63 80	1.6	28	71.68	1	17.50	3°16′14″	61 82	+0.125 +0.250
40 (50) (63)	2	22.4	89.6	1 2 4 6	11.20	5°06′08″ 10°07′29″ 19°39′14″ 28°10′43″	29 (39) (51)	−0.100 (−0.100) (+0.400)
80 100	2	35.5	142	1	17.75	3°13′28″	62 82	+0.125
50 (63) (80)	2.5	28	175	1 2 4 6	11.20	5°06′08″ 10°07′29″ 19°39′14″ 28°10′43″	29 (39) (53)	−0.100 (+0.100) (−0.100)
100	2.5	45	281.25	1	18.00	3°10′47″	62	0
63 (80) (100)	3.15	35.5	352.25	1 2 4 6	11.27	5°04′15″ 10°03′48″ 19°32′29″ 28°01′50″	29 (39) (53)	−0.1349 (+0.2619) (−0.3889)
125	3.15	56	555.56	1	17.778	3°13′10″	62	−0.2063
80 (100) (125)	4	40	640	1 2 4 6	10.00	5°42′38″ 11°18′36″ 21°48′05″ 30°57′50″	31 (41) (51)	−0.500 (−0.500) (+0.750)
160	4	71	1136	1	17.75	3°13′28″	62	+0.125
100 (125) (160) (180)	5	50	1250	1 2 4 6	10.00	5°42′38″ 11°18′36″ 21°48′05″ 30°57′50″	31 (41) (53) (61)	−0.500 (−0.500) (+0.500) (+0.500)
200	5	90	2250	1	18.00	3°10′47″	62	0
125 (160) (180) (200)	6.3	63	2500.47	1 2 4 6	10.00	5°42′38″ 11°18′36″ 21°48′05″ 30°57′50″	31 (41) (48) (53)	−0.6587 (−0.1032) (−0.4286) (+0.2460)
250	6.3	112	4445.28	1	17.778	3°13′10″	61	+0.2937
160 (200) (225) (250)	8	80	5120	1 2 4 6	10.00	5°42′38″ 11°18′36″ 21°48′05″ 30°57′50″	31 (41) (47) (52)	−0.500 (−0.500) (−0.375) (+0.250)

注：1. 本表中导程角 γ 小于 3°30′的圆柱蜗杆均为自锁蜗杆。

2. 括号中的参数不适用于蜗杆头数 $z_1 = 6$ 时。

3. 本表中中心距 a、蜗轮齿数 z_2 及变位系数 x_2 一一对应。

4. 本表中蜗杆头数 z_1、分度圆导程角 γ 一一对应。

（5）蜗杆头数 z_1 和蜗轮齿数 z_2　蜗杆头数 z_1 可根据要求的传动比 i 和效率 η 来选定。单头蜗杆的传动比大，易自锁，但效率低，不宜用于传递功率较大的场合。对反行程有自锁要求时，z_1 取 1；需要传递功率较大时，z_1 应取 2 或 4。蜗杆的头数过多，导程较大，会给加工带来困难。所以，通常蜗杆头数取为 1、2、4、6。

蜗轮齿数 $z_2 = uz_1$。为保证蜗杆传动的平稳性和效率，一般取 $z_2 = 27 \sim 80$，为了避免用蜗轮滚刀切制蜗轮时产生根切与干涉，理论上应使 $z_{2\min} \geqslant 17$。但当 $z_2 < 26$ 时，啮合区要显著减小，将影响传动的平稳性；而当 $z_2 \geqslant 30$ 时，则可始终保持由两对以上的齿啮合，所以通常规定 $z_2 \geqslant 28$。对于动力传动，z_2 一般不大于 80，这是由于当蜗轮直径不变时，z_2 越大，模数就越小，将削弱轮齿的弯曲疲劳强度；当模数不变时，蜗轮尺寸将要增大，使相啮合的蜗杆支承间距加长，这将降低蜗杆的弯曲刚度，影响蜗轮与蜗杆的啮合。蜗杆头数 z_1 与蜗轮齿数 z_2 的荐用值见表 2-9-3。

表 2-9-3　蜗杆头数 z_1 与蜗轮齿数 z_2 的荐用值

$u = z_2/z_1$	z_1	z_2	$u = z_2/z_1$	z_1	z_2
≈5	6	29 ~ 31	14 ~ 30	2	29 ~ 61
7 ~ 15	4	29 ~ 61	29 ~ 82	1	29 ~ 82

（6）传动比 i 与齿数比 u

传动比

$$i = \frac{n_1}{n_2} \tag{2-9-5a}$$

式中　n_1、n_2——蜗杆和蜗轮的转速（r/min）。

齿数比

$$u = \frac{z_2}{z_1} \tag{2-9-5b}$$

当蜗杆为主动时，

$$i = \frac{n_1}{n_2} = \frac{z_2}{z_1} = u \tag{2-9-6}$$

（7）蜗杆传动的标准中心距 a　蜗杆传动的标准中心距为

$$a = \frac{1}{2}(d_1 + d_2) = \frac{1}{2}(q + z_2)m \tag{2-9-7}$$

二、蜗杆传动变位的特点

蜗杆传动变位的目的主要是为了配凑中心距 a 或改变传动比 i 以及提高蜗杆传动的承载能力及传动效率，使之符合标准值。圆柱蜗杆传动具有与齿轮、齿条一样的啮合特性，变位方法与齿轮传动的变位方法相似，也是在切削时，利用刀具相对于蜗轮毛坯的径向位移来实现变位。但是在蜗杆传动中，由于蜗杆的齿廓形状和尺寸要与加工蜗轮的滚刀形状和尺寸相同，所以为了保持刀具尺寸不变，蜗杆尺寸是不能变动的，因而只能对蜗轮进行变位。由于蜗杆相当于齿条，变位时只有蜗轮的尺寸发生变化，而蜗杆的尺寸保持不变，这样蜗轮滚刀的尺寸也可保持不变。图 2-9-6 表示了几种变位情况。变位后，蜗轮的节圆仍与分度圆重合，蜗杆的节圆有所变化，只是蜗杆在中间平面上的节线有所改变，不再与其分度线重合。

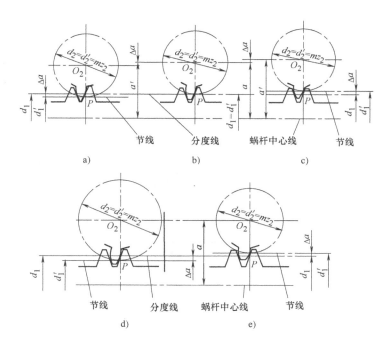

图 2-9-6 蜗杆传动的变位

a) 变位传动 $x_2 < 0$, $z_2' = z_2$, $a' < a$ b) 标准传动 $x_2 = 0$ c) 变位传动 $x_2 > 0$, $z_2' = z_2$, $a' > a$
d) 变位传动 $x_2 < 0$, $a' = a$, $z_2' > z_2$ e) 变位传动 $x_2 > 0$, $a' = a$, $z_2' < z_2$

变位蜗杆传动根据使用场合的不同，可在下述两种变位方式中选取一种。

（1）凑中心距 a 变位前后，蜗轮的齿数不变（$z_2' = z_2$），蜗杆传动的中心距改变（$a' \neq a$），其中心距的计算式如下：

变位前的中心距为
$$a = \frac{1}{2}(q + z_2)m$$

变位后的中心距为
$$a' = a + x_2 m = \frac{1}{2}(q + z_2 + 2x_2)m \tag{2-9-8}$$

变位系数
$$x_2 = (a' - a)/m \tag{2-9-9}$$

（2）凑传动比 i 变位前后，蜗杆传动中心距不变（$a' = a$），蜗轮齿数发生变化（$z_2' \neq z_2$），改变蜗轮齿数来凑传动比，故有

$$a' = a + x_2 m = \frac{1}{2}(q + z_2' + 2x_2)m = \frac{1}{2}(q + z_2)m = a$$

变位系数
$$x_2 = (z_2 - z_2')/2 \tag{2-9-10}$$

蜗轮变位系数的推荐范围是 $-0.5 \leqslant x \leqslant +0.5$，如从接触疲劳强度考虑，采用正变位系数较好，如从改善蜗杆传动的摩擦、磨损考虑，采用负变位较好，在 GB/T 10085—1988 中，大部分采用负变位。

三、蜗杆传动的几何尺寸计算

普通圆柱蜗杆传动的基本几何尺寸如图 2-9-4 所示，其计算公式见表 2-9-4、表 2-9-5。

表 2-9-4　普通圆柱蜗杆传动基本几何尺寸计算关系式

名　　称	代　号	计算关系式	说　明
中心距	a	$a = (d_1 + d_2 + 2x_2 m)/2$	按规定选取
蜗杆头数	z_1		按规定选取
蜗轮齿数	z_2		按传动比确定
压力角	α	$\alpha_a = 20°$ 或 $\alpha_n = 20°$	按蜗杆类型确定
模数	m	$m = m_a = m_n/\cos\gamma$	按规定选取
传动比	i	$i = n_1/n_2$	蜗杆为主动，按规定选取
齿数比	u	$u = z_2/z_1$ 当蜗杆主动时，$i = u$	
蜗轮变位系数	x_2	$x_2 = \dfrac{a}{m} - \dfrac{d_1 + d_2}{2m}$	
蜗杆直径系数	q	$q = d_1/m$	
蜗杆轴向齿距	p_a	$p_a = \pi m$	
蜗杆导程	p_z	$p_z = \pi m z_1$	
蜗杆分度圆直径	d_1	$d_1 = mq$	按规定选取
蜗杆齿顶圆直径	d_{a1}	$d_{a1} = d_1 + 2h_{a1} = d_1 + 2h_a^* m$	
蜗杆齿根圆直径	d_{f1}	$d_{f1} = d_1 - 2h_{f1} = d_1 - 2(h_a^* m + c)$	
顶隙	c	$c = c^* m$	按规定
渐开线蜗杆基圆直径	d_{b1}	$d_{b1} = d_1 \tan\gamma/\tan\gamma_b = mz_1/\tan\gamma_b$	
蜗杆齿顶高	h_{a1}	$h_{a1} = h_a^* m = 0.5(d_{a1} - d_1)$	按规定
蜗杆齿根高	h_{f1}	$h_{f1} = (h_a^* + c^*)m = 0.5(d_1 - d_{f1})$	
蜗杆齿高	h_1	$h_1 = h_{a1} + h_{f1} = 0.5(d_{a1} - d_{f1})$	
蜗杆导程角	γ	$\tan\gamma = mz_1/d_1 = z_1/q$	
渐开线蜗杆基圆导程角	γ_b	$\cos\gamma_b = \cos\gamma\cos\alpha_n$	
蜗杆齿宽	b_1	见表 2-9-5	由设计确定
蜗轮分度圆直径	d_2	$d_2 = mz_2 = 2a - d_1 - 2x_2 m$	
蜗轮喉圆直径	d_{a2}	$d_{a2} = d_2 + 2h_{a2}$	
蜗轮齿根圆直径	d_{f2}	$d_{f2} = d_2 - 2h_{f2}$	
蜗轮齿顶高	h_{a2}	$h_{a2} = 0.5(d_{a2} - d_2) = m(h_a^* + x_2)$	
蜗轮齿根高	h_{f2}	$h_{f2} = 0.5(d_2 - d_{f2}) = m(h_a^* - x_2 + c^*)$	
蜗轮齿高	h_2	$h_2 = h_{a2} + h_{f2} = 0.5(d_{a2} - d_{f2})$	
蜗轮咽喉母圆半径	r_{g2}	$r_{g2} = a - 0.5d_{a2}$	
蜗轮齿宽	b_2		由设计确定
蜗轮齿宽角	θ	$\theta = 2\arcsin(b_2/d_1)$	
蜗杆轴向齿厚	s_a	$s_a = 0.5\pi m$	
蜗杆法向齿厚	s_n	$s_n = s_a\cos\gamma$	
蜗轮齿厚	s_t	按蜗杆节圆处轴向齿槽宽 e_a' 确定	
蜗杆节圆直径	d_1'	$d_1' = d_1 + 2x_2 m = m(q + 2x_2)$	
蜗轮节圆直径	d_2'	$d_2' = d_2$	

表 2-9-5　蜗轮宽度 B、顶圆直径 d_{e2} 及蜗杆齿宽 b_1 的计算公式

z_1	B	d_{e2}	x_2/mm	b_1	
1	≤0.75d_{a1}	≤$d_{a2}+2m$	0	≥ $(11+0.06z_2)$ m	当变位系数 x_2 为中间值时，b_1 取 x_2 邻近两公式所求值的较大者
			-0.5	≥ $(8+0.06z_2)$ m	
			-1.0	≥ $(10.5+z_1)$ m	
2		≤$d_{a2}+1.5m$	0.5	≥ $(11+0.1z_2)$ m	经磨削的蜗杆，按左式所求的长度应再增加下列值：
			1.0	≥ $(12+0.1z_2)$ m	当 $m<10mm$ 时，增加 $15\sim25mm$
4	≤0.67d_{a1}	≤$d_{a2}+m$	0	≥ $(12.5+0.09z_2)$ m	当 $m=10\sim16mm$ 时，增加 $35\sim40mm$
			-0.5	≥ $(9.5+0.09z_2)$ m	当 $m>16mm$ 时，增加 $50mm$
			-1.0	≥ $(10.5+z_1)$ m	
			0.5	≥ $(12.5+0.1z_2)$ m	
			1.0	≥ $(13+0.1z_2)$ m	

第三节　普通圆柱蜗杆传动承载能力计算

一、蜗杆传动的失效形式、计算准则及常用材料

（一）失效形式和计算准则

蜗杆传动的失效形式与齿轮传动相同，有点蚀（齿面接触疲劳破坏）、齿面胶合、过度磨损、齿根折断等。由于材料和结构上的原因，蜗杆螺旋齿部分的强度总是高于蜗轮轮齿的强度，所以失效经常发生在蜗轮轮齿上。因此，一般只对蜗轮轮齿进行承载能力计算。

与平行轴圆柱齿轮相比，蜗杆和蜗轮齿面间还有沿蜗轮齿方向的滑动，且相对滑动速度大、发热量大，由于蜗杆与蜗轮齿面间有较大的相对滑动，增加了产生胶合和磨损失效的可能性，因而蜗杆传动更容易发生胶合和磨损。尤其在某些条件下（如润滑不良），蜗杆传动因齿面胶合而失效的可能性更大。因此，蜗杆传动的承载能力往往受到抗胶合能力的限制。

在闭式传动中，蜗杆副多因齿面胶合或点蚀而失效。因此，通常是按齿面接触疲劳强度进行设计，而按齿根弯曲疲劳强度进行校核。此外，闭式蜗杆传动散热不良时会降低蜗杆传动的承载能力，加速失效，还应作热平衡核算。

在开式传动中，蜗轮多发生齿面磨损和齿根折断，因此应以保证齿根弯曲疲劳强度作为开式传动的主要设计准则。

（二）常用材料

由上述蜗杆传动的失效形式可知，蜗杆、蜗轮的材料不仅要求具有足够的强度，更重要的是配对的材料应具有较好的减摩、耐磨、抗胶合、易磨合的特性。实验证明，在蜗杆齿面表面粗糙度满足技术要求的前提下，蜗杆、蜗轮齿面硬度差越大，抗胶合能力越强，蜗杆的齿面硬度应高于蜗轮，故用热处理的方法提高蜗杆齿面硬度很重要，所以蜗杆材料要具有良好的热处理、切削和磨削性能。

（1）蜗杆　蜗杆一般是用碳钢或合金钢制成，常用材料列于表 2-9-6。

表 2-9-6　蜗杆常用材料

材 料 牌 号	热 处 理	硬 度	齿面表面粗糙度 $Ra/\mu m$	应 用 场 合
40Cr、40CrNi、42SiMn、35CrMo、38SiMnMo	表面淬火	45～55HRC	1.6～0.8	高速重载
20Cr、20CrMnTi、16CrMn、20CrV	渗碳淬火	58～63HRC	1.6～0.8	
38CrMoAlA、50CrVA、35CrMo	渗氮淬火	＞850HV	3.2～1.6	
45、40Cr、42CrMo、35SiMn	调质	220～300HBW	6.3～3.2	低速中载

（2）蜗轮　蜗轮齿面一般采用与蜗杆材料减摩的较软材料制成。常用的蜗轮材料有铸造锡青铜（ZCuSn10P1、ZCuSn5Pb5Zn5）、铸造铝青铜（ZCuAl10Fe3）、灰铸铁（HT200、HT250）和球墨铸铁（QT700-2）等。锡青铜易磨合，耐磨性好，抗胶合能力强，但价格较贵，用于相对滑动速度 $v_s \geq 3m/s$ 的场合；铸造铝青铜的硬度比锡青铜高，强度好，但耐磨性、抗胶合能力均不如铸造锡青铜，价格相对便宜，用于相对滑动速度 $v_s \leq 4m/s$ 的场合；当相对滑动速度 $v_s \leq 2m/s$、对效率要求也不高时，不经常工作的场合可采用灰铸铁。蜗轮材料的力学性能与它的铸造工艺有关，若蜗轮齿圈采用离心浇注和金属型浇注代替砂型浇注，则其力学性能会有大的提高。为了防止变形，常对蜗轮进行时效处理。

蜗轮蜗杆的材料选用时还应注意材料的配对，如蜗轮采用铸造铝青铜时，蜗杆的材料应选用硬齿面的淬火钢。

二、蜗杆传动的受力分析和计算载荷

（一）受力分析

蜗杆传动的受力分析和斜齿圆柱齿轮传动相似。在进行蜗杆传动的受力分析时，通常不考虑摩擦力的影响。根据蜗杆的螺旋线方向不同，蜗杆传动有左旋和右旋两种，一对啮合的蜗杆与蜗轮的旋向相同。没有特别要求时蜗杆传动采用右旋蜗杆。

图 2-9-7 所示是以右旋蜗杆为主动件，并沿图示的方向旋转时，蜗杆螺旋面上的受力情况。设 F_n 为集中作用于节点 P 处的法向载荷，它作用于法向截面 $Pabc$ 内，F_n 可分解为三个互相垂直的分力，即圆周力 F_t、径向力 F_r 和轴向力 F_a。显然，在蜗杆与蜗轮间，相互作用着 F_{t1} 与 F_{a2}、F_{r1} 与 F_{r2}、F_{a1} 与 F_{t2} 这三对大小相等、方向相反的力，即 $F_{t1} = -F_{a2}$、$F_{a1} = -F_{t2}$、$F_{r1} = -F_{r2}$。

当不计摩擦力的影响时，各力的大小可按下列各式计算

$$F_{t1} = F_{a2} = \frac{2T_1}{d_1} \qquad (2-9-11)$$

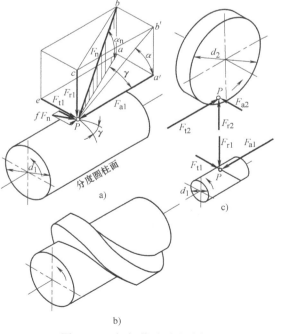

图 2-9-7　蜗杆传动受力分析

$$F_{t2} = F_{a1} = \frac{2T_2}{d_2} \tag{2-9-12}$$

$$F_{r1} = F_{r2} = F_{t2}\tan\alpha \tag{2-9-13}$$

$$F_n = \frac{F_{a1}}{\cos\alpha_n\cos\gamma} = \frac{F_{t2}}{\cos\alpha_n\cos\gamma} = \frac{2T_2}{d_2\cos\alpha_n\cos\gamma} \tag{2-9-14}$$

式中　T_1、T_2——蜗杆及蜗轮上的公称转矩（N·mm），$T_2 = iT_1\eta$；

　　　　d_1、d_2——蜗杆及蜗轮的分度圆直径（mm）。

当蜗杆主动时，蜗杆上的切向力的方向与运动方向相反，径向力指向蜗杆的轴心，轴向力的方向根据下面方法判断：蜗杆左旋用左手、蜗杆右旋用右手，握紧的四指表示主动轮的回转方向，大拇指伸直的方向表示主动轮所受轴向力的方向；蜗轮分力的方向根据作用力和反作用力的大小相等、方向相反来判断，即蜗轮的轴向力方向与蜗杆的切向力方向相反，蜗轮的切向力方向与蜗杆的轴向力方向相反，蜗轮蜗杆的径向力方向相反。

（二）计算载荷

计算载荷 F_{nc} 为

$$F_{nc} = KF_n \tag{2-9-15}$$

式中　K——载荷系数，按下式计算

$$K = K_A K_\beta K_v$$

式中　K_A——使用系数（表2-9-7）；

　　　　K_β——齿向载荷分配系数，当蜗杆传动的载荷平稳时，载荷分布不均匀现象将由于工作表面良好的磨合得到改善，取 $K_\beta = 1$，当载荷变化较大，或有冲击、振动时，$K_\beta = 1.3 \sim 1.6$；

　　　　K_v——动载系数，由于蜗杆传动一般较平稳，动载荷比齿轮传动小得多，故对于精确制造，且蜗轮圆周速度 $v_2 \leqslant 3\text{m/s}$ 时，取 $K_v = 1.0 \sim 1.1$，当蜗轮圆周速度 $v_2 > 3\text{m/s}$ 时，取 $K_v = 1.1 \sim 1.2$。

表 2-9-7　使用系数 K_A

原　动　机	工 作 特 点		
	平　　稳	中 等 冲 击	严 重 冲 击
电动机、汽轮机	0.8 ~ 1.25	0.9 ~ 1.5	1 ~ 1.75
多缸内燃机	0.9 ~ 1.5	1 ~ 1.75	1.25 ~ 2
单缸内燃机	1 ~ 1.75	1.25 ~ 2	1.5 ~ 2.25

注：表中小值用于间歇工作，大值用于连续工作。

三、蜗杆传动强度计算

（一）蜗轮齿面接触疲劳强度计算

蜗轮齿面接触疲劳强度计算的原始公式仍来源于赫兹公式，接触应力 σ_H 为

$$\sigma_H = Z_E\sqrt{\frac{KF_n}{L\rho_\Sigma}} \tag{2-9-16}$$

式中　F_n——啮合齿面上的法向载荷（N）；

　　　　L——接触线总长（mm）；

ρ_{Σ}——综合曲率半径（mm）；

K——载荷系数；

Z_E——材料的弹性影响系数（$\sqrt{\text{MPa}}$），青铜或铸铁蜗轮与钢蜗杆配对时，取
$Z_E = 160 \text{MPa}^{1/2}$。

由于蜗杆传动在同一瞬时有多对齿啮合，齿面存在多条接触线，且呈复杂的曲线形状，啮合过程中接触线总长 L 和综合曲率半径 ρ_{Σ} 也在不断变化，在工程中将以上公式中的法向载荷 F_n 换算成蜗轮分度圆直径 d_2 与蜗轮转矩 T_2 的关系式，再将 d_2、L、ρ_{Σ} 等换算成中心距 a 及 Z_ρ 的函数后，即得蜗轮齿面接触疲劳强度的验算公式为

$$\sigma_H = Z_E Z_\rho \sqrt{\frac{KT_2}{a^3}} \leqslant [\sigma_H] \tag{2-9-17}$$

式中　Z_ρ——蜗杆传动的接触线长度和曲率半径对接触疲劳强度的影响系数，简称接触系数；

σ_H、$[\sigma_H]$——蜗轮齿面的接触应力与许用接触应力（MPa）。

接触系数是计及齿面曲率半径和接触线长度对接触应力的影响系数，由沿啮合线的接触应力平均值得来。由图 2-9-8 可见，$[d_1/a]$ 值越大，Z_ρ 值越小，有利于降低接触应力和减小传动的中心距。

若蜗轮材料为抗拉强度 $\sigma_b < 300\text{MPa}$ 的铸造锡青铜，因蜗轮主要为蜗轮齿面接触疲劳失效，所以承载能力取决于蜗轮的接触疲劳强度。故应先从表 2-9-8 中查出蜗轮的基本许用接触应力 $[\sigma_H]'$，再按 $[\sigma_H] = K_{HN}[\sigma_H]'$ 算出许用接触应力 $[\sigma_H]$ 的值。

上面 K_{HN} 为接触疲劳强度的寿命系数，$K_{HN} = \sqrt[8]{\dfrac{10^7}{N}}$。其中 $N = 60jn_2L_h$；n_2 为蜗轮转速（r/min）；

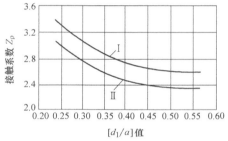

图 2-9-8　圆柱蜗杆传动的接触系数
Ⅰ—用于 ZI 型蜗杆（ZA、ZN 型也适用）
Ⅱ—用于 ZC 型蜗杆

L_h 为工作寿命（h）；j 为蜗轮每转一转，每个轮齿啮合的次数。

表 2-9-8　铸造锡青铜蜗轮的基本许用接触应力 $[\sigma_H]'$　　　（单位：MPa）

蜗轮材料	铸造方法	蜗杆螺旋面的硬度	
		≤45HRC	>45HRC
铸造锡磷青铜 ZCuSn10P1	砂型铸造	150	180
	金属型铸造	220	268
铸造锡锌铅青铜 ZCuSn5Pb5Zn5	砂型铸造	113	135
	金属型铸造	128	140

注：铸造锡青铜的基本许用接触应力为应力循环次数 $N = 10^7$ 时之值，当 $N \neq 10^7$ 时，需将表中数值乘以寿命系数 K_{HN}；当 $N > 25 \times 10^7$ 时，取 $N = 25 \times 10^7$；当 $N < 2.6 \times 10^5$ 时，取 $N = 2.6 \times 10^5$。

当蜗轮材料为灰铸铁或高强度青铜（$\sigma_b \geqslant 300\text{MPa}$）时，蜗杆传动的承载能力主要取决于齿面胶合强度。但因目前尚无完善的胶合强度计算公式，故采用接触疲劳强度计算是一种

条件性计算，在查取蜗轮齿面的许用接触应力时，要考虑相对滑动速度的大小。由于胶合不属于疲劳失效，$[\sigma_H]$ 值与应力循环次数 N 无关，故可直接从表 2-9-9 中查出许用接触应力 $[\sigma_H]$ 的值。

表 2-9-9　灰铸铁及铸铝铁青铜蜗轮的许用接触应力 $[\sigma_H]$　　　（单位：MPa）

材　料		滑动速度 $v_s/$（m/s）						
蜗杆	蜗轮	<0.25	0.25	0.5	1	2	3	4
20 或 20Cr 渗碳淬火，45 钢淬火，齿面硬度大于 45HRC	灰铸铁 HT150	206	·166	150	127	95	—	—
	灰铸铁 HT200	250	202	182	154	115	—	—
	铸铝铁青铜 ZCuAl10Fe3	—	—	250	230	210	180	160
45 钢或 Q275	灰铸铁 HT150	172	139	125	106	79	—	—
	灰铸铁 HT200	208	168	152	128	96	—	—

从蜗轮齿面接触疲劳强度的验算公式中可得到按蜗轮接触疲劳强度条件设计计算的公式为

$$a \geqslant \sqrt[3]{KT_2 \left(\frac{Z_E Z_\rho}{[\sigma_H]} \right)^2} \tag{2-9-18}$$

从上式算出蜗杆传动的中心距 a 后，可根据预定的传动比 $i(z_2/z_1)$ 从表 2-9-2 中选择一合适的 a 值，以及相应的蜗杆、蜗轮的参数。

（二）蜗轮齿根弯曲疲劳强度计算

蜗轮轮齿的弯曲疲劳强度取决于轮齿模数的大小。由于轮齿齿形比较复杂，且在中间平面两侧的不同平面上的齿厚不同，相当于具有不同变位系数的正变位齿轮轮齿。距中间平面越远，齿越厚，变位系数也越大。因此，蜗轮轮齿的弯曲疲劳强度难于精确计算，只好进行条件性的概略估算。一般把蜗轮近似按斜齿圆柱齿轮来考虑进行条件性计算。因此，蜗轮的齿根弯曲疲劳强度计算带有很大的近似性。按斜齿圆柱齿轮齿根弯曲疲劳强度的计算公式

$$\sigma_F = \frac{KF_{t2}}{b_2 m_n} Y_{Fa2} Y_{Sa2} Y_\varepsilon Y_\beta = \frac{2KT_2}{b_2 d_2 m_n} Y_{Fa2} Y_{Sa2} Y_\varepsilon Y_\beta \leqslant [\sigma_F]$$

式中　b_2——蜗轮轮齿弧长（mm），$b_2 = \dfrac{\pi d_1 \theta}{360° \cos\gamma}$，其中 θ 为蜗轮齿宽角；

m_n——法向模数（mm），$m_n = m\cos\gamma$；

Y_{Sa2}——齿根应力校正系数，放在 $[\sigma_F]$ 中考虑；

Y_{Fa2}——蜗轮齿形系数，可由蜗轮的当量齿数 $z_{v2} = z_2 / \cos^3 \gamma$ 及蜗轮的变位系数 x_2 从图 2-9-9 中查得；

Y_ε——弯曲疲劳强度的重合度系数，取 $Y_\varepsilon = 0.667$；

Y_β——螺旋角影响系数，$Y_\beta = 1 - \gamma/140°$；

$[\sigma_F]$——蜗轮的许用弯曲应力（MPa），$[\sigma_F] = [\sigma_F]' K_{FN}$，$[\sigma_F]'$ 为计入齿根应力校正系数 Y_{Sa2} 后蜗轮的基本许用应力，从表 2-9-10 中选取，K_{FN} 为寿命系数，$K_{FN} = \sqrt[9]{\dfrac{10^6}{N}}$，其中应力循环次数 N 的计算方法同前。

所以轮齿弯曲疲劳强度条件的校核公式为

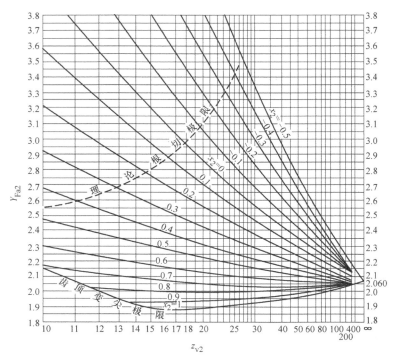

图 2-9-9　蜗轮齿形系数

$$\sigma_F = \frac{1.53KT_2}{d_1 d_2 m} Y_{Fa2} Y_\beta \leqslant [\sigma_F] \qquad (2\text{-}9\text{-}19)$$

经整理后可得蜗轮轮齿按弯曲疲劳强度条件设计计算的公式为

$$m^2 d_1 \geqslant \frac{1.53KT_2}{z_2 [\sigma_F]} Y_{Fa2} Y_\beta \qquad (2\text{-}9\text{-}20)$$

计算出 $m^2 d_1$ 后，可从表 2-9-2 中查出相应的参数。

蜗轮轮齿因弯曲疲劳强度不足而失效的情况，多发生在蜗轮齿数较多（如 $z_2 > 90$ 时）或开式传动中。因此，对闭式蜗杆传动通常只作弯曲疲劳强度的校核计算，但这种计算是必须进行的。因为校核蜗轮轮齿的弯曲疲劳强度绝不只是为了判别其弯曲断裂的可能性，对那些承受重载的动力蜗杆副，蜗轮轮齿的弯曲变形量还会直接影响到蜗杆副的运动平稳性精度。

表 2-9-10　蜗轮的基本许用弯曲应力 $[\sigma_F]'$ （单位：MPa）

蜗轮材料		铸造方法	单侧工作 $[\sigma_{0F}]'$	双侧工作 $[\sigma_{-1F}]'$
铸造锡青铜 ZCuSn10P1		砂型铸造	40	29
		金属型铸造	56	40
铸造锡锌铅青铜 ZCuSn5Pb5Zn5		砂型铸造	26	22
		金属型铸造	32	26
铸造铝青铜 ZCuAl10Fe3		砂型铸造	80	57
		金属型铸造	90	64
灰铸铁	HT150	砂型铸造	40	28
	HT200	砂型铸造	48	34

注：表中各种青铜的基本许用弯曲应力为应力循环次数 $N = 10^6$ 时之值，当 $N \neq 10^6$ 时，需将表中数值乘以寿命系数 K_{FN}；$N > 25 \times 10^7$ 时，取 $N = 25 \times 10^7$；当 $N < 10^5$ 时，取 $N = 10^5$。

四、蜗杆的刚度计算

蜗杆受力后如产生过大的变形，就会造成轮齿上的载荷集中，影响蜗杆与蜗轮的正确啮合，所以蜗杆还必须进行刚度校核。校核蜗杆的刚度时，通常是把蜗杆螺旋部分看作以蜗杆齿根圆直径为直径的轴段，主要是校核蜗杆的弯曲刚度，其最大挠度 y 可按下式作近似计算，并得其刚度条件为

$$y = \frac{L^3 \sqrt{F_{t1}^2 + F_{r1}^2}}{48EI} \leqslant [y] \tag{2-9-21}$$

式中　F_{t1}——蜗杆所受的切向力（N）；

　　　F_{r1}——蜗杆所受的径向力（N）；

　　　E——蜗杆材料的弹性模量（MPa）；

　　　I——蜗杆危险截面的惯性矩（mm），$I = \dfrac{\pi d_{f1}^4}{64}$，其中 d_{f1} 为蜗杆齿根圆直径；

　　　L——蜗杆两端支承间跨距（mm），视具体结构要求而定，初算时可取 $L \approx 0.9d_2$，d_2 为蜗轮分度圆直径；

　　　$[y]$——许用最大挠度（mm），$[y] = d_1/1000$，此处 d_1 为蜗杆分度圆直径。

五、普通圆柱蜗杆传动的精度等级及其选择

GB/T 10089—1988 对蜗杆、蜗轮和蜗杆传动规定了 12 个精度等级；1 级精度最高，12 级精度最低。与齿轮公差相仿，蜗杆、蜗轮和蜗杆传动的公差也分成三个公差组。蜗杆传动精度等级分类见表 2-9-11。

表 2-9-11　蜗杆传动精度等级分类（供参考）

精 度 等 级		6 级（高精度）	7 级（精密精度）	8 级（中等精度）	9 级（低精度）
应用范围		中等精密机床的分度机构；发动机调整器的传动	中等精度的运输机及中等功率的蜗杆传动	圆周速度较低，每天工作很短时间的不重要传动	不重要的低速传动及手动传动
制造方法		蜗杆：渗碳淬火，螺纹两侧面磨光和抛光 蜗轮：用滚刀切制；用蜗杆形剃齿刀最后精加工	蜗杆：同 6 级精度 蜗轮：用滚刀切制，建议用蜗杆形剃齿刀最后精加工。未精加工的蜗轮必须加载磨合	蜗杆：在车床上最后加工 蜗轮：铣制或用飞刀切制，建议蜗轮加载磨合	蜗杆：同 8 级精度 蜗轮：同 8 级精度
表面粗糙度 $Ra/\mu m$	蜗杆	0.4	0.80~0.40	1.60~0.80	3.20~1.60
	蜗轮	0.4	0.80~0.40	1.60	3.20
蜗轮许用滑动速度 $v_s/$（m/s）		>10	≤10	≤5	≤2

第四节　蜗杆传动的效率、润滑和热平衡计算

一、蜗杆传动的效率

(一)　蜗杆传动的效率

闭式蜗杆传动的总效率 η 包括轮齿啮合摩擦损耗功率的效率 η_1、轴承摩擦损耗功率的效率 η_2、浸入油中的零件搅油时的溅油损耗功率的效率 η_3。因此总效率为

$$\eta = \eta_1 \eta_2 \eta_3 \tag{2-9-22}$$

当蜗杆主动时，η_1 可近似按下式计算，即

$$\eta_1 = \frac{\tan\gamma}{\tan(\gamma + \varphi_v)} \tag{2-9-23}$$

式中　γ——普通圆柱蜗杆分度圆柱上的导程角；

φ_v——当量摩擦角，$\varphi_v = \arctan f_v$，其值可根据滑动速度 v_s 由表2-9-12查出。

表2-9-12　普通圆柱蜗杆传动的 v_s，f_v，φ_v 值

蜗轮齿圈材料	锡青铜				无锡青铜		灰铸铁			
蜗杆齿面硬度	≥45HRC		其他		≥45HRC		≥45HRC		其他	
滑动速度 $v_s^{①}$/(m/s)	$f_v^{②}$	$\varphi_v^{②}$	f_v	φ_v	$f_v^{②}$	$\varphi_v^{②}$	$f_v^{②}$	$\varphi_v^{②}$	f_v	φ_v
0.01	0.110	6°17′	0.120	6°51′	0.180	10°12′	0.180	10°12′	0.190	10°45′
0.05	0.090	5°09′	0.100	5°43′	0.140	7°58′	0.140	7°58′	0.160	9°05′
0.10	0.080	4°31′	0.090	5°09′	0.130	7°24′	0.130	7°24′	0.140	7°58′
0.25	0.065	3°43′	0.075	4°17′	0.100	5°43′	0.100	5°43′	0.120	6°51′
0.50	0.055	3°09′	0.065	3°43′	0.090	5°09′	0.090	5°09′	0.100	5°43′
1.0	0.045	2°35′	0.055	3°09′	0.070	4°00′	0.070	4°00′	0.090	5°09′
1.5	0.040	2°17′	0.050	2°52′	0.065	3°43′	0.065	3°43′	0.080	4°34′
2.0	0.035	2°00′	0.045	2°35′	0.055	3°09′	0.055	3°09′	0.070	4°00′
2.5	0.030	1°43′	0.040	2°17′	0.050	2°52′				
3.0	0.028	1°36′	0.035	2°00′	0.045	2°35′				
4	0.024	1°22′	0.031	1°47′	0.040	2°17′				
5	0.022	1°16′	0.029	1°40′	0.035	2°00′				
8	0.018	1°02′	0.026	1°29′	0.030	1°43′				
10	0.016	0°55′	0.024	1°22′						
15	0.014	0°48′	0.020	1°09′						
24	0.013	0°45′								

① 当滑动速度与表中数值不一致时，可用插值法求得 f_v 和 φ_v 值。

② 蜗杆齿面经磨削或抛光并仔细磨合，正确安装，以及采用粘度合适的润滑油进行充分润滑时。

(二)　滑动速度v_s

如图2-9-10所示，当蜗杆传动在节点处啮合时，蜗杆的圆周速度为 v_1，蜗轮的圆周速

度为 v_2，滑动速度 v_s 为

$$v_s = \frac{v_1}{\cos\gamma} = \frac{\pi d_1 n_1}{60 \times 1000 \cos\gamma} \qquad (2\text{-}9\text{-}24)$$

式中　v_1——蜗杆分度圆的圆周速度（m/s）；

　　　d_1——蜗杆分度圆直径（mm）；

　　　n_1——蜗杆的转速（r/min）。

导程角 γ 是影响蜗杆传动啮合效率的最主要的参数之一。设 f_v 为当量摩擦因数，从图 2-9-11 可以看出，η_1 随 γ 增大而提高，但到一定值后即下降。在 $\gamma > 28°$ 后，η_1 随 γ 的变化就比较慢，而且大导程角的蜗杆制造困难，所以一般 $\gamma < 28°$。

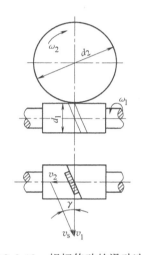

图 2-9-10　蜗杆传动的滑动速度

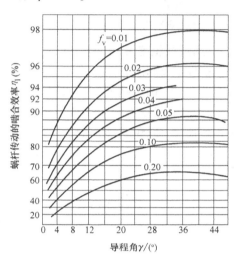

图 2-9-11　导程角 γ 与效率 η_1 之间的关系

一般情况下，由于轴承摩擦及溅油这两项功率损耗不大，一般取 $\eta_2\eta_3 = 0.95 \sim 0.96$，则总效率 η 为

$$\eta = \eta_1\eta_2\eta_3 = (0.95 \sim 0.96)\frac{\tan\gamma}{\tan(\gamma + \varphi_v)} \qquad (2\text{-}9\text{-}25)$$

在设计之初，为了近似地求出蜗轮轴上的转矩 T_2，η 值可按表 2-9-13 估取。

表 2-9-13　效率初估值

蜗杆头数 z_1	1	2	4	6
总效率 η	0.7	0.8	0.9	0.95

二、蜗杆传动的润滑

润滑对蜗杆传动来说，具有特别重要的意义。因为当润滑不良时，传动效率将显著降低，并且会带来剧烈的磨损和产生胶合破坏的危险，所以往往采用粘度大的矿物油进行良好的润滑，在润滑油中还常加入添加剂，使其提高抗胶合能力。

蜗杆传动所采用的润滑油、润滑方法及润滑装置与齿轮传动的基本相同。

（一）润滑油种类

润滑油的种类很多，需根据蜗杆、蜗轮配对材料和运转条件合理选用。在钢蜗杆配青铜蜗轮时，常用的润滑油见表2-9-14。

表2-9-14　蜗杆传动常用的润滑油

全损耗系统用油牌号 L-AN	68	100	150	220	320	460	680
运动粘度 v_{40}/cSt	61.2 ~ 74.8	90 ~ 110	135 ~ 165	198 ~ 242	288 ~ 352	414 ~ 506	612 ~ 748
粘度指数不小于	90						
闪点（开口）/℃不低于	180			200			220
倾点/℃不高于	-8						-5

注：其余指标可参看 GB/T 5903—2011。

（二）润滑油粘度及润滑方法

润滑油粘度及润滑方法，一般根据相对滑动速度及载荷类型进行选择。为提高蜗杆传动的抗胶合性能，宜选用粘度较高的润滑油。在矿物油中适当加些油性添加剂（如加入5%的动物脂肪），有利于提高油膜厚度，减轻胶合危险。用青铜制造的蜗轮，则不允许采用活性大的极压添加剂，以免腐蚀青铜。采用聚乙二醇、聚醚合成油时，摩擦因数较小，有利于提高传动效率，承受较高的工作温度，减少磨损。

对于闭式传动，常用的润滑油粘度及润滑方法见表2-9-15；对于开式传动，则采用粘度较高的齿轮油或润滑脂。

表2-9-15　蜗杆传动的润滑油粘度及润滑方法

蜗杆传动的相对滑动速度 v_s/（m/s）	0 ~ 1	0 ~ 2.5	0 ~ 5	>5 ~ 10	>10 ~ 15	>15 ~ 25	>25
载荷类型	重	重	中	（不限）	（不限）	（不限）	（不限）
运动粘度 v_{40}/（$\times 10^{-6}$ m²/s）	900	500	350	220	150	100	80
润滑方法	油池润滑			喷油润滑或油池润滑	喷油润滑时的喷油压力/MPa		
					0.7	2	3

（三）润滑油量及润滑方式

对闭式蜗杆传动采用油池润滑时，蜗杆最好布置在下方，在搅油损耗不至过大的情况下，应有适当的油量。这样不仅有利于动压油膜的形成，而且有助于散热。对于蜗杆下置式或蜗杆侧置式的传动，浸油深度应为蜗杆的一个齿高，且油面不应超过滚动轴承最低滚动体的中心，油池容量宜适当大些，以免蜗杆工作时泛起箱内沉淀物，使油很快老化。只有在不得已的情况下（如受结构上的限制），蜗杆才布置在上方。当为蜗杆上置式时，浸油深度为蜗轮半径的1/6 ~ 1/3。

若蜗杆传动的相对滑动速度高于10m/s，必须采用压力喷油润滑，由喷油嘴向传动的啮合区供油。当速度小于25m/s时，喷油嘴位于蜗杆啮入端或啮出端皆可；当速度高于25m/s时，为增强冷却效果，喷油嘴宜放在啮出端，双向转动时两边都要装有喷油嘴，而且要控制一定的油压。喷油润滑时的供油量见表2-9-16。

对于开式蜗杆传动，则采用粘度高的齿轮油或润滑脂。一般采用涂刷方式。

表 2-9-16　喷油润滑时的供油量

中心距 a/mm	80	100	125	160	200	250	315	400	500
供油量/(L/min)	1.5	2	3	4	6	10	15	20	25

三、蜗杆传动的热平衡计算

蜗杆传动由于效率低，所以工作时发热量大。在闭式传动中，如果产生的热量不能及时散逸，将因油温不断升高而使润滑油稀释，从而增大摩擦损失，甚至发生胶合。所以，必须根据单位时间内的发热量等于同时间内的散热量的条件进行热平衡计算，以保证油温稳定地处于规定的范围内。

由于摩擦损耗的功率 $P_f = P(1-\eta)$，则产生的热流量为

$$\Phi_1 = 1000P_f = 1000P(1-\eta) \tag{2-9-26}$$

式中　P——蜗杆传递的功率（kW）。

以自然冷却方式，从箱体外壁散发到周围空气中去的热流量为

$$\Phi_2 = \alpha_d S(t_1 - t_0) \tag{2-9-27}$$

式中　α_d——箱体的表面传热系数 [W/(m² · ℃)]，自然通风良好的地方取 $\alpha_d = 14 \sim 17.5\text{W/(m}^2 \cdot ℃)$，通风不好时取 $\alpha_d = 8.7 \sim 10.5\text{W/(m}^2 \cdot ℃)$；

S——内表面能被润滑油所飞溅到，而外表面又可为周围空气所冷却的箱体表面面积（m²），初步设计时，对于箱体有散热肋的蜗杆传动，凸缘及散热片面积按 50% 计算，一般蜗杆减速器的 S 按 $S = 9 \times 10^{-5} a^{1.88}$ 估算，a 为中心距（mm）；

t_1——油的工作温度（℃），一般限制在 $60 \sim 70℃$，最高不应超过 $80℃$；

t_0——周围空气的温度（℃），常温情况可取为 $20℃$。

按热平衡条件 $\Phi_1 = \Phi_2$，可求得在既定工作条件下的油温为

$$t_1 = t_0 + \frac{1000P(1-\eta)}{\alpha_d S} \tag{2-9-28}$$

或在既定条件下，保持正常工作温度所需要的散热面积为

$$S = \frac{1000P(1-\eta)}{\alpha_d(t_1 - t_0)} \tag{2-9-29}$$

在 $t_1 > 80℃$ 或有效的散热面积不足时，则必须采取措施，以提高散热能力。通常采取：

1）在箱体外壁加散热片以增大散热面积（图 2-9-12）。

2）在蜗杆轴端加装风扇以加速空气的流通，进行人工通风，以增大散热系数（图 2-9-12）。

3）在传动箱内装循环冷却管路（图 2-9-13）。

4）对于大功率的蜗杆，采用压力喷油润滑冷却（图 2-9-14）。

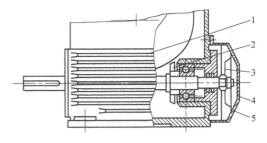

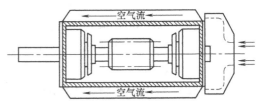

图 2-9-12　加散热片和风扇的蜗杆传动

1—散热片　2—溅油轮　3—风扇

4—过滤网　5—集气罩

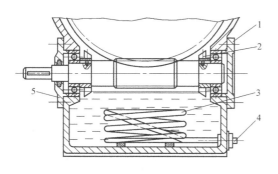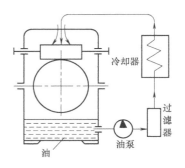

图 2-9-13 装有循环冷却管路的蜗杆传动   图 2-9-14 压力喷油润滑
1—闷盖 2—溅油轮 3—蛇形管
4—冷却水出入接口 5—透盖

第五节 圆柱蜗杆和蜗轮的结构

蜗杆螺旋部分的直径不大，所以常和轴做成一个整体，很少做成装配式的。常见的蜗杆结构如图 2-9-15a 所示，该结构无退刀槽，加工螺旋部分时只能用铣制的办法；图 2-9-15b 所示的结构则有退刀槽，螺旋部分可以车制，也可以铣制，但这种结构的刚度比前一种差。当蜗杆螺旋部分的直径较大时，可以将蜗杆与轴分开制作。

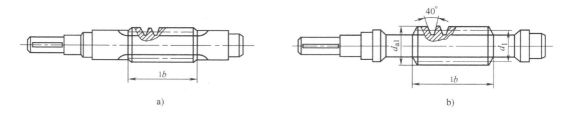

a)   b)

图 2-9-15 蜗杆的结构形式

蜗轮可制成整体的或组合的。组合蜗轮（图 2-9-16）的齿圈可以铸在或用过盈配合装在铸铁或铸钢的轮芯上。常用的蜗轮结构形式有以下几种：

（1）齿圈式（图 2-9-16a） 这种结构由青铜齿圈及铸铁轮芯所组成。齿圈与轮芯多用 H7/r6 配合，并加装 4~6 个紧定螺钉（或用螺钉拧紧后将头部锯掉）。为了便于钻孔，应将螺孔中心线由配合缝向材料较硬的轮芯部分偏移 2~3mm，以增强联接的可靠性。螺钉直径取（1.2~1.5）m，m 为蜗轮的模数。螺钉拧入深度为（0.3~0.4）B，B 为蜗轮宽度。齿冠最小厚度取 $2m$，但不小于 10mm。这种结构多用于尺寸不太大或工作温度变化较小的地方，以免热胀冷缩影响配合的质量。

（2）螺栓联接式（图 2-9-16b） 可用普通螺栓联接，或用铰制孔用螺栓联接，螺栓的尺寸和数目可参考蜗轮的结构尺寸而定，然后作适当的校核。这种结构装拆比较方便，多用于尺寸较大或易磨损的蜗轮。

（3）整体浇注式（图 2-9-16c） 主要用于铸铁蜗轮或尺寸很小的青铜蜗轮。

（4）拼铸式（图2-9-16d） 这是在铸铁轮芯上加铸青铜齿圈，然后切齿而成的结构。只用于成批制造的蜗轮。

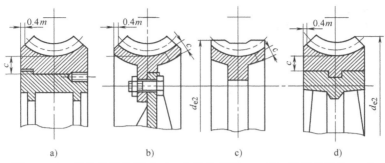

图2-9-16 蜗轮的结构形式（m 为蜗轮模数，m 和 c 的单位均为 mm）

a）$c = 1.6m + 1.5$ b）$c = 1.5m$ c）$c = 1.5m$ d）$c = 16m + 1.5$

蜗轮的几何尺寸可按表2-9-4、表2-9-5 中的计算公式及图2-9-4、图2-9-16 所示的结构尺寸来确定；轮芯部分的结构尺寸可参考齿轮的结构尺寸。

例 试设计一 ZA 型蜗杆减速器，输入功率 $P_1 = 3.5\text{kW}$，转速 $n_1 = 1450\text{r/min}$，传动比 $i = 20$。工作载荷较平稳，有不大的冲击，传动不反向。预期寿命 12000h。蜗杆布置在下方，要求运转精度良好。

解 蜗杆采用 45 钢，表面硬度大于 45HRC。计算步骤见下表。

步骤	计算内容	计算公式及参数	计算结果
1	选择蜗杆传动类型	根据 GB/T 10085—1988 的推荐及题目要求，采用阿基米德蜗杆（ZA）	阿基米德蜗杆（ZA）
2	选择材料	由于传动传递的功率不大，速度中等，故蜗杆采用 45 钢，表面硬度大于45HRC，蜗轮齿圈材料采用锡青铜，金属型铸造。轮芯用灰铸铁 HT100	蜗杆：45 钢 蜗轮齿圈：ZCuSn10P1 蜗轮轮芯：HT100
3	按齿面接触疲劳强度进行设计	1）确定作用在蜗轮上的转矩 T_2 取 $z_1 = 2$，由表2-9-13 估计效率 $\eta = 0.8$ $T_2 = iT_1\eta = 20 \times 9550 \times 10^3 \times 3.5 \times 0.8/1450\text{N}\cdot\text{mm} = 368827.6\text{N}\cdot\text{mm}$	$T_2 = 368827.6\text{N}\cdot\text{mm}$
		2）确定载荷系数 K 因为载荷平稳，速度不高，冲击不大，取载荷分布不均系数 $K_\beta = 1$，动载系数 $K_v = 1.05$，由表2-9-7 取使用系数 $K_A = 1.15$ $K = K_A K_\beta K_v = 1 \times 1.05 \times 1.15 = 1.21$	$K = 1.21$
		3）确定弹性影响系数 Z_E 因选用铸造锡青铜和钢蜗杆相配，取 $Z_E = 160\text{MPa}^{1/2}$	$Z_E = 160\text{MPa}^{1/2}$
		4）确定接触系数 Z_ρ 假设蜗杆分度圆直径 d_1 与传动中心距 a 的比值 $d_1/a = 0.35$，由图2-9-8 取 $Z_\rho = 2.9$	$Z_\rho = 2.9$
		5）确定许用接触应力 $[\sigma_H]$ 查表2-9-8 得 $[\sigma_H]' = 268\text{MPa}$ 应力循环次数 $N = 60jn_2L_h = 5.22 \times 10^7$ 寿命系数 $K_{HN} = \sqrt[8]{\dfrac{10^7}{N}} = 0.8134$ 许用接触应力 $[\sigma_H] = K_{HN}[\sigma_H]' = 218\text{MPa}$	$[\sigma_H] = 218\text{MPa}$

（续）

步骤	计算内容	计算公式及参数	计算结果
3	按齿面接触疲劳强度进行设计	6）计算中心距 由式（2-9-18）计算中心距 $$a \geqslant \sqrt[3]{KT_2\left(\dfrac{Z_E Z_\rho}{[\sigma_H]}\right)^2} = 126.448\text{mm}$$ 由表2-9-2取中心距 $a = 160$mm，模数 $m = 6.3$mm，分度圆直径 $d_1 = 63$mm，此时 $d_1/a = 63/160 = 0.394$，从图2-9-8查得 $Z'_\rho = 2.7 < Z_\rho = 2.9$，因此以上计算结果可用	$a = 160$mm $m = 6.3$mm $d_1 = 63$mm $q = 10$ $\gamma = 11°18'36''$
4	蜗杆与蜗轮主要参数及几何尺寸	根据表2-9-4、表2-9-5计算 1）蜗杆 轴向齿距 $p_a = \pi m = 19.782$mm 蜗杆齿顶圆直径 $d_{a1} = d_1 + 2h_a^* m = 69.3$mm 蜗杆齿根圆直径 $d_{f1} = d_1 - 2(h_a^* + c^*)m = 47.88$mm 蜗杆轴向齿厚 $s_a = 0.5\pi m = 9.891$mm 2）蜗轮 蜗轮齿数 $z_2 = 41$，变位系数 $x_2 = -0.1032$ 验算传动比 $i = z_2/z_1 = 20.5$，传动比误差为2.5%，是允许的 蜗轮分度圆直径 $d_2 = mz_2 = 6.3 \times 41 = 258.3$mm 蜗轮喉圆直径 $d_{a2} = d_2 + 2h_a^* m + 2x_2 m = 269.60$mm 蜗轮齿根圆直径 $d_{f2} = d_2 - 2(h_a^* - x_2 + c^*)m = 241.88$mm 蜗轮咽喉母圆半径 $r_{g2} = a - d_{a2}/2 = (160 - 269.60/2)\text{mm} = 25.20$mm	$p_a = 19.782$mm $d_{a1} = 69.3$mm $d_{f1} = 47.88$mm $s_a = 9.891$mm $z_2 = 41$ $x_2 = -0.1032$ $d_2 = 258.3$mm $d_{a2} = 269.60$mm $d_{f2} = 241.88$mm $r_{g2} = 25.20$mm
5	校核齿根弯曲疲劳强度	1）计算当量齿数 $z_{v2} = z_2/\cos^3\gamma = 41/\cos^3 11°18'36'' = 43.38$	$z_{v2} = 43.38$
		2）根据 $x_2 = -0.1032$，$z_{v2} = 43.38$，由图2-9-9查得 $Y_{Fa2} = 2.56$	$Y_{Fa2} = 2.56$
		3）计算螺旋角系数 $Y_\beta = 1 - \gamma/140° = 0.9192$	$Y_\beta = 0.9192$
		4）计算许用弯曲应力 寿命系数 $K_{FN} = \sqrt[9]{\dfrac{10^6}{N}} = 0.644$ 由表2-9-10查得 $[\sigma_F]' = 56$MPa 许用弯曲应力 $[\sigma_F] = [\sigma_F]'K_{FN} = 36.086$MPa	$[\sigma_F] = 36.086$MPa
		5）计算工作应力 由式（2-9-19）计算工作应力 $\sigma_F = \dfrac{1.53KT_2}{d_1 d_2 m}Y_{Fa2}Y_\beta = \dfrac{1.53 \times 1.21 \times 368827.6}{63 \times 258.3 \times 6.3} \times 2.56 \times 0.9192\text{MPa}$ $= 15.67\text{MPa} \leqslant [\sigma_F]$	$\sigma_F = 15.67$MPa 合适
6	精度等级公差和表面粗糙度的确定	根据蜗杆用途，从GB/T 10089—1988《圆柱蜗杆、蜗轮精度》中选择8级精度，侧隙种类为f，标注为8f GB/T 10089—1988 查相关手册要求的公差项目及表面粗糙度（此处略，但在做习题时应查出）	8f GB/T 10089—1988
7	热平衡校核（略）	做习题时要求进行热平衡校核	
8	蜗杆、蜗轮结构设计（略）	做习题时要求进行结构设计	

知识拓展

蜗杆传动的历史很悠久，对蜗杆传动的研究最早可追溯到两千多年以前，希腊的著名学者阿基米德（Archimedes，公元前287~212）提出的利用螺旋运动推动齿轮旋转的观念。蜗杆传动发展到现在，产生了很多的传动类型，环面蜗杆传动较圆柱蜗杆传动具有不可替代的优点。环面蜗杆传动分为一次包络和二次包络，平面二次包络蜗杆传动的研究尤为突出。

达·芬奇最早提出环面蜗杆传动的概念。英国人亨德利（Hindley）于1765年首次提出并做成了第一对著名的Hindley环面蜗杆传动蜗杆副。1922年，美国人E. Wildhabe发明了平面蜗杆传动，1948年美国米歇根工具公司制定了这种传动系列标准，即美国EXCELL-O公司的CONEDRIVE（直廓环面蜗杆减速器）。1951年日本佐藤发明了斜齿平面蜗杆传动，1969年日本石川昌一获得了平面包络蜗杆传动的专利，1972年酒井高男和牧充首次对二次包络蜗杆传动中的一系列理论及实践问题进行了论述。1972年酒井高男和牧充还提出了锥面二次包络环面蜗杆传动的理论，并付之生产。

平面二次包络环面蜗杆传动（简称为平面二包）是我国1970年首创的一种新型机械传动形式，是在美国"Cone"蜗杆（俗称球面蜗杆）和日本东京工业大学"斜平面蜗轮"的基础上发展而来的。其蜗轮可以用展成法加工，生产率有所提高，承载能力和传动效率也有明显提高。

平面包络环面蜗杆传动在我国问世以后，受到各个方面的重视，取得了很大的成果。南开大学的严志达、吴大任、骆家舜教授领导的齿轮啮合理论研究组将相对微分、绝对微分的概念引入啮合理论的研究之中，利用微分几何建立了一整套齿轮啮合的理论体系，为平面二次包络环面蜗杆传动的研究提供了方便和有效的数学工具；重庆大学张光辉教授等在首钢试制成功我国第一套平面二次包络蜗杆副，分析和探讨了这种传动从啮合理论到具体设计加工中的许多问题；北京科技大学的沈蕴方、容尔谦等教授用相似微分包络法对平面二次包络的啮合原理进行了探讨，分析了平面二次包络环面蜗杆齿廓形状以及接触线上各点诱导曲率；中国矿业大学的孟惠荣和唐劲松教授对可展环面蜗杆传动的承载能力计算进行了较深入的研究。

随着国内科技工作者的努力，平面二次包络环面蜗杆传动在理论和应用发明方面取得了显著的进展，主要表现为：分析了共轭曲面相互决定的三个条件：啮合条件、第一类界定条件、第二类界定条件，讨论与之相应的三种基本函数：啮合函数、一界函数、二界函数；推导并计算了齿面接触线，分析了蜗杆齿面根切和蜗轮啮合干涉现象；推导并计算了诱导法曲率、接触线切矢与相对速度的夹角；分析了平面包络环面蜗杆传动用于小传动比场合存在的问题；以弹性动压润滑理论为基础，提出了齿面综合参数作为全面衡量齿面啮合性能的判据；综合考虑了接触线分布状况及诱导法曲率对齿面润滑状态的影响。

文献阅读指南

本章主要介绍了普通圆柱蜗杆传动的设计计算，圆弧圆柱蜗杆传动和环面蜗杆传动的特点、应用和设计计算等内容，可参阅《机械设计手册》（新版）第3卷第16篇第5章蜗杆传动的相关内容。

有关平面二次包络蜗杆传动可参阅傅则绍等编著的《新型蜗杆传动》（西安：陕西科学技术出版社，1990）。

学习指导

一、本章主要内容

本章重要内容是蜗杆传动的类型和特点、蜗杆传动的失效形式及计算准则、蜗杆传动的受力分析、蜗杆传动的滑动速度和效率及热平衡计算。

二、本章学习要求

1）熟练掌握蜗杆的传动特点、失效形式和计算准则。

2）熟练掌握蜗杆和蜗轮的结构特点。

3）掌握蜗杆传动的受力分析、滑动速度和效率。

4）掌握蜗杆传动的热平衡计算。

5）了解蜗杆传动的强度计算特点。

6）了解蜗杆的传动类型。

思 考 题

2.9.1 蜗杆传动有何特点？什么情况下宜采用蜗杆传动？

2.9.2 蜗杆传动有哪些类型？

2.9.3 蜗杆传动的正确啮合条件是什么？

2.9.4 为什么要将蜗杆分度圆直径标准化？

2.9.5 变位蜗杆传动的两个主要目的是什么？在传动中是蜗杆变位还是蜗轮变位？

2.9.6 蜗杆传动的主要失效形式是什么？闭式蜗杆传动和开式蜗杆传动的失效形式有何不同？其设计准则又有何不同？

2.9.7 试总结蜗杆传动中蜗杆和蜗轮所受各分力大小和方向的确定方法，及蜗杆和蜗轮转动方向的判定方法。

2.9.8 蜗杆轴向齿距 p_a、蜗杆导程 p_z 之间，蜗杆头数 z_1、蜗杆直径系数 q 及分度圆导程角 γ 之间，各有什么关系？

习 题

2.9.1 试分析图 2-9-17 所示蜗杆传动中各轴的转动方向，蜗轮轮齿的螺旋旋向，及蜗杆、蜗轮所受

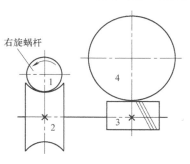

图 2-9-17 习题 2.9.1 图

1、3—蜗杆 2、4—蜗轮

各力的方向。

2.9.2 试验算带式运输机用单级蜗杆减速器中的普通圆柱蜗杆传动。蜗杆轴上的输入功率 P_1 = 5.5kW，n_1 = 960r/min，n_2 = 65r/min，电动机驱动，载荷平衡。每天连续工作 16h，要求工作寿命为 5 年。蜗杆材料为 45 钢，表面淬火（45 ~ 50HRC），蜗轮材料为 ZCuSn10P1 锡青铜，砂型铸造。z_1 = 2，z_2 = 30，m = 10mm，a = 206mm。

2.9.3 设计一起重设备的阿基米德蜗杆传动，载荷有中等冲击。蜗杆轴由电动机驱动，传递功率 P_1 = 10kW，n_1 = 1470r/min，n_2 = 120r/min，间歇工作，每天工作 2h，要求工作寿命为 10 年。

2.9.4 试设计用于升降机的蜗杆减速器中的圆弧齿圆柱蜗杆传动。由电动机驱动，工作有轻微冲击。已知 P_1 = 7.5kW，n_1 = 1440r/min，n_2 = 72r/min，单向运转，每天工作两班，连续工作，要求工作寿命为 5 年。

习题参考答案

2.9.1 略。

2.9.2 略。

2.9.3 略。

2.9.4 略。

第十章

轴

第一节　概　述

一、轴的用途及分类

  轴是组成机器的重要零件之一，如机床的主轴、自行车的轮轴和录音机的磁带轴等。轴用于支承转动的机械零件，如支承齿轮、凸轮、带轮等，使其有确定的工作位置，实现运动和动力的传递，并通过轴承支承在机架或机座上。

  根据轴在工作中承受载荷的性质不同，分为传动轴、心轴和转轴。

  工作中只传递转矩而不承受弯矩或受很小弯矩的轴称为传动轴，如联接汽车变速器输出轴和后桥的轴就是传动轴（图 2-10-1）。

  心轴只起支承作用，承受弯矩而不传递转矩。与轴上零件一起转动的心轴称为转动心轴，如火车轮轴（图 2-10-2）。图 2-10-3a 所示为一卷扬机转筒轴，大齿轮与卷筒以及卷筒轴固连在一起，工作时整体转动，为转动心轴。工作时固定不动的心轴称为固定心轴，如自行车前轮轴（图 2-10-4）。在图 2-10-3b 中，大齿轮与卷筒固连在一起，空套在卷筒轴上，工作时大齿轮与卷筒转动，卷筒轴固定不动，这个卷筒轴是固定心轴。

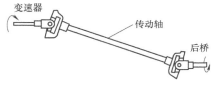

图 2-10-1　传动轴

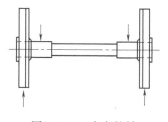

图 2-10-2　火车轮轴

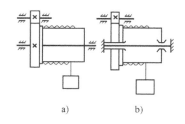

a)　　　　　b)

图 2-10-3　卷扬机转筒轴

  转轴工作时本身旋转，既要承受弯矩又要承受转矩，如图 2-10-5 所示的减速器中安装齿轮的三根轴，它们都是转轴。转轴在各种机器中最为常见。

  按照轴线形状的不同，轴可分为直轴、曲轴和软轴。

直轴按其外形不同又可分为光轴（图2-10-6）、阶梯轴（图2-10-7）及一些特殊用途的轴，如凸轮轴、齿轮轴及蜗杆轴等。光轴结构形状简单，加工容易，轴上应力集中源少，成本低，但是轴上零件不易定位和装配。阶梯轴各轴段直径不同，轴上零件的安装、定位比较方便。由于轴上应力分布通常是中间大、两端小，所以阶梯轴受力比较合理。光轴主要用于心轴和传动轴，阶梯轴则常用于转轴。

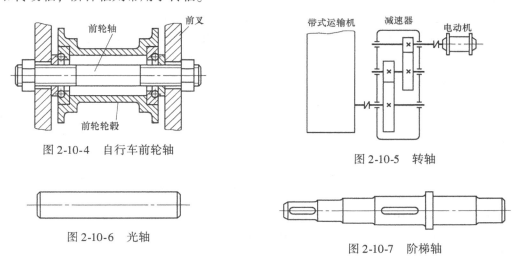

图2-10-4　自行车前轮轴

图2-10-5　转轴

图2-10-6　光轴

图2-10-7　阶梯轴

直轴一般都制成实心的。而由于机器结构的要求需要在轴中间装设其他零件，或者减小轴的质量，具有特别重大作用的场合，可以将轴制成空心的（图2-10-8）。

曲轴是内燃机、曲柄压力机等的专用零件，用于实现往复运动和旋转运动的变换（图2-10-9）。

钢丝软轴又称为钢丝挠性轴，它是由多组钢丝分层卷绕而成的，具有良好的挠性，可以把回转运动灵活地传递到不敞开的空间位置（图2-10-10）。

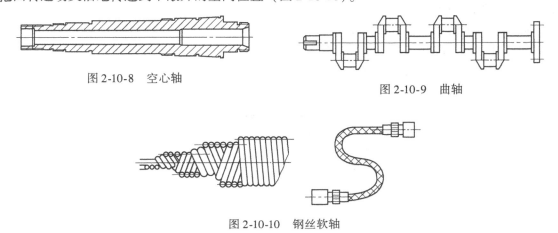

图2-10-8　空心轴

图2-10-9　曲轴

图2-10-10　钢丝软轴

二、轴设计的内容

轴的设计包括轴的工作能力计算和轴的结构设计。

轴工作时可能会因疲劳强度不足而产生疲劳断裂，因静强度不足而产生塑性变形或脆性断裂，超过允许范围的变形、磨损以及振动等。因此轴的工作能力计算就是指轴的强度、刚度和振动稳定性等的计算。一般的轴只要满足强度条件即可以正常工作，因此，为避免轴的断裂或塑性变形，只需对轴进行强度计算。而对机床主轴这类受力大的细长轴，为了避免轴产生过大的弹性变形而失效，就不但要进行强度计算，还要进行刚度计算。对于高速运转的轴，为了避免发生共振而失效，需要对轴的振动稳定性进行计算。

轴与轴上零件组成轴系零部件。轴的设计必须从轴系零部件整体结构考虑。因此，轴的结构设计就是根据轴上零件的安装、定位、调整以及轴的制造工艺等方面的要求，合理地确定轴的结构和各个轴段的尺寸。

三、轴的材料

轴的材料首先应有足够的强度，并对应力集中敏感性低，同时还应满足刚度、耐磨性、耐腐蚀性及良好的加工性要求。

轴常用的材料主要是碳钢和合金钢。钢轴的毛坯多数用轧制圆钢和锻件。

碳钢有足够高的强度，对应力集中敏感性较低，便于进行各种热处理及机械加工，价格低、供应充足，故应用最广。最常用的是 45 钢，并经调质或正火处理。对低速轻载或不重要的轴，可用 Q235、Q275 等普通碳钢制造。

合金钢比碳钢具有更高的力学性能和更好的淬火性能，常用于制造高速、重载的轴，或受力大而要求尺寸小、质量小的轴，以及处于高温、低温或腐蚀介质中工作的轴。

进行各种热处理、化学处理及表面强化处理，可以提高用碳钢或合金钢制造的轴的强度及耐磨性。特别是合金钢，只有进行热处理后才能充分显示其优越的力学性能。合金钢对应力集中的敏感性高，所以合金钢轴的结构形状必须合理，否则就失去用合金钢的意义。

在一般工作温度下（低于 200℃），合金钢和碳钢的弹性模量十分接近，因此选用合金钢来提高轴的刚度是没有意义的。另外，选择钢的种类和决定钢的热处理方法依据的是轴的强度和耐磨性，而不是轴的弯曲或者扭转刚度。

球墨铸铁和高强度铸铁的强度比碳钢低，但具有铸造工艺性好，易于得到较复杂的外形，吸振性、耐磨性好，对应力集中敏感性低等优点。因此，球墨铸铁和高强度铸铁适于制造形状复杂的轴，但品质不易控制。

表 2-10-1 列出了轴的常用材料及其主要力学性能。

表 2-10-1　轴的常用材料及其主要力学性能

材料牌号	热处理	毛坯直径 /mm	硬度 （HBW）	抗拉强度 σ_b	屈服强度 σ_s	弯曲疲劳极限 σ_{-1}	扭转疲劳极限 τ_{-1}	许用疲劳应力 $[\sigma_{-1}]$	备注
				MPa 不小于				MPa	
Q235，Q235F				440	240	180	105	120～138	用于不重要或载荷不大的轴
45	正火	≤100	170～217	600	300	240	140	160～184	应用最广泛
		>100～300	162～217	580	290	235	135	156～180	
	回火	>300～500		560	280	225	130	150～173	
		>500～750	156～217	540	270	215	125	143～165	
	调质	≤200	217～255	650	360	270	155	180～207	

（续）

材料牌号	热处理	毛坯直径/mm	硬度（HBW）	抗拉强度 σ_b	屈服强度 σ_s	弯曲疲劳极限 σ_{-1}	扭转疲劳极限 τ_{-1}	许用疲劳应力 $[\sigma_{-1}]$	备注
				MPa 不小于				MPa	
40Cr	调质	≤100	241~286	750	550	350	200	194~233	用于载荷较大，而无很大冲击的重要轴
		>100~300	229~269	700	500	320	185	177~213	
40CrNi	调质	25		1000	800	485	280	269~323	用于很重要的轴
38SiMnMo	调质	≤100	229~286	750	600	360	210	200~240	性能接近于40CrNi
		>100~300	217~269	700	550	335	195	186~223	
38CrMoAlA	调质	30	229	1000	850	495	285	198~275	用于要求高耐磨，高强度且热处理（渗氮）变形很小的轴
20Cr	渗碳	15	表面56~62 HRC	850	550	375	215	208~250	用于要求强度和韧性均较高的轴（如某些齿轮轴、蜗杆等）
	淬火	30		650	400	280	160	155~186	
	回火	≤60		650	400	280	160	155~186	
2Cr13	调质	≤100	197~248	660	450	295	170	163~196	用于在腐蚀条件下工作的轴
1Cr18Ni9Ti	淬火	≤60	≤192	550	220	205	120	136~157	用于在高、低温及强腐蚀条件下工作的轴
		>60~180		540	200	195	115	130~150	
		>100~200		500	200	185	105	123~142	
QT500-7			187~255	500	380	180	155		用于结构形状复杂的轴
QT600-3			197~269	600	420	215	185		

注：1. 表中所列疲劳极限数值，均按下式计算：$\sigma_{-1} \approx 0.27(\sigma_b + \sigma_s)$，$\tau_{-1} \approx 0.156(\sigma_b + \sigma_s)$。

2. 其他性能，一般可取 $\tau_s \approx (0.55 \sim 0.62)\sigma_s$，$\sigma_0 \approx 1.4\sigma_{-1}$，$\tau_0 \approx 1.5\tau_{-1}$。

3. 球墨铸铁 $\sigma_{-1} \approx 0.36\sigma_b$，$\tau_{-1} \approx 0.31\sigma_b$。

4. 选用 $[\sigma_{-1}]$ 值时，重要零件取较小值时，一般零件取较大值。

第二节　轴的结构设计

轴应该具有合理的外形和尺寸。决定各轴段的长度、直径以及其他细小尺寸在内的全部结构尺寸的过程就是轴的结构设计。通常轴的结构应该从以下几个方面来考虑：

1）轴应该便于加工，轴上零件装拆容易，轴的受力合理。

2）轴上零件和轴要有准确的相对位置，即定位要准确。

3）轴和轴上零件在受力后，由定位确定的相对位置不应改变，即需要固定。

4）尽可能地减小应力集中，提高轴的强度。

由于轴的结构受上述多方面因素的影响，因此处理轴的结构具有较大的灵活性。下面以单级减速器输入轴为例介绍轴的结构设计。

轴主要由轴颈、轴头和轴身三部分组成。轴上安装轴承的部位称为轴颈。安装回转零件（如齿轮、带轮、联轴器等轮毂零件）的部位称为轴头。轴颈和轴头的直径应符合标准直径尺寸系列，如安装滚动轴承的轴颈，轴颈尺寸就应该按轴承的内径取值。连接轴颈和轴头的部位称为轴身。

从节约材料及减小质量来说，轴应沿轴向设计成等强度的结构。但是考虑轴的制造、轴上零件的装拆、调整及固定等因素，轴一般制成阶梯形的。

一、拟定轴上零件的布置方案

拟定轴上零件的布置方案就是预定出轴上主要零件的装配方向、装配顺序和相互关系，从而决定轴的结构形状。在拟定方案时，一般应考虑几个方案，可以进行比较选择。例如，图 2-10-11 中的装配方案是：齿轮、套筒、右端轴承、轴承盖、联轴器依次从轴的右端向左安装，左端只装轴承和轴承盖。这样就形成了各轴段的直径和结构形式的初步布置方案，其是对轴进行结构设计的前提，它决定着轴的基本形式。

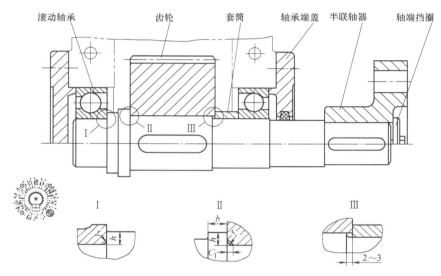

图 2-10-11　轴的结构组成

二、零件在轴上的定位和固定

为了保证零件在轴上安装时位置准确可靠，同时防止轴上零件受力时发生沿轴向和周向的相对运动，轴上零件一般都必须进行轴向和周向的定位和固定，以保证其准确的工作位置。

（一）零件在轴上的轴向定位和固定

零件在轴上的轴向定位和固定通常是以轴肩、轴环、套筒、轴端挡圈、轴承端盖和圆螺母等实现。

阶梯轴上截面尺寸变化之处称为轴肩。轴肩分为定位轴肩和非定位轴肩。

定位轴肩由定位面和过渡圆角组成。轴环功能与轴肩相同。它们的尺寸参数如图 2-10-12 所示。为保证零件端面能靠紧定位面，轴肩（环）圆角半径 r 必须小

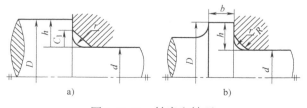

图 2-10-12　轴肩和轴环

于零件毂孔的圆角半径 R 或倒角 C_1；为保证零件定位端面的工作能力，有足够的强度以承受轴向力，定位面应具有足够的实际接触高度，通常取 $h = (0.07 \sim 0.1)d$。非定位轴肩则是为了加工和装配的方便设置的，其高度没有严格的规定，一般取为 $1 \sim 2\text{mm}$。轴环还应有适当的宽度，通常取 $b \geqslant 1.4h$。

套筒适用于轴上相距较近的两个零件之间的定位（图 2-10-13a），它的两个端面为定位面，因此要有较高的平行度和垂直度。为使轴上零件定位可靠，应使轴段长度比零件轮毂宽度短 $2 \sim 3\text{mm}$。使用套筒可简化轴的结构、减小应力集中。但由于套筒与轴的配合较松，两者难以同心，故不宜用在高速轴上。另外，若两零件之间的距离较大时也不适宜采用套筒定位，以免增大套筒的质量和体积，高速时，动载荷更大。

轴端挡圈（图 2-10-13a、b、c）用于固定轴端零件，可以承受较大的轴向力。轴端挡圈用螺钉紧固在轴端并压紧被固定零件的端面，该方法简单可靠、装拆方便。为了防止轴端挡圈转动造成螺钉松脱，可以加圆柱销锁住轴端挡圈，也可以用双螺钉加止动垫片防松。

圆螺母可以承受较大的轴向力，但轴上螺纹处会有较大的应力集中，降低轴的疲劳强度。因

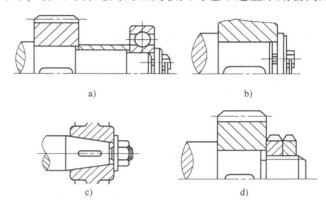

图 2-10-13　轴上零件的轴向定位和固定方法
a）轴肩—套筒—轴端挡圈　b）轴肩—轴端挡圈
c）圆锥形轴头—轴端挡圈　d）轴肩—圆螺母

此，圆螺母通常用于固定轴端的零件（图 2-10-13d），有双圆螺母和圆螺母与止动垫圈两种形式。使用圆螺母装拆方便。圆螺母通常用细牙螺纹，以增强防松能力和减小对轴的强度削弱及应力集中。

轴承端盖通常用螺钉或榫槽与箱体联接（图 2-10-11），它可以使滚动轴承的外圈得到轴向固定，同时，它又使整根轴的轴向位置得到确定。

锁紧挡圈用紧定螺钉固定在轴上，装拆方便，通常用于光轴上零件的定位，但不能承受大的轴向力（图 2-10-14）。

弹性挡圈常用于所受轴向力小的轴（图 2-10-15）。将弹性挡圈嵌入轴上切出的环形槽内，利用它的侧面压紧被定位零件的端面。这种定位方法工艺性好、装拆方便，但对轴的强度削弱较大。

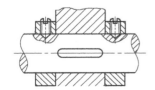

图 2-10-14　锁紧挡圈定位

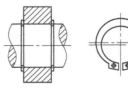

图 2-10-15　弹性挡圈定位

对于承受冲击载荷和同心度要求较高的轴端零件，则可以采用圆锥面定位。

（二）零件在轴上的周向定位和固定

周向定位和固定的目的是限制轴上零件与轴发生相对转动。根据轴所传递转矩的大小和性质、零件对中精度的高低、加工难易等，常用的周向定位方法有键联接、花键联接、成形联接、销联接和过盈联接等，通称轴毂联接（详细内容见本篇第五章）。紧定螺钉也可作周向定位，但仅用于转矩不大的场合。

三、确定各轴段的直径和长度

零件在轴上的定位和装拆方案确定后，轴的形状也就大体确定了。但由于这时轴的具体结构还没有设计出来，轴上各支点作用力的确切位置是未知的，因此不能决定轴上弯矩的大小和分布情况，这时就不能按照轴上的实际作用载荷确定各轴段的直径。但是，通常这时轴所受的转矩是可以求得的。因此，可以按照轴所承受的转矩初步估算出轴所需要的直径。将由此求出的直径作为承受转矩的轴段的最小直径 d_{min}，然后再按照轴上安装的零件的要求，包括其尺寸、定位和固定以及装拆等要求，从 d_{min} 处起逐个确定各个轴段的直径，即逐步扩大轴径成阶梯轴。

有配合要求的轴段，应尽量采用标准直径。安装标准件（如滚动轴承、螺母、联轴器和密封圈等）部位的轴径，应取为相应的标准值以及所选的配合公差。对非配合段的轴径，可以不取标准值，但应取为整数。安装紧配合零件通过处的直径，应小于紧配合的直径。

实际设计中，轴段直径的确定也可根据设计者的经验或应用类比法参考同类机器确定。

确定各轴段的长度，应尽可能使轴结构紧凑，同时还要保证零件所需的装配和调整空间要求。轴的各段长度主要是根据轴上各零件与轴配合部分的轴向尺寸以及相邻零件间必要的间隙来确定。为了保证零件轴向定位可靠，与齿轮、联轴器等零件相配合部分的轴段的长度通常应比其轮毂宽度短 2～3mm。

四、轴的结构工艺性

轴的结构工艺性是指轴的结构形式应该具有良好的加工和装配性能，以利于减少劳动量，提高劳动生产率，减少轴的应力集中，提高轴的疲劳强度。一般来说，轴的结构应尽量简单。

为了便于装配零件并去掉毛刺，轴端应制出 45°倒角；需要磨削的轴段，应留有砂轮越程槽；需切制螺纹时，应留有退刀槽（图2-10-16）。它们的具体尺寸可以参看相应的标准和手册。

为了减少加工时换刀时间及装夹工件时间，同一根轴上的圆角半径、倒角尺寸、退刀槽宽度应尽可能统一。当轴上有两个以上键槽时，应置于轴的同一条母线上，以便一次装夹后就能加工（图2-10-17）。

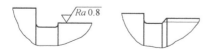

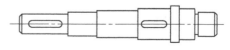

图2-10-16　砂轮越程槽、螺纹退刀槽　　　　图2-10-17　键槽位置

五、提高轴的强度的措施

轴和轴上零件的结构、工艺以及轴上零件的安装布置等对轴的强度都有很大影响，因

此，应从这些方面进行充分考虑，以提高轴的承载能力，减小轴的尺寸和减小机器的质量，降低产品成本。

（一）改进轴的结构以减少应力集中的影响

轴通常是在变应力条件下工作的，轴的截面尺寸发生突变处要产生应力集中，轴的疲劳破坏也往往发生在此。因此，轴上相邻轴段的直径不应相差过大，在直径变化处，要有过渡圆角，圆角半径尽可能大。但对定位轴肩，圆角半径的增大将受到结构限制，因此可采用内凹圆角结构（图 2-10-18a）或加装过渡肩环（图 2-10-18b）使零件轴向定位。

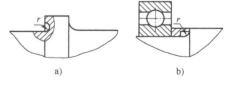

图 2-10-18　内凹圆角和过渡肩环

轴与轮毂孔过盈配合时，配合边缘处会产生较大的应力集中（图 2-10-19a），这时可采用在轴或轮毂上开卸载槽（图 2-10-19b、c）以及加大配合部分的直径（图 2-10-19d）等措施进行改善。另外，配合越紧，零件材料越硬，引起的应力集中越大，所以，在设计中应合理选择零件与轴的配合。

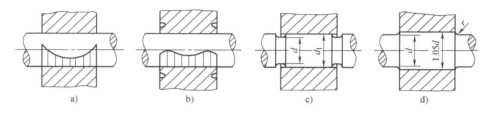

图 2-10-19　改善轴毂应力集中

采用盘铣刀加工的键槽结构要比用面铣刀铣出的键槽应力集中小；采用渐开线花键结构代替矩形花键，也可减小应力集中。此外，应尽量避免在轴上开横孔、切口或凹槽，避免在轴上受载较大的部分设计螺纹结构等。

（二）改进轴上零件的结构或布置以减小轴的载荷

在图 2-10-20 所示的起重卷筒的两种不同方案中，第一种方案是大齿轮和卷筒连在一起，转矩经大齿轮直接传给卷筒，这样卷筒轴只受弯矩而不受转矩，如图 2-10-20a 所示；而第二种方案是大齿轮将转矩通过轴传给卷筒，则卷筒轴既要受弯矩又要受转矩，如图 2-10-20b 所示。在起重同样载荷 F 时，第一种方案轴的直径就显然小于第二种方案轴的直径。可见，通过改进轴上零件的结构可以减小轴上的载荷。

图 2-10-20　起重卷筒方案

改变轴上零件的布置位置也可以减小轴上的载荷。

为了减小轴的载荷，传动件应尽量靠近轴承，尽可能不采用悬臂布置的支承结构形式，力求缩短支承跨距，减小悬臂长度。

当转矩由一个传动件输入而由几个传动件输出时，如图 2-10-21 所示，为了减小轴上的转矩，则应尽量将输入轮布置在中间（图 2-10-21b）。当输入转矩为 $T_2 + T_3 + T_4$ 时，图 2-10-

21a 轴上的最大转矩为 $T_2 + T_3 + T_4$。而在图 2-10-21b 的结构中，轴上的最大转矩仅为 $T_3 + T_4$。

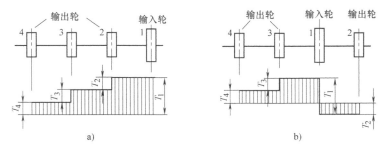

图 2-10-21 输入输出布置（1 轮输入，2、3、4 轮输出）

a）不合理的布置 b）合理的布置

（三）改善轴的表面品质以提高其疲劳强度

轴的表面粗糙度和表面强化处理方法会对轴的疲劳强度产生很大影响。疲劳裂纹常发生在表面最粗糙的地方，因此，应合理减小轴的表面及圆角处的表面粗糙度值。特别是对应力集中很敏感的高强度材料，轴的表面质量尤为重要。常用的表面强化处理方法有表面高频感应淬火，表面渗氮、渗碳，以及碾压、喷丸等。

第三节　轴的设计计算

轴的计算通常是在轴的结构设计初步完成之后进行的校核计算。根据轴的失效形式，其计算准则是满足轴的强度要求和刚度要求，必要时还应校核轴的振动稳定性，即计算轴的临界转速。

一、轴的强度计算

轴的强度计算方法主要有四种：按扭转强度条件计算，按弯扭合成强度条件计算，按疲劳强度条件（安全系数校核）计算及按静强度条件计算。根据轴的具体承载及应力情况不同，轴的强度计算可采用相应的计算方法。

（一）按扭转强度条件计算

按扭转强度条件计算的方法，只需知道转矩大小，方法简便，但计算精度低。它主要用于以下几种情况：①承受转矩或以转矩为主的传动轴；②初步估算转轴受扭段的最小直径，以便进行轴的结构设计；③不重要的轴的最终计算。若存在不大的弯矩时，则可以通过降低许用切应力来考虑弯矩的影响。

根据材料力学知识，轴的扭转强度条件为

$$\tau_{T} = \frac{T}{W_{T}} = \frac{9550000 \dfrac{P}{n}}{0.2d^3} \leqslant [\tau_{T}] \tag{2-10-1}$$

式中　T——轴传递的转矩（N·mm）；

W_{T}——轴的抗扭截面系数（mm³），按表 2-10-2 的公式计算；

P——轴传递的功率（kW）；

n——轴的转速（r·min⁻¹）；

d——轴计算截面处的直径（mm）；

$[\tau_\text{T}]$——许用切应力（MPa），见表 2-10-3。

由上式可得轴的直径 d 的计算公式为

$$d \geqslant \sqrt[3]{\dfrac{9550000P}{0.2[\tau_\text{T}]n}} = \sqrt[3]{\dfrac{9550000}{0.2[\tau_\text{T}]}}\sqrt[3]{\dfrac{P}{n}} = A_0\sqrt[3]{\dfrac{P}{n}} \qquad (2\text{-}10\text{-}2)$$

式中 $A_0 = \sqrt[3]{\dfrac{9550000}{0.2[\tau_\text{T}]}}$，见表 2-10-3。

当轴的截面上有键槽时，可按圆轴计算，但应适当增大轴径。对于直径 $d \leqslant 100\text{mm}$ 的轴，当轴的同一截面上开有一个键槽时，轴径应加大 5% ~ 7%；有两个键槽时，轴径增大 10% ~ 15%。对于直径 $d > 100\text{mm}$ 的轴，当轴的同一截面上开有一个键槽时，轴径加大 3%；有两个键槽时，轴径增大 7%。

表 2-10-2 抗弯截面系数 W_b 和抗扭截面系数 W_T 的计算公式

截 面	W_b	W_T	截 面	W_b	W_T
	$\dfrac{\pi d^3}{32} \approx 0.1d^3$	$\dfrac{\pi d^3}{16} \approx 0.2d^3$		$\dfrac{\pi d^3}{32} - \dfrac{bt(d-t)^2}{d}$	$\dfrac{\pi d^3}{16} - \dfrac{bt(d-t)^2}{d}$
	$\dfrac{\pi d^3}{32}(1-\beta^4)$ $\approx 0.1d^3(1-\beta^4)$ $\beta = \dfrac{d_1}{d}$	$\dfrac{\pi d^3}{16}(1-\beta^4)$ $\approx 0.2d^3(1-\beta^4)$ $\beta = \dfrac{d_1}{d}$		$\dfrac{\pi d^3}{32}\left(1-1.54\dfrac{d_1}{d}\right)$	$\dfrac{\pi d^3}{16}\left(1-\dfrac{d_1}{d}\right)$
	$\dfrac{\pi d^3}{32} - \dfrac{bt(d-t)^2}{2d}$	$\dfrac{\pi d^3}{16} - \dfrac{bt(d-t)^2}{2d}$		$[\pi d^4 + (D-d)$ $(D+d)^2zb]/32D$ z—花键齿数	$[\pi d^4 + (D-d)$ $(D+d)^2zb]/16D$ z—花键齿数

注：近似计算时，单、双键槽可忽略，花键轴截面可以视为直径等于其平均直径的圆截面。

表 2-10-3 几种轴用材料的 $[\tau]$ 及 A_0 值

轴 的 材 料	Q235、20	35	45	1Cr18Ni9Ti	40Cr、35SiMn、38SiMnMo、2Cr13、42SiMn、20CrMnTi
$[\tau]$ /MPa	12 ~ 20	20 ~ 30	30 ~ 40	15 ~ 25	40 ~ 52
A_0	160 ~ 135	135 ~ 118	118 ~ 107	148 ~ 125	100.7 ~ 98

注：1. 当弯矩相对于转矩很小或只受转矩时，$[\tau]$ 取较大值，A_0 取较小值；反之 $[\tau]$ 取较小值，A_0 取较大值。

2. 当用 Q235 及 35SiMn 时，$[\tau]$ 取较小值，A_0 取较大值。

（二）按弯扭合成强度条件计算

对同时承受弯矩和转矩的转轴，在轴的结构设计之后，轴的主要结构形状和尺寸、轴上零件的位置、外载荷和支反力的作用位置均已确定。这时，可通过对轴作受力分析以及绘制弯矩图和转矩图，利用弯扭合成强度条件对轴的危险截面进行强度校核计算。

对于一般的钢制轴，根据第三强度理论确定其危险截面的强度条件为

$$\sigma_{ca} = \sqrt{\sigma_b^2 + 4\tau^2} \leqslant [\sigma_{-1}] \qquad (2\text{-}10\text{-}3)$$

式中　$[\sigma_{-1}]$——对称循环变应力状态下轴的许用弯曲应力（MPa），查表 2-10-1，重要零件取较小值，一般零件取较大值；

　　　　τ——转矩 T 产生的扭转切应力（MPa）；

　　　　σ_b——轴危险截面上弯矩 M 产生的弯曲应力（MPa）。

通常由弯矩所产生的弯曲应力 σ_b 是对称循环变应力，而由转矩所产生的扭转切应力 τ 则往往不是对称循环变应力。为了考虑两者循环特性不同的影响，引入折合系数 α，则强度条件式（2-10-3）修正为

$$\sigma_{ca} = \sqrt{\sigma_b^2 + 4(\alpha\tau)^2} \leqslant [\sigma_{-1}] \qquad (2\text{-}10\text{-}4)$$

式中　α——根据转矩性质而定的折合系数。当扭转切应力为静应力时，取 $\alpha \approx 0.3$，当扭转切应力为脉动循环变应力时，取 $\alpha \approx 0.6$，若扭转切应力也为对称循环变应力时，则取 $\alpha = 1$。

对于直径为 d 的圆轴，弯曲应力 $\sigma_b = M/W_b$，扭转切应力 $\tau = T/W_T$。因 $W_T = 2W_b$，将 σ_b 和 τ 代入式（2-10-4），则轴的弯扭合成强度条件为

$$\sigma_{ca} = \sqrt{\sigma_b^2 + 4(\alpha\tau)^2} = \sqrt{\left(\frac{M}{W_b}\right)^2 + 4\left(\frac{\alpha T}{W_T}\right)^2} = \frac{\sqrt{M^2 + (\alpha T)^2}}{W_b} \leqslant [\sigma_{-1}] \qquad (2\text{-}10\text{-}5)$$

式中　W_b——轴的抗弯截面系数（mm^3），按表 2-10-2 公式计算；

　　　　W_T——轴的抗扭截面系数（mm^3），按表 2-10-2 公式计算。

现将按弯扭合成强度条件设计轴的一般步骤总结如下：

第一步：绘制轴的受力计算结构简图，即建立力学模型，参见图 2-10-24b。

轴上的载荷是从轴上的零件传来的。计算时通常是将轴上的分布载荷简化为集中力，其作用点取为载荷分布段的中点。轴上的转矩，一般从传动件轮毂宽度的中点算起。另外，通常把轴看作置于铰链支座上的梁，支反力的作用点与轴承的类型和布置方式有关，可按图 2-10-22 确定。图 2-10-22b 中的 a 值可查滚动轴承样本或手册获取。图 2-10-22d 中的 e 值与滑动轴承的宽径比 B/d 有关。当 $B/d \leqslant 1$ 时，取 $e = 0.5B$；当 $B/d > 1$ 时，取 $e = 0.5d$，但不小于 $(0.25 \sim 0.35)B$，而调心轴承，$e = 0.5B$。

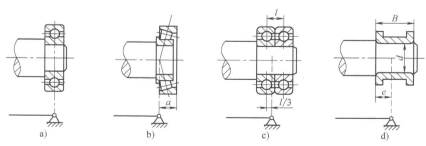

图 2-10-22　轴支反力的作用点

第二步：画轴的受力计算简图。

由于外载荷通常不是作用在同一平面内，因此可将这些力分解到两个相互垂直的平面

内，即水平面和垂直面，然后分别画出水平面（H 面）和垂直面（V 面）的受力简图，并求出支反力，参见图 2-10-24c、e。

第三步：绘制力矩图。

1）根据图 2-10-24c 绘水平面弯矩图 M_H，参见图 2-10-24d。

2）根据图 2-10-24e 绘垂直面弯矩图 M_V，参见图 2-10-24f。

3）绘制合成弯矩图 $M = \sqrt{M_V^2 + M_H^2}$，参见图 2-10-24g。

4）绘制转矩图 T、αT，参见图 2-10-24h。

5）绘制当量弯矩图 $M_e = \sqrt{M^2 + (\alpha T)^2}$，参见图 2-10-24i。

第四步：确定轴的危险截面，按弯扭合成强度校核轴的强度 $\sigma_{ca} = \dfrac{M_e}{W_b} \approx \dfrac{M_e}{0.1d^3} \leq [\sigma_{-1}]$。

计算轴径时，上式可改写为 $d \geq \sqrt[3]{\dfrac{M_e}{0.1[\sigma_{-1}]}}$。

危险截面的位置应该是轴截面积小或受载大，即图 2-10-24 中当量弯矩大的地方。当轴截面上有键槽时，可按圆轴计算，但应适当增大轴径，其增大值与按扭转强度条件计算的相同。

对于一般用途的轴，按上述方法计算就可以了。对于重要的轴，则还需要作进一步的安全系数校核。

（三）按疲劳强度条件（即安全系数法）**进行精确校核计算**

由于上述按弯扭合成强度条件计算没有考虑应力集中、绝对尺寸和表面质量等因素对轴疲劳强度的影响，因此对于重要的轴，还需要校核在变应力作用下轴危险截面的安全程度，即按疲劳强度条件的安全系数法进行精确校核计算。安全系数法校核计算能判断轴危险截面处的安全系数，从而可以发现轴的薄弱环节，有利于提高轴的疲劳强度。

计算时，首先按前面的弯矩图和转矩图计算出轴危险截面上的弯曲应力和扭转切应力，按照疲劳强度理论，分别求出弯矩作用下的安全系数 S_σ 和转矩作用下的安全系数 S_τ，然后再求出总的计算安全系数 S_{ca}，并满足强度条件。

$$S_\sigma = \frac{\sigma_{-1}}{K_\sigma \sigma_a + \psi_\sigma \sigma_m} \tag{2-10-6}$$

$$S_\tau = \frac{\tau_{-1}}{K_\tau \tau_a + \psi_\tau \tau_m} \tag{2-10-7}$$

$$S_{ca} = \frac{S_\sigma S_\tau}{\sqrt{S_\sigma^2 + S_\tau^2}} \geq S \tag{2-10-8}$$

上述各式中的符号及有关数据见本篇第二章内的说明。

设计安全系数 S 值可按如下选取：用于材料均匀，载荷与应力计算精确时，$S = 1.3 \sim 1.5$。用于材料不够均匀，载荷与应力计算精度较低时，$S = 1.5 \sim 1.8$。用于材料均匀性及计算精度很低，或轴的直径 $d > 200$mm 时，$S = 1.8 \sim 2.5$。

对于重要的轴，破坏后会引起重大事故时，还应适当增大 S 值。

安全系数校核计算包括疲劳强度和静强度两项校核计算。

（四）按静强度条件进行安全系数校核

轴若在应力循环严重不对称或短时过载严重的条件下工作，在尖峰载荷作用下，轴可能

会产生塑性变形。为防止在疲劳破坏前发生大的塑性变形，这时还应按尖峰载荷校核轴的静强度安全系数。其静强度安全系数条件为

$$S_{sca} = \frac{S_{s\sigma} S_{s\tau}}{\sqrt{S_{s\sigma}^2 + S_{s\tau}^2}} \geqslant S_s \qquad (2\text{-}10\text{-}9)$$

$$S_{s\sigma} = \frac{\sigma_s}{\left(\dfrac{M_{max}}{W_b} + \dfrac{F_{amax}}{A} \right)} \qquad (2\text{-}10\text{-}10)$$

$$S_{s\tau} = \frac{\tau_s}{\dfrac{T_{max}}{W_T}} \qquad (2\text{-}10\text{-}11)$$

式中 S_{sca}——静强度计算安全系数；

$\quad S_{s\sigma}$——只考虑弯矩和轴向力作用的静强度安全系数；

$\quad S_{s\tau}$——只考虑转矩作用的静强度安全系数；

$\quad S_s$——按屈服强度极限的设计安全系数，对于高塑性材料（$\sigma_s / \sigma_b \leqslant 0.6$）的钢轴，$S_s = 1.2 \sim 1.4$，中等塑性材料（$\sigma_s / \sigma_b = 0.6 \sim 0.8$）的钢轴，$S_s = 1.4 \sim 1.8$，低塑性材料的钢轴，$S_s = 1.8 \sim 2$，铸造轴，$S_s = 2 \sim 3$；

$\quad \sigma_s$、τ_s——材料的抗弯屈服强度极限和抗扭屈服强度极限（MPa），其中 $\tau_s = (0.55 \sim 0.62)\sigma_s$；

$\quad M_{max}$、T_{max}——轴的危险截面所受的最大弯矩和最大转矩（N·mm）；

$\quad F_{amax}$——轴的危险截面所受的最大轴向力（N）；

$\quad A$——轴的危险截面的面积（mm^2）；

$\quad W_b$、W_T——轴的危险截面的抗弯和抗扭截面系数（mm^3）。

例   图 2-10-23 所示为一带式输送机的传动方案。已知斜齿圆柱齿轮减速器的传动功率 $P = 4kW$，小齿轮轴转速 $n = 450 r/min$。齿数 $z_1 = 18$，$z_2 = 80$，模数 $m_n = 3mm$，中心距 $a = 150mm$。小齿轮轮毂宽度 $b = 60mm$，大带轮轮毂宽度 $B = 50mm$。带轮作用在轴上的力 $F_Q = 1100N$，水平方向。小齿轮轴的结构如图 2-10-24a 所示。试求：

1）按弯扭合成强度校核小齿轮轴的强度。

2）按疲劳强度条件校核小齿轮轴的强度。

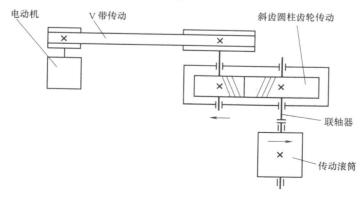

图 2-10-23   带式输送机的传动方案

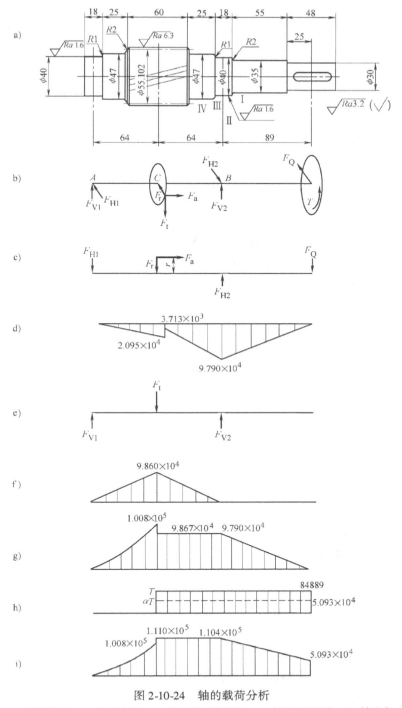

图 2-10-24 轴的载荷分析

a）轴结构图 b）轴受力图 c）轴水平面受力图 d）水平面弯矩图 e）轴垂直面受力图 f）垂直面弯矩图 g）合成弯矩图 h）转矩图 i）当量弯矩图

解 （1）按弯扭合成强度校核小齿轮轴的强度

1）计算齿轮受力。

斜齿圆柱齿轮螺旋角 $\beta = \arccos \dfrac{m_n(z_1+z_2)}{2a} = \arccos \dfrac{3\times(18+80)}{2\times150} = 11°28'42''$

小齿轮直径 $d_1 = \dfrac{m_n z_1}{\cos\beta} = \dfrac{3\times18}{\cos11°28'42''}mm = 55.102mm$

大齿轮直径 $d_2 = \dfrac{m_n z_2}{\cos\beta} = \dfrac{3\times80}{\cos11°28'42''}mm = 244.898mm$

小齿轮受力：转矩 $T_1 = 9.55\times10^6\dfrac{P}{n} = 9.55\times10^6\dfrac{4}{450}N\cdot mm = 84889N\cdot mm$

圆周力 $F_t = \dfrac{2T_1}{d_1} = \dfrac{2\times84889}{55.102}N = 3081.2N$

径向力 $F_r = \dfrac{F_t\tan\alpha_n}{\cos\beta} = \dfrac{3081.2\times\tan20°}{\cos11°28'42''}N = 1144.4N$

轴向力 $F_a = F_t\tan\beta = 3081.2N\times\tan11°28'42'' = 625.6N$

由此可画出小齿轮轴的受力图，如图 2-10-24b 所示。

2）计算轴承的支反力（图 2-10-24c、e）。

水平面支反力

$$F_{H1} = \dfrac{F_Q\times89 + F_a\times\dfrac{d_1}{2} - F_r\times64}{64+64} = \dfrac{1100\times89 + 625.6\times\dfrac{55.102}{2} - 1144.4\times64}{128}N = 327.3N$$

$$F_{H2} = \dfrac{F_Q\times217 + F_a\times\dfrac{d_1}{2} + F_r\times64}{64+64} = \dfrac{1100\times217 + 625.6\times\dfrac{55.102}{2} + 1144.4\times64}{128}N = 2571.7N$$

垂直面支反力

$$F_{V1} = F_{V2} = \dfrac{F_t}{2} = \dfrac{3081.2}{2}N = 1540.6N$$

3）画出水平面弯矩 M_H 图（图 2-10-24d）和垂直面弯矩 M_V 图（图 2-10-24f）。小齿轮中间断面左侧水平弯矩为

$$M_{LH} = F_{H1}\times64 = 327.3\times64N\cdot mm = 20950N\cdot mm$$

小齿轮中间断面右侧水平弯矩为

$$M_{RH} = F_{H1}\times64 - F_a\times\dfrac{d_1}{2} = \left(327.3\times64 - 625.6\times\dfrac{55.102}{2}\right)N\cdot mm = 3713N\cdot mm$$

右轴颈中间断面处水平弯矩为

$$M_{BH} = F_Q\times89mm = 1100\times89N\cdot mm = 97900N\cdot mm$$

小齿轮中间断面处的垂直弯矩为

$$M_{CV} = F_{V1}\times64mm = 1540.6\times64N\cdot mm = 98600N\cdot mm$$

4）按式 $M = \sqrt{M_H^2 + M_V^2}$ 合成弯矩图（图 2-10-24g）。小齿轮中间断面左侧弯矩为

$$M_{CL} = \sqrt{M_{LH}^2 + M_{CV}^2} = \sqrt{20950^2 + 98600^2}N\cdot mm = 1.008\times10^5 N\cdot mm$$

小齿轮中间断面右侧弯矩为

$$M_{CR} = \sqrt{M_{RH}^2 + M_{CV}^2} = \sqrt{3713^2 + 98600^2}N\cdot mm = 9.867\times10^4 N\cdot mm$$

5）画出轴的转矩 T 图（图 2-10-24h），$T = 84889 \text{N} \cdot \text{mm}$。

6）按式 $M_e = \sqrt{M^2 + (\alpha T)^2}$ 求当量弯矩并画当量弯矩图（图 2-10-24i）。这里，取 $\alpha = 0.6$，则 $\alpha T = 0.6 \times 84889 \text{N} \cdot \text{mm} = 50930 \text{N} \cdot \text{mm}$。

由图 2-10-24i 可知，小齿轮中间断面右侧 C 处和右轴颈中间断面 B 处的当量弯矩最大，分别为

$$M_C = \sqrt{M_{CR}^2 + (\alpha T)^2} = \sqrt{98670^2 + 50930^2} \text{N} \cdot \text{mm} = 1.110 \times 10^5 \text{N} \cdot \text{mm}$$

$$M_B = \sqrt{M_{BH}^2 + (\alpha T)^2} = \sqrt{97900^2 + 50930^2} \text{N} \cdot \text{mm} = 1.104 \times 10^5 \text{N} \cdot \text{mm}$$

7）选择轴的材料，确定许用应力。轴材料选用 45 钢调质，查表 2-10-1 得 $[\sigma_{-1}] = 180 \text{MPa}$。

8）校核轴的强度。取 B 和 C 两截面作为危险截面。由式（2-10-5）得，B 截面处的强度条件

$$\sigma = \frac{M_B}{W_b} = \frac{M_B}{0.1 d^3} = \frac{1.104 \times 10^5}{0.1 \times 40^3} \text{MPa} = 17.2 \text{MPa} < [\sigma_{-1}]$$

C 截面处的强度条件

$$\sigma = \frac{M_C}{W_b} = \frac{M_C}{0.1 d_f^3} = \frac{1.110 \times 10^5}{0.1 \times 47.602^3} \text{MPa} = 10.29 \text{MPa} < [\sigma_{-1}]$$

式中，d_f 为小齿轮齿根圆直径，即

$$d_f = d_1 - 2(h_a^* + c^*) m_n = [55.102 - 2 \times (1.0 + 0.25) \times 3] \text{mm} = 47.602 \text{mm}$$

结论：按弯扭合成强度校核小齿轮轴的强度足够安全。

（2）按疲劳强度条件校核小齿轮轴的强度　如果单纯使用疲劳强度条件中安全系数法校核，则应该先按以下步骤进行计算：

1）判断和确定危险截面。初步分析 Ⅰ、Ⅱ、Ⅲ、Ⅳ 四个截面有较大的应力和应力集中，定为危险截面。下面以截面 Ⅰ 为例进行安全系数校核。

2）选择轴的材料，确定许用应力。轴材料仍选用 45 钢调质，查表 2-10-1 得

$\sigma_b = 650 \text{MPa}$，$\sigma_s = 360 \text{MPa}$，$\sigma_{-1} = 270 \text{MPa}$，$\tau_{-1} = 155 \text{MPa}$。

查本篇第二章第二节得碳钢的材料常数

$\psi_\sigma = 0.1 \sim 0.2$，取 $\psi_\sigma = 0.1$；$\psi_\tau = 0.05 \sim 0.1$，取 $\psi_\tau = 0.05$。

3）求截面 Ⅰ 的应力。

弯矩　$M_I = 1100 \times (25 + 55) \text{N} \cdot \text{mm} = 88000 \text{N} \cdot \text{mm}$

弯曲应力　$\sigma = \frac{M_I}{W} = \frac{88000}{0.1 \times 35^3} \text{MPa} = 20.53 \text{MPa}$

切应力　$\tau = \frac{T}{W_T} = \frac{84888.89}{0.2 \times 35^3} \text{MPa} = 9.9 \text{MPa}$

由于弯曲应力属于对称循环变应力，所以 $\sigma_a = \sigma = 20.53 \text{MPa}$，$\sigma_m = 0$。

由于扭转切应力属于脉动循环变应力，所以 $\tau_a = \tau_m = \frac{\tau}{2} = 4.95 \text{MPa}$。

4）求截面 Ⅰ 的有效应力集中系数。因为在此截面处，轴的直径有变化，过渡圆角半径 $r = 2 \text{mm}$，有效应力集中系数可以根据 $\sigma_b = 650 \text{MPa}$，以及查第二章附录表 A，并且利用插值法得到 $k_\sigma = 1.74$，$k_\tau = 1.32$。

如果一个截面上有多种产生应力集中的结构，则分别求出其有效应力集中系数，从中取最大值。

5）绝对尺寸系数 ε_σ 和 ε_τ 及表面质量系数 β。由第二章附录表 C 查得 $\varepsilon_\sigma = 0.88$、$\varepsilon_\tau = 0.81$（按靠近应力集中处的最小直径 35mm 查得）。由第二章附录表 E 查得 $\beta = 0.92$（Ra 为 $3.2\mu m$）。

6）求安全系数，按应力循环特性 $r = C$ 的情形计算安全系数。由式（2-10-6）和式（2-10-7）得出轴仅受弯曲应力或切应力时的安全系数

$$S_\sigma = \frac{\sigma_{-1}}{k_\sigma \sigma_a + \psi_\sigma \sigma_m} = \frac{\sigma_{-1}}{\dfrac{k_\sigma}{\varepsilon_\sigma \beta}\sigma_a + \psi_\sigma \sigma_m} = \frac{270}{\dfrac{1.74}{0.92 \times 0.88} \times 20.53 + 0} = 6.12$$

$$S_\tau = \frac{\tau_{-1}}{k_\tau \tau_a + \psi_\tau \tau_m} = \frac{\tau_{-1}}{\dfrac{k_\tau}{\varepsilon_\tau \beta}\sigma_\tau + \psi_\tau \tau_m} = \frac{155}{\dfrac{1.32}{0.92 \times 0.81} \times 4.95 + 0.05 \times 4.95} = 17.19$$

由式（2-10-8）得计算安全系数

$$S_{ca} = \frac{S_\sigma S_\tau}{\sqrt{S_\sigma^2 + S_\tau^2}} = \frac{6.12 \times 17.19}{\sqrt{6.12^2 + 17.19^2}} = 5.73 > S$$

在这里，设计安全系数取为 $S = 1.5$。

应该注意的是，当轴的强度富余量较大或计算安全系数较大时，应对轴作全面分析，考虑有无可能减小轴的直径。当轴的强度不能满足要求时，应修改轴的结构或重新选择轴的材料。校核和修改常常相互交叉配合进行。还经常会有这种情况：仅仅从强度的角度来看，轴的结构尺寸似乎可以缩小，然而考虑到轴的刚度、振动稳定性、加工和装配工艺条件以及与轴有关联的其他零件和结构的限制，往往又不能再缩小轴的结构尺寸了。

二、轴的刚度计算

若轴的刚度不足，则在载荷的作用下，轴将发生弯曲、扭转等变形。如果变形过大，超过允许的变形范围，轴就不能正常工作，将影响轴上零件和机器有关部分的性能。例如，当机床主轴刚度不足，就会影响机床的加工精度；安装齿轮的轴，若刚度不足，受载后产生过大的弯曲或扭转变形，则会影响齿轮的正确啮合，使载荷在齿面分布不均匀，严重地影响齿轮的正常工作。因此，对于有刚度要求的轴，必须进行刚度计算。

轴的刚度分为弯曲刚度和扭转刚度。弯曲刚度以挠度和偏转角来度量，扭转刚度则以扭转角来度量。轴的刚度计算通常是计算出轴受载后的变形量，并控制不超过其许用值。

（一）轴的弯曲刚度校核计算

如图 2-10-25 所示，轴的弯曲刚度条件是

挠度　　　$y \leqslant [y]$　　　（2-10-12a）

偏转角　　$\theta \leqslant [\theta]$　　　（2-10-12b）

式中　$[y]$——许用挠度（mm），$[y]$的值见表 2-10-4；

　　　$[\theta]$——许用偏转角（rad），$[\theta]$ 的值见表 2-10-4。

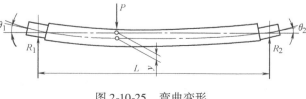

图 2-10-25　弯曲变形

常见的轴大多可认为是简支梁。若是光轴，则可以直接按材料力学中简支梁公式计算其挠度或偏转角；若是阶梯轴，并且对计算精度要求不高，则可用当量直径法作近似计算，即先以当量直径为 d_v 的光轴代替阶梯轴，再利用材料力学公式进行计算。当量直径 d_v（单位为 mm）为

$$d_v = \sqrt[4]{\frac{L}{\sum\limits_{i=1}^{z} \frac{l_i}{d_i^4}}} \qquad (2\text{-}10\text{-}13)$$

式中　l_i——阶梯轴第 i 段的长度（mm）；

　　　d_i——阶梯轴第 i 段的直径（mm）；

　　　L——阶梯轴的计算长度（mm）；

　　　z——阶梯轴计算长度内的轴段数。

当载荷作用于两支承之间时，$L = l$（l 为支承跨距）；当载荷作用于悬臂端时，$L = l + K$（K 为轴的悬臂长度，其单位为 mm）。

（二）轴的扭转刚度校核计算

如图 2-10-26 所示，轴的扭转刚度条件是

$$\varphi \leqslant [\varphi] \qquad (2\text{-}10\text{-}14)$$

式中　φ——轴每米长产生的扭转角（°/m）；

　　　$[\varphi]$——许用扭转角（°/m），$[\varphi]$ 的值见表 2-10-4。

　　　圆轴扭转角 φ 的计算公式为

光轴 $$\varphi = 5.73 \times 10^4 \frac{T}{G I_p} \qquad (2\text{-}10\text{-}15)$$

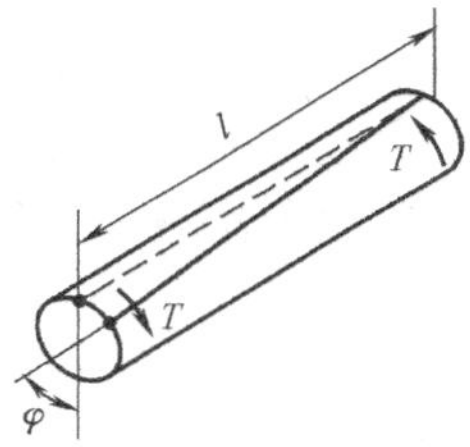

图 2-10-26　扭转变形

阶梯轴 $$\varphi = 5.73 \times 10^4 \frac{1}{LG} \sum_{i=1}^{z} \frac{T_i l_i}{I_{pi}} \qquad (2\text{-}10\text{-}16)$$

式中　T——轴所受转矩（N·mm）；

　　　G——轴材料的切变模量（MPa），对于钢 $G = 8.1 \times 10^4$ MPa；

　　　I_p——轴截面的极惯性矩（mm⁴）；

　　　L——阶梯轴受转矩作用的长度（mm）；

T_i、l_i、I_{pi}——分别代表阶梯轴第 i 段上所受的转矩、长度和极惯性矩（N·mm）。

表 2-10-4　轴的许用挠度 $[y]$、许用偏转角 $[\theta]$ 和许用扭转角 $[\varphi]$

适用场合	许用挠度 $[y]$ /mm	适用场合	许用偏转角 $[\theta]$ /rad	适用场合	许用扭转角 $[\varphi]$ / (°/m)
一般用途的轴	(0.0003 ~ 0.0005)l	滑动轴承	0.001	一般传动	0.5 ~ 1
刚度要求高的轴	0.0002l	深沟球轴承	0.005	较精密的传动	0.25 ~ 0.5
感应电动机的轴	0.1Δ	调心球轴承	0.05	重要传动	0.25
安装齿轮的轴	(0.01 ~ 0.03)m_n	圆柱滚子轴承	0.0025		
安装蜗轮的轴	(0.02 ~ 0.05)m_t	圆锥滚子轴承	0.0016		
		安装齿轮处	0.001 ~ 0.002		

注：l—支承间跨距；Δ—电动机定子和转子间的气隙；m_n—气隙齿轮法向模数；m_t—蜗轮端面模数。

三、轴的振动稳定性简述

大多数机器中的轴，虽然不受周期性外载荷的作用，但由于轴和轴上零件的材料组织不均匀，以及制造、安装误差等因素的影响，从而导致零件的重心偏移，且回转时离心力也会使轴受到周期性载荷的作用。若轴受到的外力的激振频率与其自身的固有频率相同或者相接近，那么轴将产生共振现象，从而影响轴的正常工作，甚至引起轴或整部机器的破坏。发生共振时轴的转速称为临界转速。对于重要的轴，尤其是高速轴或受周期性外载荷作用的轴，都必须计算其临界转速，并使轴的工作转速避开临界转速。

轴的振动分为弯曲振动、扭转振动和纵向振动等。一般来说，轴的弯曲振动现象较为多见。在一般的通用机械中，轴的振动问题并不是很突出，因此常常可以忽略不考虑。但是对于高速运转的轴，轴的振动稳定性问题就必须给予重视，必须进行计算分析。

高速运转的轴的临界转速可以有许多个，由低到高分别称为一阶临界转速、二阶临界转速、三阶临界转速等。轴在各阶临界转速区工作都会发生共振而加剧轴的振动，尤其是在一阶临界转速时，轴的振动最激烈和严重。因此，通常主要是计算一阶临界转速。而当轴的转速很高时，应使轴快速通过各阶临界转速，这样轴才具有振动稳定性。

知识拓展

轴类磨损是轴使用过程中最为常见的问题。轴类出现磨损的原因有很多，但是最主要的原因是由用来制造轴的金属特性决定的，金属虽然硬度高，但是退让性差（变形后无法复原）、抗冲击性能较差、抗疲劳性能差，因此容易造成粘着磨损、磨粒磨损、疲劳磨损、微动磨损等。大部分的轴类磨损不易察觉，只有出现机器高温、跳动幅度大、异响等情况时，才会引起人们的注意，但当人们发现时，大部分轴都已磨损，从而造成机器停机。

国内针对轴类磨损一般采用的是补焊、裹轴套、打麻点等，如果停机时间短又有备件，一般会采用更换新轴。一些维修技术较高的企业会采用电刷镀、激光焊、微弧焊甚至冷焊等，这些维修技术需要采购高昂的设备和高薪聘请技术工人，国内一些中小企业一般通过技术较高的外协来帮助修复高价值轴，只不过要支付高昂的维修费用和运输费用。

对于以上修复技术，在欧美日韩企业已不太常见，因为传统技术效果差，而激光焊、微弧焊等高级修复技术对设备和人员要求高，费用支出大，现在欧美日韩一般采用的是福世蓝高分子复合材料技术和纳米技术，现场操作，不仅有效提升了维修效率，更是大大降低了维修费用和维修强度。

因金属材质为"常量关系"，虽然强度较高，但抗冲击性以及退让性较差，所以长期运行必然造成配合间隙不断增大，从而造成轴的磨损。意识到这种关键原因后，欧美新技术研究机构研制的高分子复合材料既具有金属所要求的强度和硬度，又具有金属所不具备的退让性（变量关系），通过"模具修复""部件对应关系""机械加工"等工艺，可以最大限度确保修复部位和配合部件的尺寸配合；同时，利用复合材料本身所具有的抗压、抗弯曲、延展率等综合优势，可以有效地吸收外力的冲击，极大地化解和抵消轴承对轴的径向冲击力，并避免了间隙出现的可能性，也就避免了设备因间隙增大而造成相对运动的磨损。所以针对轴与轴承的过盈配合，复合材料不是靠"硬度"来解决设备磨损的，而是靠改变力的关系来满足设备的运行要求。

📖 **文献阅读指南**

轴的强度计算、刚度计算和振动稳定性计算是轴的设计计算中的三个主要内容。本章较详细地介绍了强度计算方法，刚度和振动稳定性的详细计算方法可参阅《机械设计手册》（新版）第3卷第19篇轴第4章和第5章中的相关内容。

合理选择轴的材料和相应的热处理工艺是保障轴达到设计要求的基础。"福世蓝高分子复合材料技术和纳米技术"可阅读 http：//www. docin. com/p-573885809. html《欧美企业轴类磨损修复技术》，资料来源于美嘉华国际公司 http：//www. micava. net/en/index. asp。

🕐 **学习指导**

一、本章主要内容

轴是机械中的重要零件，轴的设计质量的好坏直接影响到整部机器的质量。本章在介绍轴的功用、类型和材料的基础上，重点介绍了直轴的强度计算方法和轴的结构设计问题。另外，简要地介绍了轴的刚度计算方法和轴的振动稳定性计算的意义要求。

二、本章学习要求

1）轴的分类是轴设计时首先应明确的问题。直轴的设计是本章的主要内容。载荷是轴设计的重要依据。要掌握转轴、心轴和传动轴的载荷和应力的特点。了解轴的材料要求及一般条件下轴的材料的选定。

2）轴的设计与其他零件的设计有所不同。轴的设计通常是先初估轴的直径，在此基础上进行轴的结构设计，然后根据结构设计的结果对轴进行必要的强度和刚度等验算。如果验算结果不能满足要求，则应对轴的结构和尺寸作适当的改进，再作相应的验算。也就是说，轴的设计过程是结构设计和强度验算交替进行并逐步完善的过程。

3）轴的结构设计是本章的重点，同时也是难点。

轴的结构受许多因素影响，如轴上载荷的大小、方向和分布情况，轴上零件的布置以及定位和固定的方法，轴的加工和装配方法等。

轴结构设计的主要要求是：轴上零件装拆要方便，因此常将轴做成阶梯轴；轴上零件的定位要准确可靠，因此常将轴做有轴肩，并注意轴肩处过渡圆角的大小，轴上零件也可用套筒定位；轴上零件在轴向和周向需要固定，通常可采用螺母、挡圈、压板等配合轴肩和套筒实现轴上零件的轴向固定，采用键和花键等联接获得轴上零件的圆周方向上的固定；尽量减少应力集中。

总之，在满足强度等要求的前提下，轴的结构越简单越好。

4）轴的强度计算的理论基础为工程力学，要求在学习本章前复习工程力学中有关知识。要求掌握轴强度计算的几种方法和各自适用的场合。

轴强度计算的4种基本方法为：按扭转强度条件初步估算轴的直径；按弯扭合成强度条件验算轴径；按疲劳强度条件（即安全系数法）进行精确校核计算；按静强度条件进行安全系数校核。

思 考 题

2.10.1 自行车的前轮轴、后轮轴和中轴，是受弯矩还是既受弯矩又受转矩？是心轴还是转轴？

2.10.2 轴的常用材料有哪些？什么情况下选用合金钢？为提高轴的刚度，把轴的材料由 45 钢改为合金钢是否有效？为什么？

2.10.3 轴的强度计算方法有几种？它们的使用条件、计算精度等有什么不同？在设计过程中，这些计算方法与结构设计如何配合进行？

2.10.4 齿轮减速器中，为什么低速轴的直径要比高速轴的直径粗？

2.10.5 轴上零件的轴向固定有哪些方法？各有何特点？轴上零件的周向固定有哪些方法？各有何特点？

习 题

2.10.1 如一传动轴的传递功率 $P = 24\text{kW}$，转速 $n = 860\text{r/min}$，如果轴的扭转切应力不允许超过 40MPa，试求该轴的直径。

2.10.2 已知一单级直齿圆柱齿轮减速器，用电动机直接拖动，电动机功率 $P = 20\text{kW}$，转速 $n_1 = 1470\text{r/min}$，齿轮模数 $m = 4\text{mm}$，齿数 $z_1 = 18$，$z_2 = 82$。若支承间的跨距 $l = 200\text{mm}$（齿轮位于跨距中央），轴的材料用 45 钢调质，试确定输出轴危险截面的直径。

2.10.3 图 2-10-27 所示为二级斜齿圆柱齿轮减速器。已知中间轴 II 传递功率 $P = 40\text{kW}$，转速 $n = 200\text{r/min}$，齿轮 1 的齿宽 $b_1 = 116\text{mm}$，齿轮 2 的分度圆直径 $d_2 = 688\text{mm}$，齿宽 $b_2 = 110\text{mm}$，螺旋角 $\beta_2 = 12°50'$，齿轮 3 的分度圆直径 $d_3 = 170\text{mm}$，齿宽 $b_3 = 76\text{mm}$，螺旋角 $\beta_3 = 10°29'$，齿轮 4 的齿宽 $b_4 = 68\text{mm}$，轴的材料用 45 钢调质，试按弯扭合成强度计算方法求轴 II 的直径，并画出轴的工作图。

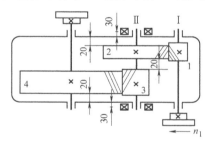

图 2-10-27 习题 2.10.3 图

习题参考答案

2.10.1 $d \geqslant 32.18\text{mm}$。

2.10.2 $d_2 \geqslant 28.2\text{mm}$。

2.10.3 齿轮 2 处：$d \geqslant 44.54\text{mm}$，齿轮 3 处：$d \geqslant 48.02\text{mm}$。

第十一章

滚 动 轴 承

第一节 概　　述

　　轴承是支承轴颈的部件，有时也用来支承轴上的回转零件。根据轴承工作的摩擦性质，又可分为滑动摩擦轴承（简称滑动轴承）和滚动摩擦轴承（简称滚动摩擦）。滚动轴承是现代机器中广泛应用的部件之一，用来支承轴及其转动零件，并能保持轴的旋转精度。滚动轴承是利用滚动摩擦原理设计而成的，轴承元件间为滚动摩擦，摩擦阻力小，功耗少。

　　常用的滚动轴承绝大多数已经标准化。各种常用规格的轴承由专业工厂大量制造并供应。因此本章主要介绍如何根据具体工作条件，在机器设计中正确选用轴承的类型和确定轴承的尺寸，以及轴承的安装、调整、润滑和密封等有关轴承装置的设计问题。

　　典型的滚动轴承的基本结构如图 2-11-1 所示，通常由内圈 1、外圈 2、滚动体 3 和保持架 4 四部分组成。内圈与轴颈装配，配合较紧，通常与轴颈一起旋转，外圈装在轴承座孔或旋转零件的毂孔中，通常配合较松。

　　滚动体是滚动轴承的核心元件，当内、外圈相对转动时，滚动体就在内、外圈的滚道间滚动，它将相对运动表面间的滑动摩擦变为滚动摩擦。因此滚动体是滚动轴承中不可缺少的元件。

　　为适应某些使用要求，当滚动体是圆柱滚子或滚针时，有的轴承可以无内圈或无外圈，这时轴颈或轴承座就要起到内圈或外圈的作用，但工作表面应该具备相应的硬度和表面粗糙度。还有些轴承，为了适应其特定的工作要求，会增加止动、防尘、密封圈等结构。

　　常用的滚动体形状如图 2-11-2 所示，有球、圆柱滚子、滚针、圆锥滚子、球面滚子和非对称球面滚子等。

　　保持架可以使滚动体沿滚道圆周均匀地排列，

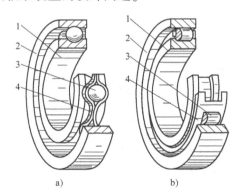

图 2-11-1　滚动轴承的基本结构
1—内圈　2—外圈　3—滚动体　4—保持架

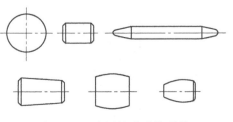

图 2-11-2　常用的滚动体形状

避免相邻的滚动体直接接触。保持架有用低碳钢板冲压制成的（图 2-11-1a）和用铜合金、铝合金或塑料制成的实体（图 2-11-1b）两种。

轴承的内、外圈和滚动体一般用轴承铬钢制造，热处理后硬度一般不低于 60HRC。

第二节　滚动轴承的主要类型特点及代号

一、滚动轴承的主要类型、性能和特点

根据轴承所能承受的外载荷不同，滚动轴承分为向心轴承、推力轴承和向心推力轴承。向心轴承主要承受径向载荷 F_r，其中有几种类型可以承受不大的轴向载荷；推力轴承只能承受轴向载荷 F_a，推力轴承中与轴颈紧套在一起的称为轴圈，与机座相连的称为座圈；向心推力轴承既能承受径向载荷 F_r，也能承受轴向载荷 F_a。

滚动体与外套圈接触处的法线和垂直于轴承轴心线的径向平面之间的夹角 α 称为轴承的接触角。轴承实际承受的径向载荷 F_r 和轴向载荷 F_a 的合力与轴承半径方向之间的夹角 β 称为轴承的载荷角。接触角是各种向心推力类滚动轴承的一个重要参数。轴承的受力分析和承载能力均与接触角 α 有关。接触角越大，轴承承受轴向载荷的能力也越大。

根据滚动体的形状，滚动轴承还可以分为球轴承和滚子轴承。

滚动轴承的类型很多，常用滚动轴承类型的主要性能和特点列于表 2-11-1。

表 2-11-1　常用滚动轴承类型的主要性能和特点

轴承名称	简图及承载方向	类型代号	结构代号	极限转速	允许角偏差	主要性能和特点
调心球轴承		1	10000	高	≤2°~3°	因为轴承外圈滚道的表面是以轴承中点为中心的球面，故能自动调心。轴承主要承受径向力，同时能承受少量的轴向力
调心滚子轴承		2	20000	低	≤1.5°~2.5°	与调心球轴承性能相似。承载能力较高，调心能力及允许的角偏斜较调心球轴承小
推力调心滚子轴承			29000	低	≤1.5°~2.5°	外圈滚道是球面，调心性能好，能承受以轴向载荷为主的轴向和径向联合载荷
圆锥滚子轴承		3	30000	中	≤2′	能同时承受径向和单向轴向力，承载能力高。内、外圈可分离，安装时可调整轴承的游隙。由于一个轴承只能承受单向的轴向力，因此需成对使用，允许角偏斜小
推力球轴承	单列 / 双列	5	51000 / 52000	低	0°	为防止钢球与滚道之间的滑动，工作时必须加有一定的轴向载荷。高速时球的离心力大，钢球易与保持架磨损，发热严重，会导致轴承寿命降低，故极限转速极低。轴线必须与轴承座底面垂直，载荷必须与轴线重合，以保证钢球载荷的均匀分配。两种形式分别为承受单向轴向力和双向轴向力

（续）

轴承名称	简图及承载方向	类型代号	结构代号	极限转速	允许角偏差	主要性能和特点
深沟球轴承		6	60000	高	8′~16′	结构简单，主要承受径向力，也可同时承受一定的双向轴向力。高速时，可用来承受纯轴向力。当量摩擦因数最小，极限转速高，价廉，应用最广泛
角接触球轴承		7	70000	高	2′~10′	能同时承受径向力和单向轴向力，接触角 α 有 15°、25° 和 40° 三种。轴向承载能力随接触角的增大而提高。由于一个轴承只能承受单向的轴向力，因此必须成对使用
圆柱滚子轴承		N	N0000	高	2′~4′	外圈或内圈是可以分离的，故不能承受轴向力（NJ 类可承受少量单向轴向力）。滚子与套圈间呈线接触状态，因此只能允许很小的角位移。这一类轴承还可以不带外圈或内圈
		NU	NU0000			
		NJ	NJ0000			
滚针轴承		NA	NA0000	低	0°	由于滚针直径小，因此在同样轴承内径的条件下，与其他类轴承相比，外径最小。内圈或外圈可以分离，只能承受径向力，承载能力高，一般无保持架，这类轴承一般不允许有角偏差，可以不带内圈。常用于径向尺寸受限制而载荷又较大的装置中

二、滚动轴承的代号

　　滚动轴承的类型很多，而各类轴承又有不同的结构、尺寸、公差等级和精度等以适应不同的技术要求。为了统一表征各类轴承的特点，便于组织生产和选用，GB/T 272—1993 规定了轴承代号的表示方法。

　　滚动轴承的代号由基本代号、前置代号和后置代号组成，用数字和字母等表示。

　　基本代号是轴承代号的核心。前置代号和后置代号都是轴承代号的补充，只有在遇到轴承结构、形状、材料、公差等级、技术要求等有特殊要求时才使用，一般情况下可部分或全部省略。滚动轴承代号的构成见表 2-11-2。

表 2-11-2　滚动轴承代号的构成

前置代号	基 本 代 号					后 置 代 号							
	五	四	三	二	一								
	类型代号	尺寸系列代号		内径代号		内部结构代号	密封与防尘结构代号	保持架及其材料代号	特殊轴承材料代号	公差等级代号	游隙代号	多轴承配置代号	其他代号
轴承分部件代号		宽度系列代号	直径系列代号										

注：基本代号下面的一至五表示代号自右向左的位置序数。

（一）基本代号

基本代号由轴承内径代号、尺寸系列代号和轴承的类型代号组成。

（1）轴承内径代号　用基本代号右起的第一、二位数字表示。对常用内径 $d = 20 \sim 480mm$ 的轴承，内径一般为 5 的倍数，因此可用内径尺寸被 5 除得的商数表示轴承的内径代号。如数字 06 表示轴承的内径 $d = 06 \times 5mm = 30mm$，数字 12 表示轴承内径 d 为 60mm 等。特殊的，内径为 10mm、12mm、15mm 和 17mm 的轴承，内径代号依次用 00、01、02 和 03 表示。轴承内径为 22mm、28mm、32mm 和大于 500mm 的，则直接用内径尺寸毫米数表示，并与尺寸系列代号用 "／" 分开。轴承内径表示方法可查阅 GB/T 272—1993。

（2）尺寸系列代号　尺寸系列代号由轴承的宽度系列代号和直径系列代号组合而成。

直径系列表示类型和结构相同的轴承，内径相同时，轴承在外径和宽度方向上变化的系列。对于内径相同的轴承，其滚动体直径可以不同，因而会使轴承在外径和宽度方向上尺寸有变化，并且随着滚动体直径的增加，轴承的外径和宽度尺寸也增加，相应地轴承的承载能力也提高了。直径系列的尺寸对比如图 2-11-3 所示。直径系列代号在基本代号中用右起第三位数字表示。

宽度系列表示类型和结构相同的轴承，当其内径和外径都相同时，由于滚动体的长度或座圈结构的特殊需要引起轴承宽度方面变化的系列。图 2-11-4 所示为宽度系列的对比。宽度系列由基本代号右起第四位数字表示。当宽度系列为 0 系列，即正常系列时，除了调心滚子轴承和圆锥滚子轴承外，其余类型的轴承可省略不标。

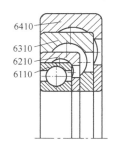

图 2-11-3　直径系列的尺寸对比

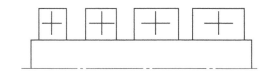

图 2-11-4　宽度系列的对比

（3）轴承的类型代号　由基本代号右起第五位数字表示，具体表示方法见表 2-11-1。标准对一些常用轴承的组合代号作了简化，见表 2-11-3。

表 2-11-3　滚动轴承的部分组合代号

深沟球轴承			角接触球轴承		
类 型 代 号	尺寸系列代号	组合代号	类 型 代 号	尺寸系列代号	组合代号
6	(1) 0	60	7	(1) 0	70
	(0) 2	62		(0) 2	72
	(0) 3	63		(0) 3	73
	(0) 4	64		(0) 4	74

（二）后置代号

轴承的后置代号是用字母和数字等表示轴承的结构、公差及材料的特殊需求。后置代号的内容很多，见表 2-11-2。下面介绍三个常用代号：内部结构代号、公差等级代号和游隙代号。

（1）内部结构代号　表示同一类型轴承的不同内部结构，用字母紧跟着基本代号表示。如角接触球轴承，分别用 C、AC 和 B 表示其接触角相应地为 $15°$、$25°$ 和 $40°$ 的不同内部结构。

（2）公差等级代号　轴承的公差等级分为 2 级、4 级、5 级、6x 级、6 级和 0 级，共 6 个级别，精度依次由高级到低级，其代号分别表示为/P2、/P4、/P5、/P6x、/P6 和/P0，其中 0 级为普通级，在轴承代号中可省略不标，6x 级仅适用于圆锥滚子轴承。

（3）游隙代号　常用的轴承径向游隙系列分为 1 组、2 组、0 组、3 组、4 组和 5 组共 6 个组别，径向游隙依次由小到大，其中 0 组游隙为常用游隙组别，在轴承代号中不标，其余组别的游隙代号分别用/C1、/C2、/C3、/C4、/C5 表示。

（三）前置代号

前置代号用字母表示，用于表示基本代号所表示的成套轴承的分部件。如用 L 表示可分离轴承的可分离套圈，K 表示轴承的滚动体与保持架组件。

实际应用的滚动轴承的类型和结构是很多的，相应的轴承代号也是较复杂的。以上介绍的代号只是轴承代号中最基本、最常用的部分，熟悉了这部分代号，就可以识别、查取和选用一些常用的轴承。

滚动轴承代号的详细内容可查阅 GB/T 272—1993。

例 2-11-1　说明下列轴承代号的含义：6308/P6，6021，7211C/P5，32308，N304

解

6308/P6：	深沟球轴承	内径 40mm	尺寸系列 03	公差等级 6 级
6021：	深沟球轴承	内径 105mm	尺寸系列 10	公差等级 0 级
7211C/P5：	角接触球轴承	内径 55mm	尺寸系列 02	公差等级 5 级　接触角 $15°$
32308：	圆锥滚子轴承	内径 40mm	尺寸系列 23	公差等级 0 级
N304：	圆柱滚子轴承	内径 20mm	尺寸系列 03	公差等级 0 级

三、轴承类型的选择

选用轴承时，首先应该正确地选择轴承类型。轴承类型的选择应根据各类轴承的特点和轴承工作时的受载情况、转速情况、轴承的调心性能以及装拆和价格要求等确定。以下一些原则可供轴承类型选择时参考。

（一）轴承的载荷

轴承工作时所受载荷的大小、方向和性质是选择轴承类型的主要依据。

1）线接触的滚子轴承的承载能力高于点接触的球轴承。

2）对于纯轴向载荷及转速不高时，可选用推力轴承。纯径向载荷则宜选用向心轴承。对于既有径向载荷又有轴向载荷的，可选用角接触球轴承或圆锥滚子轴承，也可将推力轴承和向心轴承组合起来使用。

（二）轴承的转速

1）转速高、载荷小、旋转精度要求高时，宜选用球轴承。而转速低、负载大，或有冲击载荷时，应选用滚子轴承。球轴承比滚子轴承有较高的极限转速和旋转精度，但抗冲击能力却弱于滚子轴承。

2）高速运转时，滚动体越大，滚动体加在外圈滚道上的离心惯性力越大。因此，对于同一直径系列的轴承，高速运转时，宜选用外径较小的轴承，外径较大的轴承则适宜于低速重载的场合。

3）推力轴承工作转速高时，滚动体会受到较大的离心力作用，滚动体与套圈之间的摩擦磨损严重，因此只适合于轴向载荷大而转速低的场合。

4）保持架的材料与结构对轴承的运转速度影响很大。实体保持架比冲压保持架允许的转速高，青铜实体保持架允许的转速更高。

5）轴承的公差等级、径向游隙的大小以及润滑和冷却措施都能改善轴承的高速性能。

（三）轴承的调心性能

当轴的中心线与轴承座中心线不相重合有角度偏差，或者由于轴受力而弯曲或倾斜均会使轴承的内、外圈轴线发生偏差，而严重影响轴承的寿命，这时应该选用具有调心性能的轴承。

各类轴承内圈轴线相对于外圈轴线的偏斜角均有一定的限制（表 2-11-1）。滚子轴承对轴线偏斜的敏感性比球轴承高。

（四）其他

轴承的安装尺寸、装拆、调整要求以及价格因素等也是选用轴承类型时应该考虑的问题。

第三节 滚动轴承的载荷及应力

轴承类型选定后，就需要进一步确定轴承的尺寸了。尺寸的确定通常是根据轴承受载情况，以及可能的失效形式确定相应的设计计算准则。

一、滚动轴承的载荷

由于滚动轴承在制造时，对各个滚动体尺寸精度要求极严，对内外圈滚道的精度及圆度要求也极高。因此，当滚动轴承受通过轴心线的中心轴向载荷 F_a 作用时，各滚动体所受的载荷可认为是相等的。

当轴承承受纯径向载荷 F_r 作用时，轴承内圈会沿 F_r 作用的方向变形而下沉一个距离 δ。这时轴承的上半圈滚动体不承载，下半圈的滚动体承载，并且下半圈的各个滚动体受载后的法向变形的大小不一样。处于 F_r 作用线最下方位置的滚动体变形最大，其承载也最大，如图 2-11-5 所示。对于接触角 $\alpha = 0°$ 的向心轴承，经过变形和受力分析，可求出受载最大的滚

动体受到的最大载荷为

点接触轴承
$$F_{\max} = \frac{4.37}{z}F_r \approx \frac{5}{z}F_r \qquad (2\text{-}11\text{-}1)$$

线接触轴承
$$F_{\max} = \frac{4.08}{z}F_r \approx \frac{4.6}{z}F_r \qquad (2\text{-}11\text{-}2)$$

式中　F_r——轴承所受到的径向力；

　　　z——轴承滚动体的总数目。

对于角接触球轴承和圆锥滚子轴承，由于它们在制造及受载后接触角 $\alpha \neq 0$，因此上述分析仅适合于它们的径向平面的情况。实际上它们每个滚动体的受力 F_i 均与径向平面呈现一个接触角 α，如图 2-11-6 所示，因此每个滚动体上还受有一个轴向分力 S_i 的作用，并且有如下关系

$$S_i = Q_i \tan\alpha \qquad (2\text{-}11\text{-}3)$$

$$\sum_{i=1}^{z} Q_i = F_r \qquad (2\text{-}11\text{-}4)$$

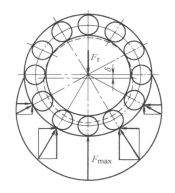

图 2-11-5　径向载荷的分布

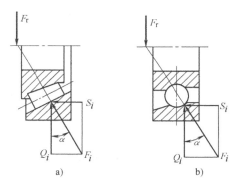

图 2-11-6　角接触轴承的受力

因此对这类轴承来说，它在受到一个纯径向力 F_r 作用时，就会受到一个由于轴承自身内部结构引起的附加轴向力 S 的作用，S 称为轴承的内部派生轴向力，其值为各滚动体受到的 S_i 的代数和，即

$$S = \sum_{i=1}^{z} S_i = \sum_{i=1}^{z} Q_i \tan\alpha \qquad (2\text{-}11\text{-}5)$$

至少有半圈滚动体受载的各类角接触轴承的派生轴向力计算公式见表 2-11-4。

轴承的派生轴向力 S，在角接触球轴承和圆锥滚子轴承的受力分析中是一定要考虑的。具体考虑方法见第四节。

表 2-11-4　角接触轴承的派生轴向力 S 计算公式

轴承类型	角接触球轴承			圆锥滚子轴承 30000
	70000C $\alpha = 15°$	70000AC $\alpha = 25$	70000B $\alpha = 40°$	
S	eF_r	$0.68F_r$	$1.14F_r$	$F_r/(2Y)$

注：1. 角接触球轴承的 e 值由表 2-11-7 确定。

　　2. 圆锥滚子轴承的 Y 值为表 2-11-7 中相应于其 $F_a/F_r > e$ 时的 Y 值。

二、滚动轴承的应力

从上面的分析可以看到，轴承工作时，各轴承元件所受的载荷及产生的应力是变化的。当滚动体进入承载区后，所受载荷即由零逐渐增大直到最大值，然后再逐渐降低到零退出承载区，如图2-11-7a所示。就滚动体上某一点而言，它的载荷及应力是周期性不稳定地变化的。

滚动轴承工作时，可以是外圈固定、内圈转动，也可以是内圈固定、外圈转动。对于固定套圈来说，按其处在承载区内位置的不同，将受到不同的载荷。处于径向载荷 F_r 作用线上的点将受到最大的接触载荷。对于每一个具体的点，每当一个滚动体滚过时，便承受一次载荷，其大小是不变的，也就是承受稳定的脉动循环变载荷的作用，如图2-11-7b所示。载荷变动频率的快慢取决于滚动体中心的圆周速度。

转动套圈上各点的受载情况，类似于滚动体的受载情况，仍可用图2-11-7a描述。

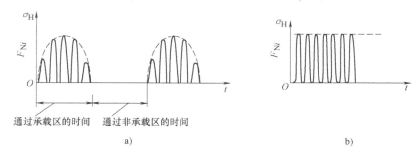

图2-11-7　滚动轴承的应力

a）滚动体及转动的套圈上的载荷及应力的变化　b）固定的套圈上的载荷及应力的变化

第四节　滚动轴承的尺寸选择

一、滚动轴承的失效形式及设计计算准则

由于滚动轴承工作时内、外套圈间有相对运动，滚动体既要自转，又要绕轴承中心公转，轴承内、外圈及滚动体工作时受到的载荷的大小和方向都是在变化的，因此滚动轴承主要的失效形式是滚动体或内外套圈滚道上的疲劳点蚀破坏和静强度不足的塑性变形。此外，受使用维护保养不当或润滑、密封不良等因素影响，还会发生轴承的磨损、烧伤等失效。

轴承尺寸的计算，是指针对轴承的主要失效形式——点蚀破坏，进行轴承寿命计算及抗塑性变形的静强度计算。

二、滚动轴承的寿命和基本额定寿命

一个滚动轴承的寿命是指该轴承的一个套圈或滚动体的材料首次出现疲劳点蚀前，一个套圈相对于另一个套圈所能经历的总的转数，也可以用恒定转速下轴承运转的小时数表示。

对于一批同一型号的滚动轴承，由于制造精度、材料质地的均匀性等的差异，即使是使用相同的材料、热处理制造工艺，结构尺寸完全相同，使用条件相同，轴承的寿命却离散性很大，甚至会相差几十倍。因此，对某一个具体的轴承，是很难预知其确切的寿命的。

经过大量的轴承寿命试验，经统计，表明轴承在同样工作条件下的可靠性与寿命之间有图 2-11-8 所示的关系。可靠性用可靠度 R 度量。可靠度是指一批相同规格的轴承能达到或超过某个规定寿命的百分率。机械设计选择轴承时常以基本额定寿命为依据。

基本额定寿命是指一批相同规格、常用材料和加工质量的轴承，在常规运转条件下，受一定载荷作用，具有 90% 可靠度时的寿命，以 L_{10}（单位为 10^6r）或 L_{h10}（单位为 h）表示。

对单个轴承来说，能够达到或超过此寿命的概率为 90%。实际轴承的寿命有 10% 是小于此基本额定寿命的，而有 90% 的轴承却大于或等于此基本额定寿命。

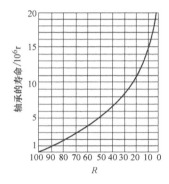

图 2-11-8　滚动轴承寿命分布曲线

三、基本额定动载荷

为了比较不同类型和规格尺寸轴承的承载能力，轴承国家标准中规定了轴承的基本额定动载荷的概念。

基本额定动载荷就是使轴承的基本额定寿命恰好是 10^6r 时，轴承所能承受的载荷值，用字母 C 表示。也就是说，在基本额定动载荷作用下，轴承可以工作 10^6r 而不发生点蚀破坏，且其可靠度为 90%。对向心轴承，其基本额定动载荷指的是纯径向载荷，并称为径向基本额定动载荷，常用字母 C_r 表示；对推力轴承，指的是纯轴向载荷，并称为轴向基本额定动载荷，常用字母 C_a 表示；而对于角接触球轴承和圆锥滚子轴承，则指的是使其套圈间产生纯径向位移的载荷的径向分量。

不同类型和型号的轴承有不同的基本额定动载荷值，它表征了不同类型和型号轴承的承载特性。在轴承样本中，对每个型号的轴承都给出了它的基本额定动载荷值。需要时可以直接从轴承样本手册中查取。

四、滚动轴承的寿命计算

具有基本额定动载荷 C 的轴承，当它承受的载荷 P（指当量动载荷）恰好是 C 时，其基本额定寿命 L_{10} 就是 10^6r。但是实际轴承的载荷 P 往往不一定就等于 C，当载荷增大时，其基本额定寿命 L_{10} 就减少；而载荷减小时，基本额定寿命 L_{10} 就提高。

轴承的寿命计算要解决两方面的问题：一是当轴承的载荷 $P \neq C$ 时，轴承的寿命是多少？另一个问题是已知轴承的载荷 P，并且要求轴承的预期寿命为 L'，这时应该选用具有多大基本额定动载荷值的轴承？

经过大量的试验研究，得到了轴承的载荷-寿命曲线规律，如图 2-11-9 所示。此曲线可以用公式表达为

$$L_{10} = \left(\frac{C}{P} \right)^{\varepsilon} \qquad (2\text{-}11\text{-}6a)$$

式中　L_{10}——轴承的寿命（10^6r），以轴承 10^6r 为一个计算单位；

　　　　C——轴承的基本额定动载荷（N）；

　　　　P——轴承受到的当量动载荷（N）；

　　　　ε——轴承寿命计算的指数，对球轴承 $\varepsilon = 3$，滚子轴承 $\varepsilon = 10/3$。

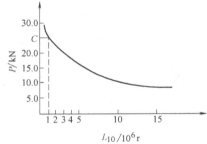

图 2-11-9　轴承的载荷-寿命曲线规律

曲线和方程均表明了轴承的载荷 P 与寿命 L_{10} 之间的关系。曲线上相应于轴承寿命 $L_{10} = 1 \times 10^6 \text{r}$ 时的轴承载荷为 C，曲线上任意载荷 P 下的轴承寿命可以根据式（2-11-6a）求得。推荐的轴承预期寿命值见表 2-11-5。

实际计算时，用小时数表示轴承的寿命比较方便。这时可将式（2-11-6a）改写为

$$L_{\text{h}10} = \frac{10^6}{60n}\left(\frac{C}{P}\right)^{\varepsilon} \tag{2-11-7a}$$

式中 n——轴承的转速（r/min）。

将上述两个公式作适当的变形，就可以解决轴承寿命计算的第二个问题了。

$$C = P\sqrt[\varepsilon]{\frac{60nL'_{\text{h}10}}{10^6}} \tag{2-11-8a}$$

在轴承样本中列出的基本额定动载荷值 C 是对一般轴承而言，考虑到有些轴承在温度高于 120℃ 的条件下工作，轴承材料的硬度会下降，轴承的基本额定动载荷值也会有所下降。因此引入温度系数 f_{T} 对 C 值进行修正，f_{T} 值可参考表 2-11-6。修正后的轴承寿命计算式为

$$L_{10} = \left(\frac{f_{\text{T}}C}{P}\right)^{\varepsilon} \tag{2-11-6b}$$

$$L_{\text{h}10} = \frac{10^6}{60n}\left(\frac{f_{\text{T}}C}{P}\right)^{\varepsilon} \tag{2-11-7b}$$

$$C = \frac{P}{f_{\text{T}}}\sqrt[\varepsilon]{\frac{60nL'_{\text{h}10}}{10^6}} \tag{2-11-8b}$$

表 2-11-5 推荐的轴承预期寿命值

机 器 类 型	预期寿命/h
不经常使用的仪器和设备，如闸门开闭装置等	300 ~ 3000
短期或间断使用的机械，中断使用不致引起严重后果，如手动机械等	3000 ~ 8000
间断使用的机械，中断使用后果严重，如发动机辅助设备、流水作业线自动传送装置、升降机、车间起重设备、不常使用的机床等	8000 ~ 12000
每日 8h 工作的机械（利用率不高），如一般的齿轮传动、某些固定电动机等	10000 ~ 25000
每日 8h 工作的机械（利用率较高），如金属切削机床、连续使用的起重机、木材加工机械、印刷机械等	20000 ~ 30000
24h 连续工作的机械，如矿山升降机、纺织机械、泵、电动机等	40000 ~ 50000
24h 连续工作的机械，中断使用后果严重，如纤维生产或造纸设备、发电站主电动机、矿井水泵、船舶螺旋桨轴等	100000 ~ 200000

表 2-11-6 温度系数 f_{T}

轴承工作温度/℃	≤120	125	150	175	200	225	250	300	350
温度系数 f_{T}	1.00	0.95	0.90	0.85	0.80	0.75	0.70	0.60	0.50

例 2-11-2 试求 N207E 轴承允许的最大径向载荷。已知轴承工作转速 $n = 200\text{r/min}$，工作温度 $t < 120℃$，预期寿命 $L'_{\text{h}10} = 10000\text{h}$。

解 N207E 为圆柱滚子轴承是向心轴承，承受纯径向力。

由 $\quad L_{\text{h}10} = \dfrac{10^6}{60n}\left(\dfrac{f_{\text{T}}C}{P}\right)^{\varepsilon} \quad$ 得

$$P = f_{\text{T}}C_{\text{r}}\sqrt[\varepsilon]{\frac{10^6}{60nL'_{\text{h}10}}}$$

由机械设计手册查 N207E 轴承标准（GB/T 283—2007）得 $C_r = 46.5kN$。

由表 2-11-6 查得 $f_T = 1$，而滚子轴承 $\varepsilon = 10/3$。

将以上数据代入上式得 $P = 10.8kN$。

故在本题条件下，N207E 轴承可承受的最大载荷为 10.8kN。

五、滚动轴承的当量动载荷

滚动轴承的基本额定动载荷是在一定条件下确定的。对向心轴承是指承受纯径向载荷 F_r，对推力轴承是指承受中心轴向载荷 F_a。实际上，轴承在许多应用场合下，往往是同时承受径向载荷 F_r 和轴向载荷 F_a 的联合作用。因此，在轴承寿命计算时，首先必须把实际载荷 F_r 和 F_a 转换为与确定相应基本额定动载荷疲劳破坏效果相一致的载荷，这个换算后的载荷是一种假定的载荷，称为当量动载荷，用 P 表示。

注意，换算后得到的当量动载荷 P 对轴承疲劳破坏的作用效果必须与原轴承载荷 F_r 和 F_a 对它的疲劳破坏作用效果相当，可用公式表示为

$$P = XF_r + YF_a \qquad (2\text{-}11\text{-}9a)$$

式中　X——径向动载荷系数；

　　　Y——轴向动载荷系数。

X 和 Y 分别可由表 2-11-7 查得。

向心轴承只承受径向载荷时，$P = F_r$。 $\qquad\qquad (2\text{-}11\text{-}10a)$

推力轴承只承受轴向载荷时，$P = F_a$。 $\qquad\qquad (2\text{-}11\text{-}11a)$

表 2-11-7　径向动载荷系数 X 和轴向动载荷系数 Y

轴承类型 名称	轴承类型 代号	相对轴向载荷 F_a/C_0	$F_a/F_r \leqslant e$ X	$F_a/F_r \leqslant e$ Y	$F_a/F_r > e$ X	$F_a/F_r > e$ Y	判断系数 e
圆锥滚子轴承	30000		1	0	0.4	$0.40\cot\alpha$	$1.5\tan\alpha$
深沟球轴承	60000	0.025				2.0	0.22
		0.040				1.8	0.24
		0.070	1	0	0.56	1.6	0.27
		0.130				1.4	0.31
		0.250				1.2	0.37
		0.50				1.0	0.44
角接触球轴承	70000C $\alpha = 15°$	0.015				1.47	0.38
		0.029				1.40	0.40
		0.058				1.30	0.43
		0.087				1.23	0.46
		0.120	1	0	0.44	1.19	0.47
		0.170				1.12	0.50
		0.290				1.02	0.55
		0.440				1.00	0.56
		0.580				1.00	0.56
	70000AC $\alpha = 25°$	—	1	0	0.41	0.87	0.68
	70000B $\alpha = 40°$	—	1	0	0.35	0.57	1.14
调心滚子轴承	20000	—	1	0	0.40	$0.40\cot\alpha$	$1.5\tan\alpha$
调心球轴承	10000	—	1	0	0.40	$0.40\cot\alpha$	$1.5\tan\alpha$

注：表中未直接给出的 y 值和 e 值，可以到相应的轴承标准中查取，或者根据给出的 α 值按给定公式计算求出。

对同时承受径向载荷 F_r 和轴向载荷 F_a 作用的轴承，当量动载荷 P 按式（2-11-9a）计算，这时需要确定径向动载荷系数 X 和轴向动载荷系数 Y。计算确定步骤如下：

1）根据轴承的实际载荷 F_r 和 F_a，求比值 F_a/F_r。

2）确定判断系数 e。参数 e 反映的是轴承轴向承载能力的大小，其值大小与轴承类型及 F_a/C_0 值有关，由轴承行业的研究部门制订，见表 2-11-7。C_0 是轴承的基本额定静载荷，可由轴承手册查得。

3）比较判定是 $F_a/F_r > e$ 还是 $F_a/F_r \leqslant e$，则可继续按表 2-11-7 的相应列确定系数 X 和 Y。

4）计算得当量动载荷值 $P = XF_r + YF_a$。

上述求得的轴承的当量动载荷均是按照理想工作条件获得的，而机械在实际工作中会受到一些冲击、振动、惯性以及轴和轴承座的变形等附加力的影响，因而引入载荷系数 f_P 对轴承载荷进行修正，这时

$$P = f_P(XF_r + YF_a) \tag{2-11-9b}$$

式中 f_P——与机械运转平稳性有关的载荷系数，可查表 2-11-8 获得。

向心轴承只承受径向载荷时，$P = f_P F_r$。 $\tag{2-11-10b}$

推力轴承只承受轴向载荷时，$P = f_P F_a$。 $\tag{2-11-11b}$

表 2-11-8 载荷系数 f_P

载 荷 性 质	f_P	举 例
无冲击或轻微冲击	1.0 ~ 1.2	电动机、汽轮机、通风机、水泵等
中等冲击或中等惯性力	1.2 ~ 1.8	车辆、动力机械、起重机、造纸机、冶金机械、选矿机、卷扬机、机床等
强大冲击	1.8 ~ 3.0	破碎机、轧钢机、钻探机、振动筛等

六、角接触球轴承和圆锥滚子轴承的径向载荷 F_r 及轴向载荷 F_a 的计算

（一）安装方式

由第三节之一的分析知，当角接触球轴承和圆锥滚子轴承承受纯径向载荷 F_r 时，由于它们结构的特点，要产生内部派生轴向力 S，因此这类轴承在工作时总存在轴向力。为了使这类轴承的轴向力得到平衡，保证轴承正常工作，这两种轴承必须成对使用，并且它们有两种不同的安装方式，如图 2-11-10 所示。

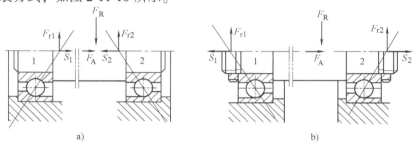

图 2-11-10 角接触球轴承的安装方式
a）正装 b）反装

两轴承外圈的窄边相对，内部派生轴向力 S_1 和 S_2 的方向面对面，称为轴承正装或面对面安装，其结构简图如图 2-11-11a、c 所示。

两轴承外圈的宽边相对，内部派生轴向力 S_1 和 S_2 的方向相背离，称为轴承反装或背靠背安装，其结构简图如图 2-11-11b、d 所示。

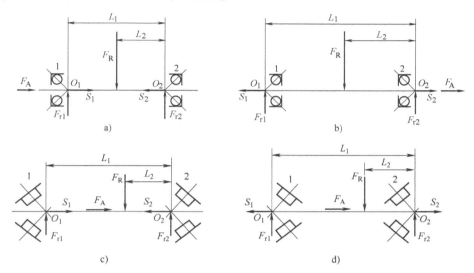

图 2-11-11　角接触类轴承安装结构简图

a）角接触球轴承正装（面对面安装）　　b）角接触球轴承反装（背靠背安装）

c）圆锥滚子轴承正装（面对面安装）　　d）圆锥滚子轴承反装（背靠背安装）

图中 O_1 和 O_2 分别为轴承 1 和轴承 2 的压力中心，即轴承支点径向反力的作用点。但是当两轴承支点之间的距离不是很小时，通常为了简化计算，也可以认为支反力作用在轴承宽度的中点上，这样计算方便，误差也不大。

（二）轴承的径向力 F_{r1} 和 F_{r2} 的确定

若轴上受有径向力 F_R，则对轴承来说，它所受到的径向力 F_{r1} 和 F_{r2} 可由力的杠杆平衡原理求得，如图 2-11-11 所示。

（三）轴承的轴向力 F_{a1} 和 F_{a2} 的确定

计算角接触球轴承和圆锥滚子轴承的轴向力时，除了要考虑轴向外载 F_A 的作用，还必须将轴承的内部派生轴向力 S 考虑进去，即必须同时考虑轴承受到的轴向外载和内部载荷。

一对轴承的内部派生轴向力 S_1 和 S_2 的大小可以根据轴承的类型和该对轴承受到的径向力 F_{r1} 和 F_{r2} 的大小计算得到。由于角接触球轴承受轴向力 F_a 作用后会产生弹性变形，使实际的接触角发生变化，因此计算是比较繁琐的。为了简化计算，各类轴承计算派生轴向力 S 的近似公式见表 2-11-4。

一对轴承的内部派生轴向力 S_1 和 S_2 的方向，则可以根据轴承的正、反装判断确定，如图 2-11-10 和图 2-11-11 所示。

一对轴承受到的轴向力 F_{a1} 和 F_{a2} 的大小，要根据轴上的载荷 F_A 及该对轴承的内部派生轴向力 S_1 和 S_2 的大小和方向确定。以图 2-11-10a 所示的正装轴承为例，计算步骤如下：

1）画轴承结构安装和受力简图，判断 F_A、S_1 和 S_2 的方向。这里 F_A 和 S_1 方向相同，

S_2 与它们的方向相反。

2）计算 F_A 与 S_1 的和，并比较其与 S_2 的大小。可能的情况有三种，即：

第一种情况，若 $F_A + S_1 = S_2$，则轴系平衡，轴承受到的轴向力为

$$F_{a1} = S_1 \tag{2-11-12a}$$
$$F_{a2} = S_2 \tag{2-11-13a}$$

第二种情况，若 $F_A + S_1 > S_2$，则轴连同与其紧配合的轴承1的内圈有向右窜动的趋势，相当于轴承1的内外圈"被放松"，轴承2的内外圈"被压紧"，而实际上轴系必须是平衡的，因此，"被压紧"的轴承2受到的总轴向力 F_{a2} 必须与 $F_A + S_1$ 相平衡，即

$$F_{a2} = F_A + S_1 \tag{2-11-12b}$$

"被放松"的轴承1受到的总轴向力 F_{a1} 即为其自身的派生轴向力 S_1，即

$$F_{a1} = S_1 \tag{2-11-13b}$$

第三种情况，若 $F_A + S_1 < S_2$，则轴承1的内外圈"被压紧"，轴承2的内外圈"被放松"，同上述道理，"被压紧"的轴承1受到的总轴向力 F_{a1} 必须与 $S_2 - F_A$ 相平衡，"被放松"的轴承2受到的总轴向力 F_{a2} 即为其自身的派生轴向力 S_2，即

$$F_{a1} = S_2 - F_A \tag{2-11-12c}$$
$$F_{a2} = S_2 \tag{2-11-13c}$$

轴承反装时的计算方法与正装时一样。

3）结论：一对角接触球轴承（或一对圆锥滚子轴承）正装或反装，受载后，"被放松"的轴承受到的总轴向力即为其自身的派生轴向力，"被压紧"的轴承受到的总轴向力为除了其自身派生轴向力以外的其余各轴向力的代数和。

例2-11-3 某传动装置轴，选用两只单列深沟球轴承，轴颈的直径 $d = 35\text{mm}$，轴的转速 $n = 1800\text{r/min}$，要求轴承的寿命 $L_{h10} = 8000\text{h}$，若作用在两轴承上的径向力 $F_{r1} = 1500\text{N}$，$F_{r2} = 2500\text{N}$，中等冲击，试选择轴承的型号。

解 1）要计算该轴承应该具有的基本额定动载荷值 C，首先要确定轴承的当量动载荷 $P = XF_r + YF_a$；因为选用深沟球轴承，$\varepsilon = 3$，且不受轴向力，因此 $X = 1$，$Y = 0$；工作受中等冲击，由表2-11-8查得 $f_P = 1.6$。

因此两轴承的当量动载荷分别是

$$P_1 = 1.6(X_1 F_{r1} + Y_1 F_{a1}) = 2400\text{N}, P_2 = 1.6(X_2 F_{r2} + Y_2 F_{a2}) = 4000\text{N}$$

一般来说，两个轴承采用同一型号时，可按当量动载荷较大的一个轴承计算其基本额定动载荷值，则

$$C' = P_2 \sqrt[\varepsilon]{\frac{60n}{10^6} L'_{h10}} = 4000 \times \sqrt[\varepsilon]{\frac{60 \times 1800}{10^6} \times 8000} \text{ N} = 38097\text{N}$$

2）选择轴承型号。根据 $d = 35$，$C > C'$ 查轴承标准（GB/T 276—2013），应选用6407型轴承，其 $C = 42630\text{N}$。

例2-11-4 一转轴上安装一对角接触球轴承，如图2-11-10a所示。已知两个轴承所受的径向力分别为 $F_{r1} = 1580\text{N}$，$F_{r2} = 1980\text{N}$，轴向外载荷 $F_A = 880\text{N}$，轴颈 $d = 45\text{mm}$，转速 $n = 2900\text{r/min}$，有轻微冲击，常温下工作，要求轴承的使用寿命 $L_{h10} = 5000\text{h}$，试选出轴承型号。

解 1）预选轴承型号。考虑轴承的载荷速度及工作条件，预选单列角接触球轴承7209AC。查轴承标准（GB/T 292—2007），得 $C = 36.8\text{kN}$。

2）计算轴承的轴向力 F_{a1} 和 F_{a2}。7209AC 轴承受径向力时会产生附加轴向力 $S = 0.68F_r$，所以

$$S_1 = 0.68F_{r1} = 0.68 \times 1580\text{N} = 1074.4\text{N}$$
$$S_2 = 0.68F_{r2} = 0.68 \times 1980\text{N} = 1346.4\text{N}$$

如图 2-11-10a 所示，这一对轴承正装，则 S_1 与 F_A 同向

$$S_1 + F_A = (1074.4 + 880)\text{N} = 1954.4\text{N} > S_2 = 1346.4\text{N}$$

因此，轴承 1 被"放松"，轴承 2 被"压紧"。所以

轴承 1 的轴向力　　　　　　　　$F_{a1} = S_1 = 1074.4\text{N}$
轴承 2 的轴向力　　　　　　　　$F_{a2} = S_1 + F_A = 1954.4\text{N}$

3）计算轴承的当量动载荷 P_1 和 P_2。查表 2-11-7 得 $e = 0.68$，查表 2-11-8 得 $f_P = 1.0$。

轴承 1　　　　　　　　$F_{a1}/F_{r1} = 1074.4/1580 = 0.68 = e$

查表 2-11-7 得 $X_1 = 1$，$Y_1 = 0$

故　　　　　　　$P_1 = f_P(X_1F_{r1} + Y_1F_{a1}) = F_{r1} = 1580\text{N}$

轴承 2　　　　　　　　$F_{a2}/F_{r2} = 1954.4/1980 = 0.98 > e$

查表 2-11-7 得 $X_2 = 0.41$，$Y_2 = 0.87$

故　　　　$P_2 = f_P(X_2F_{r2} + Y_2F_{a2}) = (0.41 \times 1980 + 0.87 \times 1954.4)\text{N} = 2512\text{N}$

4）计算轴承 7209AC 在给定工作条件下能承受的载荷 P，即

$$P = \frac{C}{\sqrt[\varepsilon]{\dfrac{60nL'_{10h}}{10^6}}} = \frac{36800}{\sqrt[3]{\dfrac{60 \times 2900 \times 5000}{10^6}}}\text{N} = 3854.8\text{N}$$

因为 $P > P_1$，$P > P_2$，因此预选的轴承能用。

例 2-11-5　图 2-11-12 所示轴承装置，采用一对 7308AC 轴承，轴的转速 $n = 1250\text{r/min}$，$f_P = 1$。试求：

1）各轴承所受轴向载荷 F_a 为多少？

2）轴承寿命为多少？

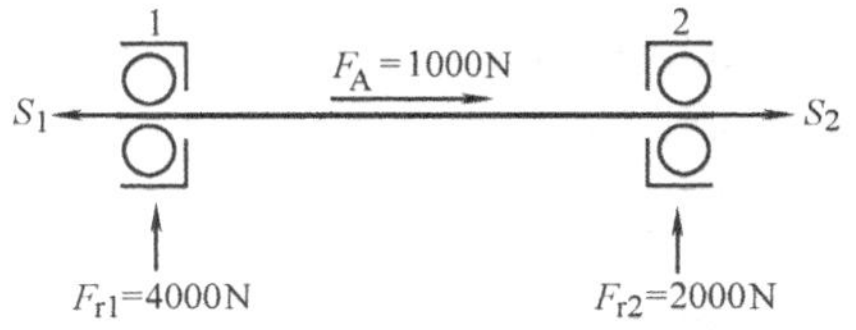

解　1）轴承各自的派生轴向力方向如图 2-11-12 所示。

$$S_1 = 0.68F_{r1} = 0.68 \times 4000\text{N} = 2720\text{N}$$
$$S_2 = 0.68F_{r2} = 0.68 \times 2000\text{N} = 1360\text{N}$$

因为 $S_2 + F_A = 1360\text{N} + 1000\text{N} = 2360\text{N} < S_1 = 2720\text{N}$，

所以轴承 2 被"压紧"，轴承 1 被"放松"。

$$F_{a1} = S_1 = 2720\text{N}$$
$$F_{a2} = S_1 - F_A = (2720 - 1000)\text{N} = 1720\text{N}$$

2）由 $F_{a1}/F_{r1} = 2720/4000 = 0.68 = e$ 得 $X_1 = 1$，$Y_1 = 0$

由 $F_{a2}/F_{r2} = 1720/2000 = 0.86 > e$ 得 $X_2 = 0.41$，$Y_2 = 0.87$

则　　　　　　$P_1 = 1 \times (1 \times 4000 + 0.0 \times 2720)\text{N} = 4000\text{N}$

$$P_2 = 1 \times (0.41 \times 2000 + 0.87 \times 1720)\text{N} = 2316.4\text{N}$$

因为 $P_1 > P_2$，因此以 P_1 代入计算轴承寿命，则

$$L_{10h} = \frac{10^6}{60n}\left(\frac{C}{P}\right)^\varepsilon = \frac{10^6}{60 \times 1250}\left(\frac{38500}{4000}\right)^3\text{h} = 11888\text{h}$$

图 2-11-12　例 2-11-5 图

例 2-11-6 某传动机构由两个圆锥滚子轴承支承，选用 30206 轴承，已知轴承转速为 1390r/min，左轴承 1 承受径向力 4250N，右轴承 2 承受径向力 4000 N，外加轴向力 $F_A =$ 400N，方向如图 2-11-13a 所示，试计算轴承的使用寿命。

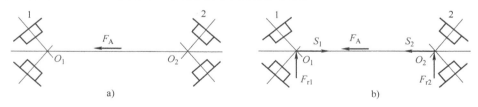

图 2-11-13　例 2-11-6 图

解　1）求派生轴向力 S_1、S_2 的方向和大小。

由题图分析可知，该对圆锥滚子轴承是正装的，因此可以画出轴承的派生轴向力方向，如图 2-1-13b 所示。

根据表 2-11-4 中的公式计算圆锥滚子轴承的派生轴向力。

查附录 D 得到计算 30206 轴承的派生轴向力的系数，$Y = 1.6$，则

$$S_1 = \frac{F_{r1}}{2Y} = \frac{4250}{2 \times 1.6}N = 1328N$$

$$S_2 = \frac{F_{r2}}{2Y} = \frac{4000}{2 \times 1.6}N = 1250N$$

2）求两轴承的轴向载荷 F_{a1}、F_{a2}。

因为 $S_1 = 1328N < S_2 + F_A = 1650N$，所以轴有向左移动的趋势，轴承 1 被"压紧"，轴承 2 被"放松"，则

$$F_{a1} = F_A + S_2 = 400N + 1250N = 1650N$$

$$F_{a2} = S_2 = 1250N$$

3）分别计算两轴承的当量动载荷 P_1、P_2。

查附录 D 得到轴承 30206 的判断系数 $e = 0.37$。

轴承 1：

因为 $\frac{F_{a1}}{F_{r1}} = \frac{1250}{4250} = 0.39 > e = 0.37$

查表 2-11-7 和附录 D，得 $X_1 = 0.4$，$Y_1 = 1.6$，故

$$P_1 = f_P(X_1 F_{r1} + Y_1 F_{a1}) = 0.4 \times 4250N + 1.6 \times 1650N = 4382.5N$$

轴承 2：

因为 $\frac{F_{a2}}{F_{r2}} = \frac{1650}{4000} = 0.31 < e$

查表 2-11-7 得 $X_2 = 1$，$Y_2 = 0$，故

$$P_2 = f_P(X_2 F_{r2} + Y_2 F_{a2}) = 1 \times 4000N = 4000N$$

4）求轴承的寿命 L_h。

由于 $P_1 > P_2$，所以轴承 1 的寿命比较短，因此只要计算轴承 1 的寿命即可。

查附录 D 得 30206 轴承的基本额定动载荷 $C = 43.2kN$，则

$$L_h = \frac{10^6}{60n}\left(\frac{C}{P_1}\right)^\varepsilon = \frac{10^6}{60 \times 1390}\left(\frac{43200}{4382.5}\right)^{\frac{10}{3}}h = 24606h$$

七、滚动轴承的基本额定静载荷和静强度

对于在工作载荷下基本上不旋转的轴承，如起重机吊钩上用的推力轴承，或者缓慢摆动以及转速极低的轴承，应考虑轴承的静强度，限制轴承在静载荷下产生过大的接触应力和永久的塑性变形。

GB/T 4662—2012 规定，使受载最大的滚动体与滚道接触中心处引起的接触应力达到一定值（调心球轴承：4600MPa；所有其他球轴承：4200MPa；所有其他滚子轴承：4000MPa）的载荷，作为轴承的静强度的界限，称为基本额定静载荷，用 C_0（C_{0r} 或 C_{0a}）表示。

实践证明，在上述接触应力作用下所产生的永久接触变形量，除了对那些转动灵活性要求高和振动低的轴承外，一般不会影响其正常工作。轴承样本中列出了各类轴承的 C_0 值，可供选择轴承时查用。

向心轴承的静强度条件是

$$C_0 \geqslant S_0 P_0 \tag{2-11-14}$$

式中　S_0——静强度安全系数，其值可参考表 2-11-9；

　　　P_0——当量静载荷，是 $P_0 = X_0 F_r + Y_0 F_a$、$P_0 = F_r$ 两式中的较大值，X_0、Y_0 分别为径向和轴向载荷系数，其数值可由表 2-11-10 查取。

推力轴承的静强度计算，可详见设计手册。

表 2-11-9　静强度安全系数 S_0

轴承类型	使用要求、载荷性质或使用的设备	S_0
旋转的轴承	对旋转精度和运转平稳性要求较高，或承受较大冲击的载荷	1.2 ~ 2.5
	一般情况	0.8 ~ 1.2
	对旋转精度和运转平稳性要求较低，或基本上消除了冲击和振动	0.5 ~ 0.8
非旋转及摆动的轴承	水坝闸门装置	≥1
	吊桥	≥1.5
	附加动载荷很大的小型装卸起重机起重吊钩	≥1.6

表 2-11-10　径向载荷系数 X_0 和轴向载荷系数 Y_0

轴承类型		X_0	Y_0
深沟球轴承 （60000 型）		0.6	0.5
角接触球轴承	$\alpha = 15°$ （70000C 型）	0.5	0.46
	$\alpha = 25°$ （70000AC 型）	0.5	0.38
	$\alpha = 40°$ （70000B 型）	0.5	0.26
圆锥滚子轴承 （30000 型）		0.5	见相关资料

第五节　滚动轴承装置的组合结构设计

为了保证轴承在机器中正常工作，在机械设计时除了合理选择轴承类型，确定轴承尺寸之外，还应正确合理地进行轴承的组合结构设计，处理好轴承与其周围零件之间的关系。也就是说，要解决轴承的定位、固定、轴承与其他零件的配合、间隙调整以及装拆、润滑、密封等问题。

一、轴承的支承结构形式

一般来说，一根轴需要两个支点，每个支点可以由一个或者一个以上的轴承组成。为了保证轴系的正常转动，传递轴向力而不发生窜动以及轴受热膨胀后不致将轴承卡死等，除了要确保轴上零件的定位和固定，还必须合理地设计轴系支点的轴向固定结构。典型的轴承的支承结构形式主要有三种：

（一）两端单向固定

这种轴系结构，在轴系的两个支点上的轴承，每一个支点轴承都只限制轴的一个方向的轴向位移，则两个支点合起来就能够限制轴的双向位移了。这种轴承固定方式称为两端单向固定，如图2-11-14、图2-11-15和图2-11-16所示。它们适用于工作温度变化不大的短轴。

图2-11-14所示为采用深沟球轴承两端单向固定结构。考虑到轴会因受热膨胀而伸长，轴承安装时，通过调整轴承端盖和机座端面之间的垫片厚度，以保证它的一个轴承的外圈端面与轴承盖端面间留有 $c = 0.2 \sim 0.3\text{mm}$ 的间隙，作为补偿轴热膨胀和轴承润滑所必须保证的游隙。

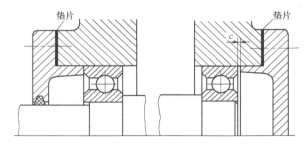

图2-11-14　深沟球轴承两端单向固定结构

图2-11-15和图2-11-16所示为采用一对圆锥滚子轴承支承的两端单向固定结构，图2-11-15中的轴承正装，图2-11-16中的轴承则是反装。为了使轴承工作时不致因受热而卡死，轴承间隙应严格控制。安装时，可通过调整轴承外圈（图2-11-15）或内圈（图2-11-16）与轴之间的位置，使轴承具有合理的轴向游隙或所要求的预紧程度。另外，从两图中还可以看出，轴承的两种不同安装形式，在支承间距 b 相同的条件下，两轴承的压力中心间的距离 L_1 和 L_2 却不一样，且 $L_1 < L_2$，由于前者小锥齿轮悬臂距离长，因此支承刚性差。

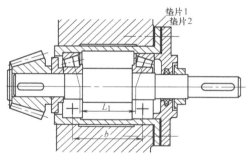

图2-11-15　小锥齿轮轴支承结构之一

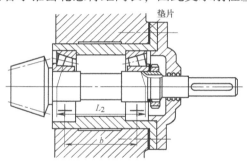

图2-11-16　小锥齿轮轴支承结构之二

（二）一端固定，一端游动

在轴系的两个支点中，一个支点上的轴承相对于机座双向固定，可以承受双向轴向力，是固定端，当轴系因受热而伸长时，另一个支点则可沿轴向自由移动而不会使轴系卡死，称为游动端，不承受轴向力。轴承的这种支承结构形式称为一端固定，一端游动，如图2-11-17～图2-11-20所示。该轴系结构较为复杂，旋转精度也较高，适用于温度变化较大的长轴。

轴承的固定端应该选用具有双向轴向承载能力的轴承或者轴承组合。图2-11-17和图2-11-18所示轴系的左端均采用深沟球轴承作为固定支承，轴承内、外圈的两侧均固定，因此轴系两个方向上的轴向载荷都通过这个支点传递给机座。图2-11-19所示为采用了一对角接触球轴承（也可以是圆锥滚子轴承）正装或者反装来承担双向轴向力，而图2-11-20所示轴系的左端利用向心轴承和双向推力轴承的组合分别承担径向力和双向轴向力，也是一个固定端。

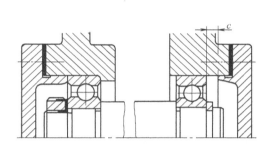

图2-11-17　一端固定、一端游动支承方案之一

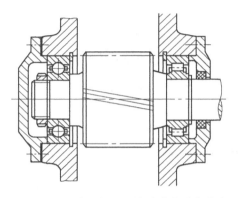

图2-11-18　一端固定、一端游动支承方案之二

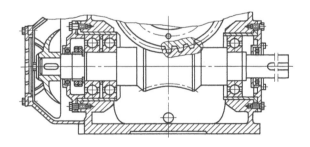

图2-11-19　一端固定、一端游动支承方案之三

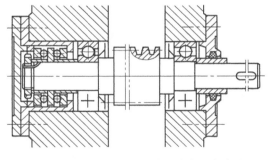

图2-11-20　一端固定、一端游动支承方案之四

图2-11-17、图2-11-19和图2-11-20所示的轴系右端都采用深沟球轴承作游动支承，这时轴承的外圈在轴向没有固定，因此它不能承受轴向力。当轴因受热伸长时，轴承的外圈就可沿轴承座孔作轴向游动。图2-11-18所示的轴系右端采用一个圆柱滚子轴承，此轴承是内外圈可分离的向心轴承，不能承受轴向力，因此可作为游动支承。

这里特别要注意，作为单向固定、双向固定和游动支承的深沟球轴承在承载方向上的差别以及支承结构上的差异。

（三） 两端游动

图 2-11-21 所示为一个两端游动支承的人字齿轮轴系。由于一对人字齿轮本身的轴向相互限位作用，因此，它们轴承的内外圈设计要保证其中一根轴相对机座有固定的轴向位置，而另一根轴上的两个轴承都能作轴向游动，以防止齿轮卡死或受力不均匀。

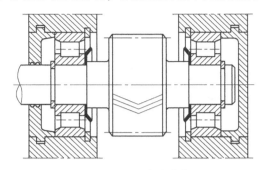

图 2-11-21 两端游动支承

二、滚动轴承的轴向固定

滚动轴承轴向固定的方法很多，常用的方法有：

（一） 内圈常用的轴向定位和固定方法

轴承内圈的定位通常采用轴肩或套筒。为保证轴承能顺利地进行拆卸，轴肩的高度不能超过轴承内圈高度的 3/4。

轴承内圈的另一端的轴向固定应根据轴向载荷及其转速的高低确定。

1) 嵌入轴的沟槽内的轴用弹性挡圈，主要用于深沟球轴承及轴向力不大、转速不高的场合，如图 2-11-22a 所示。

2) 用螺钉固定轴端挡圈，可用于高转速下承受大的轴向力以及切制螺纹有困难的场合，如图 2-11-22b 所示。

3) 用圆螺母和止动垫片固定，也可用于高转速下承受较大轴向力的场合，如图 2-11-22c 所示。

4) 其他，如用紧定衬套固定等，可用于光轴，并可以承受较大轴向力，如图 2-11-22d 所示。

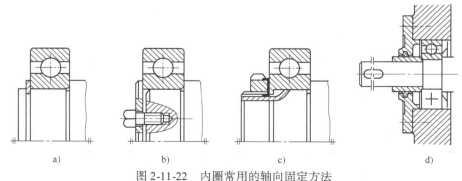

a)　　　　　　　b)　　　　　　　c)　　　　　　　d)

图 2-11-22 内圈常用的轴向固定方法

a) 用轴用弹性挡圈固定　b) 用螺钉固定轴端挡圈　c) 用圆螺母和止动垫片固定　d) 用紧定衬套固定

（二）外圈常用的轴向固定方法

1）嵌入轴承座孔的孔用弹性挡圈，用于向心轴承，承受不大的轴向力且需要减小轴承装置尺寸的场合，如图 2-11-23a 所示。

2）用轴承端盖固定，用于高转速及承受大轴向力时的各类轴承，如图 2-11-23b 所示。

3）其他，如用螺纹环紧固，适用于轴承转速高、轴向载荷大且不能使用轴承端盖的场合，如图 2-11-23c 所示；用轴用弹性挡圈嵌入轴承外圈的止动槽内的紧固，用于带有止动槽的深沟球轴承及机座不便设置凸肩且外壳为剖分式的结构，如图 2-11-23d 所示。

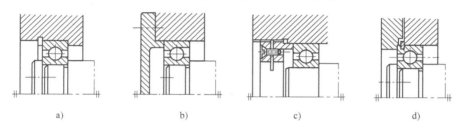

图 2-11-23 外圈常用的轴向固定方法

a）孔用弹性挡圈 b）用轴承端盖固定 c）用螺纹环紧固 d）用轴用弹性挡圈嵌入轴承外圈的止动槽内的紧固

三、轴承游隙及轴上零件位置的调整

轴承游隙通常可以通过调整轴承端盖与机座之间的垫片厚度来实现，如图 2-11-15 所示的轴系右支点，图 2-11-19 和图 2-11-20 所示的轴系左支点。

图 12-11-15 所示为面对面安装的圆锥滚子轴承，采用垫片 2 调整，结构简单，但调整复杂，对调整工人的技术水平要求高。图 2-11-16 所示的轴承间隙是靠调整圆螺母的位置来实现的，但轴上制有螺纹后，应力集中严重，削弱了轴的强度。

有些轴上零件（如锥齿轮或蜗杆），在装配时通常还需要进行轴向位置的调整。为了便于调整，通常可将确定轴向位置的轴承组合装在一个套杯中（如图 2-11-15 和图 2-11-16 所示的圆锥滚子轴承以及图 2-11-19 所示的双向推力球轴承和图 2-11-20 所示的角接触球轴承），再将套杯装入机座的座孔中，这样就可通过增减套杯端面与机座之间的垫片 1 的厚度来实现调整锥齿轮或蜗杆的轴向位置。

四、滚动轴承的预紧

预紧就是对某些内部间隙可以调整的轴承在安装时用某种方法在轴承中产生并保持一定的轴向力，以消除轴承中的轴向游隙，并在滚动体和内、外座圈接触处产生初始变形。预紧后的轴承受到工作载荷时，其内、外座圈的径向和轴向相对移动量要比未预紧的轴承大大减小。因此，预紧可以提高轴承的旋转精度，增加轴承装置的刚性，减小机器工作时轴的振动。但预紧的轴承，其工作寿命却大为降低。所以，预紧是以减少轴承寿命为代价来换取提高轴系刚度的一种措施。

轴承预紧的常用方法是夹紧一对圆锥滚子轴承的外圈，或利用金属垫片或磨窄轴承套圈的方法获得，如图 2-11-24 所示。

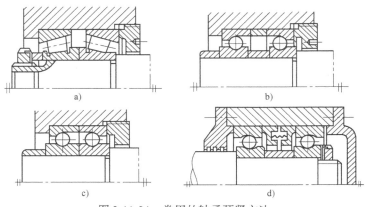

a)

b)

c)

d)

图 2-11-24　常用的轴承预紧方法

五、滚动轴承的配合

滚动轴承的配合是指轴承内圈与轴以及轴承外圈与机座孔之间的配合。因为滚动轴承为标准件，为了便于轴承互换和批量生产，选择配合时，应以轴承为基准件，即轴承内圈与轴的配合采用基孔制，轴承外圈与机座孔之间的配合采用基轴制。

国家标准规定，滚动轴承内、外圈的尺寸公差均采用上极限偏差为零、下极限偏差为负的分布，如图 2-11-25 所示。因此，轴承内圈与轴的配合比圆柱公差标准中规定的基孔制同类配合要紧得多。轴承外圈与机座孔的配合与圆柱公差标准中规定的基轴制同类配合情况基本一致，只是由于轴承外径的公差值较小，因而配合也较紧。图2-11-26所示为滚动轴承配合和它的基准面（内圈内径、外圈外径）偏差与轴颈或座孔尺寸偏差的关系。

正确地选择轴承的配合应保证轴承正常运转，防止轴承内圈与轴、外圈与机座孔在工作时产生相对运动。具体选择配合时，应考虑轴承载荷的大小、方向和性质以及轴承类型、转速和使用条件等因素。一般来说，轴承转速越高，载荷越大和振动越强烈时，则应选用越紧一些的配合。外载荷方向不变时，转动套圈应比固定套圈的配合紧一些。

各类机器中使用的轴承的具体配合要求，需要查有关资料和手册。

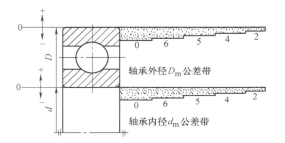

图 2-11-25　滚动轴承内、外径公差带的分布

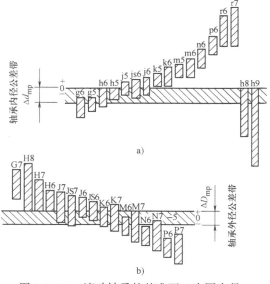

a)

b)

图 2-11-26　滚动轴承的基准面（内圈内径、外圈外径）轴颈和座孔的配合

a）轴承内孔与轴的配合　b）轴承外径与外壳孔的配合

六、轴承的润滑和密封

（一）滚动轴承的润滑

滚动轴承润滑的目的主要是为了降低摩擦阻力和减轻磨损，润滑还可起到一定的吸振、冷却、防锈和密封等作用。合理的润滑对提高轴承性能，延长轴承的使用寿命具有重大意义。

一般情况，滚动轴承高速时采用油润滑，低速时采用脂润滑。某些特殊环境，如高温和真空条件下采用固体润滑剂。

滚动轴承的润滑方式可根据速度因素 dn 值，参考表 2-11-11 选择，d 为滚动轴承内径（mm），n 为轴承转速（r/min）。

表 2-11-11　适用于脂润滑和油润滑的 dn 值界限（表值 $\times 10^4$）　（单位：mm·r/min）

轴承类型	脂润滑	油润滑			
		油浴	滴油	循环油（喷油）	油雾
深沟球轴承	16	25	40	60	>60
调心球轴承	16	25	40	60	
角接触球轴承	16	25	40	60	>60
圆柱滚子轴承	12	25	40	60	>60
圆锥滚子轴承	10	16	23	30	
调心滚子轴承	8	12	20	25	
推力球轴承	4	6	12	15	

润滑脂的润滑膜强度高，承载能力强，不易流失，容易密封，一次加脂可以维持相当长的工作时间，适用于不便经常添加润滑剂的地方，或那些不允许由于润滑油流失而导致产品受污染的工业机械中。但是脂润滑发热量大，因此，只适用于较低 dn 值的场合。采用脂润滑时装脂量不应过多，一般填充量不超过轴承内部空间容积的 1/3 ~ 2/3。

高速高温的条件下，通常采用油润滑。转速越高，应选用粘度越低的润滑油。载荷越大，应选用粘度越高的润滑油。

油浴润滑就是把轴承局部浸入润滑油中，当轴承静止时，油面不应高于最低滚动体的中心，如图 2-11-27 所示。这个方法不适用于高速轴，因为剧烈地搅动油液要造成很大的能量损失，会引起油液和轴承的严重过热。

飞溅润滑是一种闭式齿轮传动装置中的轴承常用的润滑方法，即利用齿轮的转动把润滑齿轮的油甩到四周壁面上，然后通过适当的沟槽把油引入轴承中去。这类润滑方法所用装置的结构形式较多，可参考现有机器的使用经验来进行设计。

采用滴油润滑和压力供油润滑时，应根据轴承工作情况合理确定供油量，过多的油量将引起轴承温度的增高。

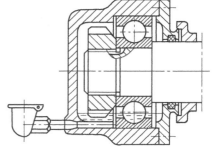

图 2-11-27　油浴润滑

采用喷油润滑可以直接将润滑油输送到润滑位置，并有良好的冷却效果。对于直径较大的轴承可设置多个喷嘴。为了保证油能进入高速转动的轴承，喷嘴应对准内圈和保持架之间的间隙。

当轴承滚动体的线速度很高(如 $dn \geqslant 6 \times 10^5 \mathrm{mm \cdot r/min}$)时,常采用油雾润滑,以避免其他润滑方法由于供油过多,油的内摩擦增大而增高轴承的工作温度。润滑油在油雾发生器中变成油雾,其温度较液体润滑油的温度低,这对冷却轴承来说也是有利的。但润滑轴承的油雾,可能部分地随空气散逸而污染环境。因此,在必要时,宜用油气分离器来收集油雾,或者采用通风装置来排除废气。

(二) 滚动轴承的密封装置

滚动轴承的密封装置是为了阻止润滑剂从轴承中流失,同时也是为了防止外界的灰尘、水分和其他杂质侵入轴承而设置的。

密封装置按照其工作原理不同可分为接触式密封和非接触式密封。接触式密封只能用于线速度较低的场合。非接触式密封则不受速度的限制。

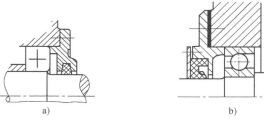

图 2-11-28 接触式密封

a) 毡圈密封 b) 密封圈密封

毡圈密封和密封圈密封均属于接触式密封,如图 2-11-28 所示。毡圈密封,结构简单,用于脂润滑。密封圈使用方便、密封可靠、密封形式多,如 O 形、J 形、U 形等,有弹簧箍的密封效果更好。

迷宫式密封、油沟密封、挡圈密封和甩油密封都是非接触式密封,如图 2-11-29 所示。迷宫式密封分为轴向曲路和径向曲路。缝隙中填脂,适用于脂润滑和油润滑。油沟密封时,油沟内填脂,适用于脂润滑和低速油润滑。挡圈密封最好与其他密封联合使用。

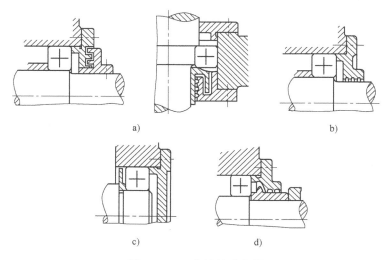

图 2-11-29 非接触式密封

a) 迷宫式密封 b) 油沟密封 c) 挡圈密封 d) 甩油密封

附 录

附录A 深沟球轴承 GB / T 276 — 2013

轴承代号	基本尺寸/mm			基本额定载荷/kN		极限转速/ (r/min)	
	d	D	B	C	C_0	脂	油
6000	10	26	8	4.58	1.98	20000	28000
6200	10	30	9	5.10	2.38	19000	26000
6300	10	35	11	7.65	3.48	18000	24000
6001	12	28	8	5.10	2.38	19000	26000
6201	12	32	10	6.82	3.05	18000	24000
6301	12	37	12	9.72	5.08	17000	22000
6002	15	32	9	5.58	2.85	18000	24000
6202	15	35	11	7.65	3.72	17000	22000
6302	15	42	13	11.5	5.42	16000	20000
6003	17	35	10	6.00	3.25	17000	22000
6203	17	40	12	9.58	4.78	16000	20000
6303	17	47	14	13.5	6.58	15000	19000
6204	20	47	14	12.8	6.65	14000	18000
6304	20	52	15	15.8	7.88	13000	17000
6205	25	52	15	14.0	7.88	12000	16000
6305	25	62	17	22.2	11.5	10000	14000
6206	30	62	16	19.5	11.5	9500	13000
6306	30	72	19	27.0	15.2	9000	12000
6207	35	72	17	25.5	15.2	8500	11000
6307	35	80	21	33.2	19.2	8000	10000
6208	40	80	18	29.5	18.0	8000	10000
6308	40	90	23	40.8	24.0	7000	9000
6209	45	85	19	31.5	20.5	7000	9000
6309	45	100	25	52.8	31.8	6300	8000
6210	50	90	20	35.0	23.2	6700	8500
6310	50	110	27	61.8	38.0	6000	7500
6211	55	100	21	43.2	29.2	6000	7500
6311	55	120	29	71.5	44.8	5300	6700
6212	60	110	22	47.8	32.8	5600	7000
6312	60	130	31	81.8	51.8	5000	6300
6213	65	120	23	57.2	40.0	5000	6300
6313	65	140	33	93.8	60.5	4500	5600
6214	70	125	24	60.8	45.0	4800	6000
6314	70	150	35	105.0	68.0	4300	5300
6215	75	130	25	66.0	49.5	4500	5600
6315	75	160	37	112.0	76.8	4000	5000
6216	80	140	26	71.5	54.2	4300	5300
6316	80	170	39	122.0	86.5	3800	4800
6217	85	150	28	83.2	63.8	4000	5000
6317	85	180	41	132.0	96.5	3600	4500
6218	90	160	30	95.8	71.5	3800	4800
6318	90	190	43	145.0	108.0	3400	4300
6219	95	170	32	110.0	82.8	3600	4500
6319	95	200	45	155.0	122.0	3200	4000
6220	100	180	34	122.0	92.8	3400	4300
6320	100	215	47	172.0	140.0	2800	3600

附录 B　圆柱滚子轴承 GB / T 283 — 2007

轴 承 代 号	基本尺寸/mm			基本额定载荷/kN		极限转速/（r/min）	
	d	D	B	C	C_0	脂	油
N204E	20	47	14	25.8	24.0	12000	16000
N304E	20	52	15	29.0	25.5	11000	15000
N205E	25	52	15	27.5	26.8	11000	14000
N305E	25	62	17	25.5	22.5	9000	12000
N206E	30	62	16	36.0	35.5	8500	11000
N306E	30	72	19	49.2	48.2	8000	10000
N207E	35	72	17	46.5	48.0	7500	9500
N307E	35	80	21	62.0	63.2	7000	9000
N208E	40	80	18	51.5	53.0	7000	9000
N308E	40	90	23	76.8	77.8	6300	8000
N209E	45	85	19	58.5	63.8	6300	8000
N309E	45	100	25	93.0	98.0	5600	7000
N210E	50	90	20	61.2	69.2	6000	7500
N310E	50	110	27	105.0	112.0	5300	6700
N211E	55	100	21	80.2	95.5	5300	6700
N311E	55	120	29	128.0	138.0	4800	6000
N212E	60	110	22	89.8	102.0	5000	6300
N312E	60	130	31	142.0	155.0	4500	5600
N213E	65	120	23	102.0	118.0	4500	5600
N313E	65	140	33	170.0	188.0	4000	5000
N214E	70	125	24	112.0	135.0	4300	5300
N314E	70	150	35	195.0	220.0	3800	4800
N215E	75	130	25	125.0	155.0	4000	5000
N315E	75	160	37	228.0	260.0	3600	4500
N216E	80	140	26	132.0	165.0	3800	4800
N316E	80	170	39	245.0	282.0	3400	4300
N217E	85	150	28	158.0	192.0	3600	4500
N317E	85	180	41	280.0	332.0	3200	4000
N218E	90	160	30	172.0	215.0	3400	4300
N318E	90	190	43	298.0	348.0	3000	3800
N219E	95	170	32	208.0	262.0	3200	4000
N319E	95	200	45	315.0	380.0	2800	3600
N220E	100	180	34	235.0	302.0	3000	3800
N320E	100	215	47	365.0	425.0	2600	3200

附录 C　角接触球轴承 GB / T 292 — 2007

轴 承 代 号	基本尺寸/mm			基本额定载荷/kN		极限转速/（r/min）	
	d	D	B	C	C_0	脂	油
7204C	20	47	14	14.5	8.22	13000	18000
7204AC	20	47	14	14.0	7.82	13000	18000
7204B	20	47	14	14.0	7.85	13000	18000
7205C	25	52	15	16.5	10.5	11000	16000
7205AC	25	52	15	15.8	9.88	11000	16000
7205B	25	52	15	15.8	9.45	9500	14000
7206C	30	62	16	23.0	15.0	9000	13000
7206AC	30	62	16	22.0	14.2	9000	13000
7206B	30	62	16	20.5	13.8	8500	12000
7207C	35	72	17	30.5	20.0	8000	11000
7207AC	35	72	17	29.0	19.2	8000	11000
7207B	35	72	17	27.0	18.8	7500	10000
7208C	40	80	18	36.8	25.8	7500	10000
7208AC	40	80	18	35.2	24.5	7500	10000
7208B	40	80	18	32.5	23.5	6700	9000
7209C	45	85	19	38.5	28.5	6700	9000
7209AC	45	85	19	36.8	27.2	6700	9000
7209B	45	85	19	36.0	26.2	6300	8500
7210C	50	90	20	42.8	32.0	6300	8500
7210AC	50	90	20	40.8	30.5	6300	8500
7210B	50	90	20	37.5	29.0	5600	7500
7211C	55	100	21	52.8	40.5	5600	7500
7211AC	55	100	21	50.5	38.5	5600	7500
7211B	55	100	21	46.2	36.0	5300	7000
7212C	60	110	22	61.0	48.5	5300	7000
7212AC	60	110	22	58.2	46.2	5300	7000
7212B	60	110	22	56.0	44.5	4800	6300
7213C	65	120	23	69.8	55.2	4800	6300
7213AC	65	120	23	66.5	52.5	4800	6300
7213B	65	120	23	62.5	53.2	4300	5600
7214C	70	125	24	70.2	60.0	4500	6700
7214AC	70	125	24	69.2	57.5	4500	6700
7214B	70	125	24	70.2	57.2	4300	5600
7215C	75	130	25	79.2	65.8	4300	5600
7215AC	75	130	25	75.2	63.0	4300	5600
7215B	75	130	25	72.8	62.0	4000	53000
7216C	80	140	26	89.5	78.2	4000	5300
7216AC	80	140	26	85.0	74.5	4000	5300
7216B	80	140	26	80.2	69.5	3600	4800
7217C	85	150	28	99.8	85.0	3800	5000
7217AC	85	150	28	94.8	81.5	3800	5000
7217B	85	150	28	93.0	81.5	3400	4500
7218C	90	160	30	122.0	105.0	3600	4800
7218AC	90	160	30	118.0	100.0	3600	4800
7218B	90	160	30	105.0	94.5	3200	4300
7219C	95	170	32	135.0	115.0	3400	4500
7219AC	95	170	32	128.0	108.0	3400	4500
7219B	95	170	32	120.0	108.0	3000	4000
7220C	100	180	34	148.0	128.0	3200	4300
7220AC	100	180	34	142.0	122.0	3200	4300
7220B	100	180	34	130.0	115.0	2600	3600

附录 D 圆锥滚子轴承 GB／T 297 — 1994

轴 承 代 号	基本尺寸/mm				基本额定载荷/kN		极限转速 /（r/min）		计 算 系 数		
	d	D	T	B	C	C_0	脂	油	e	Y	Y_0
30204	20	47	15.25	14	28.2	30.5	8000	10000	0.35	1.7	1.0
30304	20	52	16.25	15	33.0	33.2	7500	9500	0.30	2.0	1.1
32304	20	52	22.25	21	42.8	46.2	7500	9500	0.30	2.0	1.1
30205	25	52	16.25	15	32.2	37.0	7000	9000	0.37	1.6	0.9
33205	25	52	22.00	22	47.0	55.8	7000	9000	0.35	1.7	0.9
31305	25	62	18.25	17	40.5	46.0	6300	8000	0.83	0.7	0.4
30206	30	62	17.25	16	43.2	50.5	6000	7500	0.37	1.6	0.9
32206	30	62	21.25	20	51.8	63.8	6000	7500	0.37	1.6	0.9
30306	30	72	20.75	19	59.0	63.0	5600	7000	0.31	1.9	1.1
30207	35	72	18.25	17	54.2	63.5	5300	6700	0.37	1.6	0.9
32207	35	72	24.25	23	70.5	89.5	5300	6700	0.37	1.6	0.9
30307	35	80	22.75	21	75.2	82.5	5000	6300	0.31	1.9	1.1
30208	40	80	19.75	18	63.0	74.0	5000	6300	0.37	1.6	0.9
32208	40	80	24.75	23	77.8	97.2	5000	6300	0.37	1.6	0.9
30308	40	90	25.25	23	90.8	108.0	4500	5600	0.35	1.7	1.0
30209	45	85	20.75	19	67.8	83.5	4500	5600	0.40	1.5	0.8
32209	45	85	24.75	23	80.8	105.0	4500	5600	0.40	1.5	0.8
30309	45	100	27.25	25	108.0	130.0	4000	5000	0.35	1.7	1.0
30210	50	90	21.75	20	73.2	92.0	4300	5300	0.42	1.4	0.8
32210	50	90	24.75	23	82.8	108.0	4300	5300	0.42	1.4	0.8
30310	50	110	29.25	27	130.0	158.0	3800	4800	0.35	1.7	1.0
30211	55	100	22.75	21	90.8	115.0	3800	4800	0.40	1.5	0.8
32211	55	100	26.75	25	108.0	142.0	3800	4800	0.40	1.5	0.8
30311	55	120	31.50	29	152.0	188.0	3400	4300	0.35	1.7	1.0
30212	60	110	23.75	22	102.0	130.0	3600	4500	0.40	1.5	0.8
32212	60	110	29.75	28	132.0	180.0	3600	4500	0.40	1.5	0.8
30312	60	130	33.50	31	170.0	210.0	3200	4000	0.35	1.7	1.0
30213	65	120	24.75	23	120.0	152.0	3200	4000	0.40	1.5	0.8
32213	65	120	32.75	31	160.0	222.0	3200	4000	0.40	1.5	0.8
30313	65	140	36.00	33	195.0	242.0	2800	3600	0.35	1.7	1.0
30214	70	125	26.25	24	132.0	175.0	3000	3800	0.42	1.4	0.8
32214	70	125	33.25	31	168.0	238.0	3000	3800	0.42	1.4	0.8
30314	70	150	38.00	35	218.0	272.0	2600	3400	0.35	1.7	1.0
30215	75	130	27.25	25	138.0	185.0	2800	3600	0.44	1.4	0.8
32215	75	130	33.25	31	170.0	242.0	2800	3600	0.44	1.4	0.8
30315	75	160	40.00	37	252.0	318.0	2400	3200	0.35	1.7	1.0
30216	80	140	28.25	26	160.0	212.0	2600	3400	0.42	1.4	0.8
32216	80	140	35.25	33	198.0	278.0	2600	3400	0.42	1.4	0.8
30316	80	170	42.50	39	278.0	352.0	2200	3000	0.35	1.7	1.0

知识拓展

中国是世界上最早发明滚动轴承的国家之一。至元十三年（1276 年），元朝政府决定改革历法，而要创制一部好的历法，首先要进行天文观测，而观测又离不开仪器，元代科学家郭守敬为此设计和制造了多种天文仪器，简仪便是其中之一。为了减少固定的百刻环与游旋的赤道环之间的摩擦阻力，郭守敬在两环之间安装了 4 个小圆柱体。这种结构与近代滚柱轴承的原理相同，它是现代滚动轴承的雏形，我国的发明早于西方约 200 年。

滚动轴承的品种繁多，到目前为止，全世界已生产轴承品种 5 万种以上，规格多于 15 万种以上，最小的轴承内径已小到 0.15 ~ 1.0mm，质量为 0.003g，最大的轴承外径达 40m，重 340t。轴承加工精密、尺寸范围大，所以轴承工业是机械工业中一种特殊的独立产业，并已形成了完整的工业体系。

1962 年，国际标准化组织 ISO 将经典的 L-P 公式作为轴承额定动载荷与寿命计算方法标准列入 ISO/R281 中。近年来，由于材料技术、加工技术、润滑技术的进步和使用条件的精确化，使轴承寿命有较大提高，ISO 适时地给出了含有可靠性、材料、运转条件和性能等修正系数的寿命计算公式，使轴承寿命计算方法不断完善。

传统的轴承设计多采用静力学和拟静力学设计方法。近五十年来，轴承设计先后应用了有限差分法、有限元法、动力学及拟动力学、弹性流体动力润滑理论。弹性流体动力润滑理论在轴承润滑的研究中已经达到了实用化阶段，通过对接触区的最小油膜厚度的计算和分析，可以研究和控制轴承的载荷与速度之间的关系等。CAD 技术也为轴承的理论研究和新产品开发提供了重要手段。

轴承不仅使用在工业、农业、国防、高科技等领域，人们虽然很少直接使用轴承，但在生活中，通过乘车、乘船、乘飞机，使用摄像机、录像机、洗衣机、电脑等都会间接利用轴承，甚至在豪华的钓鱼杆上也装有精致的微型轴承。

文献阅读指南

滚动轴承的类型很多，本章只介绍了几种典型的滚动轴承，其他常用的滚动轴承的结构形式和一般特性等可参阅《机械设计手册》（新版）第 3 卷第 20 篇滚动轴承第 1 章和第 2 章中的相关内容。

本章只给出了滚动轴承基本额定动载荷和基本额定静载荷的定义及当量动载荷和当量静载荷的计算公式，其具体数值的计算方法和公式来源可参阅《机械设计手册》（新版）第 3 卷第 20 篇滚动轴承第 3 章中的相关内容。

刘泽九教授主编的《滚动轴承应用手册》（第 3 版）（北京：机械工业出版社，2013）系统阐述了滚动轴承选用的基本知识、计算方法、应用设计、特殊工况下的典型应用及各种使用性能，如振动噪声、精度、摩擦、寿命、预紧、极限转速、清洁度、密封轴承漏脂、温升、防尘性能及工况检测、失效分析等，反映了国内外最新标准资料和科研成果，内容丰富实用，可作为深入研究滚动轴承的阅读文献。

学习指导

一、本章主要内容

滚动轴承是由轴承厂按照国家标准批量生产的标准件。因此，本章并不是研究滚动轴承本身，而是学习根据具体的工作条件选择合适的轴承类型和尺寸，并且进行轴承的组合结构设计。本章主要内容是：

1）介绍滚动轴承的基本构造、基本类型及其性能特点和轴承代号的表示方法。

2）根据轴承的工作条件以及轴承的特点，正确合理地选择滚动轴承的类型。

3）根据滚动轴承的承载情况进行滚动轴承的寿命计算，确定滚动轴承的型号尺寸。

4）滚动轴承的组合结构设计，包括轴承的定位、固定、调整、配合以及润滑和密封的要求。

二、本章学习要求

1）滚动轴承作为标准件已在各类机械中得到广泛应用。学习时应熟悉滚动轴承的常用类型的结构特点及其应用场合，掌握轴承类型选择的基本原则。选择时应结合具体轴承的不同特点考虑轴承承受载荷的大小、方向、性质和工作转速的高低以及轴线的偏斜程度等。滚动轴承的种类虽然繁多，但其基本结构相似，均由内圈、外圈、滚动体及保持架组成。

2）为了能方便地组织专业化生产并且给轴承的使用和维护带来方便，国家标准确定了轴承代号的表示方法，它由基本代号和前置代号、后置代号组成。滚动轴承的代号是识别轴承的类型、结构、尺寸、精度和公差等级等特征的代号。

重点应该掌握的是基本代号的内容，它是轴承代号的核心和主要内容。

3）滚动轴承的寿命计算。轴承的寿命计算是滚动轴承尺寸选择的依据，也是轴承设计的重点内容之一。轴承的寿命计算要解决两方面的问题：一是当轴承的载荷 $P \neq C$ 时，轴承的寿命是多少？另一个问题是已知轴承的载荷 P，并且要求轴承的预期寿命为 L'，这时应该选用具有多大基本额定动载荷值的轴承？

轴承寿命计算的载荷是轴承的当量动载荷。而轴承的当量动载荷计算的难点是确定角接触类轴承的轴向力。计算角接触类轴承的轴向力时还必须首先确定这类轴承的安装方式是正装还是反装。

基本概念：轴承的基本额定寿命；基本额定动载荷；基本额定静载荷；当量动载荷。

4）滚动轴承组合结构设计的正确与否，对保证轴承的正常工作起着决定性的作用，也是本章的重点内容之一，它与轴的结构设计关系非常密切。学习时一定要结合滚动轴承的典型的组合结构图，了解有关轴承的安装方式，轴承定位与固定，轴承的安装与调整，轴承的预紧，轴承的配合及润滑密封等要求。

思 考 题

2.11.1 滚动轴承的类型选择时，要考虑哪些因素？

2.11.2 试画出调心球轴承、深沟球轴承、角接触球轴承、圆锥滚子轴承和推力球轴承的结构示意图。它们承受径向载荷和轴向载荷的能力各如何？

2.11.3 说明下列滚动轴承代号的含义,即指出它们的类型、内径尺寸、尺寸系列、公差等级、游隙组别和结构特点等。

6212,N2212,7012AC,32312/P5。

2.11.4 为什么角接触球轴承和圆锥滚子轴承必须成对使用?

2.11.5 什么是滚动轴承的基本额定寿命?在基本额定寿命内,一个轴承是否会发生失效?为什么?

2.11.6 什么是滚动轴承的基本额定动载荷?什么是滚动轴承的当量动载荷?为什么要按当量动载荷来计算滚动轴承的寿命?

习　题

2.11.1 校核 6306 轴承的承载能力。其工作条件如下:径向载荷 $F_r = 2600\text{N}$,有中等冲击,内圈转动,转速 $n = 2000\text{r/min}$,工作温度在 100℃ 以下,要求寿命 $L_{h10} > 10000\text{h}$。

2.11.2 一农用水泵,决定选用深沟球轴承,轴颈直径 $d = 35\text{mm}$,转速 $n = 2900\text{r/min}$,已知径向载荷 $F_r = 1810\text{N}$,轴向载荷 $F_a = 740\text{N}$,预期计算寿命 $L_{h10}' = 6000\text{h}$,试选择轴承的型号。

2.11.3 某轴上正安装一对单列角接触球轴承,已知两轴承的径向载荷分别为 $F_{r1} = 1580\text{N}$、$F_{r2} = 1980\text{N}$,外加轴向力 $F_A = 880\text{N}$,轴径 $d = 40\text{mm}$,转速 $n = 2900\text{r/min}$,有轻微冲击,常温下工作,要求轴承使用寿命 $L_{h10} = 5000\text{h}$,用脂润滑,试选择轴承的型号。

2.11.4 某减速器高速轴用两个圆锥滚子轴承支承,如图 2-11-30 所示。两轴承宽度的中点与齿宽中点的距离分别为 L 和 $1.5L$。齿轮所受载荷:径向力 $F_r = 433\text{N}$,圆周力 $F_t = 1160\text{N}$,轴向力 $F_a = 267.8\text{N}$,方向如图所示;转速 $n = 960\text{r/min}$;工作时有轻微冲击;轴承工作温度允许达到 120℃;要求寿命 $L_{h10} \geqslant 15000\text{h}$。试选择轴承的型号(可认为轴承宽度的中点即为轴承载荷作用点)。

2.11.5 指出图 2-11-31 中的错误,并且绘出正确的轴承组合结构。

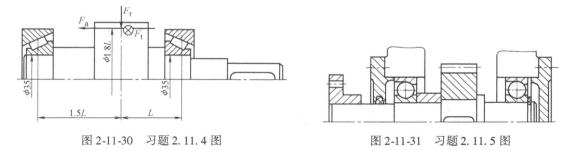

图 2-11-30 习题 2.11.4 图　　　　　图 2-11-31 习题 2.11.5 图

习题参考答案

2.11.1 $L_h = 31496.6\text{h} < 10000\text{h}$ ($f_P = 1.5$ 时),故该轴承满足寿命要求。

2.11.2 略。

2.11.3 略。

2.11.4 略。

2.11.5 略。

第十二章

滑 动 轴 承

第一节 概 述

滑动轴承根据滑动表面间润滑状态的不同（本书着重讨论液体润滑），可分为液体润滑滑动轴承、非液体润滑滑动轴承和无润滑滑动轴承。液体润滑滑动轴承根据承载机理的不同，又可分为液体动力润滑滑动轴承和液体静压润滑滑动轴承。

滑动轴承工作平稳、可靠，噪声较滚动轴承低。在某些不能、不便或使用滚动轴承没有优势的场合，如工作转速特高、冲击与振动特大、径向空间尺寸受到限制或必须剖分安装，以及需在水或腐蚀介质中工作等工况下，滑动轴承仍占有重要地位。

第二节 径向滑动轴承的结构

一、径向滑动轴承的类型

常用的径向滑动轴承有整体式和剖分式两大类。

（一）整体式径向滑动轴承

整体式径向滑动轴承的结构形式如图 2-12-1 所示。它由轴承座、减摩材料制成的整体轴套等组成。轴承座上设有安装润滑油杯的螺纹孔。在轴套上开有油孔，并在轴套的内表面上开有油槽。这种轴承的优点是结构简单、成本低廉。其缺点是轴套磨损后，轴承间隙过大时无法调整；另外，只能从轴颈端部装拆，对于重型机器的轴或具有中间轴颈的轴，安装不便。故这种轴承多用于低速、轻载或间歇性工作的机器中。如果采用剖分式轴承，可以克服这些缺点。

（二）剖分式径向滑动轴承

图 2-12-2 所示为剖分式径向滑动轴承。它是由轴承座、轴承盖、剖分轴瓦、双头螺柱等组成。轴承盖和轴承座的剖分面常制成阶梯形，以便定位和防止工作时错动。剖分面最好与载荷方向近于垂直，多数轴承的剖分面是水平的，也有倾斜的。轴

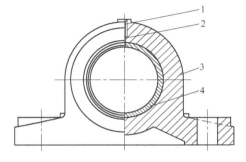

图 2-12-1 整体式径向滑动轴承

1—油杯螺纹孔 2—油孔 3—轴承座 4—轴套

瓦是轴承直接和轴颈相接触的零件。为了节省贵重金属或其他需要，常在轴瓦内表面上贴附一层轴承衬。在轴瓦不承受载荷处开设油孔和油槽，润滑油通过油孔和油槽流进轴承间隙。

轴承宽度与轴颈直径之比（B/d）称为宽径比。对 $B/d > 1.5$ 的轴承，可采用自动调心轴承（图2-12-3）。其轴瓦外表面做成球面形状，与轴承盖及轴承座的球状内表面相配合，轴瓦可以自动调位以适应轴颈在轴线不重合及轴弯曲时所产生的偏斜。

图 2-12-2　剖分式径向滑动轴承

1—双头螺柱　2—剖分轴瓦　3—轴承盖　4—轴承座

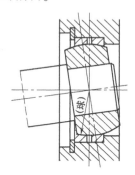

图 2-12-3　自动调心轴承

二、轴瓦结构

（一）轴瓦和轴承衬

径向滑动轴承的轴瓦有整体式和剖分式两种结构。

整体式轴瓦按材料和制法不同，可分为整体轴套（图2-12-4）和单层、双层或多层材料的卷制轴套（图2-12-5）。

剖分式轴瓦有厚壁和薄壁轴瓦之分。厚壁轴瓦（图2-12-6）是将轴承合金浇注在青铜或钢制瓦背上。薄壁轴瓦（图2-12-7）用双金属板连续轧制而成。为提高轴承合金与轴瓦背的结合强度，防止脱落，常在轴瓦背表面制出螺纹、凹槽及榫头结构。

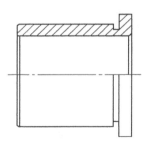

图 2-12-4　整体轴套

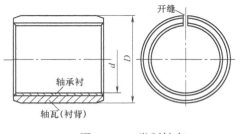

图 2-12-5　卷制轴套

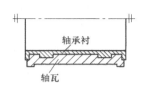

图 2-12-6　厚壁轴瓦

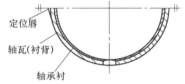

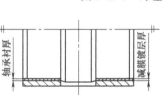

图 2-12-7　对开式薄壁轴瓦

为防止轴瓦在轴承座中转动，轴瓦端部设置凸缘作轴向定位，也可用紧定螺钉（图 2-12-8a）或销钉（图 2-12-8b）将其固定在轴承座上。

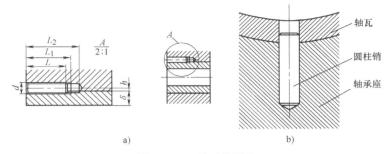

图 2-12-8　轴瓦的固定

a）用紧定螺钉　b）用销钉

（二）油孔和油槽

为了把润滑油导入整个摩擦面间，轴瓦上须开设油孔和油槽。油孔用来供应润滑油，油槽则用来输送和分布润滑油。

液体动压径向滑动轴承，有轴向和周向油槽两种。

轴向油槽分单轴向油槽和双轴向油槽。对整体式径向轴承，轴颈单向旋转时，载荷方向变化不大，单轴向油槽最好开在最大油膜厚度位置（图 2-12-9），以保证润滑油从压力最小的地方输入轴承。对开式径向轴承，轴向油槽常开在轴承剖分面处。轴双向旋转时，可在剖分面上开设双轴向油槽（图 2-12-10）。通常轴向油槽应比轴承宽度稍短，防止润滑油从端部大量流失。

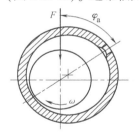
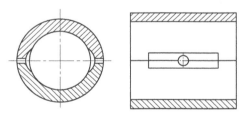

图 2-12-9　单轴向油槽的开设　　　　图 2-12-10　双轴向油槽的开设

周向油槽适用于载荷方向变化范围超过 180° 的场合，通常开在轴承宽度中部。当宽度相同时，设有周向油槽的轴承承载能力低于设有轴向油槽的轴承（图 2-12-11）。

非液体润滑径向滑动轴承，油槽从非承载区延伸到承载区（图 2-12-12）。油槽尺寸可查阅有关资料。

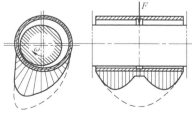
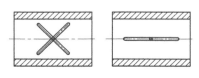

图 2-12-11　周向油槽对轴承承载　　　　图 2-12-12　非液体润滑径向滑动
能力的影响　　　　　　　　　　　　　轴承常用油槽

第三节　滑动轴承材料

轴瓦和轴承衬的材料统称为轴承材料。

滑动轴承失效形式决定了轴承材料的性能要求。滑动轴承的主要失效形式是磨损和胶合，其次还有因强度不足而出现的疲劳损坏和因工艺原因造成的轴承衬脱落等现象。

一、对轴承材料性能的要求

1）良好的减摩性、耐磨性和抗胶合性。减摩性指材料具有低的摩擦因数；耐磨性指材料的抗磨损能力；抗胶合性指材料的耐热性和抗粘附性。

2）良好的顺应性、嵌入性和磨合性。顺应性是指材料通过表层弹塑性变形来补偿轴承滑动表面初始配合不良的能力。嵌入性指材料容纳硬质颗粒嵌入，以减轻轴承滑动表面发生刮伤或磨粒磨损的性能。磨合性指轴瓦与轴颈表面经短期轻载运行后，易于形成相互吻合的表面粗糙度。

3）足够的强度和耐腐蚀性。

4）良好的导热性、工艺性和经济性等。

应该指出，没有一种轴承材料能具备上述所有性能，必须针对具体情况分析，合理选用。

二、常用滑动轴承材料

（一）金属材料

（1）轴承合金（巴氏合金或白合金）　锡、铅、锑、铜的合金统称为轴承合金。它是以锡或铅作软基体以增加材料的塑性，锑锡或铜锡为硬质颗粒起抗磨作用。轴承合金的弹性模量和弹性极限都很低，它的嵌入性和顺应性最好，很容易和轴颈磨合，不易与轴颈胶合。但轴承合金的强度很低，不能单独制作轴瓦，只能做轴承衬。轴承合金适用于重载、中高速场合。

（2）铜合金　铜合金具有较高的强度、减摩性和耐磨性。铜合金分为青铜和黄铜两大类。青铜由于其减摩性和耐磨性比黄铜好而应用较广。青铜有锡青铜、铅青铜和铝青铜等几种，其中锡青铜的减摩性和耐磨性最好，但与轴承合金相比硬度高、磨合性及嵌入性差，适用于重载及中速场合。铅青铜抗胶合能力强，适用于高速、重载场合。铝青铜的强度及硬度较高，抗胶合能力较差，适用于低速、重载场合。

（3）铝基轴承合金　铝基轴承合金有相当好的耐腐蚀性和较高的疲劳强度，减摩性也较好，是一种较新的轴承合金。铝基轴承合金适用于高速、重载的场合，部分领域取代了较贵的轴承合金和青铜。

（4）铸铁　普通灰铸铁或加有镍、铬、钛等合金成分的耐磨灰铸铁和球墨铸铁，均可作为轴承材料。材料中的片状或球状石墨具有一定的减摩性和耐磨性。但铸铁性脆，磨合性差，故适用于低速、轻载场合。

（5）多孔质金属材料　这是用不同金属粉末与石墨混合，经压制、烧结而成的轴承材料。这种材料具有多孔组织，将其浸在润滑油中，使微孔中充满润滑油，成为含油轴承，它具有自润滑性能。多孔质金属材料的韧性小，只适用于平稳无冲击载荷及中、低速场合。

（二）非金属材料

常用的非金属轴承材料是各种塑料（聚合物材料），如酚醛塑料、尼龙、聚四氟乙烯等。塑料轴承有良好的减摩性、耐磨性、嵌入性、抗冲击性、抗胶合性及耐腐蚀性，并具有一定的自润滑性能，也可用油或水润滑，但导热性差。在特殊情况下，也可用碳-石墨、橡胶及木材等作为轴承材料。常用滑动轴承材料性能见表 2-12-1。

表 2-12-1　常用滑动轴承材料及其基本性能

材料牌号		$[p]$ /MPa	$[v]$ /(m/s)	$[pv]$ /(MPa·m/s)	最高工作温度 θ_{max}/℃	硬度 (HBW)	摩擦相容性	摩擦顺应性	耐蚀性	耐疲劳性	一般用途
整体轴瓦材料											
铜基合金	ZCuPb5Sn5Zn5	8	3	15	280	65	中	劣	良	优	一般用途的轴承
	CuZn37Mn2Al2Si	10	1	10	200	150	中	劣	优	优	用于润滑条件不良的轴承
	CuAl9Fe4Ni4	15	4	12	280	160	劣	劣	良	良	适宜制作在海洋环境工作的轴承
铝基合金	AlSn6CuNi				200	40	中	中	优	优	用于高速、中到重载轴承，如柴油机、压气机、制冷机轴承
整体轴瓦与轴承衬通用材料											
铜基合金	ZCuAl10Fe3	20	5	15	280	110	劣	劣	良	良	适宜制作在海洋环境中工作的轴承
耐磨铸铁	锑铸铁					220	劣	劣	优	优	低速、不重要的轴承
	锑铜铸铁					220					
	铬铜铸铁	9				250					
	锡铸铁	9									

（续）

材料牌号	$[p]$ /MPa	$[v]$ /(m/s)	$[pv]$ /(MPa·m/s)	最高工作温度 θ_{max}/℃	硬度 (HBW)	摩擦相容性	摩擦顺应性	耐蚀性	耐疲劳性	一般用途
轴承衬材料										
锡基合金 ZSnSb11Cu6	5 (15)	80	20	150	27	优	优	优	劣	用于高速、重载下工作的重要轴承，循环载荷下易疲劳，价贵
锡基合金 ZSnSb8Cu4					24					
铅基合金 ZPbSb16Sn16Cu2	15	12	10		30	优	优	中	劣	用于中速、中载、无显著冲击载荷的轴承
铅基合金 ZPbSb15Sn5Cu3Cd2	5	8	5		32					
铜基合金 ZCuPb30	25	12	30	280	25	良	良	劣	中	用于重载、高速、冲击载荷轴承
铝基合金 AlSn20Cu	34	14		170	40	中	中	优	优	用于高速、中到重载轴承，如柴油机、压气机、制冷机轴承
铝基合金 AlSn6Cu	41~51				45	中	差	优	优	

注：1. 部分内容摘自 JB/T 7921—1995、JB/T 7922—1995、JB/T 7923—1995 和 GB/T 18326—2001。

2. 表中给出的硬度是最高值。

3. 表中只列出部分金属材料的主要性能，含油轴承和非金属材料的主要性能另查相关手册。

第四节 非液体润滑滑动轴承设计

工程上应用较多且较容易实现的是非液体润滑滑动轴承。当滑动轴承在润滑剂缺乏或形成流体动力润滑之初润滑剂不充分的情况下，滑动轴承处于非液体润滑的状态。非液体润滑滑动轴承的工作能力和使用寿命取决于轴承的减摩性能、机械强度和边界膜的强度。这类滑动轴承可靠的工作条件是：边界膜不破裂，维持粗糙表面微腔内有液体润滑存在。

由于边界膜破裂的因素很复杂，因此，仍采用简化的条件性计算，主要包括：①避免因压力过大而使润滑油被挤出造成轴瓦过度磨损的平均压力 p 的计算；②限制因 pv 值过高使轴承温升过高易引起边界膜破裂的 pv 值的计算，这是因为轴承的发热量与其单位面积上的摩擦功耗 fpv 成正比（f 是摩擦因数）；③防止因滑动速度 v 过高引起的加速磨损及局部区域 pv 值超过许用值的滑动速度 v 的计算。

一、径向轴承的计算

径向滑动轴承结构示意图如图 2-12-13 所示。

（一）平均压力 *p* 验算

$$p = \frac{F}{Bd} \leq [p] \qquad (2\text{-}12\text{-}1)$$

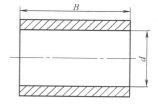

图 2-12-13　径向滑动轴承
结构示意图

式中　*F*——作用在轴承上的径向载荷（N）；

　　　B——轴承宽度（mm）；

　　　d——轴颈直径（mm）；

　　　[*p*]——轴承材料的许用压强（MPa）。

（二）*pv* 值验算

$$pv \leq [pv] \qquad (2\text{-}12\text{-}2)$$

式中　*v*——轴颈的圆周速度（m/s）；

　　[*pv*]——轴承材料的许用值（MPa·m/s）。

（三）圆周速度 *v* 验算

$$v = \frac{\pi d n}{60 \times 1000} \leq [v] \qquad (2\text{-}12\text{-}3)$$

式中　*n*——轴颈的转速（r/min）；

　　[*v*]——轴颈圆周速度的许用值（m/s）。

轴承材料的 [*p*]、[*pv*] 和 [*v*] 见表 2-12-1。

二、推力轴承的计算

常见的推力轴承的止推面的形状如图 2-12-14 所示。实心端面轴颈由于磨合时中心与边缘的磨损不均匀，越接近边缘部分磨损越快，以致中心部分压强极高。空心端面轴颈和环状轴颈可以克服这一缺点。载荷很大时可以采用多环轴颈，它能承受双向的轴向载荷。

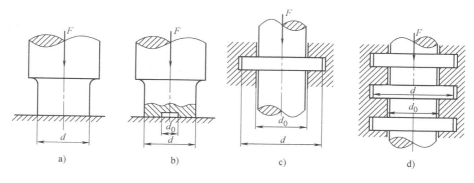

图 2-12-14　推力滑动轴承结构示意图

a）实心端面轴颈　b）空心端面轴颈　c）环状轴颈　d）多环轴颈

（一）平均压力 p 验算

$$p = \frac{F}{\frac{\pi}{4}(d^2 - d_0^2)z} \leqslant [p] \qquad (2\text{-}12\text{-}4)$$

式中　F——作用在轴承上的轴向载荷（N）；

$\quad\quad z$——推力环的数目；

d、d_0——推力环的外径和内径（mm）；

$\quad\quad [p]$——轴承材料的许用压强（MPa）。

（二）pv 值验算

$$v = \frac{\pi n(d + d_0)}{60 \times 1000 \times 2} \qquad (2\text{-}12\text{-}5)$$

$$pv = \frac{Fn}{30000(d - d_0)z} \leqslant [pv] \qquad (2\text{-}12\text{-}6)$$

式中　n——轴颈的转速（r/min）；

$\quad\quad v$——轴颈平均直径上的圆周速度（m/s）；

$\quad\quad [pv]$——轴承材料的许用值（MPa·m/s）。

轴承材料的 $[p]$、$[pv]$ 见表 2-12-1。对于多环轴颈，各环受力不均匀，许用值应降低 50%。

第五节　液体动力润滑滑动轴承设计

液体润滑滑动轴承可以通过静压原理，即用液压泵将一定压力的润滑油压入滑动轴承与轴颈之间获得，也可以通过流体动压原理获得。这里介绍滑动轴承液体动压润滑的工作原理及设计方法。

一、液体动压润滑基本方程

两刚体被润滑油隔开（图 2-12-15），移动件以速度 v 沿 x 方向滑动，另一刚体静止不动。一维雷诺方程式的推导建立在以下假设的基础上：①忽略压力对润滑油粘度的影响；②润滑油沿 z 向没有流动；③润滑油是层流流动；④油与工作表面吸附牢固，表面油分子随工作表面一同运动或静止；⑤不计油的惯性力和重力的影响；⑥润滑油不可压缩。

取微单元体进行分析，p 及 $\left(p + \frac{\partial p}{\partial x}\mathrm{d}x\right)$ 是作用在微单元体左右两侧的压力，τ 及 $\left(\tau + \frac{\partial \tau}{\partial y}\mathrm{d}y\right)$ 是作用在微单元体上下两面的切应力。根据 x 方向力系平衡，得

$$p\mathrm{d}y\mathrm{d}z - \left(p + \frac{\partial p}{\partial x}\mathrm{d}x\right)\mathrm{d}y\mathrm{d}z + \tau\mathrm{d}x\mathrm{d}z - \left(\tau + \frac{\partial \tau}{\partial y}\mathrm{d}y\right)\mathrm{d}x\mathrm{d}z = 0$$

整理后得

$$\frac{\partial p}{\partial x} = -\frac{\partial \tau}{\partial y}$$

假设流体为牛顿流体，则有

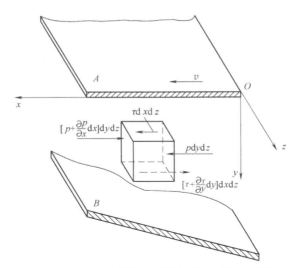

图 2-12-15　被油膜隔开的两平板的相对运动情况

$$\tau = -\eta \frac{\partial u}{\partial y}$$

代入上式，得

$$\frac{\partial p}{\partial x} = \eta \frac{\partial^2 u}{\partial y^2}$$

积分上式，得

$$u = \frac{1}{2\eta}\left(\frac{\partial p}{\partial x}\right)y^2 + C_1 y + C_2$$

根据边界条件决定积分常数 C_1 和 C_2：当 $y = 0$ 时，$u = v$；当 $y = h$ 时，$u = 0$，则得油层速度的分布

$$u = \frac{v(h-y)}{h} + \frac{y(y-h)}{2\eta}\frac{\partial p}{\partial x} \tag{2-12-7}$$

由式（2-12-7）可见，油层的速度分布由两部分组成：前一项表示速度呈线性分布，这是直接由剪切流引起的；后一项表示速度呈抛物线分布，这是由油沿 x 方向的变化所产生的压力流引起的，如图 2-3-16 所示。

润滑油在单位时间内，沿 x 方向流过任意截面上单位宽度面积的流量 q_x 为

$$q_x = \int_0^h u\,\mathrm{d}y = \frac{v}{2}h - \frac{h^3}{12\eta}\frac{\partial p}{\partial x} \tag{2-12-8}$$

设油压最大处的油膜厚度为 $h_0\left(\text{即}\frac{\partial p}{\partial x} = 0\text{ 时，}h = h_0\right)$，在该截面处的流量为

$$q_x = \frac{1}{2}vh_0$$

根据连续流动流量不变，整理后则得

$$\frac{\partial p}{\partial x} = 6\eta v \frac{h - h_0}{h^3} \tag{2-12-9}$$

上式为一维雷诺动力润滑方程式，它是计算流体动力润滑滑动轴承的基本方程。由方程

可以看出，油压的变化与润滑油的动力粘度、表面滑动速度和油膜厚度的变化有关。由式（2-12-9）可以得出形成流体动压润滑压力油膜的必要条件是：

1）相对滑动面之间必须形成收敛的楔形间隙。

2）被油膜分开的两表面必须有足够的相对滑动速度，其运动方向必须使润滑油从大口流进，小口流出。

3）润滑油要有一定的粘度且供油连续、充分。

二、液体动压润滑径向滑动轴承的计算

（一）动压润滑状态的建立

径向滑动轴承建立液体动压润滑的过程可分为三个阶段（图2-12-16）：①轴的起动阶段（图2-12-16a）；②不稳定润滑阶段（图2-12-16b），这时轴颈沿轴承内壁上爬，发生表面接触的摩擦；③液体动压润滑阶段（图2-12-16c），这时由于转速足够高，带入到摩擦面间的油量能充满油楔，并建立油膜使轴颈抬起。

（二）几何关系

图2-12-17所示为液体动压润滑径向滑动轴承工作时轴颈的位置。如图所示，R、r 分别是轴承孔和轴颈的半径，轴颈中心 O_1 与轴承中心 O 的距离 e 为偏心距，则其主要几何关系有：

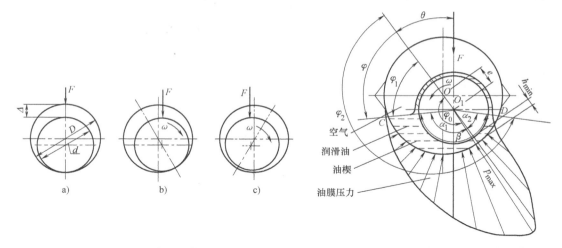

图2-12-16 径向滑动轴承建立液体动压润滑的过程　　图2-12-17 径向滑动轴承的几何关系和油压分布
a) $n=0$ b) $n≈0$ c) 形成油膜

（1）半径间隙 δ

$$\delta = R - r \qquad (2\text{-}12\text{-}10)$$

（2）相对间隙 ψ

$$\psi = \frac{\delta}{r} \qquad (2\text{-}12\text{-}11)$$

（3）偏心率 ε

$$\varepsilon = \frac{e}{\delta} \qquad (2\text{-}12\text{-}12)$$

（4）偏位角 θ 和轴承包角 β　径向滑动轴承稳定工作时，径向外载荷 F 与轴承孔和轴颈中心连线之间的夹角称为偏心角，记作 θ。轴承包角 β 是轴瓦连续包围轴颈所对应的角度，

一般为 120° 和 180°。

（5）最小油膜厚度 $h_{\min}$

$$h_{\min} = \delta - e = r\psi(1 - \varepsilon) \tag{2-12-13}$$

（6）承载区内任意处的油膜厚度 h

$$h \approx R - r + e\cos\varphi = \delta(1 + \varepsilon\cos\varphi) \tag{2-12-14}$$

（7）压力最大处的油膜厚度 h_0

$$h_0 = \delta(1 + \varepsilon\cos\varphi_0) \tag{2-12-15}$$

（8）承载量系数 C_p　假设轴承无限宽，可认为润滑油沿轴向没有流动。利用式（2-12-9），改用极坐标，取 $x = r\varphi$，得 $\mathrm{d}x = r\mathrm{d}\varphi$，而 $v = r\omega$。则

$$\mathrm{d}p = \frac{6\eta\omega}{\psi^2} \frac{\varepsilon(\cos\varphi - \cos\varphi_0)}{(1 + \varepsilon\cos\varphi)^3}\mathrm{d}\varphi$$

将上式积分，得任意 φ 角处的油膜压力 p_φ 为

$$p_\varphi = \frac{6\eta\omega}{\psi^2}\int_{\varphi_1}^{\varphi} \frac{\varepsilon(\cos\varphi - \cos\varphi_0)}{(1 + \varepsilon\cos\varphi)^3}\mathrm{d}\varphi$$

在 φ_1 到 φ_2 区间内，沿外载荷方向在轴承单位宽度上的油膜压力为

$$p_y = \int_{\varphi_1}^{\varphi_2} p_\varphi \cos[180° - (\varphi + \theta)]r\mathrm{d}\varphi$$

将上式乘以轴承宽度 B，代入 $r = d/2$，得有限宽度轴承不考虑端泄时的油膜承载力 F，经整理后得

$$\frac{F\psi^2}{Bd\eta\omega} = 3\varepsilon\int_{\varphi_1}^{\varphi_2}\left[\int_{\varphi_1}^{\varphi} \frac{(\cos\varphi - \cos\varphi_0)}{(1 + \varepsilon\cos\varphi)^3}\mathrm{d}\varphi\right]\cos[180° - (\varphi + \theta)]\mathrm{d}\varphi$$

上式右端之值称为承载量系数 C_p，量纲为 1。即

$$C_p = \frac{F\psi^2}{Bd\eta\omega} = \frac{F\psi^2}{2B\eta v} \tag{2-12-16}$$

式中　F——外载荷（N）；

　　　B——轴承宽度（m）；

　　　v——轴颈圆周速度（m/s）；

　　　η——润滑油在轴承平均工作温度下的动力粘度（Pa·s）。

因为端泄不可避免，实际的承载能力比上述计算的要小。B/d 越小的轴承，端泄量越多，C_p 越小。承载量系数 C_p 的大小反映了轴承的承载能力。C_p 与 B/d 和偏心率 ε 之间的关系见表 2-12-2。

（三）最小油膜厚度 $h_{\min}$

由式（2-12-13）及表 2-12-2 可知，在其他条件不变的情况下，$h_{\min}$ 越小，则偏心率 ε 越大，轴承的 C_p 越大，即承载能力越高。但最小油膜厚度受轴颈和轴承表面粗糙度、轴的刚性及轴承与轴颈的几何形状误差等的限制，不能无限制地缩小。为保证轴承处于液体摩擦状态，最小油膜厚度必须大于或等于许用油膜厚度 $[h]$，即

$$h_{\min} = r\psi(1 - \varepsilon) \geqslant [h] = S(Rz_1 + Rz_2) \tag{2-12-17}$$

式中　Rz_1、Rz_2——轴颈和轴承孔轮廓的最大高度，见表 2-12-3；

　　　S——安全系数，常取 $S \geqslant 2$。

表 2-12-2   有限宽度轴承的承载量系数 C_p

B/d	ε												
	0.3	0.4	0.5	0.6	0.65	0.7	0.75	0.8	0.85	0.9	0.925	0.95	0.975	0.99
	承载量系数 C_p												
0.3	0.0522	0.0826	0.128	0.203	0.259	0.347	0.475	0.699	1.122	2.074	3.352	5.73	15.15	50.52
0.4	0.0893	0.141	0.216	0.339	0.431	0.573	0.776	1.079	1.775	3.195	5.055	8.393	21.00	65.26
0.5	0.133	0.209	0.317	0.493	0.622	0.819	1.098	1.572	2.428	4.261	6.615	10.706	52.62	75.86
0.6	0.182	0.283	0.427	0.655	0.819	1.070	1.418	2.001	3.036	5.214	7.956	12.64	29.17	83.21
0.7	0.234	0.361	0.538	0.816	1.014	1.312	1.720	2.399	3.580	6.029	9.072	14.14	31.88	88.90
0.8	0.287	0.439	0.647	0.972	1.199	1.538	1.965	2.754	4.053	6.721	9.992	15.37	33.99	92.89
0.9	0.339	0.515	0.754	1.118	1.371	1.745	2.248	3.067	4.459	7.294	10.753	16.37	35.66	96.35
1.0	0.391	0.589	0.853	1.253	1.528	1.929	2.469	3.372	4.808	7.772	11.38	17.18	37.00	98.95
1.1	0.440	0.658	0.947	1.377	1.669	2.097	2.664	3.580	5.106	8.186	11.91	17.86	38.12	101.15
1.2	0.487	0.723	1.033	1.489	1.796	2.247	2.838	3.787	5.364	8.533	12.35	18.43	39.04	120.90
1.3	0.529	0.784	1.111	1.590	1.912	2.379	2.990	3.968	5.586	8.831	12.73	18.91	39.81	104.42
1.5	0.610	0.891	1.248	1.763	2.099	2.600	3.242	4.266	5.947	9.304	13.34	19.68	41.07	106.84
2.0	0.763	1.091	1.483	2.070	2.446	2.981	3.671	4.778	6.545	10.091	14.34	20.97	43.11	110.79

表 2-12-3   加工方法、表面粗糙度及轮廓的最大高度 Rz

加工方法	精车或精镗、中等磨光、刮（每平方厘米内有 1.5~3 个点）		铰、精磨、刮（每平方厘米内有 3~5 个点）		钻石刀头镗、镗磨		研磨、抛光、超精加工等		
表面粗糙度代号	$\sqrt{Ra\,3.2}$	$\sqrt{Ra\,1.6}$	$\sqrt{Ra\,0.8}$	$\sqrt{Ra\,0.4}$	$\sqrt{Ra\,0.2}$	$\sqrt{Ra\,0.1}$	$\sqrt{Ra\,0.05}$	$\sqrt{Ra\,0.025}$	$\sqrt{Ra\,0.012}$
$Rz/\mu m$	12.5	6.3	3.2	1.6	0.8	0.4	0.2	0.1	0.05

三、滑动轴承的热平衡计算

滑动轴承工作时，摩擦功耗将转化为热量。这些热量一部分被流动的润滑油带走，另一部分由于轴承座的温度上升将散逸到环境中。在热平衡状态下，润滑油的轴承的温度不应超过许用值。

热平衡条件是：单位时间内轴承所产生的摩擦热量等于同时间内流动的油所带走的热量及轴承座散发的热量之和。

对于非压力供油的向心轴承，热平衡时

$$fFv = c_p \rho q_v (t_2 - t_1) + \pi B d \alpha_s (t_2 - t_1)$$

$$f = \frac{\pi}{\psi} \frac{\eta \omega}{p} + 0.55 \psi \xi$$

式中　f——轴承的摩擦因数，当 $B/d < 1$ 时，$\xi = (d/B)^{1.5}$，当 $B/d \geqslant 1$ 时，$\xi = 1$；

　　　η——润滑油动力粘度（Pa·s）；

　　　ω——轴颈角速度（rad/s）；

　　　p——轴承的平均压力（Pa）；

B——轴承宽度（m）；

d——轴颈直径（m）；

v——轴颈圆周速度（m/s）；

q_V——润滑油的体积流量（m^3/s）；

c_p——润滑油热容 $[J/(kg \cdot ℃)]$，对矿物油为 $1675 \sim 2092J/(kg \cdot ℃)$；

ρ——润滑油密度（kg/m^3），对矿物油为 $850 \sim 900kg/m^3$；

α_s——轴承的表面传热系数 $[W/(m^2 \cdot ℃)]$，由轴承结构的散热条件决定：轻型轴承
　　或不易散热环境下，取 $\alpha_s = 50W/(m^2 \cdot ℃)$，中型轴承及普通通风条件下，取
　　$\alpha_s = 80W/(m^2 \cdot ℃)$，重型轴承在良好冷却条件下，可取 $\alpha_s = 140W/(m^2 \cdot ℃)$；

t_2——润滑油的出口温度（℃）；

t_1——润滑油的入口温度（℃）。

则得出为了达到热平衡而必需的润滑油温度差比为

$$\Delta t = t_2 - t_1 = \frac{fFv}{c_p \rho q_V + \pi B d \alpha_s} = \frac{(f/\psi)(F/Bd)}{c_p \rho (q_V/\psi vBd) + \pi \alpha_s/\psi v} = \frac{\bar{f} p}{c_p \rho (q_V/\psi vBd) + \pi \alpha_s/\psi v}$$

$$(2\text{-}12\text{-}18)$$

式中　$\bar{f}$——轴承摩擦特性系数；

$q_V/\psi vBd$——润滑油流量系数，量纲为1，可根据 B/d 和 ε 由图 2-12-18 查出。

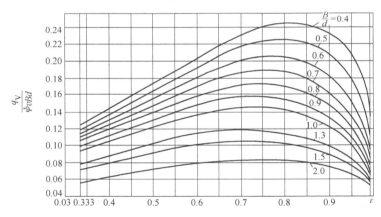

图 2-12-18　润滑油流量系数线图（指速度供油的耗油量）

轴承工作时，油膜各处温度是不同的，通常认为轴承温度等于油膜的平均温度。为保证轴承的正常工作，一般要求轴承的工作平均温度不超过75℃，即

$$t_m = t_1 + \frac{\Delta t}{2} \qquad (2\text{-}12\text{-}19a)$$

$$t_1 = t_m - \frac{\Delta t}{2} \qquad (2\text{-}12\text{-}19b)$$

根据式（2-12-18）计算 Δt，再由式（2-12-19b）计算入口温度 t_1。若 $t_1 > 30 \sim 45℃$，则表示轴承热平衡易于建立；若 $t_1 < 30 \sim 45℃$，则表示轴承热平衡不易建立。

此处，轴承的热平衡计算中的润滑油流量仅考虑了速度供油量，即由旋转轴颈从油槽带入轴承间隙的油量，忽略了油泵供油时油被输入轴承间隙时的压力供油量，这将影响轴承温

升计算的精确性。因此，它适用于一般用途的液体动压润滑径向滑动轴承的热平衡计算。对于重要的液体动压润滑径向滑动轴承的热平衡计算可参考相关文献。

四、参数选择

（一）宽径比 $\frac{B}{d}$

宽径比大，轴承承载能力强，但润滑油端泄受到影响，使轴承散热能力降低；反之，宽径比小，有利于提高运转稳定性，增大端泄以降低温升，但承载能力将随之降低。常用机器的宽径比 $\frac{B}{d}$ 值见表 2-12-4。

表 2-12-4　常用机器的宽径比 $\frac{B}{d}$ 值

机器名称	汽轮机	电动机 发电机	离心压缩机 离心泵	轧钢机	齿轮减速箱	机 床	传 动 轴	车辆轴承箱
B/d 值	0.25~1.0	0.6~1.5	0.5~1.2	0.6~0.9	0.6~1.2	0.8~1.2	0.8~1.5	1.4~2.0

注：此表中的值应优选下限值。

（二）相对间隙 ψ

轴承的相对间隙影响轴承润滑油的流量，因此对轴承工作温度影响很大。ψ 的取值决定于轴承的载荷与速度。一般高速轻载时，ψ 值应较大，有利于散热；重载时，ψ 值应较小，以提高承载能力。此外，当 $\frac{B}{d}<0.8$、轴承能自动调心，或当轴承材料的硬度较低时，ψ 取小值；反之取大值。一般可按下面公式初取 ψ 值

$$\psi \approx \frac{(n/60)^{4/9}}{10^{31/9}} \tag{2-12-20}$$

式中　n——轴颈转速（r/min）。

（三）动力粘度 η

动力粘度 η 对轴承承载能力、功耗和轴承温升都有不可忽视的影响。平均温度的计算是否准确直接影响到润滑油动力粘度的大小。平均温度过高，则润滑油的动力粘度较小，算出的承载能力偏低；反之，则承载能力偏高。设计时，先假设轴承平均温度（一般取 $t_m = 50~75℃$），初选动力粘度进行设计计算，最后通过热平衡验算轴承入口温度 t_1 是否在 35~40℃ 之间，否则应重新选择动力粘度进行计算。

对一般轴承，可按下式初估动力粘度 η'，算出相应的运动粘度 ν'，结合轴颈圆周速度 v，选定润滑油的牌号，并选定平均温度 t_m，确定润滑油在 t_m 时的动力粘度 η 值，进行承载能力和热平衡计算。

$$\eta' = \frac{(n/60)^{-1/3}}{10^{7/6}} \tag{2-12-21}$$

式中　n——轴颈转速（r/min）。

例　一机床用径向滑动轴承，工作载荷 $F = 80000N$，轴颈直径 $d = 200mm$，轴转速 $n = 500r/min$，工作情况稳定，采用对开式轴承。试选择轴承材料并进行液体动压润滑计算。

解　1）根据表 2-12-4 选择宽径比 $\frac{B}{d} = 1$，得轴承宽度 $B = d = 200mm$。

2）计算轴颈圆周速度

$$v = \frac{\pi d n}{60 \times 1000} = \frac{\pi \times 200 \times 500}{60 \times 1000} \text{m/s} = 5.24 \text{m/s}$$

3）计算轴承平均压力

$$p = \frac{F}{Bd} = \frac{80000}{200 \times 200} \text{MPa} = 2.0 \text{MPa}$$

4）计算 pv 值

$$pv = 5.24 \times 2 \text{MPa} \cdot \text{m/s} = 10.48 \text{MPa} \cdot \text{m/s}$$

5）根据表 2-12-1 选用轴承材料为 ZCuPb30。

6）由式（2-12-21）初估润滑油动力粘度

$$\eta' = \frac{(n/60)^{-1/3}}{10^{7/6}} = \frac{(500/60)^{-1/3}}{10^{7/6}} \text{Pa} \cdot \text{s} = 0.034 \text{Pa} \cdot \text{s}$$

7）计算润滑油的运动粘度（取润滑油的密度 $\rho = 900 \text{kg/m}^3$）

$$\nu' = \frac{\eta'}{\rho} = \frac{0.034}{900} \text{m}^2/\text{s} = 38 \times 10^{-6} \text{m}^2/\text{s}$$

8）根据表 2-3-1 选用润滑油牌号 L-AN46。

9）设平均油温 $t_m = 50℃$，由图 2-3-9 查出 $\nu_{50℃} = 30 \times 10^{-6} \text{m}^2/\text{s}$。

10）计算润滑油 L-AN46 在 50℃时的动力粘度

$$\eta_{50℃} = \rho \nu_{50℃} = 900 \times 30 \times 10^{-6} \text{Pa} \cdot \text{s} = 0.027 \text{Pa} \cdot \text{s}$$

11）由式（2-12-20）初算相对间隙

$$\psi \approx \frac{(n/60)^{4/9}}{10^{31/9}} = \frac{(500/60)^{4/9}}{10^{31/9}} = 0.000922, \text{取} \psi = 0.001$$

12）由式（2-12-16）计算承载量系数

$$C_p = \frac{F\psi^2}{2B\eta v} = \frac{80000 \times 0.001^2}{2 \times 0.2 \times 0.027 \times 5.24} = 1.414$$

13）由表 2-12-2 插值计算得偏心率 $\varepsilon = 0.6293$。

14）由式（2-12-13）计算最小油膜厚度

$$h_{\min} = r\psi(1 - \varepsilon) = \frac{200}{2} \times 0.001 \times (1 - 0.6293) \text{mm} = 0.03707 \text{mm} = 37.07 \mu\text{m}$$

15）计算 $[h]$。由轴颈加工要求表面粗糙度等级取 $\sqrt{Ra\,0.8}$，查表 2-12-3 得轴颈 $Rz_1 = 0.0032 \text{mm}$；轴承孔表面粗糙度等级取 $\sqrt{Ra\,1.6}$，查表 2-12-3 得轴承孔 $Rz_2 = 0.0063 \text{mm}$。取安全系数 $S = 2$，由式(2-12-17)得

$$[h] = S(Rz_1 + Rz_2) = 2 \times (0.0032 + 0.0063) \text{mm} = 0.019 \text{mm} = 19 \mu\text{m}$$

显然，$h_{\min} \geqslant [h]$，故满足工作可靠性要求。

16）热平衡计算。

① 轴承摩擦因数

$$f = \frac{\pi}{\psi} \frac{\eta\omega}{p} + 0.55\psi\xi = \frac{\pi \times 0.027 \times (2\pi \times 500/60)}{0.001 \times 2 \times 10^6} + 0.55 \times 0.001 \times 1 = 0.00277$$

② 由图 2-12-18 根据 $B/d = 1$ 及 $\varepsilon = 0.6293$，查得润滑油流量系数 $q_V/\psi v B d = 0.138$。

③ 由式（2-12-18）计算润滑油的温升。取润滑油密度 $\rho = 900 \text{kg/m}^3$，取比定压热容

$c_p = 1800 \mathrm{J/(kg \cdot ℃)}$，表面传热系数 $\alpha_s = 80 \mathrm{W/(m^2 \cdot ℃)}$，则

$$\Delta t = \frac{(f/\psi)(F/Bd)}{c_p \rho (q_V/\psi v Bd) + \pi \alpha_s/\psi v} = \frac{\left(\dfrac{0.00277}{0.001}\right) \times \left(\dfrac{80000}{0.2 \times 0.2}\right)}{1800 \times 900 \times 0.138 + \dfrac{\pi \times 80}{0.001 \times 5.24}} ℃ = 20.403℃$$

④ 由式（2-12-19b）计算润滑油入口温度

$$t_1 = t_m - \frac{\Delta t}{2} = \left(50 - \frac{20.403}{2}\right)℃ = 39.799℃$$

入口温度符合 $35℃ \leqslant t_1 \leqslant 40℃$ 条件，故轴承满足热平衡条件。

17）选择轴承的配合公差。

① 由式（2-12-11）计算轴的直径间隙 $\Delta = 2\delta = \psi d = 0.001 \times 200\mathrm{mm} = 0.2\mathrm{mm}$。

② 由 GB/T 1801—2009，根据 $\Delta = 0.2\mathrm{mm}$ 选择配合 D9/h9，查得轴承孔尺寸公差为 $\phi 200^{+0.285}_{+0.170}$，轴颈尺寸公差为 $\phi 200^{\ 0}_{-0.115}$。

③ 计算最大、最小间隙

$$\Delta_{\max} = 0.285\mathrm{mm} - (-0.115\mathrm{mm}) = 0.4\mathrm{mm}, \quad \Delta_{\min} = 0.170\mathrm{mm} - 0 = 0.17\mathrm{mm}$$

直径间隙 $\Delta = 0.2\mathrm{mm}$ 在 $\Delta_{\max}$ 与 $\Delta_{\min}$ 之间，故所选配合适用。

18）分别按 $\Delta_{\max}$ 和 $\Delta_{\min}$ 校核轴承的承载能力、最小油膜厚度及润滑油温升。若在许用值范围内，则绘制轴承工作图；否则重新选择参数设计并校核。

第六节　其他形式滑动轴承简介

一、多油楔滑动轴承

如果径向轴承的轴颈受到一个外部的微小干扰而偏离平衡位置，最后不能自动返回原来的平衡位置，轴颈作有规则的或无规则的运动，这种状态称为轴承失稳。载荷越轻，转速越高，轴承越易失稳。为了提高轴承的工作稳定性和旋转精度，常把轴承做成多油楔形状，轴承承载能力等于各油楔承载能力的矢量和。图 2-12-19 所示为常见的几种多油楔滑动轴承。和单油楔轴承相比，多油楔轴承的稳定性好，旋转精度高，但承载能力较低，功耗较大。

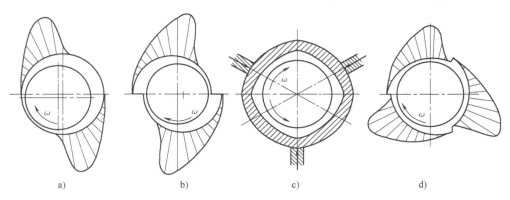

图 2-12-19　多油楔滑动轴承

a）椭圆轴承（双向）　b）错位轴承（单向）　c）三油楔轴承（双向）　d）三油楔轴承（单向）

图 2-12-20 所示为摆动瓦多油楔径向滑动轴承，轴瓦由三块或三块以上（通常为奇数）扇形块组成。扇形块背面有球形窝，并用调整螺钉支承。轴瓦的倾斜度可以随轴颈位置不同而自动调整，以适应不同的载荷、转速、轴的弹性变形和偏斜，并建立起可靠的液体摩擦。

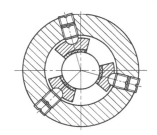

图 2-12-20　摆动瓦多油楔径向滑动轴承

二、液体静压滑动轴承

液体静压滑动轴承是用油泵把高压油送到轴承间隙，强制形成油膜，靠液体的静压平衡外载荷。图 2-12-21 所示为液体静压径向滑动轴承的示意图。高压油经节流器进入油腔。节流器是用来保持油膜稳定性的。当轴承载荷为零时，轴颈与轴承孔同心，各油腔的油压彼此相等，即 $p_1 = p_2 = p_3 = p_4$。当轴承受外载荷 F 时，轴颈偏移，各油腔附近的间隙不同，受力大的油膜减薄，流量随之减小，因此经过这部分的节流器的流量也减小，在节流器中的压力降也减小，但油泵的压力 p_5 保持不变，所以下油腔中的压力 p_3 将加大。同理，上油腔的压力 p_1 将减小。依靠压力差 $(p_3 - p_1)$ 所产生的向上的力，平衡加在轴承上的外载荷 F。

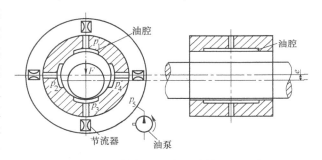

图 2-12-21　液体静压径向滑动轴承的示意图

三、气体润滑轴承

气体润滑轴承是用气体作润滑剂的滑动轴承，空气最为常用。空气的粘度约为油的四、五千分之一，所以气体轴承可以在高速下工作，轴颈速度可达每分钟几十万转。气体轴承摩擦阻力小，功耗甚微，受温度影响很小，但承载能力不大。气体轴承可分为静压和动压两大类，其工作原理和液体润滑轴承基本相同。

知识拓展

中国是四大文明古国之一，中国古代科学技术非常辉煌，四大发明对后世的影响深远。中国也是最早发明轴承的国家，早在四千多年前的夏商时期中国有了车，开始使用滑动轴承。周朝时期发明了利用动物油进行轴承润滑技术，战国时期中国开始用金属制造轴瓦。

19 世纪中叶，欧洲随着轴承材料、润滑剂和机械制造工艺方面的进步，开始有了比较完善的滑动轴承。1883 年，俄国的 N. P. 彼得罗夫应用牛顿粘性定律计算轴承摩擦，同年英国的 B. 托尔在测定车辆轴承的摩擦因数时发现核潜艇用轴承中有油膜压力存在，并测出油膜压力分布曲线。1886 年，英国的 O. 雷诺对托尔的发现进行了数学分析，导出了雷诺方程，从此奠定了流体动压润滑理论的基础。20 世纪 60 年代后，弹性流体动压润滑理论逐渐成熟，按这一理论设计的滑动轴承寿命大为增加。

最早的滑动轴承是木制的，陶瓷、蓝宝石玻璃也有使用。发展到现在，钢、铜、其他金属、塑料（如尼龙、胶木、特氟隆和 UHMWPE）已被普遍使用。

📚 文献阅读指南

根据润滑（摩擦）状态，滑动轴承可以分为固体润滑的干摩擦轴承（无润滑轴承和固体润滑轴承）、混合润滑的含油轴承和不充分供油轴承、流体润滑的动压和静压轴承。对于固体润滑轴承，其计算方法是考虑磨损的条件性计算或按试验曲线计算；对于混合润滑轴承，其计算方法为近似计算或条件性计算；对动压轴承，根据润滑方程求解；对静压轴承，则按流动连续性方程或润滑方程求解。

本章介绍了非液体润滑滑动轴承（即混合润滑的含油轴承和不充分供油轴承）和液体动力润滑滑动轴承的设计，其他润滑状态滑动轴承的计算方法可参阅《机械设计手册》（新版）第 3 卷第 21 篇滑动轴承中的相关内容。

✒ 学习指导

一、本章主要内容

学习本章时，要与滚动轴承相比较，了解滑动轴承的独特优点和应用场合。主要掌握以下内容：

1）滑动轴承的结构，轴瓦结构形式及润滑。
2）滑动轴承常用材料的性能及选用。
3）非液体润滑滑动轴承的失效形式及条件性计算准则。
4）液体动力润滑滑动轴承的设计计算。

二、本章学习要点

1）滑动轴承的典型结构形式有剖分式和整体式。整体式结构简单，但轴承间隙无法调整，也不便于安装；剖分式轴承可克服这些缺点，但结构较复杂。

2）轴瓦是滑动轴承必不可少的重要组成零件，且是滑动轴承中直接与轴颈相配的零件，因此，轴瓦的结构、润滑和材料直接影响滑动轴承的性能。轴瓦的结构有整体式和剖分式两种。考虑对轴承的润滑，轴瓦上应开设油孔和油槽，且油孔和油槽开设的位置应保证不会影响到轴承的承载能力。

3）轴承材料是指轴瓦及轴承衬的材料。对轴承材料的要求主要有减摩性和机械强度两方面。常用材料有金属和非金属两大类。熟悉轴承合金和各种青铜材料的性能及特点，合理选用轴承材料。

4）非液体润滑滑动轴承的主要失效形式（磨损和胶合）确定了它的设计计算准则是维

持边界膜不破裂。由于边界膜破裂的因素很复杂，因此，仍采用简化的条件性计算，主要包括：限制磨损的平均压强 p 计算；限制温升过高的 pv 值计算；限制滑动速度 v 的计算。

5）了解推导一维雷诺方程时所作的假设条件，掌握一维雷诺方程及由此得出的建立液体动力润滑的三个必要条件：①相对滑动面之间必须形成收敛的楔形间隙；②两摩擦表面要有一定的相对滑动速度，其运动方向必须使润滑油从大口流进，小口流出；③润滑油要有一定的粘度且供油连续、充分。

6）掌握液体动力润滑径向滑动轴承承载量系数 C_p 和最小油膜厚度 $h_{\min}$ 的计算方法、物理意义及与相对间隙 ψ、偏心率 ε 之间的关系。了解液体动力润滑滑动轴承的热平衡计算及参数宽径比 B/d、相对间隙 ψ、动力粘度 η 的选择原则。

思 考 题

2.12.1 滑动轴承轴瓦上油孔和油槽的开设应注意哪些问题？

2.12.2 滑动轴承材料应满足哪些要求？常用材料有哪些？

2.12.3 非液体润滑滑动轴承限制 p、pv、v 值各考虑什么问题？

2.12.4 实现液体润滑有哪些方法？各有何优缺点？

2.12.5 一维雷诺方程表达式如何？由此得出的建立液体动力润滑的必要条件是什么？

2.12.6 滑动轴承的宽径比和相对间隙对轴承的承载能力有何影响？应如何选择？

2.12.7 滑动轴承为何要进行热平衡计算？热平衡不满足工作条件时应如何改进设计参数？

习 题

2.12.1 设计一起重机卷筒的非液体径向滑动轴承。已知载荷 $F = 100\text{kN}$，轴颈直径 $d = 90\text{mm}$，轴的转速 $n = 9\text{r/min}$，轴承材料采用铸造青铜。

2.12.2 某对开式径向滑动轴承，已知径向载荷 $F = 35\text{kN}$，轴颈直径 $d = 100\text{mm}$，轴承宽度 $B = 100\text{mm}$，轴的转速 $n = 1000\text{r/min}$。选用 L-AN32 全损耗系统用油，设平均温度 $t_m = 50℃$，轴承的相对间隙 $\psi = 0.001$，轴颈、轴瓦表面粗糙度分别为 $Rz_1 = 1.6\mu\text{m}$，$Rz_2 = 3.2\mu\text{m}$。试校验此轴承能否实现液体动压润滑。

2.12.3 设计一打印机用液体动压润滑径向滑动轴承。已知径向载荷 $F = 5.75\text{kN}$，轴颈直径 $d = 70\text{mm}$，轴颈转速 $n = 1740\text{r/min}$。

习题参考答案

2.12.1 略。

2.12.2 $h_{\min} = 15.5\mu\text{m} > [h] = 9.6\mu\text{m}$，此轴承能实现液体动压润滑。

2.12.3 略。

第十三章

联轴器和离合器

联轴器和离合器是机器中常见的机械部件,是将两轴轴向联接起来并传递转矩及运动的部件。前者只能在机器停车时才能将两轴联接或分离;后者可以在机器运转的状态下将两轴联接或分离。

第一节　联轴器的种类和特性

由于制造和安装不可能绝对精确,以及工作受载时基础、机架和其他部件的弹性变形与温差变形,联轴器所联接的两轴轴线不可避免地要产生相对位移。被联接两轴可能出现的相对位移有:轴向位移、径向位移和角位移,以及三种位移同时出现的综合位移,如图2-13-1所示。两轴相对位移的出现,将在轴、轴承和联轴器上引起附加载荷,甚至出现剧烈振动。因此,联轴器应具有一定的补偿两轴位移的能力,以消除或降低相对位移所引起的附加载荷,改善传动性能,延长机器寿命。

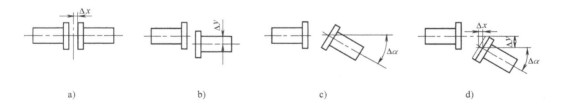

图 2-13-1　两轴相对位移形式

a) 轴向位移 Δx　b) 径向位移 Δy　c) 角位移 $\Delta \alpha$　d) 综合位移 Δx、Δy、$\Delta \alpha$

根据对各种相对位移有无补偿能力,联轴器可分为刚性联轴器和挠性联轴器。刚性联轴器由刚性零件组成,无缓冲减振能力,适用于无冲击、被联接的两轴轴线严格对中,而且机器运转过程中不发生相对位移的场合。挠性联轴器允许两轴有一定的安装误差,两轴间的偏移靠元件的相对位移或者靠弹性元件的弹性变形补偿位移。挠性联轴器又分为无弹性元件、金属弹性元件和非金属弹性元件,后两种统称为弹性联轴器。联轴器的分类如图2-13-2所示。

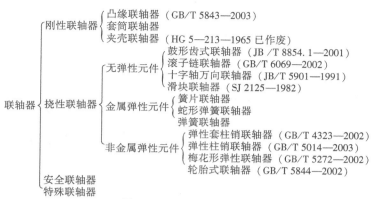

图 2-13-2　联轴器的分类

一、刚性联轴器

这类联轴器有套筒式、凸缘式和夹壳式等。它们的特点是结构简单，成本低，对两轴的对中要求较高。其中凸缘联轴器是应用最多的一种。这里只介绍凸缘联轴器。

凸缘联轴器是由两个带凸缘的半联轴器分别和两轴联在一起，再用螺栓把两半联轴器联成一体而成。按对中方法不同，凸缘联轴器常用的有两种形式：①是用两半联轴器上凸肩和凹槽对中，对中精度高，靠预紧普通螺栓在凸缘接触表面产生的摩擦力传递转矩，如图 2-13-3 上半部所示；②是用铰制孔螺栓对中，如图 2-13-3 下半部所示。当传递转矩不大时，可一半用铰制孔用螺栓，其余用普通螺栓，这种联轴器装拆比较方便，只需卸下螺栓即可。

这种联轴器可传递较大转矩，结构简单，工作可靠，容易维护，但要求凸缘端面与轴线有较高的垂直度，常用于对中精度较高、载荷平稳的两轴联接。

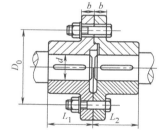

图 2-13-3　凸缘联轴器

二、挠性联轴器

（一）无弹性元件的挠性联轴器

无弹性元件的挠性联轴器是利用它组成零件间构成的动联接具有某一方向或几个方向的活动度来补偿两轴相对位移的。因无弹性元件，这类联轴器不能缓冲减振。

无弹性元件挠性联轴器常用的有以下几种：

（1）齿式联轴器　这种联轴器由两个具有外齿圈的半联轴器和两个具有内齿圈的外壳所组成。其中两个半联轴器通过键分别与两轴相连，两个外壳用螺栓联接，如图 2-13-4 所示。内、外齿圈的轮齿齿数相等，相互啮合的轮齿齿廓为渐开线，压力角通常为 20°。

制造齿式联轴器的材料一般用 45 锻钢或 ZG340—640 铸钢。轮齿须经热处理，其硬度应达到：半联轴器不低于 250HBW，外壳不低于 290HBW。

齿式联轴器有较好的补偿两轴相对位移

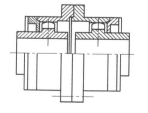 

图 2-13-4　齿式联轴器

的能力。为了补偿两轴的相对偏移，在相啮合的齿间留有较大的齿侧间隙，并将外齿圈的齿顶制成弧面，齿面制成鼓形，如图 2-13-5 所示。齿式联轴器可补偿被连两轴的角度位移 $\Delta\alpha$ 和径向位移 Δy。

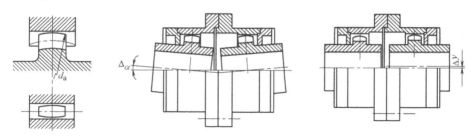

图 2-13-5 齿式联轴器补偿两轴偏移情况

齿式联轴器由于有较多的齿同时工作，所以与尺寸相近的其他联轴器相比，承载能力大，结构较紧凑，可在高速重载下可靠地工作，常用于正反转变化多、起动频繁的场合。但其质量较大，制造成本较高。

（2）滚子链联轴器 这种联轴器是利用一条滚子链（单排或双排）同时与两个齿数相同的并列链轮啮合，以实现两半联轴器的联接。链条可用滚子链、齿形链或套筒链。其中双排滚子链联轴器如图 2-13-6 所示。为了改善润滑条件并防止污染，一般将联轴器密封在罩壳内。

滚子链联轴器结构简单，容易制造（采用标准件），装拆、维护方便，工作可靠，使用寿命长，质量小，转动惯量小，效率高，具有一定的补偿性能和缓冲性能，能适应高温、潮湿、多尘的恶劣工作环境。缺点是反转时有空行程，不适宜用于起动频繁、正反转变化多的轴或立轴的联接。

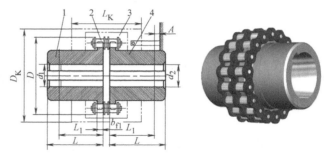

图 2-13-6 双排滚子链联轴器
1、4—半联轴器 2—双排链条 3—罩壳

（3）滑块联轴器 这种联轴器由两个端面开有凹槽的半联轴器 1、3 和一个两面都有榫的中间圆盘 2 所组成，如图 2-13-7 所示。凹槽的中心线分别通过两轴的中心，两榫中线相互垂直并通过圆盘中心。圆盘两榫分别嵌入两半联轴器的凹槽中而构成动联接。

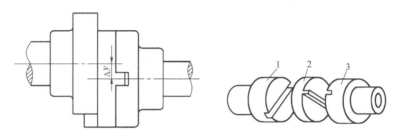

图 2-13-7 滑块联轴器
1、3—半联轴器 2—中间圆盘

在滑块联轴器的工作过程中，当联接的两轴有径向位移时，榫可在凹槽中滑动以补偿两轴间的位移。当主动轴等速回转时，从动轴也等速回转。

两个半联轴器和中间盘的材料常用 45 钢，工作表面须经热处理以提高硬度；要求较低时也可用 Q275 钢制造，不进行热处理。

滑块联轴器的径向尺寸较小，主要用于轴线间相对径向位移较大、传递转矩大、无冲击、低速传动的两轴联接。滑块联轴器不如齿式联轴器可靠，因此使用较少，但它有结构简单、加工方便的优点，适用于要求不高的场合。

（4）万向联轴器　万向联轴器主要用于两轴间有较大的夹角（最大可达 35°～45°）或在工作中有较大角度位移的地方。它在汽车、拖拉机、轧钢机和金属切削机床中已获得广泛的应用。

机床中常用的十字轴万向联轴器如图 2-13-8a 所示，它是由两个叉形接头 1、3 以及与叉形接头相联的十字轴 2 组成。万向联轴器之所以能补偿偏斜是由于叉形接头与十字轴之间构成了可动的铰链联接。

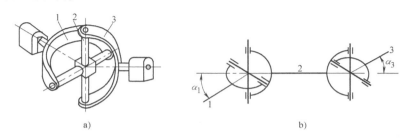

a)　　　　　　　　　　　b)

图 2-13-8　万向联轴器

a）单万向联轴器　b）双万向联轴器

1、3—叉形接头　2—十字轴

这种联轴器的缺点是：当两轴不在同一轴线时，即使主动轴的角速度 ω_1 为常数，从动轴的角速度 ω_3 并不是常数，而是在一定范围内（$\omega_1\cos\alpha \leq \omega_3 \leq \omega_1/\cos\alpha$）作周期性变化，因而在传动中将产生附加动载荷。为了改善这种情况，常将万向联轴器成对使用，这时就称为双万向联轴器，如图 2-13-8b 所示。在使用双万向联轴器时，应使两个叉形接头位于同一平面内，而且应使主、从动轴与联接轴所成的夹角 α_1 和 α_3 相等，这样才能使主动轴和从动轴的角速度相等，从而得以避免动载荷的产生。

（二）非金属弹性元件的挠性联轴器

弹性元件的挠性联轴器靠弹性元件的弹性变形来补偿两轴轴线的相对偏移，而且可以缓冲减振，改善轴和支承的工作条件，降低联轴器所受的瞬时过载，并能改变轴系的刚度。制造弹性元件的材料有非金属和金属的两种。

（1）弹性套柱销联轴器　这种联轴器的结构与凸缘联轴器相似，只是用带有非金属弹性套的柱销取代联接螺栓，如图 2-13-9 所示。它

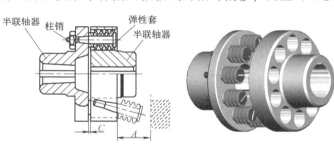

图 2-13-9　弹性套柱销联轴器

靠弹性套的弹性变形来缓冲减振和补偿被联接两轴的相对偏移。半联轴器与轴配合的孔可做成圆柱形或圆锥形。

半联轴器的材料常用 HT200，有时也采用 ZG310—570，柱销材料多用 45 钢，弹性套采用耐油橡胶制成。

弹性套柱销联轴器制造容易，装拆方便，成本较低，但弹性套易磨损，寿命较短，主要适用于起动频繁、需正反转的中、小功率场合，工作环境温度应在 $-20 \sim +70℃$ 的范围内。

（2）弹性柱销联轴器　弹性柱销联轴器（图2-13-10）与弹性套柱销联轴器很相似，其结构更为简单。柱销由尼龙制成。为防止柱销滑出，在半联轴器的外侧设置有固定挡板。这种联轴器允许被联接的两轴间有一定的轴向位移以及少量的径向位移和角位移，适用于轴向窜动较大、起动频繁、正反转多变的场合，使用温度限制在 $-20 \sim +70℃$ 的范围内。

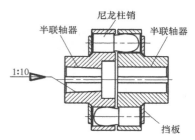

图 2-13-10　弹性柱销联轴器

（3）梅花形弹性联轴器　它是利用梅花形弹性元件置于两半联轴器凸爪之间实现联接的一种联轴器（图2-13-11）。制造弹性元件的材料有丁腈橡胶、聚氨酯、尼龙等。其特点是结构简单、费用低、具有良好的补偿位移和减振能力。

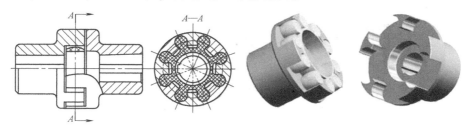

图 2-13-11　梅花形弹性联轴器

（4）轮胎联轴器　这种联轴器由轮胎环 1、内压板 2（或外压板）、紧固螺栓 3 及主、从动半联轴器 4 组成（图 2-13-12）。通过紧固螺栓和内压板（或外压板）把轮胎环与两个联轴器联接在一起。其中，轮胎环是由橡胶及帘线制成轮胎形的弹性元件。

轮胎联轴器通过弹性元件——轮胎环传递工作转矩。因此，该联轴器具有良好的消振、缓冲和补偿两轴线不同心的能力，并且具有结构简单，不需要润滑，使用、安装、拆卸和维修都比较方便及运转无噪声等优点。其缺点是径向尺寸较大。这种联轴器一般较适用于潮湿、多尘、起动频繁、正反转多变、冲击载荷大及两轴线不同心偏差较大的场合。

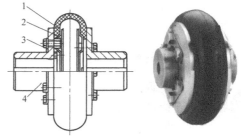

图 2-13-12　轮胎联轴器
1—轮胎环　2—内压板　3—紧固螺栓
4—主、从动半联轴器

（三）金属弹性元件的挠性联轴器

（1）蛇形弹簧联轴器　它由两个带外齿的半联轴器和蛇形片弹簧组成，如图 2-13-13 所示。在半联轴器上有 $50 \sim 100$ 个齿，在齿间嵌装蛇形片弹簧，该弹簧分为 $6 \sim 8$ 段。弹簧被

外壳罩住，既可防止弹簧脱出，又可储存
润滑油。联轴器工作时，转矩通过半联轴
器上的齿和蛇形片弹簧传递。

蛇形弹簧联轴器的工作可靠，外形尺
寸小。蛇形片弹簧具有良好的补偿偏斜和
位移的能力。

（2）膜片联轴器　它由两个半联轴器
1 和 4、若干个金属膜片叠合成金属膜片组

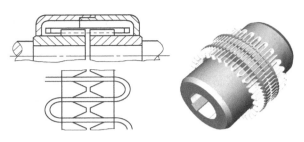

图 2-13-13　蛇形弹簧联轴器

3 和紧固螺栓 5、6 所组成，如图 2-13-14 所示。半联轴器 4 通过螺栓与金属膜片组 3 的两个
孔联接，半联轴器 1 通过螺栓与金属膜片组 3 的另外两个孔联接，于是转矩通过膜片组的弹
性变形来补偿被联接两轴的相对偏移。这种联轴器结构简单、质量小、具有良好的缓冲减振
性能，且不需润滑、耐高温和低温，金属膜片经特殊处理和表面涂层，具有良好的耐磨性和
很高的疲劳强度，是可以取代齿式联轴器的一种新型联轴器，适用于冶金、矿山、航空、战
车、拖拉机等机械的传动系统。

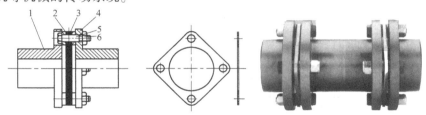

图 2-13-14　膜片联轴器
1、4—半联轴器　2—垫片　3—金属膜片组　5、6—紧固螺栓

第二节　联轴器的选择及应用实例

机械中常用的联轴器多数已经标准化。设计时，一般只需正确选择联轴器的类型，确定
联轴器的型号及尺寸。

一、联轴器类型的选择

根据传递载荷大小、性质，轴转速的高低，被联接两部分的安装精度等，参考各类联轴
器特性，选择合适的联轴器类型。具体选择时可考虑以下几点：

1）联轴器传递载荷的大小和性质及对缓冲减振功能的要求。一般载荷平稳，传递转矩
大，转速稳定，同轴度好，无相对位移的，选用刚性联轴器。载荷变化较大，要求缓冲减振
或者同轴度不易保证的，应选用有弹性元件的挠性联轴器。

2）联轴器工作转速的高低与正、反转变化的要求。高速运转的轴宜选动平衡精度较高的联
轴器，如膜片联轴器。动载荷大的机器选用质量小、转动惯量小的联轴器。正、反转变化多，起
动频繁，有较大冲击载荷及安装时不易对中的场合，应考虑选用无弹性元件的挠性联轴器。

3）联轴器两轴轴线的相对位移和大小。安装调整后难以保证两轴精确对中或者工作过
程中有较大位移量的两轴联接，要选用带弹性元件的挠性联轴器。当径向位移较大时，可选

用滑块联轴器；角位移较大或相交两轴的联接，可选用万向联轴器。

4）联轴器的制造、安装、维护及成本，工作环境，使用寿命等。

二、联轴器型号、尺寸的确定

对于已标准化或规格化的联轴器，选定合适的类型后，可按转矩、轴径和转速等确定联轴器的型号和结构尺寸。

由于机器起动时的动载荷和运转过程中可能出现过载等现象，故应取轴上的最大转矩作为计算转矩 T_{ca}。T_{ca} 可按下式计算

$$T_{ca} = KT$$

式中 T——联轴器所需传递的名义转矩（N·m）；

K——工作情况系数，其值见表2-13-1。

表 2-13-1 联轴器工作情况系数

动力机特性	工作机特性			
	载荷均匀或载荷变化较小	载荷变化并有中等冲击载荷	载荷变化并有严重冲击载荷	载荷变化并有特严重冲击载荷
电动机、汽轮机	1.3	1.7	2.3	3.1
多缸内燃机	1.5	1.9	2.5	3.3
双缸内燃机	1.8	2.2	2.8	3.6
单缸内燃机	2.2	2.6	3.2	4.0

根据计算转矩、转速及所选的联轴器类型，由有关设计手册选取联轴器的型号和结构尺寸，并满足

$$T_{ca} \leq [T]$$
$$n \leq n_{max}$$
(2-13-1)

式中 $[T]$——所选联轴器型号的许用转矩（N·m）；

n——被联接轴的转速（r/min）；

n_{max}——所选联轴器型号允许的最高转速（r/min）。

多数情况下，每一型号联轴器适用的轴径均有一个范围。标准中已给出轴径的最大和最小值，或者给出适用直径的尺寸系列，被联接两轴的直径都应在此范围内。

三、联轴器选择实例

图2-13-15所示为一带式输送机传动系统简图，其中1、2两部件为联轴器。

由于部件1在高速轴上，转速较高，且电动机与减速箱不在同一基础上，其两轴必有相对偏差，因而选用有非金属弹性元件的挠性联轴器，如弹性柱销联轴器或弹性套柱销联轴器。而部件2在低速轴上，转速较低，但载荷较大，同样其两轴必有相对偏差，因而选用无弹性元件的挠性联轴器，如齿式联轴器或滚子链联轴器。

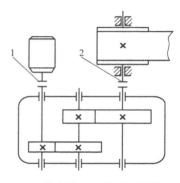

图 2-13-15 带式输送机传动系统简图

第三节 离 合 器

一、概述

离合器用于各种机械，在机器运转过程中，把原动机的回转运动和动力传给工作机，并可随时分离或接合工作机。它除了用于机械的起动、停止、换向和变速外，还可用于对机械零件的过载保护。对离合器的基本要求有：接合平稳，分离迅速而彻底；结构轻便，外廓尺寸小，质量小；耐磨性好和有足够的散热能力；操纵方便省力。

离合器的种类很多，根据离合器的动作方式不同，可分为操纵式离合器和自动离合器，其中操纵式离合器的操纵方式有机械操纵式、电磁操纵式、液压操纵式和气压操纵式等，而自动离合器可自动实现接合和分离，根据作用原理的不同分为安全离合器、离心离合器、超越离合器等。常用离合器的分类如图2-13-16所示，其中机械操纵离合器和自动离合器的应用较广泛。

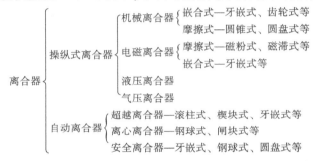

图 2-13-16　离合器的分类

二、常用离合器

（一）机械操纵牙嵌离合器

牙嵌离合器属嵌合式（图2-13-17），由两个端面上带牙的两半离合器1、3组成。其中一个半离合器固定在主动轴上，另一个半离合器用导键或花键与从动轴联接，并可借助操纵机构使其作轴向移动，以实现离合器的分离与接合。为使两半离合器能够对中，在主动轴端的半离合器上固定一个对中环2，从动轴可在对中环内自由转动。滑环4操纵离合器的分离

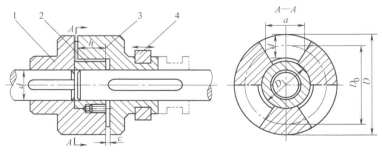

图 2-13-17　牙嵌离合器

1、3—半离合器　2—对中环　4—滑环

和接合。牙嵌离合器的接合动作应在两轴不回转时或两轴的转速相差很小时进行，以免齿因受冲击载荷而断裂。

牙嵌离合器的牙形有三角形、矩形、梯形、锯齿形等。三角形牙（图2-13-18a）离合容易，但齿的强度较弱，用于传递小转矩的低速离合器；梯形牙（图2-13-18b）的强度高，能传递较大的转矩，能自动补偿牙的磨损与间隙，避免或减少载荷和速度变化时因间隙而产生的冲击，故应用较广；锯齿形牙（图2-13-18c）强度高，但只能传递单向转矩，可用于特定的工作条件；矩形牙（图2-13-18d）制造容易，工作时无轴向分力，但不便于离合，磨损后无法补偿，故使用较少。离合器的牙数 z 一般取为 $3 \sim 60$。

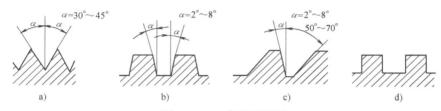

图 2-13-18　各种牙形图

牙嵌离合器的主要尺寸可以从有关手册中选取，它传递转矩的能力主要取决于牙的耐磨性和强度，必要时应按下式验算牙面上的压强 p 及牙根抗弯强度 σ_b

$$p = \frac{2KT}{zD_0A} \leqslant [p] \tag{2-13-2}$$

$$\sigma_b = \frac{KTH}{zD_0W} \leqslant [\sigma_b] \tag{2-13-3}$$

式中　K——工作情况系数，见表2-13-2；

　　　A——每个牙的接触面积（mm^2）；

　　　D_0——牙所在圆环的平均直径（mm）；

　　　H——牙的高度（mm）；

　　　z——半离合器的牙数；

　　W——牙根部的抗弯截面系数（mm^3），$W = \dfrac{a^2b}{6}$（a、b 如图2-13-17所示）；

　　$[p]$——许用压强（MPa），当静止状态下接合时，$[p] \leqslant 90 \sim 120$，低速状态下接合时，$[p] \leqslant 50 \sim 70$，较高速状态下接合时，$[p] = 35 \sim 45$；

　　$[\sigma_b]$——许用弯曲应力（MPa），静止状态下接合时，$[\sigma_b] = \sigma_s/1.5$，运转状态下接合时，$[\sigma_b] = \sigma_s/(3 \sim 5)$，$\sigma_s$ 为材料的屈服强度。

表 2-13-2　离合器工作情况系数

机　械　类　型		K	机　械　类　型	K
金属切削机床		1.3 ~ 1.5	轻纺机械	1.2 ~ 2
曲柄式压力机械		1.1 ~ 1.3	农业机械	2 ~ 3.5
汽车、车辆		1.2 ~ 1.3	挖掘机械	1.2 ~ 2.5
拖拉机		1.5 ~ 3	钻探机械	2 ~ 4
船舶		1.3 ~ 2.5	活塞泵、通风机、压力机	1.3 ~ 1.7
起重运输机械	在最大载荷下接合	1.35 ~ 1.5	木材加工机床	1.7
	在空载下接合	1.25 ~ 1.35	冶金矿山机械	1.8 ~ 3.2

牙嵌离合器一般用于转矩不大、低速接合的场合。材料常用低碳钢表面渗碳，硬度为 56～62HRC；或采用中碳钢表面淬火，硬度为 48～54HRC；不重要的和静止状态接合的离合器，也允许用 HT200 制造。

（二）圆盘摩擦离合器

圆盘摩擦离合器是在主动摩擦盘转动时，由主、从动盘的接触面间产生的摩擦力矩来传递转矩，有单盘式和多盘式两种。多盘式摩擦面可传递较大转矩，径向尺寸较小，但轴向尺寸较大。圆盘摩擦离合器在机床、汽车、摩托车和其他机械中得到广泛应用。

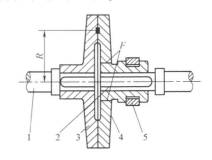

图 2-13-19 所示为单盘式摩擦离合器，半离合器 3 与主动轴之间通过平键和轴肩得到周向和轴向定位。半离合器 4 通过导向平键和从动轴周向定位，由拨叉操纵可在从动轴上滑移。当作用力 F 压紧两半离合器时，两轴接合。设摩擦力的合力作用在平均半径 R 的圆周上，则传递的最大转矩 $T_{\max}$ 为

$$T_{\max} = fFR \qquad (2\text{-}13\text{-}4)$$

式中　f——摩擦因数；

　　　F——轴向力（N）；

　　　R——摩擦半径（mm），$R = (D_1 + D_2)/4$，D_1、D_2

为摩擦盘接合面的内径和外径（mm）。

图 2-13-19　单盘式摩擦离合器
1—主动轴　2—从动轴　3、4—半离合器
（摩擦盘）　5—操纵环

多盘式摩擦离合器（图 2-13-20）有两组摩擦盘，内、外摩擦盘分别带有凹槽和外齿（图 2-13-21）。主动轴 1 与外鼓轮 2 相联接，其内齿槽与外摩擦盘的外齿联接，盘 5 可与主动轴 1 一起转动，并可在轴向力推动下沿轴向移动。从动轴 3 与套筒 4 相联接，它的外齿与内摩擦盘 6 的凹槽相联接，而盘的外缘不与任何零件接触，故盘 6 可与从动轴 3 一起转动，也可在轴向力推动下作轴向移动。滑环 7 由操纵机构控制，当在图示位置时，滑环 7 向左移动，曲臂压杆 8 通过压板 9 将所有内、外摩擦盘紧压在调节螺母 10 上，离合器即进入接合状态。内摩擦盘也可做成碟形，当承压时，可被压平而与外盘贴紧；松脱时，由于内盘的弹力作用可以迅速与外盘分离。

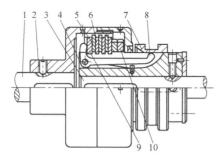

图 2-13-20　多盘式摩擦离合器
1—主动轴　2—外鼓轮　3—从动轴　4—套筒　5、6—盘
7—滑环　8—曲臂压杆　9—压板　10—调节螺母

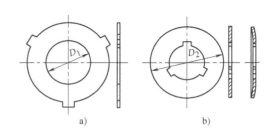

图 2-13-21　摩擦盘结构图
a）外摩擦盘　b）内摩擦盘（平、凸两种结构）

多盘式摩擦离合器能传递的最大转矩 $T_{\max}$ 和作用在单位摩擦接合面上的压强 p 为

$$T_{\max} = zFfR > KT \qquad (2\text{-}13\text{-}5)$$

$$p = \frac{4F}{\pi(D_2^2 - D_1^2)} \leqslant [p] \qquad (2\text{-}13\text{-}6)$$

式中　　K——工作情况系数，见表2-13-2；

　　　　D_1、D_2——摩擦盘接合面的内径和外径（mm）；

　　　　z——接合面的数目；

　　　　F——操作轴向力（N）；

　　　　f——摩擦因数，见表2-13-3；

　　　　$[p]$——许用压强（MPa），$[p] = [p_0]K_vK_zK_n$，$[p_0]$是基本许用压强，见表2-13-3；

　　K_v、K_z、K_n——根据离合器平均圆周速度、主动摩擦盘的数目、每小时的接合次数等不同而引入的修正系数，其值见表2-13-4。

表2-13-3　摩擦盘常用材料及其性能

摩擦副的材料及工作条件		摩擦因数 f	圆盘摩擦离合器 $[p_0]$ /MPa
在油中工作	淬火钢-淬火钢	0.06	0.6～0.8
	淬火钢-青铜	0.08	0.4～0.5
	铸铁-铸铁或淬火钢	0.08	0.6～0.8
	钢-夹布胶木	0.12	0.4～0.6
	淬火钢-陶质金属	0.10	0.8
不在油中工作	压制石棉-钢或铸铁	0.3	0.2～0.3
	淬火钢-陶质金属	0.4	0.3
	铸铁-铸铁或淬火钢	0.15	0.2～0.3

表2-13-4　修正系数

平均圆周速度/（m/s）	1	2	2.5	3	4	6	8	10	15
K_v	1.35	1.08	1	0.94	0.86	0.75	0.68	0.63	0.55
主动摩擦盘数目	3	4	5	6	7	8	9	10	11
K_z	1	0.97	0.94	0.91	0.88	0.85	0.82	0.79	0.76
每小时接合次数	90		120	180	240		300		≥360
K_n	1		0.95	0.8	0.7		0.6		0.5

　　虽然增加摩擦面的数目可以提高传递转矩的能力，但摩擦面不宜过多，否则会影响分离动作的灵活性，一般限制在10～15对以下。

　　设计摩擦离合器的步骤：先选定摩擦面的材料，并根据结构要求，确定摩擦盘直径D_1[在油中工作，取$D_1 = (1.5～2)d$，d为轴径]和D_2[在干摩擦下工作，$D_2 = (1.5～2)D_1$]，根据式（2-13-6）求出允许的轴向压力F，最后按式（2-13-5）确定摩擦片数目。

（三）超越离合器

　　超越离合器只能单向接合，按一个方向传递转矩，反向时自动分离。常用的超越离合器有棘轮超越离合器和滚柱式超越离合器。棘轮超越离合器构造简单，对制造精度要求低，在低速传动中应用广泛。

　　图2-13-22所示为一种滚柱式超越离合器，由星轮1、外圈2、滚柱3、弹簧柱4等组

成。当星轮 1 主动且顺时针转动时，滚柱 3 受摩擦力作用而滚向间隙槽的收缩部分，并楔紧在星轮和外圈之间，带动外圈 2 一起转动，离合器即进入接合状态。而当星轮 1 逆时针转动时，滚柱 3 滚向槽中的较宽部分，这时离合器处于分离状态。因而它只能传递单向的转矩，可在机械中用来防止逆转及完成单向传动。如果在外圈 2 随星轮 1 旋转的同时，外圈 2 又从另一运动系统获得旋向相同但转速较大的运动时，离合器也将处于分离状态，即从动件的角速度超过主动件时，不能带动主动件回转。由于这种离合器的联接和分离与星轮 1 和外圈 2 的相对转速差有关，故称超越离合器，也称差速离合器，主要用于机床和无级变速器等传动装置中。

这种离合器工作时没有噪声，适于高速传动，但制造精度要求较高。

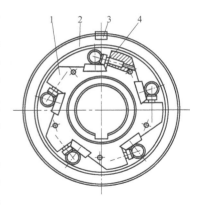

图 2-13-22　滚柱式超越离合器
1—星轮　2—外圈　3—滚柱
4—弹簧柱

知识拓展

20 世纪后期国内外联轴器产品发展很快，在产品设计时如何从品种甚多、性能各异的各种联轴器中选用能满足机器要求的联轴器，对多数设计人员来说，始终是一个困扰的问题。设计人员首先应在已经制定为国家标准、机械行业标准以及获国家专利的联轴器中选择，只有在现有标准联轴器和专利联轴器不能满足设计需要时才需自己设计联轴器。

离合器是把汽车或其他动力机械的引擎动力以开关的方式传递至车轴上的装置。离合器安装在发动机与变速器之间，是汽车传动系中直接与发动机相联系的总成件。通常离合器与发动机曲轴的飞轮组安装在一起，是发动机与汽车传动系之间切断和传递动力的部件。汽车从起步到正常行驶的整个过程中，驾驶员可根据需要操纵离合器，使发动机和传动系暂时分离或逐渐接合，以切断或传递发动机向传动系输出的动力。它的作用是使发动机与变速器之间能逐渐接合，从而保证汽车平稳起步；暂时切断发动机与变速器之间的联系，以便于换档和减少换档时的冲击；当汽车紧急制动时能起分离作用，防止变速器等传动系统过载，从而起到一定的保护作用。

离合器类似于开关，起接合或断离动力传递作用，离合器机构其主动部分与从动部分可以暂时分离，又可以逐渐接合，并且在传动过程中还要有可能相对转动。离合器的主动件与从动件之间不可采用刚性联系。任何形式的汽车都有离合装置，只是形式不同而已。

对于手动档的车型而言，离合器是汽车动力系统的重要部件，它担负着将动力与发动机之间进行切断与连接的工作。在城市道路或者复杂路段驾驶时，离合器成为了人们使用最频繁的部件之一，而离合器运用的好坏，直接体现了驾驶水平的高低，也起到了保护车辆的效果。如何正确使用离合器，掌握离合器的原理以在特殊情况下利用离合器来解决问题，是每个驾驶手动档车型的车友都应该掌握的。

文献阅读指南

联轴器、离合器和制动器俗称三器，由于篇幅限制，本章只介绍了机械传动中常用的联轴器和离合器。

联轴器和离合器的众多类型、结构形式、特性和详细选择计算可参阅《机械设计手册》（新版）第 3 卷第 22 篇联轴器、离合器和制动器中的相关内容。

一、本章主要内容

介绍联轴器和离合器的功用、分类、主要类型的构造特点、应用范围和选择方法。联轴器和离合器的类型很多，部分已标准化。设计机械时，一般根据工作要求从机械设计手册或有关样本中选择，其中有些在必要时进行所需的校核计算。

二、本章学习要求

1）了解常用联轴器和离合器的功用、类型特点、应用场合及型号选择。
2）了解牙嵌离合器及圆盘摩擦离合器的设计方法。

思 考 题

2.13.1 联轴器与离合器的功用有何相同点和不同点？

2.13.2 刚性凸缘联轴器有哪几种对中方法？各种对中方法的特点是什么？

2.13.3 离合器应满足哪些要求？

2.13.4 常用离合器有哪些类型？主要特点是什么？分别应用在哪些场合？

习 题

2.13.1 已知一电动机用联轴器与带式运输机减速器相联接，电动机型号 Y160M—4，功率 $P = 11\mathrm{kW}$，转速 $n = 1460\mathrm{r/min}$，电动机输出轴直径 $d = 42\mathrm{mm}$，减速器输入轴轴端直径 $d = 45\mathrm{mm}$。试选择电动机与减速器之间的联轴器型号（载荷有中等冲击）。

2.13.2 已知一单盘式摩擦离合器，圆盘内径 $D_1 = 50\mathrm{mm}$，外径 $D_2 = 90\mathrm{mm}$，摩擦面间的摩擦因数 $f = 0.06$，许用压力 $[p] = 0.6\mathrm{MPa}$。求离合器的允许最大压紧力 F 及传递的最大转矩 $T_{\max}$。

2.13.3 某机床主传动换向机构中采用多盘式摩擦离合器。已知主动摩擦盘 5 片，从动摩擦盘 4 片，接合面内径 $D_1 = 60\mathrm{mm}$，外径 $D_2 = 110\mathrm{mm}$，功率 $P = 4.4\mathrm{kW}$，转速 $n = 1214\mathrm{r/min}$，摩擦盘材料为淬火钢对淬火钢，试求离合器工作时（处于接合状态）需要多大的轴向力 F。

习题参考答案

2.13.1 可选用弹性套柱销联轴器：LT7 联轴器 $\dfrac{Y42}{Y45}$GB/T 4323—2002。

2.13.2 $F \leqslant 2637.6\mathrm{N}$；$T_{\max} = 5538.96\mathrm{N \cdot mm}$。

2.13.3 $F > 2544.11\mathrm{N}$（取 $K = 1.5$ 时）。

第十四章

弹　簧

第一节　概　述

弹簧是一种应用很广的弹性零件，在载荷作用下能产生较大的弹性变形。它具有易变形、弹性大等特性。其种类很多，而圆柱螺旋弹簧因制造简便、成本低，在机器中使用最为普遍。本章介绍各种弹簧的特点及其适用场合。

一、弹簧的功用

（1）缓冲吸振　如汽车、火车车厢减振弹簧、电梯井底的缓冲弹簧、蜗杆缓冲器中的组合碟簧等。

（2）储存和输出能量　如火炮击发机中的击针弹簧、钟表和仪表的发条和游丝（盘形弹簧）。

（3）控制运动　如内燃机中的阀门弹簧、离合器或制动器中的控制弹簧。

（4）测量力或力矩　如弹簧秤与测力器中的弹簧。

（5）改变机器的自振频率　如用于电动机和压缩机的弹性支座。

二、弹簧的类型

为了满足不同的工作要求，弹簧有各种不同的类型。按载荷性质可分为拉伸弹簧、压缩弹簧、扭转弹簧和弯曲弹簧。按形状可分为螺旋弹簧、碟形弹簧、环形弹簧、平面涡卷弹簧、扭杆弹簧、板弹簧等。按制造材料还可分为金属弹簧和非金属弹簧。非金属弹簧如橡胶弹簧、空气弹簧、软木等。常见的弹簧类型和特点见表2-14-1。

表 2-14-1　弹簧的类型和特点

类　型	简　图	特点与应用
圆柱螺旋弹簧		承受压缩载荷，结构简单，刚度稳定，制造方便，应用广泛
		承受拉伸载荷，结构简单，刚度稳定，制造方便，应用广泛

（续）

类 型	简 图	特点与应用
圆柱螺旋弹簧		承受扭转载荷，用于各种装置的压紧、储能与传递转矩
圆锥螺旋弹簧		承受压缩载荷，结构紧凑，稳定性好，能防共振，应用于承受较大的载荷与减振
板弹簧		承受弯曲载荷，缓冲吸振性好，常用于车辆的悬挂装置中
盘簧		承受扭转载荷，存储的能量随圈数增大而增大，多用于仪器和钟表的储能装置中
环形弹簧		承受压缩载荷，吸收较多的能量，具有很高的减振作用，常用于重型设备的缓冲装置
碟形弹簧		承受压缩载荷，刚度大，缓冲吸振性强，用于缓冲吸振性要求高的重型机械

第二节　弹簧的材料、许用应力及制造

一、弹簧的材料和应用

弹簧在工作时常常承受交变载荷和冲击载荷，为了使弹簧能够可靠地工作，所以对弹簧的材料提出了较高的要求。弹簧除应具有较高的抗拉强度、屈服强度、弹性极限外，还应具有较高的疲劳强度，一定的冲击韧度、塑性和良好的热处理性能。弹簧的常用材料有碳素弹簧钢、合金弹簧钢、弹簧用不锈钢和非铁金属合金等。

（1）碳素弹簧钢　碳素弹簧钢丝价格便宜，原材料供应方便，热处理后具有较高的强度、适宜的韧性和塑性。其缺点是弹性极限低，多次重复变形后易失去弹性，不适合在高于120℃的温度条件下工作，直径 $d \geq 12mm$ 时不易淬透，所以多用于制造小尺寸的弹簧。碳素弹簧钢按用途和力学性能高低可分为三级：B 级——用于低应力弹簧，C 级——用于中等应力弹簧，D 级——用于高应力弹簧。

（2）合金弹簧钢　合金弹簧钢丝适用于承受变载荷、冲击载荷或工作温度较高的场合，如硅锰钢、铬钒钢等。在变载荷作用下以铬钒钢为最好。

（3）非铁金属合金　非铁金属合金（如硅青铜、锡青铜）主要用于在潮湿或腐蚀性介

质中工作的弹簧。

选择弹簧材料时应充分考虑弹簧的工作条件（载荷大小及性质、工作温度和周围介质的情况）、功用及经济性等因素，一般优先采用碳素弹簧钢丝。

碳素弹簧钢丝、硅锰弹簧钢丝的尺寸系列和抗拉强度分别见表2-14-2和表2-14-3。

表 2-14-2 弹簧材料及其许用应力（摘自 GB/T 23935—2009）

标 准 号	标 准 名 称	牌号/组别	切变模量 G/MPa	弹性模量 E/MPa	推荐使用温度/℃
GB/T 4357—1989	碳素弹簧钢丝	B、C、D	78.5×10^3	206×10^3	$-40 \sim 150$
YB/T 5311—2006	重要用途碳素弹簧钢丝	E、F、G			
GB/T 18983—2003	油淬火-回火弹簧钢丝	VDC			
		FDC、TDC			
		FDSiMn、TDSiMn			$-40 \sim 250$
		VDCrSi			
		FDCrSi、TDCrSi			
		VDCrV-A			$-40 \sim 210$
		FDCrV-A、TDCrV-A			
YB/T 5318	合金弹簧钢丝	50CrVA			
		60Si2MnA			$-40 \sim 250$
		55CrSi			
YB（T）11	弹簧用不锈钢丝	A组： 1Cr18Ni9 0Cr19Ni10 0Cr17Ni12Mo2	70×10^3	185×10^3	$-200 \sim 290$
		B组： 1Cr18Ni9 0Cr18Ni10 C组： 0Cr17Ni8Al	73×10^3	195×10^3	
GB/T 21652	铜及铜合金线材	QSi3-1	40.2×10^3	93.1×10^3	$-40 \sim 120$
		QSn4-3 QSn6.5-0.1 QSn6.5-0.4 QSn7-0.2	39.2×10^3		$-250 \sim 120$
YS/T 571	铍青铜线	QBe2	42.1×10^3	129.4×10^3	$-200 \sim 120$
GB/T 1222	弹簧钢	50CrVA	78.5×10^3	206×10^3	$-40 \sim 210$
		60Si2Mn 60Si2MnA 60CrMnA 60CrMnBA 55CrSiA 60Si2CrA 60Si2CrVA			$-40 \sim 250$

注：当弹簧工作环境温度超出常温时，应适当调整许用应力。

表 2-14-3　碳素弹簧钢丝的抗拉强度 σ_b（摘自 GB/T 23935—2009）（单位：MPa）

钢丝直径 d/mm	级　　别			钢丝直径 d/mm	级　　别		
	B	C	D		B	C	D
0.90	1710	2010	2350	2.80	1370	1620	1710
1.00	1660	1960	2300	3.00	1370	1570	1710
1.20	1620	1910	2250	3.20	1320	1570	1660
1.40	1620	1860	2150	3.50	1320	1570	1660
1.60	1570	1810	2110	4.00	1320	1520	1620
1.80	1520	1760	2010	4.50	1320	1520	1620
2.00	1470	1710	1910	5.00	1320	1470	1570
2.20	1420	1660	1810	5.50	1270	1470	1570
2.50	1420	1660	1760	6.00	1220	1420	1520

二、弹簧的制造

螺旋弹簧的制造工艺过程如下：①绕制；②钩环制造；③端部的制作与精加工；④热处理；⑤工艺试验等，重要的弹簧还要进行强压处理。

弹簧的绕制方法分冷卷法与热卷法两种。弹簧丝直径 $d < 8$mm 的弹簧采用冷卷法绕制。冷态下卷绕的弹簧常用冷拉并经预备热处理的优质碳素弹簧钢丝，卷绕后一般不再进行淬火处理，只进行低温回火以消除卷绕时的内应力。弹簧丝直径 $d \geqslant 8$mm 的弹簧则用热卷法绕制。在热态下卷制的弹簧，卷成后须进行淬火、中温回火等处理。

弹簧的疲劳强度与抗冲击强度在很大的程度上取决于弹簧的表面状况，所以，弹簧丝表面必须光洁、没有裂缝和伤痕等缺陷。表面脱碳会严重影响材料的疲劳强度和抗冲击性能。因此，脱碳层深度和其他表面缺陷要达到检测技术要求。对于重要的弹簧，还要进行工艺检验和冲击疲劳等试验。

为提高弹簧的承载能力，可将弹簧在超过工作极限载荷下进行强压处理，以便在弹簧丝内产生塑性变形和有益的残余应力。由于残余应力与工作应力相反，因而弹簧在工作时的最大应力比未经强压处理的弹簧小。一般经过强压处理的弹簧可提高其承载能力约25%；若经喷丸处理可提高20%。但需注意，强压处理是弹簧制造的最后一道工序，为了保持有益的残余应力，强压处理后不应该作其他热处理，而且经强压处理的弹簧也不宜工作在较高温度、长期振动和有腐蚀性介质的场合。

第三节　圆柱螺旋弹簧的设计计算

一、圆柱螺旋弹簧的结构形式

（一）圆柱螺旋压缩弹簧

圆柱螺旋压缩弹簧在自由状态下，各圈之间应有适当的间隙，以便弹簧受压时有变形的空间。为了使弹簧受压后仍有一定的弹性，设计时应保证弹簧在最大载荷作用下仍有一定的残留间隙量。

为了使弹簧在安装时能够保持其轴线与支承面相垂直，弹簧两端的端圈分别与邻圈并紧，端圈只起支承作用，不参与变形，故常被称为支承圈（或死圈）。当弹簧的有效工作圈数 $n < 7$ 时，压缩弹簧每端死圈数约为 0.75 圈；而当 $n > 7$ 时，则压缩弹簧每端死圈数约为 1.25 圈。压缩弹簧的端部结构有多种形式，常见的如图 2-14-1 所示。在重要的场合，为保证两支承端面与弹簧的轴线相垂直，从而使弹簧受压时不致歪斜，弹簧的两支承端面应采用两端圈并紧且磨平的结构形式。

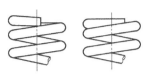

图 2-14-1　圆柱螺旋压缩弹簧端部结构

（二）圆柱螺旋拉伸弹簧

圆柱螺旋拉伸弹簧空载时，各圈应相互并拢。圆柱螺旋拉伸弹簧分为有初拉力和无初拉力两种。有初拉力的拉伸弹簧是在卷制弹簧时，同时使弹簧丝绕其本身的轴线产生扭转。这样制成的弹簧各圈之间具有一定的压紧力，由于弹簧的回弹，弹簧丝中就产生了一定的预应力，称为有初拉力的拉伸弹簧。这种弹簧一定要在外载荷大于初拉力后，各圈才开始分离，故较无初拉力的拉伸弹簧节省了轴向工作的空间。

圆柱螺旋拉伸弹簧的端部制有各种形状的挂钩（图2-14-2），以便安装和加载。其中半圆钩环和圆钩环制造方便，应用较广。但因受载时在挂钩过渡处会产生很大的弯曲应力，故只宜用于弹簧丝直径 $d <$ 10mm 的弹簧中。

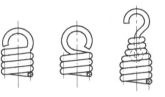

图 2-14-2　圆柱螺旋拉伸弹簧挂钩结构

二、圆柱螺旋弹簧的参数及几何尺寸

如图 2-14-3 及图 2-14-4 所示，圆柱螺旋弹簧的主要尺寸有弹簧丝直径 d、弹簧圈外径 D、弹簧圈内径 D_1、中径 D_2、节距 p、螺旋角 α、自由高度 H_0 等。

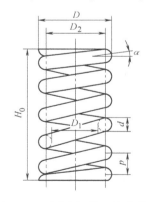

图 2-14-3　圆柱螺旋压缩弹簧

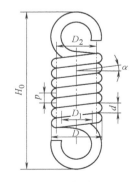

图 2-14-4　圆柱螺旋拉伸弹簧

弹簧设计中，旋绕比（或称弹簧指数）C 是最重要的参数之一。$C = D_2/d$，弹簧指数越小，其刚度越大，弹簧越硬，卷制越困难，弹簧内外侧的应力相差越大，材料利用率越低；反之弹簧越软，卷制虽易，但工作时易产生颤动现象。常用弹簧指数的选取见表 2-14-4。

普通圆柱螺旋拉伸及压缩弹簧的结构尺寸计算公式见表 2-14-5。

表 2-14-4　圆柱螺旋弹簧的常用弹簧指数

弹簧丝直径 d/mm	0.2 ~ 0.5	>0.5 ~ 1.1	>1.1 ~ 2.5	>2.5 ~ 7	>7 ~ 16	>16
C	7 ~ 14	5 ~ 12	5 ~ 10	4 ~ 9	4 ~ 8	4 ~ 6

表 2-14-5　圆柱螺旋拉伸及压缩弹簧的几何参数计算

参数名与代号	拉 伸 弹 簧	压 缩 弹 簧	备　注
中径 D_2/mm	$D_2 = Cd$		
内径 D_1/mm	$D_1 = D_2 - d$		
外径 D/mm	$D = D_2 + d$		
旋绕比 C/mm	$C = D_2/d$		
高径比 b	$b = H_0/D_2$		
自由高度 H_0/mm	$H_0 = nd +$ 钩环沿轴向长度	$H_0 \approx pn + (1.5 \sim 2)d$	两端磨平
		$H_0 \approx pn + (3 \sim 3.5)d$	两端不磨平
总圈数 n_1	$n_1 = n$	$n_1 = n + (2 \sim 2.5)$	冷卷
		$n_1 = n + (1.5 \sim 2)$	热卷
节距 p/mm	$p = d$	$p = (0.28 \sim 0.5)D_2$	
轴向间隙 δ/mm	$\delta = p - d$		
最小间隙 δ_1/mm	$\delta_1 = 0.1d$		
钢丝展开长 L/mm	$L \approx \pi D_2 n_1 +$ 钩环展开长度	$L = \dfrac{\pi D_2 n_1}{\cos\alpha}$	
螺旋角 α	$\alpha = \arctan \dfrac{p}{\pi D_2}$		

三、弹簧特性曲线

表征弹簧载荷与其变形之间关系的曲线称为弹簧特性曲线。对于受压或受拉的弹簧，载荷是指压力或拉力，变形是指弹簧压缩量或伸长量；对于受扭转的弹簧，载荷是指扭矩，变形是指扭角。

弹簧的特性曲线应绘制在弹簧的工作图上，作为检验与试验的依据之一。同时，还可在设计弹簧时，利用特性曲线进行载荷与变形关系的分析。

圆柱螺旋弹簧的结构如图 2-14-5（压缩弹簧）和图 2-14-6（拉伸弹簧）所示，在自由状态下其总高度为 H_0，节距为 p，各圈之间的间隙为 δ。当弹簧受到轴向工作载荷 F 时，会产生相应的弹性变形。如图 2-14-5 所示的压缩弹簧，为了表示载荷与变形的关系，取纵坐标表示载荷，横坐标表示变形，则载荷与变形在弹性阶段内成线性关系。这种表示载荷与变形的关系曲线称为弹簧特性曲线。图 2-14-6 所示为无预应力拉伸弹簧的弹簧特性曲线。

压缩弹簧在承受工作载荷前，通常需预加一定量的最小载荷 F_{min}，使弹簧可靠地稳定在安装位置上。这时弹簧的长度被压缩到 H_1，对应压缩变形量为 λ_{min}。当弹簧受到最大载荷 F_{max} 时，弹簧长度被压缩到 H_2，对应压缩变形量为 λ_{max}。而 λ_{min} 与 λ_{max} 之差即为弹簧的工作行程 h。由图 2-14-5 所示可知，$h = \lambda_{max} - \lambda_{min} = H_1 - H_2$。图中 F_{lim} 为弹簧的极限载荷，在 F_{lim} 作用下，弹簧丝内的应力达到材料的屈服强度。为了保证弹簧在弹性区域内工作，其所承受的最大工作载荷 F_{max} 应小于极限载荷 F_{lim}。设计时，应使 $F_{max} \leqslant 0.8F_{lim}$，最小载荷通常

取 $F_{min} = (0.1 \sim 0.5)F_{max}$。确定 F_{max} 时，应保证弹簧丝中的极限扭应力 τ_{lim} 具有下列数值：对 I 类弹簧，$\tau_{lim} \leq 1.67[\tau]$；对 II 类弹簧，$\tau_{lim} \leq 1.25[\tau]$，对 III 类弹簧，$\tau_{lim} \leq 1.2[\tau]$。

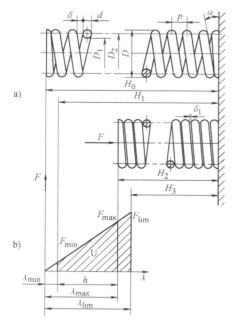

图 2-14-5 圆柱螺旋压缩弹簧的特性曲线   图 2-14-6 圆柱螺旋拉伸弹簧的特性曲线

四、弹簧的强度计算

（一）弹簧的受力分析

图 2-14-7 所示的压缩弹簧，当弹簧受轴向压力 F 时，在弹簧丝的任何横剖面上将承受：扭矩 $T = FR\cos\alpha$，弯矩 $M = FR\sin\alpha$，切向力 $F_Q = F\cos\alpha$ 和法向力 $F_N = F\sin\alpha$。R 为弹簧的平均半径（mm），$R = D_2/2$。

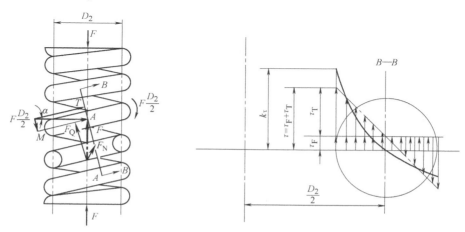

图 2-14-7 圆柱螺旋压缩弹簧的受力及应力分析

由于弹簧螺旋升角 α 的值不大（对于压缩弹簧为 $5° \sim 9°$），所以弯矩 M 和法向力 F_N 可以忽略不计。因此，在弹簧丝中起主要作用的外力将是扭矩 T 和切向力 F_Q。α 的值较小时，$\cos\alpha \approx 1$，可取 $T = FR$ 和 $F_Q = F$。这种简化对于计算的准确性影响不大。

当拉伸弹簧受轴向拉力 F 时，弹簧丝横剖面上的受力情况和压缩弹簧相同，只是扭矩 T 和切向力 F_Q 均为相反的方向。所以上述两种弹簧的计算方法可以一并讲述。

（二）弹簧的强度

从前面受力分析可见，弹簧受到的应力主要为扭矩引起的扭应力和切向力引起的切应力。对于圆形弹簧丝，应力为

$$\tau = \frac{T}{W_T} + \frac{F_Q}{A} = \frac{F\frac{D_2}{2}}{\frac{\pi}{16}d^3} + \frac{F}{\frac{\pi}{4}d^2} = \frac{8FD_2}{\pi d^3}\left(1 + \frac{1}{2C}\right) = K\frac{8FD_2}{\pi d^3} \leqslant [\tau] \tag{2-14-1}$$

系数 K 可以理解为切向力作用时对扭应力的修正系数，进一步考虑到弹簧丝曲率的影响，可得到扭应力

$$\tau = K\frac{8FD_2}{\pi d^3} \leqslant [\tau] \tag{2-14-2}$$

$$K = \frac{0.615}{C} + \frac{4C-1}{4C-4} \tag{2-14-3}$$

式中 K——弹簧的曲度系数，它考虑了弹簧丝曲率和切向力对扭应力的影响。

一定条件下弹簧丝直径的计算公式为

$$d = 1.6\sqrt{\frac{KFC}{[\tau]}} \tag{2-14-4}$$

（三）弹簧的刚度

圆柱弹簧受载后的轴向变形量为

$$\lambda = \frac{8FD_2^3 n}{Gd^4} = \frac{8FC^3 n}{Gd} \tag{2-14-5}$$

式中 n——弹簧的有效圈数；

G——弹簧材料的切变模量（MPa）。

这样弹簧的有效圈数及刚度分别为

$$n = \frac{Gd^4\lambda}{8FD_2^3} = \frac{Gd\lambda}{8FC^3} \tag{2-14-6}$$

$$k = \frac{F}{\lambda} = \frac{Gd}{8C^3 n} = \frac{Gd^4}{8D_2^3 n} \tag{2-14-7}$$

对于拉伸弹簧的总圈数 n_1 超过 20 时，一般圆整为整数；n_1 低于 20 时，可圆整为其 1/2 圈。对于压缩弹簧总圈数的尾数宜取 1/4、1/2 或整圈数，常用 1/2 圈。为了保证弹簧具有稳定的性能，通常弹簧的有效圈数最少为 2 圈。C 值大小对弹簧刚度影响很大。若其他条件相同时，C 值越小、刚度越大，弹簧也就越硬；反之则越软。不过，C 值越小的弹簧卷制越困难，且在工作时会引起较大的切应力。此外，k 值还和 G、d、n 有关，在调整弹簧刚度时，应综合考虑这些因素的影响。

（四）稳定性计算

压缩弹簧的长度较大时，受载后容易发生图2-14-8所示的失稳现象，所以还应进行稳定性验算。为了便于制造和避免失稳现象出现，通常建议弹簧的高径比 b（$= H_0/D_2$）按下列情况选取：弹簧两端均为回转端时，$b \leqslant 2.6$；弹簧两端均为固定端时，$b \leqslant 5.3$；弹簧一端固定而另一端回转时，$b \leqslant 3.7$。如果 b 大于上述数值时，则必须进行稳定性计算，并限制弹簧工作载荷 F，使其小于失稳时的临界载荷 F_C。

一般取 $F = F_C/(2 \sim 2.5)$，其中临界载荷 F_C 可用下式计算

$$F_C = C_u k H_0 \tag{2-14-8}$$

式中　C_u——不稳定系数，如图2-14-9所示。

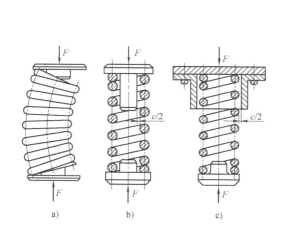

图 2-14-8　圆柱螺旋压缩弹簧的失稳及常用对策
a）失稳　b）加装导杆　c）加装导套

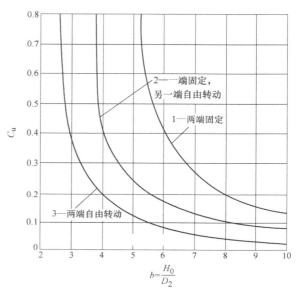

图 2-14-9　不稳定系数线图

如果 $F > F_C$，应重新选择有关参数，改变 b 值，提高 F_C 的大小，使其大于 F_{max} 的值，以保证弹簧的稳定性。若受结构限制而不能改变参数时，就应该加装图2-14-8所示的导杆或导套，以保证弹簧受载时不产生侧向弯曲。为了防止弹簧工作时弹簧丝与导杆或导套产生摩擦，导杆或导套与弹簧丝间应留有间隙 c 值（直径差），见表2-14-6。

五、受变载荷螺旋弹簧的疲劳强度验算

对于循环次数较多、工作在变应力下的重要弹簧，还应该进一步对疲劳强度进行验算。如果变应力的循环次数 $N \leqslant 10^3$ 或应力变化幅度不大时，应进行静强度验算。如果上述两种情况不能明确区分时，则应同时进行这两种强度的验算。

表2-14-6　导杆（导套）与弹簧间的间隙

中径 D_2/mm	$\leqslant 5$	$>5 \sim 10$	$>10 \sim 18$	$>18 \sim 30$	$>30 \sim 50$	$>50 \sim 80$	$>80 \sim 120$	$>120 \sim 150$
间隙 c/mm	0.6	1	2	3	4	5	6	7

（一）疲劳强度验算

图 2-14-10 所示为弹簧在交变载荷作用下的应力变化状态。一般承受变应力作用的弹簧，其应力变化规律有 τ_{max} = 常数和 τ_{min} = 常数两种。因此，可根据力学疲劳强度理论与相应计算公式，进行应力幅安全系数、最大应力安全系数的计算，对于弹簧钢丝也可按下述简化公式进行验算。

$$\tau_{max} = \frac{8KF_{max}C}{\pi d^2} \qquad (2\text{-}14\text{-}9)$$

$$\tau_{min} = \frac{8KF_{min}C}{\pi d^2} \qquad (2\text{-}14\text{-}10)$$

$$S_{ca} = \frac{\tau_0 + 0.75\tau_{min}}{\tau_{max}} \geqslant [S] \qquad (2\text{-}14\text{-}11)$$

式中 τ_0——弹簧材料的脉动循环剪切疲劳极限（MPa），当弹簧材料为碳素弹簧钢、弹簧用不锈钢等材料时，可根据循环次数 N 由表 2-14-7 查取；

[S]——许用安全系数，当弹簧计算和材料的性能数据精确度高时，取 1.3~1.7，精确度较低时，取 1.8~2.2。

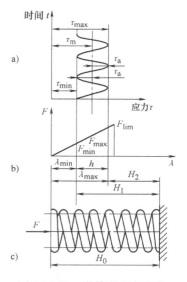

图 2-14-10　弹簧在交变载荷作用下的应力变化状态

表 2-14-7　弹簧材料的脉动循环剪切疲劳极限

变载荷作用次数 N	$\leqslant 10^4$	10^5	10^6	10^7
τ_0/MPa	$0.45\sigma_b$	$0.35\sigma_b$	$0.32\sigma_b$	$0.3\sigma_b$

（二）静强度验算

弹簧的静强度安全系数 S_{Sca} 的验算式为

$$S_{Sca} = \frac{\tau_s}{\tau_{max}} \geqslant [S_s] \qquad (2\text{-}14\text{-}12)$$

式中 τ_s——弹簧材料的屈服强度（MPa），其值可按下述数值选取：碳素弹簧钢取 $\tau_s = 0.5\sigma_b$，硅锰弹簧钢取 $\tau_s = 0.6\sigma_b$，铬钒弹簧钢取 $\tau_s = 0.7\sigma_b$；

$[S_s]$——许用安全系数，其值与 $[S]$ 相同。

例　设计一根圆柱螺旋压缩弹簧，已知弹簧最大工作载荷 $F_{max} = 780\text{N}$，最小工作载荷 $F_{min} = 200\text{N}$，最大变形量 $\lambda_{max} = 45\text{mm}$，弹簧所受载荷为 II 类，两端固定支承，要求在自由状态下弹簧高度 $H_0 < 150\text{mm}$。

解　（1）选取材料　选用冷拉碳素弹簧钢丝（GB/T 4357—2009），因许用应力与弹簧丝直径 d 有关，故采用试算法计算 d 值。

（2）计算弹簧丝直径

1）初设 3 组 d 值	$d = 4\text{mm}$	$d = 5\text{mm}$	$d = 6\text{mm}$
2）选弹簧旋绕比 C	$C = 7$	$C = 6$	$C = 5$
3）计算曲度系数 K	$K = 1.21$	$K = 1.25$	$K = 1.31$
4）选择抗拉强度 σ_b	$\sigma_b = 1500\text{MPa}$	$\sigma_b = 1400\text{MPa}$	$\sigma_b = 1350\text{MPa}$

（续）

5）许用切应力$[\tau]=0.4\sigma_b$	$[\tau]=600$MPa	$[\tau]=560$MPa	$[\tau]=540$MPa
6）计算弹簧丝直径d值 $d=1.6\sqrt{F_{max}KC/[\tau]}$	$d=5.3$mm	$d=4.99$mm	$d=4.67$mm
第一组数据不合理，选2、3组数据		取$d=5$mm	$d=5$mm

（3）计算弹簧圈数和自由高度

1）弹簧有效圈数n（计算2、3组）

$$n=\frac{Gd^4\lambda_{max}}{8F_{max}D_2^3}=\frac{Gd\lambda_{max}}{8F_{max}C^3}$$

求出$n=13.5$或$n=25$。

2）弹簧节距p

$$p=(0.28\sim0.5)D_2=0.3Cd$$

求出$p=9$mm或$p=7.5$mm。

3）自由高度H_0

$$H_0=pn+1.8d$$

求出$H_0=130.5$mm或$H_0=196.5$mm。

第3组$H_0=196.5$mm与设计要求不符，故第2组值合理，因此计算第2组有关参数。

（4）稳定性验算

1）弹簧中径$D_2=Cd=6\times5$mm$=30$mm

弹簧内径$D_1=D_2-d=(30-5)$mm$=25$mm

弹簧外径$D=D_2+d=(30+5)$mm$=35$mm

2）高径比b

$B=H_0/D_2=130.5/30=4.35$

对两端固定支承的弹簧，由于$b<5.3$，不需进行稳定性验算。

（5）几何参数和结构尺寸的确定

1）极限载荷，取$\tau_{lim}=1.25[\tau]$

$$F_{lim}=\frac{\pi d^2\tau_{lim}}{8KC}=\frac{3.14\times5^2\times1.25\times560}{8\times1.25\times6}\text{N}=916.3\text{N}$$

2）弹簧刚度

$$k=\frac{Gd}{8C^3n}=\frac{80000\times5}{8\times6^3\times13.5}\text{N/mm}\approx17.15\text{N/mm}$$

3）实际变形量λ和弹簧高度H

$$\lambda_{min}=\frac{F_{min}}{k}=\frac{200}{17.15}\text{mm}=11.66\text{mm}$$

$$\lambda_{max}=\frac{F_{max}}{k}=\frac{780}{17.15}\text{mm}=45.48\text{mm}$$

$$\lambda_{lim}=\frac{F_{lim}}{k}=\frac{916.3}{17.15}\text{mm}=53.43\text{mm}$$

$$H_1=H_0-\lambda_{min}=(130.5-11.66)\text{mm}=118.84\text{mm}$$

$$H_2 = H_0 - \lambda_{max} = (130.5 - 45.48)\,mm = 85.02mm$$

4）总圈数 n_1

$$n_1 = n + 2 = 13.5 + 2 = 15.5$$

5）轴向间隙 δ

$$\delta = p - d = (9 - 5)\,mm = 4mm$$

6）螺旋角 α

$$\alpha = \arctan\left(\frac{p}{\pi D_2}\right) = \arctan\left(\frac{9}{30\pi}\right) = 5.458°$$

7）展开长度 L

$$L = \frac{\pi D_2 n_1}{\cos\alpha} = \frac{\pi \times 30 \times 15.5}{\cos 5.458°}\,mm = 1467.43mm$$

（6）画弹簧工作图（略）

知识拓展

多股螺旋弹簧是由钢索（通常由 3~14 股、1~3 层、0.4~3mm 的碳素弹簧钢丝缠绕而成）卷制而成的圆柱螺旋弹簧。与单股弹簧相比，多股螺旋弹簧具有更好的强度及独特的吸振、减振效果，因而它是航空发动机和自动武器等产品的关键零件。另外，多股螺旋弹簧还可广泛应用于振动设备（如振动筛、振动粉碎设备等）、高精度台面和要求很平稳的运输车辆等，以取代传统的单股金属弹簧和橡胶弹簧。

多股螺旋弹簧的特性是弹簧在高速往复复位过程中，钢索本身将受到转矩作用，使钢丝产生拧紧和角偏转，各股钢丝紧密接触，产生摩擦阻尼作用，以致达到良好的吸振和减振效果。另一个重要特性是强度好、使用寿命长。普通的单股弹簧，若簧丝出现断裂等情况，弹簧即失效，只能重新更换，但在很多情况下没有时间和机会更换已失效的弹簧。而多股螺旋弹簧某一根簧丝的断裂对弹簧本身的使用没有多大影响，而且多股螺旋弹簧多采用直径较小的碳素弹簧钢丝制成，钢丝直径越小，强度就越高。因此，相比于单股螺旋弹簧，多股螺旋弹簧因其强度高、消振及抗冲击能力强、寿命和安全性高等优点，具有广泛的应用前景，几乎所有使用单股螺旋弹簧的场合，均可考虑使用多股螺旋弹簧进行替代以提高使用性能。但是由于多股螺旋弹簧制造工艺复杂，制造成本高，且产品质量难以保证，它的应用领域又受到了一定限制。

目前，多股螺旋弹簧主要用于一些对持久强度和安全性要求较高的特殊场合。如自动武器发射系统的复进簧、航空发动机减振簧及外部管路支撑用隔振器、汽车内仪器仪表的多股簧减振器、山地自行车后悬架的减振装置等。

文献阅读指南

弹簧种类繁多，本章只介绍了圆柱螺旋弹簧的设计计算，其他常用弹簧，如碟形弹簧、片弹簧和线弹簧、扭杆弹簧、环形弹簧、平面涡卷弹簧、橡胶弹簧及空气弹簧的结构形式、特性和设计计算可参阅《机械设计手册》（新版）第 2 卷第 7 篇弹簧中的相关内容。

多股螺旋弹簧的应用背景及基本理论、理论设计方法及有限元仿真、制造工艺及成形后热处理技术、弹簧各种工艺参数对弹簧回弹的影响，动态参数检测设备等相关内容可参阅王时龙，周杰，李小勇等著的《多股螺旋弹簧》（北京：科学出版社，2011）。

学习指导

一、本章主要内容

本章介绍了弹簧的功用、类型、特点和弹簧常用材料，并以圆柱形的拉伸、压缩螺旋弹簧为例，讨论了圆柱形弹簧结构、基本参数、特性曲线。对弹簧强度和刚度的基本设计理论、基本设计方法和设计过程进行了介绍。

二、本章学习要求

通过本章内容的学习，了解弹簧的类型、结构与使用场合，掌握圆柱形拉伸、压缩螺旋弹簧的选材、结构与基本的设计计算方法。

思 考 题

2.14.1 常见弹簧有哪些类型？各有什么特点？

2.14.2 说明座椅、列车底盘、钟表各采用什么弹簧？

2.14.3 弹簧的特性曲线表示弹簧的哪些性能？它在设计中起什么作用？试画出拉伸弹簧的特性曲线。

2.14.4 影响弹簧变形量和刚度的主要因素有哪些？采取什么措施改变其变形量和刚度？哪个大？若受载情况相同，承受的最大应力哪个大？

2.14.5 在设计圆柱螺旋弹簧时，弹簧丝直径是按什么要求来确定的？

2.14.6 安装弹簧时为什么要预加一定的载荷 F_1？

2.14.7 设计中为什么要考虑弹簧的稳定性？其稳定性与哪些因素有关？

2.14.8 有圆柱螺旋弹簧两个，其弹簧丝直径、材料和有效圈数均相同，但旋绕比不同，问弹簧刚度是否一样？

习 题

2.14.1 某一圆柱螺旋拉伸弹簧，弹簧丝直径 $d = 3.5$mm，弹簧中径 $D_2 = 28$mm，工作圈数 $n = 20$，材料为碳素弹簧钢丝 Ⅱ 类弹簧，试计算此弹簧所能承受的最大工作载荷和相应的变形量。

2.14.2 某机械设备中采用一圆柱螺旋压缩弹簧。已知：弹簧丝直径 $d = 3.5$mm，弹簧中径 $D_2 = 13$mm，工作圈数 $n = 6.5$，弹簧节距 $p = 5.2$mm，弹簧材料为碳素弹簧钢丝，载荷性质为 Ⅱ 类，端部采用并紧并磨平结构。每端各取 1 圈为支承圈，两端为回转支承。试求：

1）该弹簧能承受的最大工作载荷 F_{max} 及变形量 λ_{max}。

2）弹簧的自由高度 H_0 和并紧高度 H_b。

3）校核该弹簧的稳定性。

2.14.3 试设计一圆柱螺旋压缩弹簧。已知该弹簧所受载荷循环次数不超过 10^4 次，要求外径限制在 30mm 以内，工作时所承受的最小工作载荷 $F_1 = 180$N，最大工作载荷 $F_2 = 500$N，工作行程 $h = 20$mm。

习题参考答案

2.14.1 $F \leq 269$N；$\lambda = 79.70$mm。

2.14.2 1）$F_{max} = 474.89$N，$\lambda_{max} = 4.58$mm；2）$H_0 \approx 40$mm，$H_b = (n + 1.5) d = 28$mm；

3）取 $C_u = 0.35$ 时，$F_C = 1581$N，稳定性满足要求。

2.14.3 略。

第三篇

机械产品的方案设计与分析

前　言

　　机械产品实现的全过程包括产品构思、拓扑结构设计、运动学设计、动力学设计、零件结构设计、零件强度设计、优化设计、可靠性设计、计算机辅助设计（CAD）、机械零部件绘制、工艺路线制订、产品生产制造、投入市场、售后服务、报废回收等。其中绝大部分过程都属于产品设计。设计是产品开发的第一步，也是最具创造性的一环，设计的好坏对机械产品的性能、质量、水平、市场竞争力和企业的经济效益具有决定性作用。机械产品的设计是对产品的功能、工作原理、系统运动方案、机构的运动与动力设计、机构的结构尺寸、力和能量的传递方式、各零件的材料和形状尺寸、润滑方式等进行构思、分析和计算，并将其转化为具体的描述以作为制造依据的工作过程。该过程涉及的内容正是本教材前两篇的主要内容。

　　本篇充分利用教材前两篇的主要设计与分析方法，首先，简要介绍机械产品设计全过程的主要内容；然后，对其重要环节"机械产品运动方案的设计与分析"进行介绍，包括机械产品运动方案的设计程序、设计内容、设计原则、执行机构的拓扑结构设计与评价；最后，简要介绍机械传动系统的设计及控制系统的设计，并对机械创新设计的过程和方法进行总结和概括。

第一章

机械产品设计过程简介

机械产品的设计是模仿、总结、借鉴和创造多方面结合的技术工作。在合理的外部条件下，采用合理的设计哲学、设计准则和方法，设计和创造出优秀的机械产品。机械产品设计的全过程一般分为四个阶段：产品构思阶段、总体方案设计阶段、详细设计阶段、改进设计及售后服务阶段。其流程框图如图 3-1-1 所示。

一、产品构思

产品构思，即产品的初期规划。通过各种调查（如市场调查、技术调查、同行调查等）进行可行性论证，最终确定设计任务，明确设计目标所要达到的功能和性能指标。

市场调查：进行销售市场、原料市场、购买力行为分析，作出销售量预测及市场占有率预测；进行经济、社会环境分析，作出产品社会效益及生命周期预测；进行政策、法规分析，作出产品生产和销售可能性预测。

技术调查：进行产品设计、制造的新技术、新材料的调查研究，作出产品技术可行性预测及成本预测。

同行调查：进行有关产品的国内外水平和发展趋势的分析，作出时间上领先占领市场的可能性预测及技术上、产品功能上领先的可能性预测。

可行性论证：从经济、技术、市场等方面论证产品开发的必要性和产品设计、制造、销售等各项措施实施的可能性。

二、总体方案设计

总体方案设计是产品设计的关键性环节，它决定了产品的性能和成本，关系到产品的水平和竞争能力。首先，对设计任务进行功能分析、工艺动作的分解，明确各个工艺动作的工作原理。由于体现同一功能的产品可以有多种多样的工作原理，因此要在功能分析的基础上通过创新构思，对完成各工艺动作和工作性能的执行机构进行全面构思，对各可行方案进行拓扑结构设计、运动规律设计和协调设计。其次，考虑原动机的选择和传动系统的设计。最后，通过对各可行方案进行运动学和动力学分析，模拟仿真试验，优化筛选出较为理想的方案，绘制总体方案示意图、机械系统运动简图、运动循环图及方案设计计算说明书。

方案设计具有创造性、多解性、近似性、综合性、经验性等特点，是一个较为复杂的设计过程。

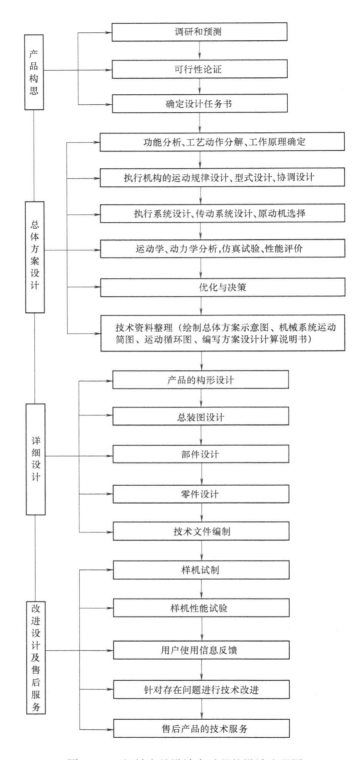

图 3-1-1　机械产品设计全过程的设计流程图

三、详细设计

详细设计是将方案设计形成的机械系统运动简图具体化为机器及零部件的合理结构，完成机械产品的总体设计、部件和零件设计，完成全部生产图样及相关的设计计算说明书等技术文件。

本阶段设计要求零部件满足设计功能要求，零件结构形状要便于制造加工，常用零件尽可能标准化、通用化、组合化。总体设计要满足总功能、人机工程、造型美学、包装、运输、管理维修、环境保护等方面的要求。

四、改进设计及售后服务

根据试验、用户使用、鉴定等所暴露的问题，及时作出相应的技术完善，确保产品的设计质量，保证消费者的权益不受侵害。

总之，机械产品设计作为现代工业生产的关键环节，在产品整个生命周期中占有极其重要的位置，它从根本上决定着产品的内在和外在品质、质量及成本。

机械产品的设计方法应采用现代设计方法，除强度计算以外还要考虑参数优化、结构优化、方案优化，进行可靠性分析、人机工程学、工业美学、绿色设计等。现代机械设计还会应用到有限元设计、虚拟设计、稳健设计、并行设计、机电一体化设计、计算机辅助设计等。

第二章

机械产品运动方案的设计与分析

第一节　机械产品运动方案的设计程序

机械产品运动方案设计过程可用图 3-2-1 来表示。

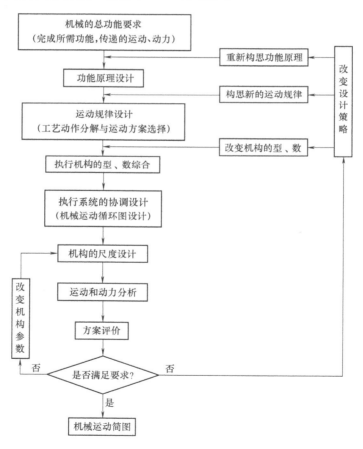

图 3-2-1　机械运动简图设计流程示意图

它包括以下几个主要内容：

（一）功能原理设计

所谓功能原理设计，就是根据机械预期实现的功能，考虑选用何种工作原理来实现这一功能要求。实现某种预期的功能要求，可以采用多种不同的工作原理。不同的工作原理需要不同的工艺动作。例如，加工齿轮，可选择仿形法或展成法；加工螺纹，可采用车削加工、套螺纹或滚压等工作原理；印刷纸张，可采用平板式印刷原理或轮转式工作原理。采用不同的工作原理，设计的机械在工作性能、工作品质和适用场合等方面都会有很大差异。

（二）运动规律设计

所谓运动规律设计，是指为实现上述工作原理而决定选择何种运动规律。实现同一工作原理，可以采用不同的运动规律。例如，采用展成法加工齿轮，工艺动作可分为两种：一种是把工艺动作分解为齿条插刀与轮坯的展成运动、齿条刀具的上、下往复切削运动和刀具的进给运动等，按照这种工艺动作分解方法得到插齿机床的方案；另一种是把工艺动作分解为滚刀与轮坯的连续转动（切削运动和展成运动合为一体）和滚刀沿轮坯轴线方向的移动，按照这种工艺动作分解方法，得到的是滚齿机床的方案。这两种机械运动方案是完全不同的。

（三）执行机构的型、数综合

所谓机构的型、数综合，是指选择何种类型的机构以及确定有多少种机构可以实现上述运动规律。实现同一种运动规律，可以选用不同形式的机构。例如，为了实现某执行构件的直线往复运动，可以采用的机构类型有曲柄滑块机构、凸轮机构、齿轮齿条机构、螺旋机构、组合机构等。究竟选择何种机构，还需要考虑机构的结构尺寸、运动特性、机械效率、加工成本以及运动协调配合要求等因素，根据所设计的机械的特点进行综合考虑，抓住主要矛盾，对各种可能使用的机构进行综合评价，择优选用。

（四）执行系统的协调设计

一部复杂的机械，通常由多个执行机构组合而成，各个执行机构中执行构件的运动必须按一定的时间和空间顺序进行。图 3-2-2 所示的粉料压片机械系统，要求送料机构的料斗下料前，下冲头已经下沉，留出下料空间，同时下冲头加一定压力准备接料。送料斗下完料返回后，上冲头才向下压，此时下冲头继续增大压力以达到与上冲头的冲力平衡。为了避免冲头发生碰撞，料斗返回后需让出足够的空间位置，以便上冲头顺利下压。上冲头冲完料返回后，下冲头才能上行，同时加压，把冲好的成品推出，从而完成一个工作循环。如果各执行机构动作不协调，就会破坏机械的整个工作过程，甚至损坏机件和产品，造成生产和人身事故。所谓执行系统的协调设计，就是根据工艺过程对各动作的要求，分析各执行机构在时间及空间上如何协调和配合，设计出协调配合图，此图通常又称为机械的运动循环图，它具有指导各执行机构的设计、安装和调试的作用。

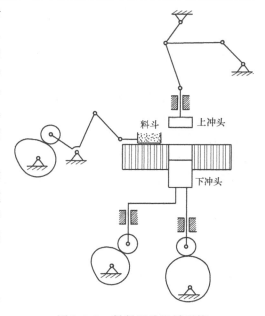

料斗　上冲头

下冲头

图 3-2-2　粉料压片机械系统

（五） 机构的尺度设计

所谓机构的尺度设计，是指根据各执行构件、原动件的运动参数，以及各执行构件的协调配合要求、动力性能要求，确定各执行机构中构件的几何尺寸（指机构的运动尺寸）或几何形状（如凸轮轮廓）等，绘制出各执行机构的运动简图。

（六） 运动和动力分析

对整个执行系统进行运动分析和动力分析，以检验是否满足运动要求和动力性能要求。

（七） 方案评价

方案评价包括定性评价和定量评价。定性评价是指对结构的繁简、尺寸的大小、加工的难易等进行评价。定量评价是指将运动和动力分析后所得的执行机构的具体性能与使用要求所规定的预期性能进行比较，从而对设计方案作出评价。如果评价结果认为合适，则可绘制执行系统的运动简图，即完成执行系统的方案设计；如果评价结果是否定的，则需修改设计方案。修改设计方案的途径因实际情况而异：既可改变运动参数，重新进行机构的尺度设计；也可改变机构形式，重新选择新的机构；还可以改变工艺动作的分解方法，重新进行运动规律设计；甚至可以否定原来的功能原理设计，重新寻找新的功能原理。

需要指出的是，选择方案与对方案进行尺度设计和性能分析，有时是不可分的。因为在实际工作中，如果大体尺寸还没有确定，就不可能对方案作出确切评价。所以，这些工作在某种程度上是并行的。

综上所述，实现同一种功能要求可以有不同的工作原理；实现同一种工作原理，可以有不同的运动规律；实现同一种运动规律，可以采用不同形式的机构。因此，为了实现同一种预期的功能要求，就可以有许多种不同的方案。机械运动方案设计所要研究的问题，就是如何合理地利用设计者的专业知识和分析能力，创造性地构思出各种可能的方案并从中选出最佳方案。因此，机械的运动方案设计是一项最具创造性的工作。

第二节　机械产品运动方案的设计内容

机械产品的运动方案设计主要包括下列内容：

（1） 功能原理方案的设计与构思　根据机械所要实现的功能（功用）采用有关的工作原理，由工作原理出发设计和构思出工艺动作（即机械执行构件的运动）过程。

（2） 机械系统运动方案设计　机械系统运动方案通常用机械系统运动示意图表示，它是根据功能原理方案中提出的工艺动作过程及各个动作的运动规律要求，选择相应的若干执行机构，并按一定的关系把它们组合成机械系统运动示意图。该机械系统应能合理地、可靠地完成上述工艺动作。机械运动方案就是机构运动简图设计中的型综合，其示意图是进行机构运动简图尺度设计的依据。

（3） 机械运动简图的尺度综合　将机械系统运动方案中各个执行机构，根据工艺动作运动规律和机械运动循环图的要求进行运动学尺度综合。机械运动简图中各机构的运动学尺寸（如有高副机构还应包括高副的形状）都要通过分析、计算加以确定。当然，在进行机械运动简图的尺度综合时，应该同时考虑其运动条件和动力条件，否则不利于设计性能良好的新机械。

（4） 机械系统运动方案的评价　在进行机械系统运动方案设计时，由于能实现同一种功能的机构不是唯一的，因此，选用不同的机构就能构成不同的方案。为了设计出较优的机械，设计者不仅要提出若干个设计方案，而且要从这些设计方案中找出较优方案。因此，如何建立合理的评价体系，采用正确的评价方法，从诸多方案中找出较优方案是机械系统运动方案设计的重要内容。

第三节 机械产品运动方案的设计原则

由于设计的多解性和复杂性，满足某种功能要求的机械系统运动方案可能会有多种，因此，在构思机械系统运动方案时，除了满足基本的功能要求外，还应遵循以下几项原则：

一、机械系统尽可能简单

（一）尽量简化和缩短运动链，选择较简单的机构

在构思机械系统运动方案时，要选用和设计一些机构，在保证实现功能要求的前提下（包括通过自由度计算，保证机构具有确定运动），应尽量采用构件数和运动副数较少的机构，这样既可以简化机器的构造、减小质量、降低成本，又可以减少运动副摩擦带来的功率损耗、提高效率，减少运动链的累积误差、提高传动精度和可靠性。此外，构件数目的减少，还有利于提高机械系统的刚性，减少产生振动的环节。由于上述原因，在进行执行机构形式设计时，有时宁可采用具有较小设计误差但结构简单的近似机构，而不采用理论上没有误差但结构复杂的机构。图 3-2-3a 所示为八杆机构，当机构尺寸满足 $AB = AF$，$AD = CD$，$BE = EF = FC = CB$，当构件 CD 绕 D 点转动时，E 点的轨迹为一条垂直于 AD 的直线。图 3-2-3b 所示为曲柄摇杆机构，当机构尺寸满足 $BC = CE = CD = 2.5AB$，$AD = 2AB$，当曲柄 AB 绕 A 点并沿着 a-d-b 转动半周时，连杆 BC 上 E 点的轨迹为一条近似直线 a_1-d_1-b_1。实际分析表明，在同一制造精度条件下，前者的实际传动误差为后者的 $2 \sim 3$ 倍，因此，人们宁愿选后者而不用前者来实现直线轨迹的要求。

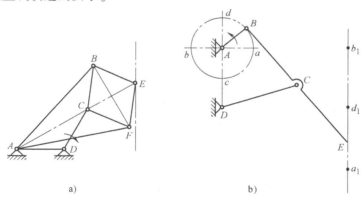

a)   b)

图 3-2-3 直线轨迹机构

（二）选择合适的运动副形式

运动副在机械传递运动和动力过程中起着重要作用，它直接影响到机械的结构形式、传动效率、寿命和灵敏度等。

一般说，转动副易于制造，容易保证运动副元素的配合精度，且效率较高。而移动副元素制造较困难，不易保证高精度，且运动中易出现自锁，效率较低，故一般只用于作直线运动或将转动转变为移动的场合。在进行执行机构形式设计时，在某些情况下，若能用转动副代替

移动副，将会收到较好的效果。图 3-2-4a 所示为对心曲柄滑块机构，当机构尺寸满足 $CD = BC = CE$，当滑块往复移动时，连杆 BC 上 E 点的轨迹为一条垂直于 DB 的直线，把图 3-2-4a 中的移动副 A' 用转动副 A 代替，得到图 3-2-4b 所示的曲柄摇杆机构，E 点实现近似的直线轨迹。

高副机构比较易于实现执行构件较复杂的运动规律或运动轨迹，且有可能减少构件数和运动副数，设计简单。但高副元素的形状比较复杂且易于磨损，故一般用于低速、轻载场合。

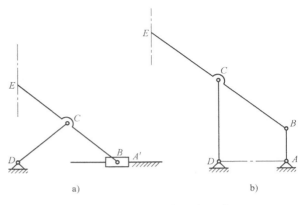

图 3-2-4　转动副代替移动副

（三）选择合适的动力源

选择合适的动力源，有利于简化机械结构和改善机械性能。在进行原动件选择时，不要局限于选择传统的回转电动机驱动形式，要充分考虑工作要求、生产条件和动力源情况。如果只要求机构执行构件实现简单的工作位置变换，且有气、液源时，采用图 3-2-5 所示的气压或液压缸作为原动件比较方便。这样既可以减去由电动机驱动而引入的传动机构或转换运动的机构，缩短运动链，简化结构，又有利于操作、调速和减振，特别是对于具有多个执行机构的工程机械、自动生产线等，如由单一原动机驱动形式改为多原动机驱动形式，虽然增加了原动机的数目和电控部分的要求，但传动部分的

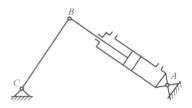

图 3-2-5　液压或气压驱动机构

运动链可大为简化，减少了功率损耗，机构也更加简单、紧凑。随着控制技术的发展，多原动机驱动形式将广泛应用于机械系统中。

二、尽量缩小机构尺寸

设计机械时，在满足功能要求的前提下，总希望机构结构紧凑、尺寸小、质量小。而机构的尺寸和质量随所选用的机构类型不同而有很大差别。例如，在相同的传动比情况下，行星轮系的尺寸和质量明显比定轴轮系要小；在从动件移动行程较大的情况下，采用圆柱凸轮要比采用盘形凸轮的尺寸更为紧凑。

图 3-2-6 所示为连杆—齿轮组合机构，小齿轮 3 与连杆 BC 在 C 点用转动副相连，同时小齿轮 3 又分别与固定齿条 4 和活动齿条 5 相啮合，这样活动齿条 5 上 E 点的位移是连杆上 C 点位移的 2 倍，是曲柄 AB 长的 4 倍。因此，在输出位移相同的前提下，该机构的曲柄比对心曲柄滑块机构的曲柄长可缩小一半，从而缩小整个机构尺寸。图 3-2-7 所示为凸轮—连杆组合机构。根据杠杆原理，当摆杆 BAC 的输出端长度 l_{AC} 大于输入端长度 l_{AB} 时，C 点的位移大于 B 点的位移，从而可在凸轮尺寸较小的情况下，使滑块获得较大行程。

三、机构具有较好的动力特性

机构在机械系统中不仅传递运动，而且要传递和承受载荷。因此，应注意选用具有最大

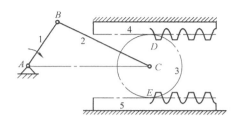

图 3-2-6　连杆—齿轮组合机构

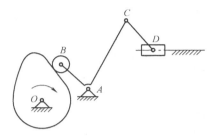

图 3-2-7　凸轮—连杆组合机构

传动角、最大增力系数和效率较高的机构。这样可减小主动轴上的力矩和原动机的功率及机构的尺寸与质量。

图 3-2-8 所示为往复摆动连杆机构，作为执行构件，其传力性能是最佳的，因为压力角始终为零。图 3-2-9 所示为某压力机的主机构，曲柄 AB 为原动件，滑块 5 为冲头。当冲压工件时，机构所处的位置是 α 和 θ 都很小的位置。虽然冲头阻力 F 较大，但曲柄传给连杆 2 的驱动力 F_{12} 很小。当 $\theta \approx 0°$、$\alpha \approx 2°$ 时，F_{12} 仅为 F 的 7% 左右。由此可知，采用这种增力方法后，即使瞬时需要克服的工作阻力很大，也不需要很大的电动机的功率。此外，对于高速运转的机械，如果作往复运动或平面复杂运动的构件惯性质量较大或转动构件上有较大的偏

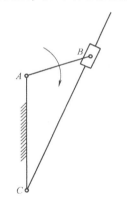

图 3-2-8　往复摆动连杆机构

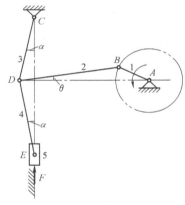

图 3-2-9　某压力机的主机构

心质量，则在选择机构形式时，应尽可能考虑机构的对称性，以平衡较大的惯性力和惯性力矩，从而减小运转过程中的动载荷和振动。图 3-2-10 所示为摩托车发动机机构，由于有两个曲柄滑块机构关于 A 点对称，所以在每一瞬间，所有惯性力将完全抵消，达到惯性力的平衡。

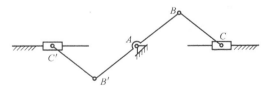

图 3-2-10　摩托车发动机机构

四、机构具有调节某些运动参数的能力

在某些机械运转过程中，有些运动参数（如行程）需要经常调节。而在另一些机械中，虽然不需要在运转过程中调节运动参数，但为了安装调试方便，也需要机构中有调整环节。

机构运动参数的调节，在不同情况下有不同的办法。一般来说，可通过选择和设计具有两个自由度的机构来实现。两自由度机构具有两个原动件，可将其中一个作为主原动件输入

主运动（即驱动机构实现工艺动作所要求的运动），而将另一个作为调节原动件，当调整到需要位置后，使其固定不动，则整个机构就成为具有一个自由度的系统，在主原动件的驱动下，机构即可正常工作。

图 3-2-11 所示为可调节摇杆摆角的七杆机构，构件 1 为主原动件，构件 5 为调节原动件，改变构件 5 的位置，摇杆的摆角和极限位置就会发生相应变化，调节适当后，即可使构件 5 固定不动，整个机构就变成了单自由度机构。又如图 3-2-12 所示的可调活塞行程的连杆机构，改变偏心轮相对于摇杆 *BE* 的转角并加以固定，就可得到活塞 *F* 的不同行程。

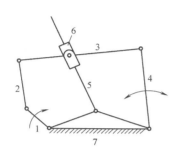
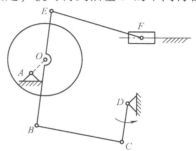

图 3-2-11　可调节摇杆摆角的七杆机构　　　图 3-2-12　可调活塞行程的连杆机构

五、保证机械的安全运转

在进行执行机构设计时，必须考虑机械的安全运转问题，以防发生机械的损坏，出现生产和人身事故的可能性。如机械中的过载保护装置、起重机的自锁机构等，都起到机械安全运转保护作用。

六、机械系统应具有良好的人—机性能

任何机械系统都是由人来设计的，并为人服务，而且大多数机械系统需要人来操作和使用，因此，人和机械之间存在着一定的关系。为了使人能有效利用机械和保护人的身心健康，在进行机械设计时，必须考虑人的生理特点，以求得人与机械系统的和谐统一。基于这种思想，在进行机械系统方案设计时，要考虑如下因素：

1）所设计的机器应能适合90%以上的工人操作，即应以人体测量参数为工作岗位设计的依据。

2）机器的工作频率会影响工人的劳动强度和作业负荷，设计时应使工人的劳动强度和作业负荷符合劳动卫生规则，以确保职工的身心健康。

3）机器的信号显示和操纵部分的设计应便于观察和操作，操纵器的用力方向和大小要适合人体生理特点。

4）所设计的机械系统应符合环保要求。

第四节　机械产品运动方案的设计与评价

一、机械产品运动方案的构思与拟定

机械产品运动方案设计决定着产品的质量、性能和经济性，关系到产品的市场竞争力和

企业的经济效益。因此，它是产品实现过程最为重要的阶段。机械产品运动方案的构思与拟定一般按照机械运动简图设计的流程（图3-2-1）进行，主要步骤如下：

（1）功能原理的构思与选择　功能原理设计是机械系统运动方案设计的第一步，也是十分重要的一步。如前所述，要实现同一功能要求，可以有许多不同的工作原理供选择。功能原理设计的任务，就是根据机械预期实现的功能要求，构思出所有可能的功能原理，加以分析比较，并根据使用要求或工艺要求，从中选出满足功能要求，工艺动作简单的工作原理。因此，功能原理设计的过程是一个创造性的过程。

（2）执行系统的运动规律设计　运动规律设计的目的，是根据工作原理所提出的工艺要求构思出能够实现该工艺要求的各种运动规律，然后从中选取最为简单实用的运动规律，作为机械产品的运动方案。而一个复杂的工艺过程，往往需要多种动作，一个复杂的动作又可以由一些最基本的运动合成。因此，运动规律设计通常是对工艺方法和工艺动作进行分析，将其分解成若干个基本动作。工艺动作分解方法不同，所形成的运动方案也不相同。例如，要设计一台加工平面或成形表面的机床，可以选择刀具与工件之间相对往复移动的工作原理。其工艺动作的分解有两种：一种是让工件作纵向往复移动，刀具作间歇的横向进给运动，即切削时刀具静止不动，而不切削时刀具作横向进给，这样就得到了龙门刨床的运动方案，该方案适用于加工大尺寸的工件；另一种是让刀具作纵向往复移动，工件作间歇的横向进给运动，即在工作行程中工件静止不动，而刀具在空回行程时工件作横向进给，这样得到的是牛头刨床的运动方案，该方案适用于加工中、小尺寸的工件。又如加工内孔的机床，依据刀具与工件间相对运动的原理，采用不同的工艺动作分解方法，分别得到镗内孔的车床（图3-2-13a）、镗内孔的镗床（图3-2-13b）、加工内孔的钻床（图3-2-13c）及拉床（图3-2-13d）。这几种方案各具特点和用途，如车床镗内孔，适用于加工小的圆柱形工件，如果加工尺寸很大且外形复杂的工件，则采用镗床更为合适。钻床取消了刀具径向调整运动，简化了工艺动作，但刀具复杂化了，且加工大的内孔较困难。拉床动作最简单，生产率也高，但所需拉力大，刀具价格昂贵且不易自制，故不宜拉削大零件和长孔，拉孔前还需在工件上预先制出拉孔和工件端面。因此，在进行运动规律设计和运动方案选择时，应综合考虑各方面因素，根据实际情况进行认真分析和比较，从中选出最佳方案。此外，在进行运动规律设计时，不但要注意工艺动作自身的形式，还要注意其变化规律的特点，即运转过程中速度和加速度变化的要求。这些要求，有些是工艺过程本身提出来的（如机床的进给要近似匀速，以保证加工工件的表面质量）；有些是从动力学的观点提出来的（如为了减小机械运转过程中的动载荷等）。认真分析和确

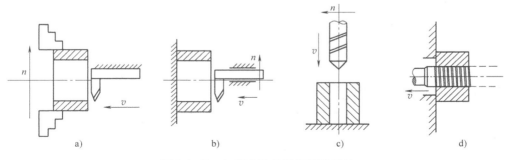

a)　　　　　　　b)　　　　　　　c)　　　　　　　d)

图3-2-13　加工内孔的运动规律设计

定工艺动作的运动规律，对保证工艺质量、减小设备尺寸和质量，以及降低功率消耗等，都具有重要的意义。

　　机械运动规律设计和运动方案选择所涉及的问题很多，设计者只有在认真总结生产实践经验的基础上，综合运用多方面的知识，才能拟定出比较合理的运动规律和选择出较为优秀的运动方案。在拟定和评价各种运动规律和运动方案时，应同时考虑到机械的工作性能、适应性、可靠性、经济性及先进性等多方面因素。此外，要实现同一工作原理，可以采用不同的工艺动作分解方法，设计出不同的运动规律，因此，运动规律设计也是一种创造性的工作。

　　（3）执行机构的形式设计　经过功能原理的工艺过程分析，确定了完成所需动作或功能所需的执行构件数目及运动规律后，就可选择或设计合适的机构形式来实现这些动作。一般来说，一个执行构件的运动形式可由几种不同形式的机构来实现。机构形式的优劣，将直接影响到机械的工作质量、使用效果和结构的繁简程度。它是机械系统运动方案设计中极具创造性的工作。执行机构形式设计的方法有两类，即机构的选型和构型。

　　1）机构的选型，是指利用发散思维方法，将前人创造发明的数以千计的各种机构按照运动特性或动作功能进行分类，然后根据设计对象中执行构件所需要的运动特性或动作功能进行搜索、选择、比较和评价，选出执行机构的合适形式。

　　为了便于按机械构件的运动形式选择机构，表3-2-1列出了常见运动特性及其所对应的机构。

表3-2-1　常见运动特性及其对应机构

运动特性		实现运动特性的机构示例
连续转动	定传动比匀速	平行四杆机构、双万向联轴器机构、齿轮机构、轮系、谐波传动机构、摆线针轮机构、摩擦传动机构、挠性传动机构等
	变传动比匀速	轴向滑移圆柱齿轮机构、混合轮系变速机构、摩擦传动机构、行星无级变速机构、挠性无级变速机构等
	非匀速	双曲柄机构、转动导杆机构、单万向联轴器机构、非圆齿轮机构、某些组合机构等
往复运动	往复移动	曲柄滑块机构、移动导杆机构、正弦机构、移动从动件凸轮机构、齿轮机构、楔块机构、螺旋机构、气动机构、液压机构等
	往复摆动	曲柄摇杆机构、双摇杆机构、摆动导杆机构、曲柄摇块机构、空间连杆机构、摆动从动件凸轮机构、某些组合机构等
间歇运动	间歇转动	棘轮机构、槽轮机构、不完全齿轮机构、凸轮式间歇运动机构、某些组合机构等
	间歇摆动	特殊形式的连杆机构、摆动从动件凸轮机构、齿轮—连杆组合机构、利用连杆曲线圆弧段或直线段组成的多杆机构等
	间歇移动	棘齿条机构、摩擦传动机构、从动件作间歇往复运动的凸轮机构、反凸轮机构、气动机构、液压机构、移动杆有停歇的斜面机构等
预定轨迹	直线轨迹	连杆近似直线机构、八杆精确直线机构、某些组合机构等
	曲线轨迹	利用连杆曲线实现预定轨迹的多杆机构、凸轮—连杆组合机构、齿轮—连杆组合机构、行星轮系与连杆组合机构等
特殊运动要求	换向	双向式棘轮机构、定轴轮系（三星轮换向机构）等
	超越	齿式棘轮机构、摩擦式棘轮机构等
	过载保护	带传动机构、摩擦传动机构等

需要说明的是，表中所列机构只是很少一部分，具有上述几种运动特性的机构有数千种之多，在各种机构设计手册中均可查到。

此外，在机械系统中，驱动执行构件的执行机构都需要由原动机驱动，有的执行机构可以由原动机直接驱动，但大部分执行机构则由于运动形式、速度、位置等原因，不能由原动机直接驱动，而需要在原动机与执行机构之间加入传动机构。表 3-2-2 所列为常用运动转换基本功能及其相匹配的机构，以供设计者考虑运动转换时参考。

表 3-2-2 常用运动转换基本功能及其相匹配的机构

运动转换基本功能	匹配的机构或载体
连续转动变单向间歇转动	槽轮机构、平面凸轮间歇机构、不完全齿轮机构、圆柱凸轮分度机构、针轮间歇转动机构、蜗杆凸轮分度机构、内啮合行星轮间歇机构、组合机构
连续转动变双向摆动	曲柄摇杆机构、摆动从动件凸轮机构、曲柄滑块机构、电风扇摇头机构、摆动导杆机构、曲柄六连杆机构、组合机构
连续转动变双向间歇摆动	摆动从动件凸轮机构、连杆曲线间歇摆动机构、曲线槽导杆机构、六杆机构两极限位置停歇摆动机构、四杆扇形齿轮双侧停歇摆动机构、组合机构
连续转动变实现预定轨迹	连杆机构、连杆—凸轮组合机构、行星轮直线机构、联动凸轮机构、起重机近似直线机构、铰链六杆椭圆轨迹机构、曲柄凸轮式直线机构、行星轮摆线正多边形轨迹机构、组合机构
摆动变单向间歇转动	棘轮机构、摩擦钢球超越单向机构、组合机构
连续转动变单向直线移动	齿轮齿条机构、螺旋机构、带传动机构、链传动机构、组合机构
连续转动变往复直线移动	曲柄滑块机构、六连杆滑块机构、移动从动件凸轮机构、不完全齿轮齿条机构、连杆—凸轮组合机构、正弦机构、正切机构、组合机构
连续转动变往复间歇移动	连杆单侧停歇曲线槽导杆机构、移动从动件凸轮机构、行星轮内摆线间歇移动机构、不完全齿轮齿条往复移动间歇机构（用于印刷机）、不完全齿轮移动导杆间歇机构、八杆滑块上下端停歇机构（用于喷气织机开口机构）、组合机构
运动缩小或运动放大	齿轮传动机构、谐波传动机构、带传动、链传动、行星传动机构、摆线针轮传动机构、摩擦轮传动机构、蜗杆机构、螺旋传动机构、连杆机构、液体传动机构
运动合成	差动螺旋机构（用于测微机、分度机构、调节机构、夹具等）、差动轮系、差动连杆机构
运动分解	差动轮系、二自由度机构
运动换向	凸轮换向机构、棘轮换向机构、滑移齿轮换向机构、摩擦差动换向机构、行星轮换向机构、离合器锥齿轮换向机构
运动轴线变向	锥齿轮传动、半交叉带传动、交错轴斜齿轮传动、准双曲面齿轮传动、蜗杆传动、单万向联轴器传动
运动轴线平移	圆柱齿轮传动、带传动、链传动、平行四边形机构、双万向联轴器、圆柱摩擦轮传动
运动分支	齿轮系、带轮系、链轮系
运动联接	弹性联轴器、滑块联轴器、齿式联轴器、套筒联轴器、凸缘联轴器、万向联轴器
运动离合	摩擦离合器、电磁离合器、牙嵌离合器、自动离合器、超越离合器
过载保护	带传动、摩擦轮传动、安全联轴器、安全离合器
有级调速	塔轮变速机构、交换齿轮变速机构、离合器变速机构
无级调速	带式无级变速器、钢球无级变速器、摩擦盘无级变速器

根据生产工艺和使用要求，在确定了原动机与执行构件之间的运动转换关系后，就可以用形态学矩阵法创建机械系统运动方案。下面以锻造高精度毛坯的精锻机的主机构选型为例，来说明用形态学矩阵创建方案的具体过程。

精锻机主机构的总体功能是：当加压执行构件（冲头）上、下运动时，能锻出较高精度的毛坯。根据空间条件，驱动轴必须水平布置，加压执行构件沿铅垂方向移动。按照这些要求，该执行机构应具有三个基本功能：

① 运动形态变换功能，将转动变为移动。

② 运动轴线变向功能，将水平方向变换为铅垂方向。

③ 运动位移或速度缩小功能，减小位移或速度，以实现增力要求。

由这些要求，可绘制出图 3-2-14 所示的精锻机主机构运动转换功能图。

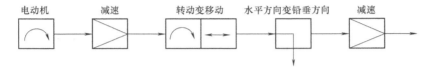

图 3-2-14　精锻机主机构运动转换功能图

由于上述三个分功能的排列次序是任意的，故可变更这三种基本功能的排列次序。

以运动转换框图为行，与对应功能框图匹配的机构为列，构成形态学矩阵，如表 3-2-3 所示，通过排列组合可构成 N 种机械运动方案。

$$N = 6^4 = 1296$$

表 3-2-3　精锻机主机构运动方案的形态学矩阵

功能 ＼ 机构	1	2	3	4	5	6
▷（减速）	带传动	链传动	蜗杆传动	齿轮传动	摆线针轮传动	行星传动
转动变移动	曲柄滑块	直动滚子从动件盘形凸轮机构	螺旋机构	齿轮齿条传动	摩擦轮传动	液压传动
水平变铅垂	曲柄滑块	直动滚子从动件盘形凸轮机构	斜面机构	锥齿轮传动	摩擦轮传动	液压传动
▷（减速）	曲柄摇杆	直动滚子从动件盘形凸轮机构	螺旋机构	圆柱齿轮传动	摩擦轮传动	液压传动

用形态学矩阵法构成的众多机械系统方案，并不一定都能实现执行机构所需的运动和性能要求，所以必须从中优选出一些较好的方案，并进行机构尺度综合、运动分析、动力分析等，最后经方案评价选出最优方案。表 3-2-4 所列为精锻机主机构的四种可选方案。

表 3-2-4　精锻机主机构的基本功能结构与方案对照表

序　号	基本功能结构	方　案
A		
B		
C		
D		

表 3-2-4 中的方案 A 采用曲柄滑块机构实现运动形式变换功能和运动大小变换功能，采用刚度很高的斜面机构实现运动轴线变向功能和运动大小变换功能，该方案由于采用斜面机构，增强了系统刚度，且经过两次运动大小变换增强了锻压力。方案 B 采用曲柄滑块机构实现运动形式变换功能，采用液压机构实现运动轴线变向功能和运动大小变换功能，具有较大锻压力。方案 C 采用曲柄摇杆机构实现运动大小变换功能，采用摆杆滑块机构实现运动形式变换、运动轴线变向和运动大小变换三种功能，该方案也经过两次运动大小变换，故具有较大的锻压力，但系统刚度较差。方案 D 采用摩擦轮机构实现运动轴线变向功能，采用螺旋机构实现运动形式和运动大小变换功能，由于螺旋机构有很好的运动大小变换功能，故该方案可产生很大的锻压力。

以上四种方案均能满足工件所提出的锻压要求，故均可作为初选方案，以供进一步评价和优选。

2）机构的构型。在根据执行构件的运动特性和功能要求采用类比法进行机构选型时，若所选择的机构形式不能完全实现预期的要求，或虽能实现功能要求但存在着结构较复杂，或运动精度不高和动力性能欠佳或占据空间较大等缺点，在这种情况下，设计者需要采用另一种途径来完成执行机构的形式设计，即先从常用机构中选择一种功能和原理与工作要求相近的机构，然后在此基础上重新构筑机构的形式，这一工作称为机构的构型。它是一项比机构选型更具创造性的工作。

　　机构构型方法有多种，如扩展法、组合法、变异法等。图 3-2-15 所示为精压机冲压系统的机构运动简图，它以摇杆滑块机构为基本机构，前端添加一个 *PRR* 二级杆组，适当选择滑块的导路位置，可使滑块冲压过程近似匀速，冲压段的传动角较大，且机构具有急回性能。如果将导杆槽由直槽改为有一段圆弧的曲线槽（图 3-2-16），则冲头还可获得一定的停歇。

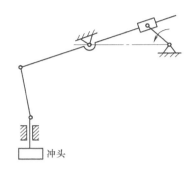

图 3-2-15　精压机冲压系统的机构运动简图　　　　图 3-2-16　具有停歇的冲压机构

　　（4）机构的尺度综合及其运动学、动力学分析与计算　机械系统运动方案中各执行机构的形式确定后，根据输出构件的运动要求（如行程大小、运动规律的情况等），确定机构运动简图中各机构的运动学尺寸，包括各转动副的位置、移动副导路的方位、高副接触的形状（如凸轮轮廓的设计、齿轮参数的选择等）。

　　进行了初步的机构尺度综合后，必须对机构进行运动学和动力学分析，全面检验机构的运动性能和动力性能。运动学分析的主要内容包括机构的位置、速度、加速度等的正反解分析，可以通过图解法或解析法进行，如前文介绍的瞬心在速度分析中的应用、矢量图解法进行机构的速度和加速度分析、矢量方程解析法对简单平面机构进行运动分析，以及采用基于有序单开链单元的分析方法对复杂的平面机构进行运动分析等。机构动力学主要研究机构的运动和受力之间的关系，有正逆两类问题：动力学正问题研究驱动力随时间或主动件位置变化时，执行构件的位置、速度、加速度以及克服阻力或阻力矩的变化情况；动力学逆问题研究给定执行构件的位置、速度、加速度以及所需克服的阻力或阻力矩，求解驱动器必须提供的驱动力情况。当然，动力学分析包括的内容很广，前文介绍的机械速度波动及其调节、回转件的平衡设计、机械中的摩擦与效率等都属于机械动力学的研究范畴。

二、机械产品运动方案的评价

（一）方案评价的意义

　　机械系统方案设计的最终目标，是寻求一种既能实现预期功能要求，又性能优良、价格低廉的设计方案。

　　如前所述，由于实现同一功能，可以采用不同的工作原理；同一工作原理，又有不同的工艺动作分解方法；同一工艺动作分解方法，可有不同的机构形式，因而会形成若干不同的设计方案。设计者的任务是不仅要提出若干个备选方案，而且要从中找出最优方案。对于一个系统，追求的往往不是一个而是多个目标，而目标的属性又是多种多样的，这样，"最优"这个词的含义又不是十分明确的,且评价是否为"最优"的标准,也会随着评价者的立场或不同评价时期而有所变化和发展。因此,如何建立合理的评价体系,采用正确的评价方法,从诸多方案中找出最优方案是机械系统设计阶段的一个重要任务。

(二) 方案评价的原则

1) 保证评价的客观性。尽力做到评价资料具有全面性和可行性,评价人员组成要有代表性。

2) 保证方案的可比性。各备选方案只有在能实现系统所需功能的情形下才能进行比较,否则就没有可比性。

3) 有合理的评价项目和指标体系。评价项目和指标要包括机械系统方案所涉及的各方面要求和指标。评价项目必须与机械系统方案有关,且能确切反映评价系统的价值。评价项目要全面,且项目总数应尽可能少。评价指标要进行量化,建立的评价指标体系要有合理性、科学性和全面性。

(三) 方案评价的步骤

1) 对各评价方案作出简要说明,使方案的特点、优缺点清晰明了,便于评价人员掌握。

2) 选择评价项目,并确定各评价项目的相对重要性,即权重。

3) 确定各评价项目的评价尺度。

4) 选用合适的评价方法进行评价。

5) 选出最优方案。

(四) 评价准则、评价指标和评价体系

评价准则即为评价一个设计方案优劣的依据。它包括两方面内容:一是设计目标;二是设计指标。设计目标是指从哪些方面、以什么原则来评价方案,达到什么标准为优。这一项可以是定量的,但一般是定性评价,如结构越简单越好、尺寸越小越好、效率越高越好、加工制造越方便越好等。设计指标是指具体的约束限制,如机构的运动学、动力学参数等。由于在执行机构的形式设计完成后,已初步进行了各执行机构的运动设计和动力设计,故这一项通常是可以进行定量评价的。对于不符合设计指标的方案,需通过重新设计来达到设计指标。若重新设计仍达不到要求,则必须放弃。评价就是在由约束条件限定的可行域范围内,按设计目标寻找最优方案。

机械系统设计方案的优劣,应从技术、经济、安全可靠三方面予以评价。但是,由于在方案设计阶段还不可能具体地涉及机械的结构和强度设计等细节,因此,评价指标应主要考虑技术方面的因素,即功能和工作性能等方面的指标应占有较大比例。表3-2-5所列为机械系统功能和性能的各项评价指标及其具体内容。

表 3-2-5 机械系统的性能评价指标

序 号	评价指标	具体内容
1	系统功能	实现运动规律或运动轨迹,实现工艺动作的准确性,特定功能等
2	运动性能	运转速度,行程可调性,运动精度等
3	动力性能	承载能力,增力特性,传力特性,振动、噪声等
4	工作性能	效率高低,寿命长短,可操作性,安全性,可靠性,适用范围等
5	经济性	加工难易,能耗大小,制造成本高低等
6	结构紧凑性	尺寸、质量、结构复杂性等
7	其他性能	系统方案的实用性、可靠性、新颖性、可推广性、先进性及环保问题等

需要指出的是,表中所列各项指标及具体内容是根据机械系统设计的主要性能要求和机械设计专家的咨询意见设定的,对于具体的机械系统,其评价指标及具体内容还应依据实际情况加以增减和完善,以形成一个比较合适的评价指标。

根据评价指标,即可着手建立一个评价体系。所谓评价体系,就是通过一定范围内的专家咨询,确定评价指标及其评定方法。不同的设计任务,评价体系是不同的。例如,对于重载机械,应对其承载能力予以较高重视;对于加速度大的机械,应对其振动、噪声和可靠性予以较高重视。至于适用范围一项,通用机械的适用范围应广些为好,专用机械只需完成设计目标所要求的功能即可。

(五) 评价方法

(1) 经验性的概略评价法 该方法一般适用于对创新方法进行初步评价。当设计问题不很复杂或评价指标十分具体时,可使用这种方法。具体做法是:请多名有经验的专家根据经验采用排队法或排除法直接评价。

排队法是请一组专家对 n 个待选方案进行排队,每个专家按方案的优劣排出这 n 个方案的名次,名次最高者为 n 分,最低者为 1 分。然后将各专家对每个方案的评分相加,总分最高者为最佳方案。为了得出更准确的评价结果,也可根据设计目标列出若干评价项目,逐项用上述方法进行评分,然后再根据评价项目的总分之和对各个方案进行排队。

对于设计目标和技术要求均很具体的方案群,可采用排除法进行评价,即根据设计要求请专家对逐个方案、逐个选项进行评价,有一项基本要求不满足的就予以排除。未遭淘汰的待选方案即可进入下一轮设计。

(2) 计算性的数学分析评价法 这是一种运用数学工具进行分析、推导和计算,得到定量评价参数的评价方法。常用的有评分法、技术—经济评价法、模糊评价法等。

1) 评分法是针对评价目标中的各个项目,选择一定的评分标准和总分计分法对方案优劣进行定量评价,其工作步骤如图 3-2-17 所示。

评分方法有加法评分法、连乘评分法、加乘评分法、均值评分法、相对值评分法和加权评分法等。每种方法首先都要根据评分标准对各评价项目直接打分,各评价项目分值均等,然后按表 3-2-6 中公式计算总分。

所谓评分标准,是指将定性评价的项目按优劣程度分成区段,一般采用表 3-2-7 所列的 5 个区段,也有分为 3 个区段、10 个区段或按百分制评分的方法。评分时专家可根据经验判断被评价对象隶属于哪个区段,然后给出评分。

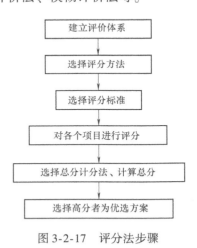

图 3-2-17 评分法步骤

表 3-2-6 总分计分法

方 法	公 式	说 明
加法评分	$Q_m = \sum_{i=1}^{n} p_i$	将 n 个评价项目评分值直接相加。特点:计算简单,但如果各待选方案的累计评价分数差距不大时,很难选择"最优"
连乘评分	$Q_m = \prod_{i=1}^{n} p_i$	将 n 个评价项目评分值连乘。特点:各方案总分差距拉开,灵敏度高,但评分标准不宜过多,以免连乘前后分数值太大

（续）

方 法	公 式	说 明
均值评分	$Q_m = \dfrac{1}{n}\sum\limits_{i=1}^{n} p_i$	将加法评分的结果除以项目数。特点：结果直观
相对值评分	$Q_m = \dfrac{\sum\limits_{i=1}^{n} p_i}{nQ_0}$	将均值评分结果除以理想值 Q_0。特点：$Q_m \leqslant 1$，可看出与理想值的差距
加权评分	$Q_m = \sum\limits_{i=1}^{n} q_i p_i$	将各项评分值乘以加权系数后相加。特点：考虑了各评价项目的重要程度
加乘评分	$Q_m = \prod\limits_{j=1}^{N}\sum\limits_{i=1}^{n} p_{ij}$	将项目组分成 N 个相关组，每个相关组内各评价项目所得的分数相加，最后将每个相关组的累加得分相乘。特点：避免了加法评分和连乘评分的缺点

注：Q_m——所有待选方案中第 m 个方案的总分值；

Q_0——理想方案的总分值；

n——评价体系中的评价项目数；

p_i——第 i 个项目的评分值；

q_i——第 i 个项目的加权系数，且应满足：$q_i \leqslant 1$，$\sum\limits_{i=1}^{n} q_i = 1$；

N——项目组分成的相关组数；

p_{ij}——第 j 个相关组中第 i 个项目的评分值。

表 3-2-7　评分标准（5 区段制）

评分分值	0	1	2	3	4
优劣程度	不能用	达目标	比较好	良好	理想

2）技术—经济评价法是一种综合考虑技术类指标评价值和经济类指标评价值的评价法。所取的技术和经济评价值都是相对于理想状态的相对值。这种方法既考虑技术与经济指标的综合效应，又分别就技术类和经济类指标进行评价，若有一方评价值偏低，就可以有针对性地消除引起技术评价值（或经济评价值）偏低的设计中的薄弱环节，从而使改进后二次设计的技术—经济综合评价值得以大大提高。

3）模糊评价法是应用模糊集理论对系统进行综合评价的一种方法，一般按如下程序进行评价：

① 邀请各方面专家组成评价小组，专家组一般不超过 10 人。

② 确定系统评价项目集和评价标准集，由专家组讨论，评价项目集用 $F = (f_1, f_2, \cdots, f_n)$ 表示，每一个评价项目的评价标准集用 $E = (e_1, e_2, \cdots, e_m)$ 表示，e_i 用 $[0, 1]$ 区间内的连续数值来表达。

③ 确定各评价项目的权重，用 $W = (w_1, w_2, \cdots, w_n)$ 表示。

④ 建立隶属矩阵 $\boldsymbol{R}_K$ 进行模糊评定，其中 $\boldsymbol{R}_K = (r_{ij}^K) = \begin{pmatrix} r_{11}^K & r_{12}^K & \cdots & r_{1m}^K \\ r_{21}^K & r_{22}^K & \cdots & r_{2m}^K \\ \vdots & \vdots & & \vdots \\ r_{n1}^K & r_{n2}^K & \cdots & r_{nm}^K \end{pmatrix}$

元素 $r_{ij}^{K} = d_{ij}^{K}/d$，$d$ 表示参加评价的专家人数，d_{ij}^{K} 指对方案 A_K 的第 i 个评价项目 f_i 作出第 e_j 个评价标准的专家人数。r_{ij}^{K} 值大，说明对 f_i 作出 e_j 评价的可能程度就越大。

⑤ 计算方案 A_K 的模糊综合评定向量 S_K，$S_K = WR_K$。

⑥ 计算方案 A_K 的优先度 N_K，$N_K = S_K E^T$。

⑦ 根据优先度的大小，确定最优方案。

该方法使得评价值更精确、合理，评价结果更为准确。此方法的运用日趋普遍。

（3）实践性的试验评价法　对于一些重要的方案设计问题，当采用计算性的数学分析评价法仍无十分把握时，可通过模型试验或计算机模拟试验对方案进行评价。由于这种评价方法是依据试验结果而不是凭专家的经验，故可获得更为准确的评价结果，但其花费的代价较高。

以上介绍的三大类评价方法，在对某一具体的机械系统进行方案评价时，究竟选择哪一种评价方法，取决于具体的设计对象、设计目标和设计阶段的任务。随着技术的不断进步，新的、更先进的评价方法将会不断涌现，设计者需不断跟踪先进技术，选取科学、先进的评价方法，以使评价更为客观和准确。

（六）评价结果的处理——再设计

评价结果为设计者的决策提供了依据。但最终选择哪种方案，取决于设计者的决策思想，一般选择评价值最高的方案为整体最优方案。但有时为了满足某些特殊要求，也可选择总评价值稍低，但某些评价项目评价值较高的方案。

若理想的评价值为 1，则相对评价值低于 0.6 的方案，一般认为较差，予以剔除。相对评价值高于 0.8 的方案，只要各项评价指标都较为均衡，则认为可以采用。对于相对评价值在 0.6～0.8 之间的方案，需作具体分析，有的方案缺点严重且难以改进，则应放弃。有的方案可以找出薄弱环节加以改进，使其成为较好的方案。

每次评价结束，获得的入选方案数有三种可能，即最终得到一种可选方案或多于一种或一个也不太好。如果只得到一种可选方案，且较合理，则可作为最佳方案进入下一阶段工作。如果入选方案多于一种，则可通过改进评价准则再行评价出较优方案。如果一个也不太好，则需重新设计。在进行重新设计之前，需对失败的设计进行分析，以决定从哪个阶段开始再设计。如图 3-2-1 所示，有的可能需从机构的形式设计开始，也可能需要重新设计运动规律，甚至要从功能原理分析开始。总之，机械系统的运动方案设计过程，也是一个设计——评价——再设计——再评价直至得到最佳方案的设计过程。

第三章

机械传动系统与控制系统设计简介

第一节 传动系统的组成和分类

一、传动系统的组成

传动系统是联接原动机和执行系统的中间装置，其根本任务是将原动机的运动和动力按执行系统的需要进行转换并传递给执行系统，以实现减速或增速、变速、增大转矩、改变运动形式、分配运动和动力、实现某些操纵和控制等几方面的功能。因此传动系统通常包括变速装置、起停装置、换向装置、制动装置和安全保护装置等几部分。设计机器时，应根据实际工作要求选择必要的部分来确定系统的组成。

（1）变速装置　变速装置的作用是改变原动机的转速和转矩，以满足工作机的需要。若执行件不需要变速，可采用固定传动比的传动系统。有许多机械要求执行件的运动速度或转速能够改变，如推土机在不同的工况条件下工作时，应能改变行驶速度；通用金属切削机床由于工艺范围较大，要求主运动和进给运动都能在较大范围内变速，以适应加工不同直径和材料以及不同工序对精度和表面粗糙度的要求。

（2）起停、换向装置　起停、换向装置的作用是控制工作机的起动、停车和改变运动方向。对起停和换向装置的基本要求是起停和换向方便、省力，操作安全、可靠，结构简单，并能传递足够的动力。起停多采用离合器实现，换向常用惰轮机构完成。各种不同的机械对起停和换向的使用要求不同，因此选择起停和换向装置时，通常要考虑机械系统的工况、动力源的类型与功率以及起停和换向装置的结构和操纵方式等。

（3）制动装置　当原动机停止工作后，由于摩擦阻力作用，机器将会自动停止运转，一般不需制动装置。但运动构件具有惯性，工作转速越高，惯性越大，停车时间就越长。在需要缩短停车时间、要求工作机准确地停止在某个位置上（如电梯）以及发生事故需立即停车等情况时，传动系统中应配置制动装置。对制动装置的基本要求是工作可靠、操作方便、制动迅速平稳、结构简单、尺寸小、磨损小、散热好。常见的制动方式有电气制动和机械制动，机器中常采用机械制动器制动。

（4）安全保护装置　当机器可能过载而本身又无起保护作用的传动件（如带传动、摩擦离合器等）时，为避免损坏传动系统，应设置安全保护装置。常用的安全保护装置是各类具有过载保护功能的安全联轴器和安全离合器。为减小安全保护装置的尺寸，一般应将其安装在传动系统的高速轴上。

二、机械传动的分类和特点

机器中应用的传动有多种类型，通常按工作原理可分为机械传动、流体传动、电力传动和磁力传动四大类。本章主要论述机械传动。

机械传动种类很多，可按不同的原则进行分类。掌握各类传动的基本特点是合理设计机械传动系统的前提条件。

（1）按传动的工作原理分类　机械传动按工作原理可分为啮合传动和摩擦传动两大类。与后者相比较，啮合传动的优点是工作可靠、寿命长，传动比准确，而且传递功率大、效率高（蜗杆传动除外）、速度范围广；缺点是对加工制造安装的精度要求较高。摩擦传动的优点是工作平稳、噪声低、结构简单、造价低，具有过载保护能力；缺点是外廓尺寸较大，传动比不准确，传动效率较低，元件寿命较短。机械传动的分类如图 3-3-1 所示。

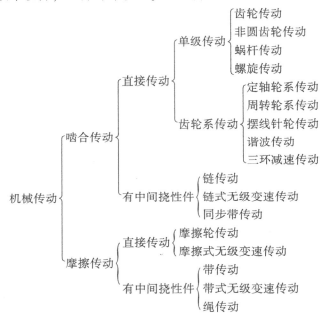

图 3-3-1　机械传动的分类

（2）按传动比的可变性分类　机械传动按传动比的可变性可分为：

1）定传动比传动。输入与输出转速相对应，适用于工作机工况固定，或其工况与动力机工况对应的场合，如齿轮、蜗杆、带、链等传动。

2）变传动比传动。按传动比变化规律又可分为以下三种：

① 有级变速。传动比的变化不连续，即一个输入转速对应若干输出转速，且按某种数列排列，适用于动力机工况固定而工作机有若干种工况的场合，或用来扩大动力机的调速范围，如汽车齿轮变速器、钻床上的塔轮传动等。

② 无级变速。传动比可连续变化，即一个输入转速对应于某一范围内的无限多个输出转速，适用于工作机工况极多或最佳工况不明确的场合，如各种机械无级变速传动。

③ 传动比按周期性规律变化。输出角速度是输入角速度的周期性函数，用来实现函数

传动及改善某些机构的动力特性，如非圆齿轮传动等。

第二节　机械传动系统的常用部件

在机械传动系统中，很多常用传动部件已经标准化、系列化、通用化，优先选用这些"三化"的传动部件，有利于减轻设计工作量、保证机器质量、降低制造成本、便于互换和维修。以下介绍一些常用的减速器和变速器部件。

一、减速器

减速器是用于减速传动的独立部件，它由刚性箱体、齿轮和蜗杆等传动副及若干附件组成。减速器具有结构紧凑、运动准确、工作可靠、效率较高、维护方便的优点，因此也是工业上用量最大的传动装置。对于通用标准系列减速器，按机器的功率、转速、传动比等工作要求，参照产品样本或手册选用订购即可。设计中应优先采用标准减速器，只有在选不到合适的标准减速器时，才自行设计。几种常用减速器的传动简图和主要性能特点见表3-3-1。

表3-3-1　常用减速器的传动简图和主要性能特点

类型		传动简图	传动比	特点及应用
圆柱齿轮减速器	单级		调质齿轮：$i \leqslant 7.1$ 淬硬齿轮：$i \leqslant 6.3$ （较佳：$i \leqslant 5.6$）	应用广泛、结构简单。齿轮可用直齿、斜齿或人字齿。可用于低速轻载，也可用于高速重载
	两级展开式		调质齿轮：$i = 7.1 \sim 50$ 淬硬齿轮：$i = 7.1 \sim 31.5$ （较佳：$i = 7.1 \sim 20$）	应用广泛、结构简单，高速级常用斜齿，低速级可用斜齿或直齿 齿轮相对轴承不对称，齿向载荷分布不均匀，故要求高速级小齿轮远离输入端，轴应有较大刚度
	两级同轴式		调质齿轮：$i = 7.1 \sim 50$ 淬硬齿轮：$i = 7.1 \sim 31.5$ （较佳：$i = 7.1 \sim 20$）	箱体长度较小，但轴向尺寸较大。输入轴、输出轴同轴线，使设备布置较合理。中间轴较长，刚性差，齿向载荷分布不均匀，且高速级齿轮承载能力难以充分利用
	两级分流式		调质齿轮：$i = 7.1 \sim 50$ 淬硬齿轮：$i = 7.1 \sim 31.5$ （较佳：$i = 7.1 \sim 20$）	高速级常用斜齿，一侧左旋，一侧右旋。齿轮对称布置，齿向载荷分布均匀，两轴承受载荷均匀。结构复杂，常用于大功率变载荷场合
锥齿轮减速器			直齿：$i \leqslant 5$ 斜齿、曲线齿：$i \leqslant 8$	用于输出轴和输入轴两轴线垂直相交的场合。为保证两齿轮有准确的相对位置，应有进行调整的结构。齿轮难于精加工，仅在传动布置需要时采用
圆锥圆柱齿轮减速器			直齿：$i = 6.3 \sim 31.5$ 斜齿、曲线齿：$i = 8 \sim 40$	应用场合与单级锥齿轮减速器相同。锥齿轮在高速级，可减小锥齿轮尺寸，避免加工困难；小齿轮轴常悬臂布置，在高速级可减小其受力

（续）

类型	传动简图	传动比	特点及应用
蜗杆减速器	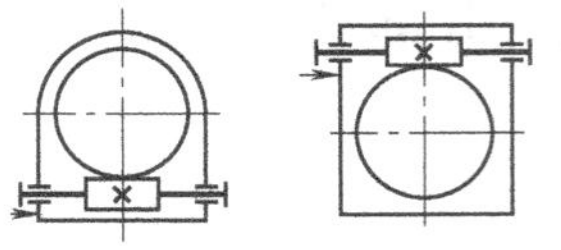	$i = 8 \sim 80$	大传动比时结构紧凑、外廓尺寸小、效率较低。下置蜗杆时润滑条件好，应优先采用，但当蜗杆速度太高时（$v \geqslant 5\text{m/s}$），搅油损失大。上置蜗杆时轴承润滑不便
蜗杆—齿轮减速器	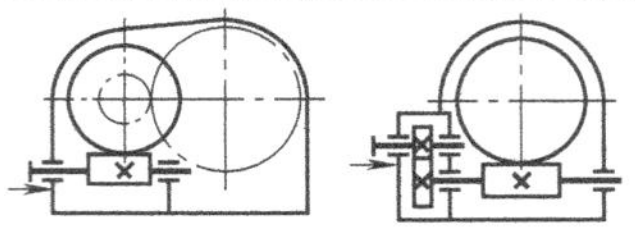	$i = 15 \sim 480$	有蜗杆传动在高速级和齿轮传动在高速级两种形式。前者效率较高，后者应用较少
行星齿轮减速器	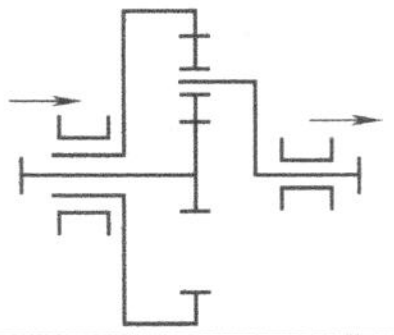	$i = 2.8 \sim 12.5$	传动形式有多种，NGW 型体积小，质量小，承载能力大，效率高（单级可达 0.97 ~ 0.99），工作平稳。与普通圆柱齿轮减速器相比，体积和质量减少 50%，效率提高 30%。但制造精度要求高，结构复杂
摆线针轮行星减速器	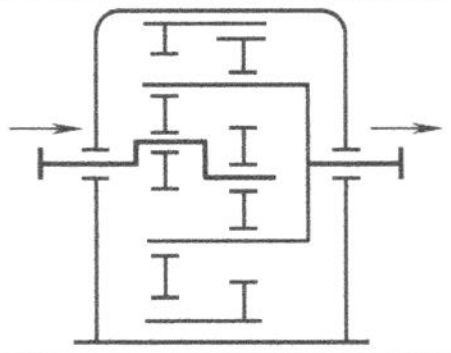	单级：$i = 11 \sim 87$	传动比大，效率较高（0.9 ~ 0.95），运转平稳，噪声低，体积小，质量小。过载和抗冲击能力强，寿命长。加工难度大，工艺复杂
谐波齿轮减速器	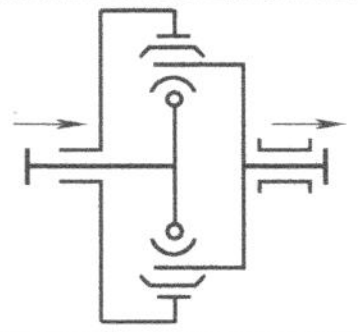	单级：$i = 50 \sim 500$	传动比大，同时参与啮合的齿数多，承载能力高。体积小，质量小，效率为 0.65 ~ 0.9，传动平稳，噪声小。制造工艺复杂

二、有级变速装置

通过改变传动比，使工作机获得若干种固定转速的传动装置称为有级变速器。它传递的功率大，变速范围宽，传动比准确，工作可靠，但有转速损失。有级变速器应用十分广泛，如汽车、机床等机器的变速装置。有级变速传动的主要参数有变速范围、传动比及变速级数。以下介绍几种常用的有级变速装置的工作原理及特点。

（1）滑移齿轮变速装置　如图 3-3-2 所示，轴Ⅲ上的三联滑移齿轮和双联滑移齿轮通过导向键在轴上移动时，分别与轴Ⅱ和轴Ⅳ上的不同齿轮啮合，使轴Ⅳ得到 6 种不同的输出转速，从而达到变速的目的。滑移齿轮变速装置的特点是能传递较大的转矩和较高的转速；变速方便，通过串联变速组的办法便可实现增多变速级数的目的；没有常啮合的空转齿轮，因此空载功率损失较小。但是，滑移齿轮不能在运动中变速，为使滑移齿轮容易进入啮合，多用直齿圆柱齿轮，因而传动的平稳性不如斜齿圆柱齿轮传动。这种变速方式适用于需要经常变速的场合。

（2）交换齿轮变速装置　图 3-3-2 中齿轮 1 和 2 是两个交换齿轮，若将它们换用其他齿数的齿轮或彼此对换位置，即可实现变速。其优点是结构简单，无需变速操纵机构，轴向尺寸小，变速箱结构紧凑。与滑移齿轮变速方式相比，变速级数相同时，所需齿轮数量少。其缺点是齿轮更换不便，交换齿轮需悬臂安装，受力条件差。这种变速方式用于不需要经常变速的机械，如各种自动和半自动机械。

（3）离合器变速装置　离合器变速装置分为摩擦式和啮合式两类。图 3-3-3 所示为摩擦离合器变速装置的工作原理图。两个离合器 M_1、M_2 分别与空套在轴上的齿轮相连。当 M_1 接合而 M_2 断开时，运动由轴 I 通过齿轮 1、2 传至轴 II；当 M_2 接合而 M_1 断开时，运动由轴 I 通过齿轮 3、4 传至轴 II，从而达到变速的目的。这种变速方式可在运转中变速，有过载保护作用，但传动不够准确。啮合式离合器变速装置传递的载荷较大，传动比准确，但不能在运转中变速。离合器变速装置中，因非工作齿轮处于常啮合状态，故与滑移齿轮变速相比，轮齿磨损较快。

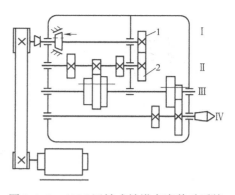

图 3-3-2　C336 回转式转塔车床传动系统

（4）塔形带轮变速装置　如图 3-3-4 所示，两个塔形带轮分别固定在轴 I、轴 II 上，通过变换传动带在塔轮上的位置，可使轴 II 获得不同转速。传动带多用平带，也可用 V 带。这种变速方式的优点是结构简单，传动平稳；缺点是传动带换位操作不便，变速级数也不宜太多。

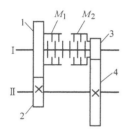 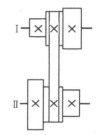

图 3-3-3　摩擦离合器变速装置　　　　图 3-3-4　塔形带轮变速装置

（5）啮合器变速　啮合器分普通啮合器和同步啮合器两种，广泛应用于汽车、叉车、挖掘机等行走机械的变速箱中。这类变速箱要求运转平稳，故采用常啮合的斜齿传动，又要求在运转中变速和传递较大转矩，啮合器变速方式能满足上述要求。

啮合器一般都采用渐开线齿形，齿形参数可根据渐开线花键国家标准选定。由于啮合套使用频繁，齿轮经常受冲击，齿端和齿的工作面易磨损，因此，齿厚不宜太薄。为减小轴向尺寸，啮合器的工作宽度均较小。

三、无级变速器

有级变速传动的缺点是输出轴的转速不能连续变化，因而不易获得最佳转速。无级变速传动能根据工作需要连续平稳地改变传动速度。图 3-3-5 所示为双变径轮带式无级变速传动的工作原理图，主、从动带轮均由一对可开合的锥盘组成，V 带为中间传动件。变速时，可通过变速操纵机构使锥盘沿轴向作开合移动，从而使两个带轮的槽宽一个变宽一个变窄。由于两轮的工作半径同时改变，故从动轮转速可在一定范围内实现连续变化。

无级变速器有多种形式，许多形式已有标准产品，可参考产品样本或有关设计手册选用。

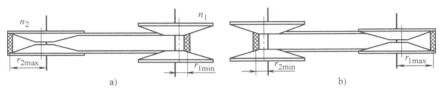

图 3-3-5　带式无级变速传动

第三节　机械传动系统方案设计

一、机械传动系统方案设计的过程和基本要求

（1）方案设计的一般过程　机器的执行系统方案设计和原动机的预选型完成后，即可进行传动系统的方案设计。设计的一般过程如下：

1）确定传动系统的总传动比。

2）选择传动的类型，拟定总体布置方案并绘制传动系统的运动简图。

3）分配传动比，即根据传动布置方案，将总传动比向各级传动进行合理分配。

4）计算传动系统的性能参数，包括各级传动的功率、转速、效率、转矩等性能参数。

5）通过强度设计和几何计算，确定各级传动的基本参数和主要几何尺寸，如齿轮传动的中心距、齿数、模数、齿宽等。

（2）方案设计的基本要求　传动方案的设计是一项复杂的工作，需要综合运用多种知识和实践经验，进行多方案分析比较，才能设计出较为合理的方案。通常设计方案应满足以下基本要求：

1）传动系统应满足机器的功能要求，而且性能优良。

2）传动效率高。

3）结构简单紧凑、占用空间小。

4）便于操作、安全可靠。

5）可制造性好、加工成本低。

6）维修性好。

7）不污染环境。

需要指出的是，在现代机械设计中，随着各种新技术的应用，机械传动系统不断简化已经成为一种趋势。例如，利用伺服电动机、步进电动机、微型低速电动机以及电动机变频调速技术等，在一定条件下可简化或完全替代机械传动系统，从而使复杂传动系统的效率低、可靠性差、外廓尺寸大等矛盾得到缓解或避免。此外，随着微电子技术和信息处理技术的不断发展，对机械自动化和智能化的要求越来越高，单纯的机械传动有时已不能满足要求。因此应注意机、电、液、气传动的结合，充分发挥各种技术的优势，使设计方案更加合理和完善。

二、机械传动类型的选择

选择机械传动类型时，可参考以下原则：

（1）与原动机和工作机相互匹配 三者应在机械传动特性上相互协调，使机器在最佳状态下运转。机械传动和原动机应符合工作机在变速、起动、制动、反向和空载方面的要求。如工作机要求调速，而又选不到调速范围合适的原动机时，应选择能满足要求的变速传动。当传动系统起动时的负载转矩超过原动机的起动转矩时，应在原动机和传动系统之间增加离合器或液力耦合器，以实现原动机空载起动。当工作机要求正反向工作时，若原动机不具备该特点，则传动系统应有换向装置。当工作机需频繁起动、停车或频繁变速，而原动机不适应此工况时，传动系统应设置空档，使原动机能脱开传动链空转，从而避免原动机频繁起停和变速。

（2）满足功率和速度的范围要求 各种机械传动都有合理的功率范围，如摩擦传动不适合于传递大功率，而齿轮传动的功率可达数万千瓦；受运转时发热、振动、噪声或制造精度等条件的限制，各种传动的极限速度也都存在着合理范围。

（3）考虑传动比的准确性及合理范围 当运动有同步要求或精确的传动比要求时，只能选用齿轮、蜗杆、同步带等传动，而不能选用有滑动的传动，如平带、V带传动及摩擦轮传动。某些传动单级传动比的合理范围相差很大，如齿轮传动、蜗杆传动、谐波齿轮传动等。

（4）考虑结构布置和外廓尺寸的要求 两轴的位置（如平行、垂直或交错等）及间距是选择传动类型时必须考虑的因素。在相同的传递功率和速度下，不同类型的传动，其外廓尺寸相差很大。当要求结构紧凑时，应优先选用齿轮、蜗杆或行星齿轮传动。但蜗杆传动在小传动比时，这项优势并不显著，而行星齿轮传动结构上较为复杂。相反，若因布置上的原因要求两轴距离较大时，则应采用带、链传动，而不宜采用齿轮传动。

（5）考虑质量 很多机器对自重都有较为严格的限制，如航空机械、机动车辆、海上钻井平台机械等。此时，传动装置的质量常以质量功率比（kg/kW）表示。由于各种传动的质量功率比差别较大，因此选择传动类型时必须慎重考虑。

（6）经济性因素 传动装置的费用包括初始费用（即制造和安装费用）、运行费用和维修费用。初始费用主要决定于价格，它是选择传动类型时必须要考虑的经济因素。例如，通常齿轮传动和蜗杆传动的价格要高于带传动，后者为前者的 $60\% \sim 70\%$。即使同是齿轮传动，高精度齿轮或硬齿面齿轮较一般齿轮价格要高许多。不同精度的滚动轴承，其价格会相差几倍甚至几十倍。因此，应避免盲目采用高精度、高质量的零部件。运行费用则与传动效率密切相关，特别是大功率以及需要长期连续运转的传动，由于对能源消耗产生的运行费用影响较大，应优先选用效率较高的传动，如高精度齿轮传动等。而对于一般小功率传动，可选用结构简单、初始费用低的传动，如带传动、链传动以及普通精度的齿轮传动等。

在选择传动类型时，同时满足以上各项要求往往比较困难，有时甚至相互矛盾和制约。例如，要求传动效率高时，传动件的制造精度往往也高，其价格也必然会增高；要求外廓尺寸小时，零件材料相对较好，其价格也相应较高。因此在选择传动类型时，应对机器的各项要求综合考虑，以选择较为合理的传动形式。

常用机械传动的主要性能见表3-3-2。

表 3-3-2　常用机械传动的主要性能

传动类型		单级传动比 i		功率 P/kW		效率 η	速度 $v/(\text{m/s})$	寿命
		常用值	最大值	常用值	最大值			
摩擦轮传动		≤7	15	≤20	200	0.85～0.92	一般≤25	取决于接触强度和耐磨损性
带传动	平带	≤3	5	≤20	3500	0.94～0.98	一般≤30 最大120	一般 V 带 3000～5000h，优质 V 带 20000h
	V带	≤8	15	≤40	4000	0.92～0.97	一般≤25～30 最大40	
	同步带	≤10	20	≤10	400	0.96～0.98	一般≤50 最大100	
链传动		≤8	15（齿形链）	≤100	4000	闭式 0.95～0.98 开式 0.90～0.93	一般≤20 最大40	链条寿命 5000～15000h
齿轮传动	圆柱齿轮	≤5	10		50000	闭式 0.96～0.99 开式 0.94～0.96	与精度等级有关 7级精度 直齿≤20 斜齿≤25	润滑良好时，寿命可达数十年，经常换档的变速齿轮平均寿命为 10000～20000h
	锥齿轮	≤3	8		1000	闭式 0.94～0.98 开式 0.92～0.95	与精度等级有关 7级精度 直齿≤8	
蜗杆传动		≤40	80	≤50	800	闭式 0.7～0.92 开式 0.5～0.7 自锁式 0.3～0.45	一般 v_s≤15 最大35	精度较高、润滑条件好时寿命较长
螺旋传动				小功率传动		滑动 0.3～0.6 滚动≥0.9	低速	滑动螺旋磨损较快，滚动螺旋寿命较长

三、传动系统的总体布置

进行机械传动系统方案设计时，首先要完成系统的总体布置，其具体任务是在确定传动系统在机器中的位置的基础上，拟定传动路线，合理安排各传动的顺序。

（1）传动路线的确定　传动路线就是机器中的能量从原动机向执行机构流动的路线，即功率传递的路线。

拟定合理的传动路线是系统方案设计的基础。在实际应用中，随执行系统中执行机构的个数、动作复杂程度以及输出功率的大小等多种条件的不同，传动路线的形式往往也不同，但大体上可归纳为表 3-3-3 所列的四种基本形式。

表 3-3-3　传动路线的形式

串联单流传动	并联分流传动	并联汇流传动	混合传动
□→○→…→○→▷			

注：□——原动机；○——传动；▷——执行机构。

串联单流传动比较简单，应用也最广泛。系统中只有一个原动机和一个执行机构，传动级数可根据传动比大小确定。由于全部能量流经每一级传动，故传动件尺寸较大。为保证系统有较高的效率，每级传动均应有较高的传动效率。

当系统中有多个执行机构，但所需总功率不大、由一台原动机可完成驱动时，可采用并联分流传动。如卧式车床上工件的旋转和刀架的横向进给运动都是由一台电动机驱动的。这种传动路线中，各分路传递的功率可能相差较大，如许多机床进给传动链传递的功率不到主传动链的1/10。此时，若采用小型电动机单独驱动小功率分路，则既可简化传动系统，又可提高传动效率。因此，对并联分流传动，应作多方案比较，合理确定分路的个数。

并联汇流传动中，采用两个或多个原动机共同驱动一个执行机构，某些低速大功率机器常采用这种传动路线。这样有利于减小机器的体积、质量和转动惯量，如轧钢机、大型转炉的倾动装置、内燃机驱动的远洋船舶等。

混合传动是分流传动和汇流传动的混合，以双流居多，如齿轮加工机床工件与刀具的传动系统。

（2）传动顺序的安排　各种传动的性能和特点随传动类型的不同而不同，因此在多级传动组成的传动链中，各传动先后顺序的变化将对整机的性能和结构尺寸产生重要影响，必须合理安排。通常按以下原则考虑。

1）在圆柱齿轮传动中，斜齿轮传动允许的圆周速度较直齿轮高，平稳性也好，因此在同时采用斜齿轮传动和直齿轮传动的传动链中，斜齿轮传动应放在高速级。大直径锥齿轮加工困难，应将锥齿轮传动放在传动链的高速级，因高速级轴的转速高，转矩小，齿轮的尺寸小。对闭式和开式齿轮传动，为防止前者尺寸过大，应放在高速级，而后者虽在外廓尺寸上通常没有严格限制，但因其润滑条件较差，适宜在低速级工作。

2）带传动靠摩擦工作，承载能力一般较小。载荷相同时，结构尺寸较其他传动（如齿轮传动、链传动等）大，为减小传动尺寸和缓冲减振，一般放在传动系统的高速级。

3）滚子链传动由于多边形效应，链速不均匀，冲击振动较大，而且速度越高越严重，通常将其置于传动链的低速级。

4）对改变运动形式的传动或机构，如齿轮齿条传动、螺旋传动、连杆机构及凸轮机构等一般布置在传动链的末端，使其与执行机构靠近。这样布置不仅传动链简单，而且可以减小传动系统的惯性冲击。

5）有级变速传动与定传动比传动串联布置时，前者放在高速级换档较方便；而摩擦无级变速器，由于结构复杂、制造困难，为缩小尺寸，应安排在高速级。

6）当蜗杆传动和齿轮传动串联使用时，应根据使用要求和蜗轮材料等具体情况采用不同的布置方案。传动链以传递动力为主时，应尽可能提高传动效率，这时若蜗轮材料为锡青铜，则允许齿面有较高的相对滑动速度。而且，滑动速度越高，越有利于形成润滑油膜、降低摩擦因数。因此，将蜗杆传动置于高速级，传动效率较高。当蜗轮材料为无锡青铜或其他材料时，因其允许的齿面滑动速度较低，为防止齿面胶合或严重磨损，蜗杆传动应置于低速级。

此外，在布置各传动的顺序时，还应考虑传动件的寿命、维护的方便程度、操作人员的安全性以及传动件对产品的污染等因素。

四、传动比的分配

将总传动比合理地分配给每级传动，不仅对传动系统的结构布局和外廓尺寸，而且对传动的性能、传动件的质量和寿命以及润滑等都有重要的影响。分配传动比时应注意以下几点：

1）各种传动的传动比，均有其合理应用的范围，通常不应超过此范围。

2）分配传动比时，应注意使各传动件尺寸协调、结构匀称，避免发生相互干涉。

3）对于多级减速传动，可按照"前小后大"（即由高速级向低速级逐渐增大）的原则分配传动比，且相邻两级差值不要过大。这种分配方法可使各级中间轴获得较高转速和较小的转矩，因此轴及轴上零件的尺寸和质量较小，结构较为紧凑。增速传动也可按这一原则分配。

4）在多级齿轮减速传动中，高速级采用较大的传动比，对减小传动的外廓尺寸、减小质量、改善润滑条件、实现等强度设计等方面都是有利的。

5）某些传动系统常要求有较高的传动精度，故分配传动比时应尽可能减小系统的传动比误差。在多级减速传动中，前面任何一级传动的传动比误差都将依次向后传递，直至最后一级。因此最后一级传动比越大，系统的总传动比误差越小，传动精度也越高。

6）对于要求传动平稳、频繁起停和动态性能较好的多级齿轮传动，可按照转动惯量最小的原则设计。

以上几点仅是分配传动比的基本原则，而且这些原则往往不会同时满足。着眼点不同，分配方案也会不同。因此具体设计时，应根据传动系统的不同要求进行具体分析，并尽可能进行多方案比较，以获得较为合理的分配方案。当需要对某项指标严格控制时，应将传动比作为变量，选择适当的约束条件进行优化设计，才能得到最佳的传动比分配方案。

第四节　机械传动系统方案设计实例分析

一、水泥管磨机传动形式及总体布置方案的选择

水泥管磨机是把水泥原料磨成细粉的关键设备，它主要由磨筒、传动系统和电动机组成。磨筒是倾斜卧置的长形圆筒，并由轴承或托轮支承。水泥原料从磨筒一端进入，另一端排出。磨筒内散置钢球和钢棒，磨筒旋转时，它们随着筒壁上升到一定高度，然后自由落下，将原料击磨成细粉。该机的工作特点是：

1）磨筒转速低，一般为 $10 \sim 40 \text{r/min}$。

2）功率随产量而定，小型水泥管磨机功率为数十千瓦，大型水泥管磨机功率达数千千瓦，其用电量可占水泥厂总用电量的 2/3 左右。

3）起动力矩大，连续运转，载荷平稳，适于露天工作。

由以上特点可知，水泥管磨机属于连续运转的低速、大功率设备，其主传动系统应尽量减少传动级数、提高传动效率、降低运行费用。因此方案选择的基本原则是：

1）总传动比不宜过大，可选用同步转速为 750r/min 的电动机。这样，系统的总传动比为 $75 \sim 18$，故安排 $2 \sim 3$ 级传动较为合理。

2）选用机械效率较高的传动类型，如齿轮传动等。蜗杆传动虽可实现大传动比，但效率较低，不适合于连续运转的大功率机械。由于露天工作，环境多尘，采用链传动必须很好地密封与润滑，否则会加速磨损、降低传动效率。摆线针轮传动、谐波齿轮传动的效率较齿轮传动低，不应优先考虑。

3）对于小型水泥管磨机，耗电量不是很大，应主要考虑降低初始费用，中型水泥管磨机应兼顾初始费用和运行费用。

以下具体分析几种水泥管磨机主要传动系统方案的特点。

1）带传动—齿轮传动串联式单流传动系统方案如图 3-3-6a 所示，该方案适用于小型水泥管磨机。高速级采用 V 带传动，低速级采用开式（或半开式）齿轮传动，大齿轮以齿圈形式固定在磨筒上。方案的优点是能利用带传动打滑的特点，在较低的起动转矩下实现缓慢

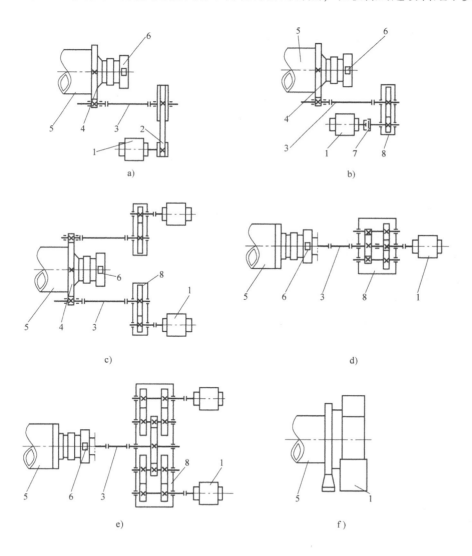

图 3-3-6　水泥管磨机传动方案

1—电动机　2—带传动　3—联轴器　4—大齿圈　5—磨筒　6—出料口　7—离合器　8—减速器

起动，而且由于管磨机功率不大，因而可选用起动转矩较小但价格较低的笼型异步电动机，这样可省去离合器等起动装置。总体方案结构简单、初始费用低。虽然外廓尺寸较大，但由于是露天工作环境，工作场地通常不会有严格要求。其缺点是带传动和开式齿轮传动效率不高，而且带传动的承载能力也受带型和根数的限制。因此该方案对于功率小、要求初始费用低的水泥管磨机比较合适。

2）齿轮传动—齿轮传动串联式单流传动系统方案如图 3-3-6b 所示，该方案可用于中型水泥管磨机。传动系统中，低速级与前一方案相同，而高速级采用一级圆柱齿轮减速器。若选用一级锥齿轮减速器，不仅效率较低、价格较高，而且在系统的布局上，也没有必要使输入轴和输出轴相互垂直、改变传动方向，因此选用圆柱齿轮减速器较为合理。由于水泥管磨机功率较大，原动机可选用价格较贵但起动转矩较大的绕线转子异步电动机。若考虑直接起动时会造成齿轮传动的冲击，可在电动机和减速器之间安装离合器等起动装置，使之缓慢平稳起动。笼型异步电动机由于起动转矩小，易导致起动时间过长而使电动机发热严重，不宜用于中型水泥管磨机。该方案较前一方案效率高、寿命长、外廓尺寸小，但初始费用也较高，因此用于中型水泥管磨机较为合理。

3）并联式汇流传动系统方案如图 3-3-6c 所示，该方案由两个电动机分别带动一个单级齿轮减速器，通过输出轴上的小齿轮共同驱动磨筒上的大齿圈。这种传动系统适合于功率较大的中型水泥管磨机。在第 2 方案中，若增加水泥管磨机功率，除选用更大功率的电动机外，减速器和开式齿轮的尺寸也相应加大。而本方案虽采用两套电动机和减速器，但每条传动路线上传递的功率和传动件尺寸都较小。同时，由于大齿圈每侧只传递一半载荷，故受力较小，而且由于啮合时产生的切向力和径向力分别平衡，也减小了磨筒轴承的载荷。因此，在管磨机功率较大时，该方案比方案 2 在初始费用和运行费用上更具优越性。

4）中心驱动式单流传动系统方案如图 3-3-6d 所示，该方案可用于大型水泥管磨机。大型水泥管磨机主要考虑降低运行费用，提高传动系统的效率。开式齿轮传动效率比闭式齿轮传动低 2% 左右，若以单台管磨机功率为 1000kW、每年运转 8000h 计算，开式齿轮每年多耗电至少为 16 万 kW·h。此外，大型水泥管磨机的磨筒直径很大，有的可达 3m 以上，如用开式齿轮传动，大齿圈直径约需 4m 或更大，其制造、运输、安装和维修困难较多。故开式齿轮传动不宜用于大型水泥管磨机。该方案由电动机通过齿轮减速器直接驱动，减速器输出轴与磨筒主轴同在一条中心线上，故称为中心驱动式。因单级齿轮减速器不能满足传动比要求，必须选用多级齿轮减速器，如各种形式的二级齿轮减速器或行星齿轮减速器等。图中所示为中心驱动式二级齿轮减速器，其特点是输入和输出轴上的齿轮两侧同时分担载荷，与方案 3 中开式齿轮情况相似，齿轮和轴承受力状态较好，适合传递大功率，但齿轮加工精度要求高，结构也较复杂。大型水泥管磨机的运行费用已超过设备的初始费用，因此电动机主要选用能提高功率因数的同步电动机。

5）中心驱动式并联汇流传动系统方案如图 3-3-6e 所示，该方案由两台电动机和一台双驱动式二级齿轮减速器组成，减速器的高速级每侧均由两对齿轮传递载荷。采用斜齿轮时，合理配置齿形螺旋线方向可使轴向力相互抵消。低速级大齿轮两侧同时工作，轴和轴承受力较小，故减速器能传递很大的功率。整个传动系统为双路驱动，完全采用闭式传动，因而同时具备了方案 3 和方案 4 传动功率大、传动件尺寸小、质量小以及效率高的优点，为水泥管磨机向更大功率发展创造了条件。目前有些大型或超大型水泥管磨机采用的中心驱动式汇流传动系统，并联路线的数目多达 8 个，齿轮减速装置也更为复杂，为保证各传动路线的同步和均载，还要增加辅助设备。

6）低速电动机直接驱动方案如图 3-3-6f 所示，该方案不需要齿轮等减速装置，传动路线大大缩短，避免了传动副的功率损失，效率更高，因此比机械传动方案传递的功率更大。而且可通过变频装置进行调速，以适应不同的水泥原料和装载量，便于调整制造工艺。该方案占地面积小、维护简单，但电动机等电器装置的初始费用很高。同等功率时，单位产量所需总费用比机械传动方案高 29% ~ 50%。

二、肥皂压花机的传动路线及传动比的分配

肥皂压花机是在肥皂块上利用模具压制花纹和字样的自动机，其机械传动系统的机构简图如图 3-3-7 所示。按一定尺寸切制好的肥皂块 12 由曲柄滑块机构 11 送至压模工位，下模具 7 上移，将肥皂块推至固定的上模具 8 下方，靠压力在肥皂块上、下两面同时压制出图案，下模具返回时，凸轮机构 13 的顶杆将肥皂块推出，完成一个运动循环。

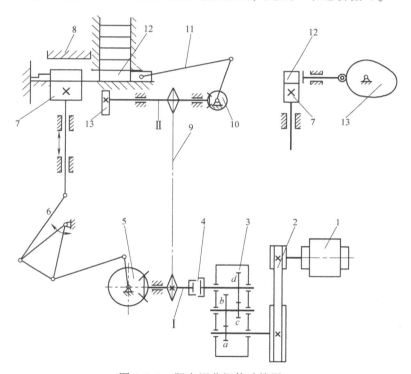

图 3-3-7　肥皂压花机传动简图

1—电动机　2—V 带传动　3—齿轮减速器　4—离合器　5、10—锥齿轮传动　6—六杆机构
7—下模具　8—上模具　9—链传动　11—曲柄滑块机构　12—肥皂块　13—凸轮机构

（1）传动路线分析　该机的工作部分包括三套执行机构，分别完成规定的动作。曲柄滑块机构 11 完成肥皂块的送进运动，六杆机构 6 完成模具的往复运动，凸轮机构 13 完成成品移位运动。三个运动相互协调，连续工作。因整机功率不大，故公用一个电动机。考虑执行机构工作频率较低，故需采用减速传动装置。减速装置为三套执行机构公用，由一级 V带传动和两级齿轮传动组成。带传动兼有安全保护功能，适宜在高速级工作，故安排在第一

级。当机器要求具有调速功能时，可将带传动改为带式无级变速传动。传动系统中，链传动9是为实现较大距离的传动而设置的，锥齿轮传动5和10用于改变传动方向。

该机的传动系统为三路并联分流传动，其中模具的往复运动路线为主传动链，肥皂块送进运动和成品移位运动路线为辅助传动链。具体传动路线如图3-3-8所示。

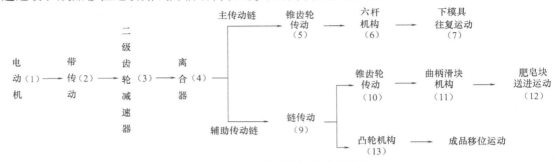

图3-3-8　肥皂压花机传动路线图

（2）传动比分配　若该机的工作条件为电动机转速1450r/min，每分钟压制50块肥皂，要求传动比误差为±2%。以下对上述方案进行传动比分配并确定相关参数。

1）主传动链（电动机→模具往复移动）。锥齿轮传动5的作用主要是改变传动方向，可暂定其传动比为1。这时，每压制一块肥皂，六杆机构带动下模具完成一个运动循环，相应分配轴Ⅰ应转动一周，故轴Ⅰ的转速为 $n_{\mathrm{I}}=50\mathrm{r/min}$。因已知电动机转速 $n_{\mathrm{d}}=1450\mathrm{r/min}$，由此可知，该传动链总传动比的预定值为

$$i'_{\text{总}}=\frac{n_{\mathrm{d}}}{n_{\mathrm{I}}}=\frac{1450}{50}=29$$

设带传动及二级齿轮减速器中高速级和低速级齿轮传动的传动比分别为 i_1、i_2、i_3，根据多级传动的传动比分配应"前小后大"及相邻两级之差不宜过大的原则，取 $i_1=2.5$，则减速器的总传动比为 $29/2.5=11.6$，两级齿轮传动平均传动比为3.4。

对于展开式或分流式二级圆柱齿轮减速器，其高速级传动比 i_1 和低速级传动比 i_2 的关系通常取

$$i_1=(1.2\sim1.3)i_2 \tag{3-3-1}$$

从有利于实现两级传动等强度及保证较好的润滑条件出发，根据上式，取 $i'_2=1.2i'_3$，则由 $i'_2i'_3=11.6$ 可求得 $i'_2=3.73$，$i'_3=3.11$。

选取各轮齿数为 $z_{\mathrm{a}}=23$，$z_{\mathrm{b}}=86$，$z_{\mathrm{c}}=21$，$z_{\mathrm{d}}=65$。

实际传动比为

$$i_2=\frac{z_{\mathrm{b}}}{z_{\mathrm{a}}}=\frac{86}{23}=3.739 \qquad i_3=\frac{z_{\mathrm{d}}}{z_{\mathrm{c}}}=\frac{65}{21}=3.095$$

主传动链的实际总传动比为

$$i_{\text{总}}=i_1i_2i_3=2.5\times3.739\times3.095=28.93$$

在各级传动的设计计算完成后，由于多种因素的影响，系统的实际总传动比 $i_{\text{总}}$ 常与预定值 $i'_{\text{总}}$ 不完全相符，其相对误差 Δi 可表示为

$$\Delta i=\frac{i'_{\text{总}}-i_{\text{总}}}{i'_{\text{总}}} \tag{3-3-2}$$

由上式，得传动比误差为

$$\Delta i = \frac{i'_{总} - i_{总}}{i'_{总}} = \frac{29 - 28.93}{29} = 0.24\%$$

按传动比误差小于2%的要求，且各传动比均在常用范围之内，故该传动链传动比分配方案可用。

2）辅助传动链。肥皂块送进运动和成品移位运动的工作频率应与模具往复运动频率相同，即在一个运动周期内，三套执行机构各完成一次运动循环，即送进→压花→移位。因此分配轴Ⅱ必须与分配轴Ⅰ同步，即 $n_{Ⅱ} = n_{Ⅰ}$，故链传动9和锥齿轮传动10的传动比均应为1。

第五节　原动机的选择

在设计机械系统时，选择何种类型的原动机，在很大程度上决定着机械系统的工作性能和结构特征。由于许多原动机已经标准化、系列化，除特殊工况要求对原动机进行重新设计外，大多数设计问题则是根据机械系统的功能和动力要求来选择标准的原动机。因此，合理地选择原动机的类型成为设计机械系统的重要环节。

原动机的种类很多，按其使用能源的形式可分为两大类：一次原动机和二次原动机。一次原动机使用自然界能源，直接将自然界能源转变为机械能，如内燃机、风力机、水轮机等。二次原动机将电能、介质动力、压力能转变为机械能，如电动机、液压马达等。如再细分，内燃机可分为汽油机、柴油机等。电动机可分为交流电动机和直流电动机等。

一、原动机的机械特性和工作机的负载特性

选用原动机时，考虑的因素很多，但最基本的要求是原动机输出的力（或力矩）及运动规律（线速度、转速）满足（或通过机械传动系统来满足）机械系统负载和运动的要求，原动机的输出功率与工作机对功率的要求相适应，即原动机的机械特性和工作机的负载特性匹配。所谓匹配是指原动机、传动装置和工作机在机械特性上的协调，使工作机处于最佳的工作状态。

（1）原动机的机械特性　原动机的机械特性一般用输出转矩 T（或功率 P）与转速 n 的关系曲线，即 $T = f(n)$ 或 $P = f(n)$ 表示。

表3-3-4所列为一次原动机的机械特性、特点和应用，表3-3-5所列为各类电动机（二次原动机）主要性能的比较。

表3-3-4　一次原动机的机械特性、特点和应用

类　别	工业汽轮机	汽油机	柴油机	燃气轮机
机械特性	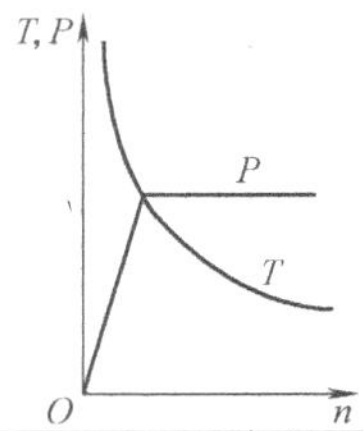	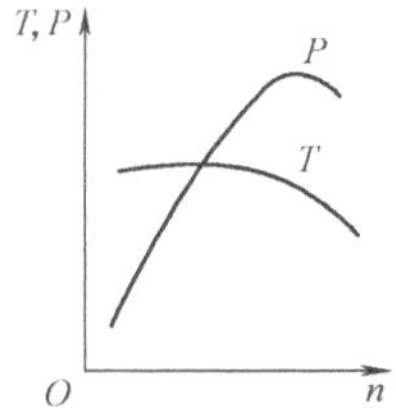	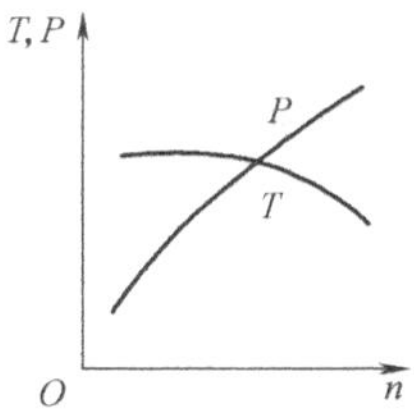	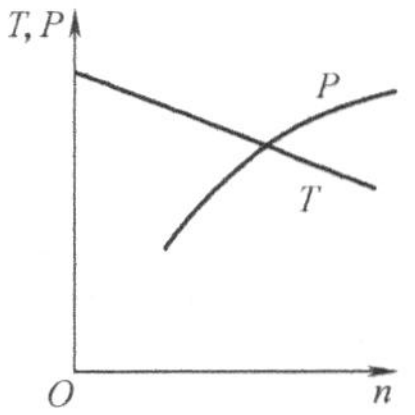

（续）

类 别	工业汽轮机		汽 油 机		柴 油 机	燃 气 轮 机
功率范围/kW	小型 100~1000	大型 1000~5000	四冲程 1.0~260	二冲程 0.6~110	3.5~38000	35~25000
特点	起动转矩大，转速高，变速范围较大，运转平稳，寿命长 设备复杂，制造技术要求高，初始成本高 中型汽轮机的效率在大型和小型之间		结构紧凑，质量小，便于移动，转速高（四冲程达 5000r/min，二冲程可达 8000r/min），能很快起动达到满载运转 燃料价格高、易燃，废气会造成大气污染		工作可靠，寿命长，维护简便，运转费用低，燃料较安全 初始成本较高，废气会造成大气污染	结构紧凑，质量小，起动快而转矩大，运转平稳，用水少，可用廉价燃油，维护简便 设备较复杂，制造技术要求高，初始成本高，燃料消耗较大，小尺寸燃气轮机尤甚
应用	适用于大功率高速驱动，如压缩机、泵和风机		多用于汽车		应用很广，如各种车辆、船舶、农业机械、挖掘机、压缩机	用于大功率高速驱动，如机车、飞机、原油输送、发电

表 3-3-5　各类电动机主要性能的比较

电动机类别	交流电动机		直流电动机	
	异 步	同 步	并 励	串 励
机械特性				
功率范围/kW	0.3~5000	200~10000	0.3~5500	1.37~650
转速范围/(r/min)	500~3000	150~3000	250~3000	370~2400
特点	笼型：结构简单，工作可靠，维护容易，价格低廉；满载时效率和功率因数高；但起动和调速性能差，轻载时功率因数低 变极数可以多级变速；有变频电源时，可以无级调速 绕线型：起动转矩大，起动时功率因数高；在转子回路中增减外电阻可改变其滑差率，可在最大转矩时调速，但调速范围小，维护较复杂，价格稍贵	恒转速，功率因数可调节；需供励磁的直流电源，价格贵 可采用变频电源进行无级调速	调速性能好，能适应各种载荷特性；价格较贵，维护复杂，并需要直流电源	起动转矩大，自适应性好，过载能力强；价格贵，维护复杂，需要直流电源

（续）

电动机类别	交流电动机		直流电动机	
	异 步	同 步	并 励	串 励
应用	通常用于载荷平稳、不调速、长期工作的机器，如水泵、金属切削机床、起重运输机械、矿山机械	载荷周期变化、起制动次数较多、小范围调速的机器，如轧钢机主传动、提升机	通常用于不调速的低速、重载和大功率机器，特别是需要功率因数补偿的场合，如水泥管磨机、鼓风机	用于要求调速范围大、交流电动机调速不能满足要求时，如重型机床	需要起动转矩大、恒功率调速的机器，如电力机车、电车、起重机

需要指出的是，近 20 年来，利用变频器对交流电动机进行调速的交流拖动系统有了很大的发展。变频器可以看作一个频率可调的交流电源，因此，对于现有的作恒转速运转的异步电动机，只需要在电源和电动机之间接入变频器和相应设备，就可以实现调速控制，而无需对电动机和系统本身进行大的改造。一般通用型变频器的调速范围可以达到 1:10 以上，高性能的矢量控制变频器的调速范围可达 1:1000。

异步电动机变频调速机械特性如图 3-3-9 所示。它既保持了异步电动机硬机械特性的特点，又具有高精度的调速性能。

（2）工作机的负载特性　工作机种类很多，其工况差别很大。代表工作机工况最重要的特性是载荷（包括功率 P、转矩 T 和力 F）与速度（包括转速 n 和线速度 v）之间的关系，即 n-T 特性，这也是讨论原动机、传动装置与工作机匹配的基本依据。

工作机的转速-转矩（转速-功率）特性，对于不同的工作机差别很大，可归纳为四种，即恒转矩载荷、恒功率载荷、平方降转矩载荷和恒转速载荷。

1）恒转矩载荷。即工作机的速度无论如何变化，其稳定状态下的载荷转矩大体上是一个定值，其机械特性如图 3-3-10 所示。由于电动机的功率 $P \propto Tn$，因此恒转矩特性的载荷消耗的能量与转速 n 成正比。属该种载荷特性的工作机有传送带、搅拌机、挤压成形机和起重机等。

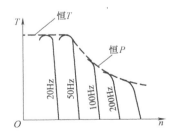

图 3-3-9　异步电动机变频调速机械特性

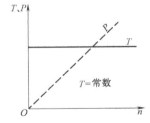

图 3-3-10　恒转矩载荷的 n-T 特性

2）恒功率载荷。某些机械的工作功率为定值而与转速无关，其机械特性如图 3-3-11 所示。如机床的端面切削、纺织机械和轧钢设备中的卷取机构，都是典型的恒功率载荷。

3）平方降转矩载荷。风扇、通风机、离心式水泵和船舶螺旋桨等流体机械，在低速时由于流体的流速低，所以载荷（阻力矩）较小。当转速增高时，载荷迅速增大。其载荷

（转矩）与转速的平方成正比，其机械特性如图 3-3-12 所示。具有这种机械特性的机器，其消耗的功率正比于转速的三次方。

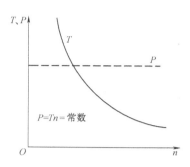

图 3-3-11　恒功率载荷的 n–T 特性

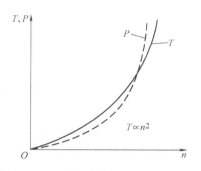

图 3-3-12　平方降转矩载荷 n–T 特性

　　4）恒转速载荷。对于交流发电机一类的机器，尽管载荷发生变化，但其转速基本保持不变，这就是恒转速载荷特性，如图 3-3-13 所示。

　　此外，在带有连杆机构的工作机中，如曲柄压力机、活塞式空气压缩机等，其载荷转矩 T 与转角 φ 或行程 s 之间存在一定的函数关系，可表示成 $T=f(\varphi)$ 或 $T=f(s)$。

　　以上几种工作机的负载特性是比较典型的。需要指出的是，不少工作机的载荷（阻力矩）是几种载荷的复合，因此其机械特性较为复杂，要进行具体的分析。

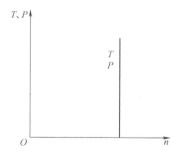

图 3-3-13　恒转速载荷的
n–T 特性

二、原动机的选择

（一）选择原则

在进行机械系统方案设计时，主要根据以下原则选择原动机：

1）应满足工作环境对原动机的要求，如能源供应、降低噪声和环境保护等。

2）原动机的机械特性和工作制度应与机械系统的负载特性（包括功率、转矩、转速等）相匹配，以保证机械系统有稳定的运行状态。

3）原动机应满足工作机的起动、制动、过载能力和发热的要求。

4）应满足机械系统整体布置的需要。

5）在满足工作机要求的前提下，原动机应具有较高的性价比，运行可靠，经济性指标（原始购置费用、运行费用和维修费用）合理。

（二）选择步骤

（1）确定机械系统的负载特性　机械系统的负载由工作负载和非工作负载组成。工作负载可根据机械系统的功能由执行机构或构件的运动和受力求得。非工作负载指机械系统所有额外消耗，如机械内部的摩擦消耗以及辅助装置的消耗等。

（2）确定工作机的工作制度　工作机的工作制度是指工作负载随执行系统的工艺要求而变化的规律，包括长期工作制、短期工作制和断续工作制三大类，常用载荷-时间曲线表示，有恒载和变载、断续和连续运行、长期和短期运行等形式，由此来选择相应工作制度的原动机。原动机实际工作制度和工作机是相同的。但在各种不同的工作制度下，原动机的允许功率是完全不同的。如国家标准对内燃机的标称功率分为四级，分别为 15min 功率、1h 功率、12h 功率和长期运行功率，其中 15min 输出功率最大；GB 755—2008《旋转电机 定额和性能》对电动机的工作制度也进行了分类，共计分为 9 种，以 S1～S9 表示，分别对应于工作机的不同工作制度，如连续工作制 S1、短期工作制 S2、断续周期工作制 S3 等。因此，工作机的工作制度是选择原动机的重要依据之一。

（3）选择原动机的类型 影响原动机类型选择的因素较多，首先应考虑能源供应及环境要求，选择确定原动机的种类，再根据驱动功率、运动精度、负载大小、过载能力、调速要求、外形尺寸等因素，综合考虑工作机的工况和原动机的特点，进行具体分析，以选择合适的类型。

需要指出的是，电动机有较高的驱动功率和运动精度，其类型和型号很多，能满足不同类型工作机的要求，而且具有良好的调速、起动和反向功能，因此可作为首选类型。当然对于野外作业和移动作业，宜选用内燃机。

（4）选择原动机的转速 可根据工作机的调速范围和传动系统的结构和性能要求来选择。转速选择过高，导致传动系统传动比增大、结构复杂、效率降低；转速选择过低，则原动机本身结构增大，价格较高。

一般原动机的转速范围可由工作机的转速乘以传动系统的常见总传动比得出。

（5）确定原动机的容量 原动机的容量通常用功率表示。在确定了原动机的转速后，可由工作机的负载功率（或转矩）和工作制度来确定原动机的额定功率。机械系统所需原动机功率 P_d 可表示为

$$P_d = k\left(\sum \frac{P_g}{\eta_i} + \sum \frac{P_f}{\eta_j}\right)$$

式中 　P_g——工作机所需功率；

　　　P_f——各辅助系统所需的功率；

　　　η_i——从工作机经传动系统到原动机的效率；

　　　η_j——从各辅助装置经传动系统到原动机的效率；

　　　k——考虑过载或功耗波动的余量因数，一般取 1.1～1.3。

需要指出的是，所确定的功率 P_d 是工作机的工作制度与原动机的工作制度相同前提下所需的原动机额定功率。

第六节　机械的控制系统简介

机械系统在工作过程中，各执行机构应根据生产要求，以一定的顺序和规律运动，各执行机构运动的开始、结束及其顺序一般由控制系统保证。

机械系统控制的主要任务通常包括：①使各执行机构按一定的顺序和规律动作；②改变各运动构件的运动（位移、速度和加速度）和规律（轨迹）；③协调各运动构件的运动和动作，完成给定的作业环节要求；④对整个系统进行监控及防止事故，对工作中出现的不正常现象及时报警并消除。

一、机械的控制系统类型

机械设备中控制系统所应用的控制方法很多，按元器件及装置的类型分为机械式控制、液压控制、气压控制、电气控制及机、电、液综合控制等。下面逐一简单介绍。

（一）机械式控制系统

早期机械系统中，机械式控制系统是主要的，如利用凸轮机构或运动的变化等进行控

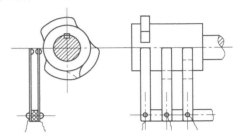

制。图 3-3-14 所示为一种凸轮程序控制装置，它由一系列微动开关和凸轮组成。凸轮轴由同步电动机驱动，凸轮旋转一周，对应着工件的整个加工循环。在整个加工循环中，某个微动开关需要触动几次，对应这个微动开关的凸轮上就制出几个凸起处，以实现对该开关的几次触动。这种程序控制装置精确度高，可以在任意一个所需要的位置上触动微动开关。但是一旦凸轮制成，则整

图 3-3-14　凸轮程序控制装置

套程序就不能改变。如果将凸轮改成鼓轮，在鼓轮上加工出许多个 T 形槽用于固定触点撞块，撞块的作用相当于凸轮程序控制器中凸轮上的凸起部分，这样随着要求的程序不同便可以进行调整，在更换产品或更换程序时能迅速适应新的要求。音乐盒（如八音盒）就是利用这种机构来演奏音乐的。

图 3-3-15 所示为汽车发动机的离心调速器。这是利用运动的变化等进行控制的一种机

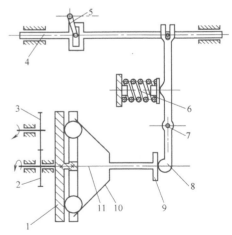

械式控制系统。调速原理如下：调速器轴 11 上固装有带径向槽的主动盘 1，槽中放置钢球。当钢球随固定盘旋转时，即受到离心力的作用而企图向外飞开。钢球左侧为不可移动的钢板，右侧为可左右滑动的滑套 10，滑套的锥形盘在调节弹簧 6 的作用下保持与钢球相接触。杠杆 8 一端与滑套相接触，另一端联接调节供油量的拉杆 4。当发动机因载荷减小而使曲轴转速上升时，钢球受到的离心力作用增大，向外移动并推动滑套向右移动，而使杠杆 8 绕定轴 7 逆时针方向转动，拉杆 4 推动供油量调节臂 5，减少发动机的供油量，使发动机的转速下降。反之，当发动机因载荷增大而使曲轴转速下降时，钢球受到的离心力作用减小，向内移动，在调节弹簧 6 的作用下，杠杆 8 绕定轴 7 顺时针方向转动，拉杆 4 拉动供油量调节臂5，增加发动机的供油量，从而提高发动机的转

图 3-3-15　汽车发动机的离心调速器
1—主动盘　2、3—齿轮　4—拉杆　5—供油量
调节臂　6—调节弹簧　7—定轴　8—杠杆
9—平板　10—滑套　11—调速器轴

速。通过离心调速器的调节作用，发动机的转速便可以稳定在一个设定的范围内。

利用纯机械式机构来实现复杂的运动轨迹时，其结构庞大，可调整性差，可以改成计算机控制。

（二）液压控制

液压控制是采用液压控制元件和液压执行机构，根据液压传动原理建立起来的控制系统。详细内容可以参考该方面文献，此处讲解利用电磁阀控制液压缸进行工作的顺序控制，如图 3-3-16 所示。图中以液压缸 2 和 5 的行程位置为依据，来实现相应的顺序动作。工作中，当按下启动按钮，电磁阀 1YA 吸合，液压缸 2 向右移动，液压缸 5 因相应的控制电磁阀断开不进油而维持不动。当液压缸 2 挡块压下行程开关 4 时，电磁阀 3YA 吸合，液压缸 2 停止运动，液压缸 5 开始前进。当液压缸 5 挡块压下行程开关 7 时，电磁阀 2YA 吸合，液压缸 5 停止运动，液压缸 2 开始返回。当液压缸 2 的挡块压下行程开关 3 时，电磁阀 4YA 吸合，液压缸 2 的返回运动停止，液压缸 5 开始返回。当液压

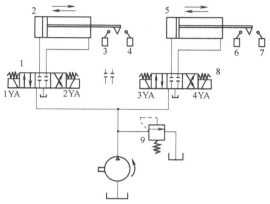

图 3-3-16　利用动作序列进行控制的液压系统
1、8—换向阀　2、5—液压缸　3、4、6、7—行程开关
9—溢流阀

缸 5 的挡块压下行程开关 6 时，液压缸 5 的返回运动也停止。由此完成一个工作循环。利用这种顺序动作进行控制，对需要变更液压缸的动作行程和动作顺序来说比较方便，因此在机床液压系统中得到了广泛应用，特别适合于顺序动作的位置、动作循环经常要求改变的场合。

（三）气压控制

气压控制由于采用低压压缩空气为工作介质，对环境污染小，适合易燃、易爆和多尘工作场所的应用，其安全可靠性大大超过液压和电气控制系统，而且气动元件的动作速度高于液压元件。

图 3-3-17 所示为一种工业机械手电气—气压伺服控制系统，主要应用在工业机器人的手臂控制装置上。该工业机械手的气压伺服系统可根据指令电流偏差信号（电流范围 ±4 ~ ±40mA），确保连接机械手的活塞杆 13 按要求的运动规律和定位精度工作。其工作过程如下：若伺服放大器 15 输出的偏差信号（设定的指令信号与反馈信号之差）加到气压伺服阀 17 的电磁线圈 9 上，则永久磁铁 10 和电磁线圈 9（两者常合称力矩马达）两侧产生的电磁力不相等，使端部装有挡板 3 的摆杆 8 偏离中间平衡位置而绕支点 a 偏转，挡板 3 使对称布置的两个转换器喷嘴 16 的气体流量发生变化，造成一侧喷嘴背压腔压力升高，另一侧喷嘴背压腔压力降低，使负载气缸 12 左右腔压力不

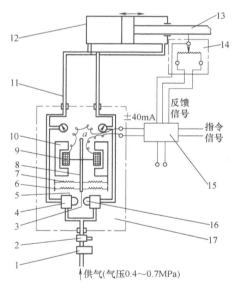

图 3-3-17　工业机械手电气—气压伺服控制系统
1—过滤器　2—减压阀　3—挡板　4—转换器
5—排气口　6—增益调整弹簧　7—零位调整弹簧　8—摆杆　9—电磁线圈　10—永久磁铁　11—管道　12—负载气缸
13—活塞杆　14—反馈电位器
15—伺服放大器　16—喷嘴
17—气压伺服阀

等，活塞杆 13 移动，机械手即按要求的规律运动。

（四）电气控制

电气控制应用最为广泛，与其他控制形式相比有很多优点。电气控制系统体积小，操作方便，无污染，安全可靠，可进行远距离控制。通过不同的传感器可把位移、速度、加速度、温度、压力、色彩、气味等物理量的变化转变为电量的变化，然后由控制系统进行处理。

电气控制系统的基本要求：满足机械的动作要求或工艺条件；电气、电子元件合理，工作安全可靠；停机时，控制系统的电子元器件不应长期带电；有较强的抗干扰能力，避免误操作现象发生；便于维护与管理，经济指标好；使用寿命长；自动控制系统中应设置紧急手动控制装置。

电动机的结构简单、维修方便、价格低廉，是应用最为广泛的动力机。利用电气控制对交流电动机的控制主要是开、关、停与正反转的控制，对直流电动机与步进电动机的控制主要是开、关、停、正反转及其调速的控制。图 3-3-18 所示为常见的三相交流异步电动机的控制电路原理图，可实现开、关、停、正反转的工作要求，如再安装限位开关，还可以方便地进行机械的位置控制。

电磁铁是重要的开关元件，接触器、继电器、各类电磁阀、电磁开关都是按电磁转换的原理实现接通与断开动作的，利用电气系统也可对电磁铁控制，从而实现控制机械中执行机构的各种不同动作。

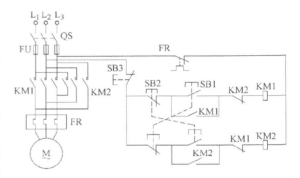

图 3-3-18 三相交流异步电动机的控制电路原理图

（五）机、电、液综合控制

机电液机构组合中的运动形态由机构的结构来实现，而机械的运动参数（位置、位移、速度、加速度等）和各执行机构的运动协调关系是靠计算机系统（计算机、接口电路、各种电子元器件组成的硬件及软件）来实现的。也就是说，机、电、液综合控制主要结合计算机控制来完成。

在图 3-3-19 所示的针式打印机中，计算机控制的对象是步进电动机、直流电动机、直流伺服电动机和电磁铁等四个可控元件。打印头的运动是靠螺旋管状线圈通电，电磁铁吸合衔铁，衔铁击打钢针产生的。字车的移动是靠直流伺服电动机驱动的，走纸机构是靠步进电动机驱动的。它们必须有各自的驱动电路和正确的信号传递与处理才能完成打印工作。控制原理图如图 3-3-20 所示。

二、机械控制系统的发展趋势

由于计算机技术和自动控制技术的发展，现代机械的控制系统更加先进，同时也更加复杂，可靠性也大大增加，可对运动时间、运动方向与位置、速度等参数进行准确的控制。如对伺服电动机进行控制时，可以采取模拟伺服控制、数字伺服控制、软件伺服控制等多种控制方式。图 3-3-21 所示为软件伺服控制原理框图。

把脉冲编码器与测速发电机检测的电动机转角与速度信号送入计算机，用预先输入计算

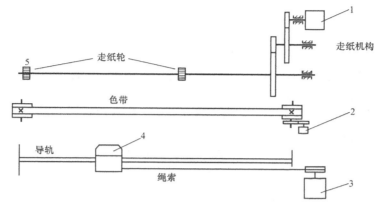

图 3-3-19　针式打印机机构示意图

1—步进电动机　2—直流电动机　3—直流伺服电动机　4—打印头　5—走纸轮

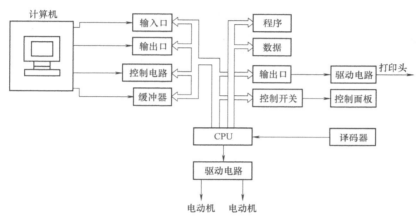

图 3-3-20　打印机控制原理图

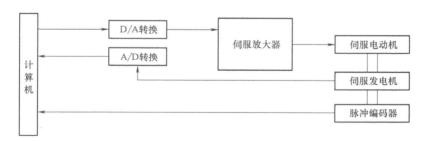

图 3-3-21　软件伺服控制原理框图

机中的程序按采样周期对上述信号进行运算处理，再由计算机发出驱动信号，使电动机按规定的要求运转。

　　现代控制系统的设计不仅需要计算机技术、接口技术、模拟电路、数字电路、传感器技术、软件设计、电力拖动等方面的知识，还需要一定的生产工艺知识。

　　一般说来，可把控制对象分为两类。

　　第一类是以位移、速度、加速度、温度、压力等数量的大小为控制对象，并按表示数量信号的种类分为模拟控制与数字控制。把位移、速度、加速度、温度、压力的大小转换为对应的电压或电流信号，称之为模拟量。对模拟信号进行处理，称为模拟控制。模拟控制精度不高，但控制电路简单，使用方便。把位移、速度、加速度、温度、压力的大小转换为对应的数字信号，称之为数字量。对数字信号进行处理，称为数字控制。

第二类是以物体的有、无、动、停等逻辑状态为控制对象，称为逻辑控制。逻辑控制可用二值"0""1"的逻辑控制信号来表示。

以数量的大小、精度的高低为对象的控制系统中，经常检测输出的结果与输入指令的误差，并对误差随时进行修正，此种控制方式称为闭环控制。把输出的结果返回输入端与输入指令比较的过程，称为反馈控制。与此不同，输出的结果不返回输入端的控制方式，称为开环控制。

由于现代机械在向高速、高精度方向发展，闭环控制的应用越来越广泛。如机械手、机器人运动的点、位控制，都必须按反馈信号及时修正其动作，以完成精密的工作要求。在反馈控制过程中，通过对其输出信号的反馈，及时捕捉各参数的相互关系，进行高速、高精度的控制。在此基础上，现代控制理论得以不断地发展和完善。

综上所述，现代机械的控制系统集计算机、传感器、接口电路、电器元件、电子元件、光电元件、电磁元件等硬件环境及软件环境为一体，且在向自动化、精密化、高速化、智能化的方向发展，其安全性、可靠性的程度不断提高。在机电一体化机械中，机械的控制系统将起到更加重要的作用。

第四章

机械创新设计

第一节　机械的创新

一、机械创新的概念

机械发展的过程是不断创新的过程，从功能原理、原动力、机构、结构、材料、制造工艺、检测、试验到设计理论和方法均不断涌现创新和发明，推动机械向更完美的境界发展。机械设计是一个创造过程，无论是完全创新的开发性设计，还是对产品作局部变更、改进的适应性设计，抑或是变更现有产品的结构配置。使之适应于更多功能要求的变型设计，都应该立足在"创新"上。

机械创新设计（Mechanical Creative Design，MCD）是指充分发挥设计者的创造力，利用人类已有的相关科学技术成果（含理论、方法、技术、原理等），进行创新构思，设计出具有新颖性、创造性及实用性的机构或机械产品（装置）的一种实践活动。它包含两个部分：一是改进、完善生产或生活中现有机械产品的技术性能、可靠性、经济性、适用性等；二是创造、设计出新机器、新产品，以满足新的生产或生活的需要。机械创新设计要完成的一个核心内容就是要探索机械产品创新发明的机理、模式及方法，要具体描述机械产品创新设计过程，并将它程式化、定量化、乃至符号化、算法化。

机械创新设计（MCD）和机械系统设计（SD）、计算机辅助设计（CAD）、优化设计（OD）、可靠性设计（RD）、摩擦学设计（FD）、有限元设计（FED）等一起构成现代机械设计方法。随着认知科学、思维科学、人工智能、专家系统及人脑研究的发展，机械创新设计正在日益受到专家学者的重视。一方面，认知科学、思维科学、人工智能、设计方法学、科学技术哲学等已为机械创新设计提供了一定的理论基础及方法；另一方面，机械创新设计的深入研究及发展有助于揭示人类的思维过程、创造机理等前沿课题，反过来促进了上述学科的发展，实现了真正的机械专家系统及智能工程（IE）。因此，机械创新设计是机械专家系统、智能工程等学科深入研究发展进程中必须解决的一个分支，它能真正为发明创造新机械和改进现有机械性能提供正确有效的理论和方法。

综上所述，机械创新设计是建立在现有机械设计理论基础上，吸收科技哲学、认知科学、思维科学、设计方法学、发明学、创造学等相关学科的有益成分并经过交叉而成的一种设计技术和方法。

二、机械创新设计的过程

机械创新设计的目标是，由所要求的机械功能出发，改进、完善现有机械或创造发明新机械实现预期的功能，并使其具有良好的工作品质及经济性。机械创新设计是一门有待开发的新设计技术和方法。由于技术专家们采用的工具和建立的结构学、运动学与动力学模型各不相同，逐渐形成了各具特色的理论体系与方法。尽管提出的设计过程不尽相同，但其实质是统一的。综合起来，机械创新设计基本过程主要由综合过程、选择过程和分析过程组成。

图 3-4-1 所示为中国技术专家提出的机械创新设计的一般过程，它分为四个阶段：

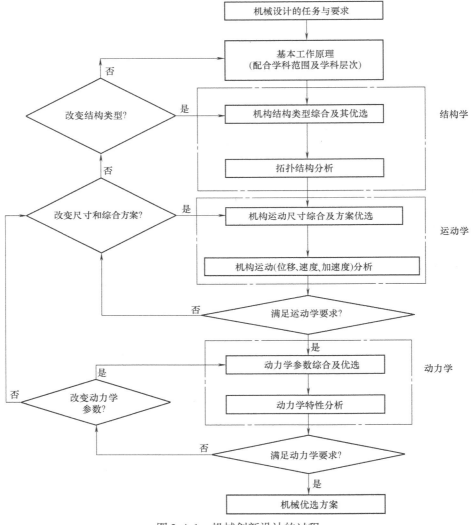

图 3-4-1　机械创新设计的过程

（1）确定（选定或发明）机械的基本原理　它可能涉及机械学对象的不同层次、不同类型的机构组合，或不同学科知识、技术的问题。

（2）机构结构类型综合及优选　优选的结构类型对机械整体性能和经济性具有重大影响，它多伴随新机构的发明。机械发明专利的大部分属于结构类型的创新设计。因此，结构类型综合及其优选是机械设计中最富有创造性、最有活力的阶段，同时又是十分复杂和困难的问题。它涉及设计者的知识（广度与深度）、经验、灵感和想象力等众多方面，成为多年来困扰机构学研究者的主要问题之一。

（3）机构运动尺寸综合及其运动参数优选　其难点在于求得非线性方程组的完全解（或多解），为优选方案提供较大的空间。随着优化法、代数消元法等数学方法引入机构学，该问题有了突破性进展。

（4）机构动力学参数综合及其动力参数优选　其难点在于动力参数量大、参数值变化域广的多维非线性动力学方程组的求解，这是一个亟待深入研究的课题。

完成上述机械工作原理、结构学、运动学、动力学分析与综合的四个阶段，便形成了机械设计的优选方案。而后，即可进入机械结构创新设计阶段，主要解决基于可靠性、工艺性、安全性、摩擦学的结构设计问题。

三、创新的一般技法

创新技法是以创造原理为基础，通过广泛创造、概括总结而得到的创造发明的技巧和手法。常用的创新技法可以归为五类。其中群体集智法突出直觉思维；系统分析法、联想类比法、反向探求法体现推理思维中的纵向推理、横向推理和反向推理思维；而组合创新法则强调组合思维的特点。

（1）群体集智法（智力激励法、集思广益法）　群体集智法的特点是启智、激智、互补、集智。几个人针对某个问题集中讨论或书面交流，创造性思维在受激发情况下能更好地发挥；由于各人的知识、经验不同，观察问题角度和分析问题方法各异，提出的各种主意能互相启发，填补知识空隙；集中群众的智慧能得到更多创新思想，取得更显著的创新成果。

（2）系统分析法　针对问题，通过系统分析和提问，深入抓住问题的本质，从更多方面取得信息，探寻解法。系统分析法是通过纵向推理引导扩展思维的方法。

（3）联想类比法　通过对事物由此及彼的联想和类推进行发明和创新。联想类比法可分为以下几类：

1）联想构思法。对事物间的关系有接近联想（如伏特发现有人用两种金属接触舌头有麻的感觉联想到由两种金属组成伏特堆产生电流）、相似联想（如由滚珠轴承联想到创造滚珠导轨、滚珠丝杠和滚珠蜗杆）、对立联想（如由加热毂孔使之膨胀可以和轴过盈配合联想到冷缩轴颈时轴和孔同样可以获得过盈配合、由内燃机联想到外燃机等）。

2）类比移植法。根据两个事物间在某些方面（如外形、结构或性能、需求等）的相似或相同，从而类推出它们在其他方面的性能、需求或外形、结构等也可能相似或相同，进而加以运用。类比移植法有直接类比移植（如由于车床突然停电而使超硬质合金车刀粘结在工件上，直接类比移植发明摩擦焊接法）、因果类比移植（如由面包因加发酵物后的疏松多孔而类比移植在熔化的金属中加入起泡剂，迅速冷却后形成轻质泡沫金属材料）、对称类比移植（如将液体的吸热蒸发、放热凝固的对称关系类比移植发明创新冷热空调和多种热机、热交换器）。

3）仿生法。通过仿生学对生物的某些特殊结构和功能进行分析和类推，启发发明创新。如仿效蝙蝠的声纳系统研制成盲人用的"超声波眼睛"，并从中引出声纳雷达等定位器的创新设计思路。

（4）反向探求法　在创新实践活动中，人们按照自己的计划去探索未知世界的秘密，按照预想的方法解决那些尚待解决的问题。在实践过程中，人们会发现某些计划、方法在实践中行不通，这时应根据实践过程提供的信息，及时修正计划、修改方法，继续有效地探索。

1）变元法。人们在探索某些问题（函数）解的过程中通常将一些因素（自变量）固定，探索另外一些因素（变量）对所求解问题的影响，但有时求解的关键因素恰恰在被固定的那些因素当中。出于思考问题的习惯模式的限制，往往把某些影响因素看作是不变的（将变量看作常量），这就限制了求解区域。意识到这一点，在问题求解过程中，通过变换求解因素，常可获得意外的结果。这种方法称为变元法。如哥白尼突破了传统的"地心说"的束缚，创立了新的天体理论体系"日心说"。

2）变理法。设计的目的是为了实现某种功能，而很多不同的作用原理可以实现相同或相似的功能，当采用某种作用原理得不到预期的效果时，可以探索其他的作用原理是否可行。

在机械表的设计中，通过擒纵调速机构调整表的走时速度，擒纵调速机构中摆轮和游丝所构成的质量弹簧系统的摆动频率成为机械表的时间基准。由于这一系统的频率受到温度、重力、润滑条件等众多因素的影响，因此，很难通过这一系统以廉价的方法获得长时间稳定运转的时间基准。人们寻求用其他的工作机理作为时间基准时发现石英晶体振荡器电路以其极高的频率稳定性可以满足对计时精度的要求。石英电子表采用石英晶体元件作为新的时间基准元件大幅度地提高了计时精度，同时简化了计时器的设计和结构。

3）逆向法。在问题求解的过程中，由于某种原因使人们习惯向某一个方向努力，但实际上问题的解却可能位于相反的方向上。意识到这种可能性，在求解问题时及时变换求解方向，有时可以使很困难的问题得到解决。

（5）组合创新法　组合创新方法是指按照一定的技术原理，通过将两个或多个功能元素合并，而形成一种具有新功能的新产品、新工艺、新材料的创新方法。

1）组合法是把现有的技术或产品通过功能、原理、机构等的组合变化，形成新的技术思想或新的产品。组合的类型包括功能组合、系统组合等。例如，把刀剪、锉、锥等功能集中起来的"万能旅行刀"和"文房四宝"等都是组合的例子。

2）综摄法是通过已知的东西作媒介，把毫无关联的、不相同的知识要素结合起来，摄取各种产品的长处将其综合在一起，制造出新产品的一种创新技法。它具有综合摄取的组合特点。例如，日本南极探险队在输油管不够的情况下，因地制宜，用铁管做模子，包上绷带，层层淋上水使之结成一定厚度的冰，做成冰管，作为输油管的代用品，这就是综摄法的应用例子。

除上述五种常用的发明创新技法以外，还有许多方法。值得指出的是：发明创新史上许多重大的项目都是先从专利情报中获得启示而开始的。利用专利情报开展发明创新，可从调查专利、综合专利情报、寻找专利空隙和利用专利法知识等四个方面进行发明创新。专利文献是创造发明的一个巨大宝库，善于和有效地利用专利情报获得新的发明创新专利，也是发明创新的重要源泉。

第二节　机构的创新设计

一个好的机械原理方案能否实现，机构设计是关键。机构设计中最富有创造性、最关键的环节，是机构形式的设计。构思机构的具体构成是一件极富创造性的工作。因此，设计人员必须开阔思路，大胆进行机构的创新设计，使所设计的机构运动方案不仅具有优良的工作性能，而且具有灵巧、新颖等特色。

机构的创新方法很多，归纳起来，常用的机构创新设计方法有如下几种。

一、应用现有原理创新机构

（1）叠加杆组法　根据平面机构组成原理在一个机构上叠加一个或多个杆组后，便可以形成各种新的机构来满足运动转换或实现某种要求的功能。图3-4-2所示的发动机机构就是在曲柄滑块机构的基础上叠加了两个Ⅱ级杆组所构成的。

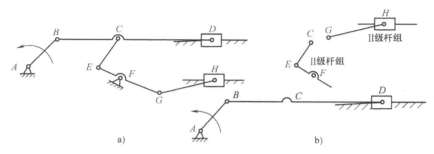

图 3-4-2　发动机机构

在前述四杆机构上叠加杆组不改变机构的自由度，却能增加机构的功能。例如，取得有利的传动角、较大的机构效益、改变从动件的运动特性、增加从动件的行程等。

（2）转动副扩大、高低副互代、加局部自由度或虚约束等方法　通过该方法对现有机构进行改进或使其演化成新的机构。它们既能保持原机构的运动特性，又能实现所要求的功能，而且结构更加合理。

在图3-4-3a所示的机构中，偏心轮1绕轴心A转动，它与构件2左端具有同样直径的孔配合，其几何中心B在构件1和构件2上的位置不变，即这两个构件在B处组成转动副。当选择图3-4-3b所示的机构运动简图时，若因AB杆太短而无法安装两个转动副时，那么可在与其运动特性完全相同的图3-4-3a所示机构的基础上进行结构设计，问题即可获得解决。

图3-4-4所示为高副低代，以低副代换后对其运动特性没有影响，且因低副是面接触，所以易加工，可以提高耐磨性。

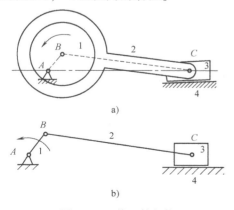

图 3-4-3　偏心轮机构

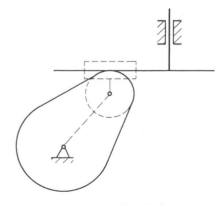

图 3-4-4　高副低代

二、利用机构运动特点创新机构

（1）利用连杆或连架杆的运动特点构思新的机构　图 3-4-5 所示为摄影机拉片机构，为了使胶片获得间歇移动，采用了图示的曲柄摇杆机构。曲柄 1 转动时，摇杆 3 摆动，使作平面运动的连杆 2 上的点 E 走出近似 D 形的运动轨迹，拉片爪就能按图示箭头方向沿 D 形轨迹运动。使用时，拉片爪首先插入电影胶片 4 两侧的孔中，然后向下拉动胶片一段距离，接着拉片爪退出胶片孔，此时胶片静止不动，以待摄取或放映胶片上的画面，拉片爪再上行，重复上述运动循环，使胶片作间歇式移动。

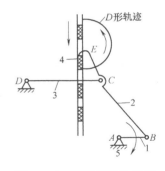

图 3-4-5　摄影机拉片机构

图 3-4-6 所示为双缸压气机运动简图。单缸压气机为一曲柄滑块机构，当滑块（活塞）往复运动时，由加速度所产生的惯性力作用于机座 4 上。当曲柄 1 的转速很高时，惯性力所产生的动载荷和振动都很大。为此，可把两组相同的曲柄滑块机构左右对称配置，使它们组成具有公共曲柄 1 的六杆机构。由于两滑块的运动方向始终相反，因而加速度和由加速度所引起的惯性力始终是大小相同、方向相反，它们对机座 4 的作用力可相互平衡。

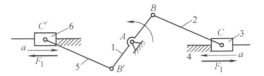

图 3-4-6　双缸压气机运动简图

（2）利用两构件相对运动关系设计新机构　图 3-4-7 所示为一个简单而有效的工件逐件转移机构。上送料板 1 上的工件 2 及工件 3 被逐个移置于下送料板 7 上。机构没有专用的动力源，仅靠工件的重力位能进行工作。图 3-4-7a ~ c 表示工件转移过程，工件的重力使摆杆 4 摆动。工件离开摆杆 4 后，配重 5 使摆杆 4 复位。摆杆 4 摆动一次只送出一个工件。摆杆 4 的摆动周期主要取决于工件重力 g 对支点 6 的矩、摆杆 4（包括配重 5）的重力 G 对支点 6 的矩和工件及摆杆 4 对支点的惯性矩。

图 3-4-8 所示为羊肉切片机，目的是要将冻肉块切成均匀且极薄的肉片。如果依照手工的切法，则要有刀片往复切片的动作和刀片横向往复拉动的动作以及肉块间歇推进的动作。若采用图 3-4-8 所示的刨切形式，刨台面作往复移动，羊肉块靠重力压在台面上，兼起送进的作用，则此机构的结构就可做得极其简单，而且容易实现刨切薄片的要求。

（3）用成形固定构件实现复杂动作过程　图 3-4-9 所示为成卷塑料包装材料的供给机构。图中所示的装置中除成卷包装材料（支承在轴上）1、导辊组 5、牵引输送辊 4 和裁切装置（图中未示出）外，还有检测装置 2、成形器 3（为一固定模板）和输送长度调节控制装置（图中未示出）。

这种装置的特点是：由牵引输送辊 4 牵引，由检测装置 2 通过识别包装材料上的标记，发出信号来控制牵引输送辊及裁切装置。这样就可以保证每一次包装都可使包装材料上的图文处于相同的位置。

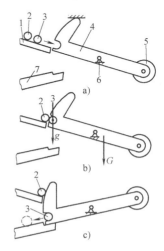

图 3-4-7　工件逐件转移机构

1—上送料板　2、3—工件　4—摆杆
5—配重　6—支点　7—下送料板

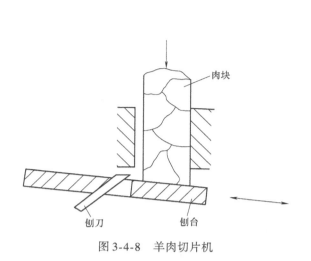

图 3-4-8 羊肉切片机

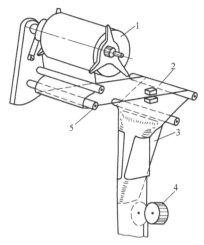

图 3-4-9 成卷塑料包装材料的供给机构
1—包装材料 2—检测装置 3—成形器
4—牵引输送辊 5—导辊组

三、基于组合原理的机构创新设计

单一的机构只能满足有限的运动要求。为了实现预定的机械功能，或者为了改善机械的特性，往往将几种基本机构及其变异机构通过适当的方式进行组合。通过组合，可以获得不同的运动和动力特性，以满足不同的工作需要。机构的组合方式可大致归纳为如下四类：

（1）机构的串联组合 前后几种机构依次联接的组合方式称为机构的串联组合。根据串联构件的不同，可以分为两种。

1）构件固结式串联组合（一般串联组合）。若干个单自由度的基本机构及其变异机构，以前一个机构的输出构件和后一个机构的输入构件固结称为构件固结式串联组合。这种组合方式应用极广，且设计也较简单。如图 3-4-10 所示，后一级机构串联在前一级机构的一个与机架相连的构件（连架杆）上的组合方式。

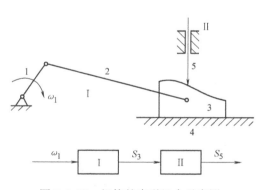

图 3-4-10 机构的串联组合示意图

2）轨迹点串联组合（特殊串联组合）。后一级机构串联在前一级机构不与机架相连的浮动构件（浮动件）上的组合方式。若前一个机构的输出为作平面运动构件上的一点 M 的轨迹，则通过轨迹点 M 与后一个机构相连，称为轨迹点串联组合，如图 3-4-11 所示。图 3-4-12 所示为轨迹点串联组合示意图。

（2）机构的并联组合 一个机构产生若干个分支后续机构，或者若干个分支机构汇合于一个后续机构的组合方式称为机构的并联组合。对于"一个机构产生若干个分支后续机构"的并联组合，可以分为一般并联组合和特殊并联组合。

1）一般并联组合，是各分支机构间无任何严格的运动协调配合关系的并联组合方式。

例如，航空发动机附件传动系统，就是利用轮系，使一个主动轴带动六个从动轴同时旋转（通过定轴轮系把主动轴的运动分成六路传出，带动各附件同时工作）。而各分支机构可根据各自的工作需要，独立进行设计。

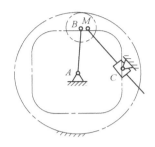 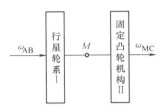

图 3-4-11　轨迹点串联组合图　　　　图 3-4-12　轨迹点串联组合示意图

2）特殊并联组合，是各分支机构间在运动协调上有所要求的并联组合方式，如有速比要求、有轨迹配合要求、各分支机构在动作的先后次序上有严格要求和有运动形式配合要求等。图 3-4-13a 所示为一自动车床在加工铆钉时的情况，其并联的三个凸轮机构的动作先后次序的时序要求如工作循环图（图 3-4-13b）所示。

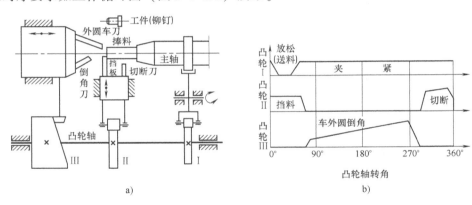

图 3-4-13　铆钉加工自动车床

3）汇集式并联组合，是若干分支机构汇集一起共同驱动同一后续机构的组合方式。例如，在重型机械中，为了克服传动装置庞大笨重的缺点，近年来发展了一种多点啮合传动。图 3-4-14 所示为飞机襟翼操纵机构，它用两个直线电动机共同驱动襟翼。若一直线电动机发生故障，则另一直线电动机可以单独驱动（这时襟翼的运动速度减半），这样就增大了操纵系统的可靠性。

（3）机构的封闭式组合　机构的这种组合方式，就是将一个多自由度（通常为二自由度）机构（称为基础机构）中的某两个构件的运动用另一机构（称为约束机构）将其联系起来，使整个机构成为一个单自由度机构，并使从动件获得预期的运动规律。如差动轮系和并联定轴轮系闭合后成为行星轮系；也可以采用通过约束机构使从动件的运动反馈回基础机构的组合方式，图 3-4-15 所示为滚齿机校正机构，该机构即为一种反馈封闭式组合。与蜗轮同轴的凸轮将推杆的运动反馈到基础机构中，以校正蜗轮实际转动与理论转动间的误差。

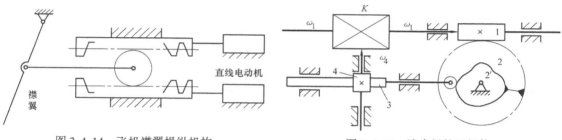

图 3-4-14　飞机襟翼操纵机构　　　　　图 3-4-15　滚齿机校正机构

（4）机构的装载式组合　将一机构装载在另一个机构的某一活动构件上的组合方式。
图 3-4-16 所示为风扇摇头机构。风扇轴上装有蜗杆，风扇转动时蜗杆带动蜗轮回转，使摇杆（即风扇壳体）来回摆动。该机构的装载机构是双摇杆机构，被装载机构为电风扇，装载机构由被装载机构带动旋转。该机构只有一个自由度。

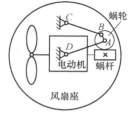

图 3-4-16　风扇摇头机构

四、利用光、电、液（气）等原理创新机构

图 3-4-17 所示为电锤机构。当电流通过电磁铁 1 时，利用两个线圈的交变磁化作用，使锤头 2 作往复直线运动。直流电的电锤有一快速电流换向器，且每分钟冲击次数用电压进行调节。交流电的电锤每分钟有恒定的冲击数，它由所供电流的频率来决定。

图 3-4-18 所示为液体用杠杆秤。盛液体的容器 1（可绕轴 A 自由回转）上设置挡块 B，使其保持在作业位置上。当液体填满时，容器 1 下降，柱销 2 抵到挡板 3，容器翻转并倾泻出液体。倾泻出的液体重量由配重 4 决定。

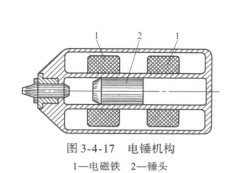

图 3-4-17　电锤机构

1—电磁铁　2—锤头

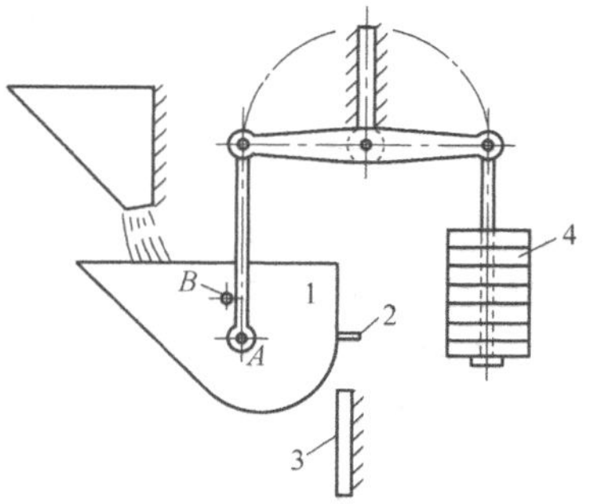

图 3-4-18　液体用杠杆秤

1—容器　2—柱销　3—挡板　4—配重

五、机构类型创新和变异设计

在机构构思和设计时要凭空构想出一个能达到预期动作要求的新机构，往往非常困难。采用机构类型创新和变异的创新设计方法，则是借鉴现有机构的运动链类型，进行类型创新或变异创新来得到新的机构类型，满足新的设计要求。这种方法的基本思想是：将原始机构用机构运动简图表示，通过释放原动件、机架，将机构运动简图转化为一般化运动链，然后按该机构功能所赋予的约束条件，演化众多的再生运动链与相应的新机构。

第三节　机械结构创新设计

机械结构设计的任务是在总体设计的基础上，根据所确定的原理方案，决定满足功能要求的机械结构，需要决定的内容包括结构的类型和组成，结构中所有零部件的形状、尺寸、位置、数量、材料、热处理方式和表面状况，所确定的结构除应能够实现原理方案所规定的动作要求外，还应能满足设计对结构的强度、刚度、精度、稳定性、工艺性、寿命、可靠性等方面的要求。结构设计是机械设计中涉及问题最多、最具体、工作量最大的工作阶段。

机械结构设计的重要特征之一是设计问题的多解性，即满足同一设计要求的机械结构并不是唯一的，要想得到最好的设计方案，就需要灵活运用各种创造原理和创造技法。

一、结构方案的变异设计

创造原理和创造技法在机械结构设计中的重要应用之一就是结构方案的变异设计方法。变异设计的基本方法是首先通过对结构设计方案的分析，得出一般结构设计方案中所包含的技术要素的构成，然后再分析每一个技术要素的取值范围，通过对这些技术要素在各自的取值范围内的充分组合，就可以得到足够多的独立的结构设计方案。

变异设计的目的是为设计提供大量的可供选择的设计方案，使设计者可以在其中进行评价、比较和选择，并进行参数优化。

一般机械结构的技术要素包括零件的几何形状、零件之间的联接和零件的材料及热处理方式。以下分别分析这几个技术要素的变异设计方法。

(一) 功能面的变异

机械结构的功能主要是靠机械零部件的几何形状及各个零部件之间的相对位置关系实现的。零件的几何形状由它的表面所构成，一个零件通常有多个表面。在这些表面中，与其他零部件相接触的表面、与工作介质或被加工物体相接触的表面称为功能表面。

零件的功能表面是决定机械功能的重要因素，功能表面的设计是零部件设计的核心问题。通过对功能表面的变异设计，可以得到为实现同一技术功能的多种结构方案。描述功能表面的主要几何参数有表面的形状、尺寸大小、表面数量、位置、顺序等。通过对这几个方面的变异，可以得到多组构型方案。

螺钉用于联接时需要通过螺钉头部对其进行拧紧，而变换旋拧功能面的形状、数量和位置 (内、外) 可以得到螺钉头的多种设计方案。图 3-4-19 所示为螺钉头功能面的 12 种方案，其中前三种头部结构使用一般扳手拧紧，可获得较大的预紧力，但不同的头部形状所需的最小工作空间 (扳手空间) 不同；滚花形和元宝形螺钉头用于手工拧紧，不需专门工具，使用方便；第 6、7、8 种方案的扳手作用在螺钉头的内表面，可使螺纹联接件表面整齐美观；最后四种分别是用"十字"形螺钉旋具和"一字"形螺钉旋具拧紧的螺钉头部形状，所需的扳手空间小，但拧紧力矩也小。可以想象，还有许多可以作为螺钉头部形状的设计方案，实际上所有的可加工表面都是可选方案，只是不同的头部形状需要用不同的专用工具来拧紧，在设计新的螺钉头部形状方案时要同时考虑拧紧工具的形状和操作方法。

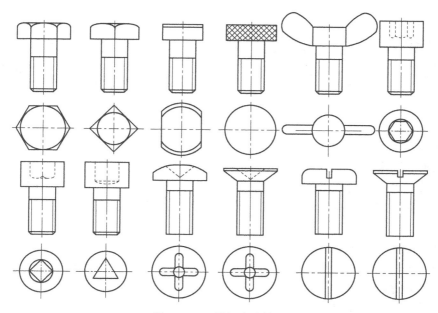

图 3-4-19　螺钉头功能面

机器上的按键外形通常为方形或圆形，这种形状的按键在控制面板上占用较大的面积。为减小手机的体积，有人提出如图 3-4-20 所示的三角按键手机面板设计，面板上每个按键的宽度为 10mm，相邻两键的间距为 2mm。如采用方形或圆形按键，则每行按键所占用的最小面板宽度为 34mm，由于采用三角形按键，使最小宽度缩小为 24mm，比原方案减小 29%。

在图 3-4-21a 所示的 V 形导轨结构中，上方零件为凹形，下方零件为凸形。在重力作用下摩擦表面上的润滑剂会自然流失，如果改变凸凹零件的位置，使上方零件为凸形，下方零件为凹形，如图 3-4-21b 所示，则可以有效地改善导轨的润滑状况。

图 3-4-20　三角按键手机

图 3-4-21　滑动导轨位置变换

普通电动机中转子和定子的布置方式如图 3-4-22a 所示；将沿圆周布置的转子和定子改变为沿直线方向布置（图 3-4-22b），则旋转电动机演变为直线电动机；如使沿直线方向布置的转子和定子再沿另一轴线（与旋转电动机轴线方向相垂直）旋转，则直线电动机演变为圆筒形直线电动机（图 3-4-22c）。

（二）联接的变异

机器中的零部件通过各种各样的联接组成完整的机器。联接的作用是通过零件的工作表面与其他零件相应表面的接触实现的，不同形式的联接由于相接触的工作表面形状不同，表

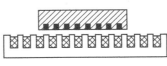
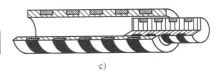

定子
转子

a)   b)   c)

图 3-4-22   电动机转子和定子形状的变异设计

面间所施加的紧固力不同，从而对零件的自由度形成不同的约束。

　　下面以轴毂固定式联接为例。所有满足可加工性和可装配性条件的表面形状都可以作为这种轴毂联接的表面形状，通过变换用以限制零件间相对运动自由度的方法和结构要素可以得到多种轴毂联接方式。按照联接中形成锁合力的条件可将固定式轴毂联接分为形锁合联接和力锁合联接。

　　形锁合联接要求被联接表面为非圆形，可以是如图 3-4-23 所示的三角形、正方形、六边形或其他特殊形状表面，但是由于非圆截面加工困难，特别是非圆截面孔加工更困难，所以这些形状的截面实际应用较少。由于圆形截面加工较容易，所以非圆截面通常通过在圆形截面上铣平面、铣槽或钻孔等方法产生，通过

图 3-4-23   非圆形轴截面

变换这些平面、槽或孔的尺寸、数量、在轴段的位置和方向就形成不同形式的轴毂联接。以在圆轴上钻孔为例：孔的方向可以垂直于轴线也可以平行于轴线；孔的位置可以通过轴心也可以通过轴外表面；孔的深度可以是通孔也可以是不通孔；孔的形状可以是圆柱孔也可以是圆锥孔、台阶孔或螺纹孔；孔的数量可以是单个也可以是多个。常用的形锁合联接有销联接、平键联接、半圆键联接、花键联接、成形联接和切向键联接。

　　力锁合联接依靠被联接件表面间的压力所派生的摩擦力传递转矩和轴向力，表面间压力的产生可以依靠多种不同的结构措施。过盈配合是一种常用的结构措施，它以最简单的结构形状获得足够的压力，使联接具有较大的承载能力，但是圆柱面过盈联接的装配和拆卸都很不方便，并引起较大的应力集中；圆锥面过盈联接的轴向定位精度差。为构造装拆方便的力锁合联接结构必须使联接装配时表面间无过盈，装配后通过其他调整措施使表面间产生过盈，拆卸过程则相反。基于这一目的的不同调整结构派生出不同的力锁合轴毂联接形式，常用的力锁合联接有楔键联接、弹性环联接、圆柱面过盈联接、圆锥面过盈联接、顶丝联接、容差环联接、星盘联接、压套联接和液压胀套联接等，其中有些是通过在联接面间楔入其他零件（楔键、顶丝）或介质（液体）使其产生过盈，有些则是通过调整使零件变形（弹性环、星盘、压套），从而产生过盈。常用于静联接的轴毂联接方式的结构如图 3-4-24 所示。这些联接结构中的工作表面多为最容易加工的圆柱面、圆锥面和平面，其余为可用大批量加工方法加工的专用零件（如螺纹联接件、星盘、压套等），这是通过变异设计方法开发新型联接结构时应遵循的原则，否则即使结构在其他方面的特性再好也是难于推广使用的。

　　以上各种联接结构中没有哪一种结构在各方面的特性均较好，但每一种结构都在某一方面或几方面具有其他结构所没有的优越性，正是这种优越性使它们有各自的应用范围，且具有不可替代的作用，在设计新型联接结构时也要注意新结构，只有具备某种其他结构没有的突出特性才可能在某些应用中被采用。总的来说，各种通用性好、装拆方便、零件适宜大批

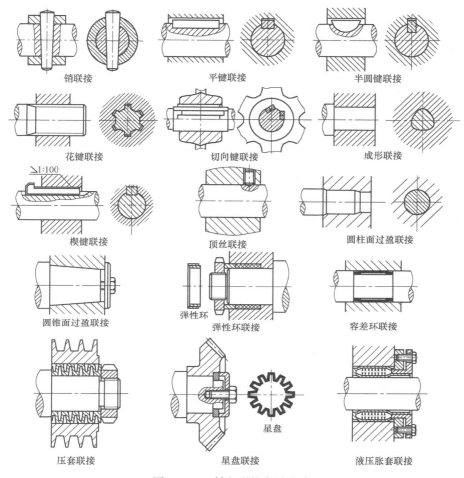

图 3-4-24　轴毂联接变异设计

量生产的联接结构日益受到欢迎。

（三）支承的变异

　　轴系的支承结构是一类典型结构，轴系的工作性能与它的支承设计的状况和质量密切相关。旋转轴至少需要两个相距一定距离的支点支承，支承的变异设计包括支点位置变异和支点轴承的种类及其组合的变异。

　　以锥齿轮传动（两轴夹角为90°）为例分析支点位置变异问题（以下假设为滚动轴承轴系），锥齿轮传动的两轴各有两个支点，每个支点相对于传动零件的位置可以在左侧，也可以在右侧，两个支点的位置可能有三种组合方式，如图3-4-25所示。

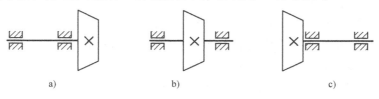

图 3-4-25　单轴支点位置变异

（四）材料的变异

机械设计中可以选择的材料种类众多，不同的材料具有不同的性能，不同的材料对应不同的加工工艺，结构设计中既要根据功能的要求合理选择适当的材料，又要根据材料的种类确定适当的加工工艺，并根据加工工艺的要求确定适当的结构，只有通过适当的结构设计才能使所选择的材料最充分地发挥优势。

如钢材受拉和受压时的力学特性基本相同，因此钢梁结构多为对称结构。铸铁材料的抗压强度远大于抗拉强度，因此承受弯矩的铸铁结构截面多为非对称形状，以使承载时最大压应力大于最大拉应力，图3-4-26所示为两种铸铁支架结构的比较。图3-4-26b中的最大压应力大于最大拉应力，符合铸铁材料的强度特点，是较好的结构方案。塑料结构的强度较差，螺纹联接件产生的装配力很容易使塑料零件损坏。图3-4-27所示为一种塑料零件搭钩结构，它充分利用塑料加工工艺的特点，在两个被联接件上分别做出形状简单的搭钩和凹槽，装配时利用塑料零件弹性变形量大的特点使搭钩与凹槽互相咬合实现联接，装配过程简单准确，便于操作。

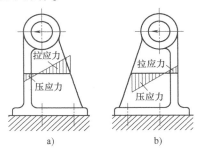

图 3-4-26　两种铸铁支架结构比较图

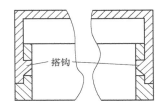

图 3-4-27　塑料零件搭钩结构

二、结构创新的组合原理

组合的过程就是一种创造的过程。不同的零件组合可以改善机器结构。如前面所讲为改善起重机卷筒轴的受力状态，将齿轮和卷筒组合在一起，用螺栓直接联接，则轴不受转矩作用，轴为转动心轴，结构较合理；靠摩擦传递横向载荷的普通螺栓联接通常和销、套筒、键等抗剪元件组合在一起使用，由于这些抗剪元件可以承担部分横向载荷，因此可以提高螺纹联接的可靠性。

图3-4-28所示的带轮组合结构，传动带产生的压轴力和传动带传递的转矩分别通过不同的路径传递。这样，轴只承受转矩，压轴力则直接由箱体承担了。

对于图3-4-29所示的复杂薄板零件，如果采用组合零件形式，即将薄板零件用焊接、螺栓联接等方式组合在一起，则可以降低生产成本。

图3-4-30a所示的弹簧垫圈是一种被广泛应用的防松零件，它需要在安装螺钉或螺母的同时安装。将螺钉、垫片和弹簧垫圈组合成如图3-4-30b所示的结构，将防松功能集成在一个零件上，减少了零件的数量，方便了装配。

图3-4-31所示为三种自攻螺钉结构，它们或将螺纹与丝锥的结构组合在一起，或将螺纹与钻头的结构组合在一起，使螺纹联接结构的加工和安装更为方便。

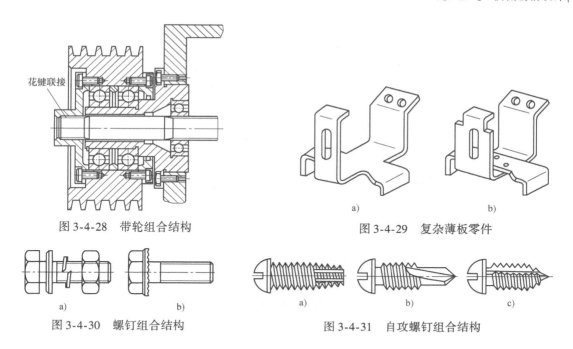

图 3-4-28　带轮组合结构

图 3-4-29　复杂薄板零件

图 3-4-30　螺钉组合结构

图 3-4-31　自攻螺钉组合结构

三、结构创新的完满原理

完满原理是"完满充分利用原理"的简称。完满原理的主要依据就是"人们总是希望在时间上和空间上充分而完满地利用某一对象的一切属性，因此，凡是在理论上看来未被充分利用的对象，都可以成为人们创造的目标"。创造学中的缺点列举法、缺点逆用法、希望点列举法等都源于完满原理。

变形不协调不仅会导致应力集中、降低机械结构的强度，而且可能损害机械的功能。图 3-4-32a 所示是一种起重机行走机构的驱动轴，由于结构及其他条件的制约，轴上齿轮不能安装在轴的中点位置上，这将导致两行走轮因轴变形而引起扭角不等。这种力矩传递的不同步使得起重机的行走总有自动转弯的趋势。但采用图 3-4-32b 所示的方法，将齿轮两侧的轴的扭转刚度设计为相等，则有助于消除这种影响。

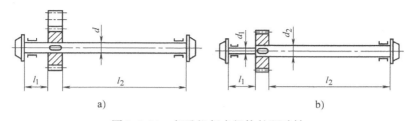

图 3-4-32　起重机行走机构的驱动轴

四、结构创新的逆反原理

逆反原理是一种特殊的变性原理。零件结构的属性是多种多样的，其中有些属性是截然相反的，如零件的反向安装、反向旋转、尺寸大变小及小变大等，如果设计人员在进行结构设计时有意识地运用创造的逆反原理从相反的角度来设计，也许会获得意想不到的成功。

受弯曲载荷作用的轴在滑动轴承端面常常出现图 3-4-33a 所示的边缘挤压，从而引起轴承的失效，其原因为轴承不能随着轴的变形而变形。如果将图 3-4-33a 中的轴承座的结构反方向按图 3-4-33b 所示的结构进行设计，则可以使轴承在轴受载荷作用时能和轴协调变形。

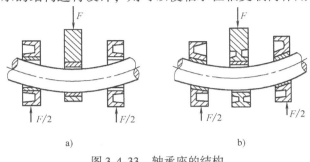

图 3-4-33　轴承座的结构

第四节　机械创新设计实例

一、联轴器的创新设计

下面通过机床行业对联轴器的需求情况和发展趋向的分析，仅对可移式联轴器进行开发创新设计。

对现有可移式联轴器进行分析，发现从结构上可分为左半联轴器、右半联轴器、中间元件，另加一些联接件。若把联轴器看成一个系统，则系统结构图如图 3-4-34 所示。

从系统结构及对现有可移式联轴器进行抽象分析可知，联轴器总功能为联接两轴并传递转矩 T 及转速 n；分功能为联接功能、传递功能、补偿调节功能、润滑密封功能、吸振缓冲功能、维修再生功能及安全功能等。用功能树表示如图 3-4-35 所示。

图 3-4-34　联轴器系统结构

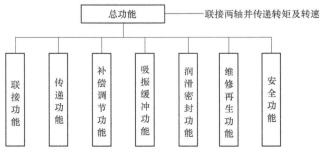

图 3-4-35　联轴器功能树

（1）工作原理的创新构思　利用机械设计方法学基本原理将联轴器的主要分功能作为可变元素，运用各种创造技法对可变元素进行变化，列出形态矩阵表，从表中组合，获得新方案。

确定可变元素为：A——联接功能；B——传递功能；C——补偿调节功能。运用智力激励法、联想类比法等创造技法，对可变元素进行变化，分析如下：

1）实现联接功能，对应的作用效应和应采取的措施如下：

作用效应：形联接、力联接、化学分子联接等。

实现形联接的措施：键、滑块、齿轮、螺旋等。

实现力联接的措施：过盈配合、螺栓、铆接、焊接、绳等。

实现化学分子联接措施：化学胶等。

联接性质：刚性、弹性。

2）实现传递功能，对应的作用效应和应采取的措施如下：

作用效应：摩擦效应、啮合效应、磁效应、粘附效应等。

措施有：齿轮传动、带传动、摩擦轮传动、链传动、液压传动、蜗杆传动等。

3）实现补偿调节功能，对应的作用效应和应采取的措施如下：

作用效应：构件相对运动、构件变形等。

措施有：增加元件的活动度、加入中间元件、增加弹性元件等。

（2）结构创新构思　将结构中完成主要功能的主要零件的主要表面（功能面）进行变异，功能面变异的主要参数是形状、大小、位置、顺序、材料。联轴器的主要功能面是左、右半联轴器和中间元件的配合面。选定结构方案的可变元素为：中间元件类型 D；中间元件数量 G；中间元件材料 E；布置 H；功能面形状 F；顺序 I。

变化可变元素，将工作原理和结构中的可变元素的变化列成形态矩阵表，见表 3-4-1、表 3-4-2、表 3-4-3。

表 3-4-1　形态矩阵

可变元素			变体						
工作原理方面	联接 A	类型 A_1	形联接			力联接			化学分子联接
		措施	键	滑块	齿轮	过盈配合	螺栓	铆接	化学胶
		性质 A_2	弹性			刚性			
	传递 B	效应	摩擦效应			啮合效应			流动效应
		措施	摩擦轮传动	带传动	斜面传动	齿轮传动	链传动	齿条传动	液压传动
	补偿 C	效应	（构件）相对运动			（构件）变形			
		措施	增加元件活动度			使用弹性元件			两者结合
结构方面	中间元件类型 D		刚性体		弹性体		刚-弹性件		柔性件
	中间元件材料 E		金属			非金属			金属-非金属
			钢铜		铝合金	橡胶	木材	塑料 尼龙 气体 液体	钢-橡胶
	功能面形状 F		片状 板状		块状	圈状		绳状	
			弹簧片		见表 3-4-2	见表 3-4-3		蛇形	螺旋形
	中间元件数量 G		一个				多于一个		
	布置 H	半联轴器	周向				轴向		

（续）

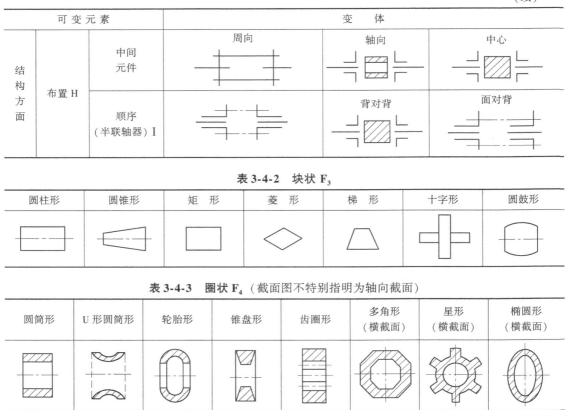

可变元素			变 体		
结构方面	布置 H	中间元件	周向	轴向	中心
		顺序（半联轴器）I		背对背	面对背

表 3-4-2　块状 F_3

圆柱形	圆锥形	矩 形	菱 形	梯 形	十字形	圆鼓形

表 3-4-3　圈状 F_4（截面图不特别指明为轴向截面）

圆筒形	U 形圆筒形	轮胎形	锥盘形	齿圈形	多角形（横截面）	星形（横截面）	椭圆形（横截面）

　　理论上，从表 3-4-1 中组合构思，可获得许多种联轴器方案。表 3-4-1 中的可变元素较多，由排列组合可知获得的方案数目是惊人的。这中间有许多不能组合在一起或无法具体实现的方案，但还是有多种可行的方案，包括现有的联轴器方案和具有创新原理结构的联轴器方案。举例说明如下。

　　方案 Ⅰ：$A_{1.1.2}$—$A_{2.1}$—B_2—C_2—D_4—$E_{2.6}$—$F_{4.7}$—G_1—$H_{1.2}$—$H_{2.2}$ 组合，可构思出图 3-4-36 所示的新款结构的联轴器。

　　方案 Ⅱ：$A_{1.1.2}$—$A_{2.2}$—B_2—C_3—D_3—$E_{3.1}$—$F_{3.6}$—G_1—$H_{1.2}$—$H_{2.2}$ 组合，可构思出图 3-4-37 所示的新款结构的联轴器，这种联轴器相当于对滑块联轴器进行了改进。把中间滑块分成两块，中间增加橡胶弹性元件，使它继承了滑块联轴器的优点（补偿的径向位移范围大），还具有吸振缓冲能力。

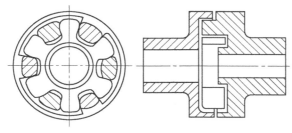

图 3-4-36　新款结构的联轴器（Ⅰ）

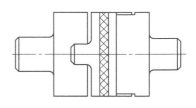

图 3-4-37　新款结构的联轴器（Ⅱ）

二、新型内燃机的开发

动力机械是近代人类社会进行生产活动的基本装备之一。发动机为机械提供原动力。动力机械中的燃气机按其工作方式分为内燃机和外燃机两大类。

本案例就新型内燃机开发中的一些创新思路作简单分析。

（1）往复式内燃机的技术矛盾 目前应用最广泛的往复式内燃机由气缸、活塞、连杆、曲轴等主要机件和其他辅助设备组成。

活塞式发动机的主体是曲柄滑块机构（图3-4-38）。它利用气体爆燃使活塞1在气缸3内往复移动，经连杆2推动曲轴4作旋转运动，输出转矩。进气阀5和排气阀6的开启由专门的凸轮机构控制。活塞式发动机工作时具有吸气、压缩、做功（爆燃）、排气四个冲程，其中只有做功冲程输出转矩，对外做功。

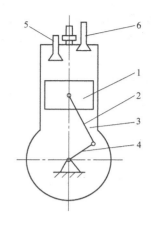

图 3-4-38 活塞式发动机

1—活塞 2—连杆 3—气缸 4—曲轴
5—进气阀 6—排气阀

这种往复式活塞发动机存在以下明显的缺点：

1）工作机构及气阀控制机构组成复杂，零件多。曲轴等零件结构复杂，工艺性差。

2）活塞往复运动造成曲柄连杆机构较大的往复惯性力，此惯性力随转速的平方增长，使轴承上惯性载荷增大，系统由于惯性力不平衡而产生强烈振动。往复运动限制了输出轴转速的提高。

3）曲轴回转两圈才有一次动力输出，效率低。

现存的问题，引起人们改变现状的愿望，社会的需要，促进产品的改造和创新。多年来，在原有发动机的基础上不断开发了一些新型的发动机。

（2）无曲轴式活塞发动机 无曲轴式活塞发动机用机构替代的方法以凸轮机构代替发动机中原有的曲柄滑块机构。取消原有的关键件曲轴，使零件数量减少，结构简单，成本降低。

日本名古屋机电工程公司生产的二冲程单缸发动机采用无曲轴式活塞发动机，如图3-4-39所示。其关键部分是圆柱凸轮动力传输装置。

一般圆柱凸轮机构是将凸轮的回转运动变为从动杆的往复运动，而此处利用反动作，即活塞往复运动时，通过连杆端部的滑块在凸轮槽中滑动而推动凸轮转动，经输出轴输出转矩。活塞往复两次，凸轮旋转360°。系统中装有飞轮，控制回转运动平稳性。

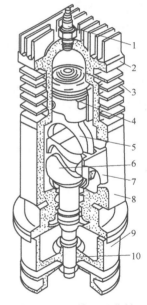

图 3-4-39 单缸无曲轴
式活塞发动机

1—点火火花塞 2—气缸头
3—气缸 4—活塞 5—连杆
6—圆柱凸轮 7—滑动导
轨 8—发动机主体框
架 9—飞轮和点火
装置 10—出力轴

这种无曲轴式活塞发动机若将圆柱凸轮安装在发动机中心部位，可在其周围设置多个气缸，制成多缸发动机。通过改变圆柱凸轮的凸轮轮廓形状可以改变输出轴转速，达到减速增矩的目的。这种凸轮式无曲轴发动机已用于船舶、重型机械、建筑机械等行业。

（3）旋转式内燃发动机

1）旋转式发动机的工作原理。旋转式发动机简图如图3-4-40所示，它由椭圆形的缸体1、三角形转子2（转子的孔上有内齿轮）、外齿轮3、吸气口4、排气口5和火花塞6等组成。

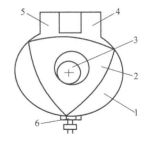

图3-4-40　旋转式发动机简图
1—缸体　2—转子　3—外齿轮
4—吸气口　5—排气口
6—火花塞

旋转式发动机运转时同样有吸气、压缩、爆燃（做功）和排气四个动作，如图3-4-41所示。当转子转一周时，以三角形转子上的AB弧进行分析：

吸气：转子处于图3-4-41a所示位置时，AB弧所对内腔容积由小变大，产生负压效应，由吸气口将燃料与空气的混合气体吸入腔内。

压缩：转子处于图3-4-41b所示位置时，内腔由大变小，混合气体被压缩。

爆燃：高压状态下，火花塞点火，使混合气体爆燃并迅速膨胀，产生强大压力驱动转子，并带动曲轴输出运动和转矩，对外做功。

排气：转子由图3-4-41c所示位置至图3-4-41d所示位置，内腔容积由大变小，挤压废气由排气口排出。

由于三角形转子有三个弧面，因此每转一周有三个动力冲程。

2）旋转发动机的设计特点。功能设计上，内燃机的功能是将燃气的能量转化为回转的输出动力，通过内部容积变化，完成燃气的吸气、压缩、爆燃、排气四个动作达到目的。旋转式发动机抓住容积变化这个主要特征，以三角形转子在椭圆形气缸中偏心回转的方法达到功能要求。而且三角形转子的每一个表面与缸体的作用相当于往复式的一个活塞和气缸，依次平稳连续地工作。转子各表面还兼有开闭进排气阀门的功能，设计可谓巧妙。

运动设计上，偏心的三角形转子如何将运动和动力进行输出？在旋转式发动机中采用了内啮合行星齿轮机构，如图3-4-42所示。三角形转子相当于行星内齿轮2，它一面绕自身轴线自转，一面绕中心外齿轮1在缸体3内公转。系杆H则是发动机的输出曲轴。

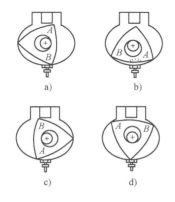

a)　　b)

c)　　d)

图3-4-41　旋转式发动机运行过程

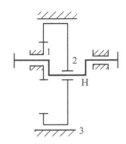

图3-4-42　内啮合行星齿轮结构

转子内齿轮与中心外齿轮的齿数比是 1.5：1，这样转子转一周，曲轴转三周（$z_2/z_1 = 1.5 \Rightarrow n_H/n_2 = 3$），输出转速较高。

根据三角形转子的结构可知，曲轴每转一周即产生一个动力行程。相对四冲程往复发动机曲轴每转两周才产生一个动力行程，推知旋转式发动机功率容量比是四冲程往复发动机的两倍。

结构设计上，旋转式发动机结构简单，只有三角形转子和输出轴两个运动构件。它需要一个化油器和若干火花塞，但无需连杆、活塞以及复杂的阀门控制装置。零件数量比往复式发动机少40%，体积减小50%，质量下降1/2～2/3。

3）旋转式发动机的实用化。旋转式发动机与传统的往复式发动机相比，在输出功率相同时，具有体积小、质量小、噪声小、旋转速度范围大以及结构简单等优点，但在实用化生产过程中还有许多问题需要解决。

随着生产科学技术的发展，必然会出现更多新型的内燃机和动力机械。人们总是在发现矛盾和解决矛盾的过程中不断取得进步。而在开发设计过程中敢于突破，善于运用类比、组合、代用等创造技法，认真进行科学分析，将使人们得到更多的创新产品。

第五章

机械产品设计实例

一、设计题目

设计一精压机的冲压机构、送料机构及传动系统。要求其工艺动作如图3-5-1所示，送料机构先从侧面将坯料送到下模的上方，然后上模先以较快的速度接近坯料，再以近似匀速的速度下冲，进行拉延成形以后上模继续下行将成品推出型腔，最后快速返回，完成一个工作循环。

具体数据及设计要求如下：

1）以普通电动机为动力源，下模固定，上模作上下往复直线运动，其大致运动规律如图3-5-2所示，具有快速下沉、匀速工作进给和快速返回的特性。

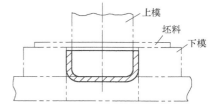

图3-5-1　压力机工作原理及
工艺动作分解

2）机构具有较好的传力性能，特别是工作段的传动角 γ 应尽可能大，如 $\gamma \geqslant [\gamma] = 40°$。

3）上模到达工作段之前，送料机构已将坯料送至待加工位置（下模上方）。

4）上模的工作段长度 $l = 30 \sim 100$mm，对应曲柄转角 $\varphi = (0.3 \sim 0.5)\pi$，上模总行程长度必须大于工作段长度的两倍以上。

5）上模在一个运动循环内的受力如图3-5-3所示，工作段阻力较大，$F_r = 5000$N，其他阶段阻力较小，$F_f = 50$N。

6）行程速比系数 $K \geqslant 1.5$。

7）送料距离 $H = 60 \sim 250$mm。

8）生产率为70件/min。

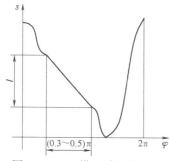

图3-5-2　上模运动规律线图

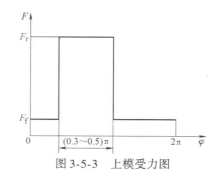

图3-5-3　上模受力图

二、执行机构方案设计

精压机的执行机构包括冲压和送料两个主体机构。由于动力源选用连续旋转的普通电动机，且要求执行机构具有急回特性，所以冲压机构的主动件选择曲柄。又上模的运动规律有特殊要求（如快速下沉、匀速工作、快速返回等），因此冲压机构必须采用组合机构来满足上述要求。至于送料机构，只要求作间歇性的往复运动，对运动规律没有特殊要求，所以可选择一些简单的机构。经过方案构思与筛选，提出了四种相对合理的初步方案。

方案一　齿轮—连杆冲压机构和凸轮连杆送料机构

如图 3-5-4 所示，冲压机构采用齿轮机构与双曲柄七杆机构组合。适当选择 C 点轨迹和各构件尺寸，可保证机构具有急回特性和工作段的近似匀速运动，并且压力角 α 较小。该机构可采用实验法（样板覆盖法）或解析法进行设计，必要时可以实验法得到的结果为初始值，进行精确的优化设计。

送料机构采用凸轮与连杆组合机构，按机构运动循环图可确定凸轮工作角和从动件运动规律，使其能在预定时间将工件送至待加工位置。

方案二　导杆—摇杆滑块冲压机构和凸轮送料机构

如图 3-5-5 所示，冲压机构是在摆动导杆机构的基础上，串联一个摇杆滑块机构组合而成。导杆机构按给定的行程速比系数 K 设计，它和摇杆滑块机构组合可达到工作段的近似匀速运动要求。适当选择导路位置，可使工作段压力角 α 较小。

送料机构的凸轮轴通过齿轮机构与曲柄轴相连。凸轮机构设计可按机构运动循环图确定凸轮工作角和从动件运动规律，从而实现送料板的间歇运动。

方案三　六连杆冲压机构和凸轮连杆送料机构

如图 3-5-6 所示，冲压机构由铰链四杆机构和摇杆滑块机构串联而成。四杆机构可按行程速比系数 K 用图解法设计，然后选择摇杆滑块机构中的连杆长及导路位置，使工作段接近于匀速运动。若尺寸设计适当，可使冲头在工作段压力角 α 较小。

凸轮连杆送料机构的设计与方案一类似。

方案四　凸轮—连杆冲压机构和齿轮连杆送料机构

如图 3-5-7 所示，冲压机构由凸轮机构和五杆机构组合而成。通过凸轮机构调节五杆机构中两原动件的规律搭配，从而使冲头具有急回特性且在工作段近似匀速运动。合适的杆长设计，可使机构压力角 α 较小。

送料机构由曲柄摇杆机构与扇形齿轮齿条机构串联而成。若按机构运动循环图确定曲柄的初始位置及合适的杆长尺寸，可使机构在预定时间将工件送至待加工位置。

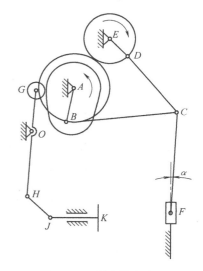

图 3-5-4　压力机方案一

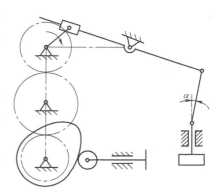

图 3-5-5　压力机方案二

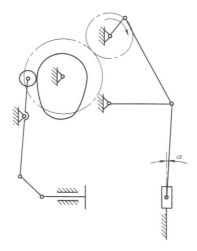

图 3-5-6　压力机方案三

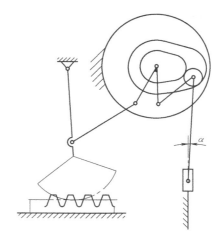

图 3-5-7　压力机方案四

对上述四种方案进一步进行方案评价，如采用本篇第二章介绍的评分法进行评价。经过评价专家的选择，建立如表3-5-1所列的评价项目和相应的评价尺度。

表 3-5-1　冲制薄壁零件压力机方案评价体系

评价项目(f_i)	得 分 等 级	评 价 尺 度
功能目标 完成情况(f_1)	完全实现功能要求 基本实现功能要求 部分实现功能要求 不能实现功能要求	10 5 2 0
系统工作性能(f_2)	准确实现上模所需运动规律 基本实现上模所需运动规律 部分实现上模所需运动规律 不能实现上模所需运动规律	10 5 2 0
系统的复杂程度(f_3)	简单 不复杂 复杂	10 5 0
系统方案的经济性(f_4)	设计制造费用低 设计制造费用较低 设计制造费用高	10 5 0
系统方案的实用性(f_5)	实用,维护简单,工作可靠 较实用,维护简单,工作可靠 不实用,维护困难,工作不可靠	10 5 0

专家们对上述四种方案的评价打分见表3-5-2。

表 3-5-2　专家对各方案的评价打分

方　案	评价项目					评价总分
	f_1	f_2	f_3	f_4	f_5	
一	10	10	10	5	10	45
二	10	5	5	5	10	35
三	10	5	5	5	5	30
四	10	10	10	5	5	40

由表3-5-2的评价结果可知方案一最佳。

三、执行机构尺度设计

由方案一可知，冲压机构由齿轮机构和七杆机构组合而成，送料机构由摆杆从动件凸轮机构与摇杆滑块机构组合而成。两种机构的尺度综合有若干种，可以通过解析法、图解法或实验试凑法进行设计。下面介绍用实验试凑法设计得到的一种尺度型。

（一）冲压机构设计

（1）七杆机构　如图3-5-8所示，选定滑块工作段行程 $l = 60\text{mm}$，设定 $l_{CF} = 430\text{mm}$，$l_{BC} = 320\text{mm}$，$l_{CD} = 283\text{mm}$，$l_{ED} = 100\text{mm}$，E 点与导路的垂直距离为 223mm，通过实验试凑得 $l_{AB} = 70.5\text{mm}$，$l_{AE} = 264\text{mm}$。

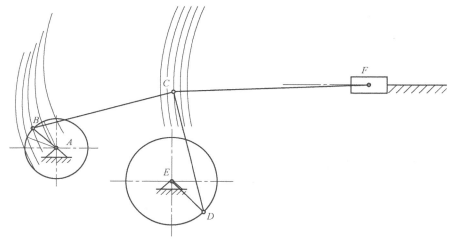

图 3-5-8　七杆机构设计

（2）齿轮机构　在七杆机构基础上通过一对齿轮啮合，使两连架杆作等角速比的转动，使其实际自由度数为1，所以两齿轮齿数相同即可。至于齿轮其他参数的选择，可视安装条件而定，如可采用正常齿标准直齿圆柱齿轮传动，结合七杆机构中 l_{AE} 的值，取 $z_1 = z_2 = 44$，$m = 6\text{mm}$。

（二）送料机构设计

（1）摇杆滑块机构　由于系统对送料没有特殊要求，所以取送料距离为 250mm，考虑到摆杆凸轮机构中摆杆的摆角不能太大，取摇杆摆角为 $45°$，综合考虑送料机构的传力特性，最后得到 $l_{HJ} = 100\text{mm}$，$l_{OH} = 326\text{mm}$，O 点距离滑块导路的垂直距离为 318mm，如图3-5-9所示。

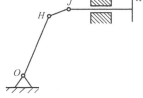

（2）摆杆凸轮机构　为了减小凸轮尺寸，取摆杆长度 $l_{OG} = l_{OH}/2 = 163\text{mm}$，如图3-5-4所示，从动件的推程和回程都取简谐运动规律，用作图法设计凸轮轮廓。（其具体过程参考本书第一篇第四章的相关内容）

图 3-5-9　摇杆滑块机构

四、执行机构的运动学和动力学分析

根据本书第一篇第二章介绍的平面机构运动分析方法，可对冲压机构和送料机构分别进行运动学分析，得到冲头 F 和推头 K 的位移、速度、加速度线图。图 3-5-10 给出了冲头 F 的三种线图。此外，通过位置分析得到冲压机构的行程速比系数 $K = 1.7$，行程 $H = 203\,\mathrm{mm}$。故此机构满足运动要求。

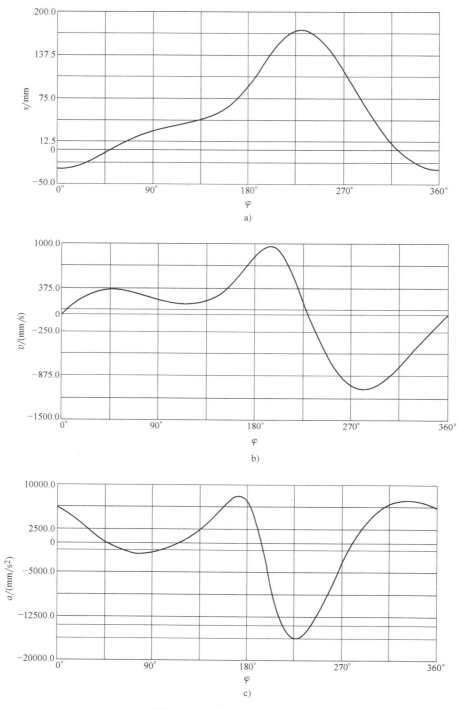

图 3-5-10　冲头 F 的运动线图

对机构进行动力学分析，根据冲头的工作阻力，求得加于曲柄 AB 上的平衡力矩，结合送料机构的动力分析，并计入各传动效率，最终求得所需电动机的功率约为 5.0kW。图 3-5-11 所示为曲柄 AB 上的平衡力矩曲线。

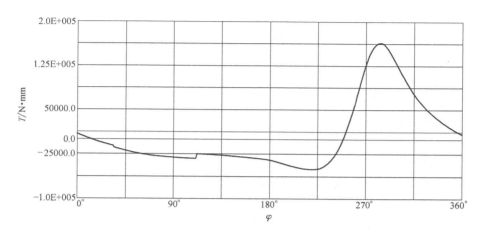

图 3-5-11　曲柄 AB 上的平衡力矩曲线

五、运动循环图设计

依据冲压机构的分析结果及对送料机构的要求，绘制机构运动循环图如图 3-5-12 所示。

六、传动系统设计

压力机传动系统如图 3-5-13 所示。电动机转速经带传动、齿轮传动降低后驱动主轴运转。

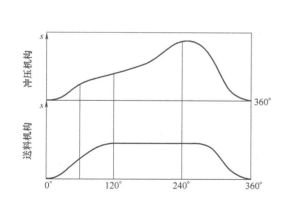

图 3-5-12　精压机的运动循环图

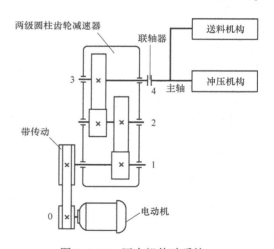

图 3-5-13　压力机传动系统

（一）电动机的选择

电动机分为直流和交流两种，一般工程上常用三相异步交流电动机，这里选用 Y 系列全封闭自扇冷式笼型三相异步电动机。各种系列电动机的选用可参考相关手册或产品目录。

（1）电动机的功率　电动机功率大，则体积大、质量大、价格高。电动机的功率应不小于工作机要求功率，即

$$P_{ed} \geqslant P_d = P_g / \eta$$

式中　P_{ed}——电动机的额定功率（kW）；

$\quad\quad P_d$——工作机所需电动机功率（kW）；

$\quad\quad P_g$——工作机所需功率（kW）；

$\quad\quad \eta$——传动装置各部分效率的连乘积，即 $\eta = \eta_1 \eta_2 \cdots \eta_n$，效率取值范围见表3-3-2。这里取 V 带传动效率 $\eta_1 = 0.96$，滚动轴承效率 $\eta_2 = 0.99$，闭式齿轮传动效率 $\eta_3 = 0.97$，联轴器效率 $\eta_4 = 0.99$，传动主轴效率 $\eta_5 = 0.96$。

由前述执行机构的运动学和动力学分析可知所需电动机的功率约为 $P_d = 5.0 \text{kW}$，故查相关手册得电动机额定功率选 $P_{ed} = 5.5 \text{kW}$。

（2）电动机的转速　电动机同步转速的高低取决于交流电频率和电动机磁极对数。转速高，磁极对数少，则体积小、质量小、价格低；但当工作机转速要求一定时，电动机转速高将使传动比增大、传动件数增多、整体体积较大，增加传动系统造价，整机成本增加。因此，必须从整机设计要求综合平衡，合理选择电动机的转速。常用电动机同步转速有 3000r/min、1500r/min、1000/min、750r/min 几种。实际计算时可按电动机的满载转速计算。

考虑电动机质量和价格及主轴转速为 70r/min，选用同步转速为 1500r/min 的较为合理。故所选用电动机的型号为：Y132S—4，额定功率 5.5kW，满载转速 1440r/min。

（二）传动比的分配

传动装置的总传动比 i 根据电动机的满载转速 n_d 和工作机轴的转速 n_g 计算，然后分配给各级传动，即

$$i = n_d / n_g = i_1 i_2 \cdots i_n$$

式中　i_1，i_2，$\cdots$，i_n——各级传动机构的传动比，见表3-3-2。

合理分配传动比是传动系统设计中的一个重要问题，它将直接影响到传动系统的外廓尺寸、质量、润滑及传动机构的中心距等各方面问题。传动比的分配原则见第三章第三节。

（1）总传动比　$\quad i = \dfrac{n_d}{n_g} = \dfrac{1440}{70} = 20.57$

（2）分配传动装置各级传动比　取 V 带传动比 $i_1 = 2$，则减速器的传动比 $i_{减}$ 为

$$i_{减} = \frac{i}{i_1} = \frac{20.57}{2} = 10.285$$

取两级圆柱齿轮减速器高速级的传动比

$$i_2 = \sqrt{1.3 i_{减}} = \sqrt{1.3 \times 10.285} = 3.657$$

则低速级的传动比

$$i_3 = \frac{i_{减}}{i_2} = \frac{10.285}{3.657} = 2.813$$

注意：以上传动比的分配只是初步的。传动装置的实际传动比必须在各级传动零件的参数，如带轮直径、齿轮齿数等确定后才能计算出来。故应在各级传动零件的参数确定后计算

实际总传动比。一般总传动比的实际值与设计要求值的允许误差为3%～5%。

（三）各轴运动和动力参数的计算

选定电动机型号、分配传动比后，计算传动装置各部分的功率及各轴的转速、转矩，为传动零件和轴的设计计算提供依据。

各轴的转速根据电动机的满载转速 n_d 及传动比 i 计算，传动装置各部分的功率和转矩通常是指各轴的输入功率和输入转矩。

注意：轴承有功率损耗，同一根轴的输入功率（或转矩）与输出功率（或转矩）数值不同。因此，设计传动零件时应该用输出功率（或转矩）。另外，传动零件也有功率损耗，一根轴的输出功率（或转矩）与下一根轴的输入功率（或转矩）的数值也不同，计算时必须加以区分。

0 轴（电动机轴）：

$$P_0 = P_d = 5kW$$

$$n_0 = n_d = 1440r/min$$

$$T_0 = 9550\frac{P_0}{n_0} = 9550 \times \frac{5}{1440}N \cdot m = 33.2N \cdot m$$

1 轴（高速轴）：

$$P_1 = P_0\eta_{01} = P_0\eta_1 = 5 \times 0.96kW = 4.8kW$$

$$n_1 = \frac{n_0}{i_{01}} = \frac{1440}{2}r/min = 720r/min$$

$$T_1 = 9550\frac{P_1}{n_1} = 9550 \times \frac{4.8}{720}N \cdot m = 64N \cdot m$$

2 轴（中间轴）：

$$P_2 = P_1\eta_{12} = P_1\eta_2\eta_3 = 4.8 \times 0.99 \times 0.97kW = 4.61kW$$

$$n_2 = \frac{n_1}{i_{12}} = \frac{720}{3.657}r/min = 196.9r/min$$

$$T_2 = 9550\frac{P_2}{n_2} = 9550 \times \frac{4.61}{196.9}N \cdot m = 223N \cdot m$$

3 轴（低速轴）：

$$P_3 = P_2\eta_{23} = P_2\eta_2\eta_3 = 4.61 \times 0.99 \times 0.97kW = 4.43kW$$

$$n_3 = \frac{n_2}{i_{23}} = \frac{196.9}{2.813}r/min = 70r/min$$

$$T_3 = 9550\frac{P_3}{n_3} = 9550 \times \frac{4.43}{70}N \cdot m = 604N \cdot m$$

4 轴（主轴）：

$$P_4 = P_3\eta_{34} = P_3\eta_2\eta_4 = 4.43 \times 0.99 \times 0.99kW = 4.34kW$$

$$n_4 = \frac{n_3}{i_{34}} = \frac{70}{1}r/min = 70r/min$$

$$T_4 = 9550\frac{P_4}{n_4} = 9550 \times \frac{4.34}{70}N \cdot m = 592N \cdot m$$

1～3 轴的输出功率或输出转矩分别为各轴的输入功率或输入转矩乘以轴承效率0.99。

例如：

1 轴的输出功率 $P'_1 = P_1 \times 0.99 = 4.8 \times 0.99 \text{kW} = 4.752 \text{kW}$

1 轴输出转矩 $T'_1 = T_1 \times 0.99 = 64 \times 0.99 \text{N} \cdot \text{m} = 63.36 \text{N} \cdot \text{m}$；其余类推。

运动和动力参数的计算结果应加以汇总，列出表格（表3-5-3），供以后的设计计算使用。

表3-5-3 各轴运动和动力参数

轴　名	功率 P/kW		转矩 $T/\text{N} \cdot \text{m}$		转速 $n/(\text{r/min})$	传动比 i	效率 η
	输　入	输　出	输　入	输　出			
电动机轴		5		33.2	1440		
1 轴	4.8	4.75	64	63.36	720	2	0.96
2 轴	4.61	4.56	223	220.77	196.9	3.657	0.96
3 轴	4.43	4.38	604	597.96	70	2.813	0.96
主轴	4.34	4.30	592	586.08	70	1	0.98

七、传动装置的结构设计

由表3-5-3中的运动和动力参数即可进行传动装置零部件的设计。传动装置中包括传动零件（如带轮、齿轮等）、轴系和支承零件（如轴、轴承、键、箱盖、箱体等）及附件等零部件。其具体结构设计要求见第二篇相关章节或查阅相关手册，这里不再赘述。

附录 重要名词术语中英文对照表

中文	英文
A	
阿基米德蜗杆	archimedes worm
安全系数	safety factor; factor of safety
安全载荷	safe load
B	
扳手	wrench
板簧	flat leaf spring
半圆键	woodruff key
变形	deformation
摆杆	oscillating bar
摆动从动件	oscillating follower
摆动从动件凸轮机构	cam with oscillating follower
摆动导杆机构	oscillating guide-bar mechanism
摆线运动规律	cycloidal motion
摆线针轮	cycloidal-pin wheel
包角	angle of contact
保持架	cage
背对背安装	back-to-back arrangement
背锥	back cone
背锥角	back angle
背锥距	back cone distance
比例尺	scale
闭式链	closed kinematic chain
闭链机构	closed chain mechanism
臂部	arm
变频器	frequency converters
变频调速	frequency control of motor speed
变速	speed change
变位齿轮	modified gear
变位系数	modification coefficient
标准齿轮	standard gear
标准直齿轮	standard spur gear
表面质量系数	superficial mass factor

表面传热系数	surface coefficient of heat transfer
表面粗糙度	surface roughness
并联式组合	combination in parallel
并联机构	parallel mechanism
并联组合机构	parallel combined mechanism
并行工程	concurrent engineering
并行设计	concurred design
不平衡相位	phase angle of unbalance
不平衡	imbalance（or unbalance）
不完全齿轮机构	intermittent gearing
波发生器	wave generator
波数	number of waves
补偿	compensation

C

参数化设计	parameterization design
残余应力	residual stress
操纵及控制装置	operation control device
槽轮	geneva wheel
槽轮机构	geneva mechanism, maltese cross
槽数	geneva number
槽凸轮	groove cam
侧隙	backlash
差动轮系	differential gear train
差动螺旋机构	differential screw mechanism
差速器	differential
常用机构	conventional mechanism, mechanism in common use
承载能力	bearing capacity
成对安装	paired mounting
尺寸系列	dimension series
齿槽	tooth space
齿槽宽	spacewidth
齿侧间隙	backlash
齿顶高	addendum
齿顶圆	addendum circle
齿根高	dedendum
齿根圆	dedendum circle
齿厚	tooth thickness
齿距	circular pitch
齿宽	face width

齿廓	tooth profile
齿廓曲线	tooth curve
齿轮	gear
齿轮变速箱	speed-changing gear boxes
齿轮齿条机构	pinion and rack
齿轮插刀	pinion cutter, pinion-shaped shaper cutter
齿轮滚刀	hob, hobbing cutter
齿轮机构	gear mechanism
齿轮轮坯	blank
齿轮联轴器	gear coupling
齿条传动	rack gear
齿数	tooth number
齿数比	gear ratio
齿条	rack
齿条插刀	rack cutter, rack-shaped shaper cutter
齿形链、无声链	silent chain
齿形系数	form factor
齿式棘轮机构	tooth ratchet mechanism
插齿机	gear shaper
重合度	contact ratio
传动比	transmission ratio, speed ratio
传动装置	gearing, transmission gear
传动系统	driven system
传动角	transmission angle
传动轴	transmission shaft
串联式组合	combination in series
串联式组合机构	series combined mechanism
创新	innovation creation
创新设计	creation design
垂直载荷、法向载荷	normal load
唇形橡胶密封	lip rubber seal
磁流体轴承	magnetic fluid bearing
从动带轮	driven pulley
从动件	driven link, follower
从动件平底宽度	width of flat-face
从动件运动规律	follower motion
从动轮	driven gear
粗线	bold line
粗牙螺纹	coarse threads

D

大齿轮	gear wheel
打滑	slipping
带传动	belt driving
带轮	belt pulley
带式制动器	band brake
单列轴承	single row bearing
单向推力轴承	single-direction thrust bearing
单万向联轴器	single universal joint
单位矢量	unit vector
当量齿轮	equivalent spur gear；virtual gear
当量齿数	equivalent tooth number；virtual number of teeth
当量摩擦因数	equivalent coefficient of friction
当量载荷	equivalent load
导数	derivative
倒角	chamfer
导热性	conduction of heat
导程	lead
导程角	lead angle
等加速等减速运动规律	parabolic motion
等速运动规律	constant velocity motion
等径凸轮	conjugate yoke radial cam
等宽凸轮	constant-breadth cam
等效构件	equivalent link
等效力	equivalent force
等效力矩	equivalent moment of force
等效质量	equivalent mass
等效转动惯量	equivalent moment of inertia
等效动力学模型	dynamically equivalent model
底座	chassis
低副	lower pair
点画线	chain dotted line
（疲劳）点蚀	pitting
垫圈	gasket
垫片密封	gasket seal
碟形弹簧	belleville spring
顶隙	bottom clearance
定轴轮系	ordinary gear train，gear train with fixed axes
动力学	dynamics

动密封	kinematical seal
动能	dynamic energy
动力粘度	dynamic viscosity
动力润滑	dynamic lubrication
动平衡	dynamic balance
动平衡机	dynamic balancing machine
动态特性	dynamic characteristics
动态分析设计	dynamic analysis design
动压力	dynamic reaction
动载荷	dynamic load
端面	transverse plane
端面参数	transverse parameters
端面齿距	transverse circular pitch
端面齿廓	transverse tooth profile
端面重合度	transverse contact ratio
端面模数	transverse module
端面压力角	transverse pressure angle
对称循环应力	symmetry circulating stress
对心滚子从动件	radial（or in-line）roller follower
对心直动从动件	radial（or in-line）translating follower
对心移动从动件	radial reciprocating follower
对心曲柄滑块机构	in-line slider-crank（or crank-slider）mechanism
多列轴承	multi-row bearing
多楔带	poly v-belt
多项式运动规律	polynomial motion
惰轮	idle gear
E	
额定寿命	rated life
额定载荷	rated load
II级杆组	dyad
F	
发生线	generating line
发生面	generating plane
法向	normal plane
法向参数	normal parameters
法向齿距	normal circular pitch
法向模数	normal module
法向压力角	normal pressure angle
法向齿距	normal pitch

法向齿廓	normal tooth profile
法向直廓蜗杆	straight sided normal worm
法向力	normal force
反馈式组合	feedback combining
反向运动学	inverse（or backward）kinematics
反转法	kinematic inversion
展成法	generating cutting
仿形法（成形法）	form cutting
方案设计、概念设计	concept design
防振装置	shockproof device
飞轮	flywheel
飞轮矩	moment of flywheel
非标准齿轮	nonstandard gear
非接触式密封	non-contact seal
非周期性速度波动	aperiodic speed fluctuation
非圆齿轮	non-circular gear
粉末合金	powder metallurgy
分度线	reference line，standard pitch line
分度圆	reference circle，standard（cutting）pitch circle
分度圆柱导程角	ead angle at reference cylinder
分度圆柱螺旋角	helix angle at reference cylinder
分度圆锥	reference cone，standard pitch cone
复合铰链	compound hinge
复合式组合	compound combining
复合轮系	compound（or combined）gear train
复合应力	combined stress
复式螺旋机构	compound screw mechanism

G

杆组	assur group
刚度系数	stiffness coefficient
刚轮	rigid circular spline
钢丝软轴	wire soft shaft
刚体导引机构	body guidance mechanism
刚性冲击	rigid impulse（shock）
刚性转子	rigid rotor
刚性轴承	rigid bearing
刚性联轴器	rigid coupling
高度系列	height series
高速带	high speed belt

高副	higher pair
根切	undercutting
公称直径	nominal diameter
高度系列	height series
功	work
工况系数	application factor
工艺设计	technological design
工作循环图	working cycle diagram
工作载荷	external loads
工作空间	working space
工作应力	working stress
工作阻力	effective resistance
工作阻力矩	effective resistance moment
公法线	common normal line
公共约束	general constraint
功率	power
共轭齿廓	conjugate profiles
共轭凸轮	conjugate cam
构件	link
固定构件	fixed link, frame
固体润滑剂	solid lubricant
关节型操作器	jointed manipulator
惯性力	inertia force
惯性力矩	moment of inertia, shaking moment
惯性力平衡	balance of shaking force
惯性力完全平衡	full balance of shaking force
惯性力部分平衡	partial balance of shaking force
惯性主矩	resultant moment of inertia
惯性主矢	resultant vector of inertia
广义机构	generation mechanism
广义坐标	generalized coordinate
轨迹生成	path generation
轨迹发生器	path generator
滚刀	hob
滚道	raceway
滚动体	rolling element
滚动轴承	rolling bearing
滚动轴承代号	rolling bearing identification code
滚针	needle roller

滚针轴承	needle roller bearing
滚子	roller
滚子轴承	roller bearing
滚子半径	radius of roller
滚子从动件	roller follower
滚子链	roller chain
滚子链联轴器	double roller chain coupling
滚珠丝杠	ball screw
滚柱式单向超越离合器	roller clutch

H

函数发生器	function generator
函数生成	function generation
含油轴承	oil bearing
耗油量	oil consumption
耗油量系数	oil consumption factor
赫兹公式	H. Hertz equation
合成弯矩	resultant bending moment
合力	resultant force
合力矩	resultant moment of force
横坐标	abscissa
花键	spline
滑键、导键	feather key
滑动轴承	sliding bearing
滑动率	sliding ratio
滑块	slider
滑块联轴器	slider coupling, Oldham coupling
环面蜗杆	toroid helicoids worm
环形弹簧	annular spring
缓冲装置	shocks, shock-absorber
回程	return
回转体平衡	balance of rotors
混合轮系	compound gear train

J

机电一体化系统设计	mechanical-electrical integration system design
机构	mechanism
机构分析	analysis of mechanism
机构平衡	balance of mechanism
机构学	mechanism
机构运动设计	kinematic design of mechanism

机构运动简图	kinematic sketch of mechanism
机构综合	synthesis of mechanism
机构组成	constitution of mechanism
机架	frame, fixed link
机架变换	kinematic inversion
机器	machine
机器人	robot
机器人操作器	manipulator
机器人学	robotics
技术系统	technique system
机械	machinery
机械创新设计	mechanical creation design
机械系统设计	mechanical system design
机械动力分析	dynamic analysis of machinery
机械动力设计	dynamic design of machinery
机械动力学	dynamics of machinery
机械系统	mechanical system
机械平衡	balance of machinery
机械手	manipulator
机械设计	machine design, mechanical design
机械特性	mechanical behavior
机械调速	mechanical speed governors
机械效率	mechanical efficiency
机械原理	theory of machines and mechanisms
机械运转不均匀系数	coefficient of speed fluctuation
机械无级变速	mechanical stepless speed changes
基本额定寿命	basic rated life
基圆	base circle
基圆半径	radius of base circle
基圆齿距	base pitch
基圆压力角	pressure angle of base circle
基圆柱	base cylinder
基圆锥	base cone
急回机构	quick-return mechanism
急回特性	quick-return characteristics
急回运动	quick-return motion
棘轮	ratchet
棘轮机构	ratchet mechanism
棘爪	pawl

极限位置	extreme（or limiting）position
极位夹角	crank angle between extreme（or limiting）positions
计算机辅助设计	computer aided design
计算机辅助制造	computer aided manufacturing
计算机集成制造系统	computer integrated manufacturing system
计算力矩	factored moment，calculated moment
计算弯矩	calculated bending moment
加权系数	weighting efficient
加速度	acceleration
加速度分析	acceleration analysis
加速度曲线	acceleration diagram
尖底从动件	knife-edge follower
间隙	backlash
间歇运动机构	intermittent motion mechanism
减速比	reduction ratio
减速齿轮、减速装置	reduction gear
减速器	speed reducer
减摩性	anti-friction quality
渐开螺旋面	involute helicoid
渐开线	involute
渐开线齿廓	involute profile
渐开线齿轮	involute gear
渐开线发生线	generating line of involute
渐开线方程	involute equation
渐开线函数	involute function
渐开线蜗杆	involute worm
渐开线压力角	pressure angle of involute
渐开线花键	involute spline
简谐运动	simple harmonic motion
键	key
键槽	keyway
交变应力	repeated stress
交变载荷	repeated fluctuating load
交叉带传动	cross-belt drive
交错轴斜齿轮	crossed helical gears
胶合	scoring
角加速度	angular acceleration
角速度	angular velocity
角速比	angular velocity ratio

角接触球轴承	angular contact ball bearing
角接触推力轴承	angular contact thrust bearing
角接触向心轴承	angular contact radial bearing
角接触轴承	angular contact bearing
铰链、枢纽	hinge
接触应力	contact stress
接触式密封	contact seal
阶梯轴	multi-diameter shaft
结构	structure
结构设计	structural design
节点	pitch point
节距	circular pitch, pitch of teeth
节线	pitch line
节圆	pitch circle
节圆齿厚	thickness on pitch circle
节圆直径	pitch diameter
节圆锥	pitch cone
节圆锥角	pitch cone angle
紧边	tight-side
紧固件	fastener
径向	radial direction
径向当量动载荷	dynamic equivalent radial load
径向当量静载荷	static equivalent radial load
径向基本额定动载荷	basic dynamic radial load rating
径向基本额定静载荷	basic static radial load rating
径向接触轴承	radial contact bearing
径向平面	radial plane
径向游隙	radial internal clearance
径向载荷	radial load
径向载荷系数	radial load factor
径向间隙	radial clearance
静力	static force
静平衡	static load
局部自由度	passive degree of freedom
矩阵	matrix
矩形螺纹	square thread form
锯齿形螺纹	buttress thread form
矩形牙嵌离合器	square-jaw positive-contact clutch
绝对运动	absolute motion

| 绝对速度 | absolute velocity |
| 均衡装置 | load balancing mechanism |

K

抗压强度	compression strength
开式链	open kinematic chain
开链机构	open chain mechanism
可靠度	degree of reliability
可靠性	reliability
可靠性设计	reliability design
空气弹簧	air spring
空间机构	spatial mechanism
空间连杆机构	spatial linkage
空间凸轮机构	spatial cam
空间运动副	spatial kinematic pair
空间运动链	spatial kinematic chain
宽度系列	width series
框图	block diagram

L

雷诺方程	Reynolds's equation
离心力	centrifugal force
离心应力	centrifugal stress
离合器	clutch
离心密封	centrifugal seal
理论廓线	pitch curve
理论啮合线	theoretical line of action
力多边形	force polygon
力封闭形凸轮机构	force-drive（or force-closed）cam mechanism
力矩	moment
力平衡	equilibrium
力偶	couple
力偶矩	moment of couple
连杆	connecting rod, coupler
连杆机构	linkage
连杆曲线	coupler-curve
连心线	line of centers
链	chain
链传动装置	chain gearing
链轮	sprocket wheel, chain wheel
联组 V 带	tight-up V belt

联轴器	couplings, shaft coupling
临界转速	critical speed
轮坯	blank
轮系	gear train
螺杆	screw
螺距	thread pitch
螺母	screw nut
螺旋锥齿轮	helical bevel gear
螺钉	screws
螺栓	bolts
螺纹导程	lead
螺纹效率	screw efficiency
螺旋传动	power screw
螺旋密封	spiral seal
螺纹	thread (of a screw)
螺旋副	helical pair
螺旋机构	screw mechanism
螺旋角	helix angle
螺旋线	helix, helical line
绿色设计	green design for environment

M

脉动无级变速	pulsating stepless speed changes
脉动循环应力	fluctuating circulating stress
脉动载荷	fluctuating load
铆钉	rivet
迷宫密封	labyrinth seal
密封	seal
密封带	seal belt
密封胶	seal gum
密封元件	potted component
密封装置	sealing arrangement
面对面安装	face-to-face arrangement
面向产品生命周期设计	design for product's life cycle
名义应力、公称应力	nominal stress
模块化设计	modular design
模糊评价	fuzzy evaluation
模数	module
摩擦	friction
摩擦角	friction angle

摩擦力	friction force
摩擦学设计	tribology design
摩擦阻力	frictional resistance
摩擦力矩	friction moment
摩擦因数	coefficient of friction
摩擦圆	friction circle
磨损	abrasion wear, scratching
末端执行器	end-effector
目标函数	objective function

N

耐腐蚀性	corrosion resistance
耐磨性	wear resistance
挠性机构	mechanism with flexible elements
挠性转子	flexible rotor
内齿轮	internal gear
内齿圈	internal ring gear
内力	internal force
内圈	inner ring
能量	energy
逆时针	counterclockwise (or anticlockwise)
啮出	engaging-out
啮合	engagement, mesh, gearing
啮合点	contact points
啮合角	working pressure angle
啮合线	line of action
啮合线长度	length of line of action
啮入	engaging-in
牛头刨床	shaper
扭转应力	torsion stress
扭矩	moment of torque
扭簧	torsion spring
诺谟图	Nomogram

O

O 形密封圈密封	O ring seal

P

盘形凸轮	disk cam
盘形转子	disk-like rotor
抛物线运动	parabolic motion
疲劳极限	fatigue limit

疲劳强度	fatigue strength
偏置式	offset
偏（心）距	offset distance
偏心率	eccentricity ratio
偏心质量	eccentric mass
偏距圆	offset circle
偏心盘	eccentric
偏置滚子从动件	offset roller follower
偏置尖底从动件	offset knife-edge follower
偏置曲柄滑块机构	offset slider-crank mechanism
拼接	matching
评价与决策	evaluation and decision
频率	frequency
平带	flat belt
平带传动	flat belt driving
平底从动件	flat-face follower
平底宽度	face width
平均应力	average stress
平均中径	mean screw diameter
平均速度	average velocity
平衡	balance
平衡机	balancing machine
平衡品质	balancing quality
平衡平面	correcting plane
平衡质量	balancing mass
平衡重	counterweight
平衡转速	balancing speed
平面副	planar pair, flat pair
平面机构	planar mechanism
平面运动副	planar kinematic pair
平面连杆机构	planar linkage
平面凸轮	planar cam
平面凸轮机构	planar cam mechanism
平行轴斜齿轮	parallel helical gears
普通平键	parallel key
Q	
其他常用机构	other mechanism in common use
起动阶段	starting period
起动力矩	starting torque

气动机构	pneumatic mechanism
奇异位置	singular position
起始啮合点	initial contact，beginning of contact
气体轴承	gas bearing
千斤顶	jack
强迫振动	forced vibration
切齿深度	depth of cut
曲柄	crank
曲柄存在条件（格拉霍夫定理）	Grashoff's law
曲柄导杆机构	crank shaper（guide-bar）mechanism
曲柄滑块机构	slider-crank（or crank-slider）mechanism
曲柄摇杆机构	crank-rocker mechanism
曲线齿锥齿轮（螺旋齿锥齿轮）	spiral bevel gear
曲率	curvature
曲率半径	radius of curvature
曲面从动件	curved-shoe follower
曲线拼接	curve matching
曲线运动	curvilinear motion
曲轴	crank shaft
驱动力	driving force
驱动力矩	driving moment（torque）
全齿高	whole depth
权重集	weight sets
球	ball
球面滚子	convex roller
球轴承	ball bearing
球面副	spheric pair
球面渐开线	spherical involute
球面运动	spherical motion
球销副	sphere-pin pair
球坐标操作器	polar coordinate manipulator

R

热平衡	heat balance，thermal equilibrium
人字齿轮	herringbone gear
冗余自由度	redundant degree of freedom
柔轮	flexspline
柔性冲击	flexible impulse，soft shock
柔性制造系统	flexible manufacturing system，FMS
柔性自动化	flexible automation

润滑油膜	lubricant film
润滑装置	lubrication device
润滑	lubrication
润滑剂	lubricant

S

三角形花键	serration spline
三角形螺纹	V thread screw
三心定理	kennedy's theorem
砂轮越程槽	grinding wheel groove
少齿差行星传动	planetary drive with small teeth difference
设计方法学	design methodology
设计变量	design variable
设计约束	design constraints
深沟球轴承	deep groove ball bearing
升程	rise
实际廓线	cam profile
矢量	vector
输出功	output work
输出构件	output link
输出机构	output mechanism
输出力矩	output torque
输出轴	output shaft
输入构件	input link
数学模型	mathematic model
实际啮合线	actual line of action
双滑块机构	double-slider mechanism, ellipsograph
双曲柄机构	double crank mechanism
双曲面齿轮	hyperboloid gear
双头螺柱	studs
双万向联轴器	constant-velocity (or double) universal joint
双摇杆机构	double rocker mechanism
双转块机构	oldham coupling
双列轴承	double row bearing
双向推力轴承	double-direction thrust bearing
松边	slack-side
顺时针	clockwise
瞬心	instantaneous center
死点	dead point
四杆机构	four-bar linkage

速度	velocity
速度不均匀（波动）系数	coefficient of speed fluctuation
速度波动	speed fluctuation
速度曲线	velocity diagram
速度瞬心	instantaneous center of velocity
	T
踏板	pedal
台虎钳	vice
太阳轮	sun gear
弹性滑动	elasticity sliding motion
弹性联轴器	elastic coupling, flexible coupling
弹性套柱销联轴器	rubber-cushioned sleeve bearing coupling
套筒	sleeve
梯形螺纹	acme thread form
特殊运动链	special kinematic chain
特性	characteristics
替代机构	equivalent mechanism
调心滚子轴承	self-aligning roller bearing
调心球轴承	self-aligning ball bearing
调心轴承	self-aligning bearing
调速	speed governing
调速器	regulator, governor
铁磁流体密封	ferrofluid seal
停车阶段	stopping phase
停歇	dwell
同步带	synchronous belt
同步带传动	synchronous belt drive
凸轮	cam
凸轮机构	cam mechanism
凸轮廓线	cam profile
凸轮廓线绘制	layout of cam profile
凸轮理论廓线	pitch curve
凸缘联轴器	flange coupling
图解法	graphical method
推程	rise
推力球轴承	thrust ball bearing
推力轴承	thrust bearing
退刀槽	tool withdrawal groove
退火	anneal

陀螺仪	gyroscope

V

V 带	V belt

W

外力	external force
外圈	outer ring
外形尺寸	boundary dimension
万向联轴器	hooks coupling, universal coupling
外齿轮	external gear
弯曲应力	beading stress
弯矩	bending moment
腕部	wrist
往复移动	reciprocating motion
微动螺旋机构	differential screw mechanism
位移	displacement
位移曲线	displacement diagram
位姿	pose, position and orientation
稳定运转阶段	steady motion period
稳健设计	robust design
蜗杆	worm
蜗杆传动机构	worm gearing
蜗杆头数	number of threads
蜗杆直径系数	diametral quotient
蜗杆蜗轮机构	worm and worm gear
蜗杆形凸轮步进机构	worm cam interval mechanism
蜗杆旋向	hands of worm
蜗轮	worm gear
涡圈形盘簧	power spring
无级变速装置	stepless speed changes devices

X

系杆	crank arm, planet carrier
现场平衡	field balancing
向心轴承	radial bearing
向心力	centrifugal force
相对速度	relative velocity
相对运动	relative motion
相对间隙	relative gap
细牙螺纹	fine threads
销	pin

消耗	consumption
小齿轮	pinion
小径	minor diameter
橡胶弹簧	balata spring
修正梯形加速度运动规律	modified trapezoidal acceleration motion
修正正弦加速度运动规律	modified sine acceleration motion
斜齿圆柱齿轮	helical gear
斜键、钩头楔键	taper key
谐波齿轮	harmonic gear
谐波传动	harmonic driving
谐波发生器	harmonic generator
斜齿轮的当量直齿轮	equivalent spur gear of the helical gear
心轴	spindle
行程速度变化系数	coefficient of travel speed variation
行程速比系数	advance-to return-time ratio
行星齿轮装置	planetary transmission
行星轮	planet gear
行星轮变速装置	planetary speed changing devices
行星轮系	planetary gear train
形封闭凸轮机构	positive-drive（or form-closed）cam mechanism
虚拟现实	virtual reality
虚拟现实技术	virtual reality technology
虚拟现实设计	virtual reality design
虚约束	redundant（or passive）constraint
许用不平衡量	allowable amount of unbalance
许用压力角	allowable pressure angle
许用应力	allowable stress，permissible stress
悬臂结构	cantilever structure
悬臂梁	cantilever beam
旋转力矩	running torque
旋转式密封	rotating seal
旋转运动	rotary motion

Y

压力机	punch
压力中心	center of pressure
压缩机	compressor
压应力	compressive stress
压力角	pressure angle
牙嵌式联轴器	jaw（teeth）positive-contact coupling

雅可比矩阵	Jacobi matrix
摇杆	rocker
液力传动	hydrodynamic drive
液力耦合器	hydraulic couplers
液体弹簧	liquid spring
液压无级变速	hydraulic stepless speed changes
液压机构	hydraulic mechanism
一般化运动链	generalized kinematic chain
移动从动件	reciprocating follower
移动副	prismatic pair, sliding pair
移动关节	prismatic joint
移动凸轮	wedge cam
盈亏功	increment or decrement work
应力幅	stress amplitude
应力集中	stress concentration
应力集中系数	factor of stress concentration
应力图	stress diagram
应力-应变图	stress-strain diagram
优化设计	optimal design
油杯	oil bottle
油壶	oil can
油沟密封	oily ditch seal
有害阻力	useless resistance, detrimental resistance
有益阻力	useful resistance
有效拉力	effective tension
有效圆周力	effective circle force
余弦加速度运动	cosine acceleration (or simple harmonic) motion
预紧力	preload
原动机	primer mover
圆带	round belt
圆带传动	round belt drive
圆弧齿厚	circular thickness
圆弧圆柱蜗杆	hollow flank worm
圆角半径	fillet radius
圆盘摩擦离合器	disc friction clutch
圆盘制动器	disc brake
原始机构	original mechanism
圆形齿轮	circular gear
圆柱滚子	cylindrical roller

圆柱滚子轴承	cylindrical roller bearing
圆柱副	cylindric pair
圆柱凸轮间歇运动机构	cylindrical cam mechanism with intermittent motion
圆柱螺旋拉伸弹簧	cylindroid helical-coil extension spring
圆柱螺旋扭转弹簧	cylindroid helical-coil torsion spring
圆柱螺旋压缩弹簧	cylindroid helical-coil compression spring
圆柱凸轮	cylindrical cam
圆柱蜗杆	cylindrical worm
圆柱坐标操作器	cylindrical coordinate manipulator
圆锥螺旋扭转弹簧	conoid helical-coil compression spring
圆锥滚子	tapered roller
圆锥滚子轴承	tapered roller bearing
圆锥齿轮机构	bevel gears
圆锥角	cone angle
原动件	driving link
约束	constraint
约束条件	constraint condition
约束反力	constraining force
运动倒置	kinematic inversion
运动方案设计	kinematic precept design
运动分析	kinematic analysis
运动副	kinematic pair
运动简图	kinematic sketch
运动链	kinematic chain
运动失真	undercutting
运动设计	kinematic design
运动周期	cycle of motion
运动综合	kinematic synthesis
运转不均匀系数	coefficient of velocity fluctuation
运动粘度	kinematic viscosity

Z

载荷	load
载荷-变形曲线	load-deformation curve
载荷-变形图	load-deformation diagram
窄 V 带	narrow V belt
毡圈密封	felt ring seal
张紧力	tension
张紧轮	tension pulley
振动	vibration

振动力矩	shaking couple
振动频率	frequency of vibration
振幅	amplitude of vibration
正切机构	tangent mechanism
正向运动学	direct (forward) kinematics
正弦机构	sine generator, scotch yoke
正应力、法向应力	normal stress
制动器	brake
直齿圆柱齿轮	spur gear
直齿锥齿轮	straight bevel gear
直角坐标操作器	cartesian coordinate manipulator
直径系数	diametral quotient
直径系列	diameter series
直廓环面蜗杆	hindley worm
直线运动	linear motion
直轴	straight shaft
质量	mass
质心	center of mass
执行构件	executive link; working link
质径积	mass-radius product
智能化设计	intelligent design, ID
中间平面	mid-plane
中心距	center distance
中心距变动	center distance change
中径	mean diameter
终止啮合点	final contact, end of contact
齿距	pitch
周期性速度波动	periodic speed fluctuation
周转轮系	epicyclic gear train
轴	shaft
轴承盖	bearing cup
轴承合金	bearing alloy
轴承座	bearing block
轴承高度	bearing height
轴承宽度	bearing width
轴承内径	bearing bore diameter
轴承寿命	bearing life
轴承套圈	bearing ring
轴承外径	bearing outside diameter

轴颈	journal
轴瓦、轴承衬	bearing bush
轴端挡圈	shaft end ring
轴环	shaft collar
轴肩	shaft shoulder
轴角	shaft angle
轴向	axial direction
轴向齿廓	axial tooth profile
轴向当量动载荷	dynamic equivalent axial load
轴向当量静载荷	static equivalent axial load
轴向基本额定动载荷	basic dynamic axial load rating
轴向基本额定静载荷	basic static axial load rating
轴向接触轴承	axial contact bearing
轴向游隙	axial internal clearance
轴向载荷	axial load
轴向载荷系数	axial load factor
轴向分力	axial thrust load
主动件	driving link
主动齿轮	driving gear
主动带轮	driving pulley
转动导杆机构	rotating guide bar mechanism
转动副	revolute（turning）pair
转动关节	revolute joint
转轴	revolving shaft
转子	rotor
转子平衡	balance of rotor
装配条件	assembly condition
锥齿轮	bevel gear
锥顶	common apex of cone
锥距	cone distance
锥齿轮的当量直齿轮	equivalent spur gear of the bevel gear
锥面包络圆柱蜗杆	milled helicoids worm
准双曲面齿轮	hypoid gear
自锁	self-locking
自锁条件	condition of self-locking
自由度	degree of freedom
总重合度	total contact ratio
总反力	resultant force
总效率	combined efficiency

组成原理	theory of constitution
组合安装	stack mounting
组合机构	combined mechanism
阻抗力	resistance
最大盈亏功	maximum difference work between plus and minus work
纵向重合度	overlap contact ratio
纵坐标	ordinate
组合机构	combined mechanism
最少齿数	minimum teeth number
最小向径	minimum radius
作用力	applied force
坐标系	coordinate frame

参 考 文 献

[1]　申永胜．机械原理教程 [M].2 版．北京：清华大学出版社，2005.

[2]　张策．机械原理与机械设计（上、下）[M].2 版．北京：机械工业出版社，2010.

[3]　杨廷力．机器人机构拓扑结构学 [M]．北京：机械工业出版社，2004.

[4]　马履中．机械设计基础 [M]．北京：北京理工大学出版社，2000.

[5]　黄茂林，等．机械原理 [M].2 版．北京：机械工业出版社，2010.

[6]　华大年．机械原理 [M].2 版．北京：高等教育出版社，2007.

[7]　邹慧君．机械原理教程 [M]．北京：机械工业出版社，2001.

[8]　马履中，周建忠．机器人与柔性制造系统 [M]．北京：化学工业出版社，2007.

[9]　安子军．机械原理 [M]．北京：国防工业出版社，2009.

[10]　沈世德，徐学忠．机械原理 [M].2 版．北京：机械工业出版社，2009.

[11]　李杞仪，赵韩．机械原理 [M]．武汉：武汉理工大学出版社，2001.

[12]　陈明．机械原理 [M]．哈尔滨：哈尔滨工业大学出版社，1998.

[13]　王春燕，陆凤仪．机械原理 [M]．北京：机械工业出版社，2011.

[14]　黄锡恺，郑文纬．机械原理 [M].6 版．北京：高等教育出版社，1989.

[15]　曹龙华．机械原理 [M]．北京：高等教育出版社，1986.

[16]　祝毓琥．机械原理 [M]．北京：高等效育出版社，1986.

[17]　傅祥志．机械原理 [M]．武汉：华中科技大学出版社，2000.

[18]　孙桓，陈作棋．机械原理 [M].7 版．北京：高等教育出版社，2006.

[19]　谢泗淮．机械原理 [M]．北京：中国铁道出版社，2001.

[20]　李特文．齿轮啮合原理 [M]．卢贤占，等译．上海：上海科学技术出版社，1984.

[21]　濮良贵，纪名刚．机械设计 [M].8 版．北京：高等教育出版社，2006.

[22]　邱宣怀，等．机械设计 [M].4 版．北京：高等教育出版社，2007.

[23]　刘莹，吴宗泽．机械设计教程 [M].2 版．北京：机械工业出版社，2008.

[24]　吴克坚，等．机械设计 [M]．北京：高等教育出版社，2003.

[25]　余俊，全永昕，等．机械设计 [M]．北京：高等教育出版社，1986.

[26]　唐金松．机械设计 [M]．上海：上海科学技术出版社，1994.

[27]　李天声，侯金水，胡承愚．机械设计基础 [M]．合肥：中国科学技术大学出版社，1996.

[28]　傅继盈，蒋秀珍．机械学基础 [M]．哈尔滨：哈尔滨工业大学出版社，2003.

[29]　钱寿铨，白春林．机械设计基础 [M]．北京：机械工业出版社，1996.

[30]　杨可桢，程光蕴，李仲生．机械设计基础 [M].5 版．北京：高等教育出版社，2006.

[31]　王三民，褚文俊．机械原理与设计 [M]．北京：机械工业出版社，2001.

[32]　张伟社．机械原理教程 [M]．西安：西北工业大学出版社，2001.

[33]　卜炎．螺纹联接设计与计算 [M]．北京：高等教育出版社，1995.

[34]　俞明，高志民．国外新型通用机械零件 [M]．北京：中国纺织出版社，1998.

[35]　王步瀛．机械零件强度计算的理论和方法 [M]．北京：高等教育出版社，1986.

[36]　蒋生发，鲍庆惠．弹流理论及其应用 [M]．北京：机械工业出版社，1992.

［37］ 牛鸣岐，王保民，王振甫．机械原理课程设计手册［M］．重庆：重庆大学出版社，2001．

［38］ 王之烁，王大康．机械设计综合课程设计［M］.2 版．北京：机械工业出版社，2009．

［39］ 王三民．机械原理与设计课程设计［M］．北京：机械工业出版社，2004．

［40］ 温诗铸，黎明．机械学发展战略研究［M］．北京：清华大学出版社，2003．

［41］ 机械设计手册编委会．机械设计手册第 3 卷（新版）［M］．北京：机械工业出版社，2004．

［42］ 罗庆生，韩宝玲．我国微型机械的发展方向和创新途径［J］．机械，2000，27（4）：48-50．